高校经典教材同步辅导丛书

高等数学（第七版·下册）同步辅导及习题全解

主　编　苏志平　郭志梅

中国水利水电出版社
www.waterpub.com.cn

内 容 提 要

本书各章均包括学习导引，知识要点及常考点，本节考研要求，题型、真题、方法，课后习题全解五部分内容，并针对各章节习题给出详细解答，思路清晰、逻辑性强，循序渐进地帮助读者分析并解决问题，内容详尽、简明易懂。

本书可作为高等院校“高等数学”课程的辅助教材，也可作为考研人员复习备考和教师备课命题的参考资料。

图书在版编目（CIP）数据

高等数学（第七版・下册）同步辅导及习题全解 / 苏志平，郭志梅主编. -- 北京 : 中国水利水电出版社，2014.10（2021.4重印）
（高校经典教材同步辅导丛书）
ISBN 978-7-5170-2623-5

Ⅰ. ①高… Ⅱ. ①苏… ②郭… Ⅲ. ①高等数学－高等学校－教学参考资料 Ⅳ. ①O13

中国版本图书馆CIP数据核字(2014)第240317号

策划编辑：杨庆川　责任编辑：李　炎　加工编辑：田新颖　封面设计：李　佳

书　名	高校经典教材同步辅导丛书 高等数学（第七版・下册）同步辅导及习题全解
作　者	主　编　苏志平　郭志梅
出版发行	中国水利水电出版社 （北京市海淀区玉渊潭南路1号D座　100038） 网址：www.waterpub.com.cn E-mail：mchannel@263.net（万水） sales@waterpub.com.cn 电话：（010）68367658（营销中心）、82562819（万水）
经　售	全国各地新华书店和相关出版物销售网点
排　版	北京万水电子信息有限公司
印　刷	三河市航远印刷有限公司
规　格	148mm×210mm　32开本　12印张　413千字
版　次	2014年10月第1版　2021年4月第35次印刷
定　价	24.80元

前 言

为了帮助读者更好地学习“高等数学”课程，掌握更多的知识，我们根据多年的教学经验编写了这本辅导教材，旨在使广大读者理解基本概念，掌握基本知识，学会基本解题方法与解题技巧，进而提高应试能力。

本书作为一种辅助性的教材，具有较强的针对性、启发性、指导性和补充性。考虑到“高等数学”这门课程的特点，我们在内容上作了以下安排：

1. 学习导引。介绍要求掌握的知识点，以及本章的主要内容。

2. 知识要点及常考点。对每章知识点做了简练概括，梳理了各知识点之间的脉络联系，突出各章主要定理及重要公式，使读者在各章学习过程中目标明确，有的放矢。

3. 本节考研要求。明确考研的学习任务。

4. 题型、真题、方法。按照本章的知识要点划分题型，通过例题和真题的详细解答，引导学生思考问题，开拓广大同学的解题思路，使其能更好地掌握高等数学的基本内容和解题方法。

5. 课后习题全解。教材中课后习题丰富、层次多样，许多基础性问题从多个角度帮助学生理解基本概念和基本理论，促其掌握基本解题方法。我们对教材的课后习题给了详细的解答。

由于时间较仓促，编者水平有限，难免书中有疏漏之处，敬请各位同行和读者给予批评、指正。

编者

2014 年 09 月

目录

第八章　向量代数与空间解析几何 …… 1
第一节　向量及其线性运算 …… 1
习题 8—1 全解 …… 6
第二节　数量积　向量积　*混合积 …… 9
习题 8—2 全解 …… 15
第三节　平面及其方程 …… 19
习题 8—3 全解 …… 25
第四节　空间直线及其方程 …… 28
习题 8—4 全解 …… 35
第五节　曲面及其方程 …… 41
习题 8—5 全解 …… 48
第六节　空间曲线及其方程 …… 51
习题 8—6 全解 …… 54
第九章　多元函数微分法及其应用 …… 64
第一节　多元函数的基本概念 …… 64
习题 9—1 全解 …… 71
第二节　偏导数 …… 74
习题 9—2 全解 …… 80
第三节　全微分 …… 84
习题 9—3 全解 …… 87
第四节　多元复合函数的求导法则 …… 90
习题 9—4 全解 …… 95
第五节　隐函数的求导公式 …… 100
习题 9—5 全解 …… 106
第六节　多元函数微分学的几何应用 …… 110

习题 9－6 全解 …… 115
第七节　方向导数与梯度 …… 120
习题 9－7 全解 …… 124
第八节　多元函数的极值及其求法 …… 128
习题 9－8 全解 …… 132
*第九节　二元函数的泰勒公式 …… 137
习题 9－9 全解 …… 137
第十节　最小二乘法 …… 140
习题 9－10 全解 …… 140
第十章　重积分 …… 149
第一节　二重积分的概念与性质 …… 149
习题 10－1 全解 …… 152
第二节　二重积分的计算法 …… 155
习题 10－2 全解 …… 165
第三节　三重积分 …… 179
习题 10－3 全解 …… 188
第四节　重积分的应用 …… 195
习题 10－4 全解 …… 200
*第五节　含参变量的积分 …… 208
习题 10－5 全解 …… 208
第十一章　曲线积分与曲面积分 …… 220
第一节　对弧长的曲线积分 …… 220
习题 11－1 全解 …… 224
第二节　对坐标的曲线积分 …… 229
习题 11－2 全解 …… 237
第三节　格林公式及其应用 …… 241
习题 11－3 全解 …… 248
第四节　对面积的曲面积分 …… 256
习题 11－4 全解 …… 261
第五节　对坐标的曲面积分 …… 266
习题 11－5 全解 …… 271
第六节　高斯公式　*通量与散度 …… 275

习题 11—6 全解 …… 281
第七节 斯托克斯公式* 环流量与旋度 …… 284
习题 11—7 全解 …… 289
第十二章 无穷级数 …… 300
第一节 常数项级数的概念与性质 …… 300
习题 12—1 全解 …… 305
第二节 常数项级数的审敛法 …… 309
习题 12—2 全解 …… 316
第三节 幂级数 …… 319
习题 12—3 全解 …… 328
第四节 函数展开成幂级数 …… 330
习题 12—4 全解 …… 334
第五节 函数的幂级数展开式的应用 …… 337
习题 12—5 全解 …… 339
第六节 函数项级数的一致收敛性及一致收敛级数的基本性质 …… 345
习题 12—6 全解 …… 349
第七节 傅里叶级数 …… 351
习题 12—7 全解 …… 360
第八节 一般周期函数的傅里叶级数 …… 364
习题 12—8 全解 …… 368

第八章　向量代数与空间解析几何

学习导引

空间解析几何与平面解析几何的思想方法类似，都是用代数方法研究几何问题，其重要工具就是向量代数，空间解析几何知识是进一步学好多元函数微积分的重要基础.

第一节　向量及其线性运算

知识要点及常考点

1. 向量的相关概念

(1) 向量：既有大小，又有方向的量称为向量(或矢量)，例如，力、位移、速度等都是向量.

(2) 向量的表示：以 A 为起点，以 B 为终点的向量记作 $\overrightarrow{AB}$，向量也常用黑体字母表示，如 $\boldsymbol{a}, \boldsymbol{r}, \boldsymbol{v}, \boldsymbol{F}$.

(3) 向量相等：大小相等、方向相同的两个向量 $\boldsymbol{a}$ 和 $\boldsymbol{b}$ 称为相等向量，记作 $\boldsymbol{a} = \boldsymbol{b}$. 相等的向量经过平移可以完全重合.

(4) 向量的模：向量 $\boldsymbol{a}(\overrightarrow{AB})$ 的大小称为向量的模，记为 $|\boldsymbol{a}|(|\overrightarrow{AB}|)$.

(5) 单位向量：模等于 1 的向量称为单位向量.

(6) 零向量：模等于零的向量称为零向量，记作 $\boldsymbol{0}$. 零向量的起点和终点重合，其方向是任意方向.

(7) 平行向量(共线向量)：若两个非零向量 $\boldsymbol{a}$ 和 $\boldsymbol{b}$ 的方向相同或相反，则称它们是平行向量，记作 $\boldsymbol{a} \parallel \boldsymbol{b}$. 零向量与任何向量都平行.

注　两个向量平行(共线)的条件：

① 设 $\boldsymbol{a} \neq \boldsymbol{0}$，则向量 $\boldsymbol{b}$ 平行于向量 $\boldsymbol{a}$ 的充分必要条件是存在唯一的实数 λ，使得 $\boldsymbol{b} = \lambda \boldsymbol{a}$.

② 两个向量 $\boldsymbol{a}$ 与 $\boldsymbol{b}$ 平行(共线)的充分必要条件是存在不全为零的数 λ 和 μ，使得 $\lambda \boldsymbol{a} + \mu \boldsymbol{b} = \boldsymbol{0}$(即向量 $\boldsymbol{a}$ 与 $\boldsymbol{b}$ 线性相关).

2. 向量的坐标

将向量 $\boldsymbol{a}$ 的起点与空间直角坐标系的原点重合，则向量 $\boldsymbol{a}$ 终点的坐标 (x,y,z) 称为向量 $\boldsymbol{a}$ 的坐标，记为 (x,y,z)，并且 $|\boldsymbol{a}| = \sqrt{x^2+y^2+z^2}$.

注　设向量的起点和终点分别为 $A(x_1,y_1,z_1)$、$B(x_2,y_2,z_2)$，则向量 $\overrightarrow{AB} = (x_2-x_1, y_2-y_1, z_2-z_1)$.

3. 方向角与方向余弦

非零向量 $\boldsymbol{a}$ 与坐标轴的三个夹角 α、β、γ 称为向量 $\boldsymbol{a}$ 的方向角. $\cos\alpha$、$\cos\beta$、$\cos\gamma$ 称为向量 $\boldsymbol{a}$ 的方向余弦. 以向量 $\boldsymbol{a}$ 的方向余弦为坐标的向量就是与 $\boldsymbol{a}$ 同方向的单位向量 $\mathbf{e}_a$，故

$$\cos^2\alpha+\cos^2\beta+\cos^2\gamma=1, \mathbf{e}_a=(\cos\alpha,\cos\beta,\cos\gamma).$$

若 $\boldsymbol{a}=(x,y,z)$，则

$$\cos\alpha=\frac{x}{\sqrt{x^2+y^2+z^2}}, \cos\beta=\frac{y}{\sqrt{x^2+y^2+z^2}}, \cos\gamma=\frac{z}{\sqrt{x^2+y^2+z^2}}.$$

4. 向量在轴上的投影

设向量 $\boldsymbol{a}$ 与数轴 u 轴的夹角为 φ，则 $|\boldsymbol{a}|\cos\varphi$ 称为向量 $\boldsymbol{a}$ 在 u 轴上的投影，记为 $\mathrm{Prj}_u\boldsymbol{a}$ 或 $(\boldsymbol{a})_u$.

$$\mathrm{Prj}_u\boldsymbol{a}=|\boldsymbol{a}|\cos\varphi$$

$$\mathrm{Prj}_u(\boldsymbol{a}_1+\boldsymbol{a}_2)=\mathrm{Prj}_u\boldsymbol{a}_1+\mathrm{Prj}_u\boldsymbol{a}_2,$$

$$\mathrm{Prj}_u(\lambda\boldsymbol{a})=\lambda\mathrm{Prj}_u\boldsymbol{a}.$$

注　① 向量在与其方向相同的轴上的投影为向量的模 $|\boldsymbol{a}|$.

② 在空间直角坐标系上，向量 $\boldsymbol{a}$ 的坐标 (x,y,z) 是 $\boldsymbol{a}$ 向各坐标轴的投影. 向量 $\boldsymbol{a}$ 可以表示成分量形式 $\boldsymbol{a}=x\boldsymbol{i}+y\boldsymbol{j}+z\boldsymbol{k}$.

5. 向量的线性运算

向量的加法 $(\boldsymbol{a}+\boldsymbol{b})$ 和数乘 $(\lambda\boldsymbol{a})$ 称为向量的线性运算.

设 $\boldsymbol{a}_j=x_j\boldsymbol{i}+y_j\boldsymbol{j}+z_j\boldsymbol{k}=(x_j,y_j,z_j)$，$j=1,2,3$.

(1) 加法　由平行四边形法则或三角形法则给出，用坐标作运算则有

$$\boldsymbol{a}_1+\boldsymbol{a}_2=(x_1+x_2, y_1+y_2, z_1+z_2).$$

(2) 数乘向量　$\lambda\boldsymbol{a}$ 是一个向量，其模 $|\lambda\boldsymbol{a}|=|\lambda||\boldsymbol{a}|$，而方向规定为：若 $\lambda>0$，则 $\lambda\boldsymbol{a}$ 与 $\boldsymbol{a}$ 同向，若 $\lambda<0$，则 $\lambda\boldsymbol{a}$ 与 $\boldsymbol{a}$ 反向. 用坐标作运算为：或 $\boldsymbol{a}=(x,y,z)$，则

$$\lambda\boldsymbol{a}=(\lambda x,\lambda y,\lambda z).$$

注　$\lambda\mathbf{0}=\mathbf{0}, 0\boldsymbol{a}=\mathbf{0}$.

6. 向量的单位化

设 $\boldsymbol{a}$ 是一非零向量，则向量 $\frac{1}{|\boldsymbol{a}|}\boldsymbol{a}$ 是与 $\boldsymbol{a}$ 方向相同的单位向量，称为向量 $\boldsymbol{a}$ 的单位化，记作 $\boldsymbol{a}^0$. 若 $|\boldsymbol{a}|\neq \boldsymbol{0}\xrightarrow{\text{单位化}}\boldsymbol{a}^0=\frac{\boldsymbol{a}}{|\boldsymbol{a}|}$.

本节考研要求

1. 理解空间直角坐标系，理解向量的概念及其表示.

2. 掌握向量的线性运算，理解单位向量、方向角与方向余弦、向量的坐标表达式，掌握用坐标表达式进行向量线性运算的方法.

题型、真题、方法

题型 1　空间直角坐标系的概念

题型分析　向量的坐标表示.

在空间直角坐标系 $Oxyz$ 中，以原点为起点，点 $M(a,b,c)$ 为终点，向量 $\boldsymbol{r}=\overrightarrow{OM}$ 都可以唯一地分解成基本单位向量 $\boldsymbol{i}$、$\boldsymbol{j}$、$\boldsymbol{k}$ 的线性组合.

$$\boldsymbol{r}=\overrightarrow{OM}=a\boldsymbol{i}+b\boldsymbol{j}+c\boldsymbol{k}.$$

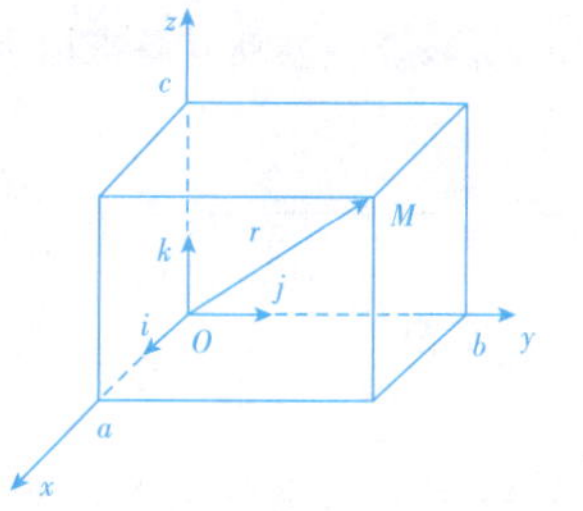

图 8-1

称 x,y,z 为向量 $\boldsymbol{r}=\overrightarrow{OM}$ 的坐标或分量，记

$$\boldsymbol{r}=a\boldsymbol{i}+b\boldsymbol{j}+c\boldsymbol{k}=\{a,b,c\}.$$

例 1　证明：以三点 $A(3,1,10)$，$B(9,-1,7)$，$C(1,4,4)$ 为顶点的三角形是等腰直角三角形.

思路点拨　考查空间中两点 $A(x_1,y_1,z_1)$，$B(x_2,y_2,z_2)$ 的距离.

$|AB|=\sqrt{(x_2-x_1)^2+(y_2-y_1)^2+(z_2-z_1)^2}$

解　$|AB|=\sqrt{(3-9)^2+(1+1)^2+(10-7)^2}=7$

$|AC|=\sqrt{(3-1)^2+(1-4)^2+(10-4)^2}=7$

$|BC|=\sqrt{(9-1)^2+(-1-4)^2+(7-4)^2}=7\sqrt{2}$

因为 $|AB|=|AC|$，且 $|AB|^2+|AC|^2=|BC|^2$，所以 $\triangle ABC$ 是等腰直角三角形.

现学现练　设向量 $\boldsymbol{a},\boldsymbol{b},\boldsymbol{c}$ 的坐标分别是 $(1,5,2),(0,-3,1),(-1,2,3)$，求下列向量的坐标(1)$2\boldsymbol{a}-\boldsymbol{b}+3\boldsymbol{c}$；(2)$-\boldsymbol{a}+2\boldsymbol{b}-\boldsymbol{c}$. [$(-1,19,12),(0,-13,-3)$]

题型 2　向量的概念和线性计算

题型分析　设 $M(x,y,z)$ 为空间直角坐标中任一点，$\boldsymbol{i},\boldsymbol{j},\boldsymbol{k}$ 分别为三个坐标轴上的单位向量，则 $\boldsymbol{a}=\overrightarrow{OM}=x\boldsymbol{i}+y\boldsymbol{j}+z\boldsymbol{k}$.

简记 $\boldsymbol{a}$ 的同向单位向量为

$$\boldsymbol{a}^0=\frac{\boldsymbol{a}}{|\boldsymbol{a}|}=\left\{\frac{x}{\sqrt{x^2+y^2+z^2}},\frac{y}{\sqrt{x^2+y^2+z^2}},\frac{z}{\sqrt{x^2+y^2+z^2}}\right\}.$$

若令 $\cos\alpha=\dfrac{x}{\sqrt{x^2+y^2+z^2}},\cos\beta=\dfrac{y}{\sqrt{x^2+y^2+z^2}},\cos\gamma=\dfrac{z}{\sqrt{x^2+y^2+z^2}}$，则

$\boldsymbol{a}^0=(\cos\alpha,\cos\beta,\cos\gamma)=\cos\alpha\,\boldsymbol{i}+\cos\beta\,\boldsymbol{j}+\cos\gamma\,\boldsymbol{k}$，且 $\cos^2\alpha+\cos^2\beta+\cos^2\gamma=1$.

设 $M_1(x_1,y_1,z_1),M_2(x_2,y_2,z_2)$ 是空间直角坐标系中的两点，则

$\overrightarrow{M_1M_2}=\{x_2-x_1,y_2-y_1,z_2-z_1\}$，

$|\overrightarrow{M_1M_2}|=\sqrt{(x_2-x_1)^2+(y_2-y_1)^2+(z_2-z_1)^2}$，

$$\cos\alpha=\frac{x_2-x_1}{\sqrt{(x_2-x_1)^2+(y_2-y_1)^2+(z_2-z_1)^2}},$$

$$\cos\beta=\frac{y_2-y_1}{\sqrt{(x_2-x_1)^2+(y_2-y_1)^2+(z_2-z_1)^2}},$$

$$\cos\gamma=\frac{z_2-z_1}{\sqrt{(x_2-x_1)^2+(y_2-y_1)^2+(z_2-z_1)^2}}.$$

例 2　设 $\boldsymbol{a}=(4,5,-3),\boldsymbol{b}=(2,3,6)$，求 $\boldsymbol{a}$ 对应的单位向量 $\boldsymbol{a}^0$ 及 $\boldsymbol{b}$ 的方向余弦.

思路点拨　利用单位向量和方向余弦的概念.

解　与 $\boldsymbol{a}$ 对应的单位向量 $\boldsymbol{a}^0$ 是与 $\boldsymbol{a}$ 方向相同的单位向量，因此

$$\boldsymbol{a}^0=\frac{\boldsymbol{a}}{|\boldsymbol{a}|}=\frac{1}{\sqrt{4^2+5^2+(-3)^2}}(4,5,-3)=\left(\frac{4}{\sqrt{50}},\frac{5}{\sqrt{50}},\frac{-3}{\sqrt{50}}\right).$$

同上，可求出与 $\boldsymbol{b}$ 方向相同的单位向量 $\boldsymbol{b}^0$.

$$\boldsymbol{b}^0=\frac{\boldsymbol{b}}{|\boldsymbol{b}|}=\frac{1}{\sqrt{2^2+3^2+6^2}}(2,3,6)=\left(\frac{2}{7},\frac{3}{7},\frac{6}{7}\right).$$

从而，$\boldsymbol{b}$ 的方向余弦为 $\cos\alpha=\frac{2}{7},\cos\beta=\frac{3}{7},\cos\gamma=\frac{6}{7}$.

例 3　已知 $|\boldsymbol{a}|=1,|\boldsymbol{b}|=\sqrt{2},(\boldsymbol{a},\boldsymbol{b})=\frac{\pi}{4}$，求向量 $\boldsymbol{a}+\boldsymbol{b}$ 与 $\boldsymbol{a}-\boldsymbol{b}$ 的夹角.

思路点拨　当已知向量 $\boldsymbol{a}$ 与 $\boldsymbol{b}$ 的模及夹角时，常常将其中一向量沿 x 轴摆放. 注意，这是一种常用方法，往往能起到化繁为简的作用.

解　如图 8-2 所示，将向量 $\boldsymbol{a}$ 与 $\boldsymbol{b}$ 表示在坐标系中，由此可得

$$\boldsymbol{a}=\boldsymbol{i},\boldsymbol{b}=\sqrt{2}\cos\frac{\pi}{4}\boldsymbol{i}+\sqrt{2}\sin\frac{\pi}{4}\boldsymbol{j}=\boldsymbol{i}+\boldsymbol{j},$$

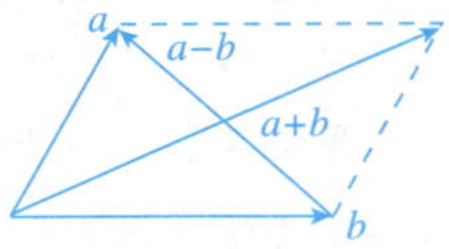

图 8-2

故

$$\boldsymbol{a}+\boldsymbol{b}=(2,1),\boldsymbol{a}-\boldsymbol{b}=(0,-1),$$

$$\cos(\boldsymbol{a}+\boldsymbol{b}\widehat{,}\boldsymbol{a}-\boldsymbol{b})=\frac{(\boldsymbol{a}+\boldsymbol{b})\cdot(\boldsymbol{a}-\boldsymbol{b})}{|\boldsymbol{a}+\boldsymbol{b}|\cdot|\boldsymbol{a}-\boldsymbol{b}|}=-\frac{\sqrt{5}}{5}.$$

因此 $\boldsymbol{a}+\boldsymbol{b}$ 与 $\boldsymbol{a}-\boldsymbol{b}$ 的夹角为 $\arccos(-\frac{\sqrt{5}}{5})$.

现学现练　向量 $\overrightarrow{OM}$ 与 x 轴成 $45°$，与 y 轴成 $60°$，它的长度等于 6，它在 z 轴上的坐标是负的，求 $\overrightarrow{OM}$ 的坐标和沿 $\overrightarrow{OM}$ 方向的单位向量. [$(3\sqrt{2},3,-3),(\frac{\sqrt{2}}{2},\frac{1}{2},-\frac{1}{2})$]

题型 3　利用向量的运算性质求证的证明题

题型分析

1. 数乘

数乘矢量 $\overset{\Delta}{=\!=}$ 矢量 $\boldsymbol{a}$ 与一数量 m 之积 $m\boldsymbol{a}$.

该矢量 $m\boldsymbol{a}$ 的大小为 $|m\boldsymbol{a}|$，方向与 $\boldsymbol{a}$ 平行，当 $m>0$ 时，与 $\boldsymbol{a}$ 同向；当 $m<0$ 时，与 $\boldsymbol{a}$ 反向；而当 $m=0$ 时，$m\boldsymbol{a}$ 为零向量，设 $a=(x,y,z)$，则 $m\boldsymbol{a}=(mx,my,mz)$.

2. 矢量的加法

平行四边形法则：将两矢量 $\boldsymbol{a},\boldsymbol{b}$ 的起点平移至 O 点处，以 $\boldsymbol{a},\boldsymbol{b}$ 为邻边作平行四边形，设 P 为 O 的对角顶点，则 $\overrightarrow{OP}$ 就是矢量 $\boldsymbol{a}$ 与 $\boldsymbol{b}$ 的和.

三角形法则：将矢量 $\boldsymbol{a},\boldsymbol{b}$ 首尾相接，则以第一个矢量的起点为起点，第二个矢量的终点为终点的矢量 $\boldsymbol{c}$，就是 $\boldsymbol{a}$ 与 $\boldsymbol{b}$ 的和矢量：

$$\boldsymbol{c}=\boldsymbol{a}+\boldsymbol{b}$$

3. 矢量的减法

将矢量$\boldsymbol{a}$,$\boldsymbol{b}$的起点平移至O点处，则以$\boldsymbol{a}$的终点为终点，$\boldsymbol{b}$的终点为起点的矢量就是$(\boldsymbol{a}-\boldsymbol{b})$，类似地可定义为$(\boldsymbol{b}-\boldsymbol{a})$.

设空间直角坐标系中有两个矢量：

$$\boldsymbol{a}=x_1\boldsymbol{i}+y_1\boldsymbol{j}+z_1\boldsymbol{k}=(x_1,y_1,z_1),$$

$$\boldsymbol{b}=x_2\boldsymbol{i}+y_2\boldsymbol{j}+z_2\boldsymbol{k}=(x_2,y_2,z_2),$$

则

$$\boldsymbol{a}\pm\boldsymbol{b}=(x_1\pm x_2,y_1\pm y_2,z_1\pm z_2).$$

例 4 用向量的方法证明：三角形的中位线平行于底且它的长度等于底边的一半.

思路点拨 只需证明表示中位线的向量与表示底边的向量方向相同，且前者长度是后者的一半即可.

证 设$\triangle ABC$中，D、E分别为AB、AC的中点. 因

$$\overrightarrow{AD}=\frac{1}{2}\overrightarrow{AB},\overrightarrow{EA}=\frac{1}{2}\overrightarrow{CA},$$

所以

$$\overrightarrow{ED}=\overrightarrow{EA}+\overrightarrow{AD}=\frac{1}{2}(\overrightarrow{CA}+\overrightarrow{AB})=\frac{1}{2}\overrightarrow{CB},$$

即

$$\overrightarrow{DE}=\frac{1}{2}\overrightarrow{BC}.$$

故$\overrightarrow{DE}/\!/\overrightarrow{BC}$且$|\overrightarrow{DE}|=\frac{1}{2}|\overrightarrow{BC}|$，结论得证.

现学现练 设空间四边形$ABCD$各边的中点依次是P、Q、R、S，证明：四边形$PQRS$是平行四边形.

课后习题全解

习题 8－1 全解

1. 解 $2\boldsymbol{u}-3\boldsymbol{v}=2(\boldsymbol{a}-\boldsymbol{b}+2\boldsymbol{c})-3(-\boldsymbol{a}+3\boldsymbol{b}-\boldsymbol{c})=5\boldsymbol{a}-11\boldsymbol{b}+7\boldsymbol{c}$.

2. 证 设四边形$ABCD$中AC与BD交于M(如图 8-3 所示)，且$\overrightarrow{AM}=\overrightarrow{MC}$，$\overrightarrow{DM}=\overrightarrow{MB}$，因为$\overrightarrow{AB}=\overrightarrow{AM}+\overrightarrow{MB}=\overrightarrow{MC}+\overrightarrow{DM}=\overrightarrow{DC}$，即$\overrightarrow{AB}/\!/\overrightarrow{CD}$且$|\overrightarrow{AB}|=|\overrightarrow{DC}|$，所以四边形$ABCD$是平行四边形.

3. 解 如图 8-4 所示：

由题意 $\overrightarrow{D_4D_3}=\overrightarrow{D_3D_2}=\overrightarrow{D_1B}=-\frac{1}{5}\overrightarrow{BC}=-\frac{1}{5}\boldsymbol{a}$;

$\overrightarrow{D_1A}=\overrightarrow{D_1B}+\overrightarrow{BA}=-\dfrac{1}{5}\boldsymbol{a}-\boldsymbol{c}$；

$\overrightarrow{D_2A}=\overrightarrow{D_2B}+\overrightarrow{BA}=-\dfrac{2}{5}\boldsymbol{a}-\boldsymbol{c}$；

$\overrightarrow{D_3A}=\overrightarrow{D_3B}+\overrightarrow{BA}=-\dfrac{3}{5}\boldsymbol{a}-\boldsymbol{c}$；$\overrightarrow{D_4A}=\overrightarrow{D_4B}+\overrightarrow{BA}$

$=-\dfrac{4}{5}\boldsymbol{a}-\boldsymbol{c}$.

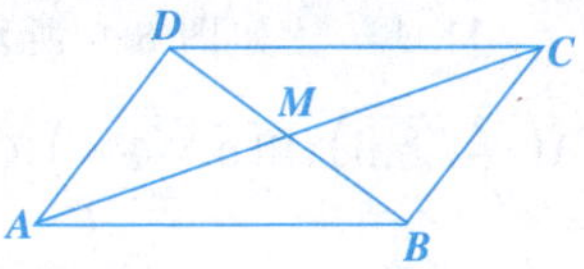

图 8-3

4. 分析　若已知 $M_1(a_1,a_2,a_3)$ 和 $M_2(b_1,b_2,b_3)$，

$\overrightarrow{M_1M_2}=(b_1-a_1,b_2-a_2,b_3-a_3)$.

解　$\overrightarrow{M_1M_2}=(1-0,-1-1,0-2)=(1,-2,-2)$；

$-2\overrightarrow{M_1M_2}=-2(1,-2,-2)=(-2,4,4)$.

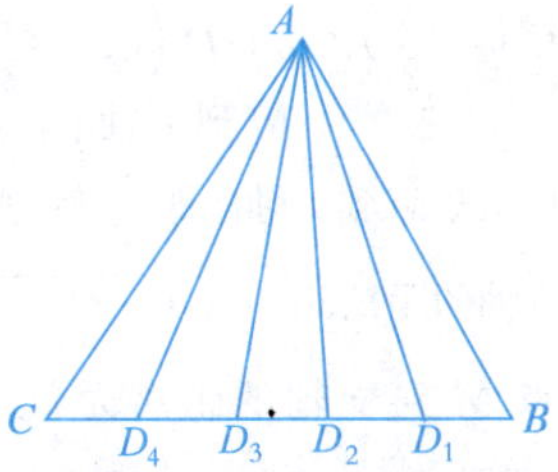

图 8-4

5. 分析　单位向量 $\mathbf{e}_a=\dfrac{\boldsymbol{a}}{|\boldsymbol{a}|}$.

解　$|\boldsymbol{a}|=\sqrt{6^2+7^2+(-6)^2}=11$.

故平行于向量 $\boldsymbol{a}$ 的单位向量为

$$\pm\frac{\boldsymbol{a}}{|\boldsymbol{a}|}=\pm\frac{\boldsymbol{a}}{11}=\pm\frac{1}{11}(6,7,-6)=\pm\left(\frac{6}{11},\frac{7}{11},-\frac{6}{11}\right).$$

6. 解　A 点在第 4 卦限；B 点在第 5 卦限；C 点在第 8 卦限；D 点在第 3 卦限.

7. 解　在 xOy 平面、xOz 平面以及 yOz 平面上的点的坐标分别具有如下形式：$(x,y,0)$，$(x,0,z)$ 以及 $(0,y,z)$，在 Ox、Oy、Oz 轴上的点的坐标分别为 $(x,0,0)$，$(0,y,0)$，$(0,0,z)$. A 在 xOy 平面上，B 在 yOz 平面上，C 在 x 轴上，D 在y 轴上.

8. 解　(1) 点 (a,b,c) 关于 xOy 面的对称点是 $(a,b,-c)$；

关于 yOz 面的对称点是 $(-a,b,c)$；

关于 zOx 面的对称点是 $(a,-b,c)$.

(2) 点 (a,b,c) 关于 x 轴的对称点是 $(a,-b,-c)$；

关于 y 轴的对称点是 $(-a,b,-c)$；

关于 z 轴的对称点是 $(-a,-b,c)$.

(3) 点 (a,b,c) 关于坐标原点的对称点是 $(-a,-b,-c)$.

9. 解　答案如图 8-5 所示.

10. 解　过 P_0 且平行于 z 轴的直线上的点有相同的横坐标 x_0 和相同的纵坐标 y_0，过 P_0 且平行 xOy 的平面上的点具有相同的竖坐标 z_0.

11. 解　如图 8-6 所示，各点的坐标

$A\left(\frac{\sqrt{2}}{2}a,0,0\right)$；$B\left(0,\frac{\sqrt{2}}{2}a,0\right)$；$C\left(-\frac{\sqrt{2}}{2}a,0,0\right)$；

$D\left(0,-\frac{\sqrt{2}}{2}a,0\right)$；$A'\left(\frac{\sqrt{2}}{2}a,0,a\right)$；

$B'\left(0,\frac{\sqrt{2}}{2}a,a\right)$；

$C'\left(-\frac{\sqrt{2}}{2}a,0,a\right)$；$D'\left(0,-\frac{\sqrt{2}}{2}a,a\right)$.

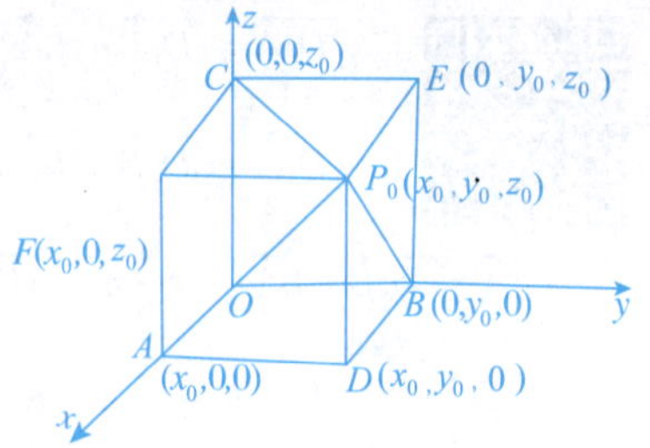

图 8-5

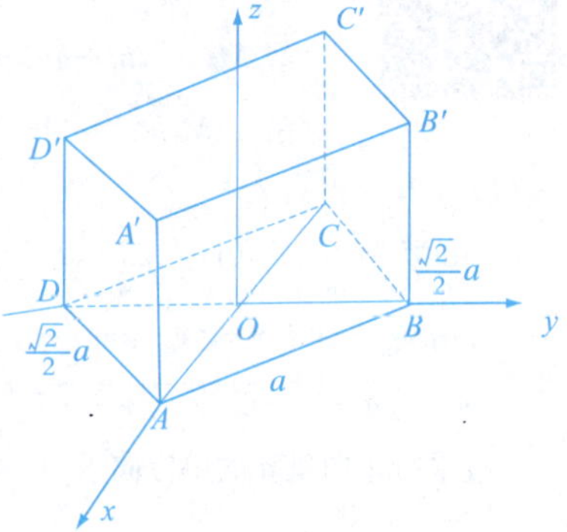

图 8-6

12. 解　M 到 x 轴上的投影 M' 为 $(4,0,0)$，故 M 到 x 轴的距离为 $|\overrightarrow{MM'}|$. 故点 M 到 x 轴的距离 $d_1=\sqrt{(-3)^2+5^2}=\sqrt{34}$，同理点 M 到 y 轴的距离为 $d_2=\sqrt{4^2+5^2}=\sqrt{41}$，点 M 到 z 轴的距离 $d_3=\sqrt{4^2+(-3)^2}=5$.

13. 解　设点 $P(0,y,z)$ 与 A、B、C 三点等距，

则　$|\overrightarrow{PA}|^2=3^2+(y-1)^2+(z-2)^2$

$|\overrightarrow{PB}|^2=4^2+(y+2)^2+(z+2)^2$

$|\overrightarrow{PC}|^2=(y-5)^2+(z-1)^2$.

因为 $|\overrightarrow{PA}|^2=|\overrightarrow{PC}|^2$，$|\overrightarrow{PB}|^2=|\overrightarrow{PC}|^2$，因而

$$\begin{cases}3^2+(y-1)^2+(z-2)^2=(y-5)^2+(z-1)^2\\4^2+(y+2)^2+(z+2)^2=(y-5)^2+(z-1)^2\end{cases},$$

解得 $\begin{cases}y=1\\z=-2\end{cases}$，故所求点为 $(0,1,-2)$.

14. 分析　要证三角形为等腰直角三角形，即证 $|\overrightarrow{AB}|$、$|\overrightarrow{AC}|$ 和 $|\overrightarrow{BC}|$ 满足勾股定理且其中两个向量的模相等，也可证 $\overrightarrow{AB}\cdot\overrightarrow{AC}=0$ 且 $|\overrightarrow{AB}|=|\overrightarrow{AC}|$.

证　因为 $|\overrightarrow{AB}|=\sqrt{(10-4)^2+(-1-1)^2+(6-9)^2}=7$

$|\overrightarrow{AC}|=\sqrt{(2-4)^2+(4-1)^2+(3-9)^2}=7$

$|\overrightarrow{BC}|=\sqrt{(10-2)^2+(-1-4)^2+(6-3)^2}=\sqrt{98}=7\sqrt{2}$

所以 $|\overrightarrow{BC}|^2=|\overrightarrow{AB}|^2+|\overrightarrow{AC}|^2$，$|\overrightarrow{AB}|=|\overrightarrow{AC}|$，从而 $\triangle ABC$ 为等腰直角三角形.

15. 解　$\overrightarrow{M_1M_2}=(3-4,0-\sqrt{2},2-1)=(-1,-\sqrt{2},1)$，

$|\overrightarrow{M_1M_2}|=\sqrt{(-1)^2+(-\sqrt{2})^2+1^2}=2.$

所以 $\cos\alpha=-\dfrac{1}{2},\cos\beta=-\dfrac{\sqrt{2}}{2}$，

$\cos\gamma=\dfrac{1}{2},\alpha=\dfrac{2}{3}\pi,\beta=\dfrac{3}{4}\pi,\gamma=\dfrac{\pi}{3}.$

16. 解　(1)$\cos\alpha=0$，则向量与 x 轴垂直、平行于 yOz 面；

(2)$\cos\beta=1$，则向量与 y 轴同向，垂直 zOx 面；

(3)$\cos\alpha=\cos\beta=0$，则向量既垂直于 x 轴，又垂直于 y 轴，即向量垂直于 xOy 面，亦即与 z 轴平行.

17. 分析　由投影的性质：$(a)_u=|a|\cos\varphi$，即 $\mathrm{Prj}_u a=|a|\cos\varphi$.

解　$\mathrm{Prj}_u\,\boldsymbol{r}=4\cdot\cos60^\circ=\dfrac{1}{2}\times4=2.$

18. 解　设 A 点坐标为 (x,y,z)，则 $\overrightarrow{AB}=\{2-x,-1-y,7-z\}$，由已知得

$$2-x=4,-1-y=-4,7-z=7,$$

所以

$$x=-2,y=3,z=0$$

故 A 点坐标为 $(-2,3,0)$.

19. 解　$\boldsymbol{a}=4(3\boldsymbol{i}+5\boldsymbol{j}+8\boldsymbol{k})+3(2\boldsymbol{i}-4\boldsymbol{j}-7\boldsymbol{k})-(5\boldsymbol{i}+\boldsymbol{j}-4\boldsymbol{k})=13\boldsymbol{i}+7\boldsymbol{j}+15\boldsymbol{k}$

故 $\boldsymbol{a}$ 在 x 轴上的投影为 13，在 y 轴上的分向量为 $7\boldsymbol{j}$.

第二节　数量积　向量积*混合积

知识要点及常考点

1. 数量积

设 $\boldsymbol{a}$ 和 $\boldsymbol{b}$ 是两个给定的向量，则 $\boldsymbol{a}\cdot\boldsymbol{b}=|\boldsymbol{a}|\cdot|\boldsymbol{b}|\cdot\cos\theta$，其中 θ 是 $\boldsymbol{a}$ 与 $\boldsymbol{b}$ 的夹角. 在空间直角坐标系下，若 $\boldsymbol{a}-(x_1,y_1,z_1),\boldsymbol{b}=(x_2,y_2,z_2)$，则 $\boldsymbol{a}\cdot\boldsymbol{b}=x_1x_2+y_1y_2+z_1z_2$.

注　① 向量的数量积也称为点积或内积. ② 向量·向量 = 数量.

2. 数量积的相关知识点

(1) 非零向量 $\boldsymbol{a}=(x_1,y_1,z_1),\boldsymbol{b}=(x_2,y_2,z_2)$，则非零向量 $\boldsymbol{a}$ 与 $\boldsymbol{b}$ 的夹角为 $(\widehat{\boldsymbol{a},\boldsymbol{b}})$，可通过 $\cos(\widehat{\boldsymbol{a},\boldsymbol{b}})=\dfrac{\boldsymbol{a}\cdot\boldsymbol{b}}{|\boldsymbol{a}|\cdot|\boldsymbol{b}|}=\dfrac{x_1x_2+y_1y_2+z_1z_2}{\sqrt{x_1^2+y_1^2+z_1^2}\sqrt{x_2^2+y_2^2+z_2^2}}$ 计算得出，上

式又可理解为两个单位向量$\frac{\boldsymbol{a}}{|\boldsymbol{a}|}$、$\frac{\boldsymbol{b}}{|\boldsymbol{b}|}$的数量积，即

$$\cos(\widehat{\boldsymbol{a},\boldsymbol{b}})=\frac{\boldsymbol{a}}{|\boldsymbol{a}|}\cdot\frac{\boldsymbol{b}}{|\boldsymbol{b}|}=\boldsymbol{a}^0\cdot\boldsymbol{b}^0.$$

(2) 向量 $\boldsymbol{a}$ 在向量 $\boldsymbol{b}$ 上的投影为

$$\mathrm{Prj}_b\boldsymbol{a}=|\boldsymbol{a}|\cdot\cos(\widehat{\boldsymbol{a},\boldsymbol{b}})=\frac{\boldsymbol{a}\cdot\boldsymbol{b}}{|\boldsymbol{b}|}=\boldsymbol{a}\cdot\boldsymbol{b}^0,$$

即 $\boldsymbol{a}$ 与单位向量 $\boldsymbol{b}^0$ 的数量积表示 $\boldsymbol{a}$ 在 $\boldsymbol{b}^0$ 方向的投影.

(3) 用数量积表示向量的模：$|\boldsymbol{a}|=\sqrt{\boldsymbol{a}\cdot\boldsymbol{a}}$.

(4) 数量积提供了判断两个向量是否垂直的依据：

$$\boldsymbol{a}\perp\boldsymbol{b}\Leftrightarrow\boldsymbol{a}\cdot\boldsymbol{b}=0\Leftrightarrow x_1x_2+y_1y_2+z_1z_2=0.$$

(5) 用投影可以表示向量的数量积：

$$\boldsymbol{a}\cdot\boldsymbol{b}=|\boldsymbol{b}|\,\mathrm{Prj}_b\boldsymbol{a}=|\boldsymbol{a}|\,\mathrm{Prj}_a\boldsymbol{b}.$$

(6) 数量积满足下列运算规律：

交换律：$\boldsymbol{a}\cdot\boldsymbol{b}=\boldsymbol{b}\cdot\boldsymbol{a}$.

分配律：$(\boldsymbol{a}+\boldsymbol{b})\cdot\boldsymbol{c}=\boldsymbol{a}\cdot\boldsymbol{c}+\boldsymbol{b}\cdot\boldsymbol{c}$.

结合律：$(\lambda\boldsymbol{a})\cdot\boldsymbol{b}=\lambda(\boldsymbol{a}\cdot\boldsymbol{b})$，其中 λ 为实数.

3. 向量积

两向量 $\boldsymbol{a}$、$\boldsymbol{b}$ 的向量积是一个新的向量 $\boldsymbol{a}\times\boldsymbol{b}$，其模为 $|\boldsymbol{a}|\cdot|\boldsymbol{b}|\cdot\sin(\widehat{\boldsymbol{a},\boldsymbol{b}})$，方向垂直于 $\boldsymbol{a}$ 且垂直于 $\boldsymbol{b}$，并且 $\boldsymbol{a}$、$\boldsymbol{b}$、$\boldsymbol{a}\times\boldsymbol{b}$ 可构成右手系.

注　向量的向量积也称为叉积或外积.

4. 向量积的相关知识点

(1) 向量积的坐标表示

设 $\boldsymbol{a}=(x_1,y_1,z_1)$，$\boldsymbol{b}=(x_2,y_2,z_2)$，

则 $$\boldsymbol{a}\times\boldsymbol{b}=\begin{vmatrix}\boldsymbol{i}&\boldsymbol{j}&\boldsymbol{k}\\x_1&y_1&z_1\\x_2&y_2&z_2\end{vmatrix}=\begin{vmatrix}y_1&z_1\\y_2&z_2\end{vmatrix}\boldsymbol{i}-\begin{vmatrix}x_1&z_1\\x_2&z_2\end{vmatrix}\boldsymbol{j}+\begin{vmatrix}x_1&y_1\\x_2&y_2\end{vmatrix}\boldsymbol{k}$$

(2) 向量积提供了判断两向量是否平行(共线)的依据：$\boldsymbol{a}\parallel\boldsymbol{b}\Leftrightarrow\boldsymbol{a}\times\boldsymbol{b}=\vec{0}\Leftrightarrow\frac{x_1}{x_2}=\frac{y_1}{y_2}=\frac{z_1}{z_2}$.

(3) 向量积满足下列运算规律：

反交换律：$\boldsymbol{b}\times\boldsymbol{a}=-\boldsymbol{a}\times\boldsymbol{b}$.

分配律：$(\boldsymbol{a}+\boldsymbol{b})\times\boldsymbol{c}=\boldsymbol{a}\times\boldsymbol{c}+\boldsymbol{b}\times\boldsymbol{c}$.

结合律：$(\lambda\boldsymbol{a})\times\boldsymbol{b}=\boldsymbol{a}\times(\lambda\boldsymbol{b})=\lambda(\boldsymbol{a}\times\boldsymbol{b})$（$\lambda$ 为实数）.

(4) 向量积的引入为我们提供了刻画两向量公垂线方向的数学工具. $\boldsymbol{a}\times\boldsymbol{b}$ 的方向就是既与 $\boldsymbol{a}$ 垂直又与 $\boldsymbol{b}$ 垂直的公垂线方向，即 $\boldsymbol{a}\times\boldsymbol{b}$ 垂直于 a 和 b 所确定的平面.

5. 混合积

三向量 $\boldsymbol{a},\boldsymbol{b},\boldsymbol{c}$ 的混合乘法运算 $(\boldsymbol{a}\times\boldsymbol{b})\cdot\boldsymbol{c}$ 可称为 $\boldsymbol{a},\boldsymbol{b},\boldsymbol{c}$ 的混合积，记为 $[\boldsymbol{abc}]$. 在空间直角坐标系下，设 $\boldsymbol{a}=(x_1,y_1,z_1)$，$\boldsymbol{b}=(x_2,y_2,z_2)$，$\boldsymbol{c}=(x_3,y_3,z_3)$，则

$$[\boldsymbol{abc}]=\begin{vmatrix} x_1 & y_1 & z_1 \\ x_2 & y_2 & z_2 \\ x_3 & y_3 & z_3 \end{vmatrix}.$$

(1) 根据行列式的运算性质，得到混合积的交换法则：

$$[\boldsymbol{abc}]=[\boldsymbol{cab}]=[\boldsymbol{bca}].$$

(2) 三个向量共面的条件：

向量 $\boldsymbol{a},\boldsymbol{b},\boldsymbol{c}$ 共面的充分必要条件是 $[\boldsymbol{abc}]=\begin{vmatrix} a_x & a_y & a_z \\ b_x & b_y & b_z \\ c_x & c_y & c_z \end{vmatrix}=0$.

本节考研要求

1. 掌握向量的数量积、向量积、混合积，并能用坐标表达式进行运算.

2. 了解两个向量垂直、平行的条件.

题型、真题、方法

题型 1　有关向量的数量积、向量积与混合积的定义和性质等问题

题型分析　证明两向量 $\boldsymbol{a}$ 和 $\boldsymbol{b}$ 共线的方法

(1) $\boldsymbol{a}=(a_1,a_2,a_3)$，$\boldsymbol{b}=(b_1,b_2,b_3)$，证明存在 $\lambda\neq0$ 使 $\boldsymbol{a}=\lambda\boldsymbol{b}$;.

(2) 证明：$\dfrac{a_1}{b_1}=\dfrac{a_2}{b_2}=\dfrac{a_3}{b_3}$;

(3) $\boldsymbol{a}\times\boldsymbol{b}=\boldsymbol{0}$.

例 1　设未知向量 $\boldsymbol{x}$ 与 $\boldsymbol{a}=2\boldsymbol{i}-\boldsymbol{j}+2\boldsymbol{k}$ 共线，且满足 $\boldsymbol{a}\cdot\boldsymbol{x}=-18$，求 $\boldsymbol{x}$.

思路点拨　$\boldsymbol{x}$ 与 $\boldsymbol{a}$ 共线 $\Leftrightarrow\boldsymbol{x}=\lambda\boldsymbol{a}$.

解　**解法一**：由于 $\boldsymbol{x}$ 与 $\boldsymbol{a}$ 共线，故设 $\boldsymbol{x}=\lambda\boldsymbol{a}=(2\lambda,-\lambda,2\lambda)$. 因

$$\boldsymbol{a}\cdot\boldsymbol{x}=(2,-1,2)\cdot(2\lambda,-\lambda,2\lambda)$$

$= 2 \cdot 2\lambda - 1 \cdot (-\lambda) + 2 \cdot 2\lambda$

$= 9\lambda = -18$，

所以 $\lambda = -2$，故 $\boldsymbol{x} = (-4, 2, -4)$.

解法二：由于 $\boldsymbol{x}$ 与 $\boldsymbol{a}$ 共线，故可设 $\boldsymbol{x} = \lambda\boldsymbol{a}$，则

$$\boldsymbol{a} \cdot \boldsymbol{x} = \boldsymbol{a} \cdot (\lambda\boldsymbol{a}) = \lambda(\boldsymbol{a} \cdot \boldsymbol{a}) = \lambda |\boldsymbol{a}|^2$$
$$= \lambda[2^2 + (-1)^2 + 2^2] = 9\lambda = -18,$$

所以 $\lambda = -2$. 故 $\boldsymbol{x} = (-4, 2, -4)$.

现学现练　已知 $|\boldsymbol{a}| = 6$，$|\boldsymbol{b}| = 3$，$|\boldsymbol{c}| = 3$，$(\widehat{\boldsymbol{a},\boldsymbol{b}}) = \frac{\pi}{6}$，$\boldsymbol{c} \perp \boldsymbol{a}$，$\boldsymbol{c} \perp \boldsymbol{b}$，求 $[\boldsymbol{abc}]$.（±27）

题型 2　数量积、向量积、混合积的运算问题

题型分析　数量积、向量积、混合积的运算性质的考查与应用.

例 2　设 $(\boldsymbol{a} \times \boldsymbol{b}) \cdot \boldsymbol{c} = 2$，则 $[\boldsymbol{a} + \boldsymbol{b}] \times (\boldsymbol{b} + \boldsymbol{c}) \cdot (\boldsymbol{c} + \boldsymbol{a}) =$ ______.（　　）

思路点拨　先用叉积对加法的分配律，再用点积对加法的分配律.

解　由叉积对加法的分配律得

$[(\boldsymbol{a} + \boldsymbol{b}) \times (\boldsymbol{b} + \boldsymbol{c})] \cdot (\boldsymbol{c} + \boldsymbol{a}) = [(\boldsymbol{a} \times \boldsymbol{b}) + (\boldsymbol{a} \times \boldsymbol{c}) + (\boldsymbol{b} \times \boldsymbol{b}) + (\boldsymbol{b} \times \boldsymbol{c})] \cdot (\boldsymbol{c} + \boldsymbol{a})$，

其中 $\boldsymbol{b} \times \boldsymbol{b} = 0$.

再由点积对加法的分配律得

原式 $= (\boldsymbol{a} \times \boldsymbol{b}) \cdot \boldsymbol{c} + (\boldsymbol{a} \times \boldsymbol{b}) \cdot \boldsymbol{a} + (\boldsymbol{a} \times \boldsymbol{c}) \cdot \boldsymbol{c} + (\boldsymbol{a} \times \boldsymbol{c}) \cdot \boldsymbol{a} + (\boldsymbol{b} \times \boldsymbol{c}) \cdot \boldsymbol{c} + (\boldsymbol{b} \times \boldsymbol{c}) \cdot \boldsymbol{a}$.

由混合积的性质，若 $\boldsymbol{a}, \boldsymbol{b}, \boldsymbol{c}$ 中有两个相同，则 $(\boldsymbol{a} \times \boldsymbol{b}) \cdot \boldsymbol{c} = 0$，且 $(\boldsymbol{a} \times \boldsymbol{b}) \cdot \boldsymbol{c}$ 中相邻两向量互换，混合积变号，从而原式 $= 2(\boldsymbol{a} \times \boldsymbol{b}) \cdot \boldsymbol{c} = 4$. 故应填 4.

现学现练　化简：$(2\boldsymbol{a} + \boldsymbol{b}) \times (\boldsymbol{c} - \boldsymbol{a}) + (\boldsymbol{b} + \boldsymbol{c}) \times (\boldsymbol{a} + \boldsymbol{b})$.（$\boldsymbol{a} \times \boldsymbol{c}$）.

题型 3　利用数量积、向量积及混合积求解几何问题

题型分析　涉及向量的平行关系时，主要是应用 $\boldsymbol{a} /\!/ \boldsymbol{b} \Leftrightarrow \boldsymbol{a} \times \boldsymbol{b} = 0 \Leftrightarrow \frac{x_1}{x_2} = \frac{y_1}{y_2} = \frac{z_1}{z_2}$；涉及向量的垂直关系时，主要是应用 $\boldsymbol{a} \perp \boldsymbol{b} \Leftrightarrow \boldsymbol{a} \cdot \boldsymbol{b} = 0 \Leftrightarrow x_1x_2 + y_1y_2 + z_1z_2 = 0$；而涉及向量的角度关系时，应从关系式 $\cos\theta = \frac{\boldsymbol{a} \cdot \boldsymbol{b}}{|\boldsymbol{a}||\boldsymbol{b}|}$ 和 $\sin\theta = \frac{\boldsymbol{a} \times \boldsymbol{b}}{|\boldsymbol{a}||\boldsymbol{b}|}$ 中依题选

取适用的公式来解决问题.

例 3　已知 $\boldsymbol{a}=\boldsymbol{i},\boldsymbol{b}=\boldsymbol{j}-2\boldsymbol{k},\boldsymbol{c}=2\boldsymbol{i}-2\boldsymbol{j}+\boldsymbol{k}$. 求一单位向量 $\boldsymbol{m}$,使得 $\boldsymbol{m}\perp\boldsymbol{c}$ 且 $\boldsymbol{m}$ 与 $\boldsymbol{a}$、$\boldsymbol{b}$ 共面.

思路点拨　根据向量垂直、共面等条件转化为向量的各种运算问题.

解　设所求向量 $\boldsymbol{m}=(x,y,z)$,依题意有:

由 $|\boldsymbol{m}|=1$,可知 $x^2+y^2+z^2=1$.

由 $\boldsymbol{m}\perp\boldsymbol{c}=0$,可知 $\boldsymbol{m}\cdot\boldsymbol{c}=0$ 则 $2x-2y+z=0$. ①

又由已知 $\boldsymbol{m}$ 与 $\boldsymbol{a}$,$\boldsymbol{b}$ 共面,所以 $[\boldsymbol{mab}]=0$. ②

即
$$\begin{vmatrix} x & y & z \\ 1 & 0 & 0 \\ 0 & 1 & -2 \end{vmatrix}=2y+z=0. \quad ③$$

联立 ①②③ 可得 $x=\dfrac{2}{3},y=\dfrac{1}{3},z=-\dfrac{2}{3}$. 或

$$x=-\frac{2}{3},y=-\frac{1}{3},z=\frac{2}{3}.$$

所以

$$\boldsymbol{m}=\pm\left(\frac{2}{3},\frac{1}{3},-\frac{2}{3}\right).$$

例 4　若矢量 $\boldsymbol{a}+3\boldsymbol{b}$ 垂直于 $7\boldsymbol{a}-5\boldsymbol{b}$,且矢量 $\boldsymbol{a}-4\boldsymbol{b}$ 垂直于 $7\boldsymbol{a}-2\boldsymbol{b}$,求 $\boldsymbol{a}$ 与 $\boldsymbol{b}$ 的夹角.

思路点拨　利用数量积的性质.

解　由题设可知

$$\begin{cases}(\boldsymbol{a}+3\boldsymbol{b})\cdot(7\boldsymbol{a}-5\boldsymbol{b})=0\\(\boldsymbol{a}-4\boldsymbol{b})\cdot(7\boldsymbol{a}-2\boldsymbol{b})=0\end{cases}\Rightarrow\begin{cases}7=|\boldsymbol{a}|^2+16\boldsymbol{a}\cdot\boldsymbol{b}-15|\boldsymbol{b}|^2=0\\7|\boldsymbol{a}|^2-30\boldsymbol{a}\cdot\boldsymbol{b}+8|\boldsymbol{b}|^2=0\end{cases}, \quad ④$$

$\Rightarrow 46\boldsymbol{a}\cdot\boldsymbol{b}=23|\boldsymbol{b}|^2\Rightarrow 2\boldsymbol{a}\cdot\boldsymbol{b}=|\boldsymbol{b}|^2$, ⑤

把 ⑤ 代入 ④,得 $|\boldsymbol{a}|=|\boldsymbol{b}|$,又 $\cos(\widehat{\boldsymbol{a},\boldsymbol{b}})=\dfrac{\boldsymbol{a}\cdot\boldsymbol{b}}{|\boldsymbol{a}||\boldsymbol{b}|}=\dfrac{\frac{1}{2}|\boldsymbol{b}|^2}{|\boldsymbol{b}^2|}=\dfrac{1}{2}$,故

$$(\widehat{\boldsymbol{a},\boldsymbol{b}})=\arccos\frac{1}{2}=\frac{\pi}{3}.$$

现学现练　试证:若 $\boldsymbol{a}\times\boldsymbol{b}+\boldsymbol{b}\times\boldsymbol{c}+\boldsymbol{c}\times\boldsymbol{a}=0$,则矢量 $\boldsymbol{a}$、$\boldsymbol{b}$、$\boldsymbol{c}$ 共面.

题型 4　利用向量的几何意义求面积、体积

题型分析　以向量 $\boldsymbol{a}$,$\boldsymbol{b}$ 为邻边的平行四边形的面积 $S=|\boldsymbol{a}\times\boldsymbol{b}|$;而以向量 $\boldsymbol{a}$,$\boldsymbol{b}$

为邻边的三角形的面积 $S=\frac{1}{2}|\boldsymbol{a}\times\boldsymbol{b}|$；而以向量 $\boldsymbol{a},\boldsymbol{b},\boldsymbol{c}$ 为三个棱的平行六面体的体积 $V=|[\boldsymbol{abc}]|$.

例 5　已知三角形三个顶点坐标是 $A(2,-1,3)$，$B(1,2,3)$，$C(0,1,4)$，求 $\triangle ABC$ 的面积.

思路点拨　以向量 $\boldsymbol{a}$、$\boldsymbol{b}$ 为邻边的三角形面积 $S=\frac{1}{2}|\boldsymbol{a}\times\boldsymbol{b}|$.

解　由向量积的定义，可知 $\triangle ABC$ 的面积为

$$S_{\triangle ABC}=\frac{1}{2}|\overrightarrow{AB}|\cdot|\overrightarrow{AC}|\cdot\sin\angle A=\frac{1}{2}|\overrightarrow{AB}\times|\overrightarrow{AC}|.$$

由于 $\overrightarrow{AB}=(-1,3,0)$，$\overrightarrow{AC}(-2,2,1)$，因此

$$\overrightarrow{AB}\times\overrightarrow{AC}=\begin{vmatrix}\boldsymbol{i}&\boldsymbol{j}&\boldsymbol{k}\\-1&3&0\\-2&2&1\end{vmatrix}=3\boldsymbol{i}+\boldsymbol{j}+4\boldsymbol{k}.$$

故

$$S_{\triangle ABC}=\frac{1}{2}|3\boldsymbol{i}+\boldsymbol{j}+4\boldsymbol{k}|=\frac{1}{2}\sqrt{3^2+1^2+4^2}=\frac{\sqrt{26}}{2}.$$

例 6　设向量 $\boldsymbol{a}=\boldsymbol{i}+2\boldsymbol{j}+3\boldsymbol{k}$，$\boldsymbol{b}=2\boldsymbol{i}-\boldsymbol{j}-\boldsymbol{k}$.

(1) 求向量 $\boldsymbol{a}$、$\boldsymbol{b}$ 的方向余弦；

(2) 求向量 $\boldsymbol{a}$ 在 $\boldsymbol{b}$ 上的投影；

(3) 若 $|\boldsymbol{c}|=3$，求向量 $\boldsymbol{c}$，使得三个向量 $\boldsymbol{a}$、$\boldsymbol{b}$、$\boldsymbol{c}$ 构成的平行六面体的体积最大.

解　(1) $|\boldsymbol{a}|=\sqrt{1+4+9}=\sqrt{14}$，$|\boldsymbol{b}|=\sqrt{4+(-1)^2+(-1)^2}=\sqrt{6}$，所以

对 $\boldsymbol{a}$，有方向余弦 $\cos\alpha=\frac{\sqrt{14}}{14}$，$\cos\beta=\frac{\sqrt{14}}{7}$，$\cos\gamma=\frac{3\sqrt{14}}{14}$；

对 $\boldsymbol{b}$，有方向余弦 $\cos\alpha=\frac{\sqrt{6}}{3}$，$\cos\beta=-\frac{\sqrt{6}}{6}$，$\cos\gamma=-\frac{\sqrt{6}}{6}$.

(2) $\mathrm{Prj}_{\boldsymbol{b}}\boldsymbol{a}=\frac{\boldsymbol{a}\cdot\boldsymbol{b}}{|\boldsymbol{b}|}=\frac{1\times2-2\times1-3\times1}{\sqrt{6}}=-\frac{\sqrt{6}}{2}$.

(3) 要使平行六面体的体积最大，向量必须垂直于由 $\boldsymbol{a}$、$\boldsymbol{b}$ 构成的平行四边形，即 $\boldsymbol{c}$ 是 $\boldsymbol{a}\times\boldsymbol{b}$ 的倍数.

$$\boldsymbol{a}\times\boldsymbol{b}=\begin{vmatrix}\boldsymbol{i}&\boldsymbol{j}&\boldsymbol{k}\\1&2&3\\2&-1&-1\end{vmatrix}=\boldsymbol{i}+7\boldsymbol{j}-5\boldsymbol{k}=(1,7,-5).$$

故设 $\boldsymbol{c}=\lambda(\boldsymbol{a}\times\boldsymbol{b})=(\lambda,7\lambda,-5\lambda)$，又由于 $|\boldsymbol{c}|=3$，即

$$|\boldsymbol{c}|=|\lambda|\sqrt{1+7^2+(-5)^2}=3\Rightarrow\lambda=\pm\frac{\sqrt{3}}{5}.$$

从而 $\boldsymbol{c}=\left(\pm\frac{\sqrt{3}}{5},\pm\frac{7\sqrt{3}}{5},\mp\sqrt{3}\right)$.

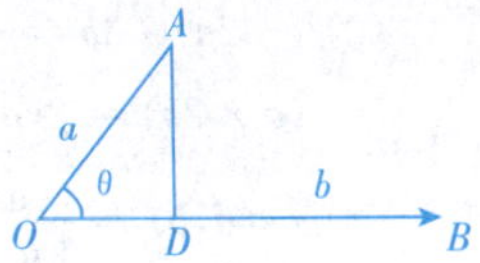

图 8-7

现学现练　已知矢量 $\overrightarrow{OA}=\boldsymbol{a}$，$\overrightarrow{OB}=\boldsymbol{b}$. $\angle ODA=\frac{\pi}{2}$，如图 8-7 所示.

求证：$\triangle ODA$ 的面积等于 $\frac{|\boldsymbol{a}\cdot\boldsymbol{b}||\boldsymbol{a}\times\boldsymbol{b}|}{2|\boldsymbol{b}|^2}$.

题型 5　以向量为工具的证明题

题型分析　若与正弦有关，首先考虑向量积，若与余弦有关则首先考虑数量积.

例 7　试用向量法证明正弦定理：$\frac{a}{\sin A}=\frac{b}{\sin B}=\frac{c}{\sin C}$.

思路点拨　由于正弦定理涉及三角形的边与夹角，且是夹角的正弦，使我们想到用弦运算的向量积求解.

证　在 $\triangle ABC$ 中，$(\overrightarrow{AC}+\overrightarrow{CB})\times\overrightarrow{AB}=\boldsymbol{0}$，故

$$\overrightarrow{AC}\times\overrightarrow{AB}=-\overrightarrow{CB}\times\overrightarrow{AB}=-\overrightarrow{BC}\times\overrightarrow{BA}=\overrightarrow{BA}\times\overrightarrow{BC}.$$

两边取向量的模，有

$$|\overrightarrow{AC}\times\overrightarrow{AB}|=bc\sin A=|\overrightarrow{BA}\times\overrightarrow{BC}|=ca\sin B,$$

由此得到 $\frac{a}{\sin A}=\frac{b}{\sin B}$，同理 $\frac{a}{\sin A}=\frac{c}{\sin C}$.

所以在 $\triangle ABC$ 中，有 $\frac{a}{\sin A}=\frac{b}{\sin B}=\frac{c}{\sin C}$.

现学现练　证明：三角形的三条高线交于一点.

课后习题全解

习题 8—2 全解

1. **分析**　(3) 夹角的余弦 $\cos(\widehat{\boldsymbol{a},\boldsymbol{b}})$ 满足 $\boldsymbol{a}\cdot\boldsymbol{b}=|\boldsymbol{a}||\boldsymbol{b}|\cos\theta$.

解　(1) $\boldsymbol{a}\cdot\boldsymbol{b}=3\times1+(-1)\times2+(-2)\times(-1)=3$

$$\boldsymbol{a}\times\boldsymbol{b}=\begin{vmatrix}\boldsymbol{i}&\boldsymbol{j}&\boldsymbol{k}\\3&-1&-2\\1&2&-1\end{vmatrix}=5\boldsymbol{i}+\boldsymbol{j}+7\boldsymbol{k};$$

(2) $(-2\boldsymbol{a})\cdot 3\boldsymbol{b}=-6(\boldsymbol{a}\cdot\boldsymbol{b})=-6\times 3=-18$,

$(\boldsymbol{a}\times 2\boldsymbol{b})=2(\boldsymbol{a}\times\boldsymbol{b})=2(5\boldsymbol{i}+\boldsymbol{j}+7\boldsymbol{k})=10\boldsymbol{i}+2\boldsymbol{j}+14\boldsymbol{k}$;

(3) $\cos(\widehat{\boldsymbol{a},\boldsymbol{b}})=\dfrac{\boldsymbol{a}\cdot\boldsymbol{b}}{|\boldsymbol{a}||\boldsymbol{b}|}=\dfrac{3}{\sqrt{14}\times\sqrt{6}}=\dfrac{3}{2\sqrt{21}}$.

2. 解　因为 $\boldsymbol{a}+\boldsymbol{b}+\boldsymbol{c}=\boldsymbol{0}$,所以 $\boldsymbol{a}+\boldsymbol{b}=-\boldsymbol{c}$,

从而 $\boldsymbol{b}\cdot\boldsymbol{c}+\boldsymbol{c}\cdot\boldsymbol{a}\xlongequal{\text{交换律}}\boldsymbol{c}\cdot\boldsymbol{b}+\boldsymbol{c}\cdot\boldsymbol{a}=\boldsymbol{c}\cdot(\boldsymbol{b}+\boldsymbol{a})=\boldsymbol{c}\cdot(-\boldsymbol{c})$

$=\boldsymbol{c}\cdot\boldsymbol{c}=-1$.

同样　$\boldsymbol{c}\cdot\boldsymbol{a}+\boldsymbol{a}\cdot\boldsymbol{b}=-1,\boldsymbol{a}\cdot\boldsymbol{b}+\boldsymbol{b}\cdot\boldsymbol{c}=-1$,

于是　$2(\boldsymbol{a}\cdot\boldsymbol{b}+\boldsymbol{b}\cdot\boldsymbol{c}+\boldsymbol{c}\cdot\boldsymbol{a})=-3$.

故　$\boldsymbol{a}\cdot\boldsymbol{b}+\boldsymbol{b}\cdot\boldsymbol{c}+\boldsymbol{c}\cdot\boldsymbol{a}=-\dfrac{3}{2}$.

3. 分析　设 $\boldsymbol{a}=\overrightarrow{M_1M_2},\boldsymbol{b}=\overrightarrow{M_2M_3}$,由右手定则和 $\boldsymbol{a},\boldsymbol{b}$ 同时垂直的向量为 $\boldsymbol{a}\times\boldsymbol{b}$.

解　$\overrightarrow{M_1M_2}=(2,4,-1),\overrightarrow{M_2M_3}=(0,-2,2)$,

$$\boldsymbol{a}=\overrightarrow{M_1M_2}\times\overrightarrow{M_2M_3}=\begin{vmatrix}\boldsymbol{i}&\boldsymbol{j}&\boldsymbol{k}\\2&4&-1\\0&-2&2\end{vmatrix}=6\boldsymbol{i}-4\boldsymbol{j}-4\boldsymbol{k}.$$

由向量积的定义知

$$\pm\frac{\boldsymbol{a}}{|\boldsymbol{a}|}=\pm\frac{1}{\sqrt{6^2+(-4)^2+(-4)^2}}(6,-4,-4)$$

$$=\pm\left(\frac{6}{2\sqrt{17}},-\frac{4}{2\sqrt{17}},-\frac{4}{2\sqrt{17}}\right)$$

$$=\pm\left(\frac{3}{\sqrt{17}},-\frac{2}{\sqrt{17}},-\frac{2}{\sqrt{17}}\right)$$ 即为所求单位向量.

4. 解　$W=\boldsymbol{F}\cdot\boldsymbol{s}=(0,0,-100\times 9.8)\cdot\overrightarrow{M_1M_2}$

$=(0,0,-980)\cdot(-2,3,-6)=5880(\mathrm{J})$.

5. 解　建立坐标系如图 8-8 所示. $\boldsymbol{F}_1=(|\boldsymbol{F}_1|\cos\theta_1,|\boldsymbol{F}_1|\sin\theta_1,0)$,

$\boldsymbol{F}_2=(-|\boldsymbol{F}_2|\cos\theta_2,|\boldsymbol{F}_2|\sin\theta_2,0)$,

$\overrightarrow{OP_1}=(x_1,0,0),\overrightarrow{OP_2}=(-x_2,0,0)$,

由杠杆原理,杠杆保持平衡的条件是 $\overrightarrow{OP_1}\times\boldsymbol{F}_1+\overrightarrow{OP_2}\times\boldsymbol{F}_2=0$,

即 $\{0,0,x_1|\boldsymbol{F}_1|\sin\theta_1-x_2|\boldsymbol{F}_2|\sin\theta_2\}=0$.

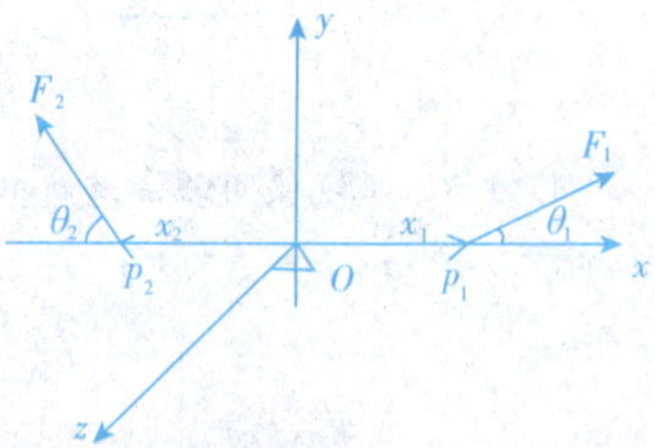

图 8-8

亦即

$$x_1\mid \boldsymbol{F}_1\mid \sin\theta_1 = x_2\mid \boldsymbol{F}_2\mid \sin\theta_2.$$

6. 分析　由投影的性质 $\mathrm{Prj}_b\boldsymbol{a} = \mid\boldsymbol{a}\mid\cos\varphi$，$\varphi$ 为 $\boldsymbol{a},\boldsymbol{b}$ 间的夹角.

于是　$\mathrm{Prj}_b\boldsymbol{a} = \mid\boldsymbol{a}\mid\dfrac{\mid\boldsymbol{a}\cdot\boldsymbol{b}}{\mid\boldsymbol{a}\mid\cdot\mid\boldsymbol{b}\mid}$.

解　$\mathrm{Prj}_b\boldsymbol{a} = \mid\boldsymbol{a}\mid\cos(\widehat{\boldsymbol{a},\boldsymbol{b}}) = \mid\boldsymbol{a}\mid\cdot\dfrac{\boldsymbol{a}\cdot\boldsymbol{b}}{\mid\boldsymbol{a}\mid\cdot\mid\boldsymbol{b}\mid} = \dfrac{\boldsymbol{a}\cdot\boldsymbol{b}}{\mid\boldsymbol{b}\mid}$

$$= \frac{8-6+4}{\sqrt{2^2+2^2+1}} = 2.$$

7. 解　$\lambda\boldsymbol{a}+\mu\boldsymbol{b}$ 与 z 轴垂直的充要条件为 $(\lambda\boldsymbol{a}+\mu\boldsymbol{b})\cdot(0,0,1)=0$，

而　$\lambda\boldsymbol{a}+\mu\boldsymbol{b} = (3\lambda,5\lambda,-2\lambda)+(2\mu,\mu,4\mu)$

$$= (3\lambda+2\mu,5\lambda+\mu,4\mu-2\lambda)$$

所以　$(3\lambda+2\mu,5\lambda+\mu,-2\lambda+4\mu)\cdot(0,0,1)=0$

即　$-2\lambda+4\mu=0,\lambda=2\mu$，

故当且仅当 $\lambda=2\mu$ 时，$\lambda\boldsymbol{a}+\mu\boldsymbol{b}$ 与 z 轴垂直.

8. 证　设 AB 是圆 O 的直径，C 点在圆周上，要证 $\angle C=90°$，只需证 $\overrightarrow{AC}\cdot\overrightarrow{BC}=0$. 如图 8-9 所示.

$$\begin{aligned}\overrightarrow{AC}\cdot\overrightarrow{BC} &= (\overrightarrow{AO}+\overrightarrow{OC})\cdot(\overrightarrow{BO}+\overrightarrow{OC})\\ &= (\overrightarrow{AO}+\overrightarrow{OC})\cdot(\overrightarrow{OC}-\overrightarrow{OB})\\ &= (\overrightarrow{AO}+\overrightarrow{OC})\cdot(\overrightarrow{OC}-\overrightarrow{AO})\\ &= \overrightarrow{OC}^2-\overrightarrow{AO}^2\\ &= \mid\overrightarrow{OC}^2\mid-\mid\overrightarrow{AO}\mid^2 = 0\end{aligned}$$

故 $\overrightarrow{AC}\perp\overrightarrow{BC}$，$\angle C=90°$.

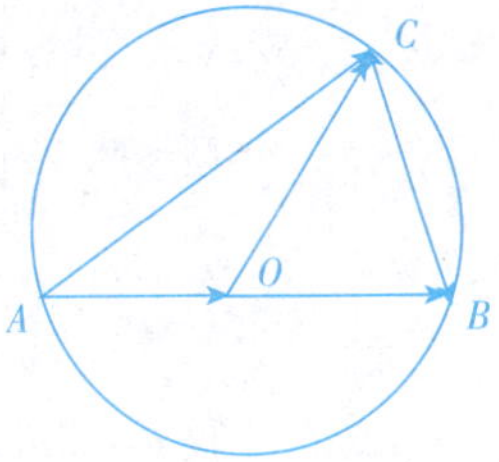

图 8-9

9. 解　(1) $(\boldsymbol{a}\cdot\boldsymbol{b})\boldsymbol{c}-(\boldsymbol{a}\cdot\boldsymbol{c})\boldsymbol{b} = [2\times1+(-3)(-1)+1\times3](\boldsymbol{i}-2\boldsymbol{j})-[2\times1+(-3)\times(-2)](\boldsymbol{i}-\boldsymbol{j}+3\boldsymbol{k}) = -8\boldsymbol{j}-24\boldsymbol{k}$；

(2) $\boldsymbol{a}+\boldsymbol{b}=3\boldsymbol{i}-4\boldsymbol{j}+4\boldsymbol{k}$，　$\boldsymbol{b}+\boldsymbol{c}=2\boldsymbol{i}-3\boldsymbol{j}+3\boldsymbol{k}$

$$(\boldsymbol{a}+\boldsymbol{b})\times(\boldsymbol{b}+\boldsymbol{c}) = \begin{vmatrix}\boldsymbol{i} & \boldsymbol{j} & \boldsymbol{k}\\ 3 & -4 & 4\\ 2 & -3 & 3\end{vmatrix} = -\boldsymbol{j}-\boldsymbol{k};$$

$$(3)\ (\boldsymbol{a}\times\boldsymbol{b})\cdot\boldsymbol{c} = \begin{vmatrix}2 & -3 & 1\\ 1 & -1 & 3\\ 1 & -2 & 0\end{vmatrix} = 2.$$

10. 解　利用向量积的几何意义知 $S_{\triangle OAB} = \dfrac{1}{2}\mid\overrightarrow{OA}\times\overrightarrow{OB}\mid$

而
$$\overrightarrow{OA}\times\overrightarrow{OB}=\begin{vmatrix} \boldsymbol{i} & \boldsymbol{j} & \boldsymbol{k} \\ 1 & 0 & 3 \\ 0 & 1 & 3 \end{vmatrix}=-3\boldsymbol{i}-3\boldsymbol{j}+\boldsymbol{k}$$

故 $S_{\triangle OAB}=\frac{1}{2}|\overrightarrow{OA}\times\overrightarrow{OB}|=\frac{1}{2}\sqrt{(-3)^2+(-3)^2+1^2}=\frac{\sqrt{19}}{2}$.

11. 分析　由向量行列式的知识 $\boldsymbol{a}\times\boldsymbol{b}=\begin{vmatrix} \boldsymbol{i} & \boldsymbol{j} & \boldsymbol{k} \\ a_x & a_y & a_z \\ b_x & b_y & b_z \end{vmatrix}$，再按混合积的坐标表示式

$(\boldsymbol{a}\times\boldsymbol{b})\cdot\boldsymbol{c}=c_x\begin{vmatrix} a_y & a_z \\ b_y & b_z \end{vmatrix}-c_y\begin{vmatrix} a_x & a_z \\ b_x & b_z \end{vmatrix}+c_z\begin{vmatrix} a_x & a_y \\ b_x & b_y \end{vmatrix}$，即

$$(\boldsymbol{a}\times\boldsymbol{b})\cdot\boldsymbol{c}=\begin{vmatrix} a_x & a_y & a_z \\ b_x & b_y & b_z \\ c_x & c_y & c_z \end{vmatrix}$$

证　$(\boldsymbol{a}\times\boldsymbol{b})\cdot\boldsymbol{c}=\begin{vmatrix} a_x & a_y & a_z \\ b_x & b_y & b_z \\ c_x & c_y & c_z \end{vmatrix}=-\begin{vmatrix} b_x & b_y & b_z \\ a_x & a_y & a_z \\ c_x & c_y & c_z \end{vmatrix}$

$=\begin{vmatrix} b_x & b_y & b_z \\ c_x & c_y & c_z \\ a_x & a_y & a_z \end{vmatrix}=(\boldsymbol{b}\times\boldsymbol{c})\cdot\boldsymbol{a}$，同理可证

$$(\boldsymbol{b}\times\boldsymbol{c})\cdot\boldsymbol{a}=(\boldsymbol{c}\times\boldsymbol{a})\cdot\boldsymbol{b},$$

故
$$(\boldsymbol{a}\times\boldsymbol{b})\cdot\boldsymbol{c}=(\boldsymbol{b}\times\boldsymbol{c})\cdot\boldsymbol{a}=(\boldsymbol{c}\times\boldsymbol{a})\cdot\boldsymbol{b}.$$

12. 证　设 $\boldsymbol{a}=\{a_1,a_2,a_3\}$ 与 $\boldsymbol{b}=\{b_1,b_2,b_3\}$，

则有 $\boldsymbol{a}\cdot\boldsymbol{b}=|\boldsymbol{a}|\cdot|\boldsymbol{b}|\cos(\widehat{\boldsymbol{a},\boldsymbol{b}})$，故

$$|\boldsymbol{a}\cdot\boldsymbol{b}|=|\boldsymbol{a}||\boldsymbol{b}||\cos(\widehat{\boldsymbol{a},\boldsymbol{b}})|\leqslant|\boldsymbol{a}||\boldsymbol{b}|.$$

因而 $\sqrt{a_1^2+a_2^2+a_3^2}\cdot\sqrt{b_1^2+b_2^2+b_3^2}\geqslant|a_1b_1+a_2b_2+a_3b_3|$，

等式成立的条件是：a_1,a_2,a_3 与 b_1,b_2,b_3 成比例，

即 $\frac{a_1}{b_1}=\frac{a_2}{b_2}=\frac{a_3}{b_3}$.

第三节 平面及其方程

知识要点及常考点

1. 曲面方程与空间曲线方程

(1) 曲面方程 $F(x,y,z)=0.$

(2) 空间曲线方程 $\begin{cases}F(x,y,z)=0,\\G(x,y,z)=0.\end{cases}$

2. 平面的方程

(1) 点法式方程 $A(x-x_0)+B(y-y_0)+C(z-z_0)=0$,其中,$P(x_0,y_0,z_0)$为平面上给定的已知点,$\boldsymbol{n}=(A,B,C)$为平面的法向量.

注 若$M(x,y,z)$表示平面上任一动点,则点法式可以写成向量形式:$\overrightarrow{PM}\cdot\boldsymbol{n}=0.$

(2) 一般式方程: $Ax+By+Cz+D=0.$

其中$\boldsymbol{n}=(A,B,C)$为平面的法向量,$D=0$时平面过原点.

(3) 截距式方程 $\dfrac{x}{a}+\dfrac{y}{b}+\dfrac{z}{c}=1$,

其中a、b、c分别为平面在x、y、z轴上的截距.由于要求a、b、c非零,故平面并不总能表示成这种形式.

(4) 三点式方程 $\begin{vmatrix}x-x_1 & y-y_1 & z-z_1\\x_2-x_1 & y_2-y_1 & z_2-z_1\\x_3-x_1 & y_3-y_1 & z_3-z_1\end{vmatrix}=0$,

其中$P_1(x_1,y_1,z_1)$、$P_2(x_2,y_2,z_2)$、$P_3(x_3,y_3,z_3)$是平面上给定的三个已知点.三点式方程的向量形式为$\overrightarrow{P_1M}\cdot(\overrightarrow{P_1P_2}\times\overrightarrow{P_1P_3})=0$,

平面的法向量为 $\boldsymbol{n}=\overrightarrow{P_1P_2}\times\overrightarrow{P_1P_3}=\begin{vmatrix}\boldsymbol{i} & \boldsymbol{j} & \boldsymbol{k}\\x_2-x_1 & y_2-y_1 & z_2-z_1\\x_3-x_1 & y_3-y_1 & z_3-z_1\end{vmatrix}$,

其意义可解释为向量$\overrightarrow{P_1M}$总位于由$\overrightarrow{P_1P_2}$和$\overrightarrow{P_1P_3}$所确定的平面内,即三向量共面.

3. 具有特殊位置的平面

设有平面$Ax+By+Cz+D=0$.当A,B,C,D中有一些为零时,平面具有特殊位置.具体情形如表所示.

平面方程的特征	平面的几何特征
(1) 若 $D=0$，则平面通过原点	$Ax+By+Cz=0$ 通过原点
(2) 若平面方程中某个变量不出现，则平面平行于与该变量同名的坐标轴	$By+Cz+D=0$ 平行于 x 轴 $Ax+Cz+D=0$ 平行于 y 轴 $Ax+By+D=0$ 平行于 z 轴
(3) 若 $D=0$ 且平面方程中某个变量不出现，则平面通过与该变量同名的坐标轴	$By+Cz=0$ 通过 x 轴 $Ax+Cz=0$ 通过 y 轴 $Ax+By=0$ 通过 z 轴
(4) 若平面方程中有两个变量不出现，则平面平行于这两个变量同名的坐标面(或垂直于与方程中唯一的变量同名的坐标轴)	$Cz+D=0$ 平行于 xOy 面(或垂直于 z 轴) $Ax+D=0$ 平行于 yOz 面(或垂直于 x 轴) $By+D=0$ 平行于 zOx 面(或垂直于 y 轴)
(5) 若 $D=0$ 且平面方程中有两个变量不出现，则平面为坐标面	$Cz=O$ 为 xOy 面($z=0$) $Ax=0$ 为 yOz 面($x=0$) $By=0$ 为 zOx 面($y=0$)
(6) 若 A,B,C,D 全不为零，则平面可化为截距式	$\frac{x}{a}+\frac{y}{b}+\frac{z}{c}=1$

4. 平面束方程

若平面经过已知直线 $L:\begin{cases}A_1x+B_1y+C_1z+D_1=0\\A_2x+B_2y+C_2z+D_2=0\end{cases}$，可用平面束方法求解，设平面方程为：$\lambda(A_2x+B_2y+C_2z+D_2)+\mu(A_1x+B_1y+C_1z+D_1)=0$ 结合其他已知条件确定参数 λ 和 μ. 特别：除平面 $A_2x+B_2y+C_2z+D_2=0$ 以外，过 L 的所有方程可由单参数平面族：$(A_1x+B_1y+C_1z+D_1)+\lambda(A_2x+B_2y+C_2z+D_2)=0$ 确定.

5. 求平面方程常用的方法

(1) 点法式：用点法式求平面方程时，关键是确定平面上的一个已知点和平面的法向量 $\boldsymbol{n}$.

(2) 一般式：在利用一般式求平面方程时，只要将题目中所给的条件代入待定的一般方程中，解方程组就可将各系数确定下来，从而得到所求平面的方程.

(3) 平面相交的情况：求平面方程时，若题设条件中有两个相交的平面，则用平面束方程处理较为简便.

(4) 垂直于已知直线的平面：已知直线的方向向量便是所求平面的法向量，只要再加一个条件就可求得平面方程.

6. 两平面间的关系

结定 $\pi_1:A_1x+B_1y+C_1z+D_1=0$，$\pi_2:A_2x+B_2y+C_2z+D_2=0$.

(1) 两平面的夹角

两平面的夹角即两平面法向量 $\boldsymbol{n}_1$、$\boldsymbol{n}_2$ 的夹角(取锐角).

$$\cos\theta=\frac{|\boldsymbol{n}_1\cdot\boldsymbol{n}_2|}{|\boldsymbol{n}_1|\cdot|\boldsymbol{n}_2|}=\frac{|A_1A_2+B_1B_2+C_1C_2|}{\sqrt{A_1^2+B_1^2+C_1^2}\cdot\sqrt{A_2^2+B_2^2+C_2^2}},$$

当 $\theta=0$ 时,两平面平行(含重合);当 $\theta=\frac{\pi}{2}$ 时,两平面垂直.

(2) 两平面平行(或重合)$\pi_1 /\!/ \pi_2 \Leftrightarrow \frac{A_1}{A_2}=\frac{B_1}{B_2}=\frac{C_1}{C_2}$.

(3) 两平面垂直 $\pi_1 \perp \pi_2 \Leftrightarrow A_1A_2+B_1B_2+C_1C_2=0$.

本节考研要求

1. 掌握平面方程及其求法.

2. 会求平面与平面的夹角,并会利用平面的相互关系(平行、垂直、相交等)解决有关问题.

题型、真题、方法

题型 1　平面方程的求解

题型分析　点法式方程是求解平面问题的基础,关键是求出平面的法向量,线面的垂直、平行关系,或求经过不共线三点的平面都可转化为对平面法向量的求解.而用一般式方程求解平面时,一般设平面方程为 $Ax+By+Cz+D=0$,而如果平面此时还满足某些特殊条件则可简化方程,比如:平行于 x 轴(y 轴或 z 轴)时,$A=0$($B=0$ 或 $C=0$);若经过原点则 $D=0$;平行于 xOy 平面时 $A=B=0$(可依次类推).

例 1　设一平面经过原点及点$(6,-3,2)$且与平面 $4x-y+2z=8$ 垂直,求此平面方程.(考研题)

思路点拨　由点法式方程,只需求出所求平面的法向量.

解　设点 $A(6,-3,2)$,平面 $4x-y+2z=8$ 的法向量为 $\boldsymbol{n}_1(4,-1,2)$,由题意,所求平面的法向量 $\boldsymbol{n}\perp\boldsymbol{n}_1$ 且 $\boldsymbol{n}\perp\overrightarrow{OA}$. 故

$$\boldsymbol{n}=\boldsymbol{n}_1\times\overrightarrow{OA}=\begin{vmatrix}\boldsymbol{i} & \boldsymbol{j} & \boldsymbol{k}\\ 4 & -1 & 2\\ 6 & -3 & 2\end{vmatrix}=(4,4,-6),$$

所以由点法式方程,所求平面为 $4(x-0)+4(y-0)-6(z-0)=0$,即

$$2x+2y-3z=0.$$

例 2　与两直线$\begin{cases}x=1,\\ y=-1+t,\\ z=2+t.\end{cases}$及$\frac{x+1}{1}=\frac{y+2}{2}=\frac{z-1}{1}$都平行,且过原点的

平面方程为______.(考研题)

解　所给直线的方向向量分别为$\boldsymbol{l}_1=(0,1,1)$,$\boldsymbol{l}_2(1,2,1)$,取所求平面的法向量为

$$\boldsymbol{n}=\boldsymbol{l}_1\times\boldsymbol{l}_2=\begin{vmatrix}\boldsymbol{i} & \boldsymbol{j} & \boldsymbol{k}\\ 0 & 1 & 1\\ 1 & 2 & 1\end{vmatrix}=-\boldsymbol{i}+\boldsymbol{j}-\boldsymbol{k},$$

所求过$(0,0,0)$的平面方程为

$$(-1)\cdot(x-0)+1\cdot(y-0)+(-1)\cdot(z-0)=0.$$

现学现练　一平面与原点的距离为6,且在三坐标轴上的截距之比为$a:b:c=1:3:2$,求该平面方程.$[6x+2y+3z\pm 42=0]$

题型2　两个平面间的关系

题型分析　平面之间的关系

设平面α与β的方程分别为

$$A_1x+B_1y+C_1z+D_1=0,$$
$$A_2x+B_2y+C_2z+D_2=0.$$

则 (1) 平面$\alpha /\!/ \beta \Leftrightarrow \dfrac{A_1}{A_2}=\dfrac{B_1}{B_2}=\dfrac{C_1}{C_2}$;

(2) 平面$\alpha\perp\beta\Leftrightarrow A_1A_2+B_1B_2+C_1C_2=0$;

(3) 平面α与β的夹角θ,由下式确定:

$$\cos\theta=\frac{|A_1A_2+B_1B_2+C_1C_2|}{\sqrt{A_1^2+B_1^2+C_1^2}\ \sqrt{A_2^2+B_2^2+C_2^2}}.$$

例3　设两个平面的方程是$2x-y+z-7=0$,$x+y+2z-11=0$,

(1) 求两个平面的夹角;(2) 求两个平面的角平分面方程;

(3) 求通过两个平面的交线,且和xOy坐标面垂直的平面方程.

思路点拨　两平面存在三种关系:重合、平行、相交.若两平面方程都已知,一般可先画出大致图形,再用两平面夹角公式直接求出夹角,再设定角平分面上的点$P(x,y,z)$,根据距离公式、夹角公式等求解.

解　(1) 两个平面的法向量分别是$\boldsymbol{n}_1=(2,-1,1)$,$\boldsymbol{n}_2=(1,1,2)$.

设两个平面的夹角为θ,从而有

$$\cos\theta=\frac{|\boldsymbol{n}_1\cdot\boldsymbol{n}_2|}{|\boldsymbol{n}_1||\boldsymbol{n}_2|}=\frac{|2\times 1+(-1)\times 1+1\times 2|}{\sqrt{2^2+(-1)^2+1^2}\ \sqrt{1^2+1^2+2^2}}=\frac{1}{2},$$

所以 $\theta=\frac{\pi}{3}$；

(2) 因为角平分面上任意一点 (x,y,z) 到两个平面的距离相等，根据点到平面的距离公式，我们得到

$$\frac{|2x-y+z-7|}{\sqrt{2^2+(-1)^2+1^2}}=\frac{|x+y+2z-11|}{\sqrt{2^2+1^2+1^2}},$$

即

$$2x-y+z-7=\pm(x+y+2z-11),$$

因此所求的角平分面方程是 $x-2y-z+4=0$ 或 $x+z=6$；

(3) 设通过两个平面的交线的平面方程为

$$\lambda(2x-y+z-7)+\mu(x+y+2z-11)=0,$$

即

$$(2\lambda+\mu)x+(\mu-\lambda)y+(\lambda+2\mu)z-7\lambda-11\mu=0.$$

因为这个平面垂直于 xOy 平面，于是有

$$((2\lambda+\mu),(\mu-\lambda),(\lambda+2\mu))\cdot(0,0,1)=\lambda+2\mu=0,$$

解得 $\frac{\lambda}{\mu}=-2$，因此所求的平面方程即为 $x-y-1=0$.

例 4　过直线 $L:\begin{cases}2x-3y-z+4=0\\4x-6y+5z+1=0\end{cases}$ 作平面 π，使它满足以下条件之一：

(1) 平行于直线 $L_1:\frac{x}{1}=\frac{y}{-1}=\frac{z}{2}$；

(2) 垂直于平面 $\pi:2x-y+5z-3=0$.

思路点拨　由于所求平面 π 是过已知直线 L 的平面束中的一个平面，故可先写出此平面束方程，再利用其他条件来确定平面束方程中的参数，就可求出所求的平面方程.

解　过直线 L 的平面束方程为

$$(2x-3y-z+4)+\lambda(4x-6y+5z+1)=0.$$

(1) 由于 $\pi\,/\!/\,L_1$，因此 π 的法向量 $\boldsymbol{n}$ 垂直于 L_1 的方向向量 $\boldsymbol{s}_1=(1,-1,2)$，于是有

$$\boldsymbol{n}\cdot\boldsymbol{s}_1=(2+4\lambda)-(-3-6\lambda)+2(-1+5\lambda)=0.$$

解得 $\lambda=-\frac{3}{20}$，故所求平面的方程为

$$\pi:4x-6y-5z+11=0.$$

(2) 由于 π 垂直于 π_1，因此法向量 $\boldsymbol{n}$ 垂直于 $\boldsymbol{n}_1=(2,-1,5)$，于是

$$\boldsymbol{n} \cdot \boldsymbol{n}_1 = 2(2+4\lambda) - (-3-6\lambda) + 5(-1+5\lambda) = 0,$$

解得 $\lambda = -\frac{2}{39}$，故所求平面的方程为

$$\pi: 10x - 15y - 7z + 22 = 0.$$

容易验证，所给直线 L 的第二个方程所对应的平面 $4x-6y+5z+1=0$ 不是(1)和(2)中所求平面.

现学现练　空间三个平面 $L_1: x+2y-z+1=0$；$L_2: x+y-2z+1=0$；$L_3: 4x-5y-7z=0$. 则三平面的关系是(　　). (B)

(A) 过同一直线.　　(B) 不共线也两两不平行.

(C) 不共线但平行于同一直线.　　(D) 无公共交点.

题型 3　关于点到平面的距离问题

题型分析　应用点到平面的距离公式

点到平面的距离：设给定点 $P_0(x_0, y_0, z_0,)$ 及平面 $\pi: Ax + By + Cz + D = 0$，则 P_0 到 π 的距离为 $d = \frac{|Ax_0 + By_0 + Cz_0 + D|}{\sqrt{A^2+B^2+C^2}}$.

例 5　点(2,1,0)到平面 $3x+4y+5z=0$ 的距离 $d=$ ________.(考研题)

解　由点到平面的距离公式得 $d = \frac{|6+4|}{\sqrt{3^2+4^2+5^2}} = \sqrt{2}$.

例 6　设平面方程为 $\frac{x}{a} + \frac{y}{b} + \frac{z}{c} = 1$，证明：

(1) $\frac{1}{d^2} = \frac{1}{a^2} + \frac{1}{b^2} + \frac{1}{c^2}$(其中 d 为原点到平面的距离)；

(2) 平面被三坐标平面所截得的三角形面积为 $A = \frac{1}{2}\sqrt{b^2c^2 + c^2a^2 + a^2b^2}$.

思路点拨　利用点到平面的距离公式和 $\triangle ABC$ 的面积的向量表示.

证　(1) 平面的一般式为 $\frac{1}{a}x + \frac{1}{b}y + \frac{1}{c}z - 1 = 0$，故原点到平面的距离为

$$d = \frac{|-1|}{\sqrt{(\frac{1}{a})^2 + (\frac{1}{b})^2 + (\frac{1}{c})^2}} = \frac{1}{\sqrt{\frac{1}{a^2} + \frac{1}{b^2} + \frac{1}{c^2}}},$$

所以

$$\frac{1}{d^2} = \frac{1}{a^2} + \frac{1}{b^2} + \frac{1}{c^2};$$

(2) **证法一:**

平面与 x 轴、y 轴、z 轴的交点分别为 $P(a,0,0)$,$Q(0,b,0)$,$R(0,0,c)$,

则$\overrightarrow{PQ}=(-a,b,0)$,$\overrightarrow{PR}=(-a,0,c)$,

$$\overrightarrow{PQ}\times\overrightarrow{PR}=\begin{vmatrix} \boldsymbol{i} & \boldsymbol{j} & \boldsymbol{k} \\ -a & b & 0 \\ -a & 0 & c \end{vmatrix}=(bc,ac,ab),$$

故
$$A=\frac{1}{2}\mid\overrightarrow{PQ}\times\overrightarrow{PR}\mid=\frac{1}{2}\sqrt{b^2c^2+a^2c^2+a^2b^2}.$$

证法二:

平面与三坐标面所围的体积为 $V=\frac{1}{6}\mid abc\mid=\frac{1}{3}Ad$,所以

$$A=\frac{1}{2}\mid abc\mid\cdot\frac{1}{d}=\frac{1}{2}\mid abc\mid\cdot\sqrt{\frac{1}{a^2}+\frac{1}{b^2}+\frac{1}{c^2}}$$
$$=\frac{1}{2}\sqrt{b^2c^2+a^2c^2+a^2b^2}.$$

现学现练　求到点$(a,0,0)$与平面 $x=-a$ 距离相等的点的轨迹所满足的方程.
$(4ax=y^2+z^2)$

课后习题全解

习题 8—3 全解

1. **分析**　已知点和平面,于是用平面的点法式方程求解,即 $\boldsymbol{n}\cdot\overrightarrow{M_0M}=0$.

解　所求平面的法线向量为 $\boldsymbol{n}=(3,-7,5)$,由点法式得所求的平面方程为

$$3(x-3)-7(y-0)+5(z+1)=0,$$

即
$$3x-7y+5z-4=0.$$

2. **解**　平面的法向量为$\overrightarrow{OM_0}=(2,9,-6)$ 于是,所求的平面方程为

$$2(x-2)+9(y-9)-6(z+6)=0,$$

即
$$2x+9y-6z-121=0.$$

3. **分析**　已知三点 M_1,M_2,M_3,先要找出平面的法向量 $\boldsymbol{n}$.
向量积为 $\boldsymbol{n}=\overrightarrow{M_1M_2}\times\overrightarrow{M_1M_3}$,再根据平面点法式方程求解.

解　设这三点分别为 A,B,C,则$\overrightarrow{AB}\times\overrightarrow{AC}$ 就是该平面的一法向量,

$\overrightarrow{AB}=(-3,-3,3)$，$\overrightarrow{AC}=(0,-2,3)$，因而所求平面的法向量为

$$n=\overrightarrow{AB}\times\overrightarrow{AC}=\begin{vmatrix} i & j & k \\ -3 & -3 & 3 \\ 0 & -2 & 3 \end{vmatrix}=(-3,9,6)$$

从而平面方程为　$-3(x-1)+9(y-1)+6(z+1)=0$，

即　$x-3y-2z=0$.

也可用三点式求出方程即

$\begin{vmatrix} x-x_1 & y-y_1 & z-z_1 \\ x_2-x_1 & y_2-y_1 & z_2-z_1 \\ x_3-x_1 & y_3-y_1 & z_3-z_1 \end{vmatrix}=0$ 表示过已知三点 $y_i(i=1,2,3)$ 的平面方程.

4. 解　(1) 是 yOz 坐标面；

(2) 是垂直于 y 轴的平面，垂足坐标为 $\left(0,\dfrac{1}{3},0\right)$；

(3) 是平行于 z 轴并且在 x 轴、y 轴上截距分别为 3 与 -2 的平面；

(4) 是通过 z 轴，并且在 xOy 面上投影的斜率为 $\dfrac{\sqrt{3}}{3}$ 的平面；

(5) 是平行于 x 轴并且在 y、z 轴上截距均为 1 的平面；

(6) 是通过 y 轴的平面；

(7) 是通过原点的平面.

各图形如图 8-10 所示.

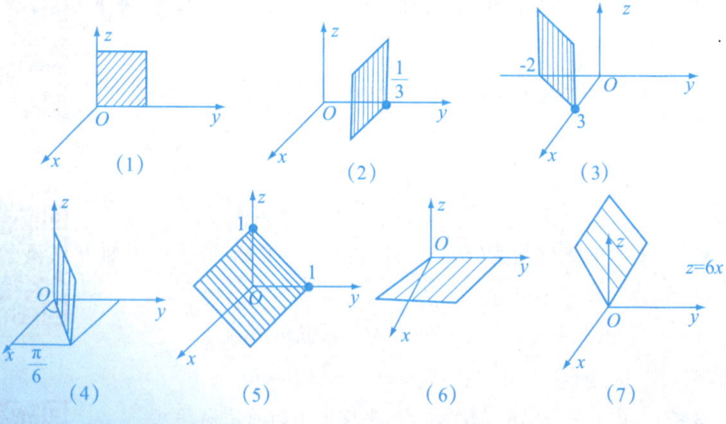

图 8-10

5. 分析　平面和平面夹角的余弦 $\cos\theta=\dfrac{|A_1A_2+B_1B_2+C_1C_2|}{\sqrt{A_1^2+B_1^2+C_1^2}\cdot\sqrt{A_2^2+B_2^2+C_2^2}}$，

其中 $\boldsymbol{n}_1=(A_1,B_1,C_1)$，$\boldsymbol{n}_2=(A_2,B_2,C_2)$ 为两平面的法向量.

解　$\boldsymbol{n}=(2,-2,1)$ 为此平面的法向量，$\boldsymbol{i},\boldsymbol{j},\boldsymbol{k}$ 分别为 yOz 面、zOx 面以及 xOy 面的法向量.

因此该平面与坐标面的夹角即是 $\boldsymbol{n}$ 与 $\boldsymbol{i}$、$\boldsymbol{j}$、$\boldsymbol{k}$ 等的夹角，亦即是向量 $\boldsymbol{n}$ 的方向角，它们的余弦即为 n 的方向余弦. 而

$$\boldsymbol{n}^0=\frac{\boldsymbol{n}}{|\boldsymbol{n}|}=\frac{1}{3}(2,-2,1)=\left(\frac{2}{3},-\frac{2}{3},\frac{1}{3}\right)$$

故所求的夹角余弦分别为 $\cos\alpha=\frac{2}{3}$，$\cos\beta=-\frac{2}{3}$，$\cos\gamma=\frac{1}{3}$.

6. 分析　先求平面法向量 $\boldsymbol{n}$，由题意 $\boldsymbol{n}=\boldsymbol{a}\times\boldsymbol{b}$，再由点法式方程 $\boldsymbol{n}\cdot\overrightarrow{M_0M}=0$ 求出平面方程.

解　由已知，此平面的法向量可取作 $\boldsymbol{n}=\boldsymbol{a}\times\boldsymbol{b}=\begin{vmatrix}\boldsymbol{i} & \boldsymbol{j} & \boldsymbol{k}\\ 2 & 1 & 1\\ 1 & -1 & 0\end{vmatrix}=(1,1,-3)$.

故由点法式知此平面的方程为 $1\times(x-1)+1\times(y-0)-3\times(z+1)=0$，

即
$$x+y-3z-4=0.$$

7. 解　解方程 $\begin{cases}x+3y+z=1\\ 2x-y-z=0\\ -x+2y+2z=3\end{cases}$，得 $\begin{cases}x=1\\ y=-1,\\ z=3\end{cases}$

因此交点坐标为$(1,-1,3)$.

8. 解　(1) 因为此平面平行于 xOz 面上，故可取 $\boldsymbol{n}=(0,1,0)$ 为其法向量，由点法式可得平面方程

$$0\times(x-2)+1\times(y+5)+0\times(z-3)=0,$$

即　$y+5=0$；

(2) 因为平面通过 z 轴，其方程可设为 $Ax+By=0$（A、B 不全为零），又因为点$(-3,1,-2)$ 在此平面上，因而有 $-3A+B=0$，即 $B=3A$，故所求平面方程为 $Ax+3Ay=0$，即 $x+3y=0$；

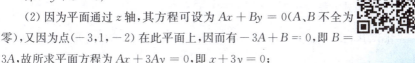

(3) 设 $P(x,y,z)$ 为此面任一点，点$(4,0,-2)$ 和$(5,1,7)$ 分别用 A、B 表示，则 AP、AB、i 共面，从而$[AP\ AB\ i]=0$，即

$\begin{vmatrix}x-4 & y & z+2\\ 1 & 1 & 9\\ 1 & 0 & 0\end{vmatrix}=0$，化简得 $9y-z-2=0$，即为所求的平面方程，也可设平面为 $By+Cz+D=0$，将两点代入得解.

9. 解　由点(x_0,y_0,z_0)到平面$Ax+By+Cz+D=0$的距离公式

$$d=\frac{|Ax_0+By_0+Cz_0+D|}{\sqrt{A^2+B^2+C^2}}$$

得所求距离$d=\frac{|1\times1+2\times2+2\times1-10|}{\sqrt{1^2+2^2+2^2}}=1.$

第四节　空间直线及其方程

知识要点及常考点

1. 直线方程

(1) 一般方程(交面式方程)：$\begin{cases}A_1x+B_1y+C_1z+D_1=0,\\A_2x+B_2y+C_2z+D_2=0,\end{cases}$此方程的意义是将直线表示为两个平面的交线，直线的方向向量为$\boldsymbol{s}=\boldsymbol{n}_1\times\boldsymbol{n}_2=(A_1,B_1,C_1)\times(A_2,B_2,C_2)$. 方程的一般式与对称式可以互相转化.

(2) 对称式方程(点向式方程)：$\frac{x-x_0}{m}=\frac{y-y_0}{n}=\frac{z-z_0}{p}$，其中$P(x_0,y_0,z_0)$为直线上给定的已知点，$\boldsymbol{s}=(m,n,p)$为直线的方向向量.

(3) 参数式方程：$\begin{cases}x=x_0+mt,\\y=y_0+nt,\quad t\in\mathbf{R}.\\z=z_0+pt,\end{cases}$

其中：$P(x_0,y_0,z_0)$为直线上的定点，$\boldsymbol{s}=(m,n,p)$为直线的方向向量.

(4) 两点式方程：$\frac{x-x_1}{x_2-x_1}=\frac{y-y_1}{y_2-y_1}=\frac{z-z_1}{z_2-z_1}$，

其中，$P_1(x_1,y_1,z_1)$，$P_2(x_2,y_2,z_2)$是直线上两个定点，直线的方向向量为$\overrightarrow{P_1P_2}=(x_2-x_1,y_2-y_1,z_2-z_1)$.

注　(1) 空间直线关键也是定点和定向问题，一个点与一个方向数确定一条直线.

(2) 除了一点加一个方向数和两个点能确定一条直线外，相交的两个平面也能确定一条直线.

2. 直线、平面之间的关系

(1) 两直线间的关系

(2) 直线间的关系

设有两直线：$L_1:\dfrac{x-x_1}{l_1}=\dfrac{y-y_1}{m_1}=\dfrac{z-z_1}{n_1}$，

$$L_2:\frac{x-x_2}{l_2}=\frac{y-y_2}{m_2}=\frac{z-z_2}{n_2},$$

①$L_1 /\!/ L_2 \Leftrightarrow \dfrac{l_1}{l_2}=\dfrac{m_1}{m_2}=\dfrac{n_1}{n_2}$，

②$L_1 \perp L_2 \Leftrightarrow l_1 l_2+m_1 m_2+n_1 n_2=0$，

③L_1 与 L_2 的夹角 θ：$\cos\theta=\dfrac{|l_1 l_2+m_2 m_2+n_2 n_2|}{\sqrt{l_1^2+m_1^2+n_1^2}\cdot\sqrt{l_2^2+m_2^2+n_2^2}}$.

3. 各种距离公式

<table>
<tr><th>距离描述</th><th>距离公式</th></tr>
<tr><td>平面上两点 A,B 之间的距离 $A(x_1,y_1)$，$B(x_2,y_2)$</td><td>$d=\sqrt{(x_2-x_1)^2+(y_2-y_1)^2}$
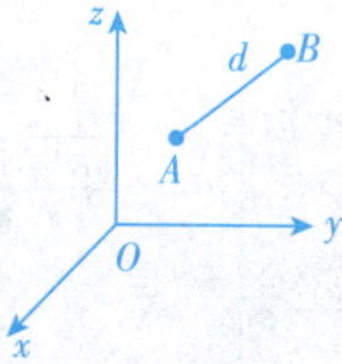
</td></tr>
<tr><td>空间中两点 A,B 之间的距离 $A(x_1,y_1,z_1)$，$B(x_2,y_2,z_2)$</td><td>$d=\sqrt{(x_2-x_1)^2+(y_2-y_1)^2+(z_2-z_1)^2}$
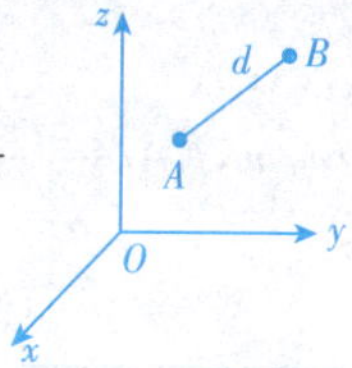
</td></tr>
<tr><td>平面上点 M_1 到直线 L 的距离 $M_0(x_0,y_0)$，$L:Ax+By+C=0$</td><td>$d=\dfrac{|Ax_0+By_0+C|}{\sqrt{A^2+B^2}}$
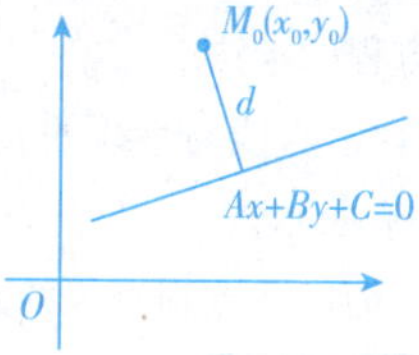
</td></tr>
<tr><td>空间中点 M_0 到平面 π 的距离 $M_0(x_0,y_0,z_0)$，$\pi:Ax+By+Cz+D=0$</td><td>$d=\dfrac{|Ax_0+By_0+Cz_0+D|}{\sqrt{A^2+B^2+C^2}}$
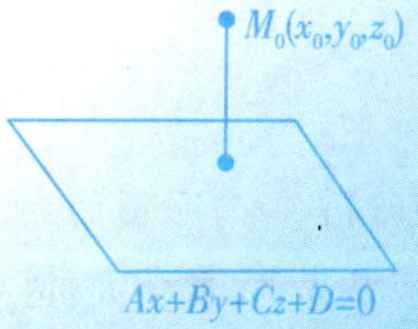
</td></tr>
</table>

续表

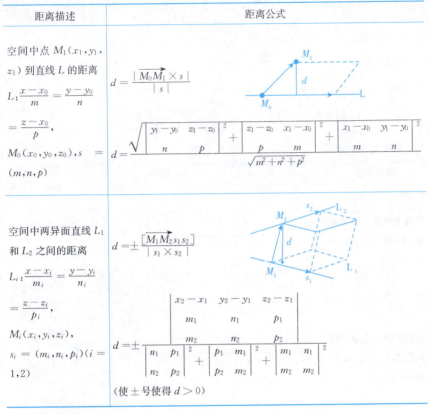

距离描述	距离公式
空间中点 $M_1(x_1,y_1,z_1)$ 到直线 L 的距离 $L:\frac{x-x_0}{m}=\frac{y-y_0}{n}=\frac{z-z_0}{p}$， $M_0(x_0,y_0,z_0)$，$s=(m,n,p)$	$d=\frac{\lvert\overrightarrow{M_0M_1}\times s\rvert}{\lvert s\rvert}$ 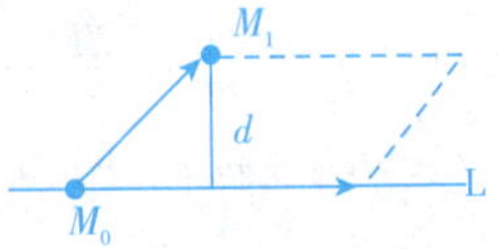 $d=\frac{\sqrt{\begin{vmatrix} y_1-y_0 & z_1-z_0 \\ n & p \end{vmatrix}^2+\begin{vmatrix} z_1-z_0 & x_1-x_0 \\ p & m \end{vmatrix}^2+\begin{vmatrix} x_1-x_0 & y_1-y_0 \\ m & n \end{vmatrix}^2}}{\sqrt{m^2+n^2+p^2}}$
空间中两异面直线 L_1 和 L_2 之间的距离 $L_i:\frac{x-x_i}{m_i}=\frac{y-y_i}{n_i}=\frac{z-z_i}{p_i}$， $M_i(x_i,y_i,z_i)$， $s_i=(m_i,n_i,p_i)(i=1,2)$	$d=\pm\frac{[\overrightarrow{M_1M_2}s_1s_2]}{\lvert s_1\times s_2\rvert}$ 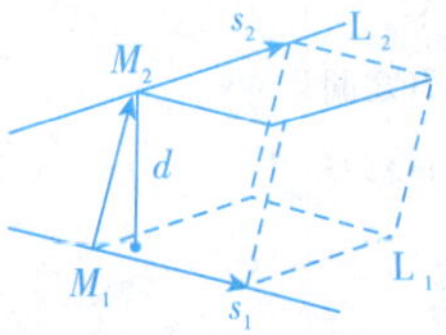 $d=\pm\frac{\begin{vmatrix} x_2-x_1 & y_2-y_1 & z_2-z_1 \\ m_1 & n_1 & p_1 \\ m_2 & n_2 & p_2 \end{vmatrix}}{\begin{vmatrix} n_1 & p_1 \\ n_2 & p_2 \end{vmatrix}^2+\begin{vmatrix} p_1 & m_1 \\ p_2 & m_2 \end{vmatrix}^2+\begin{vmatrix} m_1 & n_1 \\ m_2 & n_2 \end{vmatrix}^2}$ （使±号使得 $d>0$）

本节考研要求

1. 掌握直线方程的求法.

2. 会求平面直线，直线与直线的夹角，并会利用平面、直线的相互关系（平行、垂直、相交等）解决有关问题.

3. 会求点到平面以及点到直线的距离.

题型、真题、方法

题型 1　求直线方程

题型分析　与平面的点法式相似，在求直线方程时，点与方向向量的确定是关键，直线的对称式、参数式、两点式都可以从确定直线的点与方向着手，另外从两个平面的交线也可以得到直线的一般式.

例 1　直线过点 $A(-3,5,-9)$ 且与两直线 $L_1:\begin{cases}y=3x+5\\z=2x-3\end{cases}$，$L_2:\begin{cases}y=4x-7\\z=5x+10\end{cases}$ 相交，求此直线方程.

思路点拨　利用直线的对称式方程求解.

解　设过点 $A(-3,5,-9)$ 的直线方程为 $\dfrac{x+3}{l}=\dfrac{y-5}{m}=\dfrac{z+9}{n}$.　①

设 $\dfrac{x+3}{l}=\dfrac{y-5}{m}=\dfrac{z+9}{n}=t$，则 $\begin{cases}x=-3+lt,\\y=5+mt,\\z=-9+nt,\end{cases}$　②

将②代入 L_1 的方程，有 $\begin{cases}(m-3l)t=-9,\\n=2l.\end{cases}$　③

又设 $\dfrac{x+3}{l}=\dfrac{y-5}{m}=\dfrac{z+9}{n}=u$，于是得 $\begin{cases}x=-3+lu,\\y=5+mu,\\z=-9+nu,\end{cases}$　④

将④代入 L_2 的方程，有 $\begin{cases}(m-4l)u=-24,\\(n-5l)u=4.\end{cases}$　⑤

⑤中两式相比得 $\dfrac{m-4l}{n-5l}=-6$.

将③中的 $n=2l$ 代入⑤式得 $m=22l$，令 $l=1$，

则 $m=22,n=2$，所求直线方程为 $x+3=\dfrac{y-5}{22}=\dfrac{z+9}{2}$.

例 2　设 $l_1:\dfrac{x-1}{1}=\dfrac{y}{2}=\dfrac{z+1}{1}$，$l_2:\dfrac{x+2}{-2}=\dfrac{y-1}{1}=\dfrac{z}{1}$ 是两条异面直线.

(1) 求 l_1 与 l_2 的公垂线方程；

(2) l_1 与 l_2 的距离.

解　(1) l_1 与 l_2 的公垂线垂直于 l_1 和 l_2，所以与 $(1,2,1)\times(-2,1,1)=(1,-3,5)$ 平行. 设经过 l_1 又与方向 $(1,-3,5)$ 平行的平面为 π_1，则 π_1 的法向量为 $(1,2,1)\times(1,-3,5)=(13,-4,-5)$，过 l_2 与方向 $(1,-3,5)$ 平行的平面为 π_2，则 π_2 的法向量为 $(-2,1,1)\times(1,-3,5)=(8,11,5)$，由此得到平面 π_1 与 π_2 的方程为

$$\pi_1:13(x-1)-4y-5(z+1)=0,$$

$$\pi_2:8(x+2)+11(y-1)+5z=0,$$

由于 π_1 与 π_2 都经过公垂线，所以它们的交线就是公垂线

$$l_3:\begin{cases}13(x-1)-4y-5(z+1)=0,\\8(x+2)+11(y-1)+5z=0.\end{cases}$$

(2) **解法一**：$P_1(1,0,-1)\in l_1, P_2(-2,1,0)\in l_2$，$\overrightarrow{P_1P_2}$ 在公垂线上的投影的绝对值就是 l_1 与 l_2 的距离，由此

$$d=\left|\overrightarrow{P_1P_2}\cdot\frac{(1,-3,5)}{|(1,-3,5)|}\right|=\frac{|(-3,1,1)\cdot(1,-3,5)|}{\sqrt{1+9+25}}=\frac{1}{\sqrt{35}}.$$

解法二：过 l_2 且垂直于公垂线的平面为 π：$(x-1)-3y+5(z+1)=0$，$P_2(-2,1,0)$ 到 π 的距离就是 l_1 与 l_2 的最近距离.

解法三：l_2 的参数方程为

$$l_1:\begin{cases}x=1+t\\ y=2t\\ z=-1+t\end{cases},l_2=\begin{cases}x=-2-2u\\ y=u\\ z=u\end{cases},$$

l_1 与 l_2 上各取一点 $P_1(1+t,2t,-1+t)$，$P_2(-2-2u,u,u)$，则

$$|\overrightarrow{P_1P_2}|^2=(3+t+2u)^2+(2t-u)^2+(t-1-u)^2=f(t,u).$$

由 $\begin{cases}\dfrac{\partial f}{\partial t}=0\\ \dfrac{\partial f}{\partial u}=0\end{cases}$ 得到驻点，由此求出 $f(t,u)$ 的最小值，此时的 $\sqrt{f(t,u)}$ 就是两直线间的距离.

现学现练　求过点 $M_0(0,2,4)$ 且与两个平面 π_1、π_2 都平行的直线方程，其中 $\begin{cases}\pi_1: x+y-2z-1=0,\\ \pi_2: x+2y-z+1=0.\end{cases}$ $\left(\dfrac{x}{3}=\dfrac{y-2}{-1}=\dfrac{z-4}{1}\right)$

题型 2　点、直线、平面的关系

题型分析　考虑直线方向向量与平面法向量间的关系.

例 3　直线 L：$\begin{cases}2x+y-1=0\\ 3x+z-2=0\end{cases}$ 与平面 π：$x+2y-z=1$ 是否平行？若不平行，求交点，求直线 L 和平面 π 间的距离.

思路点拨　先来确定直线 L 的方向向量，按照不同的理解有如下三种方法.

解　**解法一**：因为直线 L 是两平面的交线，所以直线 L 方向的向量 $\boldsymbol{a}$ 应与两平面的法向量 $\boldsymbol{n}_1=(2,1,0)$，$\boldsymbol{n}_2=(3,0,1)$ 都垂直，从而

$$a = n_1 \times n_2 = \begin{vmatrix} i & j & k \\ 2 & 1 & 0 \\ 3 & 0 & 1 \end{vmatrix} = i - 2j - 3k = (1, -2, -3).$$

解法二: 在直线 L 上任取两点 A,B,比如说令 $x=1$ 和 $x=2$,由直线的方程即得到两点 $A(1,-1,-1)$,$B(2,-3,-4)$,从而 $\boldsymbol{a} = \overrightarrow{AB} = (1,-2,-3)$ 即为直线 L 的方向向量.

解法三: 求出直线 L 的标准式方程,根据此题中直线 L 的特点,两平面方程都缺少一个变量,很容易导出 $x = \frac{y-1}{-2}$,$x = \frac{z-2}{-3}$ 因此 $\frac{x}{1} = \frac{y-1}{-2} = \frac{z-2}{-3}$ 即为直线 L 的标准式方程,从而直线 L 方向向量 $\boldsymbol{a} = (1,-2,-3)$. 平面 π 的法向量是 $\boldsymbol{n} = (1,2,-1)$,因此 $\boldsymbol{a} \cdot \boldsymbol{n} = 1 \cdot 1 - 2 \cdot 2 - 3 \cdot (-1) = 0$,也就是 $\boldsymbol{a} \perp \boldsymbol{n}$,根据直线和平面的关系知直线 L 与平面 π 平行.

在直线 L 上任取一点,这一点到平面 π 的距离即为直线 L 到平面 π 的距离,令 $x=1$,代入直线 L 的方程解得 $y=-1$,$z=-1$,从而直线 L 到平面 π 的距离为

$$d = \left| \frac{1 + 2 \cdot (-1) + (-1) \cdot (-1) + (-1)}{\sqrt{1^2 + 2^2 + (-1)^2}} \right| = \frac{1}{\sqrt{6}} = \frac{\sqrt{6}}{6}.$$

例 4　设有直线 $l: \begin{cases} x + 3y + 2z + 1 = 0 \\ 2x - y - 10z + 3 = 0 \end{cases}$,及平面 $\pi: 4x - 2y + z - 2 = 0$,则直线 l(　　).(考研题)

(A) 平行于 π.　　(B) 在 π 上.　　(C) 垂直于 π.　　(D) 与 π 斜交.

解　直线 l 的方向向量

$$\boldsymbol{S} = \begin{vmatrix} i & j & k \\ 1 & 3 & 2 \\ 2 & -1 & -10 \end{vmatrix} = -28i + 14j - 7k = -7(4i - 2j + k),$$

而平面 π 的法向量 $n = 4i - 2j + k$,从而 $\boldsymbol{n} \parallel \boldsymbol{S}$,即 l 与 π 垂直,故应选(C).

现学现练　设矩阵 $\begin{pmatrix} a_1 & b_1 & c_1 \\ a_2 & b_2 & c_2 \\ a_3 & b_3 & c_3 \end{pmatrix}$ 是满秩的,则直线

$$\frac{x-a_3}{a_1-a_2} = \frac{y-b_3}{b_1-b_2} = \frac{z-c_3}{c_1-c_2}$$

与直线 $\frac{x-a_1}{a_2-a_3} = \frac{y-b_1}{b_2-b_3} = \frac{z-c_1}{c_2-c_3}$(　　).(A)

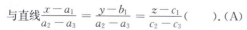

(A) 相交于一点.　　(B) 重合.

(C) 平行但不重合.　　　　　(D) 异面.

题型 3　点、线、面之间的投影问题

题型分析　投影问题解题的关键是如何把问题转化成熟悉的直线、平面问题进而求解.

例 5　求下列投影点的坐标.

(1) 点 $(-1,2,0)$ 在平面 $x+2y-z+1=0$ 上的投影点.

(2) 点 $(2,3,1)$ 在直线 $\frac{x+7}{1}=\frac{y+2}{2}=\frac{z+2}{3}$ 上的投影点.

思路点拨　(1) 点 $(-1,2,0)$，过 P 垂直于平面的直线为 L，则 L 与平面的交点是投影点.

(2) 在直线上任取一点 Q，则 $\overrightarrow{PQ}$ 与直线垂直时 Q 就是投影点.

解　(1) 过 P 垂直于平面的直线为

$$\frac{x+1}{1}=\frac{y-2}{2}=\frac{z}{-1} \text{ 或 } \begin{cases} x=-1+t \\ y=2+2t \\ z=-t \end{cases}$$

代入平面方程得

$$(-1+t)+2(2+2t)-(-t)+1=0,$$

化简后得到 $t=-\frac{2}{3}$，所以所求投影点为 $\left(-\frac{5}{3},\frac{2}{3},\frac{2}{3}\right)$.

(2) 直线方程为 $\begin{cases} x=-7+t, \\ y=-2+2t, \\ z=-2+3t. \end{cases}$

令 $Q(t)=(-7+t,-2+2t,-2+3t)$，则 $\overrightarrow{PQ}=(-9+t,2t-5,3t-3)$.

若 Q 是 $P(2,3,1)$ 是直线上的投影点，则 $\overrightarrow{PQ}$ 与直线垂直，即

$$\overrightarrow{PQ}\cdot(1,2,3)=-9+t+2(2t-5)+3(3t-3)=0$$

解得 $t=2$.

由此投影点的坐标为 $(-5,2,4)$.

例 6　已知入射光线路径为 $\frac{x-1}{4}=\frac{y-1}{3}=\frac{z-2}{1}$，求该光线经平面 $x+2y+5z+17=0$ 反射后的反射线方程.

思路点拨　如图 8-11 所示，l 为入射线方向，$\boldsymbol{n}$ 为平面法向量，l' 为反射线方向，关键是求出 l'，设入射线与平面交点为 Q，P 关于平面的对称点为 P'，则 $\overrightarrow{PP'}$ 与 $\boldsymbol{n}$ 平

行，从而过 P'、Q 的直线就是反射线.

解　(1) 先求直线与平面交点，L:

$\begin{cases} x=1+4t \\ y=1+3t \\ z=t+2 \end{cases}$ 代入平面方程得

$1+4t+2(1+3t)+5(2+t)+17=0$

解得 $t=-2$，即 $Q(-7,-5,0)$；

(2) 求对称点 P'：过 P 作垂直于平面的直线 $\frac{x-1}{1}=\frac{y-1}{2}=\frac{z-2}{5}$，化成参数式：

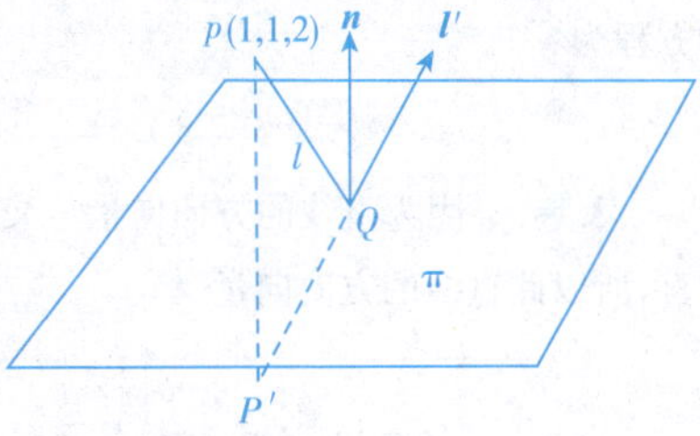

图 8-11

$$\begin{cases} x=1+t, \\ y=1+2t, \\ z=2+5t. \end{cases}$$

设 P' 为 $(1+t,1+2t,2+5t)$，则 P，P' 的中点 $\left(\frac{2+t}{2},\frac{2+2t}{2},\frac{4+5t}{2}\right)$ 必须满足平面方程，即

$$\frac{t+2}{2}+(2+2t)+5\cdot\frac{4+5t}{2}+17=0,$$

解得 $t=-2$，由此得 $P'(-1,-3,-8)$，则过 P'，Q 的直线方程为 $\frac{x+7}{3}=\frac{y+5}{1}=\frac{z}{-4}$.

现学现练　设直线 L: $\begin{cases} x+y+z=0 \\ x-y+z+1=0 \end{cases}$ 及平面 Ⅱ：$x+y+z=0$. 求 L 在 Ⅱ 的投影直线 L_0 的方程. $\left[\begin{cases} x+y+z=0 \\ y-z-1=0 \end{cases}\right]$

课后习题全解

习题 8－4 全解

1. **分析**　直线 $\frac{x-x_0}{m}=\frac{y-y_0}{n}=\frac{z-z_0}{p}$，其方向向量 $\boldsymbol{s}=(m,n,p)$.

解　因为所求直线与 $\frac{x-3}{2}=y=\frac{z-1}{5}$ 平行，

所以其方向向量为 $(2,1,5)$，故直线方程为 $\frac{x-4}{2}=y+1=\frac{z-3}{5}$.

2. 解　$\overrightarrow{M_1M_2}=(-4,2,1)$，是所求直线的方向向量，故所求的直线方程为

$$\frac{x-3}{-4}=\frac{y+2}{2}=\frac{z-1}{1}.$$

3. 解　因为直线的方向向量与交成该直线的两平面的法向量都垂直，所以此直线的方向向量

$$\boldsymbol{s}=\boldsymbol{n}_1\times\boldsymbol{n}_2=\begin{vmatrix}\boldsymbol{i} & \boldsymbol{j} & \boldsymbol{k}\\ 1 & -1 & 1\\ 2 & 1 & 1\end{vmatrix}=(-2,1,3)$$

在直线上巧取点 $A(3,0,-2)$，则该直线的对称式方程为 $\dfrac{x-3}{-2}=\dfrac{y-0}{1}=\dfrac{z+2}{3}$，

参数方程为 $\begin{cases}x=3-2t,\\ y=t,\\ z=-2+3t.\end{cases}$

4. 解　由题意知直线的方向向量即为所求平面的法向量

$$\boldsymbol{n}=\boldsymbol{n}_1\times\boldsymbol{n}_2=\begin{vmatrix}\boldsymbol{i} & \boldsymbol{j} & \boldsymbol{k}\\ 1 & -2 & 4\\ 3 & 5 & -2\end{vmatrix}=(-16,14,11)$$

由点法式可得 $-16(x-2)+14(y-0)+11(z+3)=0$

即　$16x-14y-11z-65=0$ 为所求的平面方程.

5. 分析　直线和直线夹角的余弦也就是这两条直线的方向向量夹角的余弦.

解　两直线的方向向量分别为

$$\boldsymbol{s}_1=(5,-3,3)\times(3,-2,1)=\begin{vmatrix}\boldsymbol{i} & \boldsymbol{j} & \boldsymbol{k}\\ 5 & -3 & 3\\ 3 & -2 & 1\end{vmatrix}=(3,4,-1),$$

$$\boldsymbol{s}_2=(2,2,-1)\times(3,8,1)=\begin{vmatrix}\boldsymbol{i} & \boldsymbol{j} & \boldsymbol{k}\\ 2 & 2 & -1\\ 3 & 8 & 1\end{vmatrix}=(10,-5,10),$$

于是有

$$\cos\theta=(\widehat{\boldsymbol{s}_1,\boldsymbol{s}_2})=\frac{\boldsymbol{s}_1\cdot\boldsymbol{s}_2}{|\boldsymbol{s}_1||\boldsymbol{s}_2|}=\frac{3\times10-4\times5-1\times10}{\sqrt{3^2+4^2+(-1)^2}\sqrt{10^2+(-5)^2+10^2}}=0,$$

即两直线相互垂直.

6. 证　两直线的方向向量分别为

$$s_1 = \begin{vmatrix} \boldsymbol{i} & \boldsymbol{j} & \boldsymbol{k} \\ 1 & 2 & -1 \\ -2 & 1 & 1 \end{vmatrix} = 3\boldsymbol{i}+\boldsymbol{j}+5\boldsymbol{k},\ s_2 = \begin{vmatrix} \boldsymbol{i} & \boldsymbol{j} & \boldsymbol{k} \\ 3 & 6 & -3 \\ 2 & -1 & -1 \end{vmatrix} = -9\boldsymbol{i}-3\boldsymbol{j}-15\boldsymbol{k},$$

因为 $s_2 = -3s_1$，所以两直线互相平行.

7. 解　因为所求直线与两平面都平行，因而平行于它们的交线，而交线的方向向量为

$$\boldsymbol{s} = \boldsymbol{n}_1 \times \boldsymbol{n}_2 = \begin{vmatrix} \boldsymbol{i} & \boldsymbol{j} & \boldsymbol{k} \\ 1 & 0 & 2 \\ 0 & 1 & -3 \end{vmatrix} = (-2,3,1).$$

故所求直线方程为

$$\frac{x}{-2} = \frac{y-2}{3} = \frac{z-4}{1}.$$

8. 分析　已知点和过平面的直线，可以借助点法式方程求平面方程，也可利用平面束方程求解.

解　因为平面过点 $A(3,1,-2)$，以及已知直线，故平面也过点 $B(4,-3,0)$，并且平行于向量 $\boldsymbol{s}=(5,2,1)$. 由于 A、B 均在平面上，所以 $\overrightarrow{AB}=(1,-4,2)$ 也平行于平面，从而所求平面的法向量为

$$\boldsymbol{n} = \overrightarrow{AB} \times \boldsymbol{s} = \begin{vmatrix} \boldsymbol{i} & \boldsymbol{j} & \boldsymbol{k} \\ 1 & -4 & 2 \\ 5 & 2 & 1 \end{vmatrix} = -8\boldsymbol{i}+9\boldsymbol{j}+22\boldsymbol{k}.$$

由点法式得所求平面方程　$-8(x-3)+9(y-1)+22(z+2)=0$

即　$8x-9y-22z-59=0.$

另解：过直线平面束方程为 $\frac{x-4}{5}-\frac{y+3}{2}+\lambda\left(\frac{y+3}{2}-z\right)=0$，将点 $(3,1,-2)$ 代入上式得 $\lambda=\frac{11}{20}$.

9. 分析　直线与平面夹角为 $\sin\varphi = |\cos(\widehat{\boldsymbol{n},\boldsymbol{s}})| = \frac{|\boldsymbol{s}\cdot\boldsymbol{n}|}{|\boldsymbol{s}||\boldsymbol{n}|}$

解　直线的方向向量 $\boldsymbol{s} = \boldsymbol{n}_1 \times \boldsymbol{n}_2 = \begin{vmatrix} \boldsymbol{i} & \boldsymbol{j} & \boldsymbol{k} \\ 1 & 1 & 3 \\ 1 & -1 & -1 \end{vmatrix} = (2,4,-2)$，

平面法向量 $\boldsymbol{n}=(1,-1,-1)$.

而 $\boldsymbol{s}\cdot\boldsymbol{n}=(2,4,-2)\cdot(1,-1,-1)=2-4+2=0$

所以 $\boldsymbol{s} \perp \boldsymbol{n}$，故直线与平面的夹角为 0.

10. 分析 直线和平面的位置关系主要由直线的方向向量 $\boldsymbol{s}$ 和平面法向量的关系 $\boldsymbol{n}$ 确定，有如下几种情形：

①$\boldsymbol{s} = \lambda\boldsymbol{n}$ 时，直线垂直于平面.

②$\boldsymbol{s} \cdot \boldsymbol{n} = 0$ 时，直线上的点满足平面方程，直线在平面上.

③$\boldsymbol{s} \cdot \boldsymbol{n} = 0$，$\boldsymbol{s} \perp \boldsymbol{n}$，且直线上的点不满足平面方程，直线平行于平面.

解 (1) 因为 $\boldsymbol{s} \cdot \boldsymbol{n} = -2 \times 4 + (-7) \times (-2) + 3 \times (-2) = 0$

所以 $\boldsymbol{s} \perp \boldsymbol{n}$.

又易验证点 $A(-3,-4,0)$ 不满足平面方程，故不在平面上，

因此此直线与平面平行；

(2) 直线的方向向量 $\boldsymbol{s} = (3,-2,7)$，平面的法向量 $\boldsymbol{n} = (3,-2,7)$

由于 $\boldsymbol{s} = \boldsymbol{n}$，故直线与平面垂直；

(3) 直线的方向向量 $\boldsymbol{s} = (3,1,-4)$，平面的法向量 $\boldsymbol{n} = (1,1,1)$

因为 $\boldsymbol{s} \cdot \boldsymbol{n} = 3 + 1 - 4 = 0$，从而所给直线与所给平面平行.

又点 $A(2,-2,3)$ 满足平面方程，因而在此平面上.

11. 解 两直线的方向向量分别为

$$\boldsymbol{s}_1 = \begin{vmatrix} \boldsymbol{i} & \boldsymbol{j} & \boldsymbol{k} \\ 1 & 2 & -1 \\ 1 & -1 & 1 \end{vmatrix} = (1,-2,-3), \boldsymbol{s}_2 = \begin{vmatrix} \boldsymbol{i} & \boldsymbol{j} & \boldsymbol{k} \\ 2 & -1 & 1 \\ 1 & -1 & 1 \end{vmatrix} = (0,-1,-1),$$

取 $\boldsymbol{n} = \boldsymbol{s}_1 \times \boldsymbol{s}_2 = \begin{vmatrix} \boldsymbol{i} & \boldsymbol{j} & \boldsymbol{k} \\ 1 & -2 & -3 \\ 0 & -1 & -1 \end{vmatrix} = (-1,1,-1)$，

由点法式得所求平面方程为

$$-1 \cdot (x-1) + 1 \cdot (y-2) - 1 \cdot (z-1) = 0,$$

即 $x - y + z = 0$.

12. 分析 首先求出过点且垂直于平面的垂线方程，再将垂线方程化为参数方程并求垂足坐标.

解 过点 A 且垂直于平面的垂线方程为 $\dfrac{x+1}{1} = \dfrac{y-2}{2} = \dfrac{z}{-1}$，将垂线方程化成参数方程 $x = -1 + t, y = 2 + 2t, z = -t$，代入平面方程得

$$(-1+t) + 2(2+2t) - (-t) + 1 = 0,$$

解得 $t = -\dfrac{2}{3}$，所以垂足坐标为 $\left(-\dfrac{5}{3}, \dfrac{2}{3}, \dfrac{2}{3}\right)$，即为所求投影.

13. 解　直线的方向向量为 $s=\begin{vmatrix} \boldsymbol{i} & \boldsymbol{j} & \boldsymbol{k} \\ 1 & 1 & -1 \\ 2 & -1 & 1 \end{vmatrix}=-3\boldsymbol{j}-3\boldsymbol{k}$，

在已知直线上取点(1，-2,0)，于是已知直线的方程为

$$\frac{x-1}{0}=\frac{y+2}{-3}=\frac{z}{-3}$$

其参数方程为

$$\begin{cases} x=1, \\ y=-2-3t, \\ z=-3t. \end{cases} \quad ①$$

过点 $P(3,-1,2)$ 作已知直线的垂直平面，其方程为

$$-3(y+1)-3(z-2)=0,$$

即

$$y+z-1=0. \quad ②$$

将①式代入②式，得 $(-2-3t)+(-3t)-1=0$，即得 $t=-\frac{1}{2}$，从而得点 P 向已知直线所作垂线的垂足坐标为 $\left(1,-\frac{1}{2},\frac{3}{2}\right)$，因此点 P 到已知直线的距离为

$$d=\sqrt{(3-1)^2+\left(-1+\frac{1}{2}\right)^2+\left(2-\frac{3}{2}\right)^2}=\frac{3\sqrt{2}}{2}.$$

另解　直线方向向量为

$$s=\begin{vmatrix} \boldsymbol{i} & \boldsymbol{j} & \boldsymbol{k} \\ 1 & 1 & -1 \\ 2 & -1 & 1 \end{vmatrix}=-3\boldsymbol{j}-3\boldsymbol{k}.$$

在已知直线上取点 $M(1,-2,0)$，则点 P 到直线距离为

$$d=\frac{|\overrightarrow{DM}\times s|}{|s|}=\frac{3\sqrt{2}}{2}.$$

14. 证　借助向量积的几何意义来证明此题.

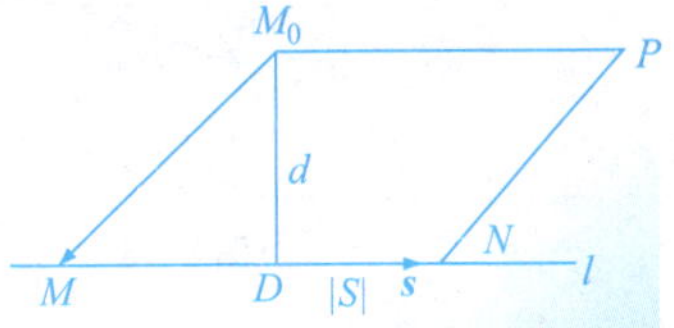

图 8-12

如图 8-12 所示，设点 M_0 到直线 l 的距离为 d，s 为 l 的方向向量.

平行四边形 $MNPM_0$ 的面积

$$A=d\cdot|\overrightarrow{MN}|$$

根据两个向量向量积的几何意义有

$$A=|\overrightarrow{MN}\times\overrightarrow{M_0M}|$$

所以 $d\cdot|\overrightarrow{MN}|=|\overrightarrow{MN}\times\overrightarrow{M_0M}|$，即 $d=\dfrac{|\overrightarrow{M_0M}\times \boldsymbol{s}|}{|\boldsymbol{s}|}$.

15. 分析　先求投影面，再求投影直线，本题用平面束的方程解题比较方便.

设 $L:\begin{cases}A_1x+B_1y+C_1z+D_1=0\\A_2x+B_2y+C_2z+D_2=0\end{cases}$，建立三元一次方程 $A_1x+B_1y+C_1z+D_1+\lambda(A_2x+B_2y+C_2z+D_2)=0$ 解出 λ.

解　过直线的平面束方程有

$$3x-y-2z-9+\lambda(2x-4y+z)=0$$

即 $(2+3\lambda)x-(1+4\lambda)y-(1-2\lambda)z-9=0$

要使该平面与平面 $4x-y+z=1$ 垂直，即为它们的法向量互相垂直，即

$$4\cdot(3+2\lambda)+(-1)\cdot(-1-4\lambda)+1\cdot(\lambda-2)=0$$

所以 $\lambda=-\dfrac{13}{11}$.

代入平面束方程得投影平面方程为

$$17x+31y-37z-117=0,$$

故投影直线方程为 $\begin{cases}17x+31y-37z-117=0\\4x-y+z-1=0\end{cases}$.

16. 解　见图 8-13 和图 8-14.

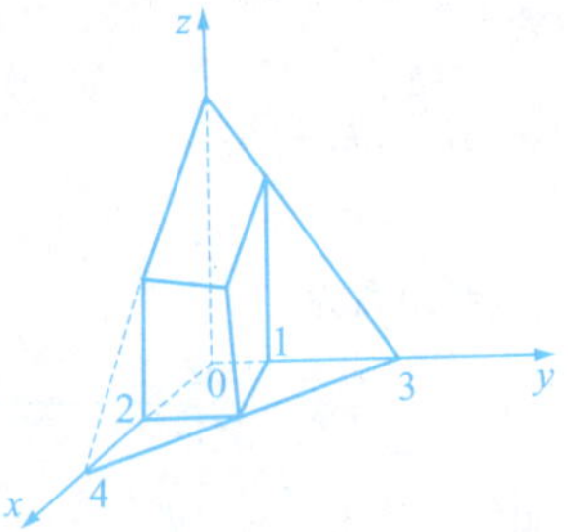

图 8-13

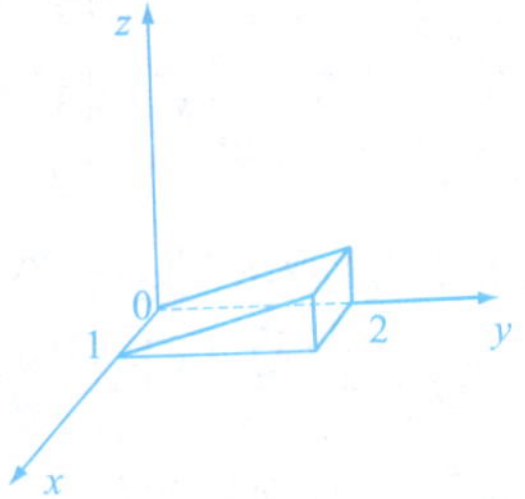

图 8-14

第五节　曲面及其方程

知识要点及常考点

1. 曲面研究的基本问题

曲面研究有以下两个基本问题

(1) 已知一曲面作为点的几何轨迹时，求该曲面的方程；

(2) 已知坐标 x、y 和 z 之间的一个方程时，研究该方程所表达的曲面形状.

2. 空间曲面方程

(1) 一般方程　$F(x,y,z)=0$.

(2) 显式方程　$z=f(x,y)$.

(3) 参数方程　$\begin{cases} x=x(u,v), \\ y=y(u,v), \\ z=z(u,v), \end{cases}$ $(u,v)\in D$，其中 D 为 uv 平面上某一区域.

3. 旋转曲面方程

设 $C: f(y,z)=0$ 为 yOz 平面上的曲线，则

(1) C 绕 z 轴旋转所得的曲面为 $f(\pm\sqrt{x^2+y^2},z)=0$，

(2) C 绕 y 轴旋转所得的曲面为 $f(y,\pm\sqrt{x^2+z^2})=0$，

旋转曲面主要由母线和旋转轴确定.

求旋转曲面方程时，平面曲线绕某坐标轴旋转，则该坐标轴对应的变量不变，而曲线方程中另一变量改写成该变量与第三变量平方和的正负平方根. 例如曲线 l: $\begin{cases} f(x,y)=0 \\ z=0 \end{cases}$，绕 x 轴旋转所形成的旋转曲面的方程为 $f(x,\pm\sqrt{y^2+z^2})=0$.

4. 旋转曲面的参数方程

利用参数方程来表示旋转曲面十分方便.

(1) 平面曲线为母线的情形

曲线 $z=f(y)(a\leqslant y\leqslant b)$ 绕 z 轴旋转而成的旋转曲面的参数方程为

$$\begin{cases} x=u\sin\varphi, \\ y=u\cos\varphi, \ (a\leqslant u\leqslant b, 0\leqslant\varphi\leqslant 2\pi). \\ z=f(u). \end{cases}$$

以上曲线绕 y 轴旋转而成的旋转曲面的参数方程为

$$\begin{cases} x = f(u)\sin\varphi, \\ y = u, & (a \leqslant u \leqslant b, 0 \leqslant \varphi \leqslant 2\pi). \\ z = f(u)\cos\varphi. \end{cases}$$

(2) 空间曲线为母线的情形

曲线$\begin{cases} x = f(t), \\ y = g(t), \\ z = h(t), \end{cases}$$(\alpha \leqslant t \leqslant \beta)$ 绕 z 轴旋转而成的旋转曲面的参数方程为

$$\begin{cases} x = \sqrt{f^2(t) + g^2(t)}\sin\varphi \\ y = \sqrt{f^2(t) + g^2(t)}\cos\varphi \end{cases} (\alpha \leqslant t \leqslant \beta, 0 \leqslant \varphi \leqslant 2\pi).$$

由以上方程可得

$$\begin{cases} x^2 + y^2 = f^2(t) + g^2(t), \\ z = h(t). \end{cases}$$

再消去参数 t 可得旋转曲面的一般方程.

5. 一般旋转曲面的求法

(1) 曲面 Γ:$\begin{cases} F(x,y,z) = 0 \\ G(x,y,z) = 0 \end{cases}$,绕直线 L:$\dfrac{x-x_1}{m} = \dfrac{y-y_0}{n} = \dfrac{z-z_0}{p}$ 旋转形成一个旋转曲面.

旋转曲面方程的求法如下:

设 $M_0 = (x_0, y_0, z_0)$,$\boldsymbol{s} = (m, n, p)$. 在母线 Γ 上任取一点 $M_1(x_1, y_1, z_1)$,图 8-15,则过 M_1 的纬圆上任何一点 $P(x,y,z)$ 满足条件

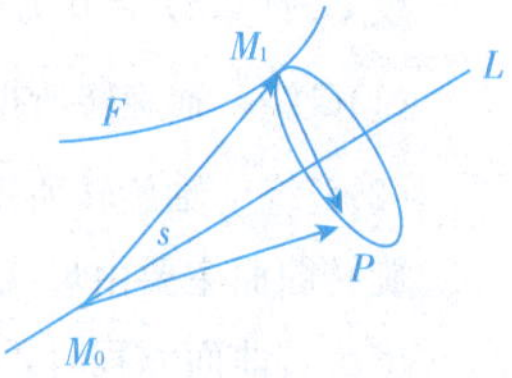

图 8-15

$$\overrightarrow{M_1P} \perp \boldsymbol{s} \text{ 和 } |\overrightarrow{M_0P}| = |\overrightarrow{M_0M_1}|,$$

即$\begin{cases} m(x-x_1) + n(y-y_1) + p(z-z_1) = 0, \\ (x-x_0)^2 + (y-y_0)^2 + (z-z_0)^2 = (x_1-x_0)^2 + (y_1-y_0)^2 + (z_1-z_0)^2. \end{cases}$

这两个方程与方程 $F(x_1, y_1, z_1) = 0$ 和 $G(x_1, y_1, z_1) = 0$ 一起消去 x_1, y_1, z_1 便得到旋转曲面的方程.

(2) 曲线 Γ:$\begin{cases} F(x,y,z) = 0 \\ G(x,y,z) = 0 \end{cases}$,绕 z 轴旋转而成的旋转曲面的方程的求法如下:在曲线 Γ 上,任取一点 $M_1(x_1, y_1, z_1)$,图 8-16,则过点 M_1 的纬圆上任何一点 $P(x,y,z)$ 满足条件 $|\overrightarrow{OP}| = |\overrightarrow{OM_1}|$ 和 $z = z_1$,即 $x^2 + y^2 + z^2 = x_1^2 + y_1^2 + z_1^2$ 且 $z = z_1$,得 $x^2 + y^2 = x_1^2 + y_1^2$.

从方程组

$$\begin{cases} F(x_1,y_1,z)=0, \\ G(x_1,y_1,z)=0, \\ x^2+y^2=x_1^2+y_1^2. \end{cases}$$

中消去 x_1 和 y_1 便得到旋转曲面的方程.

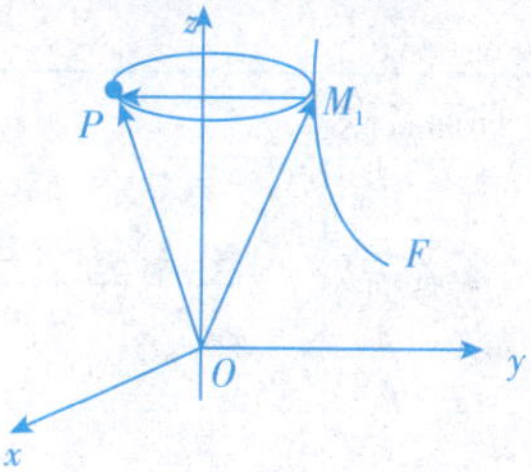

图 8-16

如果能从方程组 $\begin{cases} F(x_1,y_1,z)=0 \\ G(x_1,y_1,z)=0 \end{cases}$，中解出 $x_1=\varphi(z)$ 和 $y_1=\psi(z)$，则旋转曲面的方程为

$$x^2+y^2=\varphi^2(z)+\psi^2(z).$$

6. 柱面方程的求法

(1) 准线为 Γ：$\begin{cases} f(x,y)=0 \\ z=0 \end{cases}$，母线 // z 轴的柱面方程为 $f(x,y)=0$，

准线为 Γ：$\begin{cases} \varphi(x,z)=0 \\ y=0 \end{cases}$，母线 // y 轴的柱面方程 $\varphi(x,z)=0$，

准线为 Γ：$\begin{cases} \psi(y,z)=0 \\ x=0 \end{cases}$，母线 // x 轴的柱面方程为 $\psi(y,z)=0$.

(2) 准线为 Γ：$\begin{cases} f(x,y,z)=0 \\ g(x,y,z)=0 \end{cases}$，母线的方向矢量为 (l,m,n) 的柱面方程的求法：

首先，在准线上任取一点 (x,y,z)，则过点 (x,y,z) 的母线方程为

$$\frac{X-x}{l}=\frac{Y-y}{m}=\frac{Z-z}{n},$$

其中 X,Y,Z 为母线上任一点的流动坐标，消去方程组

$$\begin{cases} f(x,y,z)=0, \\ g(x,y,z)=0, \\ \dfrac{X-x}{l}=\dfrac{Y-y}{m}=\dfrac{Z-z}{n}. \end{cases}$$

中的 x,y,z 便得所求的柱面方程.

7. 几种常见的二次曲面的标准方程及图形

曲面名称	方　　程	图　　形
球面	$(x-x_0)^2+(y-y_0)^2+(z-z_0)^2=R^2$ 其中 (x_0,y_0,z_0) 是球心，$R>0$ 是半径	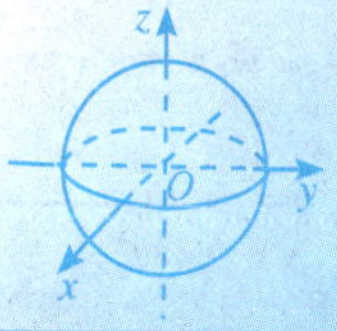

续表

曲面名称	方　　程	图　　形
椭球面	$\frac{x^2}{a^2}+\frac{y^2}{b^2}+\frac{z^2}{c^2}=1$（$a,b,c$ 均为正数）	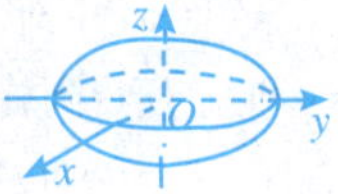
单叶双曲面	$\frac{x^2}{a^2}+\frac{y^2}{b^2}-\frac{z^2}{c^2}=1$（如图） 或$\frac{x^2}{a^2}-\frac{y^2}{b^2}+\frac{z^2}{c^2}=1$（$a,b,c$ 均为正数）或 $-\frac{x^2}{a^2}+\frac{y^2}{b^2}+\frac{z^2}{c^2}=1$	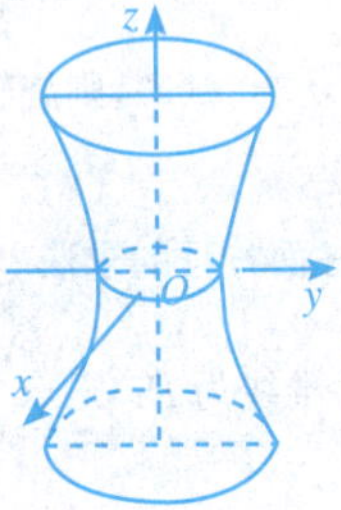
双叶双曲面	$\frac{x^2}{a^2}-\frac{y^2}{b^2}-\frac{z^2}{c^2}=1$ 或$\frac{y^2}{b^2}-\frac{x^2}{a^2}-\frac{z^2}{c^2}=1$（$a,b,c$ 均为正数） 或$\frac{z^2}{c^2}-\frac{x^2}{a^2}-\frac{y^2}{b^2}=1$（如图）	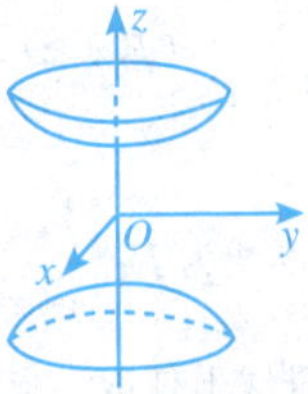
椭圆抛物面	$z=\frac{x^2}{a^2}+\frac{y^2}{b^2}$（如图）或 $y=\frac{x^2}{a^2}+\frac{z^2}{c^2}$ 或 $x=\frac{y^2}{b^2}+\frac{z^2}{c^2}$（$a,b,c$ 均为正数）	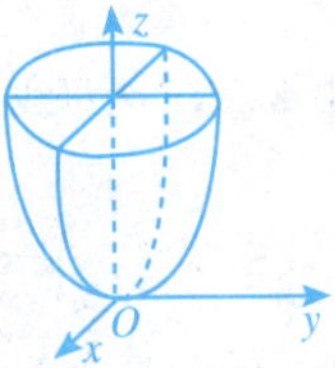
双曲抛物面	$z=\pm\left(\frac{x^2}{a^2}-\frac{y^2}{b^2}\right)$（如图） 或 $y=\pm\left(\frac{z^2}{c^2}-\frac{x^2}{a^2}\right)$ 或 $x=\pm\left(\frac{y^2}{b^2}-\frac{z^2}{c^2}\right)$（$a,b,c$ 均为正数）	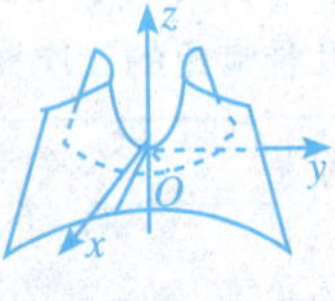

续表

曲面名称	方　　程	图　　形
圆柱面	$x^2+y^2=R^2$ 或 $y^2+z^2=R^2$ 或 $x^2+z^2=R^2$	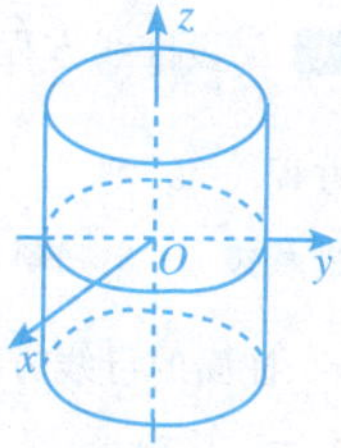
椭圆柱面	$\frac{x^2}{a^2}+\frac{y^2}{b^2}=1$ 或 $\frac{y^2}{b^2}+\frac{z^2}{c^2}=1$ 或 $\frac{x^2}{a^2}+\frac{z^2}{c^2}=1$（$a,b,c$ 均为正数）	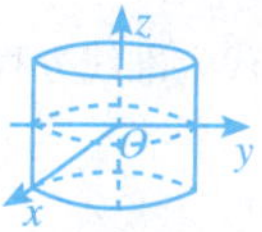
双曲柱面	$\frac{x^2}{a^2}-\frac{y^2}{b^2}=\pm1$ 或 $\frac{y^2}{b^2}-\frac{z^2}{c^2}=\pm1$ 或 $\frac{x^2}{a^2}+\frac{z^2}{c^2}=\pm1$（$a,b,c$ 均为正数）	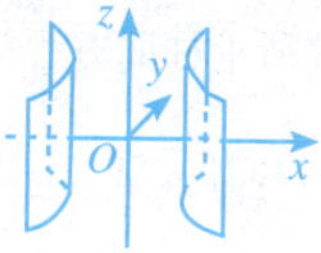
抛物柱面	$x^2=2py$（如图）或 $y^2=2px$ $z^2=2px$ 或 $x^2=2pz$ $y^2=2px$ 或 $z^2=2py$ （p 为非零实数）	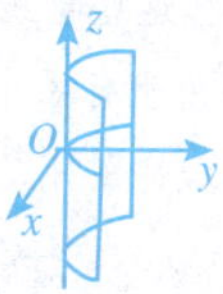

本节考研要求

1. 了解曲面方程、常用二次曲面的方程及其图形.
2. 掌握求简单的柱面和旋转曲面的方程.

题型、真题、方法

题型 1　求曲面方程

题型分析　曲面方程的建立经常用到两点的距离公式以及向量的数量积与向量积等运算法则. 曲面所具有的约束条件用代数式表示，可显示为一个约束方程，$F(x,y,z)=0$，另外曲面也有双参数的表示式，要依情况而选择合理的表示方式.

例1 设准线方程为$\begin{cases}x^2+y^2+z^2=1\\2x^2+2y^2+z^2=2\end{cases}$ ① 母线的方向数为$-1,0,1$. 求这个柱面方程.

思路点拨 先判断准线类型然后写出柱面方程.

解 柱面的母线方程可表示为$\frac{X-x}{-1}=\frac{Y-y}{0}=\frac{Z-z}{1}$，令

$$\frac{X-x}{-1}=\frac{Y-y}{0}=\frac{Z-z}{1}=t\Rightarrow x=X+t,y=Y,z=Z-t.$$

将其代入准线方程 ①，有

$$\begin{cases}(X+t)^2+Y^2+(Z-t)^2=1,\\2(X+t)^2+2Y^2+(Z-t)^2=2.\end{cases} \quad ②$$

解得$(Z-t)^2=0$，即$Z=t$，将其代入方程组 ②.

可知所求柱面方程为$(x+z)^2+y^2=1$.

题型2 求解旋转曲面

题型分析 旋转曲面中最常见的是柱面和锥面，柱面是一束平行直线(母线)构成的曲面，当这些母线平行于坐标轴时，柱面方程中就少了相应的变量，如$f(x,y)=0$是空间直角坐标系中母线平行于z轴的柱面方程. 锥面是由过同一点(顶点)的直线构成的曲面，特别地，圆锥面是对称轴夹角为定值的直线束构成的曲面.

例2 求曲线$\frac{x}{\alpha}=\frac{y-\beta}{0}=\frac{z}{1}$绕$z$轴旋转而成的曲面方程，并按$\alpha$、$\beta$的值讨论它是什么曲面.

思路点拨 先将所给直线方程转化为参数方程再求解.

解 直线的参数方程为$\begin{cases}x=\alpha t,\\y=\beta,\\z=t.\end{cases}$ 绕z轴旋转而成的旋转曲面为

$$\begin{cases}x^2+y^2=\alpha^2t^2+\beta^2,\\z=t.\end{cases}$$

消去t，得

$$x^2+y^2-\alpha^2z^2=\beta^2.$$

当 $\alpha=0,\beta\neq 0$ 时，$x^2+y^2=\beta^2$ 为圆柱面；

当 $\alpha\neq 0,\beta=0$ 时，$z^2=\frac{1}{\alpha^2}(x^2+y^2)$ 为圆锥面；

当 $\alpha\neq 0,\beta\neq 0$ 时，$x^2+y^2-\alpha^2z^2=\beta^2$ 为旋转单叶双曲面.

现学现练　求平面曲线 $\begin{cases}x^2+4y^2=1\\z=0\end{cases}$ 绕 x 轴旋转的曲面方程.[$x^2+4(y^2+z^2)=1$]

题型 3　常见二次曲面的标准方程及作图

题型分析　根据几类常见的二次曲面及其标准方程解题.

例 3　指出下列二次曲面的名称并作草图.

(1)$16x^2-9y^2-9z^2=-25$;(2)$16x^2-9y^2-9z^2=25$;(3)$y^2+z^2=4x$.

思路点拨　对已给出的二次曲面方程，要求判断曲面性质的题型，应先进行简化运算，将方程转化为常见的曲面方程的形式，然后再进行判断.

解　(1) 可以将方程写成如下的标准形：

$$-\frac{x^2}{(\frac{5}{4})^2}+\frac{y^2}{(\frac{5}{3})^2}+\frac{z^2}{(\frac{5}{3})^2}=1,$$

该方程表示单叶双曲面，草图如图 8-17 所示.

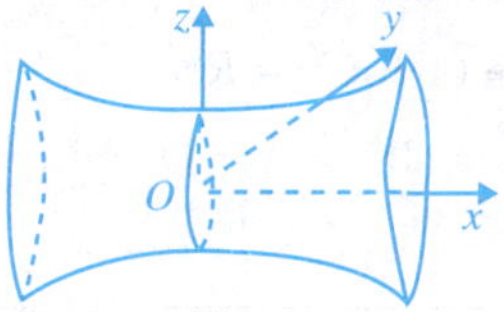

图 8-17

(2) 方程可写成如下的标准形式：

$$\frac{x^2}{(\frac{5}{4})^2}-\frac{y^2}{(\frac{5}{3})^2}-\frac{z^2}{(\frac{5}{3})^2}=1,$$

该方程表示双叶双曲面，草图如图 8-18 所示.

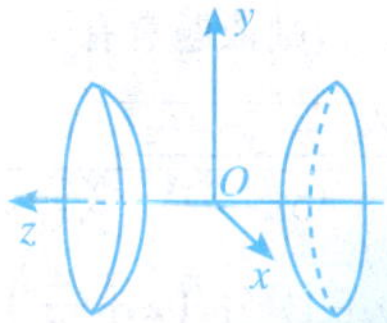

图 8-18

(3) 方程可写成如下的标准形式：

$$x=\frac{y^2}{2^2}+\frac{z^2}{2^2},$$

该方程表示椭圆抛物面，草图如图 8-19 所示.

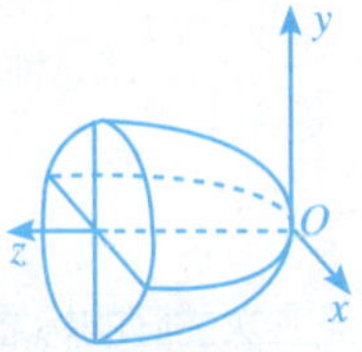

图 8-19

现学现练　根据 p、q 取值不同说明二次曲面 $z=x^2+py^2+qz^2$ 的类型.

课后习题全解

习题 8－5 全解

1. 解　设所求球面的方程为 $(x-a)^2+(y-b)^2+(z-c)^2=R^2$，将已知点坐标代入上式，可得：

$$\begin{cases}a^2+b^2+c^2=R^2\\(a-4)^2+b^2+c^2=R^2\\(a-1)^2+(b-3)^2+c^2=R^2\\a^2+b^2+(4+c)^2=R^2\end{cases}$$

联立可求得球面方程为 $(x-2)^2+(y-1)^2+(z+2)^2=9$. 因此球心坐标为 $(2,1,-2)$，球半径为 3.

2. 解　球的半径 $R=\sqrt{1^2+3^2+(-2)^2}=\sqrt{14}$，

球面方程为　$(x-1)^2+(y-3)^2+(z+2)^2=14$.

3. 解　由已知方程得 $(x^2-2x+1)+(y^2+4y+4)+(z^2+2z+1)=1+4+1$，

即　$(x-1)^2+(y+2)^2+(z+1)^2=(\sqrt{6})^2$.

所以此方程表示以 $(1,-2,-1)$ 为球心，以 $\sqrt{6}$ 为半径的球面.

4. 解　设动点坐标为 (x,y,z)，则依题意有

$$\frac{\sqrt{x^2+y^2+z^2}}{\sqrt{(x-2)^2+(y-3)^2+(z-4)^2}}=\frac{1}{2},$$

化简整理得 $\left(x+\frac{2}{3}\right)^2+(y+1)^2+\left(z+\frac{4}{3}\right)^2=\frac{116}{9}$,

它表示以$\left(-\frac{2}{3},-1,-\frac{4}{3}\right)$为球心，以$\frac{2}{3}\sqrt{29}$为半径的球面.

5. **分析**　xOz 面上的曲线 $F(x,z)=0$ 绕 x 轴旋转一周所生成的旋转曲面方程为 $F(x,\pm\sqrt{y^2+z^2})=0$.

解　xOz 坐标面上的曲线 $z^2=5x$ 绕 x 轴旋转一周所生成的旋转曲面方程为 $y^2+z^2=5x$.

6. **解**　将 xOz 坐标面上的圆 $x^2+z^2=9$ 绕 z 轴旋转一周所生成的旋转曲面的方程为

$$x^2+y^2+z^2=9.$$

7. **解**　将 xOy 坐标面上的双曲线 $4x^2-9y^2=36$，绕 x 轴旋转一周，所生成的旋转曲面方程为 $4x^2-9(y^2+z^2)=36$，绕 y 轴旋转一周所生成的旋转曲面方程为

$$4(x^2+z^2)-9y^2=36.$$

8. **解**　各方程所表示的曲面如图 8-20 所示.

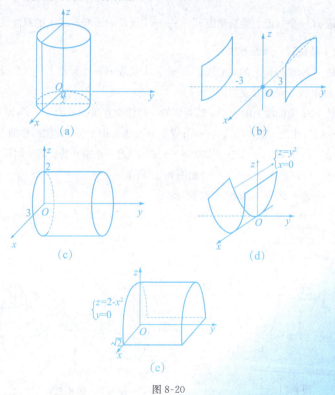

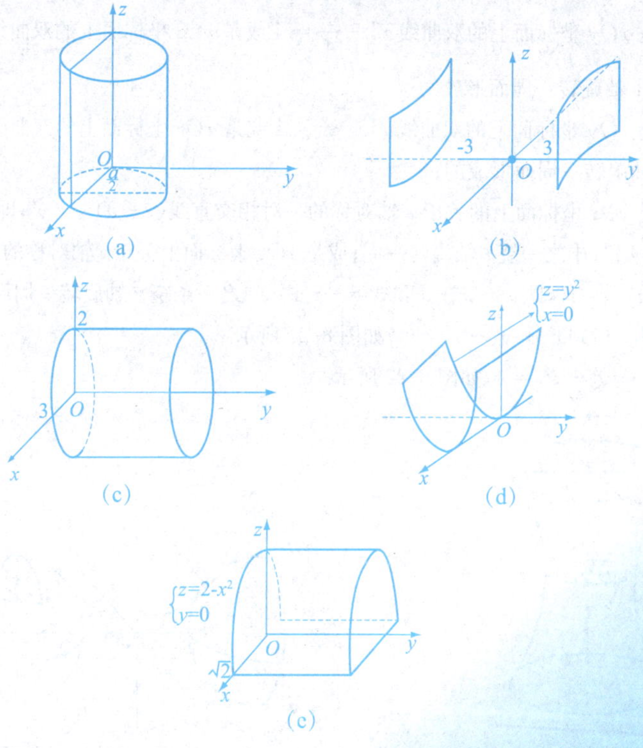

图 8-20

9. 解

方程	在平面解析几何中表示	在空间解析几何中表示
(1) $x=2$	平行于 y 轴的一直线	与 yOz 坐标面平行的平面
(2) $y=x+1$	斜率及在 y 轴上的截距为 1 的一直线	平行于 z 轴的一平面
(3) $x^2+y^2=4$	圆心在原点，半径为 2 的圆	母线平行于 z 轴，准线为 $\begin{cases}x^2+y^2=4\\z=0\end{cases}$ 的圆柱面
(4) $x^2-y^2=1$	双曲线	母线平行于 z 轴的双曲柱面

10. 解　(1) 是 xOy 坐标面上的椭圆 $\frac{x^2}{4}+\frac{y^2}{9}=1$ 或是 xOz 坐标面上的椭圆 $\frac{x^2}{4}+\frac{z^2}{9}=1$ 绕 x 轴旋转一周而形成的；

(2) 是 xOy 坐标面上的双曲线 $x^2-\frac{y^2}{4}=1$ 或是 yOz 坐标面上的双曲线 $-\frac{y^2}{4}+z^2=1$ 绕 y 轴旋转一周而形成的；

(3) 是 xOy 坐标面上的双曲线 $x^2-y^2=1$ 或是 xOz 坐标面上的双曲线 $x^2-z^2=1$ 绕 x 轴旋转一周而形成的；

(4) 是 yOz 坐标面上的关于 z 轴对称的一对相交直线 $(z-a)^2=y^2$，即 $z=y+a$ 和 $z=-y+a$ 中之一绕 z 轴旋转一周；或是 xOz 坐标面上关于 z 轴对称的一对相交直线 $(z-a)^2=x^2$，即 $z=x+a$ 和 $z=-x+a$ 中之一条绕 z 轴旋转一周而形成的.

11. 解　(1) $4x^2+y^2-z^2=4$，如图 8-21 所示.

(2) $x^2-y^2-z^2=4$，如图 8-22 所示.

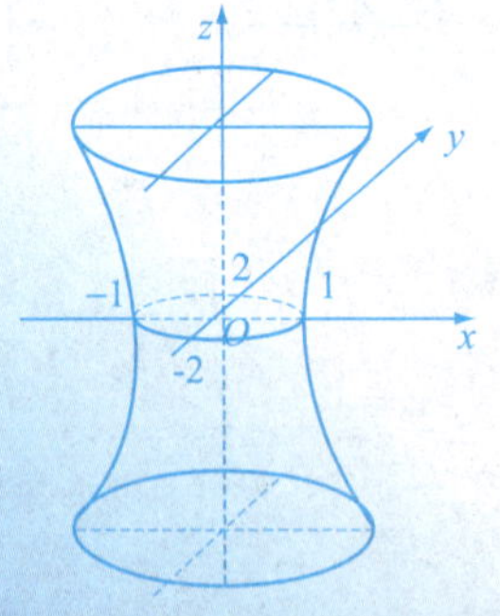

图 8-21

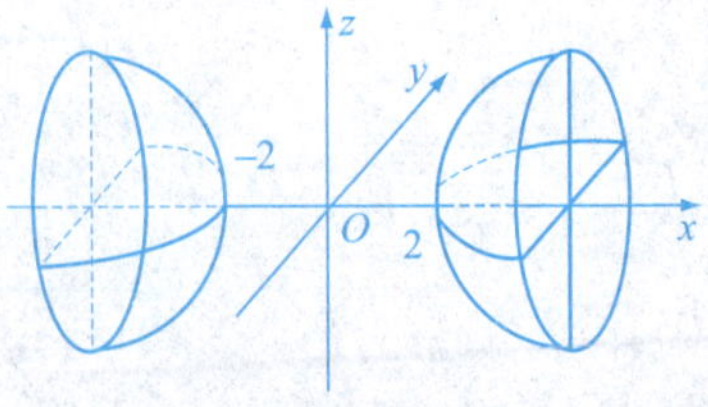

图 8-22

(3) $\frac{z}{3}=\frac{x^2}{4}+\frac{y^2}{9}$,如图 8-23 所示.

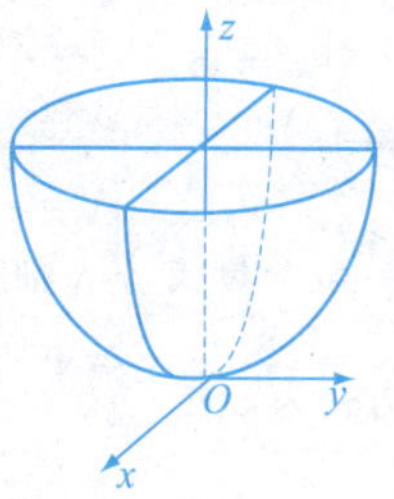

图 8-23

12. 解　(1) 如图 8-24 所示。　(2) 如图 8-25 所示。

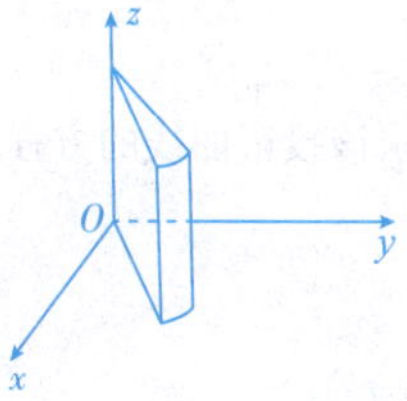

图 8-24

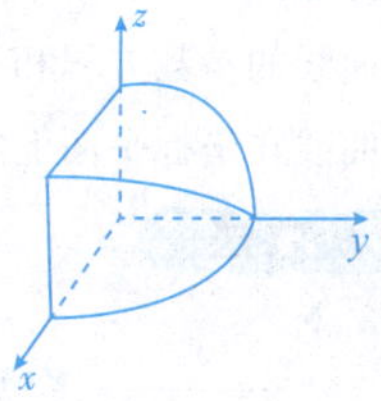

图 8-25

第六节　空间曲线及其方程

知识要点及常考点

1. 空间曲线的方程

一般方程 $\begin{cases}F(x,y,z)=0\\G(x,y,z)=0\end{cases}$ 和参数方程 $\begin{cases}x=x(t),\\y=y(t),\\z=z(t).\end{cases}$

求解两曲面的交线通常可直接运用空间曲线的一般方程.

2. 空间曲线在各坐标面的投影方程

设空间曲线 Γ: $\begin{cases}F(x,y,z)=0\\G(x,y,z)=0\end{cases}$

求 Γ 在 xOy, yOz, xOz 平面上的投影方程的步骤.

(1) 先求 Γ 在 xOy 平面上的投影方程

$1°$ 从方程组 ① 中消去 z,得到一个母线 $/\!/$ z 轴的柱面方程 $\varphi(x,y)=0$.

$2°$ 将 $\varphi(x,y)=0$ 与 $z=0$ 联立，即得 Γ 在 xOy 平面上的投影方程

$$\begin{cases}\varphi(x,y)=0,\\ z=0.\end{cases}$$

(2) Γ 在 xOz 平面上投影方程为

$\begin{cases}\psi(x,z)=0\\ y=0\end{cases}$，其中 $\psi(x,z)=0$ 为母线 $//\ y$ 轴的柱面方程.

(3) Γ 在 yOz 平面上的投影方程为

$\begin{cases}\omega(y,z)=0\\ x=0\end{cases}$，其中 $\omega(y,z)=0$ 为母线 $//\ x$ 轴的柱面方程.

本节考研要求

1. 了解空间曲线的参数方程和一般方程.

2. 了解空间曲线在坐标平面上的投影并会求该投影曲线的方程.

题型、真题、方法

题型 1　求曲线方程

题型分析　曲线方程的建立经常用到两点的距离公式以及向量的数量积与向量积等运算法则. 曲面所具有的约束条件用代数式表示，可显示为一个约束方程组；$\begin{cases}F(x,y,z)=0\\ G(x,y,z)=0\end{cases}$，另外要注意曲线的参数方程表示，这是经常用到的表示方式.

例 1　求二次曲面 $y=\dfrac{x^2}{a^2}-\dfrac{z^2}{c^2}$ 与三个坐标平面的交线.

思路点拨　求解空间曲线与坐标平面的交线，只须将已知曲面方程与坐标平面方程联立.

解　此二次曲面为双曲抛物面.

它与 xOy 面的交线为 $\begin{cases}y=\dfrac{x^2}{a^2}-\dfrac{z^2}{c^2}\\ z=0\end{cases}$，即 $\begin{cases}y=\dfrac{x^2}{a^2},\\ z=0.\end{cases}$

这是 xOy 面上的抛物线 $y=\dfrac{x^2}{a^2}$.

曲线与 zOx 面的交线为 $\begin{cases}y=\dfrac{x^2}{a^2}-\dfrac{z^2}{c^2}\\ y=0\end{cases}$，即 $\begin{cases}\left(\dfrac{x}{a}-\dfrac{z}{c}\right)\left(\dfrac{x}{a}+\dfrac{z}{c}\right)=0,\\ y=0.\end{cases}$

这说明曲面与 zOx 面的交线是 zOx 面上的两条相交直线 $z=\frac{c}{a}x$ 和 $z=-\frac{c}{a}x$.

曲面与 yOz 面的交线为 $\begin{cases} y=\frac{x^2}{a^2}-\frac{z^2}{c^2} \\ x=0 \end{cases}$，即 $\begin{cases} y=-\frac{z^2}{c^2}, \\ x=0. \end{cases}$

这是 yOz 面上的抛物线.

例2　将空间曲线方程 $\begin{cases} x^2+y^2+z^2=4 \\ x+y=0 \end{cases}$ 化为参数方程.

思路点拨　空间曲线可以有多个参数方程，因此本题答案不是唯一的.

解　将 $x=-y$ 代入 $x^2+y^2+z^2=4$，得 $2x^2+z^2=4$ 或 $\frac{x^2}{(\sqrt{2})^2}+\frac{z^2}{2^2}=1$，按照椭圆的参数式取得 $\begin{cases} x=\sqrt{2}\cos\theta \\ z=2\sin\theta \end{cases}$，$\theta\in[0,2\pi]$，故所求的参数方程为

$$\begin{cases} x=\sqrt{2}\cos\theta, \\ y=-\sqrt{2}\cos\theta, \qquad \theta\in[0,2\pi]. \\ z=2\sin\theta, \end{cases}$$

现学现练　一动点 M 到平面 $x-1=0$ 的距离等于它与 x 轴距离的 2 倍，又点 M 到 $A(0,-1,2)$ 的距离为 1. 求动点 M 的轨迹方程.

$\left[\begin{cases} (x-1)^2=4(y^2+z^2) \\ x^2+(y+1)^2+(z-2)^2=1 \end{cases}\right]$

题型 2　求空间曲线在坐标面上的投影方程

题型分析　求曲线在坐标平面的上的投影曲线方程，只需将曲线方程分别消去 x,y,z，即可得曲线在三个坐标面的投影柱面方程，再与坐标面方程联立方程组，即得投影曲线方程.

例3　求曲线 Γ：$\begin{cases} x^2+y^2+z^2=a^2 & ① \\ x^2+z^2-ax=0\quad(a>0) & ② \end{cases}$ 在各坐标面上的投影.

思路点拨　注意在哪个平面进行投影，一定不要忘记该平面的方程.

解　曲线在 xOy 面上的投影方程为 $\begin{cases} y^2+ax=a^2 \\ z=0 \end{cases}$

①，② 式相减得 $y^2+ax=a^2$，

从上式中解出 $x=\frac{1}{a}(a^2-y^2)$，代入 ① 式得

$$z^2-y^2+\frac{y^4}{a^2}=0.$$

故曲线在 yOz 面上的投影方程为$\begin{cases} z^2-y^2+\dfrac{y^4}{a^2}=0, \\ x=0. \end{cases}$

由曲线方程可知曲线在柱面 $x^2+z^2-ax=0(a>0)$ 内，

故曲线在 zOx 面上的投影方程为$\begin{cases} x^2+z^2-ax=0(a>0), \\ y=0. \end{cases}$

例 4　求曲线 C:$\begin{cases} x=y^2+z^2 \\ x+2y-z=0 \end{cases}$在三个坐标平面上的投影曲线方程.

思路点拨　从空间曲线 C 的方程$\begin{cases} x=y^2+z^2 \\ x+2y-z=0 \end{cases}$中分别消去 x、y、z 即可得曲线 C 在三个坐标面上的投影柱面方程．再与坐标面方程联立方程组，即得投影曲线方程．

解　$\begin{cases} x=y^2+z^2 \\ x+2y-z=0 \end{cases}$两式联立，消去 x，得

$$y^2+z^2+2y-z=0$$

这是曲线 C 向 yOz 平面的投影柱面．此投影柱面与 yOx 面的交线即为曲线 C 在 xOy 面上的投影曲线．故$\begin{cases} y^2+z^2+2y-z=0 \\ x=0 \end{cases}$即为所求．

同理，消去 y 可得曲线 C 向 zOx 面的投影曲线$\begin{cases} x=\dfrac{1}{4}(z-x)^2+z^2, \\ y=0. \end{cases}$

消去 z 可得曲线 C 向 xOy 的投影曲线$\begin{cases} x=y^2+(x+2y)^2, \\ z=0. \end{cases}$

现学现练　求旋转抛物面 $z=x^2+y^2$ 与平面 $y+z=1$ 的交线在 xOy 面上的投影方程．$\left[\begin{cases} x^2+(y+\dfrac{1}{2})^2=\dfrac{5}{4} \\ z=0 \end{cases}\right]$

课后习题全解

习题 8－6 全解

1. **解**　如图 8-26 所示.

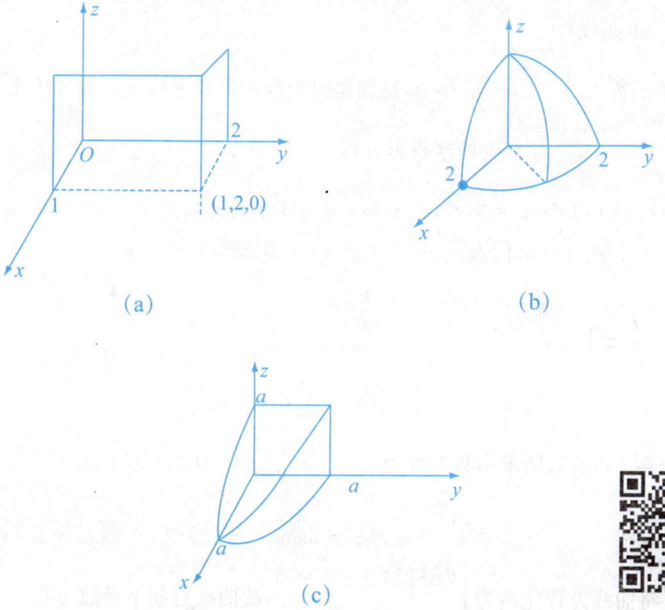

图 8-26

2. **解**　(1) 在平面解析几何中表示两直线的交点；在空间解析几何中表示两平面的交线；

(2) 在平面解析几何中表示椭圆与其一切线的交点；在空间解析几何中表示椭圆柱面$\frac{x^2}{4}+\frac{y^2}{9}=1$与其切平面 $y=3$ 的交线.

3. **分析**　由于母线平行于 x 轴，因此柱面方程中就没有变量 x.

于是用代入法消去方程组中的 x.

同理母线平行于 y 轴时，柱面方程中没有变量 y.

解　消去直线方程中的 x 得 $3y^2-z^2=16$，这即是所求母线平行于 x 轴且过已知曲线的柱面方程.

消去直线方程中的 y 得 $3x^2+2z^2=16$，这即是母线平行于 y 轴且过已知曲线的柱面方程.

4. **分析**　曲线在 xOy 上的投影满足$\begin{cases}H(x,y)=0,\\ z=0,\end{cases}$

于是消去$\begin{cases}x^2+y^2+z^2=9\\ x+z=1\end{cases}$中的 z 并令 $z=0$ 即得投影方程.

解　由曲线$\begin{cases}x^2+y^2+z^2=9\\x+z=1\end{cases}$

消去z，得$2x^2-2x+y^2=8$，这即是过交线的母线平行于z轴的柱面，因而

$\begin{cases}2x^2-2x+y^2=8\\z=0\end{cases}$为所求投影方程.

5. **分析**　(1) 令$x=x(t)$，将y和z表示为t的函数.

解　(1) 将$y=x$代入$x^2+y^2+z^2=9$得$2x^2+z^2=9$，

即　$\dfrac{x^2}{\left(\dfrac{3}{\sqrt{2}}\right)^2}+\dfrac{z^2}{3^2}=1$，令$x=\dfrac{3}{\sqrt{2}}\cos t$.

则$z=3\sin t$，故所求参数方程为$\begin{cases}x=\dfrac{3}{\sqrt{2}}\cos t,\\y=\dfrac{3}{\sqrt{2}}\cos t,\\z=3\sin t.\end{cases}$　$(0\leqslant t\leqslant 2\pi)$.

(2) 将曲线方程化简为$\begin{cases}(x-1)^2+y^2=3\\z=0\end{cases}$，故曲线有如下参数方程

$$\begin{cases}x=1+\sqrt{3}\cos t\\y=\sqrt{3}\sin t\\z=0\end{cases}\quad(0\leqslant t\leqslant 2\pi);$$

6. **分析**　在xOy面上投影有$z=0$，在yOz面上投影有$x=0$，在xOz面上投影有$y=0$.

解　将螺旋线方程化为$\begin{cases}x^2+y^2=a^2\\z=b\arcsin\dfrac{y}{a}\end{cases}$

则该曲线在xOy面和yOz面上的投影曲线分别为

$$\begin{cases}x^2+y^2=a^2\\z=0\end{cases},\begin{cases}z=b\arcsin\dfrac{y}{a}\\x=0\end{cases}$$

将螺旋线方程化为$\begin{cases}x^2+y^2=a^2\\z=b\arccos\dfrac{x}{a}\end{cases}$,

则该曲线在xOz面上的投影曲线为$\begin{cases}z=b\arccos\dfrac{x}{a}\\y=0\end{cases}$.

7. 解　所围立体如图 8-27 所示，因此它在 xOy 面上的投影为圆盘

$$x^2+y^2-ax\leqslant 0$$

即
$$\begin{cases}(x-\dfrac{a}{2})^2+y^2\leqslant a^2\\ z=0\end{cases}$$

在 xOz 面上的投影为圆盘，即

$$\begin{cases}x^2+z^2\leqslant a^2\\ y=0.\end{cases}$$ 且有 $x\geqslant 0;z\geqslant 0$.

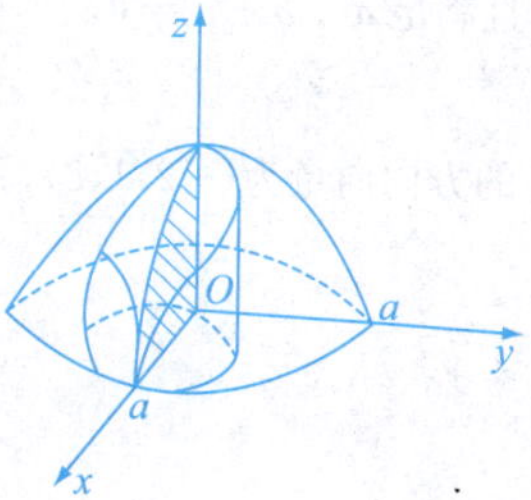

图 8-27

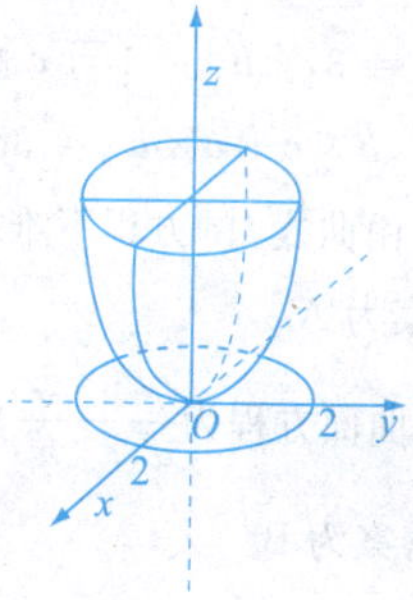

图 8-28

8. 解　从 $z=x^2+y^2$ 与 $z=4$ 中消去 z，得 $x^2+y^2=4$

故旋转抛物面 $z=x^2+y^2(0\leqslant z\leqslant 4)$.

在 xOy 面上的投影为$\begin{cases}x^2+y^2\leqslant 4\\ z=0\end{cases}$

$z=x^2+y^2$ 与 $x=0$ 的交线为$\begin{cases}z=y^2\\ x=0\end{cases}$，这交线在 yOz 面上与直线$\begin{cases}z=4\\ x=0\end{cases}$所围区域$\begin{cases}y^2\leqslant z\leqslant 4\\ x=0\end{cases}$即为抛物面在 yOz 面上的投影.

同理可得旋转抛物面 $z=x^2+y^2(0\leqslant z\leqslant 4)$ 在 xOz 面上的投影为$\begin{cases}x^2\leqslant z\leqslant 4\\ y=0\end{cases}$（如图 8-28 所示）.

总习题八全解

1.解 (1) 设在坐标系$[O:\boldsymbol{i},\boldsymbol{j},\boldsymbol{k}]$中，点 A 和点 M 的坐标依次为(x_0,y_0,z_0)和(x,y,z)则在$[A:\boldsymbol{i},\boldsymbol{j},\boldsymbol{k}]$坐标系中，点 M 的坐标为$\underline{(x-x_0,y-y_0,z-z_1)}$，向量$\overrightarrow{OM}$的坐标为$\underline{(x,y,z)}$；

(2) 设数 $\lambda_1,\lambda_2,\lambda_3$ 不全为 0，使 $\lambda_1\boldsymbol{a}+\lambda_2\boldsymbol{b}+\lambda_3\boldsymbol{c}=0$，则 $\boldsymbol{a},\boldsymbol{b},\boldsymbol{c}$ 三个向量是共面的；

(3) 设 $\boldsymbol{a}=(2,1,2)$，$\boldsymbol{b}=(4,-1,10)$，$\boldsymbol{c}=\boldsymbol{b}-\lambda\boldsymbol{a}$，且 $\boldsymbol{a}\perp\boldsymbol{c}$，则 $\lambda=\underline{\quad 3\quad}$；

(4) 设 $|\boldsymbol{a}|=3$，$|\boldsymbol{b}|=4$，$|\boldsymbol{c}|=5$，且满足 $\boldsymbol{a}+\boldsymbol{b}+\boldsymbol{c}=\boldsymbol{0}$，

则 $|\boldsymbol{a}\times\boldsymbol{b}+\boldsymbol{b}\times\boldsymbol{c}+\boldsymbol{c}\times\boldsymbol{a}|=36$.

2.解 (1) 由曲线 l 的方程不难求得 l 的方向向量为$(-2,1,3)$，并且 l 过点$(1,1,1)$因此正确答案为 A.

(2) 双叶双曲面方程为$\frac{x^2}{a^2}-\frac{y^2}{b^2}-\frac{z^2}{c^2}=1$

因此正确答案为 B.

3.分析 坐标系中 y 轴上的点，其坐标为$(0,y,0)$.

解 设所求点为 $P(0,y,0)$，由 $|PA|=|PB|$

得 $\sqrt{1^2+(y+3)^2+7^2}=\sqrt{5^2+(y-7)^2+(-5)^2}$，

即$(y+3)^2=(y-7)^2$，解得 $y=2$，故所求点为$(0,2,0)$.

4.解 AB 的中点坐标为 $D(4,-1,3)$，

则 $|CD|=\sqrt{[4-(-1)]^2+(-1-1)^2+(3-2)^2}=\sqrt{30}$.

5.证 $\overrightarrow{AD}=\overrightarrow{AB}+\overrightarrow{BD}=\boldsymbol{c}+\frac{1}{2}\boldsymbol{a}$，$\overrightarrow{BE}=\overrightarrow{BC}+\overrightarrow{CE}=\boldsymbol{a}+\frac{1}{2}\boldsymbol{b}$

$\overrightarrow{CF}=\overrightarrow{CA}+\overrightarrow{AF}=\boldsymbol{b}+\frac{1}{2}\boldsymbol{c}$，$\overrightarrow{AD}+\overrightarrow{BE}+\overrightarrow{CF}=\frac{3}{2}(\boldsymbol{a}+\boldsymbol{b}+\boldsymbol{c})=\boldsymbol{0}$.

6.证 在$\triangle ABC$中，设 D、E 分别为 AB、CA 的中点，则

$$\overrightarrow{DE}=\overrightarrow{DA}+\overrightarrow{AE}$$

$$=\frac{1}{2}\overrightarrow{BA}+\frac{1}{2}\overrightarrow{AC}=\frac{1}{2}(\overrightarrow{BA}+\overrightarrow{AC})=\frac{1}{2}\overrightarrow{BC}$$

所以$\overrightarrow{DE}\ /\!/\ \overrightarrow{BC}$且$|\overrightarrow{DE}|=\frac{1}{2}|\overrightarrow{BC}|$，故结论得证.

7.解 $\boldsymbol{a}+\boldsymbol{b}=\{2,-4,8+z\}$，$\boldsymbol{a}-\boldsymbol{b}=\{4,-6,8-z\}$

由 $|\boldsymbol{a}+\boldsymbol{b}|=|\boldsymbol{a}-\boldsymbol{b}|$，得

$$\sqrt{2^2+(-4)^2+(8+z)^2}=\sqrt{4^2+(-6)^2+(8-z)^2}$$

解得 $z=1$.

8. 分析　设 $\boldsymbol{a}+\boldsymbol{b}$ 与 $\boldsymbol{a}-\boldsymbol{b}$ 的夹角为 φ，则 $\cos\varphi=\dfrac{(\boldsymbol{a}+\boldsymbol{b})\cdot(\boldsymbol{a}-\boldsymbol{b})}{|\boldsymbol{a}+\boldsymbol{b}||\boldsymbol{a}-\sqrt{b}|}$，

分别求出 $|\boldsymbol{a}+\boldsymbol{b}|$ 和 $|\boldsymbol{a}-\boldsymbol{b}|$ 后回代.

解　设向量 $\boldsymbol{a}+\boldsymbol{b}$ 与 $\boldsymbol{a}-\boldsymbol{b}$ 的夹角为 φ，

$$\begin{aligned}|\boldsymbol{a}+\boldsymbol{b}|^2&=(\boldsymbol{a}+\boldsymbol{b})\cdot(\boldsymbol{a}+\boldsymbol{b})=|\boldsymbol{a}|^2+|\boldsymbol{b}|^2+2\boldsymbol{a}\cdot\boldsymbol{b}\\&=|\boldsymbol{a}|^2+|\boldsymbol{b}|^2+2|\boldsymbol{a}|\cdot|\boldsymbol{b}|\cos(\widehat{\boldsymbol{a},\boldsymbol{b}})\\&=(\sqrt{3})^2+1^2+2\cdot\sqrt{3}\cdot1\cdot\cos\frac{\pi}{6}=7,\end{aligned}$$

$$\begin{aligned}|\boldsymbol{a}-\boldsymbol{b}|^2&=(\boldsymbol{a}-\boldsymbol{b})\cdot(\boldsymbol{a}-\boldsymbol{b})=|\boldsymbol{a}|^2+|\boldsymbol{b}|^2-2(\boldsymbol{a}\cdot\boldsymbol{b})\\&=|\boldsymbol{a}|^2+|\boldsymbol{b}|^2-2|\boldsymbol{a}|\cdot|\boldsymbol{b}|\cos(\widehat{\boldsymbol{a},\boldsymbol{b}})\\&=(\sqrt{3})^2+1^2-2\cdot\sqrt{3}\cdot1\cdot\cos\frac{\pi}{6}=1\end{aligned}$$

所以 $\cos\varphi=\dfrac{(\boldsymbol{a}+\boldsymbol{b})\cdot(\boldsymbol{a}-\boldsymbol{b})}{|\boldsymbol{a}+\boldsymbol{b}|\cdot|\boldsymbol{a}-\boldsymbol{b}|}=\dfrac{|\boldsymbol{a}|^2-|\boldsymbol{b}|^2}{\sqrt{7}\cdot1}=\dfrac{3-1}{\sqrt{7}}=\dfrac{2\sqrt{7}}{7}$

所以 $\varphi=\arccos\dfrac{2\sqrt{7}}{7}$.

9. 解　因为 $(\boldsymbol{a}+3\boldsymbol{b})\perp(7\boldsymbol{a}-5\boldsymbol{b})$，所以 $(\boldsymbol{a}+3\boldsymbol{b})\cdot(7\boldsymbol{a}-5\boldsymbol{b})=0$　①

又因为 $(\boldsymbol{a}-4\boldsymbol{b})\perp(7\boldsymbol{a}-2\boldsymbol{b})$，所以 $(\boldsymbol{a}-4\boldsymbol{b})\cdot(7\boldsymbol{a}-2\boldsymbol{b})=0$　②

由 ①、② 得

$$\begin{cases}7\boldsymbol{a}^2+16\boldsymbol{a}\cdot\boldsymbol{b}-15\boldsymbol{b}^2=0, & ③\\7\boldsymbol{a}^2-30\boldsymbol{a}\cdot\boldsymbol{b}+8\boldsymbol{b}^2=0 & ④\end{cases}$$

③－④，得 $46\boldsymbol{a}\cdot\boldsymbol{b}-23\boldsymbol{b}^2=0$，即 $\boldsymbol{b}^2=2\boldsymbol{a}\cdot\boldsymbol{b}$　⑤

⑤ 代入 ④ 得 $7\boldsymbol{a}^2-15\boldsymbol{b}^2+8\boldsymbol{b}^2=0$，即 $\boldsymbol{a}^2=\boldsymbol{b}^2$

因此 $|\boldsymbol{a}|=|\boldsymbol{b}|$，$\cos(\widehat{\boldsymbol{a},\boldsymbol{b}})=\dfrac{\boldsymbol{a}\cdot\boldsymbol{b}}{|\boldsymbol{a}|\cdot|\boldsymbol{b}|}=\dfrac{\frac{1}{2}(\boldsymbol{b})^2}{|\boldsymbol{b}|^2}=\dfrac{1}{2}$

故 $(\widehat{\boldsymbol{a},\boldsymbol{b}})=\dfrac{\pi}{3}$.

10. 分析　$\cos\theta=\dfrac{\boldsymbol{a}\cdot\boldsymbol{b}}{|\boldsymbol{a}|\cdot|\boldsymbol{b}|}=\dfrac{1-2z}{3\sqrt{2+z^2}}\Rightarrow\theta=\arccos\dfrac{1-2z}{3\sqrt{2+z^2}}$，于是问题转化为求 θ 的最小值，再利用导数求极小值.

解　设 $\theta=(\widehat{a,b})$

则 $\cos\theta=\dfrac{\boldsymbol{a}\cdot\boldsymbol{b}}{|\boldsymbol{a}||\boldsymbol{b}|}=\dfrac{2\times1-1\times1-2z}{\sqrt{2^2+(-1)^2+(-2)^2}\cdot\sqrt{1^2+1^2+z^2}}$

$$=\frac{1-2z}{3\sqrt{2+z^2}},$$

所以 $\theta=\arccos\dfrac{1-2z}{3\sqrt{2+z^2}}$

$$\frac{d\theta}{dz}=-\frac{1}{\sqrt{1-\dfrac{(1-2z)^2}{9(2+z^2)}}}\cdot\frac{1}{3}\cdot\frac{-2\sqrt{2+z^2}-(1-2z)\cdot\dfrac{z}{\sqrt{2+z^2}}}{2+z^2}$$

$$=\frac{z+4}{(2+z^2)\sqrt{5z^2+4z+17}},$$

当 $z<-4$ 时，$\dfrac{d\theta}{dz}<0$；当 $z>-4$ 时，$\dfrac{d\theta}{dz}>0$.

所以当 $z=-4$ 时，θ 有最小值，且 $\theta_{\min}=\arccos\dfrac{9}{3\sqrt{18}}=\arccos\dfrac{1}{\sqrt{2}}=\dfrac{\pi}{4}$.

11. 解　以 $\boldsymbol{a}+2\boldsymbol{b}$ 和 $\boldsymbol{a}-3\boldsymbol{b}$ 为边的平行四边形的面积为

$$S=|(\boldsymbol{a}+2\boldsymbol{b})\times(\boldsymbol{a}-3\boldsymbol{b})|$$

$$=|\boldsymbol{a}\times\boldsymbol{a}-3(\boldsymbol{a}\times\boldsymbol{b})+2(\boldsymbol{b}\times\boldsymbol{a})-6(\boldsymbol{b}\times\boldsymbol{b})|$$

$$=5|\boldsymbol{a}\times\boldsymbol{b}|=5|\boldsymbol{a}|\cdot|\boldsymbol{b}|\sin(\widehat{\boldsymbol{a},\boldsymbol{b}})=30.$$

12. 分析　$\mathrm{Prj}_c\boldsymbol{r}=\dfrac{\boldsymbol{r}\cdot\boldsymbol{c}}{|\boldsymbol{c}|}$，再由 $\boldsymbol{r}\perp\boldsymbol{a}$ 和 $\boldsymbol{r}\perp\boldsymbol{b}$ 列出方程组求解.

解　设 $\boldsymbol{r}=\{x,y,z\}$，则由 $\boldsymbol{r}\perp\boldsymbol{a}$，$\boldsymbol{r}\perp\boldsymbol{b}$，得

$$2x-3y+z=0,\quad x-2y+3z=0,$$

由 $\mathrm{Prj}_c\boldsymbol{r}=\dfrac{\boldsymbol{r}\cdot\boldsymbol{c}}{|\boldsymbol{c}|}=14$，得

$\dfrac{2x+y+2z}{\sqrt{2^2+1^2+2^2}}=14$，得方程组 $\begin{cases}2x-3y+z=0\\x-2y+3z=0\\2x+y+2z=42\end{cases}$

解得 $x=14,y=10,z=2$，所以 $\boldsymbol{r}=(14,10,2)$.

13. 解　$[\boldsymbol{a},\boldsymbol{b},\boldsymbol{c}]=(\boldsymbol{a}\times\boldsymbol{b})\cdot\boldsymbol{c}=\begin{vmatrix}-1&3&2\\2&-3&-4\\-3&12&6\end{vmatrix}=0.$

故 $\boldsymbol{a}$、$\boldsymbol{b}$、$\boldsymbol{c}$ 共面. 令 $\boldsymbol{c}=\lambda_1\boldsymbol{a}+\lambda_2\boldsymbol{b}$,得

$$\begin{cases}-\lambda_1+2\lambda_2=-3\\3\lambda_1-3\lambda_2=12\\2\lambda_1-4\lambda_2=6\end{cases}\quad \text{解得 } \lambda_1=5,\lambda_2=1. \text{即 } \boldsymbol{c}=5\boldsymbol{a}+\boldsymbol{b}.$$

14. 解　由题意 $|z|=\sqrt{(x-1)^2+(y+1)^2+(z-2)^2}$,

即 $(x-1)^2+(y+1)^2=4z-4$.

15. 解　(1) $\begin{cases}x=0,\\z=2y^2,\end{cases}$ z 轴;　(2) $\begin{cases}x=0,\\\dfrac{y^2}{9}+\dfrac{z^2}{36}=1,\end{cases}$ y 轴;

(3) $\begin{cases}x=0,\\z=\sqrt{3}y,\end{cases}$ z 轴;　(4) $\begin{cases}z=0,\\x^2-\dfrac{y^2}{4}=1,\end{cases}$ x 轴.

16. 分析　本题用平面束方程解题比较方便. 列三元一次方程 $A_1x+B_1y+C_1z+D_1+\lambda(A_2x+B_2y+C_2z+D_2)$ 求解 λ.

解　过 A、B 两点的直线方程为

$$\frac{x-3}{3}=\frac{y-0}{0}=\frac{z-0}{-1}, \text{即} \begin{cases}y=0,\\x+3z-3=0.\end{cases}$$

所以过 AB 的平面束方程为 $x+3z-3+\lambda y=0$.

令 $\boldsymbol{n}$ 为所求平面的法向量,xOy 面的法向量为 $\boldsymbol{k}$,则有

$$(\widehat{\boldsymbol{n},\boldsymbol{k}})=\frac{\pi}{3}, \text{即} \cos\frac{\pi}{3}=\frac{1\cdot 0+\lambda\cdot 0+3\cdot 1}{\sqrt{1^2+\lambda^2+3^2}\cdot 1}=\frac{3}{\sqrt{10+\lambda^2}},$$

所以 $\lambda=\pm\sqrt{26}$,于是所求平面的方程为 $x\pm\sqrt{26}y+3z-3=0$.

17. 解　直线 $L=\begin{cases}y-z+1=0\\x=0\end{cases}$ 的方向向量为

$$\boldsymbol{s}=\begin{vmatrix}\boldsymbol{i}&\boldsymbol{j}&\boldsymbol{k}\\0&1&-1\\1&0&0\end{vmatrix}=(0,-1,-1).$$

所以过 A 点且垂直于 L 的平面 π 的方程为

$$0\cdot(x-1)-(y+1)-(z-1)=0$$

即 $y+z=0$,得到垂足 $B(0,-\frac{1}{2},\frac{1}{2})$.

所以垂线方程为 $\dfrac{x-0}{1}=\dfrac{y+\frac{1}{2}}{-\frac{1}{2}}=\dfrac{z-\frac{1}{2}}{\frac{1}{2}}$,即 $\begin{cases}x+2y+1=0.\\x-2z+1=0.\end{cases}$

设过上述垂线的平面束方程为

$x+2y+1+\lambda(x-2z+1)=0$，即$(1+\lambda)x+2y-2\lambda z+(1+\lambda)=0$.

又因为所求平面垂直于平面 $z=0$，

所以$(0,0,1)\cdot(1+\lambda,2,-2\lambda)=0$，所以 $\lambda=0$.

从而得到所求平面方程为 $x+2y+1=0$.

18. 解　过点 $A(-1,0,4)$ 且平行于已知平面的平面方程为 $3x-4y+z-10=0$. 设 $P(x,y,z)$ 为所求直线上任一点，$B(-1,3,0)$ 为已知直线上一点，则$\overrightarrow{AP}$、$\overrightarrow{AB}$ 和已知直线的方向向量 $\boldsymbol{s}=(1,1,2)$ 共面，即

$$\begin{vmatrix} x+1 & y & z-4 \\ 1 & 1 & 2 \\ 0 & 3 & -4 \end{vmatrix}=0，得 -10x+4y+3z-22=0.$$

所求直线方向向量为 $n=\begin{vmatrix} \boldsymbol{i} & \boldsymbol{j} & \boldsymbol{k} \\ -10 & 4 & 3 \\ 3 & -4 & 1 \end{vmatrix}=16\boldsymbol{i}+19\boldsymbol{j}+28\boldsymbol{k}$，

故所求直线方程为$\dfrac{x+1}{16}=\dfrac{y}{19}=\dfrac{z-4}{28}$.

19. 解　设 $C(0,0,z)$ 为 z 轴上任一点，则 $\triangle ABC$ 的面积

$$S=\frac{1}{2}\mid\overrightarrow{AC}\times\overrightarrow{AB}\mid=\frac{1}{2}\left|\begin{vmatrix} \boldsymbol{i} & \boldsymbol{j} & \boldsymbol{k} \\ -1 & 0 & z \\ -1 & 2 & 1 \end{vmatrix}\right|=\frac{1}{2}\sqrt{5z^2-2z+5},$$

$\dfrac{\mathrm{d}S}{\mathrm{d}z}=\dfrac{1}{2}\cdot\dfrac{10z-2}{2\sqrt{5z^2-2z+5}}$，当$\dfrac{\mathrm{d}S}{\mathrm{d}z}=0$ 时，得 $z=\dfrac{1}{5}$.

当 z 在$\dfrac{1}{5}$ 附近变动时，S 都增大.

故知当 C 的坐标为$(0,0,\dfrac{1}{5})$ 时，$S_{\triangle ABC}$ 取最小值 $S_{\min}=\dfrac{\sqrt{30}}{5}$.

20. 解　消去 z，得 $x^2+y^2=x+y$，故已知曲线在 xOy 坐标面上的投影曲线方程为$\begin{cases} z=0, \\ x^2+y^2=x+y. \end{cases}$

类似的，可得它在 zOx 坐标面上的投影曲线方程为

$$\begin{cases} y=0, \\ 2x^2+2xz+z^2-4x-3z+2=0. \end{cases}$$

在 yOz 坐标面上的投影曲线方程为

$$\begin{cases} x = 0, \\ 2y^2 + 2yz + z^2 - 4y - 3z + 2 = 0. \end{cases}$$

21. 解　由方程组$\begin{cases} z = \sqrt{x^2 + y^2} \\ z^2 = 2x \end{cases}$消去 z，可得$(x-1)^2 + y^2 = 1$.

所以$\begin{cases} z = 0 \\ (x-1)^2 + y^2 \leqslant 1 \end{cases}$为该立体在 xOy 坐标面上的投影.

类似的，可得该立体在 yOz 坐标面上的投影

为$\begin{cases} x = 0, \\ (\frac{z^2}{2} - 1) + y^2 \leqslant 1, z \geqslant 0. \end{cases}$

在 zOx 的坐标面上的投影为$\begin{cases} y = 0, \\ x \leqslant z \leqslant \sqrt{2x}. \end{cases}$

22. 略.

第九章　多元函数微分法及其应用

学习导引

多元函数微分学是一元函数微分学的推广，两者既有相似之处，又存在一些本质的差异；本章将在一元函数微分学的基础上，讨论多元函数的微分法及其应用，讨论中以二元函数为主.

第一节　多元函数的基本概念

知识要点及常考点

1. 多元函数的概念

以 x 和 y 为自变量，z 为因变量的函数称为二元函数，记作 $z=f(x,y)$. 以 $x_1,x_2,\cdots,x_n$ 为自变量，u 为因变量的函数称为 n 元函数，记作

$$u=f(x_1,x_2,\cdots,x_n).$$

设二元函数 $z=f(x,y)$ 的定义域为 D，则 $z=f(x,y)$ 的图形一般是区域 D 上的一张曲面（如图 9-1 所示）.

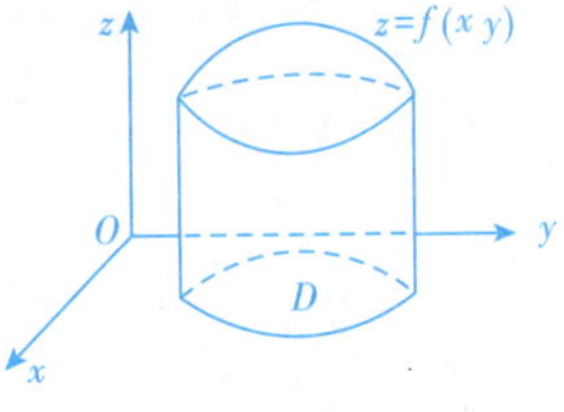

图 9-1

注　对多元函数的讨论和认识，主要以二元函数为主，最基本的是要了解清楚二元函数的定义域和 $z=f(x,y)$ 与它在空间所表示的曲面之间的联系（对 $n\geqslant 3$，n 元函数不能像一元、二元函数那样用直观的几何图形表示），这些是学习多元函数的微分学和积分学的重要基础.

2. 二元函数的极限（二重极限）

$\lim\limits_{\substack{x\to x_0\\ y\to y_0}}(x,y)=A$ 是指：对任意给定的 $\varepsilon>0$，总存在 $\delta>0$，使得当 $P(x,y)$ 满足 $0<\sqrt{(x-x_0)^2+(y-y_0)^2}<\delta$ 时，就有 $|f(x,y)-A|<\varepsilon$.

注　极限存在条件：如 $P_0(x_0,y_0)$ 是 D 的聚点，而 $P(x,y)\in D\cap U(P_0,\delta)$ 时，

都有

$$|f(P)-A|=|f(x,y)-A|<\varepsilon.$$

注 二重极限与二次极限的关系：

二次极限是取两次一元函数的极限，它与二重极限有本质的区别，二重极限和二次极限可能一个存在而另一个不存在. 但是如果二重极限 $\lim\limits_{\substack{x\to x_0\\ y\to y_0}} f(x,y)$ 和二次极限 $\lim\limits_{x\to x_0}\lim\limits_{y\to y_0} f(x,y)$ 或 $\lim\limits_{x\to x_0}\lim\limits_{x\to y_0} f(x,y))$ 都存在，则它们一定相等，在这种情况下，我们可以利用二次极限来计算二重极限. 如果两个极限都存在但不相等：$\lim\limits_{y\to y_0}\lim\limits_{x\to x_0} f(x,y)\neq \lim\limits_{x\to x_0}\lim\limits_{y\to y_0} f(x,y)$，则二重极限 $\lim\limits_{\substack{x\to x_0\\ y\to y_0}} f(x,y)$ 不存在.

3. 多元函数的连续性

设函数 $z=f(x,y)$ 在点 $P_0(x_0,y_0)$ 的某个邻域内有定义，自变量 x 和 y 分别在 x_0 和 y_0 处取得增量 Δx 和 Δy，得到函数的全增量 $\Delta z=f(x_0+\Delta x,y_0+\Delta y)-f(x_0,y_0)$，如果极限 $\lim\limits_{\substack{x\to x_0\\ y\to y_0}}\Delta z=0$，则称 $z=f(x,y)$ 在点 $P_0(x_0,y_0)$ 处连续.

注 (1) 极限与连续的一个主要的差别是极限点（即聚点）$P_0(x_0,y_0)$ 的情况，极限的讨论不涉及该点，甚至该点可以无定义，但连续性则要求聚点（极限点）必须在定义域内，当然，聚点处的函数值也恰好是极限值才满足连续性的要求.

(2) 二元函数 $f(x,y)$ 在点 $P_0(x_0,y_0)$ 处连续，则 $f(x,y)$ 在 P_0 处必有二重极限.

(3) 若两个一元函数 $f(x_0,y)$ 在 y_0 处连续，$f(x,y_0)$ 在 x_0 处连续. 不能保证二元函数 $f(x,y)$ 在点 $f(x_0,y_0)$ 处连续，但若二元函数 $f(x,y)$ 在点 (x_0,y_0) 处连续，则一定有 $f(x_0,y)$ 在 y_0 处连续，$f(x,y_0)$ 在 x_0 处连续.

4. 求二元函数极限常用方法

(1) 通常可以用定义来求解；

(2) 利用极限的性质；

(3) 根据函数特点设 $x=\rho\cos\theta, y=\rho\sin\theta(\rho>0)$，即 $(x,y)\to(0,0)$ 与 $\rho\to 0$ 等价；

(4) 利用不等式（如常用的 $x^2+y^2\geqslant 2|xy|$，$|\sin\theta|\leqslant 1$）及夹逼定理；

(5) 当二元函数在点 (x_0,y_0) 处连续时，有 $\lim\limits_{(x,y)\to(x_0,y_0)} f(x,y)=f(x_0,y_0)$.

5. 多元函数极限与一元函数极限的相同点和不同点

(1) 不同点

多元函数极限与一元函数极限在概念表述和计算方面有许多不同，在一元函数中，我们常用洛必达法则计算极限，而多元函数缺乏该法则理论依据，因此除非该多元函数可转化成一元函数，否则我们不能使用洛必达法则，在计算二重极限时，应避免选择特殊路径来代替，例如，对函数 $f(x,y)=\dfrac{x^2}{x^2+y^2}$，极限 $\lim\limits_{\substack{x\to0\\y\to kx}}f(x,y)=A$ 及 $\lim\limits_{\substack{x\to0\\y\to0}}f(x,y)=A$ 说明变量沿直线路径趋向坐标原点时极限都为 0，但并不说明函数在坐标原点的极限 $\lim\limits_{\substack{x\to0\\y\to0}}f(x,y)$ 存在，实际上变量还可以其他方式趋向原点，但我们常采用按两条不同路径趋向极限不同值来判断多元函数二重极限不存在.

(2) 相同点

多元函数极限和一元函数极限相同之处在于一元函数的夹逼定理也可运用在多元极限计算中，有些多元极限也可转化成一元函数极限，一切初等多元函数在其定义区域(指包含在定义域内的区域或闭区域) 内是连续的.

本节考研要求

1. 理解多元函数的概念，理解二元函数的几何意义.

2. 了解二元函数的极限与连续性的概念，以及有界闭区域上二元连续函数的性质.

题型、真题、方法

题型 1　求多元函数的定义域

题型分析　求复杂的多元函数的定义域，要先写出构成部分的各简单函数的定义域，再联立解不等式组，即可求得所求定义域.

例 1　确定下列函数的定义域 D，并作 D 的图形(只对平面情形)，指出它是开区域还是闭区域. 是否是有界区域.

(1) $z=\ln(-x-y)$；　(2) $z=\arccos\dfrac{x}{x+y}$；

(3) $u=\sqrt{25-x^2-y^2-z^2}+\dfrac{1}{1+\sqrt{x^2+y^2+z^2-4}}$.

思路点拨　二元函数的定义域在平面上是一个区域，可用几何直观图来表示，多元函数的定义域不能用几何直观图来表示.

解　(1) 因为 $z=\ln t$ 的定义域是 $t>0$，所以 $z=\ln(-x-y)$ 的定义域是 $-x-y>0$，即 D：$x+y<0$.

先画出边界线 $x+y=0$，$(x+y)\mid_{(-1,0)}=-1<0$，即 $(-1,0)\notin D$，所以定义域为直线 $x+y=0$ 的下方区域，不包括直线 $x+y=0$，它是开区域且是无界区域. 如图

9-2 所示.

(2) 由于一元函数 $z=\arccos x$ 的定义域是$[-1,1]$，所以该函数的定义域是

$$D: x+y\neq 0, -1\leqslant \frac{x}{x+y}\leqslant 1. \quad ①$$

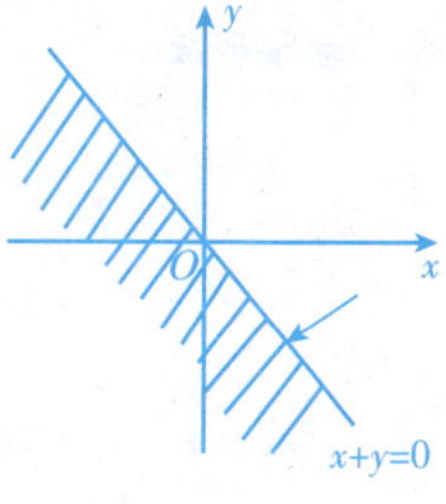

图 9-2

当 $x+y>0$ 时，① 式化为

$$\begin{cases} y\geqslant -2x, \\ y\geqslant 0, \end{cases} \quad ②$$

当 $(x,y)\neq(0,0)$ 时，② 蕴含不等式 $x+y>0$.

当 $x+y<0$ 时，① 式化为

$$\begin{cases} y\leqslant -2x, \\ y\leqslant 0, \end{cases} \quad ③$$

当 $(x,y)\neq(0,0)$ 时，③ 蕴含不等式 $x+y>0$.

因此定义域

$$D=\{(x,y)\mid (x,y)\neq(0,0), y\geqslant -2x, y\geqslant 0\}$$
$$\cup\{(x,y)\mid (x,y)\neq(0,0), y\leqslant -2x, y\leqslant 0\}.$$

其图形是由直线 $y=-2x$，$y=0$ 所围的阴影部分，它包含除原点外的边界，如图 9-3 所示.

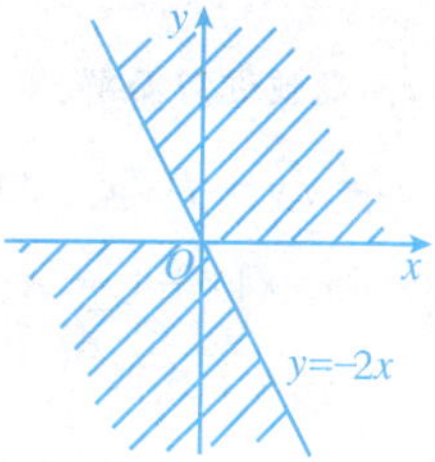

图 9-3

D 包含了它的边界，所以不是开区域，且不含边界点 —— 原点，所以它也不是闭区域，而是无界区域.

(3) 因为 $z=\sqrt{25-t}+\dfrac{1}{1+\sqrt{t-4}}$ 的定义域是 $4\leqslant t\leqslant 25$，所以函数定义域是 $2^2\leqslant x^2+y^2+z^2\leqslant 5^2$，即定义域为 $D: 2\leqslant \sqrt{x^2+y^2+z^2}\leqslant 5$，它是以原点为心，半径分别为 5 与 2 的球面所围部分，包含全部边界面，因而是闭区域，是有界区域.

现学现练　求 $z=\arcsin(2x)+\dfrac{\sqrt{4x-y^2}}{\ln(1-x^2-y^2)}$ 的定义域. $\left[\begin{cases}-\dfrac{1}{2}\leqslant x\leqslant\dfrac{1}{2},\\ y^2\leqslant 4x,\\ 0<x^2+y^2<1.\end{cases}\right]$

题型 2　关于二元函数的复合函数问题

题型分析　求解二元函数的复合函数问题时，恰当地引入中间变量是非常有效的方法.

例 2　设 $f(x,y)=\dfrac{xy}{x^2+y}$，求 $f\left(xy,\dfrac{x}{y}\right)$.

思路点拨　求 $f\left(xy,\dfrac{x}{y}\right)$ 可适当引入中间变量，令 $u=xy,v=\dfrac{x}{y}$.

解　令 $u=xy,v=\dfrac{x}{y}$.

$$f\left(xy,\frac{x}{y}\right)=f(u,v)=\frac{uv}{u^2+v}=\frac{xy\cdot\dfrac{x}{y}}{(xy)^2+\dfrac{x}{y}}=\frac{xy}{xy^3+1}.$$

例 3　设 $z=\sqrt{y}+f(\sqrt[3]{x}-1)$，并且已知 $y=1$ 时 $z=x$，试求 $f(x)$ 的解析表达式.

思路点拨　令 $t=\sqrt[3]{x}-1$，问题便迎刃而解.

解　将 $y=1,z=x$ 代入 $z=\sqrt{y}+f(\sqrt[3]{x}-1)$ 中得

$$f(\sqrt[3]{x}-1)+1=x.$$

令 $\sqrt[3]{x}-1=t$，则 $x=(1+t)^3$ 代入上式得

$$f(t)=(1+t)^3-1=t^3+3t^2+3t,$$

故

$$f(x)=x^3+3x^2+3x.$$

现学现练　设 $f(x-y,\ln x)=\left(1-\dfrac{y}{x}\right)\dfrac{e^x}{e^y\ln x}$，求 $f(x,y)$. $\left(\dfrac{xe^x}{ye^{2y}}\right)$

题型 3　关于二元函数的极限

题型分析　计算二重极限时，我们常把二元函数极限转化为一元函数极限的问题，再利用四则运算性质、夹逼原理、洛必达法则等，或者利用函数连续的定义及多元

初等函数的连续性计算.若要说明二重极限不存在,我们可以选择不同的路径计算极限,如果沿不同路径计算出不同的极限值,或者按照某一路径计算时极限不存在,那么可以断定原二重极限不存在.

例4　证明: $\lim\limits_{(x,y)\to(0,0)}\dfrac{x^2y^2}{x^2+y^2}=0$.

思路点拨　若已知多元函数极限存在,要证明该极限,一般采用定义直接证明.在证明过程中,可适当放在 $|f(x,y)-A|$,然后找到相应的 δ 或利用夹逼定理证明.

证　**证法一:** 因 $\left|\dfrac{x^2y^2}{x^2+y^2}-0\right|\leqslant|y^2|$,故对任意 $\varepsilon>0$,存在 $\delta=\sqrt{\varepsilon}>0$,当 $|x-0|<\delta$, $|y-0|<\delta$ 且 $(x,y)\neq(0,0)$ 时,有

$$\left|\frac{x^2y^2}{x^2+y^2}-0\right|\leqslant|y^2|<\delta^2=\varepsilon.$$

由极限的定义有 $\lim\limits_{(x,y)\to(0,0)}\dfrac{x^2y^2}{x^2+y^2}=0$.

证法二: 因 $x^2+y^2\geqslant2|xy|$, $0\leqslant\left|\dfrac{x^2y^2}{x^2+y^2}\right|\leqslant\dfrac{|xy|}{2}$,又因

$$\lim_{(x,y)\to(0,0)}\frac{|xy|}{2}=0.$$

所以由夹逼定理知, $\lim\limits_{(x,y)\to(0,0)}\dfrac{x^2y^2}{x^2+y^2}=0$.

例5　设 $f(x,y)=\dfrac{y}{1+xy}-\dfrac{1-y\sin\frac{\pi x}{y}}{\arctan x}$, $x>0,y>0$.求

(Ⅰ) $g(x)=\lim\limits_{y\to+\infty}f(x,y)$;

(Ⅱ) $\lim\limits_{x\to0^+}g(x)$.(考研题)

思路点拨　由于 $g(x)$ 是对二元函数 $f(x,y)$ 求 $y\to+\infty$ 的极限得到的,在求极限的过程中, x 为常数,因而可以按一元函数求极限的方法得到 $g(x)$ 的表达式.

解　(Ⅰ) $g(x)=\lim\limits_{y\to+\infty}f(x,y)$

$$=\lim_{y\to+\infty}\left(\frac{y}{1+xy}-\frac{1-y\sin\frac{\pi x}{y}}{\arctan x}\right)\quad(x>0,y>0)$$

$$=\lim_{y\to+\infty}\left(\frac{1}{\frac{1}{y}+x}-\frac{1}{\arctan x}\left(1-\sin\frac{\pi x}{y}\Big/\frac{\pi x}{y}\cdot\pi x\right)\right)$$

$$=\frac{1}{x}-\frac{1-\pi x}{\arctan x}\,(x>0).$$

(Ⅱ) $\lim\limits_{x\to0^+}g(x)=\lim\limits_{x\to0^+}\frac{\arctan x-x(1-\pi x)}{x\arctan x}$

$=\lim\limits_{x\to0^+}\frac{\arctan x+\pi x^2-x}{x^2}$

$=\lim\limits_{x\to0^+}\frac{\frac{1}{1+x^2}-1+2\pi x}{2x}$

$=\lim\limits_{x\to0^+}\frac{1-1-x^2}{2x(1+x^2)}+\pi$

$=\pi.$

现学现练　求：$\lim\limits_{\substack{x\to0\\y\to0}}\frac{xy}{\sqrt{xy+4}-2}$.(4)

题型 4　多元函数的连续性

题型分析　以二元函数 $z=f(x,y)$ 为例，z 在点 (x_0,y_0) 处连续需同时具备三个条件：(1) $z=f(x,y)$ 在以点 (x_0,y_0) 为聚点的某集合上有定义；(2) $\lim\limits_{(x,y)\to(x_0,y_0)}f(x,y)$ 存在；(3) $\lim\limits_{(x,y)\to(x_0,y_0)}f(x,y)=f(x_0y_0)$. 此外要注意理解并灵活运用闭区域上连续函数具有的性质.

例 6　讨论 $f(x,y)=\begin{cases}x^2\sin\dfrac{\frac{1}{x^2+y^2}+y^2}{x^2+y^2}, & (x,y)\neq(0,0)\\0, & (x,y)=(0,0)\end{cases}$ 在 $(0,0)$ 点的连续性.

思路点拨　先求 $(x,y)\to(x_0,y_0)$ 时 $f(x,y)$ 的极限，若极限不存在，则 $f(x,y)$ 不连续；若存在但不等于 $f(x_0,y_0)$，也不连续；若极限存在且等于 $f(x_0,y_0)$，则断定 $f(x,y)$ 在 (x_0,y_0) 处连续.

解　当 $y=0,x\to0$ 时，即动点 $p(x,y)$ 沿 x 轴趋于 $(0,0)$ 点，

$$\lim_{\substack{y=0\\x\to0}}x^2\sin\frac{\frac{1}{x^2+y^2}+y^2}{x^2+y^2}=\lim_{x\to0}\frac{x^2\sin\frac{1}{x^2}}{x^2}=\lim_{x\to0}\sin\frac{1}{x^2}$$

不存在. 则 $f(x,y)$ 在 $(0,0)$ 点处不连续.

例 7　已知函数 $f(x,y)$ 在点 $(0,0)$ 的某个邻域内连续，且

$$\lim_{x\to0,y\to0}\frac{f(x,y)-xy}{(x^2+y^2)^2}=1,$$

则(　　). (考研题)

(A) 点(0,0) 不是 $f(x,y)$ 的极值点.

(B) 点(0,0) 是 $f(x,y)$ 的极大值点.

(C) 点(0,0) 是 $f(x,y)$ 的极小值点.

(D) 根据所给条件无法判断点(0,0) 是否为 $f(x,y)$ 的极值点.

思路点拨　由题设,容易推知 $f(0,0)=0$,因此点(0,0) 是否为 $f(x,y)$ 的极值点关键看在点(0,0) 的充分小的邻域内 $f(x,y)$ 是恒大于零、恒小于零还是变号.

解　由 $\lim\limits_{x\to0,y\to0}\dfrac{f(x,y)-xy}{(x^2+y^2)^2}=1$ 知,分子必为零,从而有 $f(x,y)=0$,且 $f(x,y)-xy\approx(x^2+y^2)^2$($|x|$,$|y|$ 充分小时),于是

$$f(x,y)-f(0,0)\approx xy+(x^2+y^2)^2.$$

可见当 $y=x$ 且 $|x|$ 充分小时,$f(x,y)-f(0,0)\approx x^2+4x^4>0$;而当 $y=-x$ 且 $|x|$ 充分小时,$f(x,y)-f(0,0)\approx -x^2+4x^4<0$. 故点(0,0) 不是 $f(x,y)$ 的极值点,应选(A).

现学现练　讨论函数 $z=\dfrac{y^2+2x}{y^2-2x}$ 的连续性.

课后习题全解

习题 9－1 全解

1. 解　(1)$\{(x,y)\mid x\neq0,y\neq0\}$ 是开集,无界集,导集为 $\mathbf{R}^2$,边界为 $\{(x,y)\mid x=0 或 y=0\}$;

(2)$\{(x,y)\mid 1<x^2+y^2\leqslant4\}$ 不是开集,也不是闭集,有界集,导集为 $\{(x,y)\mid 1\leqslant x^2+y^2\leqslant4\}$,

边界为 $\{(x,y)\mid x^2+y^2=1\}\cup\{(x,y)\mid x^2+y^2=4\}$;

(3)$\{(x,y)\mid y>x^2\}$ 是开集、区域,无界集,导集为 $\{(x,y)\mid y\geqslant x^2\}$,

边界为 $\{(x,y)\mid y=x^2\}$;

(4)$\{(x,y)\mid x^2+(y-1)^2\geqslant1\}\cap\{(x,y)\mid x^2+(y-2)^2\leqslant4\}$ 闭集,有界集,导集为集合本身,边界为 $\{(x,y)\mid x^2+(y-1)^2=1\}\cup\{(x,y)\mid x^2+(y-2)^2=4\}$.

2. 分析　变量代换解法与一元函数一样.

解　$f(tx,ty)=(tx)^2+(ty)^2-(tx)\cdot(ty)\cdot\left(\tan\dfrac{tx}{ty}\right)$

$$=t^2\left(x^2+y^2-xy\tan\frac{x}{y}\right)=t^2f(x,y).$$

3. 分析　只须将 $F(x,y)$ 中变量 x,y 分别替换为新变量 xy,uv 再回代入原函数

$F(x,y)$ 中即可.

证　$F(xy,uv)=\ln(xy)\cdot\ln(uv)=(\ln x+\ln y)(\ln u+\ln v)$

$=\ln x\cdot\ln u+\ln x\cdot\ln v+\ln y\cdot\ln u+\ln y\cdot\ln v$

$=F(x,u)+F(x,v)+F(y,u)+F(y,v).$

4. 解　$f(x+y,x-y,xy)=(x+y)^{xy}+(xy)^{(x+y)+(x-y)}$

$=(x+y)^{xy}+(xy)^{2x}.$

5. 分析　多元函数定义域求法与一元函数类似.

解　(1)$D=\{(x,y)\mid y^2-2x+1>0\}$;

(2)$D=\{(x,y)\mid x+y>0,x-y>0\}$;

(3)$D=\{(x,y)\mid x\geqslant\sqrt{y},y\geqslant 0\}=\{(x,y)\mid y\geqslant 0,x\geqslant 0,x^2\geqslant y\}$;

(4)$D=\{(x,y)\mid y-x>0,x\geqslant 0,x^2+y^2<1\}$

$=\{(x,y)\mid y>x,x\geqslant 0,x^2+y^2<1\}$;

(5)$D=\{(x,y,z)\mid r^2<x^2+y^2+z^2\leqslant R^2,(R>r>0)\}$;

(6)$D=\{(x,y,z)\mid z^2\leqslant x^2+y^2,x^2+y^2\neq 0\}$.

6. 分析　(1)、(2) 均可直接由初等函数的连续性求得;

对于(3)、(4) 需要先对原函数作变形,使变形后的二元函数在(0,0) 处连续;

题(5) 中,注意到$(x,y)\to(2,0)$ 时有 $xy\to 0$,于是可利用 $\lim\limits_{x\to 0}\dfrac{\tan x}{x}=1$ 这一常用极限对原极限作变形.

解　(1) 由初等函数的连续性有 $\lim\limits_{(x,y)\to(0,1)}\dfrac{1-xy}{x^2+y^2}=\dfrac{1-0\times 1}{0^2+1^2}=1$;

(2) $\lim\limits_{(x,y)\to(1,0)}\dfrac{\ln(x+e^y)}{\sqrt{x^2+y^2}}=\dfrac{\ln(1+e^0)}{\sqrt{1^2+0^2}}=\ln 2$;

(3) $\lim\limits_{(x,y)\to(0,0)}\dfrac{2-\sqrt{xy+4}}{xy}=\lim\limits_{(x,y)\to(0,0)}\dfrac{-xy}{xy(2+\sqrt{xy+4})}$

$=\lim\limits_{(x,y)\to(0,0)}\dfrac{-1}{2+\sqrt{xy+4}}=-\dfrac{1}{4}$;

(4) $\lim\limits_{(x,y)\to(0,0)}\dfrac{xy}{\sqrt{2-e^{xy}}-1}=\lim\limits_{(x,y)\to(0,0)}\dfrac{-xy}{e^{xy}-1}\cdot(\sqrt{2-e^{xy}}+1)=-1\cdot 2=-2$;

(5) $\lim\limits_{(x,y)\to(2,0)}\dfrac{\tan(xy)}{y}=\lim\limits_{(x,y)\to(2,0)}\left[\dfrac{\tan(xy)}{xy}\cdot x\right]$

$=\lim\limits_{(x,y)\to(2,0)}\dfrac{\tan(xy)}{xy}\cdot\lim\limits_{x\to 2}x=2$;

(6) 当$(x,y)\to(0,0)$ 时,$x^2+y^2\to 0$,

故 $1-\cos(x^2+y^2)\sim\frac{1}{2}(x^2+y^2)^2$，则

$$\lim_{(x,y)\to(0,0)}\frac{1-\cos(x^2+y^2)}{(x^2+y^2)e^{x^2y^2}}=\lim_{(x,y)\to(0,0)}\frac{x^2+y^2}{2e^{x^2y^2}}=0.$$

注　$1-\cos(x^2+y^2)\sim\frac{1}{2}(x^2+y^2)^2(x,y)=(0,0)$.

小结　一元函数中关于极限的运算法则，对于多元函数仍然适用.

7. 分析　要证明函数在某点 $P(X,Y)$ 处极限不存在，即证明当 $P(X,Y)$ 以不同方式（沿一条定直线或定曲线）趋于点 $P_0(X_0,Y_0)$ 时，$F(X,Y)$ 趋于不同值. 则可肯定在 $P(X,Y)$ 处极限不存在.

证　(1) 取 $y=kx,x\to0$，则有

$$\lim_{\substack{y=kx\\x\to0}}\frac{x+y}{x-y}=\lim_{x\to0}\frac{x+kx}{x-kx}=\frac{1+k}{1-k}\quad(k\neq1),$$

极限与 k 有关，故 $\lim\limits_{(x,y)\to(0,0)}\frac{x+y}{x-y}$ 不存在；

(2) 因 $\lim\limits_{\substack{y=x\\x\to0}}\frac{x^2y^2}{x^2y^2+(x-y)^2}=\lim\limits_{x\to0}\frac{x^4}{x^4+0^2}=1$；

$$\lim_{\substack{y=-x\\x\to0}}\frac{x^2y^2}{x^2y^2+(x-y)^2}=\lim_{x\to0}\frac{x^4}{x^4+4x^2}=\lim_{x\to0}\frac{x^2}{x^2+4}=0.$$

即动点沿 $y=x$ 和 $y=-x$ 趋于(0,0) 时，极限不同.

故 $\lim\limits_{(x,y)\to(0,0)}\frac{x^2y^2}{x^2y^2+(x-y)^2}$ 不存在.

8. 解　在 $\{(x,y)\mid y^2=2x\}$ 处，函数无定义，函数 $z=\frac{y^2+2x}{y^2-2x}$ 间断.

9. 分析　利用不等式性质，构造在(0,0) 处连续的二元函数，再由夹逼定理求证，本题也可用定义证明.

证　由 $|xy|\leqslant\frac{x^2+y^2}{2}$，得 $0\leqslant\left|\frac{xy}{\sqrt{x^2+y^2}}\right|=\frac{\sqrt{x^2+y^2}}{2}$

故由夹逼定理知，$\lim\limits_{(x,y)\to(0,0)}\frac{xy}{\sqrt{x^2+y^2}}=0$.

10. 分析　利用一致连续性定理判定.

证　设 $P_0(x_0,y_0)\in\mathbf{R}^2$，$\forall\varepsilon>0$，由于 $f(x)$ 在 x_0 处连续，故 $\exists\delta>0$，当 $|x-x_0|<\delta$ 时，有 $|f(x)-f(x_0)|<\varepsilon$.

以上述 δ 作 $P_0(x_0,y_0)$ 的 δ 邻域 $U(P_0,\delta)$，则 $P(x,y)\in U(P_0,\delta)$ 时，

$|x-x_0|\leqslant\rho(P,P_0)<\delta$，从而

$$|F(x,y)-F(x_0,y_0)|=|f(x)-f(x_0)|<\varepsilon.$$

所以 $F(x,y)$ 在 $P_0(x_0,y_0)$ 处连续.

又 y_0 是任意选取的，故由 P_0 的任意性知，对于任意的 $y_0\in\boldsymbol{R}$，$F(x,y)$ 在 (x_0,y_0) 连续.

小结　在有界闭区域上连续的多元函数与闭区域上一元连续函数性质相似.

第二节 偏导数

知识要点及常考点

1. 偏导数定义

设 $z=f(x,y)$ 在 $P_0(x_0,y_0)$ 的某邻域内有定义，给自变量 x 以增量 Δx，而 y 保持不变(即 $y=y_0$)，相应地得到函数关于 x 的偏增量 $\Delta z_x=f(x_0+\Delta x,y_0)-f(x_0,y_0)$，如果极限 $\lim\limits_{\Delta x\to0}\dfrac{\Delta z_x}{\Delta x}=\lim\limits_{\Delta x\to0}\dfrac{f(x_0+\Delta x,y_0)-f(x_0,y_0)}{\Delta x}$ 存在，则该极限值就称为 $z=f(x,y)$ 在 $P_0(x_0,y_0)$ 处对变量 x 的偏导数，记为 $\left.\dfrac{\partial z}{\partial x}\right|_{(x_0,y_0)}$，$\dfrac{\partial f(x_0,y_0)}{\partial x}$ 或 $f'_x(x_0,y_0)$，即

$$f'_x(x_0,y_0)=\lim_{\Delta x\to0}\frac{f(x_0+\Delta x,y_0)-f(x_0,y_0)}{\Delta x},$$

同样可定义

$$f'_y(x_0,y_0)=\lim_{\Delta y\to0}\frac{f(x_0,y_0+\Delta y)-f(x_0,y_0)}{\Delta y}.$$

注　① 如果 f_{xy} 和 f_{yx} 在区域 D 内连续，则在 D 内这两个混合偏导数必相等.

② 求偏导数时应注意利用多元函数关于自变量的对称性. 如果函数 $f(x,y)$ 关于自变量 x 和 y 是对称的，即 $f(x,y)\equiv f(y,x)$，则只须将偏导数 f_x 和 f_{xx} 中的 x 和 y 交换就得到偏导数 f_y 和 f_{yy}(若 $f_x(x,y)=F(x,y)$，则 $f_y(x,y)=F(y,x)$；若 $f_{xx}(x,y)=G(x,y)$，则 $f_{yy}(x,y)=G(y,x)$). 这种"事半功倍"的方法往往可以减少偏导数的计算量.

2. 偏导数的计算

(1) 由偏导数的定义可知若 $z=f(x,y)$，欲求 z 对 x 的偏导数 $\dfrac{\partial z}{\partial x}$，只须将 y 看作常数，即将 $z=f(x,y)$ 看作关于 x 的一元函数，再按照一元函数的求导法则求 $\dfrac{\partial z}{\partial x}$ 即可.

注　① 偏导数的记号如$\frac{\partial z}{\partial x}$是个整体记号，不能看成分子与分母之商.

② 由偏导数定义知，偏导数与一元函数的导数运算相仿，也满足四则运算法则.

③ 偏导数计算的关键是要弄清对哪个变量求偏导数，将其余变量均看作常量，然后按一元函数求导公式及导数运算法则去求.

(2) 一般来说，求初等函数在定义域内的偏导数，直接用一元函数的求导公式和法则即可. 这是因为$\frac{\partial f}{\partial x}\Big|_{(x_0,y_0)}=\frac{\mathrm{d}}{\mathrm{d}x}f(x,y_0)\Big|_{x=x_0}$，若求具体某点处的偏导数，用公式求出偏导数后再代入该点的坐标即可，但有时直接运用偏导数定义可以事半功倍. 最后，需要注意的是，分段函数在分界点处的偏导数只能用定义去求.

3. 多元函数可偏导与连续性的关系

与一元函数不同，多元函数在一点可偏导不能保证函数在该点连续或有极限. 之所以有这种情况出现是因为定义偏导数的极限

$$f_x(x_0,y_0)=\lim_{\Delta x\to 0}\frac{f(x_0+\Delta x,y_0)-f(x_0,y_0)}{\Delta x}$$

仅仅是一个一元函数的极限，它存在与否只取决于函数 $f(x,y)$ 在直线$\begin{cases}x=x_0\\z=0\end{cases}$上的函数值，而不涉及点$(x_0,y_0)$的邻域内其他点的函数值. 相反，二重极限$\lim\limits_{\substack{x\to x_0\\y\to y_0}}f(x,y)$则与函数 $f(x,y)$ 在点(x_0,y_0)的某个邻域内各点的函数值都有关. 由此可以看出偏导数与二重极限之间的本质区别. 因此，它们互不蕴涵(没有联系)就是理所当然的了.

经典反例　函数

$$f(x,y)=\begin{cases}\dfrac{xy}{x^2+y^2}, & (x,y)\neq(0,0)\\[2mm] 0, & (x,y)=(0,0)\end{cases}$$

在原点的两个偏导数都存在：$f_x(0,)=0,f_y(0,0)=0$. 但是函数 $f(x,y)$ 在原点的极限$\lim\limits_{\substack{x\to x_0\\y\to y_0}}f(x,y)$不存在，从而函数 $f(x,y)$ 在原点不连续.

4. 高阶偏导数

二阶及二阶以上的偏导数统称为高阶偏导数.

如函数 $z=f(x,y)$ 的两个二阶混合偏导数$\frac{\partial^2 z}{\partial y\partial x}$，$\frac{\partial^2 z}{\partial x\partial y}$在区域$D$内连续，那么在该区域内，这两个二阶混合偏导数必相等. 换句话说，二阶混合偏导数在连续的条件下与求导的次序无关.

同样，二阶以上的高阶混合偏导数在相应高阶偏导数连续的条件下也与求导的次序无关.

本节考研要求

1. 理解多元函数偏导数的概念及其性质.

2. 掌握多元函数偏导数的求法.

题型、真题、方法

题型 1　简单函数求偏导

题型分析　多元函数求偏导问题的实质仍是一元函数的求导问题，故一元函数的求导公式、法则均可直接应用. 求偏导时，关键是要分清对哪个变量求导，把哪个变量暂时当作常量，另外，一元函数的求导公式应熟练掌握.

例 1　求函数 $f(x,y)=x+y-\sqrt{x^2+y^2}$ 在(3,4)处的偏导数.

思路点拨　$f(x,y)$ 关于 x 偏导时，将 y 看作常数，利用一元函数的求导法则及公式进行运算可求出 f'_x，同理，可求出 $f'_x(3,4)$，$f'_y(3,4)$ 只须将(3,4)点代入 f'_x、f'_y 中即可求解.

解　将 y 当作常数，对 x 求导，得

$$f'_x(x,y)=1-\frac{1}{2}(x^2+y^2)^{-\frac{1}{2}}\cdot 2x=\frac{1-y}{\sqrt{x^2+y^2}}.$$

同理，将 x 当作常数，对 y 求导，得

$$f'_y(x,y)=1-\frac{1}{2}(x^2+y^2)^{-\frac{1}{2}}\cdot 2y=\frac{1-y}{\sqrt{x^2+y^2}}.$$

故

$$f'_x(3,4)=1-\frac{3}{\sqrt{3^2+4^4}}=1-\frac{3}{5}=\frac{2}{5}.$$

$$f'_y(3,4)=1-\frac{4}{\sqrt{3^2+4^4}}=1-\frac{4}{5}=\frac{1}{5}.$$

例 2　已知 $f(x,y)=x+(y-1)\arcsin\sqrt{\frac{x}{y}}$，求 $f'_x(2,1)$.

思路点拨　本题既可以利用求导公式直接求出 $f'_x(x,y)$，然后将 $x=2,y=1$ 代入；也可以运用偏导数定义直接求 $f'_x(2,1)$.

解　解法一：利用定义直接求 $f'_x(2,1)$.

先求出偏导数 $f'_x(x,y)$

$$f'_x(x,y)=1+(y-1)\cdot\frac{1}{\sqrt{1-(\sqrt{\frac{x}{y}})^2}}\cdot\frac{1}{\sqrt{y}}\cdot\frac{1}{2}x^{-\frac{1}{2}}$$

$$=1+\frac{y-1}{2\sqrt{x}\sqrt{y-x}},$$

则 $f'_x(2,1)=1$；

解法二:利用定义直接求 $f'_x(2,1)$

$$f'_x(2,1)=\lim_{\Delta x\to 0}\frac{f(2+\Delta x,1)-f(2,1)}{\Delta x}$$

$$=\lim_{\Delta x\to 0}\frac{2+\Delta x-2}{\Delta x}=\lim_{\Delta x\to 0}\frac{\Delta x}{\Delta x}=1,$$

则 $f'_x(2,1)=1$.

现学现练　设 $z=\ln(x+y+\sqrt{(x+y)^2+1})$,求 z_x 及 z_y.

$\left(z_y=z_x=\frac{1}{\sqrt{(x+y)^2+1}}\right)$

题型 2　利用偏导数定义求分段函数分界点处的偏导数

题型分析　对于分段函数,分界点处的偏导数一定要用定义来求,同样,当用公式求出的偏导数在所给点处无意义而恰好又要求所给点处的偏导数时,也要用定义来求.

例 3　设 $z=f(x,y)=\begin{cases}\frac{x^3-y^3}{x^2+y^2}, & x^2+y^2\neq 0,\\ 0, & x^2+y^2=0,\end{cases}$ 求 $f'_x(0,0)$,$f'_y(0,0)$.

思路点拨　由于$(0,0)$为 $f(x,y)$ 的分界点,故需按偏导数定义单独求 $f'_x(0,0)$ 及 $f'_y(0,0)$.

解

$$f'_x(0,0)=\lim_{\Delta x\to 0}\frac{f(0+\Delta x,0)-f(0,0)}{\Delta x}=\lim_{\Delta x\to 0}\frac{\frac{(\Delta x)^3}{(\Delta x)^2}}{\Delta x}=1,$$

$$f'_y(0,0)=\lim_{\Delta y\to 0}\frac{f(0,0+\Delta y)-f(0,0)}{\Delta y}=\lim_{\Delta y\to 0}\frac{\frac{(-\Delta y)^3}{(\Delta y)^2-0}}{\Delta y}=-1.$$

现学现练　设 $f(x,y)=\sqrt[3]{x^5-y^3}$,求 $f'_x(0,0)$. (0)

题型 3　求高阶偏导数

题型分析　二元函数 $z=f(x,y)$ 的二阶偏导数共有 4 个：

$$\left.\begin{array}{l}\frac{\partial^2 z}{\partial x^2}=\frac{\partial}{\partial x}(\frac{\partial z}{\partial x})=z''_{xx}=f''_{xx},\frac{\partial^2 z}{\partial x\partial y}=\frac{\partial}{\partial y}(\frac{\partial z}{\partial x})=z''_{xy}=f''_{xy}\\ \frac{\partial^2 z}{\partial y^2}=\frac{\partial}{\partial y}(\frac{\partial z}{\partial y})=z''_{yy}=f''_{yy},\frac{\partial^2 z}{\partial y\partial x}=\frac{\partial}{\partial x}(\frac{\partial z}{\partial y})=z''_{yx}=f''_{yx}\end{array}\right\}\text{二阶混合偏导数,}$$

其中$\frac{\partial^2 z}{\partial x^2}=\lim\limits_{\Delta x\to 0}\frac{f'_x(x+\Delta x,y)-f'_x(x,y)}{\Delta x}$,

$$\frac{\partial^2 z}{\partial x\partial y}=\lim_{\Delta y\to 0}\frac{f'_x(x,y+\Delta y)-f'_x(x,y)}{\Delta y}.$$

若二阶混合偏导$\frac{\partial^2 z}{\partial x\partial y},\frac{\partial^2 z}{\partial y\partial x}$连续，则$\frac{\partial^2 z}{\partial x\partial y}=\frac{\partial^2 z}{\partial y\partial x}$，即混合偏导数连续时，与求偏导的顺序无关(此结论可以推广到 n 阶混合偏导数).

例 4　设 $z=\tan\frac{x^2}{y}$，求$\frac{\partial^2 z}{\partial x^2},\frac{\partial^2 z}{\partial y^2},\frac{\partial^2 z}{\partial x\partial y}$.

思路点拨　要求二阶偏导数，首先要求出一阶偏导数$\frac{\partial z}{\partial x}$和$\frac{\partial z}{\partial y}$. 再对$\frac{\partial z}{\partial x}$求关于 x 的偏导数，即把$\frac{\partial z}{\partial x}$中的 y 看作常数，对 x 求导，这样便得到了$\frac{\partial^2 z}{\partial x^2}$. 同理求$\frac{\partial^2 z}{\partial y^2}$.

解　$\frac{\partial z}{\partial x}=\sec^2\left(\frac{x^2}{y}\right)\cdot\frac{2x}{y}=\frac{2x}{y}\sec^2\left(\frac{x^2}{y}\right)$,

$$\frac{\partial z}{\partial y}=\sec^2\left(\frac{x^2}{y}\right)\cdot\left(-\frac{x^2}{y^2}\right)=-\frac{x^2}{y^2}\sec^2\left(\frac{x^2}{y}\right),$$

$$\frac{\partial^2 z}{\partial^2 x}=\frac{\partial}{\partial x}\left(\frac{\partial z}{\partial x}\right)=\frac{2}{y}\sec^2\left(\frac{x^2}{y}\right)+\frac{2x}{y}\cdot 2\sec\left(\frac{x^2}{y}\right)\sec\left(\frac{x^2}{y}\right)\tan\left(\frac{x^2}{y}\right)\cdot\frac{2x}{y}$$

$$=\frac{2}{y}\sec^2\left(\frac{x^2}{y}\right)+\frac{8x^2}{y^2}\sec^2\left(\frac{x^2}{y}\right)\tan\left(\frac{x^2}{y}\right),$$

$$\frac{\partial^2 z}{\partial y^2}=\frac{\partial}{\partial y}\left(\frac{\partial z}{\partial y}\right)$$

$$=-x^2\left[-2y^{-3}\sec^2\left(\frac{x^2}{y}\right)+\frac{1}{y^2}\cdot 2\cdot\sec\left(\frac{x^2}{y}\right)\sec\left(\frac{x^2}{y}\right)\tan\left(\frac{x^2}{y}\right)\cdot\left(-\frac{x^2}{y^2}\right)\right]$$

$$=\frac{2x^2}{y^3}\sec^2\left(\frac{x^2}{y}\right)+\frac{2x^4}{y^4}\sec^2\left(\frac{x^2}{y}\right)\tan\left(\frac{x^2}{y}\right).$$

$$\frac{\partial^2 z}{\partial x\partial y}=\frac{\partial}{\partial y}\left(\frac{\partial z}{\partial x}\right)$$

$$= 2x\left[-\frac{1}{y^2}\sec^2\frac{x^2}{y}+\frac{1}{y}\cdot 2\sec\left(\frac{x^2}{y}\right)\cdot\sec\left(\frac{x^2}{y}\right)\tan\left(\frac{x^2}{y}\right)\left(-\frac{x^2}{y^2}\right)\right]$$

$$=-\frac{2x}{y^2}\sec^2\frac{x^2}{y}-\frac{4x^3}{y^3}\sec^2\left(\frac{x^2}{y}\right)\tan\left(\frac{x^2}{y}\right).$$

现学现练　$z=(x^2+y^2)e^{-\arctan\frac{y}{x}}$，求$\frac{\partial^2 z}{\partial x\partial y}$. $\left(\frac{y^2-x^2-xy}{x^2+y^2}e^{\arctan\frac{y}{x}}\right)$

题型 4　多元函数偏导数的存在与连续的问题

题型分析　一元函数在某点具有导数，则它在该点必定连续，但对于多元函数而言，即使各偏导数在某点都存在，也不能保证函数在该点处是连续的，这是因为各偏导数存在只能保证点 P 沿着平行于坐标轴的方向趋于 P_0 时，函数值 $f(P)$ 趋于 $f(P_0)$ 但不能保证点 P 按任何方向趋于 P_0 时，函数值 $f(P)$ 都趋于 $f(P_0)$.

例 5　二元函数 $f(x,y)$ 在点(x_0,y_0)处两个偏导数 $f'_x(x_0,y_0)$，$f'_y(x_0,y_0)$存在是 $f(x,y)$ 在该点连续的(　　). (考研题)

(A) 充分条件而非必要条件.　　(B) 必要条件而非充分条件.

(C) 充分必要条件.　　(D) 既非充分条件又非必要条件.

解　取 $f(x,y)=\begin{cases}\frac{xy}{x^2+y^2}, & x^2+y^2\neq 0,\\ 0, & x^2+y^2=0,\end{cases}$ 由定义可以验证：$f(x,y)$ 在(0,0) 点的两个偏导数都存在，且

$$f'_x(0,0)=f'_y(0,0)=0.$$

但由于$\lim\limits_{\substack{x=y\\x\to 0}}\frac{xy}{x^2+y^2}=\lim\limits_{\substack{x=y\\x\to 0}}\frac{x^2}{2x^2}=\frac{1}{2}\neq f(0,0)=0$，即 $f(x,y)$ 在点(0,0) 处不连续，说明 $f'_x(x_0,y_0)$，$f'_y(x_0,y_0)$ 存在不是 $f(x,y)$ 在点(x_0,y_0) 连续的充分条件.

又取 $g(x,y)=|x|+|y|$，显然 $g(x,y)$ 在点(0,0) 处连续，但

$$g'_x(0,0)=\lim_{x\to 0}\frac{g(x,0)-g(0,0)}{x}=\lim_{x\to 0}\frac{|x|}{x}$$

$$\Rightarrow g'_{x_-}(0,0)=-1, g'_{x_+}(0,0)=1,$$

从而 $g'_x(0,0)$ 不存在.

同理 $g'_y(0,0)$ 亦不存在，这说明偏导存在不是 $f(x,y)$ 连续的必要条件.

从而答案为(D).

例 6　设 $f(x,y)=e^{\sqrt{x^2+y^4}}$，则(　　). (考研题)

(A) $f'_x(0,0)$, $f'_y(0,0)$ 都存在.

(B) $f'_x(0,0)$ 不存在, $f'_y(0,0)$ 存在.

(C) $f'_x(0,0)$ 存在, $f'_y(0,0)$ 不存在.

(D) $f'_x(0,0)$, $f'_y(0,0)$ 都不存在.

解　$$f'_x(0,0)=\lim_{\Delta x\to 0}\frac{f(\Delta x,0)-f(0,0)}{\Delta x}=\lim_{\Delta x\to 0}\frac{e^{\sqrt{(\Delta x)^2}}-1}{\Delta x}$$

$$=\lim_{x\to 0}\frac{e^{|\Delta x|}-1}{\Delta x}=\lim_{\Delta x\to 0}\frac{|\Delta x|}{\Delta x},$$

极限不存在,所以偏导数 $f'_x(0,0)$ 不存在.

$$f'_y(0,0)=\lim_{\Delta y\to 0}\frac{f(0,\Delta y)-f(0,0)}{\Delta y}=\lim_{\Delta y\to 0}\frac{e^{\sqrt{(\Delta y)^4}}-1}{\Delta y}$$

$$=\lim_{\Delta y\to 0}\frac{e^{(\Delta y)^2}-1}{\Delta y}=\lim_{\Delta y\to 0}\frac{(\Delta y)^2}{\Delta y}=0,$$

偏导数 $f'_y(0,0)$ 存在. 故应选(B).

现学现练　$f(x,y)=\begin{cases}\dfrac{1-\cos(x^2+y^2)}{(x^2+y^2)x^2y^2}, & xy\neq 0\\ 0, & xy=0\end{cases}$,问在原点 $(0,0)$ 处,$f(x,y)$ 是否连续.(否)

课后习题全解

习题 9－2 全解

1. **分析**　(6) 求 $\dfrac{\partial z}{\partial x}$ 时,将 y 看成常数 a,有 $(u^a)'=au^{a-1}$;$(u=1+xy=1+ax)$

因此 $\dfrac{\partial z}{\partial x}=y^2\cdot(1+xy)^{y-1}$;

求 $\dfrac{\partial z}{\partial y}$ 时,把 x 看成常数 b;又 $z=(1+xy)^y$ 两边取对数,得 $\ln z(1+by)(x=b)$;

且 $z=e^{\ln z}=e^y\ln(1+by)$ 于是 $\dfrac{\partial z}{\partial y}=\dfrac{\partial}{\partial y}[e^{y\ln(1+xy)}]$

(7) 求 $\dfrac{\partial u}{\partial y}$ 时,x,z 看成常数,对 $u=x^{\frac{y}{z}}$ 两边取对数 $\ln u=\dfrac{1}{z}y\cdot\ln x$.

再利用 $u=e^{\ln u}=e^{\ln x\cdot\frac{1}{z}\cdot y}$,求解.

解　(1) $\dfrac{\partial z}{\partial x}=3x^2y-y^3$, $\dfrac{\partial z}{\partial y}=x^3-3y^2x$;

(2) $s=\dfrac{u}{v}+\dfrac{v}{u}$，故 $\dfrac{\partial s}{\partial u}=\dfrac{1}{v}-\dfrac{v}{u^2}$，$\dfrac{\partial s}{\partial v}=-\dfrac{u}{v^2}+\dfrac{1}{u}$；

(3) $z=[\ln(xy)]^{\frac{1}{2}}$

$$\frac{\partial z}{\partial x}=\frac{1}{2}=\frac{1}{2}[\ln(xy)]^{-\frac{1}{2}}\cdot\frac{1}{xy}\cdot y=\frac{1}{2x\sqrt{\ln(xy)}}$$

$$\frac{\partial z}{\partial y}=\frac{1}{2}[\ln(xy)]^{-\frac{1}{2}}\cdot\frac{1}{xy}\cdot x=\frac{1}{2y\sqrt{\ln(xy)}};$$

(4) $$\frac{\partial z}{\partial x}=\cos(xy)\cdot y+2\cos(xy)[-\sin(xy)]\cdot y$$

$$=y[\cos(xy)-\sin(2xy)]$$

$$\frac{\partial z}{\partial y}=\cos(xy)\cdot x+2\cos(xy)[-\sin(xy)]\cdot x$$

$$=x[\cos(xy)-\sin(2xy)];$$

(5) $$\frac{\partial z}{\partial x}=\frac{1}{\tan\frac{x}{y}}\cdot\sec^2\frac{x}{y}\cdot\frac{1}{y}=\frac{2}{y}\csc\frac{2x}{y}$$

$$\frac{\partial z}{\partial y}=\frac{1}{\tan\frac{x}{y}}\cdot\sec^2\frac{x}{y}\cdot\left(-\frac{x}{y^2}\right)=-\frac{2x}{y^2}\csc\frac{2x}{y};$$

(6) $$\frac{\partial z}{\partial x}=y(1+xy)^{y-1}\cdot y=y^2(1+xy)^{y-1}$$

$$\frac{\partial z}{\partial y}=\frac{\partial}{\partial y}[e^{y\ln(1+xy)}]=e^{y\ln(1+xy)}\cdot\left[\ln(1+xy)+y\cdot\frac{1}{1+xy}\cdot x\right]$$

$$=(1+xy)^y\left[\ln(1+xy)+\frac{xy}{1+xy}\right];$$

(7) $\dfrac{\partial u}{\partial x}=\dfrac{y}{z}x^{\frac{y}{z}-1}$，$\dfrac{\partial u}{\partial y}=x^{\frac{y}{z}}\cdot\ln x\cdot\dfrac{1}{z}=\dfrac{\ln x}{z}x^{\frac{y}{z}}$

$$\frac{\partial u}{\partial z}=x^{\frac{y}{z}}\cdot\ln x\cdot\left(-\frac{y}{z^2}\right)=-\frac{y}{z^2}x^{\frac{y}{z}}\ln x;$$

(8) $$\frac{\partial u}{\partial x}=\frac{1}{1+(x-y)^{2z}}\cdot z(x-y)^{z-1}=\frac{z(x-y)^{z-1}}{1+(x-y)^{2z}}$$

$$\frac{\partial u}{\partial y}=\frac{1}{1+(x-y)^{2z}}\cdot z(x-y)^{z-1}\cdot(-1)=\frac{-z(x-y)^{z-1}}{1+(x-y)^{2z}}$$

$$\frac{\partial u}{\partial z}=\frac{1}{1+(x-y)^{2z}}\cdot(x-y)^z\cdot\ln(x-y)=\frac{(x-y)^z\ln(x-y)}{1+(x-y)^{2z}}.$$

2. 证　$\dfrac{\partial T}{\partial l}=\dfrac{2\pi}{\sqrt{g}}\cdot\dfrac{1}{2\sqrt{l}}=\dfrac{\pi}{\sqrt{gl}}$，$\dfrac{\partial T}{\partial g}=2\pi\sqrt{l}\left(-\dfrac{1}{2}g^{-\frac{3}{2}}\right)=-\dfrac{\pi\sqrt{l}}{g\sqrt{g}}$

得 $l\dfrac{\partial T}{\partial l}+g\dfrac{\partial T}{\partial g}=\dfrac{l\pi}{\sqrt{gl}}-\dfrac{\pi\sqrt{l}}{\sqrt{g}}=0.$

3. 证　由 $\dfrac{\partial z}{\partial x}=e^{-(\frac{1}{x}+\frac{1}{y})}\dfrac{1}{x^2},\dfrac{\partial z}{\partial y}=e^{-(\frac{1}{x}+\frac{1}{y})}\dfrac{1}{y^2}$

得 $x^2\dfrac{\partial z}{\partial x}+y^2\dfrac{\partial z}{\partial y}=e^{-(\frac{1}{x}+\frac{1}{y})}+e^{-(\frac{1}{x}+\frac{1}{y})}=2z.$

4. 解　由 $f(x,1)=x$　得 $f_x(x,1)=1.$

另解 $f_x(x,y)=1+\dfrac{y-1}{\sqrt{1-\dfrac{x}{y}}}\cdot\dfrac{1}{2\sqrt{\dfrac{x}{y}}}\cdot\dfrac{1}{y}$

$f_x(x,1)=1.$

5. 分析　本题考查了偏导数的几何意义.

解　由 $z_x=\dfrac{x}{2}$，得 $z_x\big|_{(2,4)}=\dfrac{2}{2}=1$；

于是 $\tan\alpha=1$，即 $\alpha=\dfrac{\pi}{4}.$

6. 解　(1) $\dfrac{\partial z}{\partial x}=4x^3-8xy^2,\dfrac{\partial z}{\partial y}=4y^3-8x^2y,$

$\dfrac{\partial^2 z}{\partial x^2}=12x^2-8y^2,\dfrac{\partial^2 z}{\partial y^2}=12y^2-8x^2,$

$\dfrac{\partial^2 z}{\partial x\partial y}=\dfrac{\partial(4x^3-8xy^2)}{\partial y}=-16xy;$

(2) $\dfrac{\partial z}{\partial x}=\dfrac{1}{1+(\dfrac{y}{x})^2}\cdot(-\dfrac{y}{x^2})=-\dfrac{y}{x^2+y^2},$

$\dfrac{\partial z}{\partial y}=\dfrac{1}{1+(\dfrac{y}{x})^2}\cdot\dfrac{1}{x}=\dfrac{x}{x^2+y^2},$

$\dfrac{\partial^2 z}{\partial x^2}=-\dfrac{0-y\cdot 2x}{(x^2+y^2)^2}=\dfrac{2xy}{(x^2+y^2)^2},$

$\dfrac{\partial^2 z}{\partial y^2}=\dfrac{0-x\cdot 2y}{(x^2+y^2)^2}=\dfrac{-2xy}{(x^2+y^2)^2},$

$\dfrac{\partial^2 z}{\partial x\partial y}=\dfrac{\partial}{\partial y}(\dfrac{-y}{x^2+y^2})=-\dfrac{1\cdot(x^2+y^2)-y\cdot 2y}{(x^2+y^2)^2}=\dfrac{y^2-x^2}{(x^2+y^2)^2};$

(3) $\dfrac{\partial z}{\partial x}=y^x\cdot\ln y,\dfrac{\partial z}{\partial y}=xy^{x-1},\dfrac{\partial^2 z}{\partial x^2}=y^x(\ln y)^2,\dfrac{\partial^2 z}{\partial y^2}=x\cdot(x-1)\cdot y^{x-2},$

$\dfrac{\partial^2 z}{\partial x\partial y}=\dfrac{\partial}{\partial y}(y^x\cdot\ln y)=xy^{x-1}\cdot\ln y+y^x\cdot\dfrac{1}{y}=y^{x-1}(x\ln y+1).$

7. 分析 先求出各偏导数,再将各点坐标代入.

解 因 $f'_x(x,y,z)=y^2+2xz, f''_{xx}(x,y,z)=2z$

$f''_{xz}(x,y,z)=2x$,

故 $f''_{xx}(0,0,1)=2, f''_{xz}(1,0,2)=2$.

由 $f'_y(x,y,z)=2xy+z^2, f''_{yz}(x,y,z)=2z$,

得 $f''_{yz}(0,-1,0)=0$.

因为 $f'_z(x,y,z)=2yz+x^2, f''_{zz}(x,y,z)=2y, f'''_{zzx}(x,y,z)=0$,

所以 $f'''_{zzx}(2,0,1)=0$.

8. 解 $\dfrac{\partial z}{\partial x}=\ln(xy)+x\cdot\dfrac{1}{xy}\cdot y=\ln(xy)+1, \dfrac{\partial^2 z}{\partial x^2}=\dfrac{1}{xy}\cdot y=\dfrac{1}{x}$,

$\dfrac{\partial^3 z}{\partial x^2\partial y}=\dfrac{\partial}{\partial y}\left(\dfrac{1}{x}\right)=0$,

$\dfrac{\partial^2 z}{\partial x\partial y}=\dfrac{1}{xy}\cdot x=\dfrac{1}{y}, \dfrac{\partial^3 z}{\partial x\partial y^2}=\dfrac{\partial}{\partial y}\left(\dfrac{1}{y}\right)=-\dfrac{1}{y^2}$.

9. 分析 (2) 中方程实际上就是拉普拉斯方程.

证 (1) $\dfrac{\partial y}{\partial t}=e^{-kn^2t}(-kn^2)\sin nx=-kn^2e^{-kn^2t}\sin nx$

$\dfrac{\partial y}{\partial x}=e^{-kn^2t}(\cos nx)\cdot n=ne^{-kn^2t}\cos nx$,

$\dfrac{\partial^2 y}{\partial x^2}=ne^{-kn^2t}(-\sin nx)\cdot n=-n^2e^{-kn^2t}\sin nx$

所以$\dfrac{\partial y}{\partial t}=k\dfrac{\partial^2 y}{\partial x^2}$;

(2) $\dfrac{\partial r}{\partial x}=\dfrac{1}{2\sqrt{x^2+y^2+z^2}}\cdot 2x=\dfrac{x}{r}$,

由对称性知$\dfrac{\partial r}{\partial y}=\dfrac{y}{r}, \dfrac{\partial r}{\partial z}=\dfrac{z}{r}$,

$$\frac{\partial^2 r}{\partial x^2}=\frac{r-x\dfrac{\partial r}{\partial x}}{r^2}=\frac{r-x\cdot\dfrac{x}{r}}{r^2}=\frac{r^2-x^2}{r^3};$$

同理$\dfrac{\partial^2 r}{\partial y^2}=\dfrac{r^2-y^2}{r^3}, \dfrac{\partial^2 r}{\partial z^2}=\dfrac{r^2-z^2}{r^3}$,

则$\dfrac{\partial^2 r}{\partial x^2}+\dfrac{\partial^2 r}{\partial y^2}+\dfrac{\partial^2 r}{\partial z^2}=\dfrac{3r^2-(x^2+y^2+z^2)}{r^3}=\dfrac{2r^2}{r^3}=\dfrac{2}{r}$.

第三节 全 微 分

知识要点及常考点

1. 全微分

(1) 定义：如果函数 $z=f(x,y)$ 在点 (x,y) 的全增量 $\Delta z=f(x+\Delta x,y+\Delta y)-f(x,y)$ 可表示为 $\Delta z=A\Delta x+B\Delta y+o(\rho)$，其中 A、B 不依赖于 Δx、Δy 而仅与 x、y 有关，$\rho=\sqrt{(\Delta x)^2+(\Delta y)^2}$，则称函数 $z=f(x,y)$ 在点 (x,y) 可微分，而 $A\Delta x+B\Delta y$ 称为函数 $Z=f(x,y)$ 在点 (x,y) 的全微分，记作 $\mathrm{d}z$，即 $\mathrm{d}z=A\Delta x+B\Delta y$.

如果函数在区域 D 内各点处都可微，那么称这函数在 D 内可微分.

注　若函数 $f(x,y)$ 在点 (x,y) 处可微，则 $f(x,y)$ 在 (x,y) 处必连续.

(2) 二元函数全微分的计算并不复杂，只需求出各变量的偏导数，如果 $\frac{\partial z}{\partial x}$、$\frac{\partial z}{\partial y}$ 为连续函数，代入全微分公式 $\mathrm{d}z=\frac{\partial z}{\partial x}\mathrm{d}x+\frac{\partial z}{\partial y}\mathrm{d}y$ 即可. 从而免去了用定义求全微分时的麻烦.

(3) 通常检验一个多元函数是否可微，先看它是否连续，如不连续，则不可微. 如连续，再看偏导数是否存在，如不存在则必不可微. 如 $f(x,y)$ 在 (x_0,y_0) 点连续且偏导数存在，再看偏导数是否连续，如连续则可微. 如偏导数不连续，则应用可微分的定义来检验.

(4) 若求分段函数 $z=f(x,y)$ 在分段点 (x_0,y_0) 处的全微分，则应依定义来考查. 在判断可微性时，首先应验证函数在该点的偏导数是否存在. 如果偏导数存在，还需验证当 $\rho\to 0$ 时，$\frac{\Delta z-f_x(x_0,y_0)\Delta x-f_y(x_0,y_0)\Delta y}{\rho}$ 的极限是否为 0(其中 $\rho=\sqrt{(\Delta x)^2+(\Delta y)^2}$). 如果极限为 0，则在该点可微，否则，不可微.

2. 多元函数的极限存在、连续性、偏导数、可微分之间的关系

有必要指出，多元函数的极限存在、连续性、偏导数、可微分之间的关系与一元函数的连续性、可导、可微之间的关系不完全相同，应注意差异. 以二元函数为例：

(1) 如果 $z=f(x,y)$ 在点 (x_0,y_0) 连续，则 $\lim\limits_{(x,y)\to(x_0,y_0)}f(x,y)$ 必定存在，反之不然.

(2) 函数 $z=f(x,y)$ 在点 (x_0,y_0) 存在偏导数，并不一定能保证 $z=f(x,y)$ 在

(x_0, y_0) 处连续,也不一定能保证 $z=f(x,y)$ 在(x_0,y_0) 处可微分.

(3) 如果函数 $z=f(x,y)$ 在点(x_0,y_0) 可微分,则函数 $z=f(x,y)$ 在点(x_0,y_0) 必定存在偏导数,且在该点必连续.

(4) 如果函数 $z=f(x,y)$ 存在连续偏导数,则 $z=f(x,y)$ 必定可微分,且 $\mathrm{d}z=\frac{\partial z}{\partial x}\mathrm{d}x+\frac{\partial z}{\partial y}\mathrm{d}y$.

(5) 如果函数 $z=f(x,y)$ 在点(x_0,y_0) 处可微分,$\frac{\partial z}{\partial x}$、$\frac{\partial z}{\partial y}$ 在该点不一定连续.

注　关于多元函数的极限存在、连续、偏导,可微分之间的关系,如下所示:

本节考研要求

1. 理解多元函数的全微分的概念,会求全微分.

2. 了解全微分存在的必要条件和充分条件.

题型、真题、方法

题型 1　求函数的全微分

题型分析　计算全微分有两种方法,一是根据可微的必要条件先求偏导数,进而写出 $\mathrm{d}u=u_x\mathrm{d}x+u_y\mathrm{d}y+u_z\mathrm{d}z$;二是运用微分运算性质及形式不变性.

例 1　设 $z=\arctan\frac{x+y}{x-y}$,求 $\mathrm{d}z$.(考研题)

解　由复合函数求偏导的法则,得

$$\frac{\partial z}{\partial x}=\frac{1}{1+\left(\frac{x+y}{x-y}\right)^2}\cdot\frac{(x-y)-(x+y)}{(x-y)^2}=-\frac{y}{x^2+y^2}$$

$$\frac{\partial z}{\partial y}=\frac{1}{1+\left(\frac{x+y}{x-y}\right)^2}\cdot\frac{(x-y)+(x+y)}{(x-y)^2}=\frac{x}{x^2+y^2}$$

则

$$\mathrm{d}z=\frac{1}{x^2+y^2}(-y\mathrm{d}x+x\mathrm{d}y).$$

现学现练　求函数 $u=\mathrm{e}^x(x^2+y^2+z^2)$ 的全微分 $\mathrm{d}u$.

$(\mathrm{d}u=\mathrm{e}^2(x^2+y^2+z^2+2x)\mathrm{d}x+2y\mathrm{e}^x\mathrm{d}y+2z\mathrm{e}^x\mathrm{d}z)$

题型 2　二元函数的可微性、连续性、可偏导的关系

题型分析　二元函数 $z=f(x,y)$ 连续、可导、可微三者的关系如下图所示：

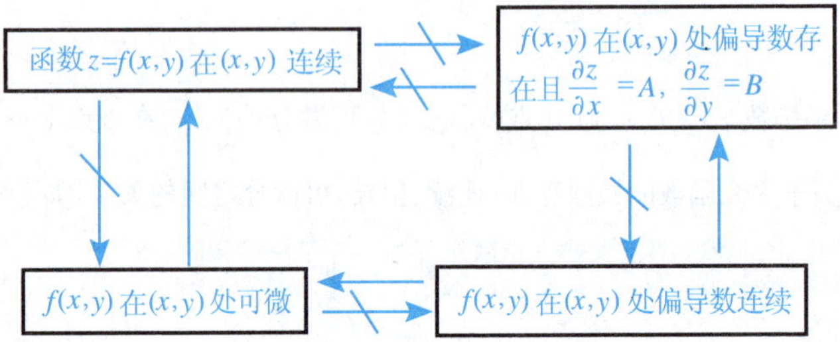

例 2　如果 $f(x,y)$ 在(0,0)处连续，那么下列命题正确的是(　　).（考研题）

(A) 若极限 $\lim\limits_{\substack{x\to0\\y\to0}}\frac{f(xy)}{|x|+|y|}$ 存在，则 $f(x,y)$ 在(0,0)处可微

(B) 若极限 $\lim\limits_{\substack{x\to0\\y\to0}}\frac{f(x,y)}{x^2+y^2}$ 存在，则 $f(x,y)$ 在(0,0)处可微

(C) 若 $f(x,y)$ 在(0,0)处可微，则 $\lim\limits_{\substack{x\to0\\y\to0}}\frac{f(x+y)}{|x|+|y|}$ 存在

(D) 若 $f(x,y)$ 在(0,0)处可微，则 $\lim\limits_{\substack{x\to0\\y\to0}}\frac{f(xy)}{x^2+y^2}$ 存在

解　由于 $f(x,y)$ 在(0,0)处连续，可知如果 $\lim\limits_{\substack{x\to0\\y\to0}}\frac{f(x,y)}{x^2+y^2}$ 存在则必有 $f(0,0)=\lim\limits_{\substack{x\to0\\y\to0}}f(x、y)=0$.

这样，$\lim\limits_{\substack{x\to0\\y\to0}}\frac{f(x,y)}{x^2+y^2}$ 就可以写成 $\lim\limits_{\substack{x\to0\\y\to0}}\frac{f(\Delta x,\Delta y)-f(0,0)}{\Delta x^2+\Delta y^2}$，即极限 $\lim\limits_{\substack{x\to0\\y\to0}}\frac{f(\Delta+x\Delta_y)-f(0,0)}{\Delta x^2+\Delta y^2}$ 存在，可知 $\lim\limits_{\substack{x\to0\\y\to0}}\frac{f(\Delta x,\Delta y)-f(0,0)}{\sqrt{\Delta x^2+\Delta y^2}}=0$，也即

$$f(\Delta x,\Delta y-f(0,0)=0\Delta x+0\Delta y+\sqrt{\Delta x^2+\Delta y^2}).$$

由可微的定义可知 $f(x,y)$ 在(0,0)处可微.

现学现练　$f(x,y)=\begin{cases}xy\sin\frac{1}{\sqrt{x^2+y^2}}, & (x,y)\neq(0,0),\\0, & (x,y)=(0,0),\end{cases}$ 求证：$f(x,y)$ 在(0,0)处可微.

课后习题全解

习题 9—3 全解

1. 分析　多元函数的全微分等于该函数所有偏微分之和，即叠加原理.

解　(1) $\frac{\partial z}{\partial x}=y+\frac{1}{y},\frac{\partial z}{\partial y}=x-\frac{x}{y^2}$

则 $\mathrm{d}z=\left(y+\frac{1}{y}\right)\mathrm{d}x+\left(x-\frac{x}{y^2}\right)\mathrm{d}y$；

(2) $\frac{\partial z}{\partial x}=\mathrm{e}^{\frac{y}{x}}\cdot\left(-\frac{y}{x^2}\right)\quad\frac{\partial z}{\partial y}=\mathrm{e}^{\frac{y}{x}}\cdot\frac{1}{x}$

则 $\mathrm{d}z=-\frac{y}{x^2}\mathrm{e}^{\frac{y}{x}}\mathrm{d}x+\frac{1}{x}\mathrm{e}^{\frac{y}{x}}\mathrm{d}y=-\frac{1}{x}\mathrm{e}^{\frac{y}{x}}\left(\frac{y}{x}\mathrm{d}x-\mathrm{d}y\right)$；

(3) $\frac{\partial z}{\partial x}=y\cdot\left(-\frac{1}{2}\right)\cdot(x^2+y^2)^{-\frac{3}{2}}\cdot 2x=-\frac{xy}{(x^2+y^2)\sqrt{x^2+y^2}}$

$$\frac{\partial z}{\partial y}=\frac{1\cdot\sqrt{x^2+y^2}-y\cdot\frac{1}{2\sqrt{x^2+y^2}}\cdot 2y}{x^2+y^2}$$

$$=\frac{x^2}{(x^2+y^2)\sqrt{x^2+y^2}}$$

则 $\mathrm{d}z=-\frac{x}{(x^2+y^2)^{\frac{3}{2}}}(y\mathrm{d}x-x\mathrm{d}y)$；

(4) $\frac{\partial u}{\partial x}=yzx^{yz-1},\frac{\partial u}{\partial y}=x^{yz}\ln x^z=z\ln x\cdot x^{yz}$

$\frac{\partial u}{\partial z}=(x^y)^z\cdot\ln x^y=y\ln x\cdot x^{yz}$

则 $\mathrm{d}u=yzx^{yz-1}\mathrm{d}x+z\ln x\cdot x^{yz}\mathrm{d}y+y\ln x\cdot x^{yz}\mathrm{d}z$

$=x^{yz}\left(\frac{yz}{x}\mathrm{d}x+z\ln x\mathrm{d}y+y\ln x\mathrm{d}z\right)$.

2. 解　$\frac{\partial z}{\partial x}=\frac{2x}{1+x^2+y^2},\frac{\partial z}{\partial y}=\frac{2y}{1+x^2+y^2}$,

$\left.\frac{\partial z}{\partial x}\right|_{(1,2)}=\frac{2}{1+1^2+2^2}=\frac{1}{3},\left.\frac{\partial z}{\partial y}\right|_{(1,2)}=\frac{4}{1+1^2+2^2}=\frac{2}{3}\left.\mathrm{d}z\right|_{\substack{x=1\\y=2}}=\frac{2}{3}$

$\left.\mathrm{d}z\right|_{(1,2)}=\frac{1}{3}\mathrm{d}x+\frac{2}{3}\mathrm{d}y$.

3. 解　$\Delta z=f(x+\Delta x,y+\Delta y)-f(x,y)=\frac{y+\Delta y}{x+\Delta x}-\frac{y}{x}$

$$dz=-\frac{y}{x^2}dx+\frac{1}{x}dy=-\frac{y}{x^2}\Delta x+\frac{1}{x}\Delta y$$

当 $x=2, y=1, \Delta x=0.1, \Delta y=-0.2$ 时

$$\Delta z=\frac{1+(-0.2)}{2+0.1}-\frac{1}{2}\approx-0.119,$$

$$dz=-\frac{1}{2^2}\times 0.1+\frac{1}{2}\times(-0.2)=-0.125.$$

4. 解　$\frac{\partial z}{\partial x}=ye^{xy}, \frac{\partial z}{\partial y}=xe^{xy}, \left.\frac{\partial z}{\partial x}\right|_{(1,1)}=e, \left.\frac{\partial z}{\partial y}\right|_{(1,1)}=e$

当 $\Delta x=0.15, \Delta y=0.1$ 时，$\left.dz\right|_{(1,1)}=e\Delta x+e\Delta y=0.25e.$

5. 解　二元函数偏导数存在且连续是二元函数可微分的充分条件，可微分必定可导和连续，故选(A). 选项(B)中(3)$\nRightarrow$(2)，选项(C)中(4)$\nRightarrow$(1)，选项(D)中(1)$\nRightarrow$(4).

*6. 分析　取 $x=1, y=2; \Delta x=0.02, \Delta y=-0.03.$

解　令 $z=\sqrt{x^3+y^3}$

$$\frac{\partial z}{\partial x}=\frac{1}{2}(x^3+y^3)^{-\frac{1}{2}}\cdot 3x^2=\frac{3x^2}{2\sqrt{x^3+y^3}}$$

$$\frac{\partial z}{\partial y}=\frac{3y^2}{2\sqrt{x^3+y^3}}$$

$$\sqrt{(x+\Delta x)^3+(y+\Delta y)^3}\approx\sqrt{x^3+y^3}+\frac{\partial z}{\partial x}\Delta x+\frac{\partial z}{\partial y}\Delta y$$

$$=\sqrt{x^3+y^3}+\frac{3}{2\sqrt{x^3+y^3}}(x^2\Delta x+y^2\Delta y)$$

取 $x=1, y=2, \Delta x=0.02, \Delta y=-0.03$ 得

$$\sqrt{(1.02)^3+(1.97)^3}\approx\sqrt{1^3+2^3}+\frac{3}{2\sqrt{1^3+2^3}}$$

$$[1^2\cdot 0.02+2^2(-0.03)]=2.95.$$

*7. 解　令 $z=x^y$，则

$$(x+\Delta x)^{y+\Delta y}\approx x^y+\frac{\partial z}{\partial x}\Delta x+\frac{\partial z}{\partial y}\Delta y=x^y+yx^{y-1}\Delta x+x^y\ln x\Delta y$$

取 $x=2, y=1, \Delta x=-0.03, \Delta y=0.05$ 得

$$(1.97)^{1.05}\approx 2^1-1\times 2^0\times(-0.03)+2^1\times\ln 2\times 0.05$$

$$=1.97+0.1\ln 2=2.039.$$

*8. 分析　以 m 作单位，则 $\Delta x=0.05, \Delta y=-0.10$

解　对角线 $z=\sqrt{x^2+y^2}$，则

$$\Delta z \approx dz=\frac{\partial z}{\partial x}\Delta x+\frac{\partial z}{\partial y}\Delta y=\frac{x}{\sqrt{x^2+y^2}}\Delta x+\frac{y}{\sqrt{x^2+y^2}}\Delta y$$

当 $x=6, y=8, \Delta x=0.05, \Delta y=-0.1$ 得

$$\Delta z \approx \frac{1}{\sqrt{6^2+8^2}}[6\times 0.05+8\times(-0.1)]=-0.05\text{m}$$

即这个矩形的对角线大约减少 5 cm.

9. 解　圆柱体积为 $V=\pi r^2 h$

$$\Delta V \approx dv=\frac{\partial V}{\partial r}\Delta r+\frac{\partial V}{\partial h}\Delta h=2\pi rh\Delta r+\pi r^2\Delta h$$

取 $r=4, h=20, \Delta r=0.1, \Delta h=0.1$，得

$$\Delta V \approx 2\pi\cdot 4\cdot 20\cdot 0.1+\pi\cdot 4^2\cdot 0.1=17.6\pi\approx 55.3(\text{cm}^3).$$

*10. 分析　由于误差分别是 ± 0.1cm 和 ± 0.1cm. 这里应该取其绝对值计算；求出的误差也是绝对值，即绝对误差.

解　设 x、y 为两直角边，则斜边长为 $z=\sqrt{x^2+y^2}$，

$$\Delta z \approx dz=\frac{\partial z}{\partial x}\Delta x+\frac{\partial z}{\partial y}\Delta y=\frac{1}{\sqrt{x^2+y^2}}(x\Delta x+y\Delta y)$$

则 $|\Delta z| \leqslant \frac{1}{\sqrt{x^2+y^2}}(x|\Delta x|+y|\Delta y|)$

取 $x=7, y=24, |\Delta x|\leqslant 0.1, |\Delta y|\leqslant 0.1$ 得

$$|\Delta z| \leqslant = \frac{1}{\sqrt{7^2+24^2}}(7\times 0.1+24\times 0.1)=0.124(\text{cm}).$$

*11. 分析　相对误差等于绝对误差与近似值的比值.

解　
$$|\Delta S| \approx |dS| = \left|\frac{1}{2}b\sin\theta\Delta a+\frac{1}{2}a\sin\theta\Delta b+\frac{1}{2}ab\cos\theta\Delta\theta\right|$$
$$\leqslant \frac{1}{2}b\sin\theta|\Delta a|+\frac{1}{2}a\sin\theta|\Delta b|+\frac{1}{2}ab\cos\theta|\Delta\theta|$$

当 $x=63, b=78, \theta=60^\circ=\frac{\pi}{3}, |\Delta a|\leqslant 0.1, |\Delta b|\leqslant 0.1, |\Delta\theta|\leqslant\frac{\pi}{180}$ 时，

$$|\Delta S| \leqslant \frac{1}{2}\times 78\times\sin\frac{\pi}{3}\times 0.1+\frac{1}{2}\times 63\times\sin\frac{\pi}{3}\times 0.1$$
$$+\frac{1}{2}\times 63\times 78\times\cos\frac{\pi}{3}\times\frac{\pi}{180}=27.55\text{m}^2$$

又 $S\approx\frac{1}{2}ab\sin\theta=\frac{1}{2}\times 63\times 78\sin\frac{\pi}{3}\approx 2\,127.82\text{m}^2$

故 $\left|\frac{\Delta S}{S}\right| \leqslant \frac{27.55}{2\,127.82} = 1.29\%$.

* 12. 证　设 $z = x + y$，则 $\Delta z \approx \mathrm{d}z = \Delta x + \Delta y$

故 $|\Delta z| \leqslant |\Delta x| + |\Delta y|$.

13. 分析　因为全增量 Δf 很小，因此可以用 $\mathrm{d}f$ 来近似代替 Δf.

证　设 $u = xy, v = \frac{x}{y}$，

则 $\Delta u \approx \mathrm{d}u = y\Delta x + x\Delta y, \Delta v \approx \mathrm{d}v = \frac{1}{y}\Delta x - \frac{x}{y^2}\Delta y$

$$\left|\frac{\Delta u}{u}\right| = \left|\frac{y\Delta x + x\Delta y}{xy}\right| \leqslant \left|\frac{\Delta x}{x}\right| + \left|\frac{\Delta y}{y}\right|$$

$$\left|\frac{\Delta v}{v}\right| = \left|\frac{\frac{1}{y}\Delta x - \frac{x}{y^2}\Delta y}{\frac{x}{y}}\right| \leqslant \left|\frac{\Delta x}{x}\right| + \left|\frac{\Delta y}{y}\right|.$$

第四节　多元复合函数的求导法则

知识要点及常考点

1. 多元复合函数的求导法则

(1) 设 $u = \varphi(x, y), v = \psi(x, y), \omega = g(x, y)$ 在点 (x, y) 处有连续偏导数，而 $z = f(u, v, \omega)$ 在相应点 (u, v, ω) 有连续偏导数，则复合函数 $z = f[\varphi(x, y), \psi(x, y), g(x, y)]$ 在点 (x, y) 处有连续偏导数，且

$$\begin{cases} \frac{\partial z}{\partial x} = \frac{\partial z}{\partial u} \cdot \frac{\partial u}{\partial x} + \frac{\partial z}{\partial v} \cdot \frac{\partial v}{\partial x} + \frac{\partial z}{\partial \omega} \cdot \frac{\partial \omega}{\partial x}, \\ \frac{\partial z}{\partial y} = \frac{\partial z}{\partial u} \cdot \frac{\partial u}{\partial y} + \frac{\partial z}{\partial v} \cdot \frac{\partial v}{\partial y} + \frac{\partial z}{\partial \omega} \cdot \frac{\partial \omega}{\partial y}. \end{cases} \tag{A}$$

(2) 设 $u = \varphi(x), v = \psi(x)$ 在点 x 处可导，$z = f(u, v)$ 在相应点 (u, v) 处有连续偏导数，则复合函数 $z = f[\varphi(x), \psi(x)]$ 在点 x 可导，且

$$\frac{\mathrm{d}z}{\mathrm{d}x} = \frac{\partial z}{\partial u} \cdot \frac{\mathrm{d}u}{\mathrm{d}x} + \frac{\partial z}{\partial v} \cdot \frac{\mathrm{d}v}{\mathrm{d}x}. \tag{B}$$

(3) 设 $u = \varphi(x, y), v = \psi(x, y)$ 在点 (x, y) 处有连续的偏导数，而 $z = f(x, u, v)$ 在相应点 (x, u, v) 处有连续偏导数，则

$$\begin{cases}\dfrac{\partial z}{\partial x}=\dfrac{\partial f}{\partial x}+\dfrac{\partial f}{\partial u}\cdot\dfrac{\partial u}{\partial x}+\dfrac{\partial f}{\partial v}\cdot\dfrac{\partial v}{\partial x},\\ \dfrac{\partial z}{\partial y}=\dfrac{\partial f}{\partial u}\cdot\dfrac{\partial u}{\partial y}+\dfrac{\partial f}{\partial v}\cdot\dfrac{\partial v}{\partial y}.\end{cases}\tag{C}$$

(4) 设有复合函数 $z=f[\varphi(x,y),\psi(x,y)]$，则$\dfrac{\partial z}{\partial x}=f'_1\varphi_x+f'_2\psi_x$，于是

$$\begin{aligned}\frac{\partial^2 z}{\partial x^2}&=\frac{\partial}{\partial x}\left(\frac{\partial z}{\partial x}\right)=\frac{\partial}{\partial x}(f'_1)\varphi_x+f'\varphi_{xx}+\frac{\partial}{\partial x}(f'_2)\psi_x+f'_2\psi_{xx}\\&=(f''_{11}\varphi_x+f''_{12}\psi_x)\varphi_x+f'_1\varphi_{xx}+(f''_{21}\varphi_x+f''_{22}\psi_x)\psi_x+f'_2\psi_{xx}.\end{aligned}$$

注 ① 其中 f'_1 和 f'_2 仍是复合函数，对其求偏导数，应用链式法则.

② 多元复合函数的求导法则是多元初等函数(包括隐函数) 微分法的基础. 求导的关键是先分析函数、中间变量、自变量之间的关系，把握清楚每一层次的函数关系，并使用准确的求导记号.

③ 抽象的复合函数求偏导数，常采用如下记号较为方便且不易出差错，用记号 f'_1,f'_2,f'_3 分别表示函数 f 对第一、第二、第三中间变量的偏导数；用 $f''_{12},f''_{23},f''_{31}$ 分别表示 f 对第一、第二中间变量的混合偏导数，f 对第二、第三中间变量的混合偏导数，f 对第三、第一中间变量的混合偏导数.

2. 全微分形式不变性

设函数 $z=f(u,v)$ 具有连续偏导数，则有全微分 $\mathrm{d}z=\dfrac{\partial z}{\partial u}\mathrm{d}u+\dfrac{\partial z}{\partial v}\mathrm{d}v$.

如果 u、v 又是 x、y 的函数 $u=\varphi(x,y)$、$v=\psi(x,y)$，且这两个函数也具有连续偏导数，则复合函数 $z=f(\varphi(x,y),\psi(x,y))$ 的全微分为

$$\mathrm{d}z=\frac{\partial z}{\partial x}\mathrm{d}x+\frac{\partial z}{\partial y}\mathrm{d}y=\frac{\partial z}{\partial u}\mathrm{d}u+\frac{\partial z}{\partial v}\mathrm{d}v.$$

注　即不论把函数 z 看作是自变量 x,y 的函数，还是看作中间变量 u、v 的函数，函数 z 的全微分形式都是一样的.

3. 多元复合函数为函数的全微分

计算多元复合函数的全微分，并非必须先计算偏导数再得微分，一般可直接运用四则运算和复合函数的微分法则，特别应当发挥全微分形式不变性的优点，不区分因变量和自变量而自如地求出微分，对于某些要计算全部一阶偏导的简单复合函数，还可试着先求出全微分再“剔” 出偏导数来.

4. 偏导数的变量代换

设已知函数 $z=f(x,y)$ 和偏导$\dfrac{\partial z}{\partial x},\dfrac{\partial z}{\partial y}$. 现引入新的变量 u、v：

$$\begin{cases} x=\varphi(u、v), \\ y=\psi(u、v). \end{cases}\text{(新变量表示旧变量)},$$

要求将 z 对旧变量 x,y 的偏导数$\frac{\partial z}{\partial x},\frac{\partial z}{\partial y}$用 z 对新变量 u,v 的偏导数$\frac{\partial z}{\partial u},\frac{\partial z}{\partial v}$表示.这就是所谓的偏导数的变量代换问题.求解这类问题有两种方法.

(1) 先求偏导数$\frac{\partial z}{\partial u},\frac{\partial z}{\partial v}$,再解出$\frac{\partial z}{\partial x},\frac{\partial z}{\partial y}$:

① 先求出因变量 z 对新自变量 u,v 的偏导数.将旧自变量 x,y 视为中间变量,利用链式法则求出$\frac{\partial z}{\partial u},\frac{\partial z}{\partial v}$:

$$\begin{cases} \frac{\partial z}{\partial u}=\frac{\partial z}{\partial x}\frac{\partial x}{\partial u}+\frac{\partial z}{\partial y}\frac{\partial y}{\partial u}, \\ \frac{\partial z}{\partial v}=\frac{\partial z}{\partial x}\frac{\partial x}{\partial v}+\frac{\partial z}{\partial y}\frac{\partial y}{\partial v}, \end{cases}\quad\text{即}\begin{cases} \frac{\partial z}{\partial u}=\varphi_u\frac{\partial z}{\partial x}+\psi_u\frac{\partial z}{\partial y}, \\ \frac{\partial z}{\partial v}=\varphi_v\frac{\partial z}{\partial x}+\psi_v\frac{\partial z}{\partial y}. \end{cases}$$

② 用克拉默法则解出$\frac{\partial z}{\partial x},\frac{\partial z}{\partial y}$,得

$$\frac{\partial z}{\partial x}=\frac{\begin{vmatrix} \frac{\partial z}{\partial u} & \psi_u \\ \frac{\partial z}{\partial v} & \psi_v \end{vmatrix}}{\begin{vmatrix} \varphi_u & \psi_u \\ \varphi_v & \psi_v \end{vmatrix}}=\frac{1}{\varphi_u\psi_v-\varphi_v\psi_u}\left(\psi_v\frac{\partial z}{\partial u}-\psi_u\frac{\partial z}{\partial v}\right),$$

$$\frac{\partial z}{\partial y}=\frac{\begin{vmatrix} \varphi_u & \frac{\partial z}{\partial u} \\ \varphi_v & \frac{\partial z}{\partial v} \end{vmatrix}}{\begin{vmatrix} \varphi_u & \psi_u \\ \varphi_v & \psi_u \end{vmatrix}}=\frac{1}{\varphi_u\psi_v-\varphi_v\psi_u}\left(\varphi_u\frac{\partial z}{\partial v}-\varphi_v\frac{\partial z}{\partial u}\right).$$

(2) 先解出反函数,再求偏导数$\frac{\partial z}{\partial x},\frac{\partial z}{\partial y}$:

① 由方程组求反函数组解出反函数组

$$\begin{cases} u=u(x,y), \\ v=v(x,y). \end{cases}\text{(旧变量表示新变量)},$$

② 求因变量 z 对旧自变量 x,y 的偏导数,将新自变量 u,v 视为中间变量,利用链式法则求出$\frac{\partial z}{\partial x},\frac{\partial z}{\partial y}$:

$$\begin{cases}\dfrac{\partial z}{\partial x}=\dfrac{\partial z}{\partial u}\dfrac{\partial u}{\partial x}+\dfrac{\partial z}{\partial v}\dfrac{\partial v}{\partial x},\\[2ex]\dfrac{\partial z}{\partial y}=\dfrac{\partial z}{\partial u}\dfrac{\partial u}{\partial y}+\dfrac{\partial z}{\partial v}\dfrac{\partial v}{\partial y}.\end{cases}$$

③ 设法将$\dfrac{\partial u}{\partial x},\dfrac{\partial u}{\partial y},\dfrac{\partial v}{\partial x}$和$\dfrac{\partial v}{\partial y}$写成$u,v$的表达式，再代入②中的等式右端即可.

本节考研要求

1. 掌握多元复合函数一阶、二阶偏导数的求法.

2. 了解全微分的形式不变性.

题型、真题、方法

题型1　多元复合函数偏导数的计算

题型分析　(1) 复合函数对自变量的偏导数的结构特点：

① 项数 = 中间变量 的个数；

② 每一项为两个因子的乘积，第一个因子为函数对中间变量的偏导数，第二个因子为该中间变量对指定自变量的偏导数.

(2) 一般而言，复合函数$z=f(u,v)=f[\varphi(x,y),\psi(x,y)]$对中间变量$u$、$v$的偏导数$\dfrac{\partial z}{\partial u},\dfrac{\partial z}{\partial v}$仍然是以$u$、$v$为中间变量，$x$、$y$为自变量的多元复合函数，它们再对$x$、$y$求偏导数时必须重复使用复合函数求导法.

(3) 抽象函数求偏导数时，一定要引入中间变量，例如$z=f[e^y\cos^2x,\sqrt{x}\ln(x^2-y)]$，应设$u=e^y\cos^2x,v=\sqrt{x}\ln(x^2-y)$.

例1　已知$z=a^{\sqrt{x^2-y^2}}$其中$a>0,a\neq1$，求dz.（考研题）

思路点拨　运用复合函数求偏导数法则求解.

解　由于

$$\frac{\partial z}{\partial x}=a^{\sqrt{x^2-y^2}}\ln a\frac{x}{\sqrt{x^2-y^2}}=\frac{xz\ln a}{\sqrt{x^2-y^2}},$$

$$\frac{\partial z}{\partial y}=a^{\sqrt{x^2-y^2}}\ln a\frac{-y}{\sqrt{x^2-y^2}}=-\frac{yz\ln a}{\sqrt{x^2-y^2}},$$

得

$$dz=\frac{\partial z}{\partial x}dx+\frac{\partial z}{\partial y}dy=\frac{z\ln a}{\sqrt{x^2-y^2}}(xdx-ydy).$$

例 2　设 $f(u,v)$ 是二元可微函数，$z=f\left(\frac{y}{x},\frac{x}{y}\right)$，则 $x\frac{\partial z}{\partial x}-y\frac{\partial z}{\partial y}=$ ______.（考研题）

思路点拨　分析复合路径.

解　$\frac{\partial z}{\partial x}=f'_1\cdot\left(-\frac{y}{x^2}\right)+f'_2\cdot\frac{1}{y}$，$\frac{\partial z}{\partial y}=f'_1\cdot\frac{1}{x}+f'_2\cdot\left(-\frac{x}{y^2}\right)$，于是有

$$x\frac{\partial z}{\partial x}-y\frac{\partial z}{\partial y}=x\left(-\frac{y}{x^2}f'_1+\frac{1}{y}f'_2\right)-y\left(\frac{1}{x}f'_1-\frac{x}{y^2}f'_2\right)=-\frac{2y}{x}f'_1+\frac{2x}{y}f'_2.$$

现学现练　设 $z=u\arctan(uv)$，$u=x^2$，$v=ye^x$，求 $\frac{\partial z}{\partial x}$，$\frac{\partial z}{\partial y}$.

$$\left\{\left[\frac{uv}{1+u^2v^2}+\arctan(uv)\right]\cdot 2x+\frac{u^2}{1+u^2v^2}\cdot ye^x,\frac{u^2}{1+u^2v^2}\cdot e^x\right\}$$

题型 2　利用全微分不变性求微分与偏导数

题型分析　若 $z=f(u,v)$ 具有连续偏导数，则有全微分

$$dz=\frac{\partial z}{\partial u}\cdot du+\frac{\partial z}{\partial v}\cdot dv.$$

例 3　设 $z=e^{\sin xy}$，则 dz ______.（考研题）

思路点拨　利用一阶全微分的不变性.

解　$dz=e^{\sin xy}d(\sin xy)=e^{\sin xy}\cos xy\,d(xy)=e^{\sin xy}\cos xy(y\,dx+x\,dy)$.

题型 3　求带抽象函数记号的复合函数的偏导数

题型分析　带抽象函数记号的复合函数偏导数的求解是一个难点，求解过程中要理清函数及导数包含的所有自变量，对每一个变量的每一阶偏导都要求出.

例 4　设 $z=f\left(\ln x+\frac{1}{y}\right)$，其中函数 $f(u)$ 可微，则 $x\frac{\partial z}{\partial x}+y^2\frac{\partial z}{\partial y}=$ ______.（考研题）

解　$\frac{\partial z}{\partial x}=f'\cdot\frac{1}{x}$，$\frac{\partial z}{\partial y}=f'\cdot\left(-\frac{1}{y^2}\right)$，所以 $x\frac{\partial z}{\partial x}+y^2\frac{\partial z}{\partial y}=0$.

例 5　设函数 $z=f(xy,yg(x))$，其中 f 具有二阶连续的偏导数，函数 $g(x)$ 可导且在 $x=1$ 处取得极值 $g(1)=1$. 求 $\left.\frac{\partial^2 z}{\partial x\partial y}\right|_{\substack{x=1\\y=1}}$.（考研题）

解　$\frac{\partial z}{\partial x}=f'_1(xy,yg(x))y+f'_2(xy,yg(x))yg'(x)$

$$\frac{\partial^2 z}{\partial x\partial y}=f''_{1,1}(xy,yg(x))xy+f''_{1,2}(xy,yg(x))yg(x)+f'_1(xy,yg(x))$$

$$+f''_{2,1}(xy,yg(x))xyg'(x)+f''_{2,2}(xy,yg(x))yg(x)g'(x)+f'_2(xy,yg(x))g'(x)$$

由于 $g(x)$ 在 $x=1$ 处取得极值 $g(1)=1$，可知 $g'(1)=0$(极值点一阶导数为0).

故
$$\left.\frac{\partial^2 z}{\partial x\partial y}\right|_{x=1,y=1}=f''_{1,1}(1,g(1))+f''_{1,2}(1,g(1))g(1)+f''_1(1,g(1))$$

$$+f''_{2,1}(1,g(1))g'(1)+f''_{2,2}(1,g(1))g(1)g'(1)+f'_2(1,g(1))g'(1)$$

$$=f''_{1,1}(1,1)+f''_{1,2}(1,1).$$

现学现练　求 $z=x^2yf(x^2-y^2,xy)$ 的一阶偏导数，其中 f 有一阶连续偏导数.

$$\left[\begin{array}{l}\dfrac{\partial z}{\partial x}=2xyf(x^2-y^2,xy)+2x^3y\dfrac{\partial f}{\partial u}+x^2y^2\dfrac{\partial f}{\partial v}\\ \dfrac{\partial z}{\partial y}=x^2f(x^2-y^2,xy)-2x^2y^2\dfrac{\partial f}{\partial u}+x^3y\dfrac{\partial f}{\partial v}\end{array}\right]$$

课后习题全解

习题9－4全解

1. 分析　本题属于复合函数第2种复合情形，可用定理2公式求解.

解
$$\frac{\partial z}{\partial x}=\frac{\partial z}{\partial u}\frac{\partial u}{\partial x}+\frac{\partial z}{\partial v}\frac{\partial v}{\partial x}=2u+2v=2(x+y+x-y)=4x;$$

$$\frac{\partial z}{\partial y}=\frac{\partial z}{\partial u}\frac{\partial u}{\partial y}+\frac{\partial z}{\partial v}\frac{\partial v}{\partial y}=2u-2v=2(x+y-x+y)=4y.$$

2. 分析　本题属于复合函数的第2种复合情形，因此可用定理2的公式求解.

解
$$\frac{\partial z}{\partial x}=\frac{\partial z}{\partial u}\frac{\partial u}{\partial x}+\frac{\partial z}{\partial v}\frac{\partial v}{\partial x}$$

$$=2u\ln v\cdot\frac{1}{y}+\frac{u^2}{v}\cdot 3=\frac{2x}{y^2}\ln(3x-2y)+\frac{3x^2}{y^2(3x-2y)};$$

$$\frac{\partial z}{\partial y}=\frac{\partial z}{\partial u}\frac{\partial u}{\partial y}+\frac{\partial z}{\partial v}\frac{\partial v}{\partial y}=2u\ln v\left(-\frac{x}{y^2}\right)+\frac{u^2}{v}(-2)$$

$$=-\frac{2x^2}{y^3}\ln(3x-2y)-\frac{2x^2}{y^2(3x-2y)}.$$

3. 解
$$\frac{dz}{dt}=\frac{\partial z}{\partial x}\frac{dx}{dt}+\frac{\partial z}{\partial y}\frac{dy}{dt}=e^{x-2y}\cos t+e^{x-2y}(-2)\cdot 3t^2$$

$$=e^{x-2y}(\cos t-6t^2)=e^{\sin t-2t^3}(\cos t-6t^2).$$

4. 分析　本题属于复合函数第1种复合情形，因此可用定理1的公式求解，即 $\dfrac{dz}{dt}=\dfrac{\partial z}{\partial x}\dfrac{dx}{dt}+\dfrac{\partial z}{\partial y}\dfrac{dy}{dt}$.

解　$$\frac{dz}{dt}=\frac{\partial z}{\partial x}\frac{dx}{dt}+\frac{\partial z}{\partial y}\frac{dy}{dt}$$
$$=\frac{1}{\sqrt{1-(x-y)^2}}\cdot 3+\frac{1}{\sqrt{1-(x-y)^2}}\cdot(-1)\cdot 12t^2$$
$$=\frac{3(1-4t^2)}{\sqrt{1-(3t-4t^3)^2}}.$$

5. 解　$$\frac{dz}{dx}=\frac{\partial z}{\partial x}+\frac{\partial z}{\partial y}\frac{dy}{dx}$$
$$=\frac{1}{1+(xy)^2}\cdot y+\frac{1}{1+(xy)^2}\cdot x\cdot e^x=\frac{e^x(1+x)}{1+x^2e^{2x}}.$$

6. 分析　u 的表达式中包含 x、y、z；x 又是 y、z 的中间变量，属于第 3 种复合情形，因此$\frac{du}{dx}=\frac{\partial u}{\partial x}+\frac{\partial u}{\partial y}\frac{dy}{dx}+\frac{\partial u}{\partial z}\frac{dz}{dx}$.

解　$$\frac{du}{dx}=\frac{\partial u}{\partial x}+\frac{\partial u}{\partial y}\frac{dy}{dx}+\frac{\partial u}{\partial z}\frac{dz}{dx}$$
$$=\frac{ae^{ax}(y-z)}{a^2+1}+\frac{e^{ax}}{a^2+1}\cdot a\cos x+\frac{e^{ax}(-1)}{a^2+1}(-\sin x)$$
$$=\frac{ae^{ax}(y-z+\cos x)}{a^2+1}+\frac{e^{ax}\cdot\sin x}{a^2+1}=e^{ax}\sin x.$$

7. 分析　此题将 x，y 看成复合变量.

证　$$\frac{\partial z}{\partial u}=\frac{\partial z}{\partial x}\frac{\partial x}{\partial u}+\frac{\partial z}{\partial y}\frac{\partial y}{\partial u}$$
$$=\frac{1}{1+(\frac{x}{y})^2}\cdot\frac{1}{y}+\frac{1}{1+(\frac{x}{y})^2}\cdot\left(-\frac{x}{y^2}\right)$$
$$=\frac{1}{1+\frac{x^2}{y^2}}\left(\frac{1}{y}-\frac{x}{y^2}\right)=\frac{y-x}{x^2+y^2}$$

$$\frac{\partial z}{\partial v}=\frac{\partial z}{\partial x}\cdot\frac{\partial x}{\partial v}+\frac{\partial z}{\partial y}\cdot\frac{\partial y}{\partial v}$$
$$=\frac{1}{1+(\frac{x}{y})^2}\cdot\frac{1}{y}+\frac{1}{1+(\frac{x}{y})^2}\cdot\left(-\frac{x}{y^2}\right)\cdot(-1)$$
$$=\frac{1}{1+\frac{x^2}{y^2}}\left(\frac{1}{y}+\frac{x}{y^2}\right)=\frac{y+x}{x^2+y^2}$$

则$\frac{\partial z}{\partial u}+\frac{\partial z}{\partial v}=\frac{2y}{x^2+y^2}=\frac{2(u-v)}{2(u^2+v^2)}=\frac{u-v}{u^2+v^2}$.

8. 解　(1) $\frac{\partial u}{\partial x}=2f'_1x+f'_2e^{xy}\cdot y=2xf'_1+ye^{xy}f'_2$

$\frac{\partial u}{\partial y}=f'_1(-2y)+f'_2e^{xy}\cdot y=-2yf'_1+xe^{xy}f'_2$；

(2) $\frac{\partial u}{\partial x}=f'_1\cdot\frac{1}{y}+f'_2\cdot\frac{\partial}{\partial x}\left(\frac{y}{z}\right)=\frac{1}{y}f'_1$

$\frac{\partial u}{\partial y}=f'_1\left(-\frac{x}{y^2}\right)+f'_2\frac{1}{z}$

$\frac{\partial u}{\partial z}=f'_1\frac{\partial}{\partial z}\left(\frac{x}{y}\right)+f'_2\left(-\frac{y}{z^2}\right)=-\frac{y}{z^2}f'_2$；

(3) $\frac{\partial u}{\partial x}=f'_1+f'_2y+f'_3yz$

$\frac{\partial u}{\partial y}=f'_2x+f'_3xz,\frac{\partial u}{\partial z}=f'_3xy.$

9. 证　$\frac{\partial z}{\partial x}=y+F(u)+xF'(u)\cdot\frac{\partial u}{\partial x}=y+F(u)-\frac{y}{x}F'(u)$

$\frac{\partial z}{\partial y}=x+xF'(u)\frac{\partial z}{\partial y}=x+xF'(u)\frac{1}{x}=x+F'(u)$

则 $x\frac{\partial z}{\partial x}+y\frac{\partial z}{\partial y}=x\left[y+F(u)-\frac{y}{x}F'(u)\right]+y[x+F'(u)]$

$=2xy+xF(u)=xy+z.$

10. 证　$\frac{\partial z}{\partial x}=\frac{0-yf'(x^2-y^2)\cdot 2x}{f^2(x^2-y^2)}=-\frac{2xyf'(x^2-y^2)}{f^2(x^2-y^2)}$

$\frac{\partial z}{\partial y}=\frac{f(x^2-y^2)-yf'(x^2-y^2)\cdot(-2y)}{f^2(x^2-y^2)}$

$=\frac{1}{f(x^2-y^2)}+\frac{2y^2f'(x^2-y^2)}{f^2(x^2-y^2}$

则$\frac{1}{x}\frac{\partial z}{\partial x}+\frac{1}{y}\frac{\partial z}{\partial y}=-\frac{2yf'(x^2-y^2)}{f^2(x^2-y^2)}+\frac{1}{yf(x^2-y^2)}+\frac{2yf'(x^2-y^2)}{f^2(x^2-y^2)}$

$=\frac{1}{yf(x^2-y^2)}=\frac{z}{y^2}.$

11. 分析　解此类问题应先从变量代换入手，再用复合函数求导法则，注意 f' 仍旧是复合函数.

解　令 $u=x^2+y^2$，则$\frac{\partial z}{\partial x}=f'(u)\frac{\partial u}{\partial x}=2xf'(u)$

$\frac{\partial z}{\partial y}=f'(u)\frac{\partial u}{\partial y}=2yf'(u)$

$$\frac{\partial^2 z}{\partial x^2}=2f'(u)+2xf''(u)\frac{\partial u}{\partial x}=2f'(u)+2xf''(u)\cdot 2x$$

$$=2f'(u)+4x^2f''(u)$$

$$\frac{\partial^2 z}{\partial x\partial y}=2xf''(u)\frac{\partial u}{\partial y}=4xyf''(u)$$

$$\frac{\partial^2 z}{\partial y^2}=2f'(u)+2yf''(u)\frac{\partial u}{\partial y}=2f'(u)+4y^2f''(u).$$

小结　复合函数的变量代换是根据全微分的形式不变性进行的.

12. 解　(1) 令 $s=xy, t=y$,则 $z=f(s,t)$

$$\frac{\partial z}{\partial x}=\frac{\partial f}{\partial s}\frac{\partial s}{\partial x}=f'_s\cdot y=yf'_s$$

$$\frac{\partial z}{\partial y}=\frac{\partial f}{\partial s}\frac{\partial s}{\partial y}+\frac{\partial f}{\partial t}\frac{\partial t}{\partial y}=xf'_s+f'_t$$

$$\frac{\partial^2 z}{\partial x^2}=\frac{\partial}{\partial x}\left(\frac{\partial z}{\partial x}\right)=\frac{\partial}{\partial x}(yf'_s)=y\frac{\partial f'_s}{\partial x}=y\left(\frac{\partial f'_s}{\partial s}\frac{\partial s}{\partial x}\right)=y^2f''_{ss}$$

$$\frac{\partial^2 z}{\partial x\partial y}=\frac{\partial}{\partial y}\left(\frac{\partial z}{\partial x}\right)=\frac{\partial}{\partial y}(yf'_s)=f'_s+y\frac{\partial f'_s}{\partial y}$$

$$=f'_s+y\left(\frac{\partial f'_s}{\partial s}\frac{\partial s}{\partial y}+\frac{\partial f'_s}{\partial t}\frac{\partial t}{\partial y}\right)$$

$$=f'_s+xyf''_{ss}+y''_{st}$$

$$\frac{\partial^2 z}{\partial y^2}=\frac{\partial}{\partial y}\left(\frac{\partial z}{\partial y}\right)=\frac{\partial}{\partial y}(xf'_s+f'_t)=x\frac{\partial f'_s}{\partial y}+\frac{\partial f'_t}{\partial y}$$

$$=x\left(\frac{\partial f'_s}{\partial s}\frac{\partial s}{\partial y}+\frac{\partial f'_s}{\partial t}\frac{\partial t}{\partial y}\right)+\left(\frac{\partial f'_t}{\partial s}\frac{\partial s}{\partial y}+\frac{\partial f'_t}{\partial t}\frac{\partial t}{\partial y}\right)$$

$$=x^2f''_{ss}+2xf''_{st}+f''_{tt};$$

(2) 令 $u=x, v=\frac{x}{y}$,则 $z=f(u,v)$

$$\frac{\partial z}{\partial x}=\frac{\partial f}{\partial u}\frac{\partial u}{\partial x}+\frac{\partial f}{\partial v}\frac{\partial v}{\partial x}=\frac{\partial f}{\partial u}+\frac{\partial f}{\partial v}\frac{1}{y}$$

$$\frac{\partial z}{\partial y}=\frac{\partial f}{\partial u}\frac{\partial u}{\partial y}+\frac{\partial f}{\partial v}\frac{\partial v}{\partial y}=-\frac{x}{y^2}\frac{\partial f}{\partial v}$$

$$\frac{\partial^2 z}{\partial x^2}=\frac{\partial}{\partial x}\left(\frac{\partial z}{\partial x}\right)=\frac{\partial}{\partial x}\left(\frac{\partial f}{\partial u}+\frac{1}{y}\frac{\partial f}{\partial v}\right)=\frac{\partial}{\partial x}\left(\frac{\partial f}{\partial u}\right)+\frac{1}{y}\frac{\partial}{\partial x}\left(\frac{\partial f}{\partial v}\right)$$

$$=\frac{\partial}{\partial u}\left(\frac{\partial f}{\partial u}\right)\frac{\partial u}{\partial x}+\frac{\partial}{\partial v}\left(\frac{\partial f}{\partial u}\right)\frac{\partial v}{\partial x}+\frac{1}{y}\left[\frac{\partial}{\partial u}\left(\frac{\partial f}{\partial v}\right)\frac{\partial u}{\partial x}+\frac{\partial}{\partial v}\left(\frac{\partial f}{\partial v}\right)\frac{\partial v}{\partial x}\right]$$

$$=f''_{uu}+\frac{2}{y}f''_{uv}+\frac{1}{y^2}f''_{vv}$$

$$\frac{\partial^2 z}{\partial x\partial y}=\frac{\partial}{\partial y}\left(\frac{\partial z}{\partial x}\right)=\frac{\partial}{\partial y}\left(\frac{\partial f}{\partial u}+\frac{1}{y}\frac{\partial f}{\partial v}\right)=\frac{\partial}{\partial y}\left(\frac{\partial f}{\partial u}\right)+\frac{\partial}{\partial y}\left(\frac{1}{y}\frac{\partial f}{\partial v}\right)$$

$$=\frac{\partial}{\partial u}\left(\frac{\partial f}{\partial u}\right)\frac{\partial u}{\partial y}+\frac{\partial}{\partial v}\left(\frac{\partial f}{\partial u}\right)\frac{\partial v}{\partial y}+\left[-\frac{1}{y^2}\frac{\partial f}{\partial v}+\frac{1}{y}\cdot\frac{\partial}{\partial y}\left(\frac{\partial f}{\partial v}\right)\right]$$

$$=\frac{\partial^2 f}{\partial u\partial v}\left(-\frac{x}{y^2}\right)-\frac{1}{y^2}\frac{\partial f}{\partial v}+\frac{1}{y}\left[\frac{\partial}{\partial u}\left(\frac{\partial f}{\partial v}\right)\frac{\partial u}{\partial y}+\frac{\partial}{\partial v}\left(\frac{\partial f}{\partial v}\right)\frac{\partial v}{\partial y}\right]$$

$$=-\frac{x}{y^2}\left(f''_{uv}+\frac{1}{y}f''_{vv}\right)-\frac{1}{y^2}f'_v$$

$$\frac{\partial^2 z}{\partial y^2}=\frac{\partial}{\partial y}\left(\frac{\partial z}{\partial y}\right)=\frac{\partial}{\partial y}\left(-\frac{x}{y^2}\frac{\partial f}{\partial v}\right)=\frac{\partial}{\partial y}\left(-\frac{x}{y^2}\right)\cdot\frac{\partial f}{\partial v}-\frac{x}{y^2}\frac{\partial}{\partial y}\left(\frac{\partial f}{\partial v}\right)$$

$$=\frac{2x}{y^3}\frac{\partial f}{\partial v}-\frac{x}{y^2}\frac{\partial}{\partial v}\left(\frac{\partial f}{\partial v}\right)\frac{\partial v}{\partial y}=\frac{2x}{y^3}f'_v+\frac{x^2}{y^4}f''_{vv};$$

(3) 令 xy^2，x^2y 记为 1 号和 2 号，则

$$\frac{\partial z}{\partial x}=f'_1y^2+f'_2\cdot 2xy=y^2f'_1+2xyf'_2$$

$$\frac{\partial z}{\partial y}=2f'_1xy+f'_2x^2=2xyf'_1+x^2f'_2$$

$$\frac{\partial^2 z}{\partial x^2}=\frac{\partial}{\partial x}\left(\frac{\partial z}{\partial x}\right)=y^2(f''_{11}y^2+f''_{12}2xy)+2yf'_2+2xy(f''_{21}y^2+f''_{22}2xy)$$

$$=2yf'_2+y^4f''_{11}+4xy^3f''_{12}+4x^2y^2f''_{22}$$

$$\frac{\partial^2 z}{\partial x\partial y}=\frac{\partial}{\partial x}\left(\frac{\partial z}{\partial x}\right)=2yf'_1+y^2(f''_{11}y^2 2xy+f''_{12}x^2)+2xf'_2$$

$$+2xy(f''_{21}\cdot 2xy+f''_{22}x^2)$$

$$=2yf'_1+2xf'_2+2xy^3f''_{11}+5x^2y^2f''_{12}+2x^3yf''_{22}$$

$$\frac{\partial^2 z}{\partial y^2}=\frac{\partial}{\partial y}\left(\frac{\partial z}{\partial y}\right)=2xf'_1+2xy(f''_{11}2xy+f''_{12}x^2)+x^2(f''_{12}2xy+f''_{22}\cdot x^2)$$

$$=2xf'_1+4x^2y^2f''_{11}+4x^3yf''_{12}+x^4f''_{22};$$

(4) 记 $\sin x$，$\cos y$，e^{x+y} 分别为 1 号、2 号、3 号，则

$$\frac{\partial z}{\partial x}=f'_1\cos x+f'_3e^{x+y},\frac{\partial z}{\partial y}=f'_2(-\sin y)+f'_3e^{x+y}$$

$$\frac{\partial^2 z}{\partial x^2}=(f''_{11}\cos x+f''_{13}e^{x+y})\cos x+f'_1(-\sin x)$$

$$+(f''_{31}\cos x+f''_{33}e^{x+y})e^{x+y}+f'_3e^{x+y}$$

$$=e^{x+y}f'_3-\sin xf'_1+\cos^2xf''_{11}+2\cos xe^{x+y}f''_{13}+e^{2(x+y)}f''_{33}$$

$$\frac{\partial^2 z}{\partial y^2}=\frac{\partial}{\partial y}\left(\frac{\partial z}{\partial y}\right)=-\cos yf'_2-\sin y[f''_{22}(-\sin y)+f''_{23}e^{x+y}]$$

$$+e^{x+y}f'_3+e^{x+y}[f''_{32}(-\sin y)+f''_{23}e^{x+y}]$$

$$=e^{x+y}f'_3-\cos yf'_2+\sin^2 yf''_{22}-2e^{x+y}\sin yf''_{23}+e^{2(x+y)}f''_{33}.$$

13. 分析　$\frac{\partial^2 u}{\partial s^2}=\frac{\partial}{\partial s}\left(\frac{\partial u}{\partial s}\right)$；$\frac{\partial^2 u}{\partial t^2}=\frac{\partial}{\partial t}\left(\frac{\partial u}{\partial t}\right)$　分别代入$\frac{\partial u}{\partial s}$和$\frac{\partial u}{\partial t}$后再求偏导，过程比较繁锁，需细心.

证　$\frac{\partial u}{\partial s}=\frac{\partial u}{\partial x}\frac{\partial x}{\partial s}+\frac{\partial u}{\partial y}\frac{\partial y}{\partial s}=\frac{1}{2}\frac{\partial u}{\partial x}+\frac{\sqrt{3}}{2}\frac{\partial u}{\partial y}$

$$\frac{\partial u}{\partial t}=\frac{\partial u}{\partial x}\frac{\partial x}{\partial t}+\frac{\partial u}{\partial y}\frac{\partial y}{\partial t}=-\frac{\sqrt{3}}{2}\frac{\partial u}{\partial x}+\frac{1}{2}\frac{\partial u}{\partial y}$$

则$\left(\frac{\partial u}{\partial s}\right)^2+\left(\frac{\partial u}{\partial t}\right)^2=\left(\frac{1}{2}\frac{\partial u}{\partial x}+\frac{\sqrt{3}}{2}\frac{\partial u}{\partial y}\right)^2+\left(-\frac{\sqrt{3}}{2}\frac{\partial u}{\partial x}+\frac{1}{2}\frac{\partial u}{\partial y}\right)^2$

$$=\left(\frac{\partial u}{\partial x}\right)^2+\left(\frac{\partial u}{\partial y}\right)^2$$

又$\frac{\partial^2 u}{\partial s^2}=\frac{1}{2}\left(\frac{\partial^2 u}{\partial x^2}\frac{\partial x}{\partial s}\frac{\partial^2 u}{\partial y\partial x}\frac{\partial y}{\partial s}\right)+\frac{\sqrt{3}}{2}\left(\frac{\partial^2 u}{\partial y\partial x}\frac{\partial x}{\partial s}+\frac{\partial^2 u}{\partial y^2}\frac{\partial y}{\partial s}\right)$

$$=\frac{1}{4}\frac{\partial^2 u}{\partial x^2}+\frac{\sqrt{3}}{2}\frac{\partial^2 u}{\partial x\partial y}+\frac{3}{4}\frac{\partial^2 u}{\partial y^2}$$

$$\frac{\partial^2 u}{\partial t^2}=-\frac{\sqrt{3}}{2}\left(\frac{\partial^2 u}{\partial x^2}\frac{\partial x}{\partial t}+\frac{\partial^2 u}{\partial x\partial y}\frac{\partial y}{\partial t}\right)+\frac{1}{2}\left(\frac{\partial^2 u}{\partial y\partial x}\cdot\frac{\partial x}{\partial t}+\frac{\partial^2 u}{\partial y^2}\frac{\partial y}{\partial t}\right)$$

$$=\frac{3}{4}\frac{\partial^2 u}{\partial x^2}-\frac{\sqrt{3}}{2}\frac{\partial^2 u}{\partial x\partial y}+\frac{1}{4}\frac{\partial^2 u}{\partial y^2}$$

故$\frac{\partial^2 u}{\partial s^2}+\frac{\partial^2 u}{\partial t^2}=\frac{\partial^2 u}{\partial x^2}+\frac{\partial^2 u}{\partial y^2}$.

第五节　隐函数的求导公式

知识要点及常考点

1. 由一个方程确定的隐函数求导法则

(1) 设函数 $F(x,y)$ 在点 $P(x_0,y_0)$ 的某一邻域内具有连续偏导数，且 $F(x_0,y_0)=0$；$F_y(x_0,y_0)\neq 0$，则方程 $F(x,y)=0$ 在点(x_0,y_0)的某一邻域内恒能唯一确定一个连续且具有连续导数的函数 $y=f(x)$，它满足条件 $y_0=f(x_0)$，并有$\frac{dy}{dx}=-\frac{F_x}{F_y}$.

(2) 设函数 $F(x,y,z)$ 在点 $P(x_0,y_0,z_0)$ 的某一邻域内具有连续偏导数；$F(x_0,$

$y_0,z_0)=0$；$F_z(x_0,y_0,z_0)\neq 0$，则方程 $F(x,y,z)=0$ 在点 (x_0,y_0,z_0) 的某一邻域内恒能唯一确定一个连续且具有连续偏导数的函数 $z=f(x,y)$，它满足条件 $z_0=f(x_0,y_0)$，并有 $\frac{\partial z}{\partial x}=-\frac{F_x}{F_z}$，$\frac{\partial z}{\partial y}=-\frac{F_y}{F_z}$.

注　F_x,F_y,F_z 分别是三元函数 $F(x,y,z)$ 的 3 个偏导数，在求 F_x 和 F_y 时，z 都应视为常数.

2. 一个方程确定的隐函数的二阶偏导数

设 $F(x,y,z)=0$ 满足隐函数定理的条件，则 $\frac{\partial z}{\partial x}=-\frac{F_x}{F_z}$，由于 F_x 与 F_z 仍然是变量 $x,y,z(x,y)$ 的函数，其中 $z=z(x,y)$ 可视为复合函数的中间变量，再按复合函数的求导法则

$$\frac{\partial^2 z}{\partial x^2}=-\frac{\frac{\partial}{\partial x}(F_x)\cdot F_z-F_x\frac{\partial}{\partial x}(F_z)}{F_z^2}$$

$$=-\frac{\left(F_{xx}+F_{xz}\frac{\partial z}{\partial x}\right)F_z-\left(F_{zx}+F_{zz}\frac{\partial z}{\partial x}\right)F_x}{F_z^2},$$

将 $\frac{\partial z}{\partial x}=-\frac{F_x}{F_z}$ 代入上式得

$$\frac{\partial^2 z}{\partial x^2}=\frac{-F_{xx}F_z^2-2F_{zx}F_xF_z+F_{zz}\cdot F_x^2}{F_z^2}.$$

其他情况的二阶偏导数可类似获得.

3. 由方程组确定的隐函数的导数和偏导数公式

(1) 两个四元方程 $\begin{cases}F(x,y,u,v)=0\\G(x,y,u,v)=0\end{cases}$ 确定的两个二元隐函数 $\begin{cases}u=u(x,y)\\v=v(x,y)\end{cases}$ 有以下偏导数公式：

$$\frac{\partial u}{\partial x}=-\frac{1}{J}\frac{\partial(F,G)}{\partial(x,v)},\frac{\partial u}{\partial y}=-\frac{1}{J}\frac{\partial(F,G)}{\partial(y,v)},$$

$$\frac{\partial v}{\partial x}=-\frac{1}{J}\frac{\partial(F,G)}{\partial(u,x)},\frac{\partial u}{\partial y}=-\frac{1}{J}\frac{\partial(F,G)}{\partial(u,y)},$$

其中雅可比行列式

$$J=\frac{\partial(F,G)}{\partial(u,v)}=\begin{vmatrix}F_u & F_v\\G_u & G_v\end{vmatrix},\quad \frac{\partial(f,g)}{\partial(x,y)}=\begin{vmatrix}f_x & f_y\\g_x & g_y\end{vmatrix}.$$

(2) 两个三元方程 $\begin{cases}F(x,y,z)=0\\G(x,y,z)=0\end{cases}$（两个曲面的交线）确定的两个一元函数

$\begin{cases} y = y(x) \\ z = z(x) \end{cases}$（两个柱面的交线）有以下导数公式：

$$\frac{\mathrm{d}y}{\mathrm{d}x} = -\frac{\begin{vmatrix} F_x & F_z \\ G_x & G_z \end{vmatrix}}{\begin{vmatrix} F_y & F_z \\ G_y & G_z \end{vmatrix}}, \frac{\mathrm{d}z}{\mathrm{d}x} = -\frac{\begin{vmatrix} F_y & F_x \\ G_y & G_x \end{vmatrix}}{\begin{vmatrix} F_y & F_z \\ G_y & G_z \end{vmatrix}}.$$

4. 求方程组所确定的隐函数的偏导数的方法

设方程组$\begin{cases} F(x,y,u,v) = 0 \\ G(x,y,u,v) = 0 \end{cases}$确定了隐函数$\begin{cases} u = u(x,y) \\ v = v(x,y), \end{cases}$则可用以下三种方法求偏导数$\frac{\partial u}{\partial x},\frac{\partial u}{\partial y},\frac{\partial v}{\partial x}$和$\frac{\partial v}{\partial y}$.

（1）公式法　由隐函数求导公式可知

$$\frac{\partial u}{\partial x} = -\frac{1}{J}\frac{\partial(F,G)}{\partial(x,v)}, \frac{\partial u}{\partial y} = -\frac{1}{J}\frac{\partial(F,G)}{\partial(y,v)},$$

$$\frac{\partial v}{\partial x} = -\frac{1}{J}\frac{\partial(F,G)}{\partial(u,v)}, \frac{\partial v}{\partial y} = -\frac{1}{J}\frac{\partial(F,G)}{\partial(u,y)},$$

（2）直接求导法　方程组$\begin{cases} F(x,y,u,v) = 0 \\ G(x,y,u,v) = 0 \end{cases}$两端对 x 求偏导数（此时应将 u,v 视为函数，y 视为常数），得

$$\begin{cases} F_x + F_u\frac{\partial u}{\partial x} + F_v\frac{\partial v}{\partial x} = 0, \\ G_x + G_u\frac{\partial u}{\partial x} + G_v\frac{\partial v}{\partial x} = 0, \end{cases} \text{即} \begin{cases} F_u\frac{\partial u}{\partial x} + F_v\frac{\partial v}{\partial x} = -F_x, \\ G_u\frac{\partial u}{\partial x} + G_v\frac{\partial v}{\partial x} = -G_x. \end{cases}$$

然后用克拉默法则解出$\frac{\partial u}{\partial x},\frac{\partial v}{\partial y}$.

同理，方程组两端又对 y 求偏导数，可解出$\frac{\partial u}{\partial x},\frac{\partial v}{\partial y}$.

（3）全微分法　方程组$\begin{cases} F(x,y,u,v) = 0 \\ G(x,y,u,v) = 0 \end{cases}$两端同时全微分（此时，所有变量 x,y,u,v 都平等地视为独立变量），得

$$\begin{cases} F_x\mathrm{d}x + F_y\mathrm{d}y + F_u\mathrm{d}u + F_v\mathrm{d}v = 0, \\ G_x\mathrm{d}x + G_y\mathrm{d}y + G_u\mathrm{d}u + G_v\mathrm{d}v = 0, \end{cases} \text{即} \begin{cases} F_u\mathrm{d}u + F_v\mathrm{d}v = -F_x\mathrm{d}x - F_y\mathrm{d}y, \\ G_u\mathrm{d}u + G_v\mathrm{d}v = -G_x\mathrm{d}x - G_y\mathrm{d}y. \end{cases}$$

然后用克拉默法则解出 $\mathrm{d}u,\mathrm{d}v$，得

$$\begin{cases} \mathrm{d}u = \varphi_1(x,y)\mathrm{d}x + \psi_1(x,y)\mathrm{d}y, \\ \mathrm{d}v = \varphi_2(x,y)\mathrm{d}x + \psi_2(x,y)\mathrm{d}y, \end{cases}$$

则 $\frac{\partial u}{\partial x}=\varphi_1(x,y),\frac{\partial u}{\partial y}=\psi_1(x,y),\frac{\partial v}{\partial x}=\varphi_2(x,y),\frac{\partial v}{\partial y}=\psi_2(x,y).$

本节考研要求

1. 了解隐函数存在定理.

2. 会求多元隐函数的偏导数.

题型、真题、方法

题型1　由方程式确定的隐函数求导法

题型分析　隐函数求导有公式法和直接法，直接法类似于一元隐函数的求导法，即方程两边对某一自变量求偏导，使用直接法首先要分析方程. 确定哪些是独立的自变量，哪些是相关的因变量，当方程两边对某个自变量求偏导时，其他自变量作为常数，而含有因变量即隐函数的项运用复合函数求导.

例1　由方程 $xyz+\sqrt{x^2+y^2+z^2}=\sqrt{2}$ 所确定的函数 $z=z(x,y)$ 在点(1，0，−1) 处的全微分 $dz=$ ______.(考研题)

思路点拨　所给问题为求隐函数的偏导数，引用公式和直接法.

解　**解法一**：公式法. 设 $F(x,y,z)=xyz+\sqrt{x^2+y^2+z^2}-\sqrt{2}$，则

$$F_x=yz+\frac{x}{\sqrt{x^2+y^2+z^2}},F_y=xz+\frac{y}{\sqrt{x^2+y^2+z^2}},$$

$$F_z=xy+\frac{z}{\sqrt{x^2+y^2+z^2}},$$

于是

$$\frac{\partial z}{\partial x}=-\frac{F_x}{F_z}=-\frac{yz\sqrt{x^2+y^2+z^2}+x}{xy\sqrt{x^2+y^2+z^2}+z},$$

$$\frac{\partial z}{\partial y}=-\frac{F_y}{F_z}=-\frac{xz\sqrt{x^2+y^2+z^2}+y}{xy\sqrt{x^2+y^2+z^2}+z}$$

故

$$dz\Big|_{(1,0,-1)}=\frac{\partial z}{\partial x}\Big|_{(1,0,-1)}dx+\frac{\partial z}{\partial y}\Big|_{(1,0,-1)}dy=dx-\sqrt{2}dy.$$

解法二：直接法. 先求出$\frac{\partial z}{\partial x},\frac{\partial z}{\partial y}$，再代入全微分表达式.

在方程 $xyz+\sqrt{x^2+y^2+z^2}=\sqrt{2}$ 两边对 x,y 求偏导得

$$yz + xy\frac{\partial z}{\partial x} + \frac{x + z\dfrac{\partial z}{\partial x}}{\sqrt{x^2+y^2+z^2}} = 0,$$

$$xz + xy\frac{\partial z}{\partial y} + \frac{y + z\dfrac{\partial z}{\partial y}}{\sqrt{x^2+y^2+z^2}} = 0.$$

令 $x=1, y=0, z=-1$，得 $\frac{\partial z}{\partial x}=1, \frac{\partial z}{\partial y}=-\sqrt{2}$，故 $\mathrm{d}z=\mathrm{d}x-\sqrt{2}\mathrm{d}y$.

例 2　设 $u+\mathrm{e}^u=xy$，求 $\frac{\partial^2 u}{\partial x\partial y}$.（考研题）

解　在方程 $u+\mathrm{e}^u=xy$ 两边分别对 x,y 求偏导，得

$$\frac{\partial u}{\partial x}+\mathrm{e}^u\frac{\partial u}{\partial x}=y, \frac{\partial u}{\partial y}+\mathrm{e}^u\frac{\partial u}{\partial y}=x.$$

从而

$$\frac{\partial u}{\partial x}=\frac{y}{1+\mathrm{e}^u}, \frac{\partial u}{\partial y}=\frac{x}{1+\mathrm{e}^u}.$$

于是

$$\frac{\partial^2 u}{\partial x\partial y}=\frac{1+\mathrm{e}^u-y\mathrm{e}^u\dfrac{\partial u}{\partial y}}{(1+\mathrm{e}^u)^2}=\frac{1+\mathrm{e}^u-y\mathrm{e}^u\dfrac{x}{1+\mathrm{e}^u}}{(1+\mathrm{e}^u)^2}$$

$$=\frac{(1+\mathrm{e}^u)^2-xy\mathrm{e}^u}{(1+\mathrm{e}^u)^3}.$$

现学现练　已知隐函数 $xy+\ln y+\ln x=0$，求 $\frac{\mathrm{d}y}{\mathrm{d}x}$.

题型 2　由方程组确定的隐函数的求导法

题型分析　对于由方程组确定的函数组，首先要分清哪几个变量是函数，哪几个变量是自变量，然后再选择适当的方法来计算. 这些方法包括公式法、直接法和全微分法.

例 3　设 $\begin{cases} u=f(x-ut, y-ut, z-ut) \\ g(x,y,z)=0 \end{cases}$，求 $\frac{\partial u}{\partial x}, \frac{\partial u}{\partial y}$.

思路点拨　将方程两边分别对 x,y 求偏导数，要先确定自变量与因变量. 这里有五个变量，两个方程，确定两个因变量，其余三个为自变量，按题意，已明确告知，u 是因变量，x,y 为自变量，另一个变量是 t 还是 z，还是两者皆可，由第二个方程知，x,y 是自变量时，z 应是因变量，因此，自变量为 x,y,t，因变量为 u 与 z.

解　**解法一**:现将方程两边对 x 求导得

$$\begin{cases}\dfrac{\partial u}{\partial x}=f'_1\left(1-t\dfrac{\partial u}{\partial x}\right)+f'_2\left(-t\dfrac{\partial u}{\partial x}\right)+f'_3\left(\dfrac{\partial z}{\partial x}-t\dfrac{\partial u}{\partial x}\right)=0,\\ g'_1+g'_3\dfrac{\partial z}{\partial x}=0.\end{cases}$$

$$\Rightarrow\begin{cases}\dfrac{\partial u}{\partial x}[1+t(f'_1+f'_2+f'_3)]=f'_1+f'_3\dfrac{\partial z}{\partial x},\\ \dfrac{\partial z}{\partial x}=-g'_1/g'_3.\end{cases}$$

$$\Rightarrow\frac{\partial u}{\partial x}=(f'_1\cdot g'_3-f'_3\cdot g'_1)/(g'_3\cdot[1+t(f'_1+f'_2+f'_3)]). \qquad ①$$

同样的计算(将方程两边对 y 求导),或由 x 与 y 的对称性得

$$\frac{\partial u}{\partial y}=(f'_2g'_3-f'_3g'_2)/(g'_3\cdot[1+t(f'_1+f'_2+f'_3)]). \qquad ②$$

解法二:将方程两边求微分得

$$\begin{cases}\mathrm{d}u=f'_1\cdot(\mathrm{d}x-t\mathrm{d}u-u\mathrm{d}t)+f'_2\cdot(\mathrm{d}y-t\mathrm{d}u-u\mathrm{d}t)+f'_3(\mathrm{d}z-t\mathrm{d}u-u\mathrm{d}t),\\ g'_1\mathrm{d}x+g'_2\mathrm{d}y+g'_3\mathrm{d}z=0,\end{cases}$$

即

$$\begin{cases}[1+t(f'_1+f'_2+f'_3)]\mathrm{d}u=f'_1\mathrm{d}x+f'_2\mathrm{d}y-u(f'_1+f'_2+f'_3)\mathrm{d}t+f'_3\mathrm{d}z,\\ \mathrm{d}z=-\dfrac{1}{g'_3}[g'_1\mathrm{d}x+g'_2\mathrm{d}y].\end{cases}$$

例 4　设 $u=f(x,y,z)$ 有连续偏导数,$y=y(x)$ 和 $z=z(x)$ 分别由方程 $\mathrm{e}^{xy}-y=0$ 和 $\mathrm{e}^z-xz=0$ 所确定,求 $\dfrac{\mathrm{d}z}{\mathrm{d}x}$.(考研题)

解　利用复合函数求偏导法则,得

$$\frac{\mathrm{d}u}{\mathrm{d}x}=\frac{\partial f}{\partial x}+\frac{\partial f}{\partial y}\frac{\mathrm{d}y}{\mathrm{d}x}+\frac{\partial f}{\partial z}\frac{\mathrm{d}z}{\mathrm{d}x}.$$

由 $\mathrm{e}^{xy}-y=0$ 得

$$\mathrm{e}^{xy}\left(y+x\frac{\mathrm{d}y}{\mathrm{d}x}\right)-\frac{\mathrm{d}y}{\mathrm{d}x}=0,$$

于是

$$\frac{\mathrm{d}y}{\mathrm{d}x}=\frac{y\mathrm{e}^{xy}}{1-x\mathrm{e}^{xy}}=\frac{y^2}{1-xy}.$$

由 $\mathrm{e}^z-xz=0$ 得

$$\mathrm{e}^z\frac{\mathrm{d}z}{\mathrm{d}x}-z-x\frac{\mathrm{d}z}{\mathrm{d}x}=0,$$

从而

$$\frac{\mathrm{d}z}{\mathrm{d}x}=\frac{z}{\mathrm{e}^z-x}=\frac{z}{xz-x}.$$

将②,③代入①式得

$$\frac{\mathrm{d}u}{\mathrm{d}x}=\frac{\partial f}{\partial x}+\frac{y^2}{1-xy}\frac{\partial f}{\partial y}+\frac{z}{xz-x}\frac{\partial f}{\partial z}.$$

现学现练　设$\begin{cases}x=-u^2+v+z,\\ y=u+vz.\end{cases}$求$\frac{\partial u}{\partial x}$、$\frac{\partial v}{\partial x}$、$\frac{\partial u}{\partial z}$.

$\left(\frac{\partial u}{\partial x}=-\frac{z}{2uz+1},\frac{\partial v}{\partial x}=\frac{1}{2uz+1},\frac{\partial u}{\partial z}=\frac{z-v}{2uz+1}\right)$

课后习题全解

习题 9－5 全解

1. 分析　已知方程 $F(x,y)=\sin y+\mathrm{e}^x-xy^2$ 满足隐函数存在定理 1 的条件，故可用求导公式$\frac{\mathrm{d}y}{\mathrm{d}x}=-\frac{F_x}{F_y}$求解.

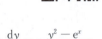

解　令 $F(x,y)=\sin y+\mathrm{e}^x-xy^2$，则

$$\frac{\mathrm{d}y}{\mathrm{d}x}=-\frac{F'_x}{F'_y}=-\frac{\mathrm{e}^x-y^2}{\cos y-2xy}=\frac{y^2-\mathrm{e}^x}{\cos y-2xy}.$$

另解方程两边对 x 求导，$\cos y\cdot\frac{\mathrm{d}y}{\mathrm{d}x}+\mathrm{e}^x-2xy\frac{\mathrm{d}y}{\mathrm{d}x}-y^2=0$，$\frac{\mathrm{d}y}{\mathrm{d}x}=\frac{y^2-\mathrm{e}^x}{\cos y-2xy}$.

2. 解　$\ln\sqrt{x^2+y^2}=\arctan\frac{y}{x}$ 确定 $y=y(x)$，两边对 x 求导，得

$$\frac{1}{2}\cdot\frac{1}{x^2+y^2}\left(2x+2y\frac{\mathrm{d}y}{\mathrm{d}x}\right)=\frac{1}{1+\left(\frac{y}{x}\right)^2}\cdot\frac{x\frac{\mathrm{d}y}{\mathrm{d}x}-y}{x^2}$$

整理得$\frac{\mathrm{d}y}{\mathrm{d}x}=\frac{x+y}{x-y}$.

3. 分析　作方程 $F(x,y,z)=x+2y+z-2\sqrt{xyz}$，易知方程 $F(x,y,z)$ 满足隐函数存在定理 2 的条件. 利用公式$\frac{\partial z}{\partial x}=-\frac{F_x}{F_z}$；$\frac{\partial z}{\partial y}=-\frac{F_y}{F_z}$求解.

解　令 $F(x,y,z)=x+2y+z-2\sqrt{xyz}$，则

$$F_x=1-2\sqrt{yz}\cdot\frac{1}{2\sqrt{x}}=1-\frac{\sqrt{yz}}{\sqrt{x}}=1-\frac{yz}{\sqrt{xyz}}$$

$$F_y=2-2\sqrt{xz}\cdot\frac{1}{2\sqrt{y}}=2-\frac{\sqrt{xz}}{\sqrt{y}}=2-\frac{xz}{\sqrt{xyz}}$$

$$F_z=1-2\sqrt{xz}\cdot\frac{1}{2\sqrt{z}}=1-\frac{\sqrt{xy}}{\sqrt{z}}=1-\frac{xy}{\sqrt{xyz}}$$

则$\frac{\partial z}{\partial x}=-\frac{F_x}{F_z}=-\frac{\sqrt{xyz}-yz}{\sqrt{xyz}-xy}$

$$\frac{\partial z}{\partial y}=-\frac{F_y}{F_z}=-\frac{2\sqrt{xyz}-xz}{\sqrt{xyz}-xy}.$$

4. 解　令 $F(x,y,z)=\frac{x}{z}-\ln\frac{z}{y}$

则$\frac{\partial z}{\partial x}=-\frac{F_x}{F_z}=\frac{z}{x+z};\frac{\partial z}{\partial y}=-\frac{F_y}{F_z}=\frac{z^2}{y(x+z)}.F_z\neq 0$

5. 证　$\frac{\partial z}{\partial x}=-\frac{F_x}{F_z}=-\frac{2\cos(x+2y-3z)-1}{-6\cos(x+2y-3z)+3}$

$$=\frac{1-2\cos(x+2y-3z)}{3-6\cos(x+2y-3)z}=\frac{1}{3}$$

$$\frac{\partial z}{\partial y}=-\frac{F_y}{F_z}=-\frac{4\cos(x+2y-3z)-2}{3-6\cos(x+2y-3z)+3}$$

$$=\frac{2-4\cos(x+2y-3z)}{3-6\cos(x+2y-3)z}=\frac{2}{3}$$

故$\frac{\partial z}{\partial x}+\frac{\partial z}{\partial y}=1.$

6. 证　$\frac{\partial x}{\partial y}\cdot\frac{\partial y}{\partial z}\cdot\frac{\partial z}{\partial x}=\left(-\frac{F_y}{F_x}\right)\cdot\left(-\frac{F_z}{F_y}\right)\cdot\left(-\frac{F_x}{F_z}\right)=-1.$

7. 分析　令 $F(x,y,z)=\varphi(cx-az,cy-bz)$ 易知其满足隐函数存在定理 2 的条件. 但原函数 $\varphi(u,v)$ 含中间变量，需作变量代换后再引用公式 $\frac{\partial z}{\partial x}=-\frac{F_x}{F_z}$ 和 $\frac{\partial z}{\partial y}=-\frac{F_y}{F_z}$.

证　令 $F(x,y,z)=\varphi(cx-az,cy-bz)$，

并记 $cx-az,cy-bz$ 分别为 1 号与 2 号变量.

则　$F_x=\varphi'_1\cdot c,F_y=\varphi'_2\cdot c,F_z=\varphi'_1(-a)+\varphi'_2(-b)$

$$\frac{\partial z}{\partial x}=-\frac{F_x}{F_z}=-\frac{c\varphi'_1}{-a\varphi'_1-b\varphi'_2}=\frac{c\varphi'_1}{a\varphi'_1+b\varphi'_2},$$

$$\frac{\partial z}{\partial y}=-\frac{F_y}{F_z}=-\frac{c\varphi'_2}{-a\varphi'_1-b\varphi'_2}=\frac{c\varphi'_2}{a\varphi'_1+b\varphi'_2},$$

故 $a\dfrac{\partial z}{\partial x}+b\dfrac{\partial z}{\partial y}=\dfrac{ac\varphi'_1+bc\varphi'_2}{a\varphi'_1+b\varphi'_2}=c$.

8. 分析　$F(x,y,z)=e^z-xyz$ 对 x 的二阶偏导可看作对 x 的复合函数再一次求导.

解　令 $F(x,y,z)=e^z-xyz$

$$\frac{\partial z}{\partial x}=-\frac{F_x}{F_z}=-\frac{(-yz)}{e^z-xy}=\frac{yz}{e^z-xy}$$

$$\frac{\partial^2 z}{\partial x^2}=\frac{\partial}{\partial x}\left(\frac{\partial z}{\partial x}\right)=\frac{y\dfrac{\partial z}{\partial x}(e^z-xy)-yz\left(e^z\dfrac{\partial z}{\partial x}-y\right)}{(e^z-xy)^2}$$

$$=\frac{y^2z-yz\left(e^z\cdot\dfrac{yz}{e^z-xy}-y\right)}{(e^z-xy)}=\frac{2y^2ze^z-2xy^3z-y^2z^2e^z}{(e^z-xy)^3}.$$

9. 解　令 $F(x,y,z)=z^3-3xyz-a^3$，则 $F_z\neq 0$ 时

$$\frac{\partial z}{\partial x}=-\frac{F_x}{F_z}=-\frac{-3yz}{3z^2-3xy}=\frac{yz}{z^2-xy}$$

$$\frac{\partial^2 z}{\partial x\partial y}=\frac{\partial}{\partial y}\left(\frac{\partial z}{\partial x}\right)=\frac{\partial}{\partial y}\left(\frac{yz}{z^2-xy}\right)$$

$$=\frac{\left(z+y\dfrac{\partial z}{\partial y}\right)(z^2-xy)-yz\left(2z\dfrac{\partial z}{\partial y}-x\right)}{(z^2-xy)^2}$$

$$=\frac{z^5-2xyz^3-x^2y^2z}{(z^2-xy)^3}.$$

10. 分析　对于求方程组中隐函数的情形，可根据隐函数存在定理3的计算公式求解.

解　(1) 方程组确定 $y=y(x)$，$z=z(x)$，对等式组两边关于 x 求导，得

$$\begin{cases}\dfrac{dz}{dx}=2x+2y\dfrac{dy}{dx}\\ 2x+4y\dfrac{dy}{dx}+6z\dfrac{dz}{dx}=0\end{cases}\quad 即\begin{cases}2y\dfrac{dy}{dx}-\dfrac{dz}{dx}=-2x\\ 2y\dfrac{dy}{dx}+3z\dfrac{dz}{dx}=-x\end{cases}$$

则 $\dfrac{dy}{dx}=\dfrac{-x(6z+1)}{2y(3z+1)}$，$\dfrac{dz}{dx}=\dfrac{2xy}{6yz+2y}=\dfrac{x}{3z+1}$.

(2) 方程组确定 $x=x(z)$，$y=y(z)$，对等式组两边关于 z 求导，得

$$\begin{cases}\dfrac{dx}{dz}+\dfrac{dy}{dz}+1=0\\ 2x\dfrac{dx}{dz}+2y\dfrac{dy}{dz}+2z=0\end{cases}\quad 即\begin{cases}\dfrac{dx}{dz}+\dfrac{dy}{dz}=-1\\ x\dfrac{dx}{dz}+y\dfrac{dy}{dz}=-z\end{cases}$$

即$\dfrac{dx}{dz}=\dfrac{-y+z}{y-x}=\dfrac{y-z}{x-y},\dfrac{dy}{dz}=\dfrac{-z+x}{y-x}=\dfrac{z-x}{x-y}$

(3) 方程组确定 $u=u(x,y),v=v(x,y)$,对等式组两边关于 x 求导,得

$$\begin{cases}\dfrac{\partial u}{\partial x}=f'_1\left(\dfrac{\partial u}{\partial x}\cdot x+u\right)+f'_2\cdot\dfrac{\partial v}{\partial x}\\ \dfrac{\partial v}{\partial x}=g'_1\left(\dfrac{\partial u}{\partial x}-1\right)+g'_2\cdot 2v\cdot\dfrac{\partial v}{\partial x}\cdot y\end{cases}$$

即
$$\begin{cases}(1-xf'_1)\cdot\dfrac{\partial u}{\partial x}-f'_2\cdot\dfrac{\partial v}{\partial x}=uf'_1\\ g'_1\dfrac{\partial u}{\partial x}+(2yvg'_2-1)\dfrac{\partial v}{\partial x}=g'_1\end{cases}$$

则
$$\frac{\partial u}{\partial x}=\frac{-uf'_1(2yvg'_2-1)-g'_1f'_2}{(1-xf'_1)(2yvg'_2-1)+g'_1f'_2}$$

$$\frac{\partial v}{\partial x}=\frac{(1-xf'_1)g'_1-uf'_1g'_1}{(1-xf'_1)(2yvg'_2-1)+g'_1f'_2};$$

(4) 方程组确定 $u=u(x,y),v=v(x,y)$,等式组两边分别为 x,y 求偏导,得

$$\begin{cases}1=e^u\cdot\dfrac{\partial u}{\partial x}+\dfrac{\partial u}{\partial x}\cdot\sin v+u\cos v\cdot\dfrac{\partial v}{\partial x}\\ 0=e^u\cdot\dfrac{\partial u}{\partial x}-\dfrac{\partial u}{\partial x}\cdot\cos v+u\sin v\cdot\dfrac{\partial v}{\partial x}\end{cases}$$

$$\begin{cases}0=e^u\cdot\dfrac{\partial u}{\partial y}+\dfrac{\partial u}{\partial y}\sin v+u\cos v\cdot\dfrac{\partial v}{\partial y}\\ 1=e^u\cdot\dfrac{\partial u}{\partial y}-\dfrac{\partial u}{\partial y}\cos v+u\sin v\cdot\dfrac{\partial v}{\partial y}\end{cases}$$

解得

$$\frac{\partial u}{\partial x}=\frac{u\sin v}{u\sin v(e^u+\sin v)-u\cos v(e^u-\cos v)}=\frac{\sin v}{(\sin v-\cos v)e^u+1}$$

$$\frac{\partial v}{\partial x}=\frac{-(e^u-\cos v)}{u\sin v(e^u+\sin v)-u\text{csov}(e^u-\cos v)}=\frac{\cos v-e^u}{ue^u(\sin v-\cos v)+u}$$

$$\frac{\partial u}{\partial y}=\frac{-u\cos v}{u\sin v(e^u+\sin v)-u\cos v(e^u-\cos v)}=\frac{-\cos v}{e^u(\sin v-\cos v)+1}$$

$$\frac{\partial v}{\partial y}=\frac{e^u+\sin v}{ue^u(\sin v-\cos v)+u}.$$

11. 证　方程组确定 $y=f(x),t=t(x)$.

对$\begin{cases}y=f(x,t)\\F(x,y,t)=0\end{cases}$两边关于 x 求导,得

$$\begin{cases}\dfrac{\mathrm{d}y}{\mathrm{d}x}=\dfrac{\partial f}{\partial x}+\dfrac{\partial f}{\partial t}\dfrac{\mathrm{d}t}{\mathrm{d}x}\\ \dfrac{\partial F}{\partial x}+\dfrac{\partial F}{\partial y}\dfrac{\mathrm{d}y}{\mathrm{d}x}+\dfrac{\partial F}{\partial t}\dfrac{\mathrm{d}t}{\mathrm{d}x}=0\end{cases}\quad 即\begin{cases}\dfrac{\mathrm{d}y}{\mathrm{d}x}-\dfrac{\partial f}{\partial t}\dfrac{\mathrm{d}t}{\mathrm{d}x}=\dfrac{\partial f}{\partial x}\\ \dfrac{\partial F}{\partial y}\dfrac{\mathrm{d}y}{\mathrm{d}x}+\dfrac{\partial F}{\partial t}\dfrac{\mathrm{d}t}{\mathrm{d}x}=-\dfrac{\partial F}{\partial x}\end{cases}$$

当 $D=\dfrac{\partial F}{\partial t}+\dfrac{\partial f}{\partial t}\cdot\dfrac{\partial F}{\partial y}\neq 0$ 时，

$$\frac{\mathrm{d}y}{\mathrm{d}x}=\frac{\dfrac{\partial f}{\partial x}\dfrac{\partial F}{\partial t}-\dfrac{\partial f}{\partial t}\dfrac{\partial F}{\partial x}}{\dfrac{\partial F}{\partial t}+\dfrac{\partial f}{\partial t}\dfrac{\partial F}{\partial y}}.$$

第六节 多元函数微分学的几何应用

知识要点及常考点

1. 空间曲线的切线与法平面

(1) 参数方程

设空间曲线的参数方程为 $l_1\begin{cases}x=x(t)\\ y=y(t),t\in T,\\ z=z(t)\end{cases}$

$x(t),y(t),z(t)$ 都是 t 的可微函数，设 $M_0(x_0,y_0,z_0)$ 为曲线上一点，且 $x'^2(t_0)+y'^2(t_0)+z'^2(t_0)\neq 0,x_0=x(t_0),y_0=y(t_0),z_0=z(t_0)$，则 l 在 $M_0(x_0,y_0,z_0)$ 点的切线方程为：$\dfrac{x-x_0}{x'(t_0)}=\dfrac{y-y_0}{y'(t_0)}=\dfrac{z-z_0}{z'(t_0)}$，

法平面的方程为：$x'(t_0)(x-x_0)+y'(t_0)(y-y_0)+z'(t_0)(z-z_0)=0$.

(2) 一般式方程

设空间曲线方程为 l：$\begin{cases}F(x,y,z)=0,\\ G(x,y,z)=0.\end{cases}$

其中 F,G，在 $M_0(x_0,y_0,z_0)$ 是某邻域内有连续偏导，$F(x_0,y_0,z_0)=0,G(x_0,y_0,z_0)=0$，$\begin{vmatrix}F'_y & F'_z\\ G'_y & G'_z\end{vmatrix}_{M_0}$，$\begin{vmatrix}F'_z & F'_x\\ G'_z & G'_x\end{vmatrix}_{M_0}$，$\begin{vmatrix}F'_x & F'_y\\ G'_x & G'_y\end{vmatrix}_{M_0}$ 不全为零，那么曲线 l 在 M_0 的切线方程为：

$$\frac{x-x_0}{\begin{vmatrix}F'_y & F'_z\\ G'_y & G'_z\end{vmatrix}_{M_0}}=\frac{y-y_0}{\begin{vmatrix}F'_z & F'_x\\ G'_z & G'_x\end{vmatrix}_{M_0}}=\frac{z-z_0}{\begin{vmatrix}F'_x & F'_y\\ G'_x & G'_y\end{vmatrix}_{M_0}},$$

法平面的方程为：

$$\begin{vmatrix} F'_y & F'_z \\ G'_y & G'_z \end{vmatrix}_{M_0}(x-x_0)+\begin{vmatrix} F'_z & F'_x \\ G'_z & G'_x \end{vmatrix}_{M_0}(y-y_0)+\begin{vmatrix} F'_x & F'_y \\ G'_x & G'_y \end{vmatrix}_{M_0}(z-z_0)=0.$$

注　将两个曲面在点 M 处的法向量作叉积就得到交线的切向量.

2. 曲面的切平面与法线

设曲面：$F(x,y,z)=0$，且 $F(x_0,y_0,z_0)=0$，$F(x,y,z)$ 在 $M_0(x_0,y_0,z_0)$ 的某邻域内有连续偏导数，且 F'_x,F'_y,F'_z 在 M_0 点不全为零，则曲面在 M_0 的切面方程为：$F'_x|_{M_0}(x-x_0)+F'_y|_{M_0}(y-y_0)+F'_z|_{M_0}(z-z_0)=0$，曲面在 M_0 的法线方程为：$\dfrac{x-x_0}{F'_x|_{M_0}}=\dfrac{y-t_0}{F'_y|_{M_0}}=\dfrac{z-z_0}{F'_z|_{M_0}}$.

注　当 $z=f(x,y)$ 在点 (x_0,y_0) 处仅存在偏导数 $f'_x(x_0,y_0)$ 和 $f'_y(x_0,y_0)$，而偏导数不一定连续时，由于不一定能保证 $z=f(x,y)$ 在点 (x_0,y_0) 可微分，因此，此时曲面 $z=f(x,y)$ 在点 $(x_0,y_0,f(x_0,y_0))$ 不一定存在切平面.

3. 二次曲面的切平面的简便求法

设二次曲面的切点为 $M(x_0,y_0,z_0)$，将方程中的平方项 x^2,y^2,z^2 分别换成 x_0x，y_0y，z_0z，将交叉项 xy,yz,zx 分别换成 $\frac{1}{2}(x_0y+xy_0)$，$\frac{1}{2}(y_0z+yz_0)$，$\frac{1}{2}(z_0x+zx_0)$，再将一次项 x,y,z 分别换成 $\frac{1}{2}(x_0+x)$，$\frac{1}{2}(y_0+y)$，$\frac{1}{2}(z_0+z)$，就得到二次曲面在点 $M(x_0,y_0,z_0)$ 处的切平面方程.

二次曲面 $a_{11}x^2+a_{22}y^2+a_{33}z^2+2a_{12}xy+2a_{13}xz+2a_{23}yz+2a_{14}x+2a_{24}y+2a_{34}z+a_{44}=0$ 在点 $M(x_0,y_0,z_0)$ 处的切平面为

$a_{11}x_0x+a_{22}y_0y+a_{33}z_0z+a_{12}(x_0y+xy_0)+a_{13}(x_0z+xz_0)+a_{23}(y_0z+yz_0)+a_{14}(x+x_0)+a_{24}(y+y_0)+a_{34}(z-z_0)=a_{44}=0$.

下表中为一些二次曲面的切平面方程（切点：$M(x_0,y_0,z_0)$）.

二次平面	切平面
椭球面 $\frac{x^2}{a^2}+\frac{y^2}{b^2}+\frac{z^2}{c^2}=1$	$\frac{x_0x}{a^2}+\frac{y_0y}{b^2}+\frac{z_0z}{c^2}=1$
球面 $x^2+y^2+z^2=a^2$	$x_0x+y_0y+z_0z=a^2$
旋转抛物面 $z=x^2+y^2$	$\frac{z+z_0}{2}=x_0x+x_0y$
双曲抛物面 $z=xy$	$z+z_0=y_0x+x_0y$
圆锥面 $z^2=x^2+y^2$	$z_0z=x_0x+y_0y$

本节考研要求

了解空间曲线的切线和法平面及曲面的切平面和法线的概念，会求它们的方程.

题型、真题、方法

题型 1　求曲线的切线方程与法平面方程

题型分析　空间曲线在其上某点处的切线和法平面方程.

(1) 如果空间的曲线是两个柱面的交线形式，如$\begin{cases} y=y(x) \\ z=z(x) \end{cases}$，则视 x 为参数，即交线为$\begin{cases} x=x, \\ y=y(x); \\ z=z(x) \end{cases}$故 $M_0(x_0,y_0,z_0)$ 处的切线的方向向量 $\boldsymbol{s}=(1,y'(x_0),z'(x_0))$.

切线方程
$$\frac{x-x_0}{1}=\frac{y-y_0}{y'(x_0)}=\frac{z-z_0}{z'(x_0)},$$

法平面方程$(x-x_0)+y'(x_0)(y-y_0)+z'(x_0)(z-z_0)=0$.

(2) 设空间曲线 Γ 的一般式方程为$\begin{cases} F(x,y,z)=0, \\ G(x,y,z)=0, \end{cases}$则曲线在 $P(x_0,y_0,z_0)$ 处切线和法平面的方程分别为

$$\frac{x-x_0}{\frac{\partial(F,G)}{\partial(y,z)}\Big|_P}=\frac{y-y_0}{\frac{\partial(F,G)}{\partial(z,x)}\Big|_P}=\frac{z-z_0}{\frac{\partial(F,G)}{\partial(x,y)}\Big|_P},$$

$$\frac{\partial(F,G)}{\partial(y,z)}\Big|_P(x-x_0)+\frac{\partial(F,G)}{\partial(z,x)}\Big|_P(y-y_0)+\frac{\partial(F,G)}{\partial(x,y)}\Big|_P(z-z_0)=0,$$

其中$\frac{\partial(F,G)}{\partial(y,z)},\frac{\partial(F,G)}{\partial(z,x)},\frac{\partial(F,G)}{\partial(x,y)}$为雅可比行列式.

例 1　在曲线$\begin{cases} x=t \\ y=-t^2 \\ z=t^3 \end{cases}$的所有切线中，与平面 $x+2y+z=4$ 平行的切线(　　). (考研题)

(A) 只有 1 条.　　　　(B) 只有两条.

(C) 至少有三条.　　　　(D) 不存在.

解　求曲线上的点，使该点处的切向量 $\boldsymbol{\tau}$ 与平面 $x+2y+z=4$ 的法向量 $\boldsymbol{n}=(1,2,1)$ 垂直.

曲线在 $\forall$ 点处的切向量 $\boldsymbol{\tau}=(x'(t),y'(t),z'(t))=(1,-2t,3t^2)$. $\boldsymbol{n}\perp\boldsymbol{\tau}\Leftrightarrow \boldsymbol{n}\cdot\boldsymbol{\tau}$

$=0$，即 $1-4t+3t^2=0$.

解得 $t=1, t=\frac{1}{3}$（对应于曲线上的点均不在给定的平面上）. 因此，只有两条这种切线，应选(B).

例 2　求曲线 $\begin{cases} x^2+y^2+z^2=a^2 \\ x^2+y^2=ax \end{cases}$ 在点 $M_0(0,0,a)$ 处的切线及法平面方程.

思路点拨　转化为一般曲线方程 $L: \begin{cases} F(x,y,z)=0 \\ G(x,y,z)=0 \end{cases}$，则在 (x_0,y_0,z_0) 点的切线的方向向量与 $(F'_x,F'_y,F'_z)\times(G'_x,G'_y,G'_z)$ 平行.

解　记 $F(x,y,z)=x^2+y^2+z^2-a^2, g(x,y,z)=x^2+y^2-ax$，

$$\boldsymbol{n}_1=(F'_x,F'_y,F'_z)=2(x,y,z), \boldsymbol{n}_2=(2x-a,2y,0).$$

所以 $\boldsymbol{n}_1|_{M_0}=2(0,0,a), \boldsymbol{n}_2|_{M_0}=(-a,0,0,)$.

由曲线的切线方向为

$$(0,0,a)\times(-a,0,0)=(0,-a^2,0)=-a^2(0,1,0).$$

切线方程为 $\frac{x-0}{0}=\frac{y-0}{1}=\frac{z-a}{0}$ 或者 $\begin{cases} x=0, \\ z=a. \end{cases}$

法平面方程为 $0\cdot(x-0)+1\cdot(y-0)+0\cdot(z-a)=0$ 或 $y=0$.

现学现练　求曲线 $x=\frac{t}{1+t}, y=\frac{1+t}{t}, z=t^2$ 在 $t=2$ 处的切线与法平面方程.

$$\left(\begin{array}{l} \text{切线方程为} \dfrac{x-\frac{2}{3}}{\frac{1}{9}}=\dfrac{y-\frac{3}{2}}{-\frac{1}{4}}=\dfrac{z-4}{4}, \\ \text{法平面方程为} \frac{1}{9}\left(x-\frac{2}{3}\right)-\frac{1}{4}\left(y-\frac{3}{2}\right)+4(z-4)=0 \end{array}\right)$$

题型 2　曲面的法向量与切平面

题型分析　空间曲面在其上某点处的切平面和法线方程：

(1) 设曲面 S 为显式方程 $z=f(x,y)$，则过 S 上一点 $M(x_0,y_0,z_0)$ 的切平面的法向量为 $\boldsymbol{n}=\left(\frac{\partial z}{\partial x}|_P, \frac{\partial z}{\partial y}|_P, -1\right)$，故该点处切平面与法线方程分别为 $\left.\frac{\partial z}{\partial x}\right|_P(x-x_0)+\left.\frac{\partial z}{\partial y}\right|_P(y-y_0)-(z-z_0)=0$，$\dfrac{x-x_0}{\left.\frac{\partial z}{\partial x}\right|_P}=\dfrac{y-y_0}{\left.\frac{\partial z}{\partial y}\right|_P}=\dfrac{z-z_0}{-1}$，其中 $P(x_0,y_0)$ 为与

$M(x_0,y_0,z_0)$ 对应的 xOy 平面上的一点.

(2) 设曲面 S 为隐式方程 $F(x,y,z)=0$，则过 S 上一点 $M(x_0,y_0,z_0)$ 的切平面的法向量为 $\boldsymbol{n}=\left(\left.\frac{\partial F}{\partial x}\right|_M,\left.\frac{\partial F}{\partial y}\right|_M,\left.\frac{\partial F}{\partial z}\right|_M\right)$，故该点处切平面和法线方程分别为

$$F'_x|_M(x-x_0)+F'_y|_M(y-y_0)+F'_z|_M(z-z_0)=0,$$

$$\frac{x-x_0}{F'_x|_M}=\frac{y-y_0}{F'_y|_M}=\frac{z-z_0}{F'_z|_M}.$$

例 3 求曲面 $S:z=\arctan\frac{x}{y}$ 在点 $M(1,1,\frac{\pi}{4})$ 处的切平面和法线方程.

思路点拨 曲面 S 过 M_0 的切平面方程为

$$F_x(M_0)(x-x_0)+F_y(M_0)(y-y_0)+F_z(M_0)(z-z_0)=0.$$

法线(即过 M_0 与切平面垂直的直线) 方程为

$$\frac{x-x_0}{F_x(M_0)}=\frac{y-y_0}{F_y(M_0)}=\frac{z-z_0}{F_z(M_0)}.$$

当曲面 S 由显示方程 $z=f(x,y)$ 确定时，它可以看作是曲面隐式方程的特例，即 $f(x,y)-z=0$，这时曲面上过点 $(x_0,y_0,f(x_0,y_0))$ 的切平面方程为

$$z=z_0+f_x(x_0,y_0)(x-x_0)+f_y(x_0,y_0)(y-y_0).$$

曲面 S 在点 $(x_0,y_0,f(x_0,y_0))$ 处的法向量(即切平面的法向量)

$$\boldsymbol{n}=\pm(-f(x_0,y_0),-f(x_0,y_0),1).$$

法线方程为

$$\frac{x-x_0}{-f_x(x_0,y_0)}=\frac{y-y_0}{-f_y(x_0,y_0)}=\frac{z-z_0}{1}$$

这里 $z=f(x,y)$ 在点 (x_0,y_0) 有连续的偏导数.

解 记 $F(x,y,z)=\arctan\frac{x}{y}-z$，则 $S:F(x,y,z)=0$，$M_0\in S$，S 在 M_0 点存在一个法向量

$$\boldsymbol{n}=\left.\left(\frac{\partial F}{\partial x},\frac{\partial F}{\partial y},\frac{\partial F}{\partial z}\right)\right|_{M_0}=\left.\left(\frac{y}{x^2+y^2},\frac{-x}{x^2+y^2},-1\right)\right|_{M_0}$$

$$=\left(\frac{1}{2},-\frac{1}{2},-1\right)=\frac{1}{2}(1,-1,-2).$$

于是 S 在点 M_0 的切平面方程是 $(x-1)-(y-1)-2(z-\frac{\pi}{4})=0$，即 $x-y-2z+\frac{\pi}{2}=0$. 法线方程为 $\frac{x-1}{1}=\frac{y-1}{-1}=\frac{z-\frac{\pi}{4}}{-2}$.

例 4　曲面 $x^2+\cos(xy)+yz+x=0$ 在点 $(0,1,-1)$ 处的切平面方程为(　　)(考研题)

(A) $x-y+z=-2$　　(B) $x+y+z=2$

(C) $x-2y+z=-3$　　(D) $x-y-z=0$

解　设 $F(x,y,z)=x^2+\cos(xy)+yz+x$，

则 $F_x(x,y,z)=2x-y\sin(xy)+1\Rightarrow F_x(0,1,-1)=1$；

$F_y(x,y,z)=-x\sin(xy)+z\Rightarrow F_y(0,1,-1)=-1$；

$F_z(x,y,z)=y\Rightarrow F_z(0,1,-1)=1$，

所以该曲面在点 $(0,1-1)$ 处的切平面方程为 $x-(y-1)+(z+1)=0$，化简得 $x-y+z=-2$，选 A.

现学现练　求曲面 $ax^2+by^2+cz^2=1$ 在点 (x_0,y_0,z_0) 处的切平面及其法线方程. $\left(\begin{array}{l}\text{切平面方程为 } ax_0x+by_0y+cz_0z=1\\ \text{法线方程为 } \dfrac{x-x_0}{ax_0}=\dfrac{y-y_0}{by_0}=\dfrac{z-z_0}{cz_0}\end{array}\right)$

课后习题全解

习题 9－6 全解

1. 证

$$\lim_{t\to t_0}[f(t)\times g(t)]=\lim_{t\to t_0}\begin{vmatrix} i & j & k\\ f_1(t) & f_2(t) & f_3(t)\\ g_1(t) & g_2(t) & g_3(t)\end{vmatrix}$$

$$=\lim_{t\to t_0}[(f_2(t)g_3(t)-f_3(t)g_2(t)],\lim_{t\to t_0}[f_3(t)g_1(t)-f_1(t)g_3(t)],\lim_{t\to t_0}[f_1(t)g_2(t)-f_2(t)g_1(t)],$$

$$=\begin{vmatrix} i & j & k\\ \lim\limits_{t\to t_0}f_1(t) & \lim\limits_{t\to t_0}f_2(t) & \lim\limits_{t\to t_0}f_3(t)\\ \lim\limits_{t\to t_0}g_1(t) & \lim\limits_{t\to t_0}g_2(t) & \lim\limits_{t\to t_0}g_3(t)\end{vmatrix}=\boldsymbol{u}\times\boldsymbol{v}.$$

2. 解　设速度向量为 V_0，加速度向量为 $\boldsymbol{a}_0$，任意时刻 t 的速率为 $|V(t)|$.

(1) $V_0=\left.\dfrac{\mathrm{d}\boldsymbol{r}}{\mathrm{d}t}\right|_{t=1}=\left.(\boldsymbol{i}+2t\boldsymbol{j}+2\boldsymbol{k})\right|_{t=1}=\boldsymbol{i}+2\boldsymbol{j}+2\boldsymbol{k}$，

$\boldsymbol{a}_0=\left.\dfrac{\mathrm{d}^2\boldsymbol{r}}{\mathrm{d}t^2}\right|_{t=1}=2\boldsymbol{j}$，$|V(t)|=|\boldsymbol{i}+2t\boldsymbol{j}+2\boldsymbol{k}|=\sqrt{5+4t^2}$；

(2)$V_0=\left.\frac{\mathrm{d}\boldsymbol{r}}{\mathrm{d}t}\right|_{t=\frac{\pi}{2}}=[(-2\sin t)\boldsymbol{i}+(3\cos t)\boldsymbol{j}+4\boldsymbol{k}]_{t=\frac{\pi}{2}}=-2\boldsymbol{i}+4\boldsymbol{k}$

$\boldsymbol{a}_0=\left.\frac{\mathrm{d}^2\boldsymbol{r}}{\mathrm{d}t^2}\right|_{t=\frac{\pi}{2}}=[(-2\cos t)\boldsymbol{i}-(3\sin t)\boldsymbol{j}]_{t=\frac{\pi}{2}}=-3\boldsymbol{j}$

$$|V(t)|=|(-2\sin t)\boldsymbol{i}+(3\cos t)\boldsymbol{j}+4\boldsymbol{k}|=\sqrt{9\cos^2t+4\sin^2t+16}$$
$$=\sqrt{20+5\cos^2t}.$$

(3) $V_0=\left.\frac{\mathrm{d}\boldsymbol{r}}{\mathrm{d}t}\right|_{t=1}=\left.\left(\frac{2}{t+1}\boldsymbol{i}+2t\boldsymbol{j}+t\boldsymbol{k}\right)\right|_{t=1}=\boldsymbol{i}+2\boldsymbol{j}+\boldsymbol{k}$

$\boldsymbol{a}_0=\left.\frac{\mathrm{d}^2\boldsymbol{r}}{\mathrm{d}t^2}\right|_{t=1}=\left.\left[-\frac{2}{(t^2+1)^2}\boldsymbol{i}+2\boldsymbol{j}+\boldsymbol{k}\right]\right|_{t=1}=-\frac{1}{2}\boldsymbol{i}+2\boldsymbol{j}+\boldsymbol{k}$

$$|V(t)|=\left|\frac{2}{t+1}\boldsymbol{i}+2t\boldsymbol{j}+t\boldsymbol{k}\right|=\sqrt{5t^2+\frac{4}{(t+1)^2}}.$$

3. 分析　曲线的参数方程$x=\varphi(t),y=\psi(t),z=\omega(t)$代入曲线在点$M(x_0,y_0,z_0)$的切线方程$\frac{x-x_0}{\varphi'(t_0)}=\frac{y-y_0}{\psi'_0(t_0)}=\frac{z-z_0}{\omega'(t_0)}$，法平面的方程为$\varphi'(t_0)(x-x_0)+\psi'(t_0)(y-y_0)+\omega'(t_0)(z-z_0)=0$.

解　$x'_t=1-\cos t,y'_t=\sin t,z'_t=2\cos\frac{t}{2}$

而点$\left(\frac{\pi}{2}-1,1,2\sqrt{2}\right)$对应参数$t=\frac{\pi}{2}$

所以切向量$\boldsymbol{T}=(1,1,\sqrt{2})$

切线方程为$\frac{x-\frac{\pi}{2}+1}{1}=\frac{y-1}{1}=\frac{z-2\sqrt{2}}{\sqrt{2}}$

法平面方程:$1\cdot\left(x-\frac{\pi}{2}+1\right)+1\cdot(y-1)+\sqrt{2}\cdot(z-2\sqrt{2})=0$

即
$$x+y+\sqrt{2}z=4+\frac{\pi}{2}.$$

4. 解　由$x'_t=\frac{1+t-1}{(1+t)^2}=\frac{1}{(1+t)^2},y'_t=-\frac{1}{t^2},z'_t=2t$

得$\boldsymbol{T}=\left.(x'_t,y'_t,z'_t)\right|_{t=1}=\left(\frac{1}{4},-1,2\right)$.

对应$t=1$的点为$\left(\frac{1}{2},2,1\right)$,

因而切线方程为$\frac{x-\frac{1}{2}}{\frac{1}{4}}=\frac{y-2}{-1}=\frac{z-1}{2}$,

法平面方程为$\frac{1}{4}\cdot\left(x-\frac{1}{2}\right)-(y-2)+2(z-1)=0$，

即　$2x-8y+16z-1=0$.

5. 分析　这里可直接用公式(8),(9)求解,也可以将所给方程两边对 x 求导并移项.

解　将 x 作为参数,对 $y^2=2mx$ 和 $z^2=m-x$ 两边分别关于 x 求导,得

$2yy'=2m, 2zz'=-1$,于是 $y'=\frac{m}{y}, z'=-\frac{1}{2z}$.

从而 $\boldsymbol{T}=(1,y',z')\Big|_{x=x_0}=\left(1,\frac{m}{y_0},-\frac{1}{2z_0}\right)$,

故切线方程为$\frac{x-x_0}{1}=\frac{y-y_0}{\frac{m}{y_0}}=\frac{z-z_0}{-\frac{1}{2z_0}}$.

法平面方程:$(x-x_0)+\frac{m}{y_0}(y-y_0)-\frac{1}{2z_0}(z-z_0)=0$.

6. 解　方程组确定 $y=y(x), z=z(x)$,等式组两边关于 x 求导,

得
$$\begin{cases}2x+2y\frac{\mathrm{d}y}{\mathrm{d}x}+2z\frac{\mathrm{d}z}{\mathrm{d}x}-3=0,\\ 2-3\frac{\mathrm{d}y}{\mathrm{d}x}+5\frac{\mathrm{d}z}{\mathrm{d}x}=0,\end{cases}$$

即
$$\begin{cases}2y\frac{\mathrm{d}y}{\mathrm{d}x}+2z\frac{\mathrm{d}z}{\mathrm{d}x}=-2x+3,\\ 3\frac{\mathrm{d}y}{\mathrm{d}x}-5\frac{\mathrm{d}z}{\mathrm{d}x}=2.\end{cases}$$

$$D=\begin{vmatrix}2y & 2z\\ 3 & -5\end{vmatrix}=-10y-6z$$

$$\frac{\mathrm{d}y}{\mathrm{d}x}=\frac{1}{D}\begin{vmatrix}-2x+3 & 2z\\ 2 & -5\end{vmatrix}=\frac{10x-15-4z}{-10y-6z}$$

$$\frac{\mathrm{d}y}{\mathrm{d}x}\Big|_{(1,1,1)}=\frac{9}{16}$$

$$\frac{\mathrm{d}z}{\mathrm{d}x}=\frac{1}{D}\begin{vmatrix}2y & -2x+3\\ 3 & 2\end{vmatrix}=\frac{4y+6x-9}{-10y-6z}$$

$$\frac{\mathrm{d}z}{\mathrm{d}x}\Big|_{(1,1,1)}=-\frac{1}{16}.$$

于是,切线方程为

$$\frac{x-1}{1}=\frac{y-1}{\frac{9}{16}}=\frac{z-1}{-\frac{1}{16}},\text{即}\frac{x-1}{16}=\frac{y-1}{9}=\frac{z-1}{-1}.$$

法平面方程为：$16(x-1)+9(y-1)-(z-1)=0$

即 $$16x+9y-z-24=0.$$

7. 解　由 $x'_t=1,y'_t=2t,z'_t=3t^2$；得切线的切向量为 $(1,2t,3t^2)$；

又已知平面的法向量为 $(1,2,1)$，切线与平面平行，则有

$1\cdot 1+2t\cdot 2+3t^2\cdot 1=0$，即 $3t^2+4t+1=0$，

解得 $t_1=-1,t_2=-\frac{1}{3}$.

因而所求点的坐标为 $(-1,1,-1)$ 和 $\left(-\frac{1}{3},\frac{1}{9},-\frac{1}{27}\right)$.

8. 分析　设球面曲线方程为 $F(x,y,z)$，则在点 (x_0,y_0,z_0) 处的切平面方程是 $F_x(x_0,y_0,z_0)(x-x_0)+F_y(x_0,y_0,z_0)(y-y_0)+F_z(x_0,y_0,z_0)(z-z_0)=0$.

法线方程是 $\frac{x-x_0}{F_x(x_0,y_0,z_0)}=\frac{y-y_0}{F_y(x_0,y_0,z_0)}=\frac{z-z_0}{F_z(x_0,y_0,z_0)}$.

解　令 $F(x,y,z)=e^z-z+xy-3$

$\boldsymbol{n}=(F_x,F_y,F_z)=(y,x,e^z-1)$；$\boldsymbol{n}\Big|_{(2,1,0)}=(1,2,0)$

点 $(2,1,0)$ 处的切平面方程为

$$1\cdot(x-2)+2\cdot(y-1)+0(z-0)=0$$

即 $x+2y-4=0$

点 $(2,1,0)$ 处的法线方程为

$$\frac{x-2}{1}=\frac{y-1}{2}=\frac{z-0}{0}\text{或}\begin{cases}\frac{x-2}{1}=\frac{y-1}{2},\\ z=0.\end{cases}$$

9. 解　令 $F(x,y,z)=ax^2+by^2+cz^2-1$

则 $\boldsymbol{n}=(F_x,F_y,F_z)=(2ax,2by,2cz)$；$\boldsymbol{n}\Big|_{(x_0,y_0,z_0)}=(2ax_0,2by_0,2cz_0)$

故在点 (x_0,y_0,z_0) 处的切平面方程为

$$2ax_0(x-x_0)+2by_0(y-y_0)+2cz_0(z-z_0)=0$$

即 $ax_0x+by_0y+cz_0z=1$

法线方程为 $\frac{x-x_0}{2ax_0}=\frac{y-y_0}{2by_0}=\frac{z-z_0}{2cz_0}$，即 $\frac{x-x_0}{ax_0}=\frac{y-y_0}{by_0}=\frac{z-z_0}{cz_0}$.

10. 分析　两个互相平行的平面其法向量相同.

解　设 $F(x,y,z)=x^2+2y^2+z^2-1, \boldsymbol{n}=(F_x,F_y,F_z)=(2x,4y,2z)$

已知平面的法向量为(1,−1,2);由已知平面与所求切平面平行,得

$$\frac{2x}{1}=\frac{4y}{-1}=\frac{2z}{2},\text{即 } x=\frac{1}{2}z, y=-\frac{1}{4}z.$$

代入椭球面方程,得

$$\left(\frac{1}{2}z\right)^2+2\left(-\frac{1}{4}z\right)^2+z^2=1,$$

解得 $z=\pm 2\sqrt{\frac{2}{11}}$,则 $x=\pm\sqrt{\frac{2}{11}}, y=\mp\frac{1}{2}\sqrt{\frac{2}{11}}$.

故切点坐标为 $\left(\pm\sqrt{\frac{2}{11}},\mp\frac{1}{2}\sqrt{\frac{2}{11}},\pm 2\sqrt{\frac{2}{11}}\right)$,

所求切平面方程为

$$\left(x\mp\sqrt{\frac{2}{11}}\right)-\left(y\pm\frac{1}{2}\sqrt{\frac{2}{11}}\right)+2\left(z\mp 2\sqrt{\frac{2}{11}}\right)=0,$$

即 $x-y+2z=\pm\sqrt{\frac{11}{2}}$.

11.　求两平面夹角余弦等于求两平面法向量夹角余弦.

解　令 $F(x,y,z)=3x^2+y^2+z^2-16$,

$\boldsymbol{n}=(F_x,F_y,F_z)=(6x,2y,2z);\boldsymbol{n}\Big|_{(-1,-2,3)}=(-6,-4,6)$.

设在点(−1,−2,3)处椭圆面的法向量为 $\boldsymbol{n}_1, \boldsymbol{n}_1=(-6,-4,6)$,

xOy 面的法向量为 $\boldsymbol{n}_2=(0,0,1)$.

$\boldsymbol{n}_1$ 与 $\boldsymbol{n}_2$ 的夹角为 θ,则

$$\cos\theta=\frac{\boldsymbol{n}_1\cdot\boldsymbol{n}_2}{|\boldsymbol{n}_1||\boldsymbol{n}_2|}=\frac{-6\times0+(-4)\times0+6\times1}{\sqrt{(-6)^2+(-4)^2+6^2}\cdot\sqrt{0^2+0^2+1^2}}$$

$$=\frac{6}{2\sqrt{22}}=\frac{3}{\sqrt{22}}.$$

12. 证　设 $F(x,y,z)=\sqrt{x}+\sqrt{y}+\sqrt{z}-\sqrt{a}$,则 $\boldsymbol{n}=\left(\frac{1}{2\sqrt{x}},\frac{1}{2\sqrt{y}},\frac{1}{2\sqrt{z}}\right)$,

在曲面上任取一点 $M(x_0,y_0,z_0)$,则在点 M 处的切平面方程为

$$\frac{1}{2\sqrt{x_0}}(x-x_0)+\frac{1}{2\sqrt{y_0}}(y-y_0)+\frac{1}{2\sqrt{z_0}}(z-z_0)=0.$$

即 $\frac{x}{\sqrt{x_0}}+\frac{y}{\sqrt{y_0}}+\frac{z}{\sqrt{z_0}}=\sqrt{x_0}+\sqrt{y_0}+\sqrt{z_0}=\sqrt{a}$.

化为截距式，得

$$\frac{x}{\sqrt{ax_0}}+\frac{y}{\sqrt{ay_0}}+\frac{z}{\sqrt{az_0}}=1.$$

截距之和为 $\sqrt{ax_0}+\sqrt{ay_0}+\sqrt{az_0}=\sqrt{a}(\sqrt{x_0}+\sqrt{y_0}+\sqrt{z_0})=a.$

13. 证　(1) $[u(t)\pm v(t)]'=\lim\limits_{\Delta t\to 0}\dfrac{[u(t+\Delta t)\pm v(t+\Delta t)]-[u(t)\pm v(t)]}{\Delta t}$

$$=\lim_{\Delta t\to 0}\frac{u(t+\Delta t)-u(t)}{\Delta t}\pm\lim_{\Delta t\to 0}\frac{v(t+\Delta t)-v(t)}{\Delta t}$$

$$=u'(t)\pm v'(t),$$

其中用到了向量值函数的极限的四则运算法则.

(2) $[u(t)\cdot v(t)]=\lim\limits_{\Delta t\to 0}\dfrac{u(t+\Delta t)\cdot v(t+\Delta t)-u(t)\cdot v(t)}{\Delta t}$

$$=\lim_{\Delta t\to 0}\frac{u(t+\Delta t)\cdot v(t+\Delta t)-u(t)\cdot v(t+\Delta t)}{\Delta t}$$

$$+\lim_{\Delta t\to 0}\frac{u(t)\cdot v(t+\Delta t)-u(t)\cdot v(t)}{\Delta t}$$

$$=u'(t)\cdot v(t)+u(t)\cdot v'(t);$$

(3) $[u(t)\times v(t)]=\lim\limits_{\Delta t\to 0}\dfrac{u(t+\Delta t)\times v(t+\Delta t)-u(t)\times v(t)}{\Delta t}$

$$=\lim_{\Delta t\to 0}\left[\frac{u(t+\Delta t)\times v(t+\Delta t)-u(t)\times v(t+\Delta t)}{\Delta t}\right]$$

$$+\lim_{\Delta t\to 0}\left[\frac{u(t)\times v(t+\Delta t)-u(t)\times v(t)}{\Delta t}\right]$$

$$=u'(t)\times v(t)+u(t)\times v'(t).$$

第七节　方向导数与梯度

知识要点及常考点

1. 方向导数

(1) 对二元函数来说，点 $P(x_1,x_2)$ 方向导数是当 P 沿 $t=\sqrt{(\Delta x_1)^2+(\Delta x_2)^2}$ 趋于 P 时的极限，可联系空间坐标系理解记忆，

$\left.\dfrac{\partial f}{\partial l}\right|_{(x_0,y_0)}=\lim\limits_{t\to 0}\dfrac{f(x_0+t\cos\alpha,y_0+t\cos\beta)-f(x_0,y_0)}{t}=f_x(x_0,y_0)\cos\alpha+$

$f_y(x_0,y_0)\cos\beta$，其中 $\cos\alpha$、$\cos\beta$ 是方向 l 的方向余弦.

(2) 几何意义：偏导数反映的是函数沿坐标轴方向的变化率，而方向导数反映的是函数在 P_0 点沿任一方向的变化率.

(3) 方向导数的计算公式

函数 $f(x,y)$ 在点 M 处沿方向 l 的方向导数的计算公式为

$$\frac{\partial f}{\partial l}=\mathbf{grad}f\cdot\frac{\boldsymbol{l}}{|\boldsymbol{l}|}=\mathbf{grad}f\cdot\boldsymbol{l}^0\text{ 或}\frac{\partial f}{\partial l}=\frac{\partial f}{\partial x}\cos\alpha+\frac{\partial f}{\partial y}\cos\beta,$$

其中 $\boldsymbol{l}^0=(\cos\alpha,\cos\beta)$.

2. 梯度

(1) 定义：设函数 $z=f(x,y)$ 在平面区域 D 内具有连续偏导数，则对于每一点 $P(x,y)\in D$，都可定义出一个向量$\frac{\partial f}{\partial x}\boldsymbol{i}+\frac{\partial f}{\partial y}\boldsymbol{j}$，此向量称为函数 $z=f(x,y)$ 在点 $P(x,y)$ 的梯度，记作 $\mathbf{grad}f(x,y)=\frac{\partial f}{\partial y}\boldsymbol{i}+\frac{\partial f}{\partial y}\boldsymbol{j}$ 或者 $\mathbf{grad}f=(\frac{\partial f}{\partial x},\frac{\partial f}{\partial y})$.

注　① 三元函数 $f(x,y,z)$ 在点 $P(x,y,z)$ 处的梯度为 $\mathbf{grad}f=\frac{\partial f}{\partial x}\boldsymbol{i}+\frac{\partial f}{\partial y}\boldsymbol{j}+\frac{\partial f}{\partial z}\boldsymbol{k}$.

② 梯度是一个向量，方向导数是数量.

③ 梯度方向是函数的最大方向导数方向，梯度的模是最大方向导数之值.

(2) 梯度的几何意义：

梯度 $\mathbf{grad}f$ 是函数 f 在点 M 处方向导数取得最大值的方向，最大的方向导数为梯度的模，即

$$|\mathbf{grad}f|=\sqrt{(\frac{\partial f}{\partial x})^2+(\frac{\partial f}{\partial y})^2}.$$

(3) 函数的梯度和方向导数是相关连的两个概念，$\left.\frac{\partial f}{\partial l}\right|_{(x_0,y_0)}=\mathbf{grad}f(x_0,y_0)\boldsymbol{e}=|\mathbf{grad}f(x_0,y_0)|\cos\theta=f_x(x_0,y_0)\cos\alpha+f_y(x_0,y_0)\cos\beta$，这关系式表明沿梯度方向方向导数$\left.\frac{\partial f}{\partial l}\right|_{(x_0,y_0)}$取得最大值，由此引申出等值面的概念 $f(x,y,z)=C$.

(4) 梯度向量在任意给定方向 $\boldsymbol{l}$ 上的投影就是该方向上的方向导数. 因此，当梯度向量 $\nabla f\perp\boldsymbol{l}$ 时，方向导数$\frac{\partial f}{\partial l}$为 0；当梯度向时 ∇f 与 $\boldsymbol{l}$ 同向时，方向导数$\frac{\partial f}{\partial l}$取最大值 $|\nabla f|$；当梯度向量 ∇f 与 $\boldsymbol{l}$ 反向时，方向导数$\frac{\partial f}{\partial l}$取最小值 $-|\nabla f|$.

本节考研要求

理解方向导数与梯度的概念,并掌握其计算方法.

题型、真题、方法

题型 1　求函数在某点的方向导数

题型分析　通过方向余弦来求方向导数的方法应熟练掌握.

例 1　求函数 $u=\ln(x+\sqrt{y^2+z^2})$ 在点 $A(1,0,1)$ 处沿 A 指向 $B(3,-2,2)$ 方向的方向导数.(考研题)

思路点拨　由于函数 u 在 $A(1,0,1)$ 处可微分,故由方向导数存在的充要条件知,$\frac{\partial u}{\partial l}\Big|_{(1,0,1)}=\frac{\partial u}{\partial x}\Big|_{(1,0,1)}\cdot\cos\alpha+\frac{\partial u}{\partial y}\Big|_{(1,0,1)}\cos\beta+\frac{\partial u}{\partial z}\Big|_{(1,0,1)}\cos\gamma$,其中 l 是 $\overrightarrow{AB}$ 的方向,因此,只需计算出 $\frac{\partial u}{\partial x}\Big|_{(1,0,1)}$,$\frac{\partial u}{\partial y}\Big|_{(1,0,1)}$,$\frac{\partial u}{\partial z}\Big|_{(1,0,1)}$,及 $\overrightarrow{AB}$ 的方向余弦 $\cos\alpha$、$\cos\beta$、$\cos\gamma$ 即可.

解　因为 $\overrightarrow{AB}=(3-1,-2-0,2-1)=(2,-2,1)$,所以方向余弦

$$\cos\alpha=\frac{2}{\sqrt{2^2+(-2)^2+1^2}}=\frac{2}{3},\cos\beta=\frac{-2}{\sqrt{2^2+(-2)^2+1^2}}=\frac{-2}{3},$$

$$\cos\gamma=\frac{1}{\sqrt{2^2+(-2)^2+1^2}}=\frac{1}{3},$$

$$\frac{\partial u}{\partial x}\Big|_{(1,0,1)}=\frac{1}{x+\sqrt{y^2+z^2}}\Big|_{(1,0,1)}=\frac{1}{2},$$

$$\frac{\partial u}{\partial y}\Big|_{(1,0,1)}=\frac{1}{x+\sqrt{y^2+z^2}}\cdot\frac{1}{2}(y^2+z^2)^{-\frac{1}{2}}\cdot 2y\Big|_{(1,0,1)}=0,$$

$$\frac{\partial u}{\partial z}\Big|_{(1,0,1)}=\frac{1}{x+\sqrt{y^2+z^2}}\cdot\frac{1}{2}(y^2+z^2)^{-\frac{1}{2}}\cdot 2z\Big|_{(1,0,1)}=\frac{1}{2},$$

所以 $\frac{\partial u}{\partial\overrightarrow{AB}}=\frac{1}{2}\times\frac{2}{3}+0\times(-\frac{2}{3})+\frac{1}{2}\times\frac{1}{3}=\frac{1}{2}$.

例 2　证明:函数 $z=\frac{y}{x^2}$ 在椭圆周 $x^2+2y^2=c^2$ 上任一点处沿椭圆法向量的方向导数恒等于零.

证　椭圆周上任一点处的切线斜率为 $y'=-\frac{x}{2y}$,所以法向量为 $(x,2y)$,单位法

向量为$\left(\dfrac{x}{\pm\sqrt{x^2+4y^2}},\dfrac{2y}{\pm\sqrt{x^2+4y^2}}\right)$，

于是函数$z=\dfrac{y}{x^2}$沿椭圆法向量的方向导数为

$$\begin{aligned}\frac{\partial z}{\partial t}&=\frac{\partial z}{\partial x}\cos\alpha+\frac{\partial z}{\partial y}\cos\beta\\&=-\frac{2y}{x^3}\left(\frac{x}{\pm\sqrt{x^2+4y^2}}\right)+\frac{1}{x^2}\left(\frac{2y}{\pm\sqrt{x^2+4y^2}}\right)=0.\end{aligned}$$

现学现练　求函数$u=\dfrac{\sqrt{x^2+y^2}}{xyz}$在点$P(-1,3,-3)$处沿曲线$x(t)=-t^2$，$y(t)=3t^2$，$z(t)=-3t^3$在点$P$参数增大的切线方向的方向导数.

题型2　求函数在某点处的梯度及沿梯度方向的方向导数

题型分析　梯度方向是函数的方向导数的最大方向，梯度的模是最大方向导数之值.

例3　$\mathbf{grad}\left(xy+\dfrac{z}{y}\right)\Big|_{(2,1,1)}=$________.（考研题）

思路点拨　直接利用梯度计算公式计算.

解　$\mathbf{grad}\left(xy+\dfrac{z}{y}\right)\Big|_{(2,1,1)}=\left\{y,x-\dfrac{z}{y^2},\dfrac{1}{y}\right\}\Big|_{(2,1,1)}=\{1,1,1\}$

例4　求函数$z=xy$在点(x,y)沿方向$\boldsymbol{l}=(\cos\alpha,\ \sin\alpha)$的方向导数，并求在这点的梯度和最大的方向导数及最小的方向导数.

解　由$z'_x=y,z'_y=x$知$\dfrac{\partial z}{\partial \boldsymbol{l}}=y\cos\alpha+x\sin\alpha$，$\mathbf{grad}z(x,y)=(y,x)$. 记

$$\begin{aligned}f(\alpha)&=y\cos\alpha+x\sin\alpha\\&=\sqrt{x^2+y^2}\left(\frac{y}{\sqrt{x^2+y^2}}\cos\alpha+\frac{y}{\sqrt{x^2+y^2}}\sin\alpha\right)\\&=\sqrt{x^2+y^2}\sin(\alpha+\alpha_0).\end{aligned}$$

其中α_0满足$\sin\alpha_0=\dfrac{y}{\sqrt{x^2+y^2}}$，$\cos\alpha_0=\dfrac{x}{\sqrt{x^2+y^2}}$，故$f(\alpha)$的最大值为$\sqrt{x^2+y^2}$，最小值为$-\sqrt{x^2+y^2}$，

即最大的方向导数为$\sqrt{x^2+y^2}$，最小的方向导数为$-\sqrt{x^2+y^2}$.

现学现练 函数 $u=x^2yz$ 在点 $P(1,-1,2)$ 处沿什么方向的方向导数最大?并求出些方向导数的最大值.$[(-4,2,-1),\sqrt{21}]$

课后习题全解

习题9－7全解

1. **分析** 由方向导数的存在和计算公式知,在点 (x_0,y_0) 处,$\left.\frac{\partial f}{\partial l}\right|_{(x_0,y_0)}=f_x(x_0,y_0)\cos\alpha+f_y(x_0,y_0)\cos\beta$.其中 $\cos\alpha,\cos\beta$ 是方向 l 的方向余弦.

解 从点 $(1,2)$ 到点 $(2,2+\sqrt{3})$ 的方向 l 即向量 $(1,\sqrt{3})$ 的方向.

与 l 同向的单位向量为 $\boldsymbol{e}_l=\left(\frac{1}{2},\frac{\sqrt{3}}{2}\right)$,

因函数 $z=x^2+y^2$ 可微分,且

$$\left.\frac{\partial z}{\partial x}\right|_{(1,2)}=\left.2x\right|_{(1,2)}=2,\left.\frac{\partial z}{\partial Y}\right|_{(1,2)}=\left.2y\right|_{(1,2)}=4,$$

故所求方向导数为

$$\frac{\partial z}{\partial l}_{(1,2)}=2\cdot\frac{1}{2}+4\cdot\frac{\sqrt{3}}{2}=1+2\sqrt{3}.$$

2. **解** $\frac{\partial z}{\partial x}=\frac{1}{x+y},\frac{\partial z}{\partial y}=\frac{1}{x+y},2yy'=4,\left.y'\right|_{(1,2)}=1,\alpha=\frac{\pi}{4}$

所以 $\left.\frac{\partial z}{\partial l}\right|_{(1,2)}=\frac{1}{3}\cdot\frac{\sqrt{2}}{2}+\frac{1}{3}\cdot\frac{\sqrt{2}}{2}=\frac{\sqrt{2}}{3}.$

3. **分析** 由计算公式知应先求出函数 $f(x,y)$ 在 (x_0,y_0) 处的偏导数 $f_x(x_0,y_0)$ 和 $f_y(x_0,y_0)$,为此在方程两边对 x 求导并移项.

又由方向导数的定义知,$\left.\frac{\partial f}{\partial l}\right|_{(x_0,y_0)}$ 即 $f(x,y)$ 在 (x_0,y_0) 处变化率(切线斜率),再由此求得法线斜率和方向余弦值.

解 设 x 轴正向在内法线的方向的转角为 φ,它是第三象限的角.

将方程 $\frac{x^2}{a^2}+\frac{y^2}{b^2}=1$ 两边对 x 求导,得

$$\frac{2x}{a^2}+\frac{2y}{b^2}\cdot\frac{\mathrm{d}y}{\mathrm{d}x}=-\frac{b^2x}{a^2y},$$

从而在点 $\left(\frac{a}{\sqrt{2}},\frac{b}{\sqrt{2}}\right)$ 处曲线的切线斜率为

$$k=\left.\frac{\mathrm{d}y}{\mathrm{d}x}\right|_{\left(\frac{a}{\sqrt{2}},\frac{b}{\sqrt{2}}\right)}=-\frac{b^2}{a^2}\frac{\frac{a}{\sqrt{2}}}{\frac{b}{\sqrt{2}}}=-\frac{b}{a};$$

内法线斜率为 $\tan\varphi=-\frac{1}{k}=\frac{a}{b}$,

故 $\sin\varphi=-\frac{a}{\sqrt{a^2+b^2}},\cos\varphi=-\frac{b}{\sqrt{a^2+b^2}}$;

或令 $F=\frac{x^2}{a}+\frac{y^2}{b}-1$,

则内法线方向向量为 $\left(-\frac{\partial F}{\partial x},-\frac{\partial F}{\partial y}\right)$,

即 $$\left(-\frac{\sqrt{2}}{a},-\frac{\sqrt{2}}{b}\right)\boldsymbol{e}_l=\left(\frac{-b}{\sqrt{a^2+b^2}},\frac{-a}{\sqrt{a^2+b^2}}\right),$$

又 $$\frac{\partial z}{\partial x}=-\frac{2x}{a^2},\frac{\partial z}{\partial y}=-\frac{2y}{b^2},$$

故 $$\left.\frac{\partial z}{\partial l}\right|_{\frac{a}{\sqrt{2}},\frac{b}{\sqrt{2}}}=\frac{-2}{a^2}\cdot\frac{a}{\sqrt{2}}\left(\frac{-b}{\sqrt{a^2+b^2}}\right)-\frac{2}{b^2}\cdot\frac{b}{\sqrt{2}}\cdot\left(\frac{-a}{\sqrt{a^2+b^2}}\right)$$

$$=\frac{\sqrt{2(a^2+b^2)}}{ab}.$$

4. 分析　将二点坐标代入 u 的表达式中即得各方向导数的偏导数;又已知方向角大小,则方向余弦值也可因此求得,再代入公式之中计算即可.

解　$$\left.\frac{\partial u}{\partial x}\right|_{(1,1,2)}=\left.(y^2-yz)\right|_{(1,1,2)}=\left.(y^2-yz)\right|_{(1,1,2)}=-1$$

$$\left.\frac{\partial u}{\partial y}\right|_{(1,1,2)}=\left.(2xy-xz)\right|_{(1,1,2)}=0$$

$$\left.\frac{\partial u}{\partial z}\right|_{(1,1,2)}=\left.(3z^2-xy)\right|_{(1,2,3)}=11$$

又 $u=xy^2+z^3-xyz$ 在点(1,1,2)处可微分,

$$\frac{\partial u}{\partial l}=\left.\frac{\partial u}{\partial x}\right|_{(1,1,2)}\cdot\cos\alpha+\left.\frac{\partial u}{\partial y}\right|_{(1,1,2)}\cdot\cos\beta+\left.\frac{\partial u}{\partial z}\right|_{(1,1,2)}\cdot\cos\gamma$$

$$=-1\cdot\cos\frac{\pi}{3}+0\cdot\cos\frac{\pi}{4}+11\cdot\cos\frac{\pi}{3}=5.$$

小结　解题关键是求出各偏导数以及方向余弦,再根据题目条件求解.

5. 解　$\boldsymbol{l}=(9-5,4-1,14-2)=(4,3,12)$; $\sqrt{4^2+3^2+12^2}=13$

故 $\cos\alpha=\dfrac{4}{13},\cos\beta=\dfrac{3}{13},\cos r=\dfrac{12}{13}$.

从而 $\left.\dfrac{\partial u}{\partial l}\right|_{(5,1,2)}=\left.\dfrac{\partial u}{\partial x}\right|_{(5,1,2)}\cos\alpha+\left.\dfrac{\partial u}{\partial y}\right|_{(5,1,2)}\cos\beta+\left.\dfrac{\partial u}{\partial z}\right|_{(5,1,2)}\cos\gamma$

$$=\left.yz\right|_{(5,1,2)}\frac{4}{13}+\left.xz\right|_{(5,1,2)}\frac{3}{13}+\left.xy\right|_{(5,1,2)}\frac{12}{13}=\frac{98}{13}.$$

6. 解　曲线的切向量为

$$\boldsymbol{T}=(x'(t),y'(t),z'(t))=(1,2t,3t^2)$$

故在点(1,1,1)处切线正方向为(1,2,3).

从而方向余弦分别为

$$\cos\alpha=\frac{1}{\sqrt{1^2+2^2+3^2}}=\frac{1}{\sqrt{14}};\cos\beta=\frac{2}{\sqrt{14}};\cos\gamma=\frac{3}{\sqrt{14}}.$$

$$\left.\frac{\partial u}{\partial l}\right|_{(1,1,1)}=\left.\frac{\partial u}{\partial x}\right|_{(1,1,1)}\cdot\cos\alpha+\left.\frac{\partial u}{\partial y}\right|_{(1,1,1)}\cdot\cos\beta+\left.\frac{\partial u}{\partial z}\right|_{(1,1,1)}\cdot\cos\gamma$$

$$=\left.2x\right|_{(1,1,1)}\frac{1}{\sqrt{14}}+\left.2y\right|_{(1,1,1)}\frac{2}{\sqrt{14}}+\left.2z\right|_{(1,1,1)}\frac{3}{\sqrt{14}}$$

$$=\frac{2}{\sqrt{14}}+\frac{4}{\sqrt{14}}+\frac{6}{\sqrt{14}}=\frac{6\sqrt{14}}{7}.$$

7. 分析　对三元函数 $f(x,y,z)$，它在空间中一点 (x_0,y_0,z_0) 沿 $e_l=(\cos\alpha,\cos\beta,\cos\gamma)$ 方向导数求解公式是

$$\left.\frac{\partial f}{\partial l}\right|_{(x_0,y_0,z_0)}=f_x(x_0,y_0,z_0)\cos\alpha+f_y(x_0,y_0,z_0)\cos\beta+f_z(x_0,y_0,z_0)\cos\gamma.$$

解　令 $\varphi(x,y,z)=x^2+y^2+z^2-1$，则法向量

$$\boldsymbol{n}=\left.(\varphi_x,\varphi_y,\varphi_z)\right|_{(x_0,y_0,x_0)}=(2x_0,2y_0,2z_0)$$

方向余弦为

$$\cos\alpha=\frac{2x_0}{\sqrt{(2x_0)^2+(2y_0)^2+(2z_0)^2}}=x_0,\cos\beta=y_0,\cos\gamma=z_0.$$

故方向导数为

$$\left.\frac{\partial u}{\partial x}\right|_{(x_0,y_0,x_0)}\cdot\cos\alpha+\left.\frac{\partial u}{\partial y}\right|_{(x_0,y_0,x_0)}\cdot\cos\beta+\left.\frac{\partial u}{\partial z}\right|_{(x_0,y_0,x_0)}\cdot\cos\gamma$$

$$=x_0+y_0+z_0.$$

8. 解　$\dfrac{\partial f}{\partial x}=2x+y+3,\dfrac{\partial f}{\partial y}=4y+x-2;\dfrac{\partial f}{\partial z}=6z-6.$

$$\left.\frac{\partial f}{\partial x}\right|_{(0,0,0)}=3,\left.\frac{\partial f}{\partial y}\right|_{(0,0,0)}=-2,\left.\frac{\partial f}{\partial z}\right|_{(0,0,0)}=-6,$$

故 $\mathbf{grad}f(0,0,0)=3\boldsymbol{i}-2\boldsymbol{j}-6\boldsymbol{k}$.

$$\left.\frac{\partial f}{\partial x}\right|_{(1,1,1)}=6,\left.\frac{\partial f}{\partial y}\right|_{(1,1,1)}=3,\left.\frac{\partial f}{\partial z}\right|_{(1,1,1)}=0,$$

故 $\mathbf{grad}f(1,1,1)=6\boldsymbol{i}+3\boldsymbol{j}$.

9. 证　(1) $\nabla(Cu)=\left(C\frac{\partial u}{\partial x},C\frac{\partial u}{\partial y},C\frac{\partial u}{\partial z}\right)=C\left(\frac{\partial u}{\partial x},\frac{\partial u}{\partial y},\frac{\partial u}{\partial z}\right)$

$$=C\nabla u;$$

(2) $\nabla(u+r)=\left(\frac{\partial u}{\partial x}\pm\frac{\partial v}{\partial x},\frac{\partial u}{\partial y}\pm\frac{\partial v}{\partial y},\frac{\partial u}{\partial z}\pm\frac{\partial v}{\partial z}\right)$

$$=\left(\frac{\partial u}{\partial x},\frac{\partial u}{\partial y},\frac{\partial u}{\partial z}\right)\pm\left(\frac{\partial v}{\partial x},\frac{\partial v}{\partial y},\frac{\partial v}{\partial z}\right)$$

$$=\nabla u\pm\nabla v;$$

(3) $\nabla(uv)=\left(\frac{\partial(uv)}{\partial x},\frac{\partial(uv)}{\partial y},\frac{\partial(uv)}{\partial z}\right)$

$$=r\left(\frac{\partial u}{\partial x},\frac{\partial u}{\partial y},\frac{\partial u}{\partial z}\right)+u\left(\frac{\partial v}{\partial x},\frac{\partial v}{\partial y},\frac{\partial v}{\partial z}\right)$$

$$=v\nabla u+u\nabla v.$$

(4) $\nabla\left(\frac{u}{v}\right)=\left(\frac{\partial}{\partial x}\left(\frac{u}{v}\right),\frac{\partial}{\partial y}\left(\frac{u}{v}\right),\frac{\partial}{\partial z}\left(\frac{u}{v}\right)\right)$

$$=\frac{1}{v}\left(\frac{\partial u}{\partial x},\frac{\partial u}{\partial y},\frac{\partial u}{\partial z}\right)-\frac{u}{v^2}\left(\frac{\partial v}{\partial x},\frac{\partial v}{\partial y},\frac{\partial v}{\partial z}\right)$$

$$=\frac{v\nabla u-u\nabla v}{v^2}.$$

10. 分析　方向导数和梯度的关系式是

$\left.\frac{\partial f}{\partial l}\right|_{(x_0,y_0)}=\mathbf{grad}f(x_0,y_0)\mid\cos\theta$，由此可看出沿梯度方向时，方向导数最大.

解　$\mathbf{grad}u=\frac{\partial u}{\partial x}\boldsymbol{i}+\frac{\partial u}{\partial y}\boldsymbol{j}+\frac{\partial u}{\partial z}\boldsymbol{k}=y^2z\boldsymbol{i}+2xyz\boldsymbol{j}+xy^2\boldsymbol{k}$,

故 $\mathbf{grad}u\mid_P=y^2z\boldsymbol{i}+2xyz\boldsymbol{j}+xy^2\boldsymbol{k}\Big|_{(1,-1,2)}=2\boldsymbol{i}-4\boldsymbol{j}+\boldsymbol{k}$,

即为方向导数最大的方向，最大方向导数

$|\mathbf{grad}u|_P=\sqrt{2^2+(-4)^2+1^2}=\sqrt{21}$.

小结　函数在一点的梯度是一个向量，它的方向是函数在该点处方向导数取最大值的方向，它的模即是方向导数最大值.

第八节　多元函数的极值及其求法

知识要点及常考点

1. 无条件极值

(1) 满足方程组 $f_x(x_0,y_0)=0, f_y(x_0,y_0)=0$ 的点 (x_0,y_0) 称为函数 $f(x,y)$ 的驻点，设 $f(x_0,y_0)$ 为 $f(x,y)$ 的极值且偏导数 $f_x(x_0,y_0)$ 和 $f_y(x_0,y_0)$ 存在，则必有 $f_x(x_0,y_0)=0, f_y(x_0,y_0)=0$.

(2) 设函数 $z=f(x,y)$，$f_{xx}=(x_0,y_0)=A$，$f_{xy}=(x_0,y_0)=B$，$f_{yy}(x_0,y_0)=C$，则 $f_x(x,y)$ 在 (x_0,y_0) 处是否取得极值的条件如下：

①$AC-B^2>0$ 时具有极值，且当 $A<0$ 时有极大值，$A>0$ 时有极小值；

②$AC-B^2<0$ 时没有极值；

③$AC-B^2=0$ 时可能有极值，也可能没有极值，需另作讨论.

注　① 极值点不一定是驻点，因为极值点处偏导数不一定存在. ② 驻点也不一定是极值点.

(3) 与一元函数类似，我们可利用函数的极值求解函数的最值. 如果 $f(x,y)$ 在有界闭区域 D 上连续，则 $f(x,y)$ 在 D 上必定能取得最大值和最小值. 这种使函数取得最大值或最小值的点既可能在 D 的内部，也可能在 D 的边界上. 假定函数在 D 上连续，在 D 内可微且只有有限个驻点，这时如果函数在 D 的内部取得最大值（最小值），则这个最大值（最小值）也是函数的极大值（极小值）. 因此，此时求函数的最值的一般方法是：

将函数 $f(x,y)$ 在 D 内的所有驻点处的函数值及在 D 边界上的最值相互比较，其中最大的为最大值，最小的为最小值. 对于实际问题，如果驻点唯一，且由实际意义知问题存在最值，则该驻点即为最大值或最小值. 如果存在多个驻点，且由实际意义知问题存在最大值和最小值，则只需比较各驻点处的函数值，最大的为最大值，最小的则为最小值.

2. 条件极值

函数满足若干条件（约束方程）的极值称为条件极值. 对于在条件 $\varphi(x,y)=0$ 下 $z=f(x,y)$ 的条件极值的求法如下：

解法一：化为无条件极值. 若可由 $\varphi(x,y)=0$ 解出 $y=\varphi(x)$，代入 $z=f(x,y)$，便化为无条件极值.

解法二:拉格朗日乘数法.

设 $f(x,y)$、$\varphi(x,y)$ 有连续的一阶偏导数,且 φ'_x、φ'_y 不同时为零,

① 构造拉格朗日函数

$$F(x,y,\lambda)=f(x,y)+\lambda\varphi(x,y).$$

② 将 $F(x,y,\lambda)$ 分别对 x,y,λ 求偏导数,得到下列方程组

$$\begin{cases}F'_x=f'_x(x,y)+\lambda\varphi'_x(x,y)=0,\\F'_y=f'_y(x,y)+\lambda\varphi'_y(x,y)=0,\\F'_\lambda=\varphi(x,y)=0.\end{cases}$$

求解此方程组,解出 x_0、y_0 及 λ,则 (x_0,y_0) 是 $z=f(x,y)$ 在条件 $\varphi(x,y)=0$ 下可能的极值点.

③ 判别驻点 (x_0,y_0) 是否为极值点的方法:用无条件极值的充分条件去判别.

注　对于 n 元函数在 m 个约束条件下的极值问题,可仿照上面的方法解答.

本节考研要求

理解多元函数极值和条件极值的概念,掌握多元函数极值存在的必要条件,了解二元函数极值存在的充分条件,会求二元函数的极值,会用拉格朗日乘数法求条件极值,会求简单多元函数的最大值和最小值,并会解决一些简单的应用问题.

题型、真题、方法

题型 1　无条件极值

题型分析　无条件极值(即函数的自变量只受定义域约束的极值问题)的解法如下:

(1) 利用二阶偏导数之间的关系和符号判断不取极值的类型;

(2) 利用全微分来判断,即假设有一函数 $u=f(x,y)$ 在点 (x_0,y_0) 处,如果 $\mathrm{d}f(x_0,y_0)=0$, $\mathrm{d}^2f(x_0,y_0)<0$,则 $f(x_0,y_0)$ 为极大值; $\mathrm{d}f(x_0,y_0)=0$, $\mathrm{d}^2f(x_0,y_0)>0$,则 $f(x_0,y_0)$ 为极小值.

(3) 配方法:适用于多项式或类似于多项式的函数类型,常用解法 1 无法解决的问题.

例 1　求由方程 $x^2+y^2+z^2-2x+2y-4z-10=0$ 确定的函数 $z=f(x,y)$ 的极值.

思路点拨　根据无条件极值的条件求解.

解　**解法一**:将方程的两边分别对 x,y 偏导,得 $\begin{cases}2x+2zz'_x-2-4z'_x=0,\\2y+2zz'_y+2-4z'_y=0.\end{cases}$ ①

由函数取极值的必要条件:$\begin{cases}z'_x=0,\\z'_y=0.\end{cases}$ ②

将②代入①解得 $x=1,y=-1,P(1,-1)$ 为驻点.

将①的两个方程分别对 x,y 求偏导,得

$$A=z''_{xx}\,|_P=\frac{(z-2)^2+(1-x)^2}{(2-z)^3}\,|_P=\frac{1}{2-z},\tag{③}$$

$$B=z''_{xy}\,|_P=0,$$

$$C=z''_{yy}\,|_P=\frac{(2-z)^2+(1+y)^2}{(2-z)^3}\,|_P=\frac{1}{2-z},$$

因 $B^2-AC=\dfrac{-1}{(2-z)^2}<0(z\neq 2)$,则 $z=f(x,y)\,|_P$ 取极值.

将 $x=1,y=-1$ 代入原方程,得 $z_1=-2,z_2=6$,

把 $z_1=-2$ 代入③,$A=\dfrac{1}{2-z}\,|_{z=-2}=\dfrac{1}{4}>0$,

故　$z=f(1,-1)=-2$ 为极小值.

把 $z_2=6$ 代入③,$A=\dfrac{1}{2-z}\,|_{z=6}=-\dfrac{1}{4}<0$,

故　$z=f(1,-1)=6$ 为极大值.

解法二:配方法:原方程可变形为 $(x-1)^2+(y+1)^2+(z-2)^2=16$,于是

$$z=2\pm\sqrt{16-(x-1)^2-(y+1)^2}.$$

显然,当 $x=1,y=-1$ 时,根号中的极大值为4,由此可知 $z=2\pm 4$ 为极值,$z=6$ 为极大值,$z=-2$ 为极小值.

例2　求 $f(x,y)=xe^{-\frac{x^2+y^2}{2}}$ 的极值.(考研题)

解　$f(x,y)=xe^{-\frac{x^2+y^2}{2}}$,

先求函数的驻点:令

$$\begin{cases}f'_x(x,y)=(1-x^2)e^{-\frac{x^2+y^2}{2}}=0,\\f'_y(x,y)=-xye^{-\frac{x^2+y^2}{2}}=0,\end{cases}$$

解得驻点为(1,0),(-1,0).又

$$f''_{xx}=x(x^2-3)e^{-\frac{x^2+y^2}{2}}$$

$f''_{xy}=-y(1-x^2)e^{-\frac{x^2+y^2}{2}}$

$f''_{yy}=-x(1-y^2)e^{-\frac{x^2+y^2}{2}}$

对点(1,0)，有 $A_1=f''_{xx}(1,0)=-2e^{-\frac{1}{2}}$，$B_1=f''_{xy}(1,0)=0$，$C_1=f''_{yy}(1,0)=-e^{-\frac{1}{2}}$

所以，$A_1C_1-B_1^2>0$，$A_1<0$，故 $f(x,y)$ 在点(1,0)处取得极大值 $f(1,0)=e^{\frac{1}{2}}$.

对点(−1,0)，有 $A_2=f''_{xx}(-1,0)=2e^{-\frac{1}{2}}$，$B_2=f''_{xy}(-1,0)=0$，$C_2=f''_{yy}(-1,0)=e^{-\frac{1}{2}}$.

所以，$A_2C_2-B_2^2>0$，$A_2>0$，故 $f(x,y)$ 在点(1,0)处取得极小值 $f(-1,0)=-e^{\frac{1}{2}}$.

例3　求函数 $f(x,y)=x^2+2y^2-x^2y^2$ 在区域 $D=\{(x,y)\mid x^2+y^2\leqslant 4, y\geqslant 0\}$ 上的最大值和最小值.（考研题）

思路点拨　由于 D 为闭区域，在开区域内按无条件值分析，而在边界上按条件极值讨论即可.

解　因为 $f'_x(x,y)=2x-2xy^2$，$f'_y(x,y)=4y-2x^2y$，解方程

$$\begin{cases}f'_x=2x-2xy^2=0,\\ f'_y=4y-2x^2y=0,\end{cases}$$

得开区域内的可能极值点为$(\pm\sqrt{2},1)$. 其对应函数值为 $f(\pm\sqrt{2},1)=1$.

又当 $y=0$ 时，$f(x,y)=x^2$ 在 $-2\leqslant x\leqslant 2$ 上的最大值为4，最小值为0.

当 $x^2+y^2=4$，$y>0$，$-2<x<2$ 时，构造拉格朗日函数

$$F(x,y,\lambda)=x^2+2y^2-x^2y^2+\lambda(x^2+y^2-4).$$

解方程组 $\begin{cases}F'_x=2x-xy^2+2\lambda x=0,\\ F'_y=4-2x^2y+2\lambda y=0,\\ F'_\lambda=x^2+y^2-4=0,\end{cases}$

得可能极值点为(0,2)，$\left(\pm\sqrt{\frac{5}{2}},\sqrt{\frac{3}{2}}\right)$，其对应函数值为 $f(0,2)=8$，$f\left(\sqrt{\frac{5}{2}},\sqrt{\frac{3}{2}}\right)=\frac{7}{4}$.

比较函数值 $2,0,4,8,\frac{7}{4}$，知 $f(x,y)$ 在区域 D 上的最大值为8，最小值为0.

现学现练　在平面 xOy 平面上求一点，使它到 $x=0$，$y=0$ 及 $x+2y-16=0$ 三条直线距离的平方和最小. $\left[\left(\frac{8}{5},\frac{16}{5}\right)\right]$

课后习题全解

习题 9－8 全解

1. 解　由题意可知

$$f(x,y) = xy + (x^2 + y^2)^2 + O[(x^2 + y^2)^2]$$

因为 $f(x,y)$ 在 $(0,0)$ 附近的值主要由 xy 决定，而 xy 在 $(0,0)$ 附近符号不定，所以 $(0,0)$ 不是 $f(x,y)$ 的极值点，故选 A.

2. 分析　先解方程组 $\begin{cases} f_x(x,y) = 0 \\ f_y(x,y) = 0 \end{cases}$ 求出驻点，再求二阶偏导数，最后判定在驻点处是否存在极值.

解　解方程 $\begin{cases} f'_x(x,y) = 4 - 2x = 0 \\ f'_y(x,y) = -4 - 2y = 0 \end{cases}$ 得驻点为 $(2,-2)$，由

$$A = f''_{xx}(2,-2) = -2 < 0$$

$$B = f''_{xy}(2,-2) = 0$$

$$C = f''_{yy}(2,-2) = -2$$

$$AC - B^2 > 0$$

得在点 $(2,-2)$ 处，函数取得极大值，且极大值为 $f(2,-2) = 8$.

3. 解　解方程组 $\begin{cases} f_x(x,y) = (6-2x)(4y-y^2) = 0 \\ f_y(x,y) = (6x-x^2)(4-2y) = 0 \end{cases}$

得　$x = 3, y = 0, y = 4$ 和 $x = 0, x = 6, y = 2$,

故驻点为 $(0,0),(0,4),(3,2),(6,0),(6,4)$.

$f''_{xx} = -2(4y-y^2), f''_{xy} = (6-2x)(4-2y), f''_{yy} = -2(6x-x^2)$,

在点 $(0,0)$ 处，$f''_{xx} = 0, f''_{xy} = 24, f''_{yy} = 0$,

$AC - B^2 = -24^2 < 0$，故 $f(0,0)$ 不是极值.

在点 $(0,4)$ 处，$f''_{xx} = 0, f''_{xy} = -24, f''_{yy} = 0$,

$AC - B^2 = -24^2 < 0$，故 $f(0,4)$ 不是极值.

在点 $(3,2)$ 处，$f''_{xx} = -8, f''_{xy} = 0, f''_{yy} = -18$,

$AC - B^2 = 8 \times 18 > 0$，又 $A < 0$,

故函数在 $(3,2)$ 点有极大值 $f(3,2) = 36$.

在点 $(6,0)$ 处，$f''_{xx} = 0, f''_{xy} = -24, f''_{yy} = 0$.

$AC - B^2 = -24^2 < 0$，故 $f(6,0)$ 不是极值.

在点(6,4)处，$f''_{xx}=0, f''_{xy}=24, f''_{xy}=0$.

$AC-B^2=-24^2<0$，故 $f(6,4)$ 不是极值.

4. 解　解方程组$\begin{cases} f'_x(x,y)=e^{2x}(2x+2y^2+4y+1)=0 \\ f'_y(x,y)=e^{2x}(2y+2)=0 \end{cases}$得驻点$\left(\dfrac{1}{2},-1\right)$.

由

$$f''_{xx}=4e^{2x}(x+y^2+2y+1)$$

$$f''_{xy}=4e^{2x}(y+1)$$

$$f''_{yy}=2e^{2x}$$

得在点$\left(\dfrac{1}{2},-1\right)$处，$A=2e>0, B=0, C=2e, AC-B^2=4e^2>0$.

因此函数 $f(x,y)$ 在点$\left(\dfrac{1}{2},-1\right)$处取得极小值，极小值为 $f\left(\dfrac{1}{2},-1\right)=-\dfrac{e}{2}$.

5. 分析　需要先把附加条件的条件极值化为无条件极值求解.

解　附加条件 $x+y=1$ 可表示为 $y=1-x$，代入 $z=xy$ 中，

问题化为求 $z=x(1-x)$ 的无条件极值.

由$\dfrac{dz}{dx}=1-2x, \dfrac{d^2z}{dx^2}=-2$，令$\dfrac{dz}{dx}=0$，得驻点 $x=\dfrac{1}{2}$.

又$\left.\dfrac{d^2z}{dx^2}\right|_{x=\frac{1}{2}}=-2<0$，故 $x=\dfrac{1}{2}$ 为极大值点，极大值为

$$z=\frac{1}{2}\left(1-\frac{1}{2}\right)=\frac{1}{4}$$

故 $z=xy$ 在条件 $x+y=1$ 下在$\left(\dfrac{1}{2},\dfrac{1}{2}\right)$处取得极大值$\dfrac{1}{4}$.

6. 分析　根据题意列出方程，用拉格朗日乘数法作拉格朗日函数 $L(x,y)$，再求其一阶偏导.

解　设直角三角形的两直角边之长分别为 x, y，则周长 $S=x+y+l(0<x<l, 0<y<l)$.

于是，问题为在 $x^2+y^2=l^2$ 下 S 的条件极值问题.

作函数 $F(x,y)=x+y+l+\lambda(x^2+y^2-l^2)$

$$\begin{cases} F'_x=1+2\lambda x=0 & ① \\ F'_y=1+2\lambda y=0 & ② \\ x^2+y^2=l^2 & ③ \end{cases}$$

将①、②解得，$x=y=-\dfrac{1}{2\lambda}$

代入③，$\lambda=-\dfrac{\sqrt{2}}{2l}$，$x=y=\dfrac{l}{\sqrt{2}}$.

故$\left(\dfrac{l}{\sqrt{2}},\dfrac{l}{\sqrt{2}}\right)$是唯一的驻点.

根据问题本身可知，这种最大周长的直角三角形一定存在. 故斜边之长为 l 的一切直角三角形中，最大周长的直角三角形为等腰直角三角形.

7. 解　设水池的长、宽、高分别为 a,b,c，则水池的表面积为：$S=ab+2ac+2bc(a>0,b>0,c>0)$.

本题是在条件 $abc=k$ 下，求 S 的最小值.

作函数 $F(a,b,c)=ab+2ac+2bc+\lambda(abc-k)$

$$\begin{cases}F'_a=b+2c+\lambda bc=0\\F'_b=a+2c+\lambda ac=0\\F'_c=2a+2b+\lambda ab=0\\abc=k\end{cases}$$

解得 $a=b=\sqrt[3]{2k}$，$c=\dfrac{1}{2}\sqrt[3]{2k}$，$\lambda=-\sqrt[3]{\dfrac{32}{k}}$，

因$\left(\sqrt[3]{2k},\sqrt[3]{2k},\dfrac{1}{2}\sqrt[3]{2k}\right)$是唯一的驻点，而 S 一定有最小值，

故表面积最小的水池的长、宽、高分别为 $\sqrt[3]{2k}$，$\sqrt[3]{2k}$，$\dfrac{1}{2}\sqrt[3]{2k}$.

8. 解　设所求点的坐标为(x,y)，则此点到 $x=0$ 的距离为$|x|$，到 $y=0$ 的距离为$|y|$，到 $x+2y-16=0$ 的距离为$\dfrac{|x+2y-16|}{\sqrt{1^2+2^2}}$.

而距离的平方之和为$z=x^2+y^2+\dfrac{1}{5}(x+2y-16)^2$，

由$\begin{cases}\dfrac{\partial z}{\partial x}=2x+\dfrac{2}{5}(x+2y-16)=0\\\dfrac{\partial z}{\partial y}=2y+\dfrac{4}{5}(x+2y-16)=0,\end{cases}$

解得$\begin{cases}x=\dfrac{8}{5}\\y=\dfrac{16}{5}.\end{cases}$

故$\left(\dfrac{8}{5},\dfrac{16}{5}\right)$是唯一的驻点，又由问题的性质可知，到三直线的距离平方之和最

小的点一定存在，故 $\left(\frac{8}{5},\frac{16}{5}\right)$ 即为所求.

9. 解　设矩形的一边为 x，则另一边为 $(p-x)$. 假设矩形绕边 $p-x$ 旋转，则旋转所成圆柱体的体积为 $V=\pi x^2(p-x)(0<x<p)$.

由 $\frac{\mathrm{d}V}{\mathrm{d}x}=2\pi x(p-x)-\pi x^2=\pi x(2p-3x)=0$，得驻点为 $x=\frac{2}{3}p$.

由于驻点唯一，又由题意可知这种圆柱体的体积一定有最大值，所以当矩形的边长为 $\frac{2}{3}p$ 和 $\frac{1}{3}p$ 时，绕短边旋转所得圆柱体的体积最大.

10. 分析　由对称性可知，只需求出第一卦限内的长方体体积再乘以4即得原体积大小.

解　设球面方程为 $x^2+y^2+z^2=a^2$，(x,y,z) 是其内接长方体在第一卦限内的一个顶点，则此长方体的长、宽、高分别为 $2x$、$2y$、$2z$，体积为

$$V=2x\cdot 2y\cdot 2z=8xyz\quad (x,y,z>0)$$

令 $F(x,y,z)=8xyz+\lambda(x^2+y^2+z^2-a^2)$

也可令 $F(x,y,z)=\ln x+\ln y+\ln z+\lambda(x^2+y^2+z^2-a^2)$ 求解

由 $\begin{cases}F'_x=8yz+2\lambda x=0\\F'_y=8xz+2\lambda y=0\\F'_z=8xy+2\lambda z=0\\x^2+y^2+z^2=a^2\end{cases}$，解得 $x=y=z=-\frac{\lambda}{4}$.

代入 $x^2+y^2+z^2=a^2$，得 $\lambda=-\frac{4}{\sqrt{3}}a$，

故 $x=y=z=\frac{a}{\sqrt{3}}$.

因为 $\left(\frac{a}{\sqrt{3}},\frac{a}{\sqrt{3}},\frac{a}{\sqrt{3}}\right)$ 为唯一驻点，由题意可知这种长方体必有最大体积.

故当长方体的长、宽、高都为 $\frac{2a}{\sqrt{3}}$ 时，其体积最大.

11. 解　设椭圆上的点的坐标为 (x,y,z)，则原点到椭圆上这一点的距离平方为 $d^2=x^2+y^2+z^2$.

其中 x、y、z 要同时满足 $z=x^2+y^2$ 和 $x+y+z=1$.

令 $F(x,y,z)=x^2+y^2+z^2+\lambda_1(z-x^2-y^2)+\lambda_2(x+y+z-1)$

由$\begin{cases}F'_x = 2x - 2\lambda_1 x + \lambda_2 = 0\\ F'_y = 2y - 2\lambda_1 y + \lambda_2 = 0\\ F'_z = 2z + \lambda_1 + \lambda_2 = 0\end{cases}$的前两个方程知 $x = y$.

将 $x = y$ 代入 $z = x^2 + y^2$ 和 $x + y + z = 1$ 得

$z = 2x^2$ 和 $2x + z = 1$.

再由 $2x^2 + 2x - 1 = 0$ 解出 $x = y = \dfrac{-1 \pm \sqrt{3}}{2}$,$z = 2 \mp \sqrt{3}$.

故驻点为$\left(\dfrac{-1+\sqrt{3}}{2}, \dfrac{-1+\sqrt{3}}{2}, 2-\sqrt{3}\right)$和$\left(\dfrac{-1-\sqrt{3}}{2}, \dfrac{-1-\sqrt{3}}{2}, 2+\sqrt{3}\right)$.

由题意,原点到这种距离的最长和最短距离一定存在,故最大值和最小值在这两点处取得.

由 $d^2 = x^2 + y^2 + z^2 = 2\left(\dfrac{-1 \pm \sqrt{3}}{2}\right)^2 + (2 \pm \sqrt{3})^2 = 9 \pm 5\sqrt{3}$

得 $d_1 = \sqrt{9 + 5\sqrt{3}}$ 为最长距离,$d_2 = \sqrt{9 - 5\sqrt{3}}$ 为最短距离.

12. 解　由题意列方程组

$\begin{cases}\dfrac{\partial T}{\partial x} = 2x - 1 = 0\\ \dfrac{\partial T}{\partial y} = 4y = 0\end{cases}$　解得驻点为$\left(\dfrac{1}{2}, 0\right)$,$T_1 = T\Big|_{\left(\frac{1}{2},0\right)} = -\dfrac{1}{4}$.

在边界上,$x^2 + y^2 = 1$,$T = 2 - (x^2 + x) = \dfrac{9}{4} - (x + \dfrac{1}{2})^2$.

当 $x = -\dfrac{1}{2}$ 时,边界上有最大值 $T_2 = \dfrac{9}{4}$,$x = 1$ 时边界上的最小值 $T_3 = 0$.

比较 T_1、T_2 及 T_3 的值知,最热点在$\left(-\dfrac{1}{2}, \pm\dfrac{\sqrt{3}}{2}\right)$,$T_{\max} = \dfrac{9}{4}$;最冷点在$\left(\dfrac{1}{2}, 0\right)$,$T_{\min} = -\dfrac{1}{4}$.

13. 解　由题意作拉格朗日函数

$$L = 8x^2 + 4yz - 16z + 600 + \lambda(4x^2 + y^2 + 4z^2 - 16).$$

令$\begin{cases}L_x = 16x + 8\lambda x = 0\\ L_y = 4z + 2\lambda y = 0\\ L_z = 4y - 16 + 8\lambda z = 0\\ 4x^2 + y^2 + 4z^2 = 16\end{cases}$

解之得到五个可能的极值点

$M_1\left(\frac{4}{3},-\frac{4}{3},-\frac{4}{3}\right)$,$M_2\left(-\frac{4}{3},-\frac{4}{3},-\frac{4}{3}\right)$,$M_3(0,4,0)$,

$M_4(0,-2,\sqrt{3})$,$M_5(0,-2,-\sqrt{3})$.

比较上述五个可能极值点处的数值知 $T|_{M_1}=T|_{M_2}=\frac{1928}{3}$ 为最大,

所以表面最热的点为 $M\left(\pm\frac{4}{3},-\frac{4}{3},-\frac{4}{3}\right)$.

*第九节　二元函数的泰勒公式

本节考研要求

了解二元函数的二阶泰勒公式.

课后习题全解

习题9－9全解

1. 解　$f(1,-2)=5$

$f'_x(1,-2)=(4x-y-6)|_{(1,-2)}=0$

$f'_y(1,-2)=(-x-2y-3)|_{(1,-2)}=0$

$f''_{xx}(1,-2)=4,f''_{xy}=(1,-2)=-1,f''_{yy}(1,-2)=-2,$

又阶数为3的各偏导数为零,

故 $f(x,y)=f[1+(x-1),-2+(y+2)]$

$$
\begin{aligned}
&=f(1,-2)+(x-1)f'_x(1,-2)+(y+2)f'_y(1,-2)\\
&\quad+\frac{1}{2!}[(x-1)^2f''_{xx}(1,-2)+2(x-1)(y+2)f''_{xy}(1,-2)\\
&\quad+(y+2)^2f''_{yy}(1,-2)]\\
&=5+\frac{1}{2!}[4(x-1)^2-2(x-1)(y+2)-2(y+2)^2]\\
&=5+2(x-1)^2-(x-1)(y+2)-(y+2)^2.
\end{aligned}
$$

2. 分析　求出各阶的偏导数,再由泰勒中值定理求 n 次多项式表达函数 $f(x_0+h,y_0+h)$ 和误差 $|R_n|$.

解　$f'_x = e^x \ln(1+y), f'_y = \dfrac{e^x}{1+y}$

$f''_{xx} = e^x \ln(1+y), f''_{xy} = \dfrac{e^x}{1+y}, f''_{yy} = \dfrac{e^x}{(1+y)^2}$

$f'''_{xxx} = e^x \ln(1+y), f'''_{xxy} = \dfrac{e^x}{1+y}$

$f'''_{xyy} = -\dfrac{e^x}{(1+y)^2}, f'''_{yyy} = \dfrac{2e^x}{(1+y)^3}$

$$\left(x\frac{\partial}{\partial x}+y\frac{\partial}{\partial y}\right)f(0,0) = xf'_x(0,0)+yf'_y(0,0) = y$$

$$\left(x\frac{\partial}{\partial x}+y\frac{\partial}{\partial y}\right)^2 f(0,0) = x^2 f''_{xx}(0,0)+2xyf''_{xy}(0,0)+y^2 f''_{yy}(0,0)$$

$$= 2xy - y^2$$

$$\left(x\frac{\partial}{\partial x}+y\frac{\partial}{\partial y}\right)^3 f(0,0) = x^3 f'''_{xxx}(0,0)+3x^2 yf'''_{xxy}(0,0)+$$

$$3xy^2 f'''_{xyy}(0,0)+y^3 f'''_{yyy}(0,0)$$

$$= 3x^2 y - 3xy^2 + 2y^3 f$$

$$e^x \ln(1+y) = f(0,0)+\left(x\frac{\partial}{\partial x}+y\frac{\partial}{\partial y}\right)f(0,0)+$$

$$\frac{2}{2!}\left(x\frac{\partial}{\partial x}+y\frac{\partial}{\partial y}\right)^2 f(0,0)+\frac{1}{3!}\left(x\frac{\partial}{\partial x}+y\frac{\partial}{\partial y}\right)^3 f(0,0)+R_3$$

$$= y+\frac{1}{2!}(2xy-y^2)+\frac{1}{3!}(3x^2 y-3xy^2+2y^3)+R_3.$$

其中

$$R_3 = \frac{e^{\theta x}}{24}\left[x^4\ln(1+\theta y)+\frac{4x^3 y}{1+\theta y}-\frac{6x^2 y^2}{(1+\theta y)^2}+\frac{8xy^3}{(1+\theta y)^3}-\frac{6y^4}{(1+\theta y)^4}\right]$$

$(0<\theta<1)$.

3. 解　$f'_x = \cos x \cdot \sin y, f'_y = \sin x \cdot \cos y$

$f''_{xx} = -\sin x\sin y, f''_{xy} = \cos x\cos y, f''_{yy} = -\sin x\sin y,$

$f'''_{xxx} = -\cos x\sin y, f'''_{xxy} = -\sin x\cos y, f'''_{xyy} = -\cos x\sin y,$

$f'''_{yyy} = -\sin x\cos y.$

$$\sin x\sin y = f\left[\frac{\pi}{4}+\left(x-\frac{\pi}{4}\right), \frac{\pi}{4}+\left(y-\frac{\pi}{4}\right)\right]$$

$$= f\left(\frac{\pi}{4},\frac{\pi}{4}\right)+\left[\left(x-\frac{\pi}{4}\right)\frac{\partial}{\partial x}+\left(y-\frac{\pi}{4}\right)\frac{\partial}{\partial y}\right]f\left(\frac{\pi}{4},\frac{\pi}{4}\right)+$$

$$\frac{1}{2!}\left[\left(x-\frac{\pi}{4}\right)^2\left(-\frac{1}{2}\right)+2\left(x-\frac{\pi}{4}\right)\left(y-\frac{\pi}{4}\right)\cdot\frac{1}{2}+\left(y-\frac{\pi}{4}\right)^2\left(-\frac{1}{2}\right)\right]+R_2$$

$$=\frac{1}{2}+\frac{1}{2}\left(x-\frac{\pi}{4}\right)+\frac{1}{2}\left(y-\frac{\pi}{4}\right)-\frac{1}{4}\left[\left(x-\frac{\pi}{4}\right)^2\right.$$

$$\left.-2\left(x-\frac{\pi}{4}\right)\left(y-\frac{\pi}{4}\right)+\left(y-\frac{\pi}{4}\right)^2\right]+R_2$$

其中 $R_2=\frac{1}{3!}\left[\left(x-\frac{\pi}{4}\right)\frac{\partial}{\partial x}+\left(y-\frac{\pi}{4}\right)\frac{\partial}{\partial y}\right]^3 f(\xi,\eta)$

$$=-\frac{1}{6}\left[\cos\xi\cdot\sin\eta\cdot\left(x-\frac{\pi}{4}\right)^3+3\sin\xi\cos\eta\cdot\left(x-\frac{\pi}{4}\right)^2\left(y-\frac{\pi}{4}\right)\right.$$

$$\left.+3\cos\xi\cdot\sin\eta\left(x-\frac{\pi}{4}\right)\left(y-\frac{\pi}{4}\right)^2+\sin\xi\cos\eta\left(y-\frac{\pi}{4}\right)^3\right]$$

$$\xi=\frac{\pi}{4}+\theta\left(x-\frac{\pi}{4}\right)$$

$$\eta=\frac{\pi}{4}+\theta\left(y-\frac{\pi}{4}\right)\quad(0<\theta<1).$$

4. **解**　在点(1,1)处将函数 $f(x,y)=x^y$ 展开成三阶泰勒公式：

$$f(1,1)=1,f'_x(1,1)=yx^{y-1}\big|_{(1,1)}=1$$

$$f'_y(1,1)=x^y\ln x\big|_{(1,1)}=0$$

$$f''_{xx}(1,1)=y(y-1)x^{y-2}\big|_{(1,1)}=0$$

$$f''_{xy}(1,1)=(x^{y-1}+yx^{y-1}\ln x)\big|_{(1,1)}=1$$

$$f''_{yy}(1,1)=x^y\ln x\big|_{(1,1)}=0$$

$$f'''_{xxx}(1,1)=y(y-1)(y-2)x^{y-3}\big|_{(1,1)}=0$$

$$f'''_{xxy}(1,1)=[(2y-1)x^{y-2}+y(y-1)x^{y-2}\ln x]\big|_{(1,1)}=1$$

$$f'''_{xyy}(1,1)=[2x^{y-1}\ln x+yx^{y-1}\ln^2 x]\big|_{(1,1)}=0$$

$$f'''_{yyy}(1,1)=x^y\ln^3 x\big|_{(1,1)}=0$$

故 $f(x,y)=f[1+(x-1),1+(y-1)]=x^y$

$$=1+(x-1)+\frac{1}{2!}[2(x-1)(y-1)]+\frac{1}{3!}[3(x-1)^2(y-1)]+R_3$$

$$=1+(x-1)+(x-1)(y-1)+\frac{1}{2}(x-1)^2(y-1)+R_3$$

从而 $1.1^{1.02}\approx 1+0.1+0.1\times 0.02+\frac{1}{2}\times 0.1^2\times 0.02$

$$=1+0.1+0.002+0.0001=1.1021.$$

5. 解 $f(0,0)=e^0=1, f'_x(0,0)=e^{x+y}\big|_{(0,0)}=1$

$f'_y(0,0)=e^{x+y}\big|_{(0,0)}=1$

同理 $f^{(n)}_{x^m y^{n-m}}=e^{x+y}\big|_{(0,0)}=1$

故 $e^{x+y}=1+(x+y)+\frac{1}{2!}(x^2+2xy+y^2)+\frac{1}{3!}(x^3+3x^2y+3xy^2+y^3)+\cdots$

$+\frac{1}{n!}(x+y)^n+R_n=\sum_{k=0}^{n}\frac{(x+y)^k}{k!}+R_n$

其中 $R_n=\frac{(x+y)^{n+1}}{(n+1)!}e^{\theta(x+y)} \quad (0<\theta<1)$.

第十节 最小二乘法

课后习题全解

习题 9—10 全解

1. 解 由方程组 $\begin{cases} a\sum_{i=1}^{6}p_i^2+b\sum_{i=1}^{6}p_i=\sum_{i=1}^{6}\theta_i p_i, \\ a\sum_{i=1}^{6}p_i+6b=\sum_{i=1}^{6}\theta_i, \end{cases}$ 确定先验公式中的 a、b,先算出:

$$\begin{cases} \sum_{i=1}^{6}p_i^2=28365.28, & \sum_{i=1}^{6}p_i=396.6, \\ \sum_{i=1}^{6}\theta_i p_i=101176.3, & \sum_{i=1}^{6}\theta_i=1458. \end{cases}$$

代入方程组得

$$\begin{cases} 28365.28a+396.6b=101176.3, \\ 396.6a+6b=1458. \end{cases}$$

解此方程组,得 $a=\frac{28815}{12900.12}=2.234, b=\frac{1230057.66}{12900.12}=95.33$,

故经验公式 $\theta=2.234p+95.33$.

2. 解 设 M 是每个数据偏差的平方和:

$M=\sum_{i=1}^{n}[y_i-(ax_i^2+bx_i+c)]^2=M(a,b,c)$

令
$$\begin{cases}\dfrac{\partial M}{\partial a}=-2\sum\limits_{i=1}^{n}\left[y_i-(ax_i^2+bx_i+c)\right]\cdot(x_i)^2=0,\\ \dfrac{\partial M}{\partial b}=-2\sum\limits_{i=1}^{n}\left[y_i-(ax_i^2+bx_i+c)\right]\cdot x_i=0,\\ \dfrac{\partial M}{\partial c}=-2\sum\limits_{i=1}^{n}\left[y_i-(ax_i^2+bx_i+c)\right]=0.\end{cases}$$

即
$$\begin{cases}\sum\limits_{i=1}^{n}(y_ix_i^2-ax_i^4-bx_i^3-cx_i^2)=0,\\ \sum\limits_{i=1}^{n}(y_ix_i-ax_i^3-bx_i^2-cx_i)=0,\\ \sum\limits_{i=1}^{n}(y_i-ax_i^2-bx_i-c)=0.\end{cases}$$

整理化为：
$$\begin{cases}a\sum\limits_{i=1}^{n}x_i^4+b\sum\limits_{i=1}^{n}x_i^3+c\sum\limits_{i=1}^{n}x_i^2=\sum\limits_{i=1}^{n}x_i^2y_i,\\ a\sum\limits_{i=1}^{n}x_i^3+b\sum\limits_{i=1}^{n}x_i^2+c\sum\limits_{i=1}^{n}x_i=\sum\limits_{i=1}^{n}x_iy_i,\\ a\sum\limits_{i=1}^{n}x_i^2+b\sum\limits_{i=1}^{n}x_i+nc=\sum\limits_{i=1}^{n}y_i.\end{cases}$$

总习题九全解

1. 解　(1) 充分,必要;(2) 必要,充分;(3) 充分;(4) 充分.

2. 解　函数 $f(x,y)$ 在点$(0,0)$ 处两个偏导数存在,不一定微分故(A)不对,曲面 $f(x,y)$ 在点$(0,0,f(0))$ 处一个法向量为$(-3,1,1)$ 而不是$(3,-1,1)$. 所以 B 不对,选(C).

3. 解　当 $4x-y^2\geqslant 0$ 且$\begin{cases}1-x^2-y^2>0,\\1-x^2-y^2\neq 1,\end{cases}$时,函数才有定义.

解得$D=\{(x,y)\mid y^2\leqslant 4x$ 且 $0<x^2+y^2<1\}$

由$\left(\dfrac{1}{2},0\right)$是 $f(x,y)$ 的定义域 D 的内点,得 $f(x,y)$ 在$\left(\dfrac{1}{2},0\right)$处连续.

所以$\lim\limits_{(x,y)\to\left(\frac{1}{2},0\right)}f(x,y)=\dfrac{\sqrt{4\times\dfrac{1}{2}-0^2}}{\ln\left[1-\left(\dfrac{1}{2}\right)^2-0^2\right]}=\dfrac{\sqrt{2}}{\ln\dfrac{3}{4}}=\dfrac{\sqrt{2}}{\ln 3-\ln 4}.$

4. 分析　要证明在某点处极限不存在，常用的方法是分别固定 x,y 其中一个，然后沿不同路径求出极限，若两次极限不相同，则极限不存在。

证　选择直线 $y=kx$ 作为路径计算极限，有

$$\lim_{\substack{x\to 0\\ y=kx}}\frac{xy^2}{x^2+y^4}=\lim_{x\to 0}\frac{k^2x^3}{x^2+k^4x^4}=\lim_{x\to 0}\frac{k^2x}{1+k^4x^2}=0.$$

选择曲线 $x=y^2$ 作为路径计算极限：

$$\lim_{\substack{x\to 0\\ x=y^2}}\frac{xy^2}{x^2+y^4}=\lim_{y\to 0}\frac{y^4}{y^4+y^4}=\frac{1}{2}.$$

由于不同路径算得不同的极限值，所以原极限不存在.

5. 分析　在分界点处用定义求导数.

解　当 $x^2+y^2\neq 0$ 时，$f(x,y)=\dfrac{x^2y}{x^2+y^2}$，

$$f_x(x,y)=\frac{2xy(x^2+y^2)-x^2y\cdot 2x}{(x^2+y^2)^2}=\frac{2xy^3}{(x^2+y^2)^2},$$

$$f_y(x,y)=\frac{x^2(x^2+y^2)-x^2y\cdot 2y}{(x^2+y^2)^2}=\frac{x^2(x^2-y^2)}{(x^2+y^2)^2}.$$

当 $x^2+y^2=0$ 时，$f(0,0)=0$.

$$f_x(0,0)=\lim_{\Delta x\to 0}\frac{f(0+\Delta x,0)-f(0,0)}{\Delta x}=\lim_{\Delta x\to 0}\frac{0-0}{\Delta x}=0,$$

$$f_y(0,0)=\lim_{\Delta y\to 0}\frac{f(0,0+\Delta y)-f(0,0)}{\Delta y}=\lim_{\Delta y\to 0}\frac{0-0}{\Delta y}=0.$$

故 $f_x(x,y)=\begin{cases}\dfrac{2xy^3}{(x^2+y^2)^2}, & x^2+y^2\neq 0,\\ 0, & x^2+y^2=0.\end{cases}$

$f_y(x,y)=\begin{cases}\dfrac{x^2(x^2-y^2)}{(x^2+y^2)^2}, & x^2+y^2\neq 0,\\ 0, & x^2+y^2=0.\end{cases}$

6. 解　(1) $\dfrac{\partial z}{\partial x}=\dfrac{1}{x+y^2}$，　$\dfrac{\partial z}{\partial y}=\dfrac{2y}{x+y^2}$

$$\frac{\partial^2 z}{\partial x^2}=\frac{-1}{(x+y^2)^2}\quad \frac{\partial^2 z}{\partial x\partial y}=\frac{\partial^2 z}{\partial y\partial x}=\frac{-2y}{(x+y^2)^2},$$

$$\frac{\partial^2 z}{\partial y^2}=\frac{2(x+y^2)-2y\cdot 2y}{(x+y^2)^2}=\frac{2(x-y^2)}{(x+y^2)^2};$$

(2) $\dfrac{\partial z}{\partial x}=yx^{y-1}$，$\dfrac{\partial z}{\partial y}=x^y\ln x$，

$$\frac{\partial^2 z}{\partial x^2}=y(y-1)x^{y-2},\frac{\partial^2 z}{\partial y^2}=x^y(\ln x)^2,$$

$$\frac{\partial^2 z}{\partial x\partial y}=\frac{\partial^2 z}{\partial y\partial x}=x^{y-1}+y\cdot\frac{1}{x}\cdot x^y\cdot\ln x=x^{y-1}(1+y\ln x).$$

7. 分析　用定义求解，全增量 $\Delta z=f(x+\Delta x,y+\Delta y)-f(x,y)$，全微分 $\mathrm{d}z=z_x\Delta x+z_y\Delta y$.

解　$\Delta z=f(x+\Delta x,y+\Delta y)-f(x,y)$

$$=f(2+0.01,1+0.03)-f(2,1)$$

$$=\frac{2.01\times1.03}{2.01^2-1.03^2}-\frac{2\times1}{2^2-1^2}=0.0283\approx0.03,$$

$\mathrm{d}z=z_x\Delta_x+z_y\Delta_y$,

$$z_x=\frac{y(x^2-y^2)-xy\cdot2x}{(x^2-y^2)^2}=\frac{-y(x^2+y^2)}{(x^2-y^2)^2},$$

$$z_y=\frac{x(x^2-y^2)-xy(-2y)}{(x^2-y^2)^2}=\frac{x(x^2+y^2)}{(x^2-y^2)^2},$$

故 $\mathrm{d}z\,|_{(2,1)}=z_x\,|_{(2,1)}\Delta x+z_y\,|_{(2,1)}\Delta y$

$$=\frac{-1\times(2^2+1^2)}{(2^2-1^2)^2}\times0.01+\frac{2(2^2+1^2)}{(2^2-1^2)^2}\times0.03\approx0.0278\approx0.03.$$

小结　由于 Δz 很小，故可以近似用 $\mathrm{d}z$ 代替 Δz，例如本题中 $\Delta z=0.0283$，$\mathrm{d}z\approx0.0278$ 误差非常小.

8. 证　先证连续性，即证 $\lim\limits_{(x,y)\to(0,0)}f(x,y)=f(0,0)=0$.

由 $x^2+y^2\geqslant2|xy|$,

得 $0\leqslant\dfrac{x^2y^2}{(x^2+y^2)^{\frac{3}{2}}}\leqslant\dfrac{x^2y^2}{2^{\frac{3}{2}}|xy|^{\frac{3}{2}}}=\dfrac{|xy|^{\frac{1}{2}}}{2^{\frac{3}{2}}}$.

又 $f(x,y)\geqslant0$，$\lim\limits_{(x,y)\to(0,0)}\sqrt{|xy|}=0$，故由夹逼定理知

$$\lim_{(x,y)\to(0,0)}f(x,y)=\lim_{(x,y)\to(0,0)}\frac{x^2y^2}{(x^2+y^2)^{\frac{3}{2}}}=0=f(0,0).$$

所以 $f(x,y)$ 在点 $(0,0)$ 处连续.

再证偏导数存在，

$$f'_x(0,0)=\lim_{\Delta t\to0}\frac{f(0+\Delta x,0)-f(0,0)}{\Delta x}=\lim_{\Delta x\to0}\frac{\dfrac{(\Delta x)^2\cdot0}{[(\Delta x)^2+0^2]^{\frac{3}{2}}}-0}{\Delta x}=0.$$

同理可得 $f'_y(0,0)=0$. 因此 $f(x,y)$ 在 $(0,0)$ 处偏导数存在.

最后证不可微分.

由 $f'_x(0,0)=0, f'_y(0,0)=0$ 得

$$\Delta z-[f'_x(0,0)\Delta x+f'_y(0,0)\Delta y]$$

$$=\frac{(\Delta x)^2\cdot(\Delta y)^2}{[(\Delta x)^2+(\Delta y)^2]^{\frac{3}{2}}}.$$

又 $\dfrac{\dfrac{(\Delta x)^2\cdot(\Delta y)^2}{[(\Delta x)^2+(\Delta y)^2]^{\frac{3}{2}}}}{\sqrt{(\Delta x)^2+(\Delta y)^2}}=\dfrac{(\Delta x)^2\cdot(\Delta y)^2}{[(\Delta x)^2+(\Delta y)^2]^2}$,

而 $\lim\limits_{\substack{\Delta x\to 0\\ \Delta y=k\Delta x}}\dfrac{(\Delta x)^2\cdot(\Delta y)^2}{[(\Delta x)^2+(\Delta y)^2]^2}=\lim\limits_{\Delta x\to 0}\dfrac{(\Delta x)^2\cdot k^2(\Delta x)^2}{[(\Delta x)^2+k^2(\Delta x)^2]^2}=\dfrac{k^2}{(1+k^2)^2}$,即

$\dfrac{\Delta f(0,0)-[f'_x(0,0)\Delta x+f'_y(0,0)\Delta y]}{\sqrt{(\Delta x)^2+(\Delta y)^2}}$ 不趋近于 0(当 $\rho=\sqrt{(\Delta x)^2+(\Delta y)^2}\to 0$ 时).

所以 $f(x,y)$ 在 $(0,0)$ 处不可微分.

9. 分析　直接用复合函数求导公式计算.

解　$\dfrac{\mathrm{d}u}{\mathrm{d}t}=\dfrac{\partial u}{\partial x}\dfrac{\mathrm{d}x}{\mathrm{d}t}+\dfrac{\partial u}{\partial y}\dfrac{\mathrm{d}y}{\mathrm{d}t}=yx^{y-1}\varphi'(t)+x^y\ln x\psi'(t)$.

10. 分析　直接变量是 u,v,ω,中间变量是 η,ζ,ξ.

解

$$\frac{\partial z}{\partial \xi}=\frac{\partial z}{\partial u}\frac{\partial u}{\partial \xi}+\frac{\partial z}{\partial v}\frac{\partial v}{\partial \xi}+\frac{\partial z}{\partial \omega}\frac{\partial \omega}{\partial \xi}=-\frac{\partial z}{\partial v}+\frac{\partial z}{\partial \omega},$$

$$\frac{\partial z}{\partial \eta}=\frac{\partial z}{\partial u}\frac{\partial u}{\partial \eta}+\frac{\partial z}{\partial v}\frac{\partial v}{\partial \eta}+\frac{\partial z}{\partial \omega}\frac{\partial \omega}{\partial \eta}=\frac{\partial z}{\partial u}-\frac{\partial z}{\partial \omega},$$

$$\frac{\partial z}{\partial \zeta}=\frac{\partial z}{\partial u}\frac{\partial u}{\partial \zeta}+\frac{\partial z}{\partial v}\frac{\partial v}{\partial \zeta}+\frac{\partial z}{\partial \omega}\frac{\partial \omega}{\partial \zeta}=-\frac{\partial z}{\partial u}+\frac{\partial z}{\partial v}.$$

11. 解

$$\frac{\partial z}{\partial x}=\frac{\partial f}{\partial u}\frac{\partial u}{\partial x}+\frac{\partial f}{\partial x}\frac{\partial x}{\partial x}=f'_u\mathrm{e}^y+f'_x,$$

$$\frac{\partial^2 z}{\partial x\partial y}=\frac{\partial}{\partial y}\left(\frac{\partial z}{\partial x}\right)=\frac{\partial f'_u}{\partial y}\mathrm{e}^y+f'_u\mathrm{e}^y+\frac{\partial f'_x}{\partial y}$$

$$=\mathrm{e}^y\left(f''_{uu}\frac{\partial u}{\partial y}+f''_{uy}\right)+f'_u\mathrm{e}^y+f''_{xu}\frac{\partial u}{\partial y}+f''_{xy}$$

$$=\mathrm{e}^y(f''_{uu}x\mathrm{e}^y+f''_{uy}+f'_u)+x\mathrm{e}^y f''_{xu}+f''_{xy}$$

$$=x\mathrm{e}^{2y}f''_{uu}+\mathrm{e}^y f''_{uy}+f''_{xy}+x\mathrm{e}^y f''_{xu}+\mathrm{e}^y f'_u.$$

12. 解　由 $1=\mathrm{e}^u\dfrac{\partial u}{\partial x}\cdot\cos v-\mathrm{e}^u\cdot\sin v\dfrac{\partial v}{\partial x}$ 及 $0=\mathrm{e}^u\dfrac{\partial u}{\partial x}\cdot\sin v+\mathrm{e}^u\cdot\cos v\dfrac{\partial v}{\partial x}$

得 $\dfrac{\partial u}{\partial x}=\mathrm{e}^{-u}\cos v, \dfrac{\partial v}{\partial x}=-\mathrm{e}^{-u}\sin v$,

所以 $\dfrac{\partial z}{\partial x}=v\mathrm{e}^{-u}\cos v+u(-\mathrm{e}^{-u}\sin v)=\mathrm{e}^{-u}(v\cos v-u\sin v)$.

由 $0 = e^u \dfrac{\partial u}{\partial y}\cos v - e^u \sin v \dfrac{\partial v}{\partial y}$ 及 $1 = e^u \dfrac{\partial u}{\partial y}\sin v + e^u \cos v \dfrac{\partial v}{\partial y}$

得 $\dfrac{\partial u}{\partial y} = e^{-u}\sin v$，　$\dfrac{\partial v}{\partial y} = e^{-u}\cos v$，

故 $\dfrac{\partial z}{\partial y} = ve^{-u}\sin v + ue^{-u}\cos v = e^{-u}(u\cos v + v\sin v)$.

13. 分析　设 $x=\varphi(t)$，$y=\psi(t)$，$z=\omega(t)$，则 $t=t_0$ 对应的切向量计算公式为 $\boldsymbol{T}=(\varphi'(t_0),\psi'(t_0),\omega'(t_0))$.

解　螺旋线的切向量 $\boldsymbol{T}=(x_0,y_0,z_0)=(-a\sin\theta,a\cos\theta,b)$，点 $(a,0,0)$ 处对应的参数 $\theta=0$. 由 $\boldsymbol{T}|_{\theta=0}=(0,a,b)$，得所求切线方程为

$$\frac{x-a}{0}=\frac{y}{a}=\frac{z}{b} \text{ 或 } \begin{cases} x=a, \\ by-az=0, \end{cases}$$

所求法平面方程为 $0(x-a)+ay+bz=0$，即 $ay+bz=0$.

14. 解　已知平面 $x+3y+z+9=0$ 的法向量为 $(1,3,1)$，曲面 $z=xy$ 的法向量 $\boldsymbol{n}=(y,x,-1)$，所以 $\boldsymbol{n}$ 与 $(1,3,1)$ 平行，

故 $\dfrac{y}{1}=\dfrac{x}{3}=\dfrac{-1}{1}$，解得 $x=-3$，$y=-1$，$z=xy=3$.

因此所求点的坐标为 $(-3,-1,3)$，法线方程为 $\dfrac{x+3}{1}=\dfrac{y+1}{3}=\dfrac{z-3}{1}$.

15. 解　方向导数

$$\left.\frac{\partial f}{\partial \boldsymbol{l}}\right|_{(1,1)} = (2x-y)\Big|_{(1,1)}\cos\theta + (2y-x)\Big|_{(1,1)}\sin\theta = \cos\theta+\sin\theta$$
$$= \cos\theta+\sin\theta,$$

从而 $\left.\dfrac{\partial f}{\partial \boldsymbol{l}}\right|_{(1,1)} = \cos\theta+\sin\theta=\sqrt{2}\sin\left(\theta+\dfrac{\pi}{4}\right)$.

因而当 $\theta=\dfrac{\pi}{4}$ 时，方向导数有最大值 $\sqrt{2}$，

当 $\theta=\dfrac{5}{4}\pi$ 时，方向导数有最小值 $-\sqrt{2}$，

当 $\theta-\dfrac{3}{4}\pi$ 或 $\dfrac{7}{4}\pi$ 时，方向导数的值为 0.

16. 分析　设外法向量为 $\boldsymbol{n}$，则方向导数计算式为 $\dfrac{\partial u}{\partial \boldsymbol{n}}=\dfrac{\partial u}{\partial x}\cos\alpha+\dfrac{\partial u}{\partial y}\cos\beta+\dfrac{\partial u}{\partial z}\cos\gamma$.

解　令 $F(x,y,z)=\dfrac{x^2}{a^2}+\dfrac{y^2}{b^2}+\dfrac{z^2}{c^2}-1$，则在椭球面上的点 (x,y,z) 处法向

量

$$\boldsymbol{n}=(F_x,F_y,F_z)=\left(\frac{2x}{a^2},\frac{2y}{b^2},\frac{2z}{c^2}\right),$$

$$\boldsymbol{e}_n=\frac{\left(\frac{x}{a^2},\frac{y}{b^2},\frac{z}{c^2}\right)}{\frac{x^2}{a^4}+\frac{y^2}{b^4}+\frac{z^2}{c^4}}.$$

$$\frac{\partial u}{\partial n}=\frac{\partial u}{\partial x}\cos\alpha+\frac{\partial u}{\partial y}\cos\beta+\frac{\partial u}{\partial z}\cos\varphi=\frac{2}{\sqrt{\frac{x^2}{a^4}+\frac{y^2}{b^4}+\frac{z^2}{c^4}}},$$

所以$\left.\frac{\partial u}{\partial \boldsymbol{n}}\right|_{(x_0,y_0,z_0)}=\frac{2}{\sqrt{\frac{x_0^2}{a^4}+\frac{y_0^2}{b^4}+\frac{z_0^2}{c^4}}}.$

17. 分析　解此类问题通常采取拉格朗日数乘法.

解　即求出满足 $x^2+y^2=1$ 条件下使 $|z|=5\left(1-\frac{x}{3}-\frac{y}{4}\right)$满足 $|z|$（最小的点）(x,y,z). 作拉格朗日函数

$$L(x,y,\lambda)=5\left(1-\frac{x}{3}-\frac{y}{4}\right)+\lambda(x^2+y^2-1).$$

由方程组$\begin{cases}L_x=-\frac{5}{3}+2\lambda x=0\\ L_y=-\frac{5}{4}+2\lambda y=0\\ L_\lambda=x^2+y^2-1=0\end{cases}$解得 $x=\frac{5}{6\lambda},y=\frac{5}{8\lambda},\lambda=\pm\frac{25}{24}$.

故 $x=\frac{4}{5},y=\frac{3}{5},z=\frac{35}{12}$ 或 $x=-\frac{4}{5},y=-\frac{3}{5},z=\frac{85}{12}$.

即$\left(\frac{4}{5},\frac{3}{5},\frac{35}{12}\right)$为满足条件的点.

18. 解　设 $P(x_0,y_0,z_0)$ 为椭圆面上一点，令 $F(x,y,z)=\frac{x^2}{a^2}+\frac{y^2}{b^2}+\frac{z^2}{c^2}-1$，则

$$F_x\Big|_P=\frac{2x_0}{a^2},F_y\Big|_P=\frac{2y_0}{b^2},F_z\Big|_P=\frac{2z_0}{c^2}.$$

过 $P(x_0,y_0,z_0)$ 点的切平面方程为

$$\frac{x_0}{a^2}(x-x_0)+\frac{y_0}{b^2}(y-y_0)+\frac{z_0}{c^2}(z-z_0)=0,$$

即$\frac{x_0}{a^2}x+\frac{y_0}{b^2}+\frac{z_0}{c^2}z=0$. 该切平面在 x、y、z 轴上的截距分别为 $x=\frac{a^2}{x_0},y=\frac{b^2}{y_0}$，

$z=\dfrac{c^2}{z_0}$，则切平面与三坐标面所围四面体的体积为 $V=\dfrac{1}{6}xyz=\dfrac{a^2b^2c^2}{6x_0y_0z_0}$.

求 V 在条件 $\dfrac{x_0^2}{a^2}+\dfrac{y_0^2}{b^2}+\dfrac{z_0^2}{c^2}=1$ 下的最小值.

令 $u=\ln x_0+\ln y_0+\ln z_0$，

$$G(x_0,y_0,z_0)=\ln x_0+\ln y_0+\ln z_0+\lambda\left(\frac{x_0^2}{a^2}+\frac{y_0^2}{b^2}+\frac{z_0^2}{c^2}-1\right),$$

解方程组 $\begin{cases}\dfrac{1}{x_0}+\dfrac{2\lambda}{a^2}x_0=0,\\ \dfrac{1}{y_0}+\dfrac{2\lambda}{b^2}y_0=0,\\ \dfrac{1}{z_0}+\dfrac{2\lambda}{c^2}z_0=0,\\ \dfrac{x_0^2}{a^2}+\dfrac{y_0^2}{b^2}+\dfrac{z_0^2}{c^2}=1,\end{cases}$ 解得 $x_0=\dfrac{a}{\sqrt{3}},y_0=\dfrac{b}{\sqrt{3}},z_0=\dfrac{c}{\sqrt{3}}$.

由此问题性质和当切点坐标为 $\left(\dfrac{a}{\sqrt{3}},\dfrac{b}{\sqrt{3}},\dfrac{c}{\sqrt{3}}\right)$ 时，切平面与三坐标轴所围成的四面体的体积最小，且最小值为 $\dfrac{\sqrt{3}}{2}abc$.

19. 解　总收入函数为 $R=p_1q_1+p_2q_2=24p_1-0.2p_1^2+10p_2-0.05p_2^2$，

总利润函数为 $L=R-C=32p_1-0.2p_1^2-0.05p_2^2+12p_2-1395$.

由极值的必要条件，得 $\begin{cases}\dfrac{\partial L}{\partial p_1}=32-0.4p_1=0,\\ \dfrac{\partial L}{\partial p_2}=12-0.1p_2=0,\end{cases}$ 得 $p_1=80,p_2=120$.

由问题的实际意义可知当 $p_1=80,p_2=120$ 时厂家获得的总利润最大，为 $L\big|_{p_1=80,p_2=120}=605$.

20. 解　(1) 由梯度与方向导数的关系知，$h=f(x,y)$ 在点 $M(x_0,y_0)$ 沿梯度方向的方向导数最大，其值为梯度的模

故 $y(x_0,y_0)=|\,\mathbf{grad}f(x_0,y_0)\,|=|\,(y_0-2x_0)\boldsymbol{i}+(x_0-2y_0)\boldsymbol{j}\,|$

$$=\sqrt{5x_0^2+5y_0^2-8x_0y_0};$$

(2) 欲求在 D 边界上求 $y(x,y)$ 最大值点，只需求 $F(x,y)=y^2(x,y)=5x^2+5y^2-8xy$ 最大值的点.

$L=5x^2+5y^2-8xy+\lambda(75-x^2-y^2+xy)$，

令 $\begin{cases} L_x = 10x - 8y + \lambda(y - 2x) = 0, \\ L_y = 10y - 8x + \lambda(x - 2y) = 0, \\ 75 - x^2 - y^2 - xy = 0. \end{cases}$

由此方程组得到四个可能极值点

$M_1(5, -5)$，$M_2(-5, 5)$，$M_3(5\sqrt{3}, 5\sqrt{3})$，$M_4(-5\sqrt{3}, -5\sqrt{3})$.

由 $F(M_1) = F(M_2) = 450$，$F(M_3) = F(M_4) = 150$，得 $M_1(5, -5)$ 或 $M_2(-5, 5)$ 可作为攀岩的起点.

第十章　重　积　分

学习导引

本章和下一章是多元函数积分学的内容，是一元函数定积分的推广与发展，在一元函数积分学中我们知道，定积分是某种确定形式的和的极限，这种和的极限的概念推广到定义在区域、曲线及曲面上多元函数的情形，便得到重积分，曲线积分及曲面积分.

第一节　二重积分的概念与性质

知识要点及常考点

1. 二重积分的定义

二重积分是一种特殊的和式的极限，首先对积分区域 D 进行分割，使分出的小区域 $\Delta\sigma_i$ 的直径足够小，从而使 $f(x,y)$ 在每个小区域上近似为一个常数，用小区域 $\Delta\sigma_i$ 中任取一点 (ξ_i,η_i) 的函数值 $f(\xi_i,\eta_i)$ 作为函数在该区域上的值. 作特殊的和 $\sum\limits_{i=1}^{n} f(\xi_i,\eta_i)\Delta\sigma_i$ 利用极限工具过渡到对一般函数的二重积分即

$$\iint\limits_D f(x,y)\mathrm{d}\sigma = \lim_{\lambda\to 0}\sum_{i=1}^{n}(\zeta_i,\eta_i)\Delta\sigma_i.$$

2. 二重积分的几何意义与物理意义

(1) 几何意义：

当 $f(x,y)\geqslant 0$ 时，$\iint\limits_D f(x,y)\mathrm{d}\sigma$ 是以区域 D 为底，以曲面 $z=f(x,y)$ 为顶的曲顶柱体的体积；

当 $f(x,y)\leqslant 0$ 时，$\iint\limits_D f(x,y)\mathrm{d}\sigma$ 是以区域 D 为底，以曲面 $z=f(x,y)$ 为顶的曲顶柱体体积的相反数；

当 $f(x,y)\equiv 1$ 时，$\iint\limits_D \mathrm{d}\sigma$ 为区域 D 的面积.

(2) 物理意义：

若平面薄片 D 的面密度为 $\rho(x,y)$，这里 $\rho(x,y)>0$ 且在 D 上连续，则二重积分 $\iint\limits_D \rho(x,y)\mathrm{d}\sigma$ 的值等于平面薄片的质量.

注　利用二重积分的几何意义我们可以对某些二重积分进行求值，还可以对某些二重积分进行比较.

3. 二重积分的性质

性质	说明
$\iint\limits_D [f\pm g]\mathrm{d}\sigma=\iint\limits_D f\mathrm{d}\sigma\pm\iint\limits_D g\mathrm{d}\sigma,\iint\limits_D k\mathrm{d}\sigma=k\iint\limits_D f\mathrm{d}\sigma$	线性性质
$\iint\limits_D f\mathrm{d}\sigma=\iint\limits_{D_1} f\mathrm{d}\sigma+\iint\limits_{D_2} f\mathrm{d}\sigma,D=D_1+D_2$	区域可加性 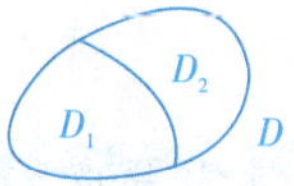
$\iint\limits_D \mathrm{d}\sigma=\sigma(D$ 的面积$)$，$\iint\limits_D k\mathrm{d}\sigma=k\sigma$	常用性质
若 $f(x,y)\geqslant g(x,y)((x,y)\in D)$，则 $\iint\limits_D f(x,y)\mathrm{d}\sigma\geqslant\iint\limits_D g(x,y)\mathrm{d}\sigma$ 特别地，若 $f(x,y)\geqslant 0((x,y)\in D)$，则 $\iint\limits_D f(x,y)\mathrm{d}\sigma\geqslant 0$	比较定理
M,m 分别为 $f(x,y)$ 在区域最大值和最小值$((x,y)\in D)$， σ 为区域面积，则 $m\sigma\leqslant f(x,y)\mathrm{d}\sigma\leqslant M\sigma$	估值不等式
$f(x,y)$ 在 D 上连续，σ 为 D 面积，则至少存在 $(\xi,\eta)\in D$， 使 $\iint\limits_D f(x,y)\mathrm{d}\sigma=f(\xi,\eta)\sigma$	积分中值定理

本节考研要求

1. 理解二重积分的概念.

2. 了解二重积分的性质，了解二重积分的中值定理.

题型、真题、方法

题型 1　利用二重积分的几何意义确定积分值

题型分析　二重积分的几何意义：当 $f(x,y)\geqslant 0,(x,y)\in D$ 时，$\iint\limits_D f(x,y)\mathrm{d}\sigma$ 表示以 $z=f(x,y)$ 为顶，以 D 为底的曲顶柱体体积.

例 1　根据二重积分的几何意义确定二重积分 $\iint\limits_D(a-\sqrt{x^2+y^2})\mathrm{d}\sigma$ 的值，其中 $D:x^2+y^2\leqslant a^2$.

思路点拨　利用几何意义确定二重积分的值，关键要确定由 $f(x,y)$ 和 D 所组成的曲顶柱体的形状，再根据立体图形的体积公式求得二重积分的确定值(如图 10-1 所示).

解　曲顶柱体的底部为圆盘 $x^2+y^2\leqslant a^2$，其顶是下半圆锥面 $z=a-\sqrt{x^2+y^2}$，故曲顶柱体为一圆锥体，它的底面半径及高均为 a，所以 $\iint\limits_D(a-\sqrt{x^2+y^2})\mathrm{d}\sigma=\dfrac{1}{3}\pi a^3$.

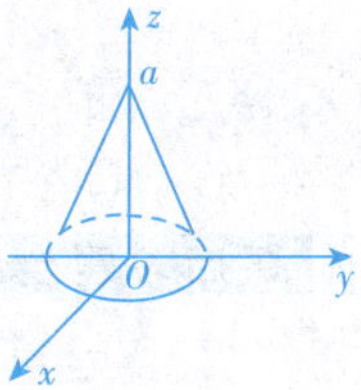

图 10-1

现学现练　$\iint\limits_D f(x,y)\mathrm{d}\sigma=\lim\sum\limits_{\lambda=1}^{\infty}(\xi_i,\eta_i)\Delta\sigma_i$ 其中 λ 是(　　). (C)

(A) 小区域最大面积.　　(B) 最大面积小区域的直径.

(C) 小区域直径的最大值.　　(D) 小区域的平均直径.

题型 2　积分值大小的比较，积分值的估计

题型分析　根据比较定理与估值不等式计算.

例 2　比较 $\iint\limits_D(x^2-y^2)\mathrm{d}\sigma$ 与 $\iint\limits_D\sqrt{x^2-y^2}\,\mathrm{d}\sigma$ 的大小，其中 $D:(x-2)^2+y^2\leqslant 1$.

思路点拨　所比较的二重积分中，D 是相同的，所以根据不等式的性质，只要比较被积函数在 D 上的大小即可.

解　由 $y^2\leqslant 1-(x-2)^2$，

则 $x^2-y^2\geqslant x^2-[1-(x-2)^2]=2(x-1)^2+1\geqslant 1$(适当缩放不等式). 故

$$x^2-y^2 \geqslant \sqrt{x^2-y^2}.$$

又在 D 内 $x^2-y^2 \neq \sqrt{x^2-y^2}$，所以

$$\iint\limits_D (x^2-y^2)\mathrm{d}\sigma > \iint\limits_D \sqrt{x^2-y^2}\,\mathrm{d}\sigma.$$

例 3　估计积分 $I=\iint\limits_D \sqrt{(x+y)xy}\,\mathrm{d}x\mathrm{d}y$ 的值，其中 D 是矩形域：$0 \leqslant x \leqslant 2$，$0 \leqslant y \leqslant 2$.

解　在区域 D 上，由于 $0 \leqslant x+y \leqslant 4$，$0 \leqslant xy \leqslant 4$，所以

$$0 \leqslant \sqrt{(x+y)xy} \leqslant 4,$$

即

$$0=\iint\limits_D 0\mathrm{d}\sigma \leqslant I \leqslant \iint\limits_D 4\mathrm{d}\sigma = 16.$$

现学现练　$I=\iint\limits_{x^2+y^2\leqslant 1} (x^4+y^4)\mathrm{d}\sigma$，$J=\iint\limits_{|x|\leqslant 1,|y|\leqslant 1} (x^4+y^4)\mathrm{d}\sigma$，

$K=\iint\limits_{x^2+y^2\leqslant 1} 2x^2y^2\mathrm{d}\sigma$，比较 I,J,K 的大小.（$K<I<J$）

课后习题全解

习题 10－1 全解

1. **解**　由二重积分的定义可知该板上的全部电荷 Q 为：$Q=\iint\limits_D u(x,y)\mathrm{d}\sigma$.

2. **分析**　首先作出图形，观察积分区域是否具有某种对称性，由此判定函数的奇偶性.

解　设 D_3 是矩形区域：$-1 \leqslant x \leqslant 1$，$0 \leqslant y \leqslant 2$，因为 D_1 关于 x 轴对称，被积函数 $(x^2+y^2)^3$ 关于 y 是偶函数，所以 $I_1=2\iint\limits_{D_3}(x^2+y^2)^3\mathrm{d}\sigma$. 又因为 D_3 关于 y 轴对称，被积函数 $(x^2+y^2)^3$ 关于 x 是偶函数，所以 $\iint\limits_{D_3}(x^2+y^2)^3\mathrm{d}\sigma=2I_2$，所以 $I_1=4I_2$.

3. **分析**　由二重积分的定义知，积分区域 D 是由任意分成的 n 个小闭区域，$\Delta\sigma_1$，$\Delta\sigma_2$，$\Delta\sigma_3$，…，$\Delta\sigma_n$ 组成. 因此只须证明 $D_1 \cup D_2$ 的划分等于 D 的划分，再由极限形式证明两边相等.

证 (1) 由二重积分的定义可知,二重积分

$$\iint\limits_D f(x,y)\mathrm{d}\sigma = \lim_{\lambda\to 0}\sum_{i=1}^{n} f(\xi_i,\eta_i)\Delta\sigma_i, \iint\limits_D \mathrm{d}\sigma = \lim_{\lambda\to 0}\sum_{i=1}^{n}\Delta\sigma_i = \lim_{\lambda\to 0}\sigma = \sigma;$$

(2) 由二重积分的定义可知,

$$\iint\limits_D kf(x,y)\mathrm{d}\sigma = \lim_{\lambda\to 0}\sum_{i=1}^{n} kf(\zeta_i,\eta_i)\Delta\sigma_i;$$

$$= k\lim_{\lambda\to 0}\sum_{i=1}^{n} f(\zeta_i,\eta_i)\Delta\sigma_i = k\iint\limits_D f(x,y)\mathrm{d}\sigma;$$

(3) 划分 D_1 为 n 份:$\Delta\sigma_1,\Delta\sigma_2,\cdots,\Delta\sigma_n$

划分 D_2 为 m 份:$\Delta\sigma_1{}',\Delta\sigma_2{}'\cdots,\Delta\sigma_m{}'$

则 $\Delta\sigma_1,\Delta\sigma_2,\cdots,\Delta\sigma_n,\Delta\sigma_1{}',\cdots,\Delta\sigma_m{}'$ 为 $D = D_1\cup D_2$ 的划分,则 $\sum f(\zeta_i,\eta_i)\Delta\sigma_i = \sum_{i=1}^{n} f(\zeta_i,\eta_i)\Delta\sigma_i + \sum_{i=1}^{m} f(\zeta_i,\eta_i)\Delta\sigma_i{}'$. 令 $\max\limits_{1\leqslant i\leqslant n}\{\Delta\sigma_i\}$, $\lambda' = \max\limits_{1\leqslant i\leqslant m}\{\Delta\sigma_i{}'\}$,

所以 $\lim\limits_{\max(\lambda,\lambda')\to 0}\sum f(\zeta_i,\eta_i)\Delta\sigma_i = \lim\limits_{\lambda\to 0}\sum\limits_{i=1}^{m} f(\zeta_i,\eta_i)\Delta\sigma_i{}'$.

从而 $$\iint\limits_D f(x,y)\mathrm{d}\sigma = \iint\limits_{D_1} f(x,y)\mathrm{d}\sigma + \iint\limits_{D_2} f(x,y)\mathrm{d}\sigma.$$

4. 解 由二重积分性质可知,当所积区域能使 $1-2x^2-y^2>0$,且所积区域外不包含满足上式的点即可.即积分区域为 $2x^2+y^2\leqslant 1$.

5. 分析 由二重积分的性质,积分区域相同,被积函数大的积分大.

解 (1) 积分区域 D 如图 10-2(a) 所示.

由 $0\leqslant x+y\leqslant 1$ 得 $(x+y)^3\leqslant (x+y)^2$.

由二重积分的性质可得

$$\iint\limits_D (x+y)^3\mathrm{d}\sigma \leqslant \iint\limits_D (x+y)^2\mathrm{d}\sigma;$$

(2) 由积分区域 D 如图 10-2(b) 所示. D 位于 $x+y\geqslant 1$ 的半平面内,从而在 D 内有 $(x+y)^2\leqslant (x+y)^3$,由二重积分的性质可得 $\iint\limits_D (x+y)^2\mathrm{d}\sigma \leqslant \iint\limits_D (x+y)^3\mathrm{d}\sigma$;

(3) 积分区域 D 如图 10-2(c) 所示. D 位于直线 $x+y=2$ 的下方,故在 D 内有 $x+y\leqslant 2$,所以 $\ln(x+y)\leqslant 1$.

又因为 D 内点满足 $x\geqslant 1, y\geqslant 0$,从而 $x+y\geqslant 1$,故 $\ln(x+y)\geqslant 0$.

于是 $$\ln(x+y)\geqslant [\ln(x+y)]^2.$$

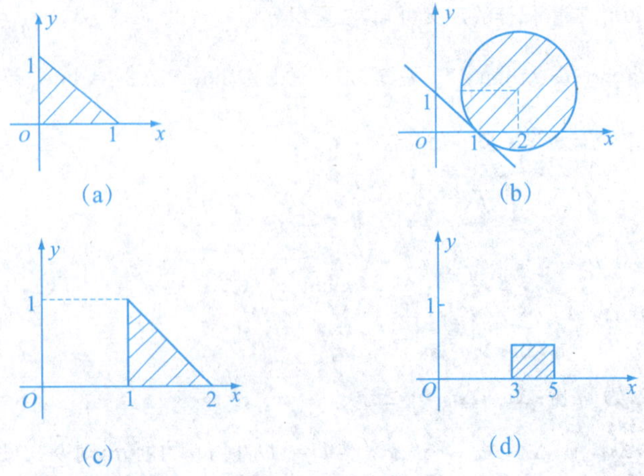

图 10-2

所以由重积分的性质可得

$$\iint_D \ln(x+y)\mathrm{d}\sigma \geqslant \iint_D [\ln(x+y)]^2 \mathrm{d}\sigma;$$

(4) 积分区域 D 如图 10-2(d) 所示.

在 D 内 $x+y>\mathrm{e}$,所以 $\ln(x+y)>1$.

从而 $\ln(x+y)<[\ln(x+y)]^2$.

由二重积分的性质可得

$$\iint_D \ln(x+y)\mathrm{d}\sigma < \iint_D [\ln(x+y)]^2 \mathrm{d}\sigma.$$

6. 分析　利用二重积分性质 5 的估值不等式求解.

解　(1) 因为在区域 D 上 $0\leqslant x\leqslant 1, 0\leqslant y\leqslant 1$,

所以 $0\leqslant xy\leqslant 1, 0\leqslant x+y\leqslant 2$.

故 $0\leqslant xy(x+y)\leqslant 2$.

所以$\iint_D 0\mathrm{d}\sigma \leqslant \iint_D xy(x+y)\mathrm{d}\sigma \leqslant \iint_D 2\mathrm{d}\sigma = 2\,|\,D\,|$,即 $0\leqslant \iint_D xy(x+y)\mathrm{d}\sigma \leqslant 2$;

(2) 因为 $0\leqslant \sin^2 x\leqslant 1, 0\leqslant \sin^2 y\leqslant 1$,

所以 $0\leqslant \sin^2 x\sin^2 y\leqslant 1$,于是$\iint_D 0\mathrm{d}\sigma \leqslant \iint_D \sin^2 x\sin^2 y\mathrm{d}\sigma \leqslant \iint_D 1\mathrm{d}\sigma = |\,D\,|$,

即 $0\leqslant \iint_D \sin^2 x\sin^2 y\mathrm{d}\sigma \leqslant \pi^2$;

(3) 因为在区域 D 上 $0\leqslant x\leqslant 1, 0\leqslant y\leqslant 2$,

所以 $1 \leqslant x+y+1 \leqslant 4$，故 $|D| = \iint_D \mathrm{d}\sigma \leqslant \iint_D (x+y+1)\mathrm{d}\sigma \leqslant \iint_D 4\mathrm{d}\sigma = 4|D|$，

即 $2 \leqslant \iint_D (x+y+1)\mathrm{d}\sigma \leqslant 8$；

(4) 因为 $9 \leqslant x^2+4y^2+9 \leqslant 4(x^2+y^2)+9 \leqslant 25$，

$9|D| \leqslant I \leqslant 25|D|$，即 $36\pi \leqslant I \leqslant 100\pi$.

第二节　二重积分的计算法

知识要点及常考点

1. 利用直角坐标系计算二重积分

(1) 若积分区域是矩形域 $a \leqslant x \leqslant b, c \leqslant y \leqslant d$，而被积函数可分离变量：$f(x)\cdot g(y)$，则有 $\iint_D f(x)g(y)\mathrm{d}x\mathrm{d}y = \left(\int_a^b f(x)\mathrm{d}x\right)\cdot\left(\int_c^d g(y)\mathrm{d}y\right)$，化成两个一元函数积分的乘积.

(2) D 是 X 型区域 $D: \varphi_1(x) \leqslant y \leqslant \varphi_2(x), a \leqslant x \leqslant b$.

此时，二重积分用以下分式计算：

$$\iint_D f(x,y)\mathrm{d}x\mathrm{d}y = \int_a^b \left[\int_{\varphi_1(x)}^{\varphi_2(x)} f(x,y)\mathrm{d}y\right]\mathrm{d}x$$

或

$$\iint_D f(x,y)\mathrm{d}x\mathrm{d}y = \int_a^b \mathrm{d}x \int_{\varphi_1(x)}^{\varphi_2(x)} f(x,y)\mathrm{d}y \quad (\text{积分次序：先 } y \text{ 后 } x).$$

注　在第一次积分 $\int_{\varphi_1(x)}^{\varphi_2(x)} f(x,y)\mathrm{d}y$ 中，将 x 视为常数，积分限从下方曲线 $y=\varphi_1(x)$ 到上方曲线 $y=\varphi_2(x)$，第二次积分的积分限从左端点 a 到右端点 b.

(3) D 是 Y 型区域

$$D: \varphi_1(y) \leqslant x \leqslant \varphi_2(y), c \leqslant y \leqslant d.$$

此时，二重积分用以下公式计算：

$$\iint_D f(x,y)\mathrm{d}x\mathrm{d}y = \int_c^d \left[\int_{\varphi_1(y)}^{\varphi_2(y)} f(x,y)\mathrm{d}x\right]\mathrm{d}y$$

或 $$\iint_D f(x,y)\mathrm{d}x\mathrm{d}y = \int_c^d \mathrm{d}y \int_{\varphi_1(y)}^{\varphi_2(y)} f(x,y)\mathrm{d}x \quad (\text{积分次序：先 } x \text{ 后 } y).$$

注　在第一次积分$\int_{\varphi_1(y)}^{\varphi_2(y)} f(x,y)\mathrm{d}x$中，将 y 视为常数，积分限从左方曲线 $x=\varphi_1(y)$ 到右方曲线 $x=\varphi_2(y)$，第二次积分的积分限从下端点 c 到上端点 b.

(4)D 既是 X 型，也是 Y 型区域 $D:\varphi_1(x)\leqslant y\leqslant\varphi_2(x), a\leqslant x\leqslant d$ 或 $D:\psi_1(y)\leqslant x\leqslant\psi_2(y), c\leqslant y\leqslant d$.

此时，二重积分可用两种不同次序的二次积分进行计算：

$$\iint\limits_D f(x,y)\mathrm{d}x\mathrm{d}y=\int_a^b \mathrm{d}x\int_{\varphi_1(x)}^{\varphi_2(x)} f(x,y)\mathrm{d}y\quad(\text{先 } y \text{ 后 } x),$$

或 $$\iint\limits_D f(x,y)\mathrm{d}x\mathrm{d}y=\int_c^b \mathrm{d}y\int_{\psi_1(y)}^{\psi_2(y)} f(x,y)\mathrm{d}x\quad(\text{先 } x \text{ 后 } y).$$

这种情况比较普遍. 此时应根据被积函数和 D 的边界曲线的特点选择简单和可行的积分次序.

注　如果 D 既非 X 型，也非 Y 型区域，则可以通过添加辅助直线将 D 划分为若干个 X 型或 Y 型区域，再利用二重积分的区域可加性计算二重积分.

例如，图 10-3 中区域 D 上的二重积分

$$\iint\limits_D f\mathrm{d}\sigma=\iint\limits_{D_1} f\mathrm{d}\sigma+\iint\limits_{D_2} f\mathrm{d}\sigma+\iint\limits_{D_3} f\mathrm{d}\sigma.$$

2. 利用对称性化简二重积分

如果积分区域 D 关于坐标轴对称，被积函数 $f(x,y)$ 关于自变量 x 或 y 有相应的奇偶性，则二重积分$\iint\limits_D f(x,y)\mathrm{d}x\mathrm{d}y$可按以下公式进行化简.

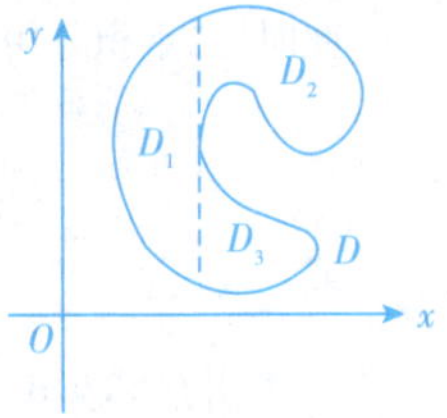

图 10-3

约定：$f(x,y)$ 关于 x 为奇函数是指 $f(-x,y)\equiv -f(x,y)$，$f(x,y)$ 关于 x 的偶函数是指 $f(-x,y)\equiv f(x,y)$. 关于 y 的奇（偶）性可类似地定义.

(1) 设 D 关于 y 轴对称

① 若 f 关于 x 为奇函数，则 $I=0$.

② 若 f 关于 x 为偶函数，则 $I=2\iint\limits_{D_1} f(x,y)\mathrm{d}\sigma$，其中 $D_1=\{(x,y)\in D:x\geqslant 0\}$，即 D_1 为 D 中位于 y 轴右边的那一部分区域.

(2) 设 D 关于 x 轴对称

① 若 f 关于 y 为奇函数，则 $I=0$.

② 若 f 关于 y 为偶函数，则 $I=2\iint\limits_{D_2}f(x,y)\mathrm{d}\sigma$，其中 D_2 为 D 中位于 x 轴上方的区域.

(3) 设 D 关于原点对称

① 若 f 关于 x,y 为奇函数，则 $I=0$.

② 若 $f(x,y)$ 关于 x,y 为偶函数，则 $I=2\iint\limits_{D_3}f(x,y)\mathrm{d}\sigma$，其中 D_3 为 D 在上半平面的部分.

(4) 设 D 关于直线 $y=x$ 对称

① 若 $f(x,y)=-f(y,x)$，则 $I=0$.

② 若 $f(x,y)=f(y,x)$，则 $I=2\iint\limits_{D_4}f(x,y)\mathrm{d}\sigma$. 其中 $D_4=\{(x,y)\in D,y\geqslant x\}$ 即 D_4 为 D 中位于直线 $y=x$ 以上的部分.

注　不能仅由积分区域 D 的某种对称性就使用以上公式，一定要检查被积函数 $f(x,y)$ 是否有相应的奇偶性或对称性，否则会造成严重错误.

3. 利用极坐标计算二重积分

二重积分从直角坐标到极坐标的变换公式为

$$\iint\limits_D f(x,y)\mathrm{d}x\mathrm{d}y=\iint\limits_D f(r\cos\theta,r\sin\theta)r\mathrm{d}r\mathrm{d}\theta,$$

其中各部分的变换为 $x=r\cos\theta,y=r\sin\theta$，面积元素 $\mathrm{d}x\mathrm{d}y=r\mathrm{d}r\mathrm{d}\theta$.

常用的变换还有 $x^2+y^2=r^2,\dfrac{y}{x}=\tan\theta$.

注　选择适当的坐标系，这是二重积分计算中应当首先考虑的重要问题，一般地说，应根据积分区域和被积函数的特征来综合考虑.

① 当区域 D 为中心在原点的圆形、扇形或圆环形等，被积函数为 x^2+y^2 的函数时选用极坐标系；

② 当区域 D 为矩形、三角形等直线形区域时选用直角坐标系.

4. 交换积分次序

交换积分次序的步骤如下：

(1) 根据已知的二次积分的上、下限作出积分区域 D 的图形(这是交换积分次序的关键步骤)，并确定 D 的类型(是 X 型，还是 Y 型).

(2) 将 D 视为另一类型的区域，重新定限即可.

交换二次积分 $\int_a^b \mathrm{d}x \int_{\varphi_1(x)}^{\varphi_2(x)} f(x,y)\mathrm{d}y$ 的积分次序的过程如图 10-4，图 10-5 所示.

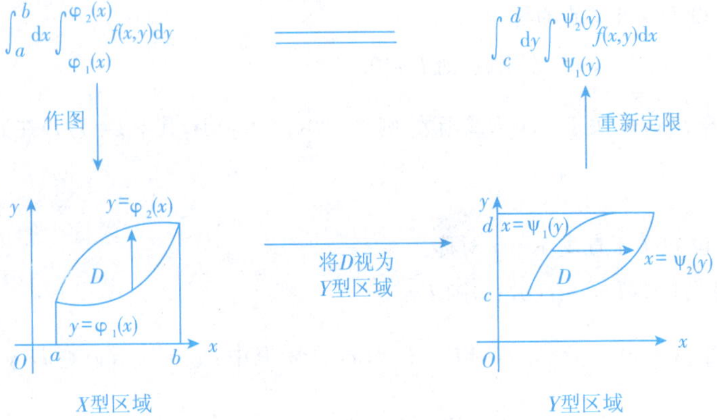

图 10-4　　　　图 10-5

5. 平移变换下的二重积分公式

设 D 为平面有界闭区域，$f(x,y)$ 在 D 上连续，在平移变换 $\begin{cases} u = x - a \\ v = y - b \end{cases}$ 下，有

$$\iint_D f(x,y)\mathrm{d}x\mathrm{d}y = \iint_{D'} f(u+a, v+b)\mathrm{d}u\mathrm{d}v,$$

其中 D' 是该平移变换下 xOy 平面上的区域 D 变成 $uO'v$ 平面上的一个区域，如图 10-6 所示.

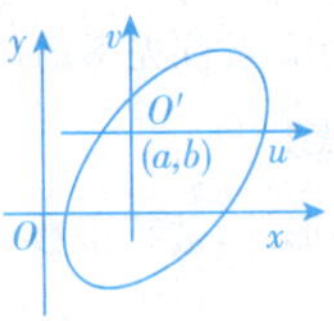

图 10-6

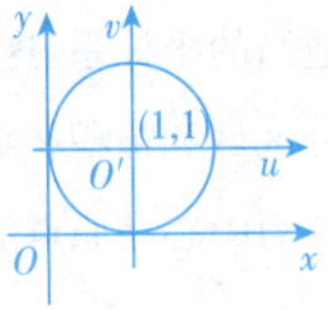

图 10-7

平移变换下保持区域的形状与面积不变.

如图 10-7 所示，D：$(x-1)^2+(y-1)^2 \leqslant 1$ 在平移变换 $u=x-1, v=y-1$ 下，D 变成 D'：$u^2+v^2 \leqslant 1$.

本节考研要求

掌握二重积分的计算方法(直角坐标,极坐标).

题型、真题、方法

题型1 直角坐标系下二重积分的计算

题型分析 直角坐标系下计算二重积分的一般步骤为:先画出积分区域草图,再根据积分区域和被积函数特点选择适当的积分次序,化为二次积分计算.

(1) 当积分区域D非常简单时,既是X型,又是Y型区域,仅从D来看,既可以先对x积分再对y积分,也可以先对y积分再对x积分,但如果考虑到被积函数的特点,先对x积分或先对y积分可能都会出现无法积分的情形,所以在选择积分顺序时,既要考虑到积分区域的形状,也要结合被积函数的特点,尽量使计算过程简便.

(2) 当被积函数带有绝对值符号时,应先去掉绝对值符号,为此需将积分区域划分为若干个子区域,使得在每个区域上,被积函数的取值不变号.

(3) 当被积函数是分段函数时,应根据分段函数的表达式将积分区域划分为若干个子区域,使得在每个子区域上不被积函数的表达式唯一.

(4) 当被积函数含有最值符号 max 或 min 时,需将积分区域划分为若干个子区域,以去掉最值符号.

例1 已知函数$f(x,y)$具有二阶连续的偏导数,且$f(1,y)=f(x,1)=0$,$\iint\limits_D f(x,y)\mathrm{d}x\mathrm{d}y=a$,其中$D=\{(x,y)\mid 0\leqslant x\leqslant 1,0\leqslant y\leqslant 1\}$计算二重积分$\iint\limits_D xyf''_{xy}(x,y)\mathrm{d}x\mathrm{d}y$(考研题).

思路点拨 本题考查二重积分的计算.计算中主要利用分部积分法将需要计算的积分式化为已知的积分式,有一定的难度.

解 将二重积分$\iint\limits_D xyf''_{xy}(x,y)\mathrm{d}x\mathrm{d}y$转化为累次积分可得

$$\iint\limits_D xyf''_{xy}(x,y)\mathrm{d}x\mathrm{d}y=\int_0^1\mathrm{d}y\int_0^1 xyf''_{xy}(x,y)\mathrm{d}x$$

首先考虑$\int_0^1 xyf''_{xy}(x,y)\mathrm{d}x$,注意这是把变量$y$看做常数的,故有

$$\int_0^1 xyf''_{xy}(x,y)\mathrm{d}x=y\int_0^1 x\mathrm{d}f'_y(x,y)=xyf'_y(x,y)\Big|_0^1-\int_0^1 yf'_y(x,y)\mathrm{d}x$$

$$= yf'_y(1,y) - \int_0^1 yf'_y(x,y)\mathrm{d}x.$$

由 $f(1,y) = f(x,1) = 0$ 易知 $f'_y(1,y) = f'_x(x,1) = 0$.

故 $\int_0^1 xyf''_{xy}(x,y)\mathrm{d}x = -\int_0^1 yf'_y(x,y)\mathrm{d}x$.

$$\iint_D xyf''_{xy}(x,y)\mathrm{d}x\mathrm{d}y = \int_0^1 \mathrm{d}y\int_0^1 xyf''_{xy}(x,y)\mathrm{d}x = -\int_0^1 \mathrm{d}y\int_0^1 yf'_y(x,y)\mathrm{d}x,$$

对该积分交换积分次序可得：$-\int_0^1 \mathrm{d}y\int_0^1 yf'_y(x,y)\mathrm{d}x = -\int_0^1 \mathrm{d}x\int_0^1 yf'_y(x,y)\mathrm{d}y$.

再考虑积分 $\int_0^1 yf'_y(x,y)\mathrm{d}y$，注意这里是把变量 x 看做常数的，故有

$$\int_0^1 yf'_y(x,y)\mathrm{d}y = \int_0^1 y\mathrm{d}f(x,y) = yf(x,y)\Big|_0^1 - \int_0^1 f(x,y)\mathrm{d}y = -\int_0^1 f(x,y)\mathrm{d}y.$$

因此

$$\iint_D xyf''_{xy}(x,y)\mathrm{d}x\mathrm{d}y = -\int_0^1 \mathrm{d}x\int_0^1 yf'_y(x,y)\mathrm{d}y = \int_0^1 \mathrm{d}x\int_0^1 f(x,y)\mathrm{d}y$$

$$= \iint_D f(x,y)\mathrm{d}x\mathrm{d}y = a.$$

例 2 设 D 是以点 $O(0,0)$，$A(1,2)$ 和 $B(2,1)$ 为顶点的三角形区域，求 $\iint_D x\mathrm{d}x\mathrm{d}y$.（考研题）

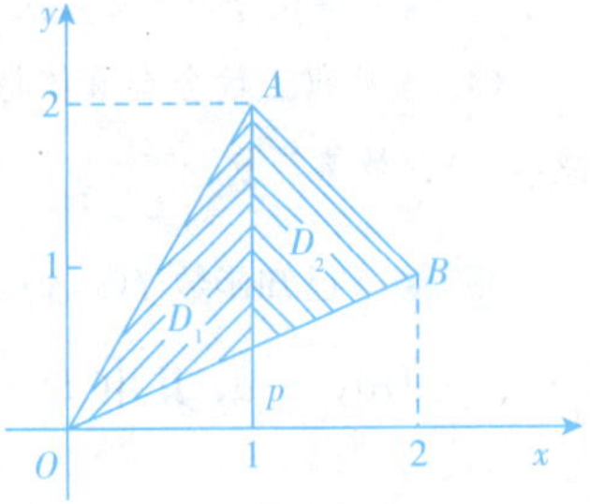

图 10-8

解 直线 OA、OB 和 AB 的相应方程为

$$y = 2x, y = \frac{x}{2} \text{ 和 } y = 3 - x.$$

过点 A 向 x 轴作垂线 AP，它将 D 分为 D_1 和 D_2 两个区域（见图 10-8），其中点 P 的横坐标为 1. 因此，有

$$\iint_D x\mathrm{d}x\mathrm{d}y = \iint_{D_1} x\mathrm{d}x\mathrm{d}y + \iint_{D_2} x\mathrm{d}x\mathrm{d}y = \int_0^1 x\mathrm{d}x\int_{\frac{x}{2}}^{2x}\mathrm{d}y + \int_1^2 x\mathrm{d}x\int_{\frac{x}{2}}^{3-x}\mathrm{d}y$$

$$= \int_0^1 \frac{3}{2}x^2\mathrm{d}x + \int_1^2\left(3x - \frac{3}{2}x^2\right)\mathrm{d}x$$

$$= \frac{1}{2}x^3\Big|_0^1 + \left[\frac{3}{2}x^2 - \frac{1}{2}x^3\right]_1^2$$

$$= \frac{3}{2}.$$

现学现练 计算二重积分 $I=\iint\limits_{D}\frac{x\mathrm{d}x\mathrm{d}y}{1+x^2+y^2}$，其中 $D=\{(x,y)\mid y^2\leqslant 2x,0\leqslant x\leqslant 2\}$. $\left[I=\frac{5}{2}\ln 5-\frac{2}{3}\right]$

题型2 利用对称性化简二重积分

题型分析 求解二重积分的问题第一步就是要利用对称性对问题进行化简，有时可以使很复杂的问题迎刃而解.

例3 设 $I=\iint\limits_{D}(x^2+y^2)^3\mathrm{d}\sigma$ 其中 D 是矩形闭区域：$-1\leqslant x\leqslant 1,-2\leqslant y\leqslant 2$；又 $I_1=\iint\limits_{D_1}(x^2+y^2)^3\mathrm{d}\sigma$，其中 D_1 是矩形闭区域；$0\leqslant x\leqslant 1,0\leqslant y\leqslant 2$. 试用积分区域的对称性说明 I 与 I_1 之间的关系.

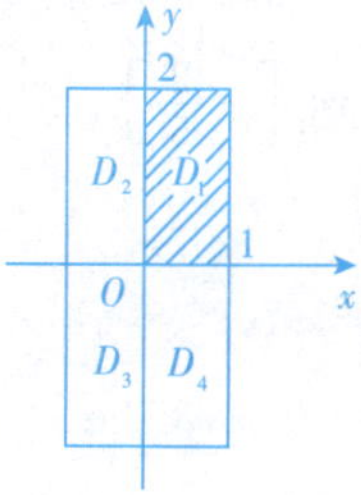

图 10-9

思路点拨 利用积分区域的对称性来求解二重积分问题.

解 将 D 在第二、三、四象限的部分分别记为 D_2,D_3,D_4. 如图 10-9所示，因为 D_1 和 D_2 关于 y 轴对称，被积函数 $(x^2+y^2)^3$ 关于 x 为偶函数，

所以 $I_2=\iint\limits_{D_2}(x^2+y^2)\mathrm{d}\sigma=\iint\limits_{D_1}(x^2+y^2)^3\mathrm{d}\sigma=I_1$，

所以
$$\iint\limits_{D_1\cup D_2}f(x,y)\mathrm{d}\sigma=2\iint\limits_{D_1}(x^2+y^2)^3\mathrm{d}\sigma=2I_1.$$

又因 $D_1\cup D_2$ 与 $D_3\cup D_4$ 关于 x 轴对称，被积函数关于 y 为偶函数，所以

$$\iint\limits_{D_1\cup D_2}(x^2+y^2)^3\mathrm{d}\sigma+\iint\limits_{D_3\cup D_4}(x^2+y^2)^3\mathrm{d}\sigma=2I_1,$$

$$I=\iint\limits_{D_1\cup D_2}(x^2+y^2)^3\mathrm{d}\sigma+\iint\limits_{D_3\cup D_4}(x^2+y^2)^3\mathrm{d}\sigma=2I_1+2I_1=4I_1.$$

对于此类题型，应先画出积分域的图形，观察对称性，利用对称性关系求解.

例4 设积分区域 D 是圆环 $1\leqslant x^2+y^2\leqslant 4$，则 $\iint\limits_{D}\left(2x^3+3\sin\frac{x}{y}+7\right)\mathrm{d}x\mathrm{d}y=$ ______.

解 因积分区域 D 是圆环 $1\leqslant x^2+y^2\leqslant 4$，关于 x 轴、y 轴对称，且函数 $2x^3$ 及 $\sin\frac{x}{y}$ 分别是 x、y 的奇函数，故将被积函数分项积分，得到

$$\iint\limits_D (2x^3+3\sin\frac{x}{y}+7)\mathrm{d}x\mathrm{d}y=\iint\limits_D 2x^3\mathrm{d}x\mathrm{d}y+\iint\limits_D 3\sin\frac{x}{y}\mathrm{d}x\mathrm{d}y+\iint\limits_D 7\mathrm{d}x\mathrm{d}y$$

$$=0+0+\iint\limits_D 7\mathrm{d}x\mathrm{d}y.$$

又由二重积分的几何意义,知$\iint\limits_D 7\mathrm{d}x\mathrm{d}y=21\pi$. 故

$$\iint\limits_D (2x^3+3\sin\frac{x}{y}+7)\mathrm{d}x\mathrm{d}y=21\pi.$$

现学现练　计算$I=\iint\limits_D x[1+yf(x^2+y^2)]\mathrm{d}\sigma$,其中$D$由$y=x^3$,$y=1$,$x=-1$所围成,$f$是$D$上连续函数,$D=D_1\cup D_2$,$D_1$关于$y$轴对称,$D_2$关于$x$轴对称. $\left[-\frac{2}{5}\right]$.

题型3　极坐标系计算二重积分

题型分析　直角坐标系二重积分$\iint\limits_D f(x,y)\mathrm{d}x\mathrm{d}y$化为极坐标下的二重积分被积函数$f(x,y)$换为$f(\rho\cos\theta,\rho\sin\theta)$面积元素$\mathrm{d}x\mathrm{d}y=\rho\mathrm{d}\rho\mathrm{d}\theta$. 积分区域$D$要求$\rho,\theta$表示出来. 当区域$D$为中心在原点的圆形、扇形或圆环形等,被积函数为$x^2+y^2$的函数时选用极坐标系计算较简便.

例5　计算下列积分:

(1)$\iint\limits_D (4-x^2-y^2)^{\frac{1}{3}}\mathrm{d}x\mathrm{d}y$,$D$:$x^2+y^2\leqslant 4$,$x\geqslant 0$;

(2)$\iint\limits_D (x^2+y^2)\mathrm{d}x\mathrm{d}y$,$D$:$\sqrt{2x-x^2}\leqslant y\leqslant\sqrt{4-x^2}$;

(3)$\iint\limits_D x\mathrm{d}x\mathrm{d}y$,$D$:$x\leqslant y\leqslant\sqrt{2x-x^2}$.

思路点拨　(1) 被积函数$4-x^2-y^2=4-(x^2+y^2)$,积分区域D是个半圆,所以采用极坐标更简便;

(2) 同(1)一样,用极坐标更简便,积分区域表达式看起来复杂,将D化简为$(x-1)^2+y^2\geqslant 1$且$x^2+y^2\leqslant 4$,积分区域如图10-10所示;

(3) 虽然被积函数表达式比较简单,但D表达式$y\leqslant\sqrt{2x-x^2}$用直角坐标系解仍然较复杂,所以采用极坐标系.

解 (1) $I=\int_{-\frac{\pi}{2}}^{\frac{\pi}{2}}\mathrm{d}\theta\int_0^2(4-\rho^2)^{\frac{1}{3}}\rho\mathrm{d}\rho=\pi\int_0^2(4-\rho^2)^{\frac{1}{3}}\rho\mathrm{d}\rho$

$=\frac{3\pi\sqrt[3]{4}}{2}$;

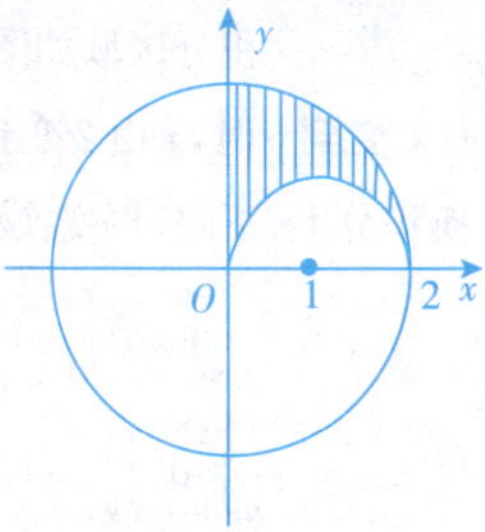

图 10-10

(2) $(x-1)^2+y^2=1$ 的极坐标式为 $\rho=2\cos\theta$，$x^2+y^2=4$ 的极坐标系为 $\rho=2$，故原式可化为极坐标系下的积分

$$I=\int_0^{\frac{\pi}{2}}\mathrm{d}\theta\int_{2\cos\theta}^2\rho^3\mathrm{d}\rho=4\int_0^{\frac{\pi}{2}}(1-\cos^4\theta)\mathrm{d}\theta=\frac{5\pi}{4};$$

(3) 积分区域如图 10-11 所示，由于 $y=\sqrt{2x-x^2}$ 的极坐标式为 $\rho=2\cos\theta$，所以

$$I=\int_{\frac{\pi}{4}}^{\frac{\pi}{2}}\mathrm{d}\theta\int_0^{2\cos\theta}\rho^2\cos\theta\mathrm{d}\rho=\frac{8}{3}\int_{\frac{\pi}{4}}^{\frac{\pi}{2}}\cos^4\theta\mathrm{d}\theta=\frac{\pi}{4}-\frac{2}{3}.$$

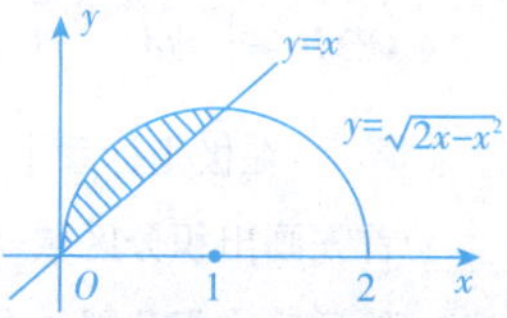

图 10-11

例 6 求二重积分 $\iint\limits_D\frac{1-x^2-y^2}{1+x^2+y^2}\mathrm{d}x\mathrm{d}y$，其中 D 是 $x^2+y^2=1$，$x=0$ 和 $y=0$ 所围成的区域在第一象限部分.（考研题）

解 令 $\begin{cases}x=r\cos\theta,\\ y=r\sin\theta,\end{cases}$ 那么，区域 D 的极坐标表示是

$$D=\left\{(r,\theta)\mid 0\leqslant\theta\leqslant\frac{\pi}{2},0\leqslant r\leqslant 1\right\}.$$

故 $$\text{原式}=\int_0^{\frac{\pi}{2}}\mathrm{d}\theta\int_0^1\frac{1-r^2}{1+r^2}r\mathrm{d}r=\frac{\pi}{2}\int_0^1\left(\frac{2}{1+r^2}-1\right)r\mathrm{d}r$$

$$=\frac{\pi}{2}\left[\ln(1+r^2)-\frac{1}{2}r^2\right]\Big|_0^1=\frac{\pi}{2}(\ln 2-\frac{1}{2}).$$

现学现练 计算积分 $\iint\limits_D x(y+1)\mathrm{d}x\mathrm{d}y$，其中 $D=\{(x,y)\mid x^2+y^2\geqslant 1$ 且 $x^2+y^2-2x\leqslant 0\}$. $\left[\frac{5}{4}\sqrt{3}+\frac{2\pi}{3}\right]$

题型 4 更换二重积分的积分次序

题型分析 更换积分次序的解题步骤是：

(1) 由所给的二次积分的上下限画出积分区域的草图.

(2) 写出新的二次积分.

例 7 交换二次积分的积分次序 $\int_{-1}^0\mathrm{d}y\int_2^{1-y}f(x,y)\mathrm{d}x=$ ______.（考研题）

解　积分区域如图 10-12 中阴影部分所示. 当 y 由 -1 变到 0 时，x 由 2 变到 $1-y$，x 是由大到小，必须先交换积分上、下限，再变换积分次序，即

$$\text{原式}=-\int_{-1}^{0}\mathrm{d}y\int_{1-y}^{2}f(x,y)\mathrm{d}x=-\int_{1}^{2}\mathrm{d}x\int_{1-x}^{0}f(x,y)\mathrm{d}y$$

$$=\int_{1}^{2}\mathrm{d}x\int_{0}^{1-x}f(x,y)\mathrm{d}y.$$

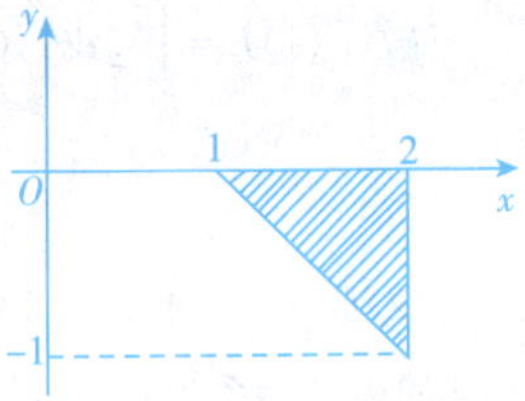

图 10-12

例 8　交换积分次序：

(1) $I=\int_{-\frac{\pi}{2}}^{\frac{\pi}{2}}\mathrm{d}\theta\int_{0}^{a\cos\theta}f(r,\theta)\mathrm{d}r,(a\geqslant 0)$

(2) $I=\int_{0}^{\pi}\mathrm{d}\theta\int_{0}^{2\sin\theta}f(r\cos\theta,r\sin\theta)r\mathrm{d}r.$

解　在极坐标系中交换积分次序，若先对 θ 后对 r 进行积分，其步骤如下：

首先画出积分区域，将积分区域的边界曲线用极坐标表示出来；

然后确定积分限. r 的积分限为常数，θ 的积分限的确定方法是：以原点 O 为圆心画一系列同心圆(逆时针方向)，同心圆与区域 D 的边界曲线相交，先交的曲线作为下限，后交的曲线作为上限.

(1) 积分区域如图 10-13(a) 所示：

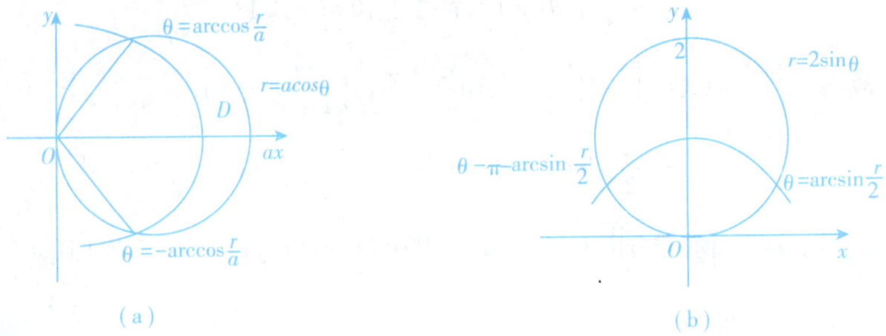

图 10-13

$$I=\int_{0}^{a}\mathrm{d}r\int_{-\arccos\frac{r}{a}}^{\arccos\frac{r}{a}}f(r,\theta)\mathrm{d}\theta\quad(a\geqslant 0).$$

(2) 积分区域如图 10-13(b) 所示：

$$I=\int_{0}^{2}r\mathrm{d}r\int_{\arcsin\frac{r}{2}}^{\pi-\arcsin\frac{r}{2}}f(r\cos,r\sin\theta)\mathrm{d}\theta.$$

现学现练　更换积分 $I=\int_0^2 dx\int_0^{2x-x^2} f(x,y)dy+\int_0^1 dx\int_0^{2-x} f(x,y)dy$ 的积分 D 次序. $\left(I=\int_0^1 dy\int_{1-\sqrt{1+y^2}}^{2-y} f(x,y)dx\right)$

课后习题全解

习题 10－2 全解

1. 分析　积分时注意根据积分区域形状和被积函数特点选择积分顺序.

解　(1) 积分区域 D 如图 10-14(a) 所示.

$$\iint_D (x^2+y^2)d\sigma=\int_{-1}^1\int_{-1}^1 (x^2+y^2)dydx=\int_{-1}^1\left(2x^2+\frac{2}{3}\right)dx=\frac{8}{3};$$

(2) 积分区域 D 如图 10-14(b) 所示.

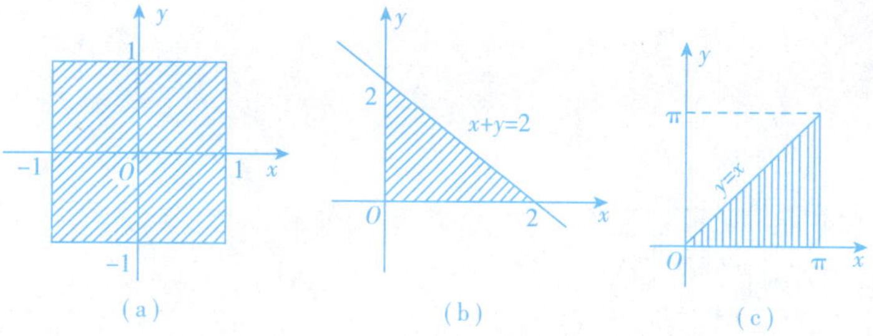

图 10-14

$$\iint_D (3x+2y)d\sigma=\int_0^2 dx\int_0^{2-x}(3x+2y)dy=\int_0^2(-2x^2+2x+4)dx$$

$$=\left(-\frac{2}{3}x^3+x^2+4x\right)\Big|_0^2=\frac{20}{3};$$

(3) $\iint_D (x^3+3x^2y+y^3)d\sigma=\int_0^1 dy\int_0^1(x^3+3x^2y+y^3)dx$

$$=\int_0^1\left(\frac{1}{4}+y+y^3\right)dy=\left(\frac{y^4}{4}+\frac{y^2}{2}+\frac{y}{4}\right)\Big|_0^1=1;$$

(4) 积分区域 D 如图 10-14(c) 所示.

$$\iint_D x\cos(x+y)d\sigma=\int_0^\pi dx\int_0^x x\cos(x+y)dy$$

$$=\int_0^\pi x(\sin 2x-\sin x)dx=-\int_0^\pi x d\left(\frac{1}{2}\cos 2x-\cos x\right)$$

$$=-x\left(\frac{1}{2}\cos 2x-\cos x\right)\Big|_0^\pi+\int_0^\pi\left(\frac{1}{2}\cos 2x-\cos x\right)dx=-\frac{3}{2}\pi.$$

2.解　(1) 积分区域 D 如图 10-15(a) 所示.

$$\iint\limits_D x\sqrt{y}\,\mathrm{d}\sigma=\int_0^1\mathrm{d}x\int_{x^2}^{\sqrt{x}}x\sqrt{y}\,\mathrm{d}y=\int_0^1\left(\frac{2}{3}x^{\frac{7}{4}}-\frac{2}{3}x^4\right)\mathrm{d}x=\frac{6}{55};$$

(2) 积分区域 D 如图 10-15(b) 所示.

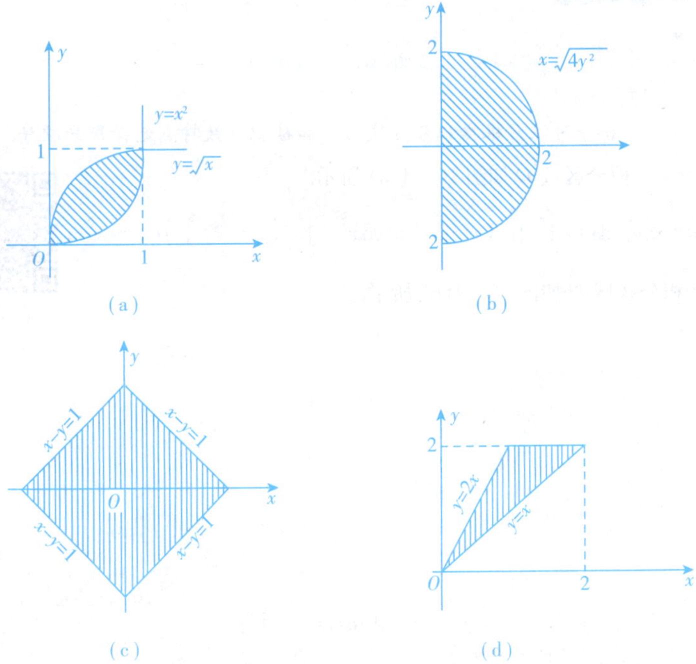

图 10-15

$$\iint\limits_D xy^2\,\mathrm{d}\sigma=\int_{-2}^{2}y^2\,\mathrm{d}y\int_0^{\sqrt{4-y^2}}x\,\mathrm{d}x=\left(\frac{2}{3}y^3-\frac{1}{10}y^5\right)\Big|_{-2}^{2}=\frac{64}{15};$$

(3) 积分区域 D 如图 10-15(c) 所示.

$$\begin{aligned}\iint\limits_D \mathrm{e}^{x+y}\,\mathrm{d}\sigma&=\int_{-1}^0\mathrm{e}^x\,\mathrm{d}x\int_{-x-1}^{x+1}\mathrm{e}^y\,\mathrm{d}y+\int_0^1\mathrm{e}^x\,\mathrm{d}x\int_{x-1}^{-x+1}\mathrm{e}^y\,\mathrm{d}y\\&=\int_{-1}^0(\mathrm{e}^{2x+1}-\mathrm{e}^{-1})\mathrm{d}x+\int_0^1(\mathrm{e}-\mathrm{e}^{2x-1})\mathrm{d}x\\&=\left(\frac{1}{2}\mathrm{e}^{2x+1}-\mathrm{e}^{-1}x\right)\Big|_{-1}^{0}+\left(\mathrm{e}x-\frac{1}{2}\mathrm{e}^{2x-1}\right)\Big|_0^1\\&=\mathrm{e}-\mathrm{e}^{-1}.\end{aligned}$$

(4) 积分区域 D 如图 10-15(d) 所示.

$$\iint_D (x^2+y^2-x)\mathrm{d}\sigma = \int_0^2 \mathrm{d}y\int_{\frac{y}{2}}^{y}(x^2+y^2-x)\mathrm{d}x$$

$$= \int_0^2 \left(\frac{19}{24}y^3 - \frac{3}{8}y^2\right)\mathrm{d}y = \left(\frac{19}{24}\times\frac{1}{4}y^4 - \frac{1}{8}y^3\right)\Big|_0^2 = \frac{13}{6}.$$

3. 分析　由条件 $f(x,y)=f_1(x)\cdot f_2(y)$，变量分离之后，对 $\int f_1(x)f_2(y)\mathrm{d}y$ 来说 $f_1(x)$ 可视为常数提到积分外面，同理 $\int f_1(x)f_2(y)\mathrm{d}x = f_2(y)\int f_1(x)\mathrm{d}x$.

证　$$\iint_D f_1(x)f_2(y)\mathrm{d}x\mathrm{d}y = \int_a^b \mathrm{d}x\int_c^d f_1(x)f_2(y)\mathrm{d}y = \int_a^b\left[\int_c^d f_1(x)f_2(y)\mathrm{d}y\right]\mathrm{d}x$$

因为 $\int_c^d f_1(x)f_2(y)\mathrm{d}y = f_1(x)\int_c^d f_2(y)\mathrm{d}y$

所以 $\iint_D f_1(x)f_2(y)\mathrm{d}x\mathrm{d}y = \int_a^b\left[f_1(x)\int_c^d f_2(y)\mathrm{d}y\right]\mathrm{d}x$

由于 $\int_c^d f_2(y)\mathrm{d}y$ 的值为一常数，因而可提到积分号的外面，于是得

$$\iint_D f_1(x)f_2(y)\mathrm{d}x\mathrm{d}y = \left[\int_a^b f_1(x)\mathrm{d}x\right]\left[\int_c^d f_2(y)\mathrm{d}y\right].$$

4. 分析　(4) 作图之后，如图 10-16(d) 所示，随所处象限不同积分区域都会变化，因为要采用分段积分法.

解　(1) 积分区域 D 如图 10-16(a) 所示.

$$I = \int_0^4 \mathrm{d}x\int_x^{2\sqrt{x}} f(x,y)\mathrm{d}y = \int_0^4 \mathrm{d}y\int_{\frac{y^2}{4}}^{y} f(x,y)\mathrm{d}x.$$

(2) 积分区域 D 如图 10-16(b) 所示.

$$I = \int_{-r}^{r} \mathrm{d}x\int_0^{\sqrt{r^2-x^2}} f(x,y)\mathrm{d}y = \int_0^r \mathrm{d}y\int_{-\sqrt{r^2-y^2}}^{\sqrt{r^2-y^2}} f(x,y)\mathrm{d}x.$$

(3) 积分区域 D 如图 10-16(c) 所示.

$$I = \int_1^2 \mathrm{d}x\int_{\frac{1}{x}}^{x} f(x,y)\mathrm{d}y = \int_{\frac{1}{2}}^{1} \mathrm{d}y\int_{\frac{1}{y}}^{2} f(x,y)\mathrm{d}x + \int_1^2 \mathrm{d}y\int_y^2 f(x,y)\mathrm{d}x;$$

(4) 用 $x=1$ 与 $x=-1$ 将积分区域 D 分成四部分，分别记作 D_1，D_2，D_3，D_4，如图 10-16(d) 所示.

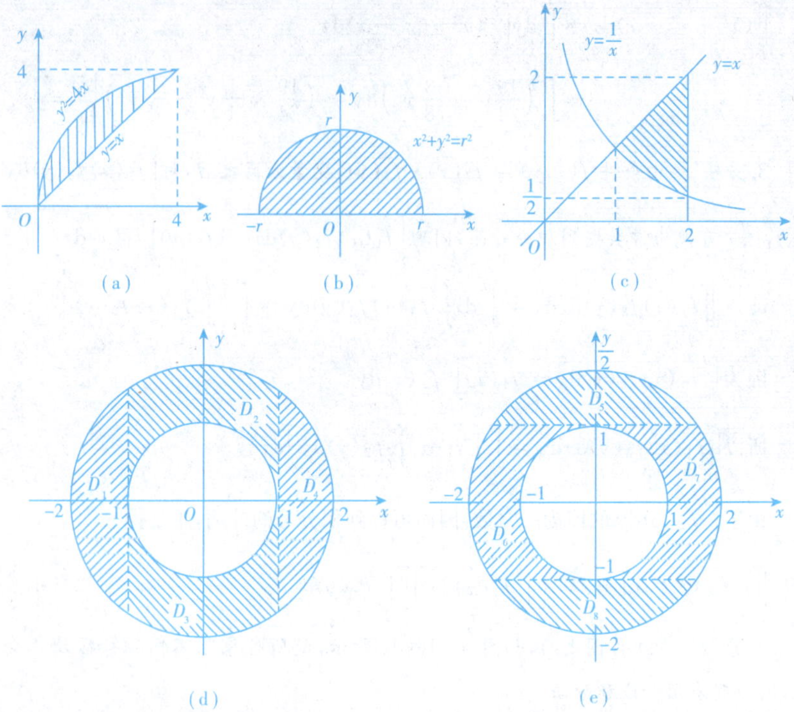

图 10-16

$$I=\iint\limits_{D_1}f(x,y)\mathrm{d}\sigma+\iint\limits_{D_2}f(x,y)\mathrm{d}\sigma+\iint\limits_{D_3}f(x,y)\mathrm{d}\sigma+\iint\limits_{D_4}f(x,y)\mathrm{d}\sigma$$

$$=\int_{-2}^{-1}\mathrm{d}x\int_{-\sqrt{4-x^2}}^{\sqrt{4-x^2}}f(x,y)\mathrm{d}y+\int_{-1}^{1}\mathrm{d}x\int_{\sqrt{1-x^2}}^{\sqrt{4-x^2}}f(x,y)\mathrm{d}y+\int_{-1}^{1}\mathrm{d}x\int_{-\sqrt{4-x^2}}^{-\sqrt{1-x^2}}f(x,y)\mathrm{d}y$$

$$+\int_{1}^{2}\mathrm{d}x\int_{-\sqrt{4-x^2}}^{\sqrt{4-x^2}}f(x,y)\mathrm{d}y;$$

用直线 $y=-1$ 和 $y=1$ 将 D 分成四部分 D_5,D_6,D_7,D_8，如图 10-16(e) 所示.

$$I=\iint\limits_{D_5}f(x,y)\mathrm{d}\sigma+\iint\limits_{D_6}f(x,y)\mathrm{d}\sigma+\iint\limits_{D_7}f(x,y)\mathrm{d}\sigma+\iint\limits_{D_8}f(x,y)\mathrm{d}\sigma$$

$$=\int_{1}^{2}\mathrm{d}y\int_{-\sqrt{4-y^2}}^{\sqrt{4-y^2}}f(x,y)\mathrm{d}x+\int_{-1}^{1}\mathrm{d}y\int_{-\sqrt{4-y^2}}^{-\sqrt{1-y^2}}f(x,y)\mathrm{d}x+\int_{-1}^{1}\mathrm{d}y\int_{\sqrt{1-y^2}}^{\sqrt{4-y^2}}f(x,y)\mathrm{d}x$$

$$+\int_{-2}^{-1}\mathrm{d}y\int_{-\sqrt{4-y^2}}^{\sqrt{4-y^2}}f(x,y)\mathrm{d}x.$$

5. 分析　　此类题关键在正确画出积分区域.

证 积分区域 D 如图 10-17 所示. 把 D 表示成 Y— 型区域为：

$$D:\begin{cases}a\leqslant y\leqslant b,\\ y\leqslant x\leqslant b,\end{cases}$$ 故

由二重积分化为累次积分的公式可知：

$$\int_a^b dx\int_a^x f(x,y)dy=\iint\limits_D f(x,y)dxdy$$

$$=\int_a^b dy\int_y^b f(x,y)dx,$$

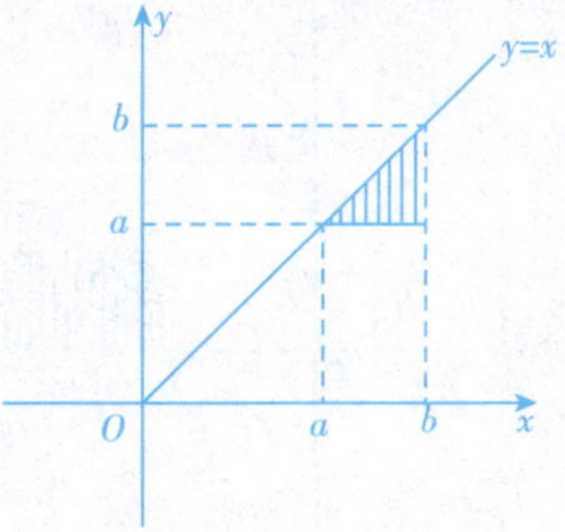

图 10-17

即等式成立.

6. 解 (1) 积分区域 D 如图 10-18(a) 所示.

$$\int_0^1 dy\int_0^y f(x,y)dx=\int_0^1 dx\int_x^1 f(x,y)dy;$$

(2) 积分区域 D 如图 10-18(b) 所示.

$$\int_0^2 dy\int_{y^2}^{2y} f(x,y)dx=\int_0^4 dx\int_{\frac{x}{2}}^{\sqrt{x}} f(x,y)dy;$$

(3) 积分区域 D 如图 10-18(c) 所示.

$$\int_0^1 dy\int_{-\sqrt{1-y^2}}^{\sqrt{1-y^2}} f(x,y)dx=\int_{-1}^1 dx\int_0^{\sqrt{1-x^2}} f(x,y)dy;$$

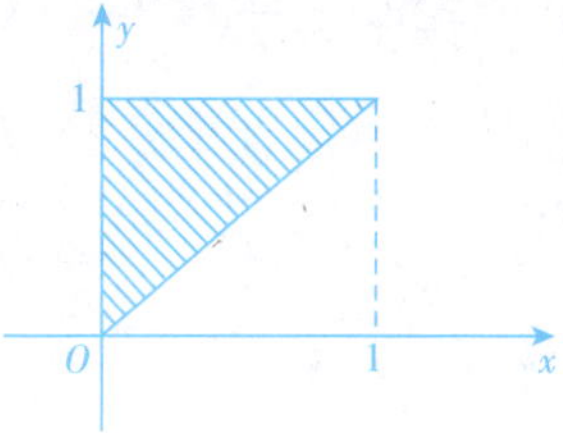

(a)

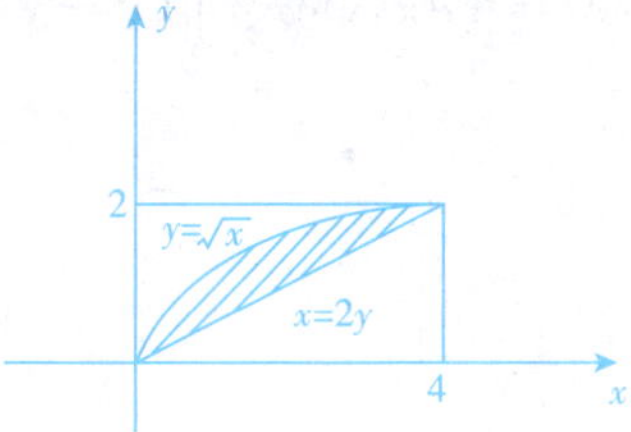

(b)

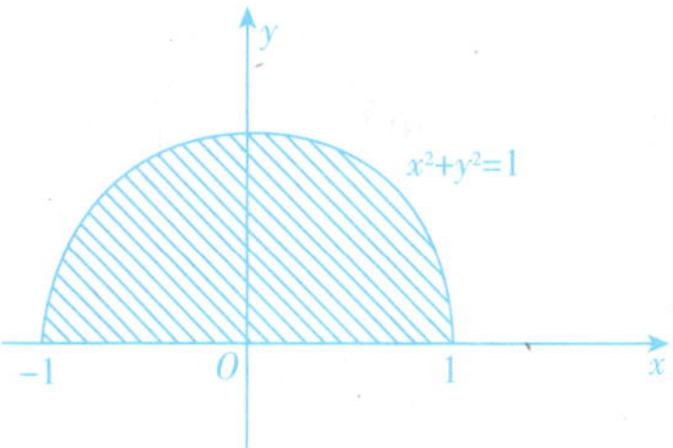

(c)

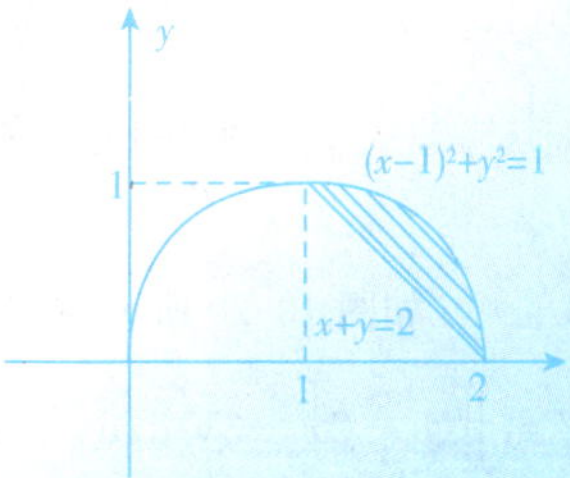

(d)

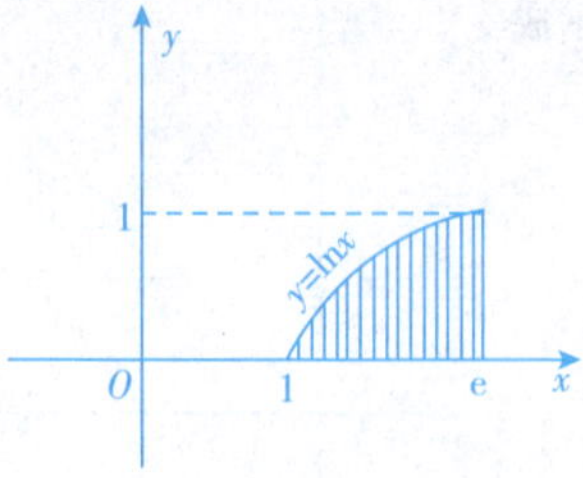

(e)

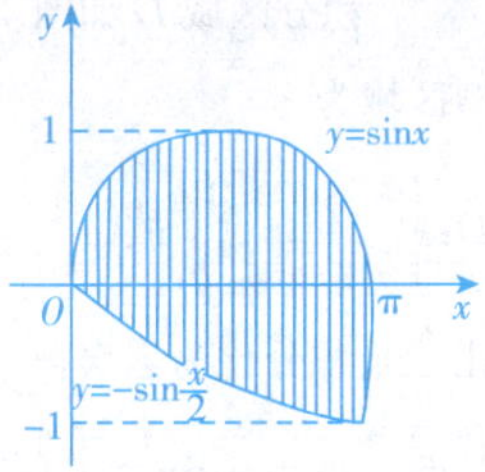

(f)

图 10-18

(4) 积分区域 D 如图 10-18(d) 所示.

$$\int_1^2 dx\int_{2-x}^{\sqrt{2x-x^2}} f(x,y)dy=\int_0^1 dy\int_{2-y}^{1+\sqrt{1-y^2}} f(x,y)dx;$$

(5) 积分区域 D 如图 10-18(e) 所示.

$$\int_1^e dx\int_0^{\ln x} f(x,y)dy=\int_0^1 dy\int_{e^y}^{e} f(x,y)dx;$$

(6) 积分区域 D 如图 10-18(f) 所示.

$$\int_0^\pi dx\int_{-\sin\frac{x}{2}}^{\sin x} f(x,y)dy=\int_{-1}^0 dy\int_{-2\arcsin y}^{\pi} f(x,y)dx+\int_0^1 dy\int_{\arcsin y}^{\pi-\arcsin y} f(x,y)dx.$$

7. 解　区域 D 所在位置如图 10-19 所示,所求该薄片的质量为:

$$M=\iint_D \mu(x,y)d\sigma=\iint_D (x^2+y^2)d\sigma=\int_0^1 dy\int_y^{2-y}(x^2+y^2)dx=\frac{4}{3}.$$

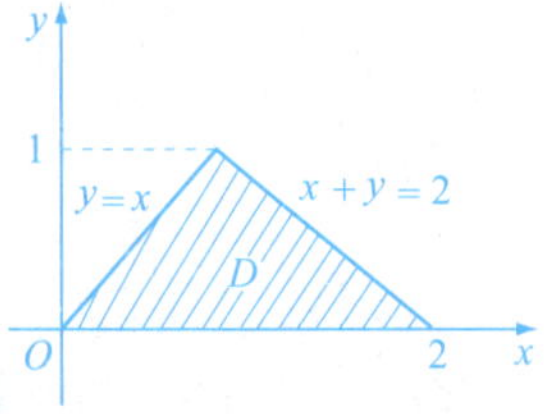

图 10-19

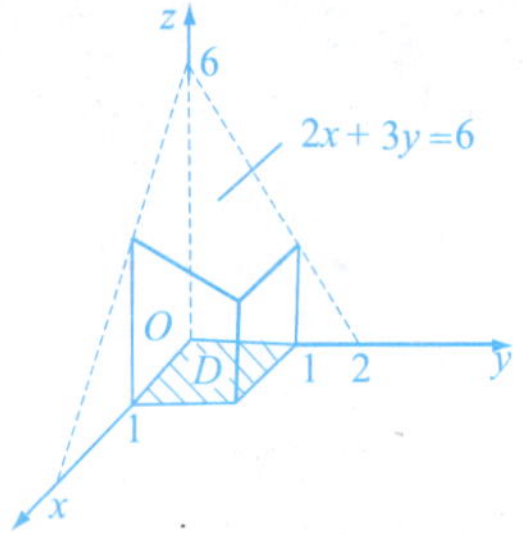

图 10-20

8. 解　如图 10-20 所示,所求立体的体积为:

$$V=\iint_D (6-2x-3y)dxdy=\int_0^1 dx\int_0^1 (6-2x-3y)dy=\int_0^1 (\frac{9}{2}-2x)dx=\frac{7}{2}.$$

9. 解　如图 10-21 所示,其中 D 为 $0\leqslant x\leqslant 1,0\leqslant y\leqslant 1-x$

所求立体的体积为：

$$V=\iint_D(6-x^2-y^2)\mathrm{d}\sigma$$

$$=\int_0^1\mathrm{d}x\int_0^{1-x}(6-x^2-y^2)\mathrm{d}y$$

$$=\int_0^1\left[6-6x-x^2+x^3-\frac{1}{3}(1-x)^3\right]\mathrm{d}x$$

$$=\frac{17}{6}.$$

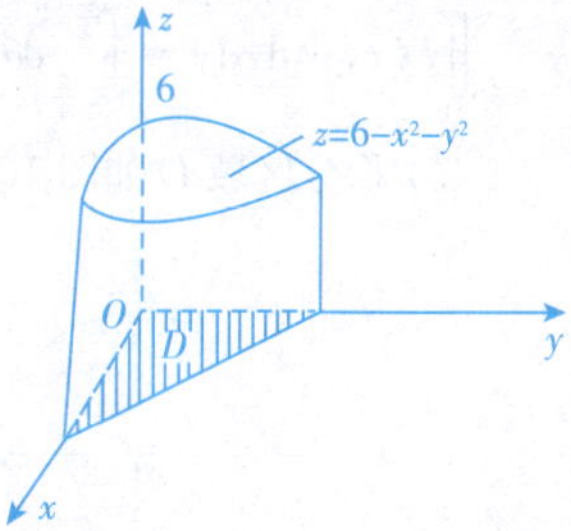

图 10-21

10. 分析　求此类曲面所围立体体积时，首先应作图，观察图像有无对称性.

解　如图 10-22 所示，所求立体的体积为

$$V=\iint_D[6-2x^2-y^2-(x^2+2y^2)]\mathrm{d}\sigma$$

$$=\iint_D(6-3x^2-3y^2)\mathrm{d}\sigma.$$

其中 D 为立体在 xOy 平面上的投影区域 $x^2+y^2\leqslant 2$，因为 D 关于 x 轴和 y 轴对称，且被积函数关于 x、y 均是偶函数，于是可得

$$V=\iint_D(6-3x^2-3y^2]\mathrm{d}\sigma=12\int_0^{\sqrt{2}}\mathrm{d}x\int_0^{\sqrt{2-x^2}}(2-x^2-y^2)\mathrm{d}y$$

$$=8\int_0^{\sqrt{2}}\sqrt{(2-x^2)^3}\,\mathrm{d}x.$$

令 $x=\sqrt{2}\sin\theta$，则$\sqrt{2}\cos\theta\mathrm{d}\theta$，从而

$$V=8\int_0^{\frac{\pi}{2}}2\sqrt{2}\cos^3\theta\cdot\sqrt{2}\cos\theta\mathrm{d}\theta=32\int_0^{\frac{\pi}{2}}\cos^4\theta\mathrm{d}\theta=6\pi,$$

或 $V=\iint_D(6-3x^2 3y^2)\mathrm{d}\theta=\iint_D(6-3\rho^2)\rho\mathrm{d}\rho\mathrm{d}\theta$

$$=3\int_0^{2\pi}\mathrm{d}\theta\int_0^{\sqrt{2}}\rho(2-\rho^2)\mathrm{d}\rho=6\pi.$$

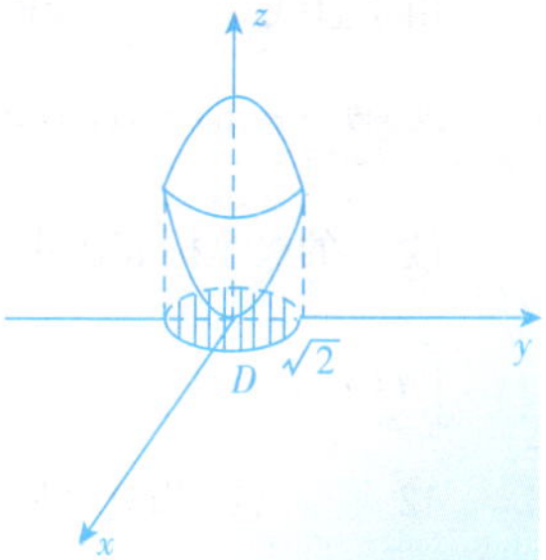

图 10-22

11. 分析　(1) 用极坐标变换公式计算.

解　(1) 积分区域 D 如图 10-23(a) 所示.

$$\iint_D f(x,y)\mathrm{d}x\mathrm{d}y=\int_0^{2\pi}\mathrm{d}\theta\int_0^a f(r\cos\theta,r\sin\theta)r\mathrm{d}r;$$

(2) 积分区域 D 如图 10-23(b) 所示.

$$\iint_D f(x,y)\mathrm{d}x\mathrm{d}y = \int_{-\frac{\pi}{2}}^{\frac{\pi}{2}} \mathrm{d}\theta \int_0^{2\cos\theta} f(r\cos\theta, r\sin\theta) r\mathrm{d}r;$$

(3) 积分区域 D 如图 10-23(c) 所示.

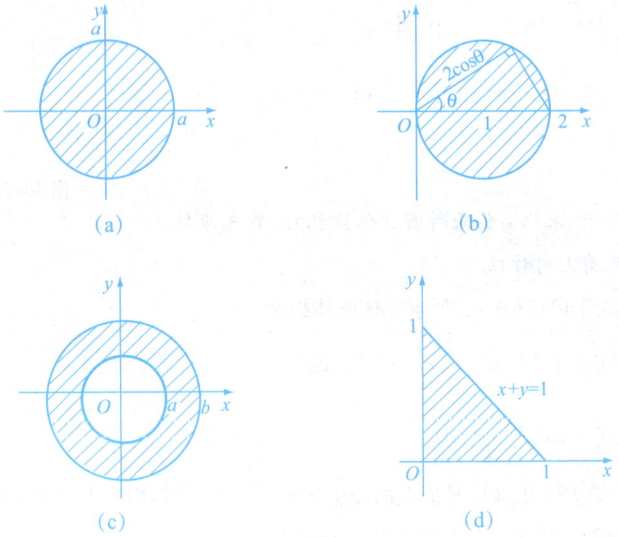

图 10-23

$$\iint_D f(x,y)\mathrm{d}x\mathrm{d}y = \int_0^{2\pi} \mathrm{d}\theta \int_a^b f(r\cos\theta, r\sin\theta) r\mathrm{d}r;$$

(4) 积分区域 D 如图 10-23(d) 所示.

由于直线 $x+y=1$ 的极坐标方程为

$r\cos\theta + r\sin\theta = 1$，即 $r = \dfrac{1}{\cos\theta + \sin\theta}$

故 D 的极坐标表达式：$0 \leqslant \theta \leqslant \dfrac{\pi}{2}, 0 \leqslant r \leqslant \dfrac{1}{\cos\theta + \sin\theta}$

$$\iint_D f(x,y)\mathrm{d}x\mathrm{d}y = \int_0^{\frac{\pi}{2}} \mathrm{d}\theta \int_0^{\frac{1}{\cos\theta+\sin\theta}} f(r\cos\theta, r\sin\theta) r\mathrm{d}r.$$

12. 解　(1) 积分区域 D 如图 10-24(a) 所示.

直线 $y = x$ 将 D 分为两部分 D_1, D_2. 直线 $x = 1$ 的极坐标方程为 $r = \sec\theta$.

直线 $y = 1$ 的极坐标方程为 $r = \csc\theta$.

所以 $\int_0^1 \mathrm{d}x \int_0^1 f(x,y)\mathrm{d}y$

$$= \int_0^{\frac{\pi}{4}} \mathrm{d}\theta \int_0^{\sec\theta} f(r\cos\theta, r\sin\theta) r\mathrm{d}r + \int_{\frac{\pi}{4}}^{\frac{\pi}{2}} \mathrm{d}\theta \int_0^{\csc\theta} f(r\cos\theta, r\sin\theta) r\mathrm{d}r;$$

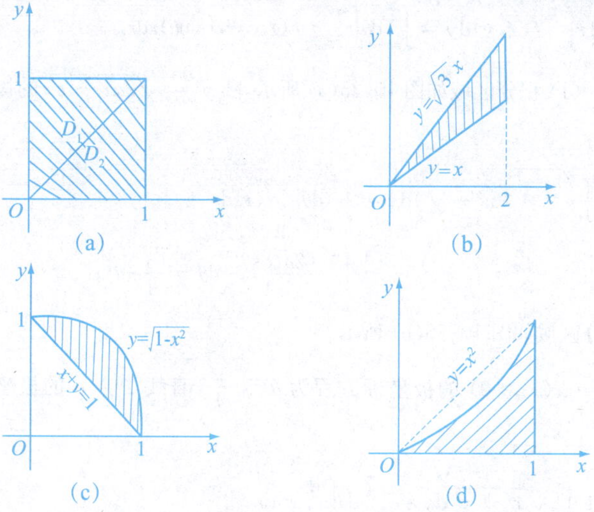

图 10-24

(2) 积分区域 D 如图 10-24(b) 所示.

直线 $x=2$ 的极坐标方程为 $r=2\sec\theta$;直线 $y=x$ 的极坐标方程为 $\theta=\frac{\pi}{4}$;直线 $y=\sqrt{3}x$ 的极坐标方程为 $\theta=\frac{\pi}{3}$.

所以 $\int_0^2 dx\int_x^{\sqrt{3}x} f(\sqrt{x^2+y^2})dy=\int_{\frac{\pi}{4}}^{\frac{\pi}{3}} d\theta\int_0^{2\sec\theta} f(r)rdr$;

(3) 积分区域如图 10-24(c) 所示.

直线 $y=1-x$ 的极坐标方程为 $r=\frac{1}{\cos\theta+\sin\theta}$. 积分区域的极坐标表达式为:$0\leqslant\theta\leqslant\frac{\pi}{2}$, $\frac{1}{\cos\theta+\sin\theta}\leqslant r\leqslant 1$,

所以 $\int_0^1 dx\int_{1-x}^{\sqrt{1-x^2}} f(x,y)dy=\int_0^{\frac{\pi}{2}} d\theta\int_{\frac{1}{\cos\theta+\sin\theta}}^1 f(r\cos\theta,r\sin\theta)rdr$;

(4) 积分区域 D 如图 10-24(d) 所示.

直线 $x=1$ 的极坐标方程为 $r=\sec\theta$;

抛物线 $y=x^2$ 的极坐标方程为 $r=\sec\theta\tan\theta$;

直线 $y=x(x\geqslant 0)$ 的极坐标方程为 $\theta=\frac{\pi}{4}$,

所以$\int_0^1 \mathrm{d}x\int_0^{x^2} f(x,y)\mathrm{d}y = \int_0^{\frac{\pi}{4}}\mathrm{d}\theta\int_{\sec\theta\tan\theta}^{\sec\theta} f(r\cos\theta, r\sin\theta)r\mathrm{d}r$.

13. 解　(1) 积分区域如图 10-25(a) 所示，圆 $y^2 = \sqrt{2ax-x^2}$ 的极坐标方程为 $r = 2a\cos\theta$.

$$\text{则}\int_0^{2a}\mathrm{d}x\int_0^{\sqrt{2ax-x^2}}(x^2+y^2)\mathrm{d}y = \int_0^{\frac{\pi}{2}}\mathrm{d}\theta\int_0^{2a\cos\theta} r^3\mathrm{d}r$$

$$= \int_0^{\frac{\pi}{2}}\frac{(2a\cos\theta)^4}{4}\mathrm{d}\theta = \frac{3}{4}\pi a^4;$$

(2) 积分区域如图 10-25(b) 所示.

直线 $y = x(x \geqslant 0)$ 的极坐标方程为 $\theta = \frac{\pi}{4}$，直线 $x = a$ 的极坐标方程为 $r = a\sec\theta$.

$$\text{所以}\int_0^a\mathrm{d}x\int_0^x\sqrt{x^2+y^2}\mathrm{d}y = \int_0^{\frac{\pi}{4}}\mathrm{d}\theta\int_0^{a\sec\theta} r^2\mathrm{d}r$$

$$= \frac{a^3}{6}[\sqrt{2} + \ln(\sqrt{2}+1)];$$

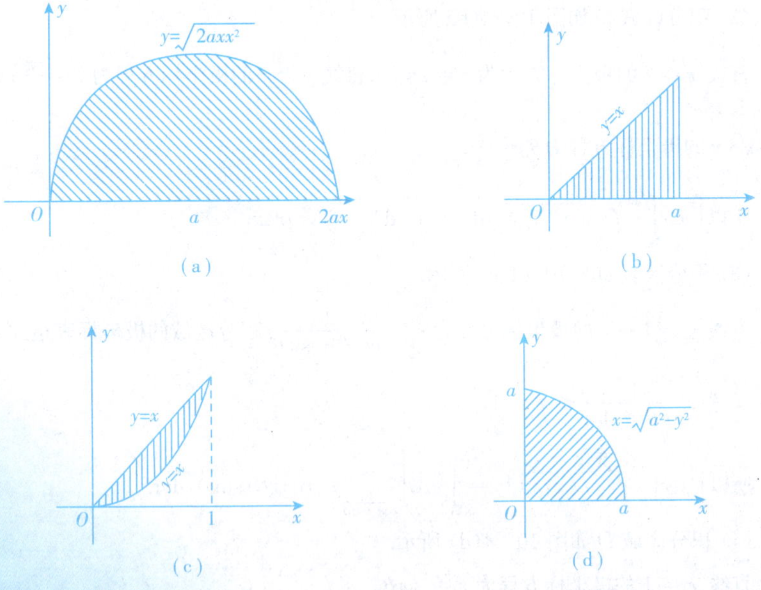

图 10-25

(3) 积分区域如图 10-25(c) 所示，抛物线 $y = x^2$ 的极坐标方程为 $r = \sec\theta\tan\theta$.

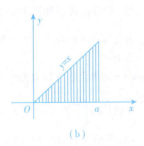

故$\int_0^1 \mathrm{d}x\int_{x^2}^{x}(x^2+y^2)^{-\frac{1}{2}}\mathrm{d}y=\int_0^{\frac{\pi}{4}}\mathrm{d}\theta\int_0^{\sec\theta\tan\theta}\frac{1}{r}\cdot r\mathrm{d}r=\sqrt{2}-1$;

(4) 积分区域如图 10-25(d) 所示

所以$\int_1^a \mathrm{d}y\int_0^{\sqrt{a^2-y^2}}(x^2+y^2)\mathrm{d}x=\int_0^{\frac{\pi}{2}}\mathrm{d}\theta\int_0^a r^2\cdot r\mathrm{d}r=\frac{\pi}{8}a^4$.

14. 分析　首先正确写出变换后区域 D 的极坐标表达式.

解　(1)$\iint\limits_D \mathrm{e}^{x^2+y^2}\mathrm{d}\sigma=\int_0^{2\pi}\mathrm{d}\theta\int_0^2 \mathrm{e}^{r^2}\cdot r\mathrm{d}r=\pi(\mathrm{e}^4-1)$;

(2) 积分区域 D 的极坐标表达式为

$$0\leqslant\theta\leqslant\frac{\pi}{2},0\leqslant r\leqslant 1$$

则$\iint\limits_D \ln(1+x^2+y^2)\mathrm{d}\sigma=\int_0^{\frac{\pi}{2}}\mathrm{d}\theta\int_0^1\ln(1+r^2)r\mathrm{d}r=\frac{\pi}{4}(2\ln2-1)$;

(3) 积分区域 D 的极坐标表达式为

$$0\leqslant\theta\leqslant\frac{\pi}{4},1\leqslant r\leqslant 2$$

则$\iint\limits_D \arctan\frac{y}{x}\mathrm{d}\sigma=\int_0^{\frac{\pi}{4}}\mathrm{d}\theta\int_1^2\arctan\frac{r\sin\theta}{r\cos\theta}\cdot r\mathrm{d}r=\int_0^{\frac{\pi}{4}}\theta\mathrm{d}\theta\int_1^2 r\mathrm{d}r=\frac{3}{64}\pi^2$.

15. 分析　根据积分区域的特点和被积函数的性质选择坐标.

解　(1)D 如图 10-26(a) 所示.

$\iint\limits_D \frac{x^2}{y^2}\mathrm{d}\sigma=\int_1^2 x^2\mathrm{d}x\int_{\frac{1}{x}}^{x}\frac{1}{y^2}\mathrm{d}y=\frac{9}{4}$;

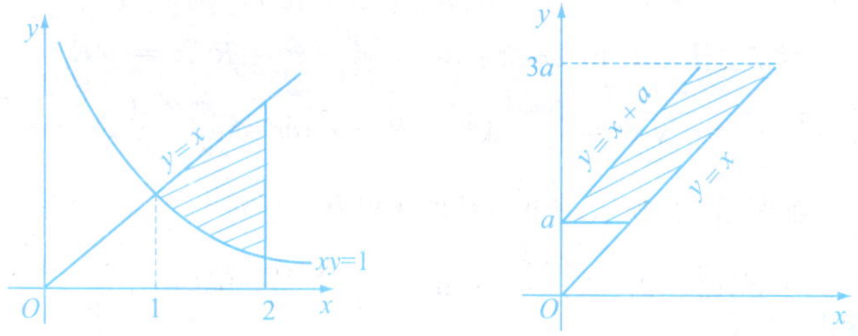

(a)　　(b)

图 10-26

(2) 采用极坐标计算

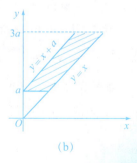

$\iint\limits_D\sqrt{\frac{1-x^2-y^2}{1+x^2+y^2}}\mathrm{d}\sigma=\int_0^{\frac{\pi}{2}}\mathrm{d}\theta\int_0^1\sqrt{\frac{1-r^2}{1+r^2}}\cdot r\mathrm{d}r=\frac{\pi}{8}(\pi-2)$;

(3) 积分区域 D 如图 10-26(b) 所示.

所以$\iint\limits_D(x^2+y^2)\mathrm{d}\sigma=\int_a^{3a}\mathrm{d}y\int_{y-a}^{y}(x^2+y^2)\mathrm{d}x=14a^4$;

(4) 利用极坐标计算

$$\iint\limits_D\sqrt{x^2+y^2}\,\mathrm{d}\sigma=\int_0^{2\pi}\mathrm{d}\theta\int_a^b r\cdot r\mathrm{d}r=\frac{2}{3}\pi(b^3-a^3).$$

16. 分析　用极坐标求解简单.

解　闭区域 D 如图 10-27 所示,表达式为

$$0\leqslant\theta\leqslant\frac{\pi}{2},0\leqslant r\leqslant 2\theta$$

则所求薄片的质量为

$$M=\iint\limits_D u(x,y)\mathrm{d}\sigma=\iint\limits_D(x^2+y^2)\mathrm{d}\sigma=\int_0^{\frac{\pi}{2}}\mathrm{d}\theta\int_0^{2\theta}r^2\cdot r\mathrm{d}r=\frac{\pi^5}{40}.$$

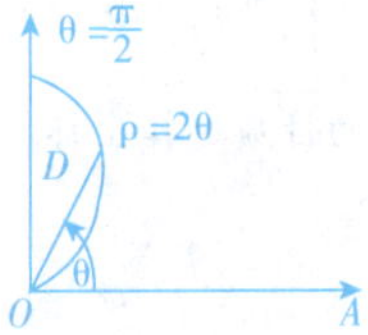

图 10-27

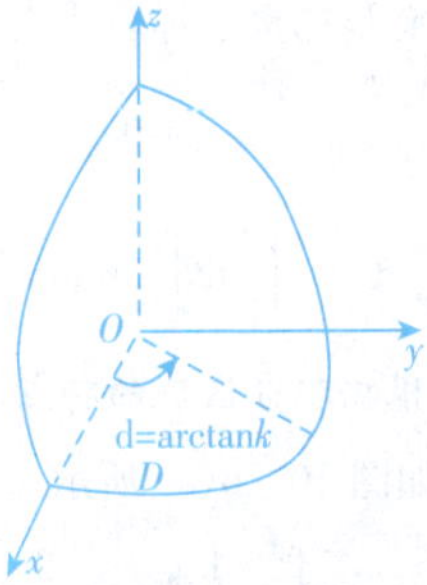

图 10-28

17. 解　所求立体如图 10-28 所示,$x^2+y^2+z^2=R^2,z=\sqrt{R^2-x^2-y^2}$.

$$V=\iint\limits_D\sqrt{R^2-x^2-y^2}\,\mathrm{d}\sigma=\int_0^{\arctan k}\mathrm{d}\theta\int_0^R\sqrt{R^2-r^2}\,r\mathrm{d}r=\int_0^{\arctan k}\frac{1}{3}R^3\mathrm{d}\theta=\frac{R^3}{3}\arctan k.$$

18. 解　如图 10-29 所示,所求立体的体积为

$$V=\iint\limits_D(x^2+y^2)\mathrm{d}\sigma=2\int_0^{\frac{\pi}{2}}\mathrm{d}\theta\int_0^{a\cos\theta}r^2\cdot r\mathrm{d}r=2\int_0^{\frac{\pi}{2}}\frac{a^4\cos^4\theta}{4}\mathrm{d}\theta=$$

$$\frac{3\pi}{32}a^4.$$

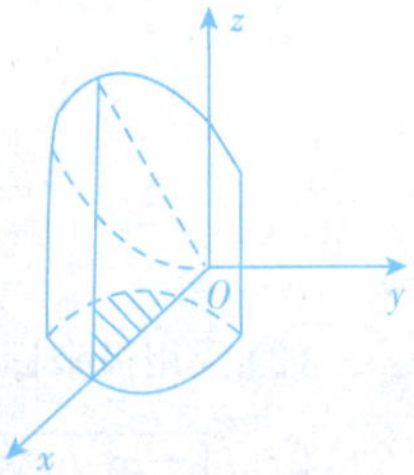

图 10-29

19. 分析　(1) 由于二重积分中,$(x-y)^2$ 和$(x+y)^2$ 展开后会导致计算量过大,因此用换元法来解比较方便.

(2) 作图 10-30(b) 后会发现积分区域不规则,需要通过换元法得到规则形状的积分区域 D.

解　(1)D 如图 10-30(a) 所示

令 $u=x-y, v=x+y$，所以 $-\pi\leqslant u\leqslant\pi, \pi\leqslant v\leqslant 3\pi$，

$$J=\frac{\partial(x,y)}{\partial(u,v)}=\begin{vmatrix}\frac{1}{2} & \frac{1}{2}\\ -\frac{1}{2} & \frac{1}{2}\end{vmatrix}=\frac{1}{2},$$

$$\text{所以}\iint_D (x-y)^2\sin^2(x+y)\mathrm{d}x\mathrm{d}y=\iint_D u^2\sin^2 v\,\frac{1}{2}\mathrm{d}u\mathrm{d}v=\frac{1}{2}\int_{-\pi}^{\pi}\mathrm{d}u\int_{\pi}^{3\pi}u^2\sin^2 v\mathrm{d}v$$

$$=\frac{\pi^3}{3}\left(\frac{3}{2}\pi-\frac{1}{2}\pi\right)=\frac{\pi^4}{3};$$

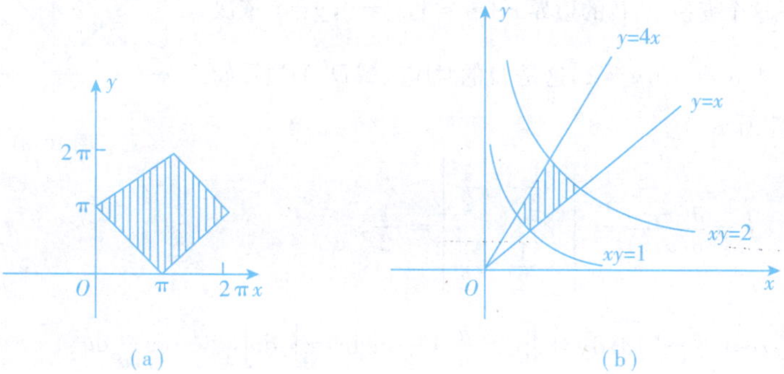

图 10-30

(2)D 如图 10-30(b) 所示

令 $xy=u, \frac{y}{x}=v, J=\frac{\partial(x,y)}{\partial(u,v)}=\frac{1}{2v}$，

所以 $\iint_D x^2y^2\mathrm{d}x\mathrm{d}y=\iint_{D'}\frac{u}{v}\cdot uv\cdot\frac{1}{2v}\mathrm{d}u\mathrm{d}v=\frac{1}{2}\int_1^2 u^2\mathrm{d}u\int_1^4\frac{1}{v}\mathrm{d}v=\frac{7}{3}\ln 2$；

(3) 令 $x+y=u, \frac{y}{x+y}=v$，则 $J=\frac{\partial(x,y)}{\partial(u,v)}=\begin{vmatrix}1-v & -u\\ v & u\end{vmatrix}=u$，

所以 $\iint_D \mathrm{e}^{\frac{x}{x+y}}\mathrm{d}x\mathrm{d}y=\iint_{D'}\mathrm{e}^v u\mathrm{d}u\mathrm{d}v=\int_0^1 u\mathrm{d}u\int_0^1\mathrm{e}^v\mathrm{d}v=\frac{1}{2}(\mathrm{e}-1)$；

(4) 令 $x=ar\cos\theta, y=br\sin\theta$，则 $D'=\{(r,\theta)\mid 0\leqslant\theta\leqslant 2\pi, 0\leqslant r\leqslant 1\}$，

$$J=\frac{\partial(x,y)}{\partial(r,\theta)}=\begin{vmatrix}a\cos\theta & -ar\sin\theta\\ b\sin\theta & br\cos\theta\end{vmatrix}=abr,$$

所以 $\iint_D\left(\frac{x^2}{a^2}+\frac{y^2}{b^2}\right)\mathrm{d}x\mathrm{d}y=\iint_{D'}r^2abr\mathrm{d}r\mathrm{d}\theta=ab\int_0^{2\pi}\mathrm{d}\theta\int_0^1 r^3\mathrm{d}r=\frac{1}{2}ab\pi.$

20. 解　(1) 令 $u=xy, v=xy^3$，则 $J=\dfrac{\partial(x,y)}{\partial(u,v)}=\dfrac{1}{2v}$

故所求面积 $\displaystyle\iint_D \mathrm{d}x\mathrm{d}y=\iint_{D'}\frac{1}{2v}\mathrm{d}u\mathrm{d}v=\int_4^8\mathrm{d}u\int_5^{15}\frac{1}{2v}\mathrm{d}v=2\ln3$；

(2) 令 $\dfrac{y}{x^3}=u, \dfrac{x}{y^3}=v$，则 $J=\dfrac{\partial(x,y)}{\partial(u,v)}=\dfrac{1}{8}u^{-\frac{3}{2}}v^{-\frac{3}{2}}$

故所求面积 $\displaystyle\iint_D \mathrm{d}x\mathrm{d}y=\iint_{D'}\frac{1}{8}u^{-\frac{3}{2}}v^{-\frac{3}{2}}\mathrm{d}u\mathrm{d}v=\frac{1}{8}\int_1^4 u^{-\frac{3}{2}}\mathrm{d}u\int_1^4 v^{-\frac{3}{2}}\mathrm{d}v=\frac{1}{8}$.

21. 证　令 $u=x-y, v=x+y$，则 $x=\dfrac{u+v}{2}, y=\dfrac{v-u}{2}$ 在这个变换下，D 的边界 $x+y=1, x=0, y=0$ 依次变成 $v=1, u=-v, u=v$，这是 D 的对应区域 D' 的边界如图 10-31 所示.

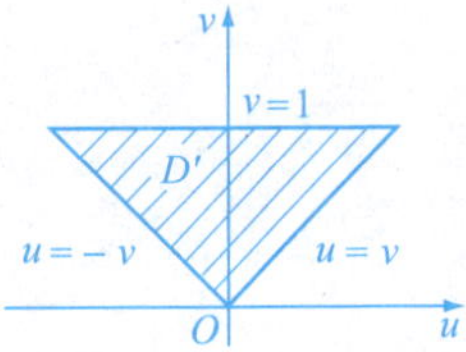

图 10-31

$$J=\frac{\partial(x,y)}{\partial(u,v)}=\begin{vmatrix}\frac{1}{2} & \frac{1}{2}\\ -\frac{1}{2} & \frac{1}{2}\end{vmatrix}=\frac{1}{2},$$

$$\text{故}\iint_D\cos\left(\frac{x-y}{x+y}\right)\mathrm{d}x\mathrm{d}y=\iint_D\cos\frac{u}{v}\cdot\frac{1}{2}\mathrm{d}u\mathrm{d}v=\int_0^1\mathrm{d}v\int_{-v}^{v}\frac{1}{2}\cos\frac{u}{v}\mathrm{d}u$$

$$=\int_0^1\frac{v}{2}\left[\sin\frac{u}{v}\right]_{-v}^{v}\mathrm{d}v$$

$$=\int_0^1 v\sin1\mathrm{d}v=\sin1\cdot\frac{v^2}{2}\Big|_0^1=\frac{1}{2}\sin1.$$

22. 证　(1) 作变换 $u=x+y, v=x-y$，则

$$J=\frac{\partial(x,y)}{\partial(u,v)}=\begin{vmatrix}\frac{1}{2} & \frac{1}{2}\\ \frac{1}{2} & -\frac{1}{2}\end{vmatrix}=-\frac{1}{2},$$

$$\text{故}\iint_D f(x+y)\mathrm{d}x\mathrm{d}y=\iint_{D'}f(u)\cdot\left|-\frac{1}{2}\right|\mathrm{d}u\mathrm{d}v$$

$$=\int_{-1}^1\mathrm{d}u\int_{-1}^1\frac{1}{2}f(u)\mathrm{d}v=\int_{-1}^1 f(u)\mathrm{d}u;$$

(2) 令 $x=\dfrac{au-bv}{\sqrt{a^2+b^2}}, y=\dfrac{bu+av}{\sqrt{a^2+b^2}}$，则

$$f(ax+by+c)=f(u\sqrt{a^2+b^2}+c), J=\frac{\partial(x,y)}{\partial(u,v)}=1$$

当 $x^2+y^2\leqslant 1$ 时

$$\left(\frac{au-bv}{\sqrt{a^2+b^2}}\right)^2+\left(\frac{bu+av}{\sqrt{a^2+b^2}}\right)^2=\frac{(a^2+b^2)u^2+(a^2+b^2)v^2}{a^2+b^2}=u^2+v^2\leqslant 1,$$

故 D' 为圆域 $u^2+v^2\leqslant 1$,

$$\text{所以}\iint\limits_D f(ax+by+c)\mathrm{d}x\mathrm{d}y=\int_{-1}^{1}\mathrm{d}u\int_{-\sqrt{1-u^2}}^{\sqrt{1-u^2}}f(u\sqrt{a^2+b^2}+c)\mathrm{d}v$$

$$=2\int_{-1}^{1}\sqrt{1-u^2}f(u\sqrt{a^2+b^2}+c)\mathrm{d}u.$$

第三节 三重积分

知识要点及常考点

1. 三重积分的概念

(1) 函数 $f(x,y,z)$ 在区域 Ω 上的三重积分 $\iiint\limits_{\Omega}f(x,y,z)\mathrm{d}v=\lim\limits_{\lambda\to 0}\sum\limits_{i=1}^{n}f(\xi_i,\eta_i,\zeta_i)\Delta v_i$.

(2) 理解三重积分的概念时要注意:

① 若 $f(x,y,z)\equiv 1$,则 $\iiint\limits_V f(x,y,z)\mathrm{d}V=|V|$,其中 $|V|$ 为 Ω 的体积.

② 三重积分的物理意义:若 v 是某物体所占有的空间闭区域,连续函数 $f(x,y,z)$ 为该物体的密度函数,则三重积分 $\iiint\limits_{\Omega}f(x,y,z)\mathrm{d}v$ 的值等于该物体的质量.

2. 三重积分的计算方法

(1) 三重积分的计算基本方法是将三重积分化成三次积分,主要分直角坐标、柱面坐标和球面坐标三类讨论,在坐标转换中要注意积分函数和积分区域同时变换.

① 利用直角坐标计算,若 Ω 为长方形、四面体或任意形体.

(ⅰ) 投影法

a. 向 xOy 面投影,则

$$\iiint\limits_V f(x,y,z)\mathrm{d}V=\iint\limits_{D_{xy}}\mathrm{d}x\mathrm{d}y\int_{z_1(x,y)}^{z_2(x,y)}f(x,y,z)\mathrm{d}z,$$

b. 向 yOz 面投影,则

$$\iiint_V f(x,y,z)\mathrm{d}V = \iint_{D_{yz}} \mathrm{d}y\mathrm{d}z\int_{x_1(y,z)}^{x_2(y,z)} f(x,y,z)\mathrm{d}x.$$

c. 向 zOx 作投影，则

$$\iiint_V f(x,y,z)\mathrm{d}V = \iint_{D_{zx}} \mathrm{d}z\mathrm{d}x\int_{y_1(z,x)}^{y_2(z,x)} f(x,y.z)\mathrm{d}y.$$

（ⅱ）截面法

a. 垂直于 z 轴作截面，则

$$\iiint_V f(x,y,z)\mathrm{d}V = \int_a^b \mathrm{d}z\iint_{D_z} f(x,y,z)\mathrm{d}x\mathrm{d}y.$$

b. 垂直于 x 轴作截面，则

$$\iiint_V f(x,y,z)\mathrm{d}V = \int_c^d \mathrm{d}x\iint_{D_x} f(x,y,z)\mathrm{d}y\mathrm{d}z.$$

c. 垂直于 y 轴作截面，则

$$\iiint_V f(x,y,z)\mathrm{d}V = \int_c^d \mathrm{d}x\iint_{D_y} f(x,y,z)\mathrm{d}z\mathrm{d}x.$$

② 柱坐标变换，若 Ω 是旋转体，如柱体、锥体、旋转抛物体，被积函数形如 $x^n y^m z^l f(x^2+y^2)$ 或 $x^n y^m z^l f(x^2+z^2)$ 等等，可考虑选用柱坐标变换；

三重积分从直角坐标到柱面坐标的变换公式为

$$\iiint_D f(x,y,z)\mathrm{d}x\mathrm{d}y\mathrm{d}z = \iiint_D f(r\cos\theta,r\sin\theta,z)r\mathrm{d}r\mathrm{d}\theta\mathrm{d}z,$$

其中各部分的变换为 $x=r\cos\theta, y=r\sin\theta, z=z$，体积元素 $\mathrm{d}x\mathrm{d}y\mathrm{d}z = r\mathrm{d}r\mathrm{d}\theta\mathrm{d}z$.

③ 球坐标变换，若 Ω 是球体、锥体或它们的一部分，被积函数形如 $x^n y^m z^l f(x^2+y^2+z^2)$，可考虑选用球坐标变换；

三重积分从直角坐标到球面坐标的变换公式为

$$\iiint_\Omega f(x,y,z)\mathrm{d}x\mathrm{d}y\mathrm{d}z = \iiint_\Omega f(r\sin\varphi\cos\theta,r\sin\varphi\sin\theta,r\cos\varphi)r^2\sin\varphi\mathrm{d}r\mathrm{d}\varphi\mathrm{d}\theta.$$

体积元素 $\mathrm{d}x\mathrm{d}y\mathrm{d}z = r^2\sin\varphi\mathrm{d}r\mathrm{d}\varphi\mathrm{d}\theta$.

④ 平移变换，若 Ω 有某种对称性（如 Ω 为球体，球心不在原点；或 Ω 为正方体，中心不在原点），经平移后变成了关于坐标平面对称的区域且被积函数变成（或部分变成）有奇偶性时，可考虑选用平移变换；

(2) 有时三重积分化成三次积分时并不能用一个三次积分表示，这时可利用积分关于积分区域的可加性，把 Ω 分为若干块

$$\iiint_{\Omega_1\cup\Omega_2} f\mathrm{d}v = \iiint_{\Omega_1} f\mathrm{d}v + \iiint_{\Omega_2} f\mathrm{d}v(\Omega_1\cap\Omega_2=0);$$

(3) 当被积函数是一元函数时，截面法可以有效地化简三重积分

$$\iiint_{\Omega} f(z)\mathrm{d}v = \int_c^d \iint_{D_{(z)}} f(z)\mathrm{d}x\mathrm{d}y = \int_c^d f(z)S(z)\mathrm{d}z.$$

$S(z)$ 是截面 $D(z)$ 的面积；

3. 利用对称性化简三重积分

如果积分区域 Ω 关于坐标面对称，被积函数 $f(x,y,z)$ 关于相应的自变量有奇偶性，则三重积分 $\iint_{D_z} f(x,y,z)\mathrm{d}x\mathrm{d}y\mathrm{d}z$ 可按以下公式进行化简.

约定：$f(x,y,z)$ 关于 z 为奇函数是指 $f(x,y,-z) \equiv -f(x,y,z)$，$f(x,y,z)$ 关于 z 为偶函数是指 $f(x,y,-z) \equiv f(x,y,z)$. $f(x,y,z)$ 关于 x 和 y 的奇(偶) 性可类似地定义.

(1) 若 Ω 关于 xOy 面($z=0$) 对称. 则

$$\iiint_{\Omega} f(x,y,z)\mathrm{d}x\mathrm{d}y\mathrm{d}z = \begin{cases} 0, & f(x,y,z) \text{ 关于 } z \text{ 为奇函数}, \\ 2\iiint_{\Omega_1} f(x,y,z)\mathrm{d}x\mathrm{d}y\mathrm{d}z, & f(x,y,z) \text{ 关于 } z \text{ 为偶函数}, \end{cases}$$

其中 $\Omega_1 = \{(x,y,z) \in \Omega \mid z \geqslant 0\}$ 是 Ω 的上半部分.

若 Ω 关于 yOz 面(或 zOx 面) 对称，$f(x,y,z)$ 关于 x(或 y) 有奇(偶) 性，也有相应的结论.

(2) 若 Ω 关于三个坐标面都对称，且 $f(x,y,z)$ 关于 x,y,z 均为偶函数，则

$$\iiint_{\Omega} f(x,y,z)\mathrm{d}x\mathrm{d}y\mathrm{d}z = 8\iiint_{\Omega_1} f(x,y,z)\mathrm{d}x\mathrm{d}y\mathrm{d}z,$$

其中 Ω_1 是 Ω 在第一卦限部分.

(3) 设 Ω 关于 x,y,z 具有轮换对称性(即若 $(x,y,z) \in \Omega$，则将 x,y,z 任意互换后的点也属于 Ω)，则被积函数中的自变量可以任意轮换而不改变积分值：

$$\iiint_{\Omega} f(x,y,z)\mathrm{d}v = \iiint_{\Omega} f(y,z,x)\mathrm{d}v = \iiint_{\Omega} f(z,y,x)\mathrm{d}v.$$

特别地，$\iiint_{\Omega} f(x)\mathrm{d}v = \iiint_{\Omega} f(y)\mathrm{d}v = \iiint_{\Omega} f(z)\mathrm{d}v$，从而有

$$\iiint_{\Omega} [f(x) + f(y) + f(z)] = 3\iiint f(x)\mathrm{d}v.$$

4. 关于积分限

根据区域的形状对方程三次积分，但若积分区域不好画出，可用区域不等式确定三次积分的积分限，对于交换积分次序问题可先将积分限表达成积分域的不等式，并确定积分区域形状特点，根据要求重新化为三次积分.

本节考研要求

1. 理解三重积分的概念，了解三重积分的性质.

2. 会计算三重积分(直角坐标、柱面坐标、球面坐标).

题型、真题、方法

题型1　利用直角坐标计算三重积分

题型分析　常用投影法计算三重积分、投影法把三重积分化为二次积分和一次积分，且积分顺序为“先一后二”，其中的一次积分的上下限要以平行于坐标轴的直线穿过区域 V 的边界曲面而定. 先穿过的为下限，后穿过的为上限，并且在该例1中若将 V 向其余平面作投影，其计算都是很复杂的. 此时要对 V 进分割，因此用投影法计算三重积分要依据 V 的形状选择恰当的投影方向，以便于确定积分上、下限为原则.

例1　将三重积分 $\iiint\limits_{D} f(x,y,z)\mathrm{d}x\mathrm{d}y\mathrm{d}z$ 化成先对 z，再对 y，最后对 x 的三次积分，其中 Ω 为

(1) $z=x^2+y^2$，$y=x^2$，$y=1$ 及 $z=0$ 所围成的区域；

(2) $cz=xy\quad(c<0)$，$\dfrac{x^2}{a^2}+\dfrac{y^2}{b^2}=1\quad(a>0,b>0)$ 及 $z=0$ 所围成的在第一卦限中的区域；

(3) 由 $x+2y=1$，$z=x^2y$ 及三个坐标平面所围成的区域.

解　(1) 积分区域 Ω 如图10-32(a)所示，表示为

$$\begin{cases}0\leqslant z\leqslant x^2+y^2,\\ x^2\leqslant y\leqslant 1,\\ -1\leqslant x\leqslant 1.\end{cases}$$

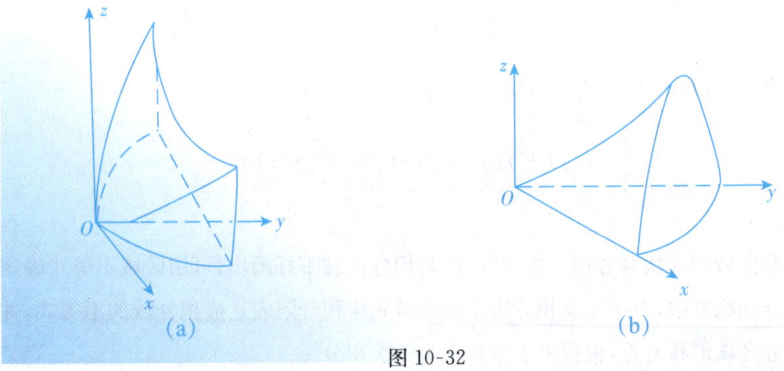

图10-32

所以，$\iiint\limits_{\Omega} f(x,y,z)\mathrm{d}x\mathrm{d}y\mathrm{d}z = \int_{-1}^{1}\mathrm{d}x\int_{x^2}^{1}\mathrm{d}y\int_{0}^{x^2+y^2} f(x,y,z)\mathrm{d}z$.

(2) 积分区域Ω如图 10-32(b) 所示，表示为

$$\begin{cases} 0\leqslant z\leqslant \dfrac{xy}{c}, \\ 0\leqslant y\leqslant \dfrac{b}{a}\sqrt{a^2-x^2}, \\ 0\leqslant x\leqslant a. \end{cases}$$

所以，$\iiint\limits_{\Omega} f(x,y,z)\mathrm{d}x\mathrm{d}y\mathrm{d}z = \int_{0}^{a}\mathrm{d}x\int_{0}^{\frac{b}{a}\sqrt{a^2-x^2}}\mathrm{d}y\int_{0}^{\frac{xy}{c}} f(x,y,z)\mathrm{d}z$.

(3) 积分区域Ω向xOy平面投影得D为$0\leqslant x\leqslant 1, 0\leqslant y\leqslant \dfrac{1-x}{2}$. 对于$\forall(x,y)\in D$，有$0\leqslant z\leqslant x^2y$，所以$\iiint\limits_{\Omega} f(x,y,z)\mathrm{d}x\mathrm{d}y\mathrm{d}z = \int_{0}^{1}\mathrm{d}x\int_{0}^{\frac{1-x}{2}}\mathrm{d}y\int_{0}^{x^2y} f(x,y,z)\mathrm{d}z$.

例 2 计算三重积分$\iiint\limits_{V} y\sqrt{1-x^2}\,\mathrm{d}V$，其中$V$由$y=-\sqrt{1-x^2-z^2}$，$x^2+z^2=1$及$y=1$组成.

思路点拨 用投影法计算三重积分.

解 区域V如图 10-33 所示，

$$\begin{aligned}\iiint\limits_{V} y\sqrt{1-x^2}\,\mathrm{d}V &= \iint\limits_{D_{xz}}\mathrm{d}x\mathrm{d}z\int_{-\sqrt{1-x^2-z^2}}^{1} y\sqrt{1-x^2}\,\mathrm{d}y \\ &= \iint\limits_{D_{xz}}\sqrt{1-x^2}\,\frac{x^2+z^2}{2}\mathrm{d}x\mathrm{d}z \\ &= \int_{-1}^{1}\sqrt{1-x^2}\,\mathrm{d}x\int_{-\sqrt{1-x^2}}^{\sqrt{1-x^2}}\frac{x^2+z^2}{2}\mathrm{d}z \\ &= \int_{-1}^{1}\left(-\frac{2}{3}x^4+\frac{1}{3}x^2+\frac{1}{3}\right)\mathrm{d}x \\ &= \frac{28}{45}.\end{aligned}$$

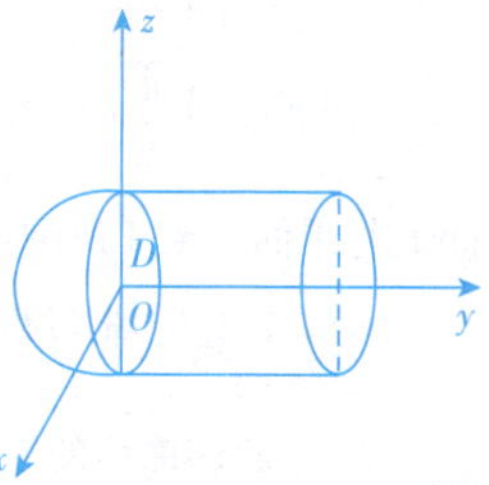

图 10-33

现学现练 计算$I=\iiint\limits_{\Omega}(x+y+z)\mathrm{d}x\mathrm{d}y\mathrm{d}z$，$\Omega$：由平面$x+y+z=1$及三坐标面所围之区域. $\left(I=\dfrac{1}{8}\right)$

题型 2 利用柱面坐标计算三重积分

题型分析 (1) 柱面坐标与直角坐标的关系(如图 10-34 所示).

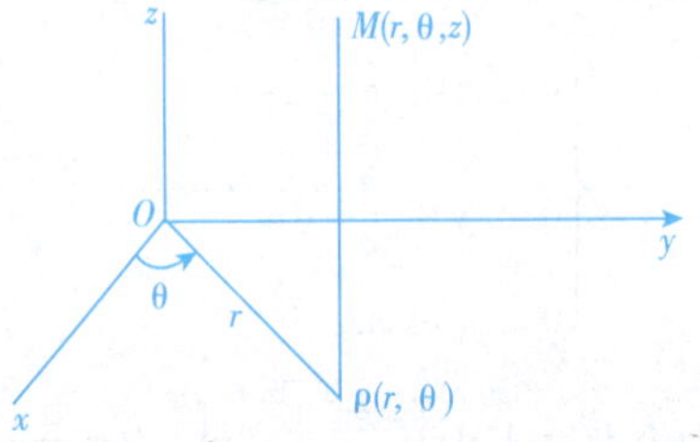

图 10-34

$$\begin{cases} x = r\cos\theta, \\ y = r\sin\theta, \\ z = z. \end{cases}$$

(2) 体积元素

$$dV = dxdydz = rdrd\theta dz.$$

(3) 化为三次积分

$$\iiint_{\Omega} f(x,y,z)dV = \int_{\theta_1}^{\theta_2} d\theta \int_{r_1(\theta)}^{r_2(\theta)} rdr \int_{z_1(r,\theta)}^{z_2(r,\theta)} f(r\cos\theta, r\sin\theta, z)dz.$$

例 3 求 $\iiint_{\Omega}(x^2+y^2+z)dV$,其中 Ω 是由曲线 $\begin{cases} y^2 = 2z \\ x = 0 \end{cases}$ 绕 z 轴旋转一周而成的曲面与平面 $z=4$ 所围成的立体.(考研题)

思路点拨 先写出旋转曲面的方程,因曲线绕 z 轴旋转应采用柱坐标.

解 旋转曲面的方程为 $x^2+y^2=2z$,曲面 $\begin{cases} x^2+y^2 = 2z \\ z = 4 \end{cases}$ 在 xOy 平面上的投影为 $\begin{cases} x^2+y^2 = 8, \\ z = 0. \end{cases}$

$$\begin{aligned} \iiint_{\Omega}(x^2+y^2+z)dV &= \iint_{r\leqslant\sqrt{8}} d\sigma \int_{\frac{r^2}{2}}^{r}(r^2+z)dz \\ &= \int_0^{2\pi} d\theta \int_0^{\sqrt{8}} rdr \int_{\frac{r^2}{2}}^{4}(r^2+z)dz \\ &= 2\pi\int_0^{\sqrt{8}}\left(4r^3+8r-\frac{5}{8}r^5\right)dr = \frac{256}{3}\pi. \end{aligned}$$

现学现练 计算 $I=\iiint\limits_{\Omega} z\sqrt{x^2+y^2}\,\mathrm{d}x\mathrm{d}y\mathrm{d}z$，$\Omega$：由锥面 $z=\sqrt{x^2+y^2}$ 与平面 $z=1$ 所围成的体积．$\left(I=\frac{2}{15}\pi\right)$

题型 3 利用球面坐标计算三重积分

题型分析 (1) 球面坐标和直角坐标的关系(如图 10-35 所示).

$$\begin{cases} x=r\sin\varphi\cos\theta,\\ y=r\sin\varphi\sin\theta,\\ z=r\cos\varphi, \end{cases}$$

其中 $r\geqslant 0, 0\leqslant\theta\leqslant 2\pi, 0\leqslant\varphi\leqslant\pi$.

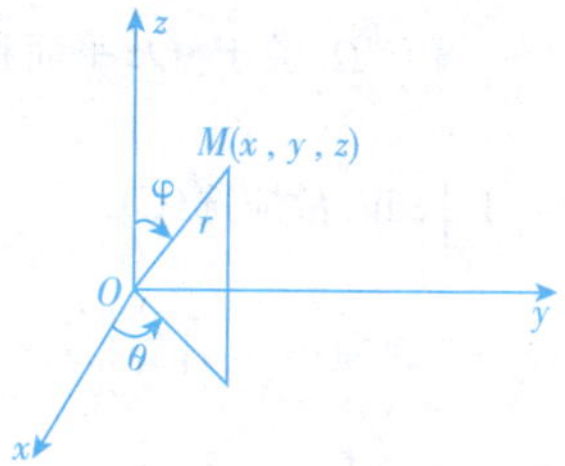

图 10-35

(2) 体积元素

$$\mathrm{d}V=\mathrm{d}x\mathrm{d}y\mathrm{d}z=r^2\sin\varphi\mathrm{d}r\mathrm{d}\varphi\mathrm{d}\theta.$$

(3) 化为三次积分

$$\iiint\limits_{\Omega} f(x,y,z)\mathrm{d}V=\int_{\theta_1}^{\theta_2}\mathrm{d}\theta\int_{\varphi_1(\theta)}^{\varphi_2(\theta)}\sin\varphi\mathrm{d}\varphi\int_{r_1(\theta,\varphi)}^{r_2(\theta,\varphi)} f(r\sin\varphi\cos\theta, r\sin\varphi\sin\theta, r\cos\varphi)r^2\,\mathrm{d}r.$$

例 4 计算 $I=\iiint\limits_{\Omega}(x^2+y^2)\mathrm{d}V$，其中 Ω 为平面曲线 $\begin{cases} y^2=2z\\ x=0 \end{cases}$，绕 z 轴旋转一周形成的曲面与平面 $z=8$ 所围成的区域.（考研题）

解 **解法一：柱面坐标**

$$I=\int_0^{2\pi}\mathrm{d}\theta\int_0^4 r\mathrm{d}r\int_{\frac{r^2}{2}}^8 r^2\mathrm{d}z=2\pi\int_0^4 r^3\left(8-\frac{r^2}{2}\right)\mathrm{d}r=\frac{1024\pi}{3}.$$

解法二：球面坐标

$$I=\int_0^8\mathrm{d}z\iint\limits_{x^2+y^2\leqslant 2z}(x^2+y^2)\mathrm{d}x\mathrm{d}y=\int_0^8\mathrm{d}z\int_0^{2\pi}\mathrm{d}\theta\int_0^{\sqrt{2z}} r^2\cdot r\mathrm{d}r=\frac{1024\pi}{3}.$$

现学现练 计算 $I=\iiint\limits_{\Omega} z(x^2+y^2)\mathrm{d}x\mathrm{d}y\mathrm{d}z$，其中 Ω：$z\geqslant\sqrt{x^2+y^2}$，$1\leqslant x^2+y^2+z^2\leqslant 4$．$\left(I=\frac{21}{16}\pi\right)$

题型 4 利用被积函数的奇偶性与积分区域的对称性简化三重积分

题型分析 在考虑三重积分的对称性时，一定要兼顾区域的对称性以及被积函数在其积分区域上的奇偶性，两者缺一不可.

例 5 设空间区域 $\Omega_1: x^2+y^2+z^2\leqslant R^2, z\geqslant 0$，$\Omega_2: x^2+y^2+z^2\leqslant R^2, x\geqslant 0$，$y\geqslant 0, z\geqslant 0$ 则(　　).（考研题）

(A) $\iiint\limits_{\Omega_1} x\mathrm{d}v = 4\iiint\limits_{\Omega_2} x\mathrm{d}V$.　　(B) $\iiint\limits_{\Omega_1} y\mathrm{d}v = 4\iiint\limits_{\Omega_2} y\mathrm{d}V$.

(C) $\iiint\limits_{\Omega_1} z\mathrm{d}v = 4\iiint\limits_{\Omega_2} z\mathrm{d}V$.　　(D) $\iiint\limits_{\Omega_1} xyz\mathrm{d}v = 4\iiint\limits_{\Omega} xyz\mathrm{d}V$.

解 Ω_1 关于 yOz 平面和 zOx 平面都对称，而 z 关于 x、y 均为偶函数，从而 $\iiint\limits_{\Omega_1} z\mathrm{d}V = 4\iiint\limits_{\Omega_2} z\mathrm{d}V$. 故应选(C).

现学现练 计算 $\iiint\limits_{v}(x^2+my^2+nz^2)\mathrm{d}x\mathrm{d}y\mathrm{d}z$，其中 V 是球体 $x^2+y+z^2\leqslant a^2$，m，n 是常数. $\left[\frac{4\pi}{15}(1+m+n)a^5\right]$

题型 5　更换三重积分的次序及不同坐标系下三重积分的转换

题型分析 计算重积分时，一般是画积分域，再依图按序定出积分限，这种方法直观，但做图却不易，因此可采用：交换两个变量的积分次序时，第三个变量按常数处理，交换次序结束后，再恢复变量原样.

例 6 计算三重积分 $\iiint\limits_{\Omega}(x+z)\mathrm{d}V$，其中 Ω 是由曲面 $z=\sqrt{x^2+y^2}$ 与 $z=\sqrt{1-x^2-y^2}$ 所围成的区域.（考研题）

解 **解法一：**

$$\iiint\limits_{\Omega}(x+z)\mathrm{d}V = \iiint\limits_{\Omega} x\mathrm{d}V + \iiint\limits_{\Omega} z\mathrm{d}V.$$

由于 Ω 关于 yOz 平面对称，被积函数 x 是奇函数，故 $\iiint\limits_{\Omega} x\mathrm{d}V=0$，事实上

$$\iiint\limits_{\Omega} x\mathrm{d}V = \int_0^{2\pi}\mathrm{d}\theta\int_0^{\frac{\pi}{4}}\mathrm{d}\varphi\int_0^1 \rho\sin\varphi\cos\theta\rho^2\sin\varphi\mathrm{d}\rho$$

$$=\sin\theta\Big|_0^{2\pi}\cdot\frac{1}{4}\cdot\left(\frac{\varphi}{2}-\frac{1}{4}\sin 2\varphi\right)\Big|_0^{\frac{\pi}{4}}=0,$$

$$\iiint\limits_{\Omega} z\mathrm{d}V = \int_0^{2\pi}\mathrm{d}\theta\int_0^{\frac{\pi}{4}}\mathrm{d}\varphi\int_0^1 \rho\cos\varphi\cdot\rho^2\sin\varphi\mathrm{d}\rho$$

$$=2\pi\cdot\frac{1}{2}\sin^2\varphi\Big|_0^{\frac{\pi}{4}}\cdot\frac{1}{4}=\frac{\pi}{8},$$

所以　$\iiint\limits_{\Omega}(x+z)\mathrm{d}V=0+\frac{\pi}{8}=\frac{\pi}{8}$.

解法二:同解法一　$\iiint\limits_{\Omega}x\mathrm{d}V=0$.

由$\begin{cases}z=\sqrt{x^2+y^2},\\ z=\sqrt{1-x^2-y^2}\end{cases}$得 $x^2+y^2=\frac{1}{2},z=\frac{\sqrt{2}}{2}$,故

$$\iiint\limits_{\Omega}z\mathrm{d}V=\int_0^{\frac{\sqrt{2}}{2}}z\mathrm{d}z\iint\limits_{D_1}\mathrm{d}x\mathrm{d}y+\int_{\frac{\sqrt{2}}{2}}^1 z\mathrm{d}z\iint\limits_{D_2}\mathrm{d}x\mathrm{d}y,$$

其中 D_1 是平行于 xOy 平面的平面截锥体的截面 $x^2+y^2\leqslant z^2\left(0\leqslant z\leqslant\frac{\sqrt{2}}{2}\right)$;$D_2$ 是平行于 xOy 平面的平面截球体的截面 $x^2+y^2\leqslant 1-z^2\left(\frac{\sqrt{2}}{2}\leqslant z\leqslant 1\right)$,于是

$$\begin{aligned}\iiint\limits_{\Omega}z\mathrm{d}V&=\int_0^{\frac{\sqrt{2}}{2}}z\pi z^2\mathrm{d}z+\int_{\frac{\sqrt{2}}{2}}^1 z\pi(1-z^2)\mathrm{d}z\\&=\pi\left[\frac{z^4}{4}\Big|_0^{\frac{\sqrt{2}}{2}}+\left(\frac{z^2}{2}-\frac{z^4}{4}\right)\Big|_{\frac{\sqrt{2}}{2}}^1\right]=\frac{1}{8}\pi.\end{aligned}$$

例 7　将下列三重积分 $I=\iiint\limits_{\Omega}f(x,y,z)\mathrm{d}v$ 化成在柱面坐标系中的三次积分,其中 Ω 是由曲面 $x^2+y^2=z,z=1,z=4$ 围成的区域.

解　令$\begin{cases}x=r\cos\theta,\\ y=r\sin\theta,\\ z=z,\end{cases}$从而曲面 $x^2+y^2=z$ 表示为 $z=r^2$.

在柱面坐标系中,将 Ω 向 xOy 平面投影,得圆域 D_1 和环域 D_2,如图 10-36 所示,过 D_1 内任一点作平行于 z 轴的直线,由下向上穿过 Ω,得 $1\leqslant z\leqslant 4$;过 D_2 内任一点作平行于 z 轴的直线,由下向上穿过 Ω,得 $r^2\leqslant z\leqslant 4$. 故 Ω 可表示为以下两个区域的并:

$\Omega_1=\{(r,\theta,z)\mid 0\leqslant r\leqslant 1,0\leqslant\theta\leqslant 2\pi,1\leqslant z\leqslant 4\}$,

$\Omega_2=\{(r,\theta,z)\mid 1\leqslant r\leqslant 4,0\leqslant\theta\leqslant 2\pi,r^2\leqslant z\leqslant 4\}$.

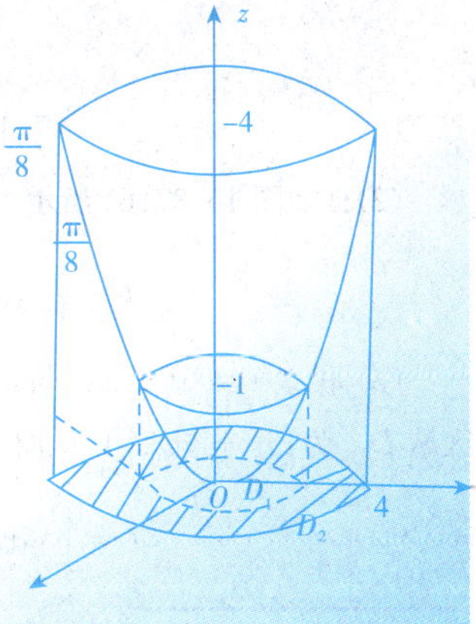

图 10-36

于是，$I=\int_0^{2\pi}\mathrm{d}\theta\int_0^1 r\mathrm{d}r\int_1^4 f(r\cos\theta,r\sin\theta,z)\mathrm{d}z+$

$\int_0^{2\pi}\mathrm{d}\theta\int_1^4 r\mathrm{d}r\int_{r^2}^4 f(r\cos\theta,r\sin\theta,z)\mathrm{d}z.$

现学现练　将$\int_0^1\mathrm{d}x\int_0^1\mathrm{d}y\int_0^{x^2+y^2} f(x,y,z)\mathrm{d}z$按$y,z,x$的次序积分.

$\left[原式=\int_0^1\mathrm{d}x\int_0^{x^2}\mathrm{d}z\int_0^1 f(x,y,z)\mathrm{d}y+\int_0^1\mathrm{d}y+\int_0^1\mathrm{d}x\int_{x^2}^{1+x^2}\mathrm{d}z\int_{z-x^2}^1 f(x,y,z)\mathrm{d}y\right]$

课后习题全解

习题 10－3 全解

1. **分析**　所求的区域应该是闭区域Ω在xOy面上的投影区域D_{xy}，利用直角坐标计算.

解　(1)Ω如图 10-37(a) 所示

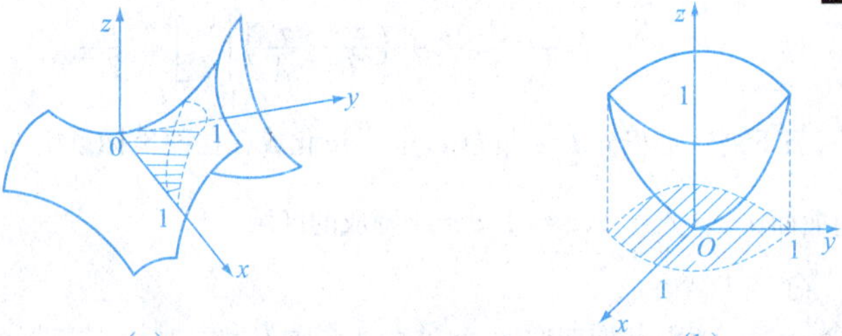

(a)　(b)

图 10-37

$$I=\int_0^1\mathrm{d}x\int_0^{1-x}\mathrm{d}y\int_0^{xy} f(x,y,z)\mathrm{d}z;$$

(2)Ω如图 10-37(b) 所示

$$I=\int_{-1}^1\mathrm{d}x\int_{-\sqrt{1-x^2}}^{\sqrt{1-x^2}}\mathrm{d}y\int_{x^2+y^2}^1 f(x,y,z)\mathrm{d}z;$$

(3) 联立$z=x^2+2y^2$与$z=2-x^2$，消去z得$x^2+y^2=1$，所以Ω在xOy投影区域D_{xy}为：$x^2+y^2\leqslant 1$，从而

$$I=\int_{-1}^1\mathrm{d}x\int_{-\sqrt{1-x^2}}^{\sqrt{1-x^2}}\mathrm{d}y\int_{x^2+2y^2}^{2-x^2} f(x,y,z)\mathrm{d}z;$$

(4)Ω在xOy面上投影区域D_{xy}为：$\frac{x^2}{a^2}+\frac{y^2}{b^2}\leqslant 1,x\geqslant 0,y\geqslant 0$，$\Omega$的上边界曲面

为 $z=\frac{1}{c}xy(c>0)$，下边界面为平面 $z=0$，从而

$$I=\int_0^a \mathrm{d}x\int_0^{\frac{b}{a}\sqrt{a^2-x^2}} \mathrm{d}y\int_0^{\frac{1}{c}xy} f(x,y,z)\mathrm{d}z.$$

2. 解　由三重积分的物理意义，可得所求物体的质量为

$$\begin{aligned}M&=\iiint_{\Omega}\rho(x+y+z)\mathrm{d}x\mathrm{d}y\mathrm{d}z\\&=\int_0^1\mathrm{d}x\int_0^1\mathrm{d}y\int_0^1(x+y+z)\mathrm{d}z=\frac{3}{2}.\end{aligned}$$

3. 分析　由于 $f(x,y,z)=f_1(x)\cdot f_2(y)\cdot f_3(z)$ 属于变量分离，因此对 $\int f_1(x)f_2(y)f_3(z)\mathrm{d}x$，$f_2(y)$ 和 $f_3(z)$ 可以像常数一样提到外面.

证　因为积分区域 Ω 表示为

$$\Omega:\begin{cases}a\leqslant x\leqslant b,\\c\leqslant y\leqslant d,\\l\leqslant z\leqslant m,\end{cases}$$

则

$$\begin{aligned}I&=\iiint_{\Omega}f_1(x)f_2(y)f_3(z)\mathrm{d}x\mathrm{d}y\mathrm{d}z\\&=\int_a^b\mathrm{d}x\int_c^d\mathrm{d}y\int_l^m f_1(x)f_2(y)f_3(z)\mathrm{d}z\\&=\int_a^b\left\{\int_c^d\left[f_1(x)f_2(y)\int_l^m f_3(z)\mathrm{d}z\right]\mathrm{d}y\right\}\mathrm{d}x\\&=\int_a^b\left\{\left[f_1(x)\int_l^m f_3(z)\mathrm{d}z\right]\left[\int_c^d f_2(y)\mathrm{d}y\right]\right\}\mathrm{d}x\\&=\int_a^b\left\{\left[\int_l^m f_3(z)\mathrm{d}z\right]\left[\int_c^d f_2(y)\mathrm{d}y\right]f_1(x)\right\}\mathrm{d}x\\&=\int_a^b f_1(x)\mathrm{d}x\int_a^d f_2(y)\mathrm{d}y\int_l^m f_3(z)\mathrm{d}z.\end{aligned}$$

4. 解　Ω 在 xOy 面上的投影区域 D_{xy} 由 $y=x,x=1,y=0$ 所围成，则

$$\iiint_{\Omega}xy^2z^3\mathrm{d}x\mathrm{d}y\mathrm{d}z=\int_0^1 x\mathrm{d}x\int_0^x y^2\mathrm{d}y\int_0^{xy}z^3\mathrm{d}z=\frac{1}{364}.$$

5. 分析　利用直角坐标系计算该三重积分.

解　令 $x+y+z=1$ 中的 $z=0$ 得 $x+y=1$，故 Ω 在平面 xOy 上的投影区域 D_{xy} 由 $x=0,y=0,x+y=1$ 所围成，如图 10-38 所示.

所以 $\iiint_{\Omega}\frac{\mathrm{d}x\mathrm{d}y\mathrm{d}z}{(1+x+y+z)^3}$

$$=\int_0^1 dx\int_0^{1-x} dy\int_0^{1-x-y}\frac{1}{(1+x+y+z)^3}dz$$

$$=\frac{1}{2}\int_0^1 dx\int_0^{1-x}\left[-\frac{1}{4}+\frac{1}{(1+x+y)^2}\right]dy$$

$$=-\frac{1}{2}\int_0^1\left(\frac{1-x}{4}+\frac{1}{2}-\frac{1}{1+x}\right)dx$$

$$=\frac{1}{2}(\ln 2-\frac{5}{8}).$$

图 10-38

6. 分析　三个坐标面和方程分别是 $x=0, y=0$ 和 $z=0$.

解　令 $x^2+y^2+z^2=1$ 中的 $z=0$ 得 $x^2+y^2=1$,故 Ω 在 xOy 面上的投影区域 D_{xy} 由 $x^2+y^2=1, x=0, y=0$ 所围成,

$$故\iiint\limits_{\Omega} xyz\,dxdydz=\int_0^1 dx\int_0^{\sqrt{1-x^2}} dy\int_0^{\sqrt{1-x^2-y^2}} xyz\,dz$$

$$=\frac{1}{2}\int_0^1 x dx\int_0^{\sqrt{1-x^2}} y(1-x^2-y^2)dy$$

$$=\frac{1}{2}\int_0^1\left[\frac{1}{4}(1-x^2)^2x\right]dx=\frac{1}{48}.$$

$$或\iiint\limits_{\Omega} xyz\,dxdydz=\int_0^{\frac{\pi}{2}}\sin\theta\cos\theta d\theta\int_0^{\frac{\pi}{2}}\sin^3\varphi\cos\varphi d\varphi\int_0^1 r^5 dr=\frac{1}{48}.$$

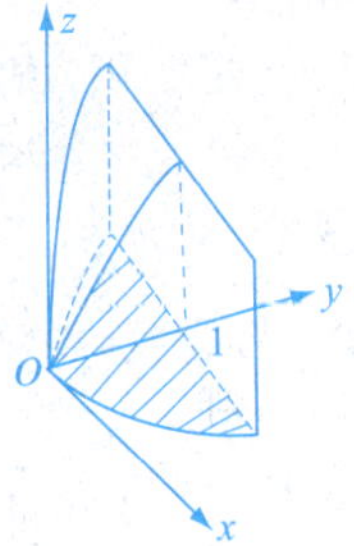

图 10-39

7. 解　如图 10-39 所示,Ω 在 xOy 面上的投影区域 D_{xy} 由 $y=1$ 及 $y=x^2$ 围成,所以

$$\iiint\limits_{\Omega} xz\,dxdydz=\int_{-1}^1 dx\int_{x^2}^1 dy\int_0^y xz\,dz=\frac{1}{2}\int_{-1}^1 x dx\int_{x^2}^1 y^2 dy=0.$$

另解　因积分区域 Ω 关于 yOz 平面对称,且被积函数关于 x 为奇函数.

$$故\iiint\limits_{\Omega} xz\,dxdydz=0.$$

8. 解　Ω 在 z 轴上的投影区间为$[0,h]$,过$[0,h]$内任一点 z 作垂直于 z 轴的平面截 Ω 得截面为一圆域 D_z,其半径为$\frac{R}{h}z$,所以 D_z 为:$x^2+y^2=\frac{R^2}{h^2}z^2$,其面积为 $\pi\frac{R^2}{h^2}z^2$,

$$所以\iiint\limits_{\Omega} z\,dxdydz=\int_0^h z dz\iint\limits_{D_z} dxdy=\int_0^h z=\frac{\pi R^2}{h^2}z^2 dz=\frac{\pi R^2 h^2}{4}.$$

9. 分析　(1) 首先找准 Ω 在 xOy 上投影区域,然后用柱坐标变换公式

$$\begin{cases}x=\rho\cos\theta,\\ y=\rho\sin\theta, 求解.\\ z=z,\end{cases}$$

解 (1) 联立 $z=\sqrt{2-x^2-y^2}$ 及 $z=x^2+y^2$ 得 $x^2+y^2=1$，

故 Ω 在面 xOy 上的投影区域为 $x^2+y^2\leqslant 1$(如图 10-40(a) 所示)，用柱坐标得

$$\iiint\limits_{\Omega} z\,\mathrm{d}v=\int_0^{2\pi}\mathrm{d}\theta\int_0^1 r\mathrm{d}r\int_{r^2}^{\sqrt{2-r^2}} z\mathrm{d}z=\int_0^{2\pi}\mathrm{d}\theta\int_0^1 r\left(\frac{2-r^2}{2}-\frac{r^4}{2}\right)\mathrm{d}r=\frac{7}{12}\pi;$$

(2) 由 $x^2+y^2=2z$ 及 $z=2$，联立得 $x^2+y^2=4$，故 Ω 在 xOy 面上的投影区域 D 为 $x^2+y^2\leqslant 4$(如图 10-40(b) 所示).

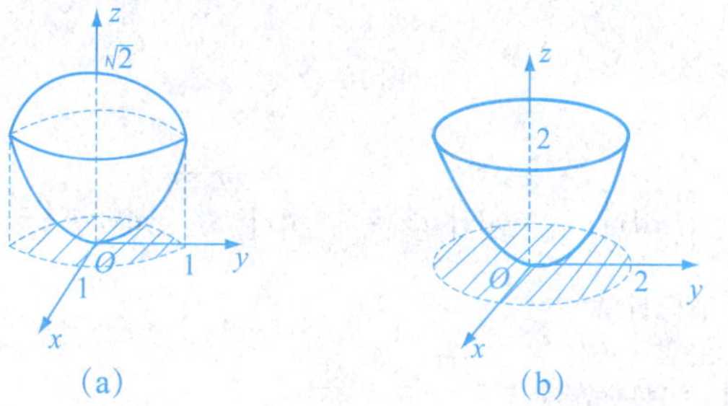

图 10-40

$$\iiint\limits_{\Omega}(x^2+y^2)\mathrm{d}v=\int_0^{2\pi}\mathrm{d}\theta\int_0^2 r^3\mathrm{d}r\int_{\frac{r^2}{2}}^2\mathrm{d}z=\frac{16}{3}\pi.$$

10. 解 (1) $\iiint\limits_{\Omega}(x^2+y^2+z^2)\mathrm{d}v=\int_0^{2\pi}\mathrm{d}\theta\int_0^{\pi}\sin\varphi\mathrm{d}\varphi\int_0^1 r^4\mathrm{d}r=\frac{4}{5}\pi;$

(2)Ω 如图 10-41 所示. 在球面坐标系中，$x^2+y^2+(z-a)^2\leqslant a^2$ 即为 $r\leqslant 2a\cos\varphi$.

在球面坐标中，$x^2+y^2\leqslant z^2$，即 $\varphi\leqslant\frac{\pi}{4}$，所以

$$\iiint\limits_{\Omega} z\,\mathrm{d}v=\int_0^{2\pi}\mathrm{d}\theta\int_0^{\frac{\pi}{4}}\mathrm{d}\varphi\int_0^{2a\cos\varphi}\sin\varphi\cos\varphi r^3\mathrm{d}r$$

$$=2a^4\int_0^{2\pi}\mathrm{d}\theta\int_0^{\frac{\pi}{4}}\sin2\varphi\cos^4\varphi\mathrm{d}\varphi$$

$$=-4a^4\int_0^{2\pi}\mathrm{d}\theta\int_0^{\frac{\pi}{4}}\cos^5\varphi\mathrm{d}(\cos\varphi)=\frac{7}{6}\pi a^4.$$

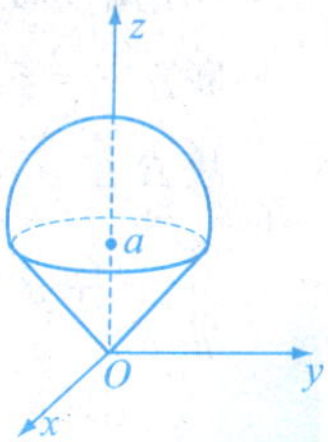

图 10-41

11. 分析 (1) 题目中虽然出现柱面，但由图 10-42(a) 知本题也可以直接用直角坐标系来计算.

解 (1) 用直角坐标计算

如图 10-42(a) 所示，

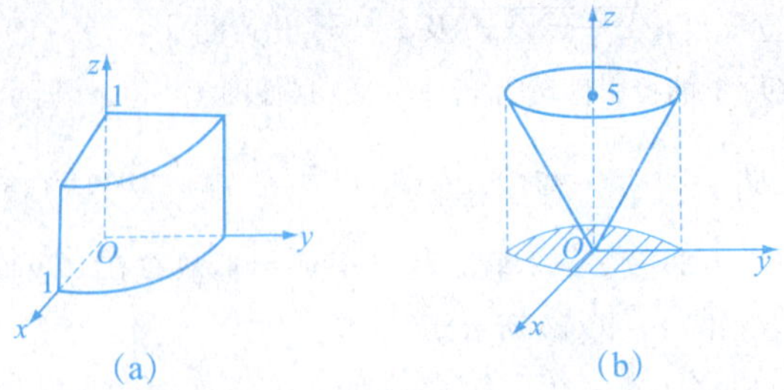

图 10-42

则$\iiint\limits_{\Omega} xy\mathrm{d}v=\int_0^1 x\mathrm{d}x\int_0^{\sqrt{1-x^2}} y\mathrm{d}y\int_0^1 \mathrm{d}z=\int_0^1 x\mathrm{d}x\int_0^{\sqrt{1-x^2}} y\mathrm{d}y=\left(\frac{x^2}{4}-\frac{x^4}{8}\right)\bigg|_0^1=\frac{1}{8}$.

也可用柱面坐标计算

$$\iiint\limits_{\Omega} xy\mathrm{d}v=\int_0^{\frac{\pi}{2}}\sin\theta\cos\theta\mathrm{d}\theta\int_0^1 r^3\mathrm{d}r\int_0^1\mathrm{d}z=\frac{1}{8};$$

(2) 用球面坐标计算

$x^2+y^2+z^2=z$ 即为 $r=\cos\varphi$,则

$$\iiint\limits_{\Omega}\sqrt{x^2+y^2+z^2}\,\mathrm{d}v=\int_0^{2\pi}\mathrm{d}\theta\int_0^{\frac{\pi}{2}}\mathrm{d}\varphi\int_0^{\cos\varphi} r\cdot r^2\sin\varphi\mathrm{d}r$$

$$=\int_0^{2\pi}\mathrm{d}\theta\int_0^{\frac{\pi}{2}}\sin\varphi\,\frac{1}{4}\cos^4\varphi\mathrm{d}\varphi=\frac{\pi}{10};$$

(3) 用柱面坐标计算

联立 $z=5$ 与 $4z^2=25(x^2+y^2)$,得 $x^2+y^2=4$.

故 Ω 在 xOy 面上的投影区域为:$x^2+y^2\leqslant 4$(如图 10-42(b) 所示).

$$\iiint\limits_{\Omega}(x^2+y^2)\mathrm{d}v=\int_0^{2\pi}\mathrm{d}\theta\int_0^2 r^3\mathrm{d}r\int_{\frac{5}{2}r}^5\mathrm{d}z=\int_0^{2\pi}\mathrm{d}\theta\int_0^2 r^3\left(5-\frac{5}{2}r\right)\mathrm{d}r=8\pi;$$

(4) 用球面坐标计算

$$\iiint\limits_{\Omega}(x^2+y^2)\mathrm{d}v=\iiint\limits_{\Omega}(r^2\sin^2\varphi\cos^2\theta+r^2\sin^2\varphi\sin^2\theta)r^2\sin\varphi\mathrm{d}r\mathrm{d}\varphi\mathrm{d}\theta$$

$$=\int_0^{2\pi}\mathrm{d}\theta\int_0^{\frac{\pi}{2}}\sin^3\varphi\mathrm{d}\varphi\int_a^A r^4\mathrm{d}r=\frac{4\pi}{15}(A^5-a^5).$$

12.解　(1) 用柱面坐标计算或先重后单的积分次序求解.

$z=6-x^2-y^2$ 的方程为 $z=6-r^2$,$z=\sqrt{x^2+y^2}$ 的方程为 $z=r$,由 $z=6-r^2$ 和 $z=r$ 联立得 $r=2$,所以立体在 xOy 面上的投影区域为:$r\leqslant 2$(如图 10-43(a) 所示).

$$V=\iiint\limits_{\Omega}\mathrm{d}v=\iiint\limits_{\Omega}r\mathrm{d}r\mathrm{d}\theta\mathrm{d}z=\int_0^{2\pi}\mathrm{d}\theta\int_0^2 r\mathrm{d}r\int_r^{6-r^2}\mathrm{d}z$$

$$=2\pi\int_0^2(6r-r^2-r^3)\mathrm{d}r=\frac{32}{3}\pi,$$

或 $V=\int_0^2\mathrm{d}y\iint\limits^{D_z}\mathrm{d}x\mathrm{d}y+\int_2^6\mathrm{d}z\iint\limits^{D_z}\mathrm{d}x\mathrm{d}y=\int_0^2\pi r^2\mathrm{d}r+\int_2^6\pi(6-r)\mathrm{d}r=\frac{32}{3}\pi$;

(2) 用球面坐标计算或“先重后单”

$x^2+y^2=z^2$ 的球面坐标方程为 $\varphi=\frac{\pi}{4}$. $x^2+y^2+z^2=2ax$ 的球面坐标方程为 $r=2a\cos\varphi$(如图 10-43(b) 所示).

$$V=\iiint\limits_{\Omega}\mathrm{d}v=\iiint\limits_{\Omega}r^2\sin\varphi\mathrm{d}r\mathrm{d}\varphi\mathrm{d}\theta=\int_0^{2\pi}\mathrm{d}\theta\int_0^{\frac{\pi}{4}}\sin\varphi\mathrm{d}\varphi\int_0^{2a\cos\varphi}r^2\mathrm{d}r$$

$$=\int_0^{2\pi}\mathrm{d}\theta\int_0^{\frac{\pi}{4}}\sin\varphi\frac{8a^3}{3}\cos^3\varphi\mathrm{d}\varphi$$

$$=-\frac{8}{3}a^3\left(-\frac{3}{16}\times 2\pi\right)=\pi a^3,$$

或 $V=\int_0^a\mathrm{d}z\iint\limits^{D_z}\mathrm{d}x\mathrm{d}y+\int_a^{2a}\mathrm{d}z\iint\limits^{D_z}\mathrm{d}x\mathrm{d}y=\pi a^3$;

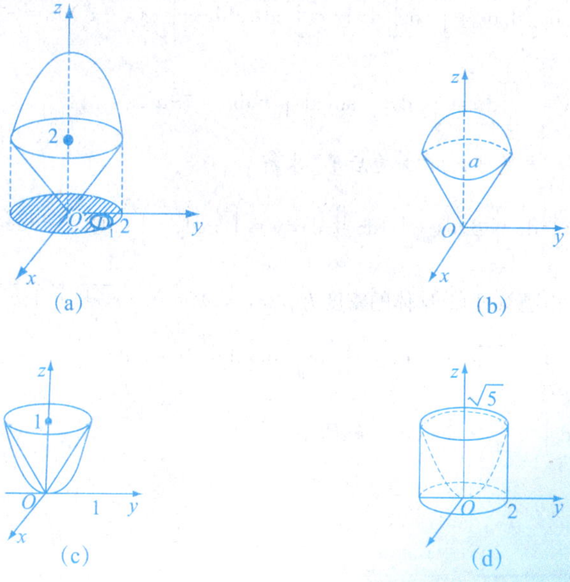

图 10-43

(3) 用柱面坐标计算或"先重后单"

曲面 $z=\sqrt{x^2+y^2}$ 的柱面坐标方程为 $z=r$，曲面 $z=x^2+y^2$ 的柱面坐标方程为 $z=r^2$，可得交线为 $r=1$，所以立体 Ω 在 xOy 面上的投影区域为：$r\leqslant 1$(如图 10-43(c) 所示).

$$V=\iiint_{\Omega}\mathrm{d}v=\int_0^{2\pi}\mathrm{d}\theta\int_0^1 r\mathrm{d}r\int_{r^2}^{r}\mathrm{d}z=\int_0^{2\pi}\mathrm{d}\theta\int_0^1 r(r-r^2)\mathrm{d}r=\frac{\pi}{6}$$

或 $V=\int_0^1\mathrm{d}z\iint_{D_z}\mathrm{d}x\mathrm{d}y=\int_0^1\mathrm{d}z\int_0^1\pi(z-z^2)\mathrm{d}z=\frac{\pi}{6}$；

(4) 用柱面坐标计算或"先重后单"

曲面 $z=\sqrt{5-x^2-y^2}$ 的柱面坐标为 $z=\sqrt{5-r^2}$，曲面 $x^2+y^2=4z$ 的柱面坐标为 $r^2=4z$，联立可得为 $r=2$，故立体 Ω 在 xOy 面上的投影区域为：$r\leqslant 2$(如图 10-43(d) 所示).

$$V=\iiint_{\Omega}\mathrm{d}v=\int_0^{2\pi}\mathrm{d}\theta\int_0^2 r\mathrm{d}r\int_{\frac{r^2}{4}}^{\sqrt{5-r^2}}\mathrm{d}z$$

$$=\int_0^{2\pi}\mathrm{d}\theta\int_0^2 r\left(\sqrt{5-r^2}-\frac{r^2}{4}\right)\mathrm{d}r=\frac{2}{3}\pi(5\sqrt{5}-4).$$

或 $V=\int_0^1\mathrm{d}z\iint_{D_z}\mathrm{d}x\mathrm{d}y+\int_1^{\sqrt{5}}\mathrm{d}z\iint_{D_z}\mathrm{d}x\mathrm{d}y=\int_0^1\pi(4z)\mathrm{d}z+\int_1^5\pi(5-z^2)\mathrm{d}z=\frac{2}{3}\pi(5\sqrt{5}-4)$.

13.解 $V=\iiint_{\Omega}\mathrm{d}v=\int_0^{2\pi}\mathrm{d}\theta\int_{\frac{\pi}{3}}^{\frac{2}{3}\pi}\sin\varphi\mathrm{d}\varphi\int_0^a r^2\mathrm{d}r=\frac{2\pi}{3}a^3$.

14.分析 本题可利用"先重后单"求解

解 $V=\int_0^1\mathrm{d}z\iint_{D_{zxy}}\mathrm{d}x\mathrm{d}y+\int_1^{\sqrt{2}}\mathrm{d}z\iint_{D_{zxy}}\mathrm{d}x\mathrm{d}y=\int_0^1\pi z\mathrm{d}z+\int_1^{\sqrt{2}}\pi(2-z^2)\mathrm{d}z=\frac{8\sqrt{2}-7}{6}\pi$.

15.解 由题意可知，球体的密度为 $\rho(x,y,z)=k\sqrt{x^2+y^2+z^2}$

$$M=\iiint_{\Omega}k\sqrt{x^2+y^2+z^2}\mathrm{d}v=\int_0^{2\pi}\mathrm{d}\theta\int_0^{\pi}\sin\varphi\mathrm{d}\varphi\int_0^R kr\cdot r^2\mathrm{d}r$$

$$=\int_0^{2\pi}\mathrm{d}\theta\int_0^{\pi}k\frac{R^2}{4}\cdot\sin\varphi\mathrm{d}\varphi=k\pi R^4.$$

第四节 重积分的应用

知识要点及常考点

1. 重积分的几何应用

(1) 平面区域面积

$$\sigma(D)=\iint_D I\,\mathrm{d}\sigma=\iint_D \mathrm{d}\sigma.$$

(2) 空间区域体积

$$V(\Omega)=\iiint_\Omega I\,\mathrm{d}v=\iiint_\Omega \mathrm{d}v.$$

(3) 曲面的面积

设曲面 S 的方程为 $z=f(x,y)$，D 为 S 在 xOy 面上的投影区域，$f(x,y)$ 在 D 上具有连续的偏导数，则曲面 S 的面积为

$$S=\iint_{D_{xy}}\sqrt{1+\left(\frac{\partial z}{\partial x}\right)^2+\left(\frac{\partial z}{\partial y}\right)^2}\,\mathrm{d}x\mathrm{d}y.$$

设曲面的方程为 $x=g(y,z)$ 或 $y=h(x,z)$，类似地可得到

$$S=\iint_{D_{yz}}\sqrt{1+\left(\frac{\partial x}{\partial y}\right)^2+\left(\frac{\partial x}{\partial z}\right)^2}\,\mathrm{d}y\mathrm{d}z$$

或

$$S=\iint_{D_{zx}}\sqrt{1+\left(\frac{\partial y}{\partial z}\right)^2+\left(\frac{\partial y}{\partial x}\right)^2}\,\mathrm{d}z\mathrm{d}x.$$

2. 重积分的物理应用

(1) 求物体质量

若平面薄片占有的 xOy 面上的闭区域 D，面密度为 $\rho(x,y)$，这里 $\rho(x,y)>0$ 且在 D 上连续，则质量为 $M=\iint_D \rho(x,y)\mathrm{d}\sigma$.

若物体占有空间闭区域 Ω，体密度为 $\rho(x,y,z)$，这里 $\rho(x,y,z)>0$ 且在 Ω 上连续，则质量为 $M=\iiint_\Omega \rho(x,y,z)\mathrm{d}v$.

(2) 求物体质心

若平面薄片占有平面闭区域 D，面密度为 $\mu(x,y)$，则它的质心坐标为
$$\begin{cases}\bar{x}=\dfrac{1}{m}\iint\limits_D x\mu(x,y)\mathrm{d}\sigma,\\ \bar{y}=\dfrac{1}{m}\iint\limits_D y\mu(x,y)\mathrm{d}\sigma,\end{cases}\text{其中 } m \text{ 为质量且 } m=\iint\limits_D \mu(x,y)\mathrm{d}\sigma.$$

若物体占有空间闭区域 Ω，体密度为 $\mu(x,y,z)$，则它的质心坐标为
$$\begin{cases}\bar{x}=\dfrac{1}{m}\iiint\limits_\Omega x\mu(x,y,z)\mathrm{d}v,\\ \bar{y}=\dfrac{1}{m}\iiint\limits_\Omega y\mu(x,y,z)\mathrm{d}v,\text{其中 } m \text{ 为质量，且 } m=\iiint\limits_\Omega M(x,y,z)\mathrm{d}v.\\ \bar{z}=\dfrac{1}{m}\iiint\limits_\Omega z\mu(x,y,z)\mathrm{d}v,\end{cases}$$

(3) 求转动惯量

若平面薄片占有平面闭区域 D，面密度为 $\mu(x,y)$，则平面薄片对于 x 轴和 y 轴的转动惯量为

$$X\text{ 轴 } I_x=\iint\limits_D y^2\mu(x,y)\mathrm{d}\sigma,$$

$$Y\text{ 轴 } I_y=\iint\limits_D x^2\mu(x,y)\mathrm{d}\sigma.$$

若物体占有空间闭区域 Ω，体密度为 $\rho(x,y,z)$，则物体对于 x、y 和 z 轴的转动惯量为

$$X\text{ 轴 } I_x=\iiint\limits_\Omega (y^2+z^2)\rho(x,y,z)\mathrm{d}v,$$

$$Y\text{ 轴 } I_y=\iiint\limits_\Omega (x^2+z^2)\rho(x,y,z)\mathrm{d}v,$$

$$Z\text{ 轴 } I_z=\iiint\limits_\Omega (x^2+y^2)\rho(x,y,z)\mathrm{d}v.$$

(4) 求引力

若物体占有空间区域 Ω，其密度函数 为 $\rho(x,y,z)$，则物体对于位于点 (x_0,y_0,z_0) 处的一点的引力 $F=(F_x,F_y,F_z)$ 为

$$F_x=G\iiint\limits_\Omega \frac{\rho(x,y,z)x}{r^3}\mathrm{d}v,$$

$$F_y=G\iiint\limits_\Omega \frac{\rho(x,y,z)y}{r^3}\mathrm{d}v,\text{其中 } r=\sqrt{x^2+y^2+z^2},G\text{ 为引力常量.}$$

$$F_z=G\iiint\limits_\Omega \frac{\rho(x,y,z)z}{r^3}\mathrm{d}v.$$

本节考研要求

会用重积分求一些几何量与物理量(平面图形的面积 、体积、曲面面积、重心、质量、形心转动惯量、引力、功等).

题型、真题、方法

题型1　重积分在几何中的应用

题型分析　此类问题应根据问题的几何意义求解,应当记住平面区域面积、空间区域体积及曲面的面积的公式.

例1　设半径为R的球面$\sum$的球心在定球面$x^2+y^2+z^2=a^2(a>0)$上,问当R为何值时,球面$\sum$在定球面内部的那部分的面积最大?(考研题)

思路点拨　先利用二重积分求出位于定球面内的面积,再求面积的最大值.

解　设球面$\sum$的球心为$(0,0,a)$,则$\sum$的方程为

$$x^2+y^2+(z-a)^2=R^2,$$

两球面的交线在xOy面上的投影曲线C为

$$\begin{cases}x^2+y^2=\dfrac{R^2}{4a^2}(4a^2-R^2),\\ z=0.\end{cases}$$

设C所围平面区域D_{xy}(如图10-44所示).

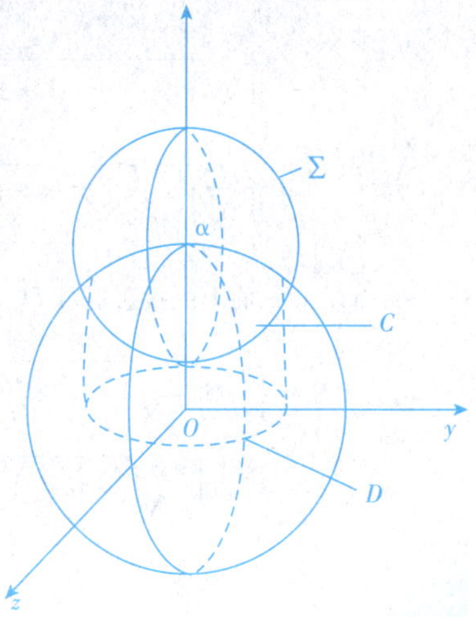

图10-44

球面$\sum$的下半球面

$$z=a-\sqrt{R^2-x^2-y^2},$$

这部分球面的面积为

$$S(R)=\iint_{D_{xy}}\sqrt{1+\left(\frac{\partial z}{\partial x}\right)^2+\left(\frac{\partial z}{\partial y}\right)^2}\mathrm{d}x\mathrm{d}y$$

$$=\iint_{D}\frac{R}{\sqrt{R^2-x^2-y^2}}\mathrm{d}x\mathrm{d}y$$

$$=\int_0^{2\pi}\theta\int_0^{\frac{R}{2a}\sqrt{4a^2-R^2}}\frac{Rr\mathrm{d}r}{\sqrt{R^2-r^2}}$$

$$=2\pi R^2-\frac{1}{a}\pi R^3(0<R<2a).$$

由 $S'(R)=4\pi R-\dfrac{3}{a}\pi R^2=0$，得 $R=0$（舍去），$R=\dfrac{4}{3}a$. 而

$$S''\left(\frac{4}{3}a\right)=\left(4\pi-\frac{6}{a}\pi R\right)\Big|_{R=\frac{4}{3}a}=-4\pi<0,$$

故当 $R=\dfrac{4}{3}a$ 时，球面 $\sum$ 在定球面内部的那部分的面积最大．

例 2　求 xOy 平面上的抛物线 $6y=x^2$ 从 $x=0$ 到 $x=4$ 的一段绕 x 轴旋转所得旋转曲面的面积.

思路点拨　首先要依题把旋转曲面的表达式写出来，再由二重积分计算所求面积.

解　旋转曲面为 $6\sqrt{y^2+z^2}=x^2$，其中 $0\leqslant x\leqslant 4$，如图所示，则 $x=\sqrt{6}(y^2+z^2)^{\frac{1}{4}}$. 所求曲面面积为

$$\begin{aligned}S&=\iint\limits_{D_{yz}}\sqrt{1+(\frac{\partial x}{\partial y})^2+(\frac{\partial x}{\partial z})}\,\mathrm{d}x\mathrm{d}z\\&=\iint\limits_{D_{yz}}\sqrt{1+\frac{3}{2}y^2(y^2+z^2)^{-\frac{3}{2}}+\frac{3}{2}z^2(y^2+z^2)^{-\frac{3}{2}}}\,\mathrm{d}y\mathrm{d}z\\&=\iint\limits_{D_{yz}}\sqrt{1+\frac{3}{2}(y^2+z^2)^{-\frac{1}{2}}}\,\mathrm{d}x\mathrm{d}z.\end{aligned}$$

曲面在 yOz 面上的投影区域 D_{yz} 为：$y^2+z^2\leqslant\left(\dfrac{8}{3}\right)^2$. 所以

$$\begin{aligned}S&=\int_0^{2\pi}\mathrm{d}\theta\int_0^{\frac{8}{3}}\sqrt{1+\frac{3}{2}r^{-1}}\cdot r\mathrm{d}r\\&=\int_0^{2\pi}\mathrm{d}\theta\int_0^{\frac{8}{3}}\sqrt{\left(r+\frac{4}{3}\right)^2-\frac{9}{16}}\,\mathrm{d}r\\&=\frac{820-811\mathrm{n}3}{72}\pi.\end{aligned}$$

题型 2　重积分在物理上的应用

题型分析　应熟练掌握用重积分求物体的质量、质心、引力及转动惯量的公式，特别注意引力及转动惯量的公式容易记错.

例 3　设有一半径为 R 的球体，P_0 是此球的表面上的一个定点，球体上任一点的密度与该点到 P_0 距离的平方成正比（比例常数 $k>0$），求球体的重心位置．（考研题）

解　设所考虑的球体为 Ω，以 Ω 的球心为原点 O，射线 OP_0 为 x 轴正向，建立直角坐标系，则点 P_0 的坐标为 $(R,0,0)$，球面方程为 $x^2+y^2+z^2=R^2$.

设 Ω 的重心位置为 $(\overline{x},\overline{y},\overline{z})$，由对称性得

$$\overline{y}=0,\overline{z}=0,\overline{x}=\frac{\iiint\limits_{\Omega}[xk^2+y^2+z^2]\mathrm{d}V}{\iiint\limits_{\Omega}[k^2+y^2+z^2]\mathrm{d}V}.$$

而

$$\iiint\limits_{\Omega}{}^{2}[k^2+y^2+z^2]\mathrm{d}V=\iiint\limits_{\Omega}(x^2+y^2+z^2)\mathrm{d}V+\iiint\limits_{\Omega}R^2\mathrm{d}V$$

$$=8\int_0^{\frac{\pi}{2}}\mathrm{d}\theta\int_0^{\frac{\pi}{2}}\mathrm{d}\varphi\int_0^R\rho^2\cdot\rho^2\sin\varphi\mathrm{d}\rho+\frac{4}{3}\pi R^5$$

$$=\frac{32}{15}\pi R^5,$$

$$\iiint\limits_{\Omega}[xk^2+y^2+z^2]\mathrm{d}V=-2R\iiint\limits_{\Omega}x^2\mathrm{d}V$$

$$=-\frac{2R}{3}\iiint\limits_{\Omega}(x^2+y^2+z^2)\mathrm{d}V$$

$$=-\frac{16}{3}R\int_0^{\frac{\pi}{2}}\mathrm{d}\theta\int_0^{\frac{\pi}{2}}\mathrm{d}\varphi\int_0^R\rho^2\cdot\rho^2\sin\varphi\mathrm{d}\rho$$

$$=-\frac{8}{15}\pi R^6.$$

故 $\overline{x}=-\frac{R}{4}$，因此球体 Ω 的重心位置为 $\left(-\frac{R}{4},0,0\right)$.

例 4　设物体所占区域由抛物面 $z=x^2+y^2$ 及平面 $z=1$ 围成，密度 $\rho(x,y)=|x|+|y|$，求其质量.

思路点拨　具有一定体积的物体的质量 $M=\iiint\limits_{\Omega}\rho(x,y,z)\mathrm{d}V$.

解　所求物体的质量　$m=\iiint\limits_{\Omega}(|x|+|y|)\mathrm{d}V$.

因为 $|x|+|y|$ 关于 x,y 均是偶函数，且 Ω 关于平面 xOz 对称，也关于 zOy 对称，所以 $m=4\iiint\limits_{\Omega_1}(|x|+|y|)\mathrm{d}V$，其中 Ω_1 为 Ω 在第一卦限的部分.

Ω_1 在 xOy 面上的投影区域为 $x^2+y^2\leqslant 1,x\geqslant 0,y\geqslant 0$. 故

$$m=4\int_0^{\frac{\pi}{2}}\mathrm{d}\theta\int_0^1\mathrm{d}r\int_{r^2}^1 r^2(\cos\theta+\sin\theta)\mathrm{d}z$$

$$=4\int_0^{\frac{\pi}{2}}(\cos\theta+\sin\theta)\mathrm{d}\theta\int_0^1 r^2(1-r^2)\mathrm{d}r$$

$$=\frac{16}{15}.$$

现学现练　物体所占区域由 $z=x^2+y^2$ 及 $z=2x$ 围成，密度 $\rho(x,y,z)=y^2$，求它对 z 轴的转动惯量 . $(I_z=\frac{\pi}{8})$

例 5　设 $\Omega=\{(x,y,z)\,|\,x^2+y^2\leqslant z\leqslant 1\}$，则 Ω 的形心的竖坐标 = ________.（考研题）

解　形心即为均匀密度几何体的形状中心，其位置与质心、重心重合. 不妨设密度为 1，则

$$\bar{z}=\frac{\iiint\limits_{\Omega} z\mathrm{d}x\mathrm{d}y\,\mathrm{d}z}{\iiint\limits_{\Omega}\mathrm{d}x\mathrm{d}y\,\mathrm{d}z}=\frac{\int_0^{2\pi}\mathrm{d}\theta\int_0^1 r\mathrm{d}r\int_{r^2}^1 z\mathrm{d}z}{\int_0^{2\pi}\mathrm{d}\theta\int_0^1 r\mathrm{d}r\int_{r^2}^1\mathrm{d}z}=\frac{\frac{\pi}{3}}{\frac{\pi}{2}}=\frac{2}{3}.$$

课后习题全解

习题 10－4 全解

1. 分析　由图像知球面在圆柱面内的部分面积存在对称性. 因此只须求出第一封限的图像即可.

解　上半球的方程为：$z=\sqrt{a^2-x^2-y^2}$，

由对称性，如图 10-45 所示

所求面积 $A=\iint\limits_{D_1}\sqrt{1+(\frac{\partial z}{\partial x})^2+(\frac{\partial z}{\partial y})^2}\,\mathrm{d}x\mathrm{d}y$

$$=4\iint\limits_{D_1}\sqrt{1+z_x^2+z_y^2}\,\mathrm{d}x\mathrm{d}y$$

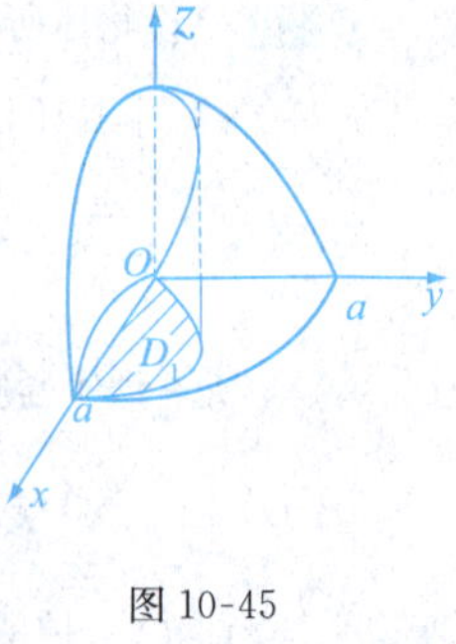

图 10-45

其中 D_1 为曲面在第一封限的投影：$x^2+y^2\leqslant ax, y\geqslant 0$，故

.

$$A = 4\iint_{D}\sqrt{1+\frac{x^2}{a^2-x^2-y^2}+\frac{y^2}{a^2-x^2-2}}\mathrm{d}x\mathrm{d}y$$

$$= 4\iint_{D_1}\frac{a}{\sqrt{a^2-x^2-y^2}}\mathrm{d}x\mathrm{d}y$$

$$= 4a\int_0^{\frac{\pi}{2}}\mathrm{d}\theta\int_0^{a\cos\theta}\frac{a}{\sqrt{a^2-r^2}}\cdot r\mathrm{d}r$$

$$= 4a\int_0^{\frac{\pi}{2}}(a-a\sin\theta)\mathrm{d}\theta = 2a^2(\pi-2).$$

2. 解　联立 $z^2=x^2+y^2, z^2=2x$ 得 $x^2+y^2=2x$

故所求曲面在 xOy 面的投影区域 D 为：$x^2+y^2\leqslant 2x$

$$A=\iint_D\sqrt{1+z_x^2+z_y^2}\,\mathrm{d}x\mathrm{d}y=\iint_D\sqrt{1+\frac{x^2}{x^2+y^2}+\frac{y^2}{x^2+y^2}}\,\mathrm{d}x\mathrm{d}y$$

$$=\sqrt{2}\iint_D\mathrm{d}x\mathrm{d}y=\sqrt{2}\pi.$$

3. 解　由对称性知，所围立体的表面积等于第一卦限中位于圆柱面 $x^2+y^2=R^2$ 上的部分的面积的 16 倍，如图 10-46 所示。

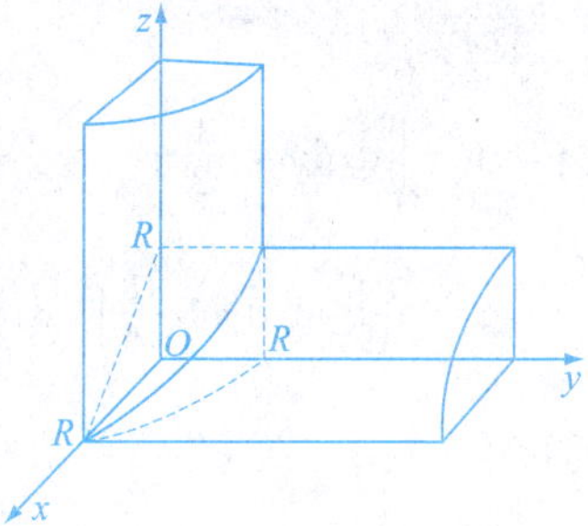

图 10-46

这部分曲面的方程为 $z=\sqrt{R^2-x^2}$，

则所求曲面的面积为：

$$A=16\iint_D\sqrt{1+z_x^2+z_y^2}\,\mathrm{d}x\mathrm{d}y$$

$$=16\iint_D\sqrt{1+\left(\frac{-x}{\sqrt{R^2-x^2}}\right)^2+0^2}\,\mathrm{d}x\mathrm{d}y$$

$$=16\int_0^R\mathrm{d}x\int_0^{\sqrt{R^2-x^2}}\frac{R}{\sqrt{R^2-x^2}}\mathrm{d}y=16\int_0^R R\mathrm{d}x=16R^2.$$

4. 分析　(1) 要求质心，先求出静矩元素 $\mathrm{d}M_x=y\mu(x,y)\mathrm{d}\sigma, \mathrm{d}M_y=x\mu(x,y)\mathrm{d}\sigma$.

质心的坐标 $(\overline{x},\overline{y})$ 满足：$\overline{x}=\dfrac{M_y}{M}$；$\overline{y}=\dfrac{M_x}{M}$.

解　(1)D 如图 10-47(a) 所示

$$A=\iint_D\mathrm{d}x\mathrm{d}y=\int_0^{x_0}\mathrm{d}x\int_0^{\sqrt{2px}}\mathrm{d}y=\int_0^{x_0}\sqrt{2px}\,\mathrm{d}x=\frac{2}{3}\sqrt{2px_0^3},$$

$$\bar{x}=\frac{1}{A}\iint\limits_{D}x\mathrm{d}x\mathrm{d}y=\frac{1}{A}\int_{0}^{x_0}\mathrm{d}x\int_{0}^{\sqrt{2px}}x\mathrm{d}y=\frac{3}{5}x_0,$$

$$\bar{y}=\frac{1}{A}\iint\limits_{D}y\mathrm{d}x\mathrm{d}y=\frac{1}{A}\int_{0}^{x_0}\mathrm{d}x\int_{0}^{\sqrt{2px}}y\mathrm{d}y=\frac{1}{A}\int_{0}^{x_0}\frac{2px}{2}\mathrm{d}x=\frac{3}{8}y_0,$$

所求重心坐标为$\left(\frac{3}{5}x_0,\frac{3}{8}y_0\right)$；

(2)D 如图 10-47(b) 所示，由对称性可知，$\bar{x}=0$，

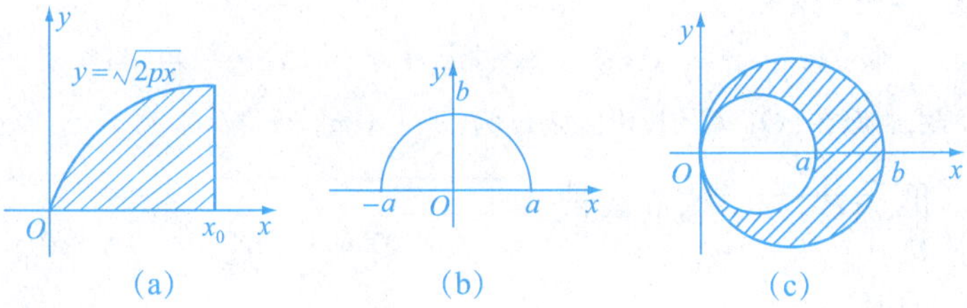

图 10-47

$$A=\iint\limits_{D}\mathrm{d}x\mathrm{d}y=\frac{1}{2}\pi ab,$$

$$\bar{y}=\frac{1}{A}\iint\limits_{D}y\mathrm{d}x\mathrm{d}y=\frac{1}{A}\int_{-a}^{a}\mathrm{d}x\int_{0}^{\frac{b}{a}\sqrt{a^2-x^2}}y\mathrm{d}y$$

$$=\frac{1}{A}\int_{-a}^{a}\frac{b^2}{a^2}\cdot\frac{a^2-x^2}{2}\mathrm{d}x=\frac{1}{A}\cdot\frac{b^2}{a^2}\left(a^3-\frac{a^3}{3}\right)=\frac{4b}{3\pi}$$

所求重心坐标为$\left(0,\frac{4b}{3\pi}\right)$；

(3)D 如图 10-47(c) 所示，由对称性可知 $\bar{y}=0$

$$A=\iint\limits_{D}\mathrm{d}x\mathrm{d}y=\int_{-\frac{\pi}{2}}^{\frac{\pi}{2}}\mathrm{d}\theta\int_{a\cos\theta}^{b\cos\theta}r\mathrm{d}r=\int_{-\frac{\pi}{2}}^{\frac{\pi}{2}}\frac{b^2-a^2}{2}\cos^2\theta\mathrm{d}\theta=\frac{\pi}{4}(b^2-a^2),$$

$$\bar{x}=\frac{1}{A}\iint\limits_{D}x\mathrm{d}x\mathrm{d}y=\frac{1}{A}\int_{-\frac{\pi}{2}}^{\frac{\pi}{2}}\mathrm{d}\theta\int_{a\cos\theta}^{b\cos\theta}r\cos\theta\cdot r\mathrm{d}r$$

$$=\frac{\pi}{8}(b^3-a^3)\times\frac{1}{A}=\frac{a^2+ab+b^2}{2(a+b)},$$

所求重心坐标为$\left(\frac{a^2+ab+b^2}{2(a+b)},0\right)$.

小结　质心可看成是质量全部集中到一点(x,y)上.

5. 解　闭区域 D 如图 10-48 所示.

$$M=\iint\limits_D \mu(x,y)\mathrm{d}x\mathrm{d}y=\iint\limits_D x^2 y\mathrm{d}x\mathrm{d}y=\int_0^1 x^2\mathrm{d}x\int_{x^2}^{x} y\mathrm{d}y=\frac{1}{35},$$

$$\bar{x}=\frac{1}{M}\iint\limits_D x\mu(x,y)\mathrm{d}x\mathrm{d}y=\frac{1}{M}\int_0^1 x^3\mathrm{d}x\int_{x^2}^{x} y\mathrm{d}y=\frac{35}{48},$$

$$\bar{y}=\frac{1}{M}\iint\limits_D y\mu(x,y)\mathrm{d}x\mathrm{d}y=\frac{1}{M}\int_0^1 x^2\mathrm{d}x\int_{x^2}^{x} y^2\mathrm{d}y$$

$$=\frac{1}{M}\int_0^1 x^2\cdot\frac{x^3-x^6}{3}\mathrm{d}x=\frac{1}{M}\times\frac{1}{54}=\frac{35}{54},$$

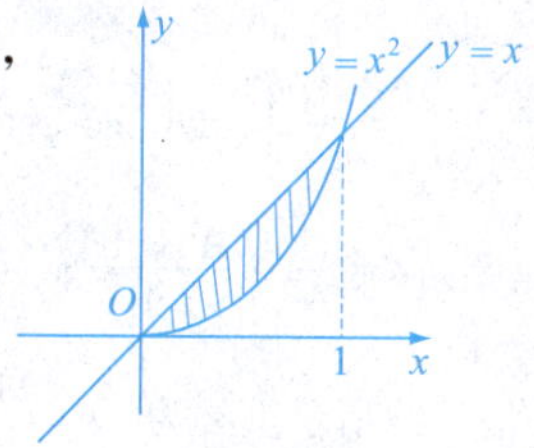

图 10-48

所求重心为 $\left(\frac{35}{48},\frac{35}{54}\right)$.

6. 解　以等腰直角三角形的两直角边为坐标轴建立坐标系，如图 10-49 所示，由题意知，$u(x,y)=x^2+y^2$.

根据对称性可知 $\bar{x}=\bar{y}$,

$$M=\iint\limits_D u(x,y)\mathrm{d}x\mathrm{d}y=\int_0^a\mathrm{d}x\int_0^{a-x}(x^2+y^2)\mathrm{d}y=\frac{1}{6}a^4,$$

$$\bar{x}=\frac{1}{M}\iint\limits_D xu(x,y)\mathrm{d}x\mathrm{d}y=\frac{1}{M}\int_0^a x\mathrm{d}x\int_0^{a-x}(x^2+y^2)\mathrm{d}y$$

$$=\frac{1}{M}\int_0^a x\left[\frac{(a-x)^3}{3}+x^2(a-x)\right]\mathrm{d}x=\frac{2}{5}a,$$

故所求质心为 $\left(\frac{2}{5}a,\frac{2}{5}a\right)$.

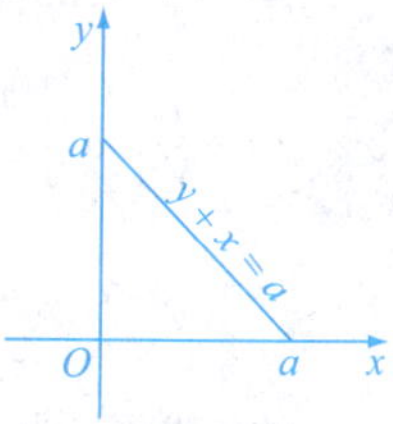

图 10-49

7. 解　(1) $z^2=x^2+y^2$, $z=1$ 为一圆锥体，其体积为

$$V=\frac{1}{3}\pi\times1^3=\frac{\pi}{3}.$$

由对称性可知 $\bar{x}=\bar{y}=0$

$$\bar{z}=\frac{1}{V}\iiint\limits_\Omega z\mathrm{d}v=\frac{1}{V}\int_0^{2\pi}\mathrm{d}\theta\int_0^1 r\mathrm{d}r\int_r^1 z\mathrm{d}z$$

$$=\frac{1}{V}\int_0^{2\pi}\mathrm{d}\theta\cdot\frac{1-r^2}{2}\mathrm{d}r=\frac{1}{V}\times\frac{\pi}{4}=\frac{3}{4}$$

故所求重心为 $\left(0,0,\frac{3}{4}\right)$;

(2) 由对称性可知 $\bar{x}=\bar{y}=0$

又立体 Ω 的体积为 $V=\frac{2}{3}\pi(A^3-a^3)$

$$\bar{z}=\frac{1}{V}\iiint_{\Omega}z\,\mathrm{d}v=\frac{1}{V}\int_0^{2\pi}\mathrm{d}\theta\int_0^{\frac{\pi}{2}}\mathrm{d}\varphi\int_a^A r^3\cos\varphi\sin\varphi\mathrm{d}r$$

$$=\frac{1}{V}\int_0^{2\pi}\mathrm{d}\theta\int_0^{\frac{\pi}{2}}\cos\varphi\sin\varphi\frac{A^4-a^4}{4}\mathrm{d}\varphi$$

$$=\frac{1}{V}\cdot\frac{A^4-a^4}{4}\pi=\frac{3(A^4-a^4)}{8(A^3-a^3)}$$

故所求重心为$\left(0,0,\frac{3(A^4-a^4)}{8(A^3-a^3)}\right)$;

(3)$V=\iiint_{\Omega}\mathrm{d}v=\int_0^a\mathrm{d}x\int_0^{a-x}\mathrm{d}y\int_0^{x^2+y^2}\mathrm{d}z=\int_0^a\mathrm{d}x\int_0^{a-x}(x^2+y^2)\mathrm{d}y=\frac{1}{6}a^4$,

$$\bar{x}=\frac{1}{V}\iiint_{\Omega}x\,\mathrm{d}v=\frac{1}{V}\int_0^a x\mathrm{d}x\int_0^{a-x}\mathrm{d}y\int_0^{x^2+y^2}\mathrm{d}z=\frac{1}{V}\int_0^a x\mathrm{d}x\int_0^{a-x}(x^2+y^2)^2\mathrm{d}y$$

$$=\frac{1}{V}\times\frac{7}{15}a^5=\frac{2}{5}a,$$

因为Ω关于$y=x$对称,故$\bar{x}=\bar{y}=\frac{2}{5}a$,

$$\bar{z}=\frac{1}{V}\iiint_{\Omega}z\,\mathrm{d}v=\frac{1}{V}\int_0^a\mathrm{d}x\int_0^{a-x}\mathrm{d}y\int_0^{x^2+y^2}z\mathrm{d}z$$

$$=\frac{1}{V}\int_0^a\mathrm{d}x\int_0^{a-x}\frac{(x^2+y^2)^2}{2}\mathrm{d}y$$

$$=\frac{1}{V}\times\frac{7}{180}a^6=\frac{7}{30}a^2,$$

故所求重心为$(\frac{2}{5}a,\frac{2}{5}a,\frac{7}{30}a^2)$.

8. 解 用球面坐标计算

由题意可得球体的密度为:$\rho=x^2+y^2+z^2$.根据对称性知球体的重心在z轴上,即$\bar{x}=\bar{y}=0$.

$$M=\iiint_{\Omega}\rho\mathrm{d}v=\int_0^{2\pi}\mathrm{d}\theta\int_0^{\frac{\pi}{2}}\sin\varphi\mathrm{d}\varphi\int_0^{2R\cos\varphi}r^2\cdot r^2\mathrm{d}r$$

$$=2\pi\int_0^{\frac{\pi}{2}}\frac{32}{5}R^5\sin\varphi\cos^5\varphi\mathrm{d}\varphi=\frac{32}{15}\pi R^5.$$

$$\bar{z}=\frac{1}{M}\iiint_{\Omega}z\rho\mathrm{d}v=\frac{1}{M}\int_0^{2\pi}\mathrm{d}\theta\int_0^{\frac{\pi}{2}}\sin\varphi\cos\varphi\mathrm{d}\varphi\int_0^{2R\cos\varphi}r^5\mathrm{d}r$$

$$=\frac{1}{M}\int_0^{2\pi}\mathrm{d}\theta\int_0^{\frac{\pi}{2}}\frac{64}{6}R^6\sin\varphi\cos^7\varphi\mathrm{d}\varphi$$

$$=\frac{1}{M}\times\frac{8}{3}\pi R^{6}=\frac{5}{4}R$$

故球体的重心为$\left(0,0,\frac{5}{4}R\right)$.

9. 分析 (2) 利用转动惯量的计算公式 $I_x=\iint\limits_D y^2\mu(x,y)\mathrm{d}\sigma, I_y=\iint\limits_D x^2\mu(x,y)\mathrm{d}\sigma$ 直接求解.

解 (1) 令 $x=ar\cos\theta, y=br\sin\theta$，则 $D:\frac{x^2}{a^2}+\frac{y^2}{b^2}\leqslant 1$ 变为 $D':0\leqslant\theta\leqslant 2\pi$，$0\leqslant r\leqslant 1, J=\frac{\partial(x,y)}{\partial(r,\theta)}=abr$，

所以 $I_y=\iint\limits_D x^2\mathrm{d}x\mathrm{d}y=\iint\limits_{D'}a^2r^2\cos^2\theta\cdot abr\mathrm{d}r\mathrm{d}\theta$

$$=a^3b\int_0^{2\pi}\cos^2\theta\mathrm{d}\theta\int_0^1 r^3\mathrm{d}r=\frac{1}{4}\pi a^3b;$$

(2) 区域 D 如图 10-50 所示.

$$I_x=\iint\limits_D y^2\mathrm{d}x\mathrm{d}y=\int_0^2\mathrm{d}x\int_{-3\sqrt{\frac{x}{2}}}^{3\sqrt{\frac{x}{2}}}y^2\mathrm{d}y=\int_0^2 18\cdot\left(\frac{x}{2}\right)^{\frac{3}{2}}\mathrm{d}x=\frac{72}{5},$$

$$I_y=\iint\limits_D x^2\mathrm{d}x\mathrm{d}y=\int_0^2 x^2\mathrm{d}x\int_{-3\sqrt{\frac{x}{2}}}^{3\sqrt{\frac{x}{2}}}\mathrm{d}y=6\int_0^2 x^2\left(\frac{x}{2}\right)^{\frac{1}{2}}\mathrm{d}x=\frac{96}{7};$$

(3) $I_x=\iint\limits_D y^2\mathrm{d}x\mathrm{d}y=\int_0^a\mathrm{d}x\int_0^b y^2\mathrm{d}y=\int_0^a=\frac{b^3}{3}\mathrm{d}x=\frac{ab^3}{3}$,

$$I_y=\iint\limits_D x^2\mathrm{d}x\mathrm{d}y=\int_0^a x^2\mathrm{d}x\int_0^b\mathrm{d}y=b\int_0^a x^2\mathrm{d}x=\frac{ba^3}{3}.$$

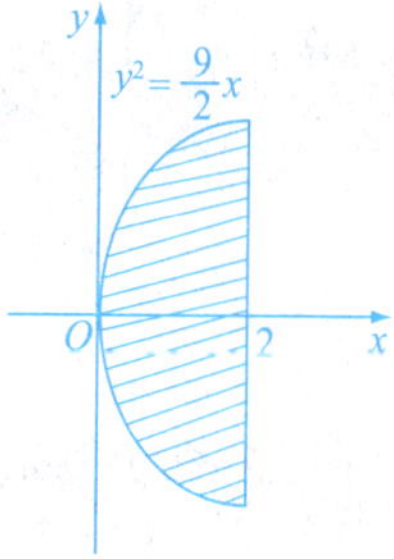

图 10-50

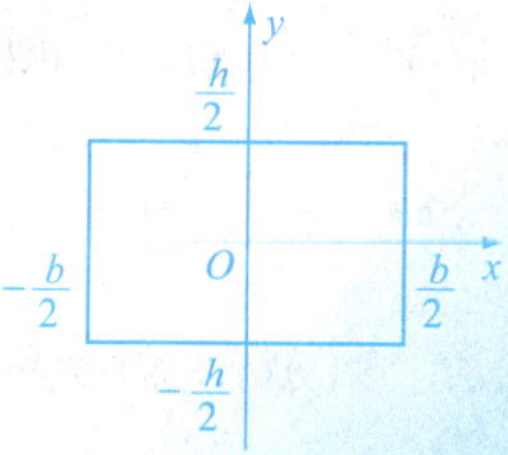

图 10-51

10. 解 以形心为原点，以两旋转轴为坐标轴，建立坐标系，如图 10-51 所示.

$$I_x=\iint_D y^2\mu\mathrm{d}x\mathrm{d}y=\int_{-\frac{b}{2}}^{\frac{b}{2}}\mathrm{d}x\int_{-\frac{h}{2}}^{\frac{h}{2}}\mu y^2\mathrm{d}y=\frac{1}{12}\mu bh^3=\frac{1}{12}Mh^2$$（$M=\mu bh$ 为矩形板质量）；

$$I_y=\iint_D \mu x^2\mathrm{d}x\mathrm{d}y=\int_{-\frac{b}{2}}^{\frac{b}{2}}\mu x^2\mathrm{d}x\int_{-\frac{h}{2}}^{\frac{h}{2}}\mathrm{d}y=\frac{1}{12}\mu hb^3=\frac{1}{12}Mb^2$$（$M=\mu bh$ 为矩形板质量）.

11. 解 (1) 闭区域 Ω 在 xOy 面上的投影区域为：$\begin{cases}-a\leqslant x\leqslant a\\ -a\leqslant y\leqslant a\end{cases}$，则所求物体的体积为

$$V=\iiint_\Omega dv=\int_{-a}^{a}\mathrm{d}x\int_{-a}^{a}\mathrm{d}y\int_0^{x^2+y^2}\mathrm{d}z=\int_{-a}^{a}\mathrm{d}x\int_{-a}^{a}(x^2+y^2)\mathrm{d}y$$

$$=2\int_{-a}^{a}(ax^2+\frac{a^3}{3})\mathrm{d}x=\frac{8}{3}a^4;$$

(2) 由对称性可知：$\bar{x}=\bar{y}=0$，而 $M=\frac{8}{3}a^4\rho$

$$\bar{z}=\frac{1}{M}\iiint_\Omega \rho z\mathrm{d}v=\frac{\rho}{M}\int_{-a}^{a}\mathrm{d}x\int_{-a}^{a}\mathrm{d}y\int_0^{x^2+y^2}z\mathrm{d}z$$

$$=\frac{\rho}{M}\times 4\int_0^a\mathrm{d}x\int_0^a\frac{(x^2+y^2)}{2}\mathrm{d}y$$

$$=\frac{\rho}{M}\times 4\times\frac{14}{45}a^6=\frac{7}{15}a^2;$$

(3) $$I_z=\iiint_\Omega \rho(x^2+y^2)\mathrm{d}v=\rho\int_{-a}^{a}\mathrm{d}x\int_{-a}^{a}\mathrm{d}y\int_0^{x^2+y^2}(x^2+y^2)\mathrm{d}z$$

$$=4\rho\int_0^a\mathrm{d}x\int_0^a\mathrm{d}y\int_0^{x^2+y^2}(x^2+y^2)\mathrm{d}z=\frac{112}{45}\rho a^6.$$

12. 解 建立如图 10-52 所示的坐标系用柱面坐标计算

$$I_z=\iiint_\Omega(x^2+y^2)\rho\mathrm{d}v=\int_0^{2\pi}\mathrm{d}\theta\int_0^a r^3\mathrm{d}r\int_0^h\mathrm{d}z$$

$$=\frac{1}{2}\pi ha^4=\frac{1}{2}a^2M$$（$M=\pi a^2h$ 为圆柱体质量）.

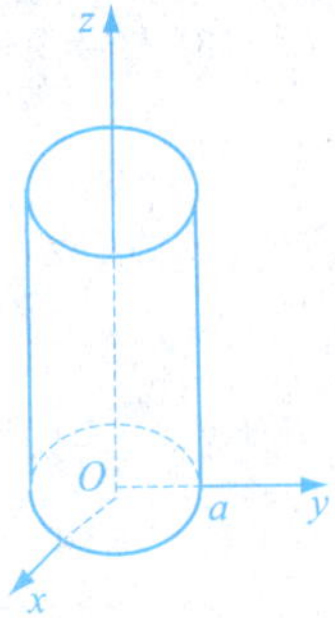

图 10-52

13. 分析 引力的计算公式为 $F=(F_x,F_y,F_z)=\iiint_\Omega\left[\frac{G\rho(x,y,z)(x-x_0)}{r^3}\mathrm{d}v,\ \frac{G\rho(x,y,z)(y-y_0)}{r^3}\mathrm{d}v,\frac{G\rho(x,y,z)(z-z_0)}{r^3}\mathrm{d}v\right]$

解 闭区域 D 如图 10-53 所示.

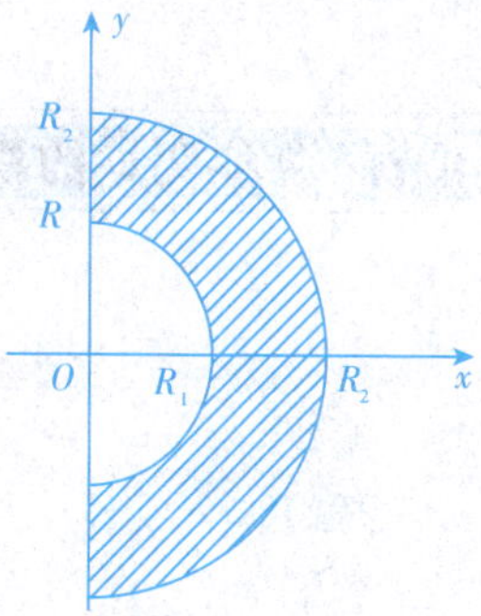

图 10-53

$$F_x=\iint\limits_{DD}\frac{G\mu(x-x_0x)}{(x^2r^3+y^2+a^2)^{\frac{3}{2}}}\mathrm{d}\sigma=G\mu\int_{-\frac{\pi}{2}}^{\frac{\pi}{2}}\mathrm{d}\theta\int_{R_1}^{R_2}\frac{r\cos\theta}{(r^2+a^2)^{\frac{3}{2}}}r\mathrm{d}r$$

$$\xlongequal[\mathrm{d}r=a\sec^2t\mathrm{d}t]{\text{令 }r=a\tan t}2G\mu\int_{\arctan\frac{R_1}{a}}^{\arctan\frac{R_2}{a}}\frac{a^2\tan^2t}{a^3\sec^3t}a\sec^2t\mathrm{d}t$$

$$=2G\mu\left[\ln\frac{\sqrt{R_2^2+a^2}+R_2}{\sqrt{R_1^2+a^2}+R_1}-\frac{R^2}{\sqrt{R_2^2+a^2}}+\frac{R_1}{\sqrt{R_1^2+a^2}}\right].$$

由于积分区域 D 关于 x 轴对称，故沿 y 轴的分力互相抵消，$F_y=0$，

$$F_z=-\iint\limits_{D}\frac{G\mu a}{r^3}=-\iint\limits_{D}\frac{G\mu a}{(x^2+y^2+a^2)^{\frac{3}{2}}}\mathrm{d}\sigma$$

$$=-G\mu a\int_{-\frac{\pi}{2}}^{\frac{\pi}{2}}\mathrm{d}\theta\int_0^R\frac{r}{r^2+(a-z)^2]^{\frac{3}{2}}}\mathrm{d}r$$

$$=\pi G\mu a\left[\frac{1}{\sqrt{R_2^2+a^2}}-\frac{1}{\sqrt{R_1^2+a^2}}\right].$$

14. 解　由柱体的对称性可知，沿 x 轴与 y 轴方向的分力互相抵消，故 $F_x=F_y=0$，

$$F_z=\iiint\limits_{\Omega}G\rho\frac{z-z_0}{r^3}\mathrm{d}v=G\rho\int_0^h(z-a)\mathrm{d}z\iint\limits_{x^2+y^2\leqslant R^2}\frac{\mathrm{d}x\mathrm{d}y}{[x^2+y^2+(a-x^2)]^{\frac{3}{2}}}$$

$$-G\rho\int_0^h(z-a)\mathrm{d}z\int_0^{2\pi}\mathrm{d}\theta\int_0^R\frac{r}{[r^2+(a-z)^2]^{\frac{3}{2}}}\mathrm{d}r$$

$$=2\pi G\rho\int_0^h(z-a)\left(\frac{1}{a-z}-\frac{1}{\sqrt{R^2+(a-z)^2}}\right)\mathrm{d}z$$

$$=-2\pi G\rho[h+\sqrt{R^2+(a-h)^2}-\sqrt{R^2+a^2}].$$

*第五节　含参变量的积分

课后习题全解

习题 10－5 全解

1. 解　(1) $\lim\limits_{x\to0}\int_{x}^{1+x}\dfrac{1}{1+x^2+y^2}\mathrm{d}y=\int_0^1\dfrac{1}{1+y^2}\mathrm{d}y=\arctan y\Big|_0^1=\dfrac{\pi}{4}$；

(2) $\lim\limits_{x\to0}\int_{-1}^{1}(x^2+y^2)^{\frac{1}{2}}\mathrm{d}y=\int_{-1}^{1}|y|\mathrm{d}y=2\int_0^1 y\mathrm{d}y=1$；

(3) $\lim\limits_{x\to0}\int_0^2 y^2\cos(xy)\mathrm{d}y=\int_0^2 y^2\mathrm{d}y=\dfrac{8}{3}$.

2. 解　(1) $\varphi'(x)=\dfrac{\mathrm{d}}{\mathrm{d}x}\int_{\sin x}^{\cos x}(y^2\sin x-y^3)\mathrm{d}y$

$$=\int_{\sin x}^{\cos x}(y^2\cos x)\mathrm{d}y+(\cos^2x\sin x-\cos^3x)(-\sin x)-(\sin^3x-\sin^3x)\cos x$$

$$=\cos x\,\frac{\cos^3x-\sin^3x}{3}-\cos^2x\sin^2x+\sin x\cos^3x$$

$$=\frac{1}{3}\cos x(\cos x-\sin x)(1+2\sin 2x);$$

(2) $\varphi'(x)=\dfrac{\mathrm{d}}{\mathrm{d}x}\int_0^x\dfrac{\ln(1+xy)}{y}\mathrm{d}y=\int_0^x\dfrac{\mathrm{d}}{\mathrm{d}x}\left(\dfrac{\ln(1+xy)}{y}\right)\mathrm{d}y+\dfrac{\ln(1+x^2)}{x}$

$$=\int_0^x\frac{1}{1+xy}\mathrm{d}y+\frac{\ln(1+x^2)}{x}=\frac{2}{x}\ln(1+x^2);$$

(3) $\varphi'(x)=\dfrac{\mathrm{d}}{\mathrm{d}x}\int_{x^2}^{x^3}\arctan\dfrac{y}{x}\mathrm{d}y$

$$=\int_{x^2}^{x^3}\left(\frac{-y}{x^2+y^2}\right)\mathrm{d}y+3x^2\arctan x^2-2x\arctan x$$

$$=\ln\sqrt{\frac{1+x^2}{1+x^4}}+3x^2\arctan x^2-2x\arctan x;$$

(4) $\varphi'(x)=\int_x^{x^2}(-y^2)\mathrm{e}^{-xy^2}\mathrm{d}y+2x\mathrm{e}^{-x^5}-\mathrm{e}^{-x^3}$

$$= 2xe^{-x^5} - e^{-x^3} - \int_x^{x^2} y^2 e^{-xy^2} dy.$$

3. 解 $F'(x) = \int_0^x f(y)dy + 2xf(x)$

$$F''(x) = \int_0^x \frac{\partial f(y)}{\partial x}dy + f(x) + 2xf'(x) + 2f(x)$$

$$= 0 + 3f(x) + 2xf'(x) = 3f(x) + 2xf'(x).$$

4. 解 (1) 设 $\varphi(a) = \int_0^{\frac{\pi}{2}} \ln\frac{1+a\cos x}{1-a\cos x}\cdot\frac{1}{\cos x}dx$,

因为$\frac{\partial}{\partial a}\left[\ln\frac{1+a\cos x}{1-a\cos x}\cdot\frac{1}{\cos x}\right] = \frac{2}{1-a^2\cos^2 x}$,

所以 $\varphi'(a) = \int_0^{\frac{\pi}{2}} \frac{2}{1-a^2\cos^2 x}dx = \frac{\pi}{\sqrt{1-a^2}}$,

故$\int_0^a \varphi'(a)da = \varphi(a) - \varphi(0) = \int_0^a \frac{\pi}{\sqrt{1-a^2}}da = \pi\arcsin a$.

由于 $\varphi(0) = 0$,所以 $I = \varphi(a) = \pi\arcsin a$;

(2) 设 $\varphi(a) = \int_0^{\frac{\pi}{2}} \ln(\cos^2 x + a^2\sin^2 x)dx$

则 $\varphi'(a) = \int_0^{\frac{\pi}{2}} \frac{2a\sin^2 x}{\cos^2 x + a^2\sin^2 x}dx = \int_0^{\frac{\pi}{2}} \frac{2a}{a^2+\cot^2 x}dx$

$$= \int_0^{\frac{\pi}{2}} \frac{2a\csc^2 x}{(a^2+\cot^2 x)\csc^2 x}dx$$

$$= \int_0^{\frac{\pi}{2}} \frac{-2a}{(a^2+\cot^2 x)(1+\cot^2 x)}d(\cot x)$$

$$= \frac{2a}{a^2-1}\left[\int_0^{\frac{\pi}{2}} \frac{1}{a^2+\cot^2 x}d(\cot x) - \int_0^{\frac{\pi}{2}} \frac{1}{1+\cot^2 x}d(\cot x)\right]$$

$$= \frac{2a}{a^2-1}\left[\frac{1}{a}\arctan\left(\frac{\cot x}{a}\right)\Big|_0^{\frac{\pi}{2}} - \arctan(\cot x)\Big|_0^{\frac{\pi}{2}}\right]$$

$$= \frac{\pi}{a+1}$$

因为$\int_1^a \varphi'(a)da = \varphi(a) - \varphi(1) = \int_1^a \frac{\pi}{a+1}da = \pi\ln\frac{a+1}{2}$

又 $\varphi(1) = \int_0^{\frac{\pi}{2}} \ln(\cos^2 x + \sin^2 x)dx = \int_0^{\frac{\pi}{2}} \ln 1 dx = 0$

所以 $\varphi(a) = \pi\ln\frac{a+1}{2}$.

5. 解　(1) 因为$\dfrac{\arctan x}{x}=\int_0^1\dfrac{\mathrm{d}y}{1+x^2y^2}$，

所以$\int_0^1\dfrac{\arctan x}{x}\cdot\dfrac{\mathrm{d}x}{(1-x^2)^{\frac{1}{2}}}=\int_0^1\cdot\int_0^1\dfrac{\mathrm{d}y}{1+x^2y^2}\dfrac{1}{(1-x^2)^{\frac{1}{2}}}\mathrm{d}x$

$$=\int_0^1\mathrm{d}y\int_0^1\frac{\mathrm{d}x}{(1+x^2y^2)\sqrt{1-x^2}}.$$

令$x=\sin\theta$，则

$$\int_0^1\frac{\mathrm{d}x}{(1+x^2y^2)\sqrt{1-x^2}}=\int_0^{\frac{\pi}{2}}\frac{\cos\theta\mathrm{d}\theta}{(1+y^2\sin^2\theta\cos\theta)}$$

$$=\int_0^{\frac{\pi}{2}}\frac{\mathrm{d}\theta}{1+y^2\sin^2\theta}=\int_0^{\frac{\pi}{2}}\frac{\mathrm{d}(\tan\theta)}{1+(1+y^2)\tan\theta}=\frac{\pi}{2\sqrt{1+y^2}}.$$

于是$\int_0^1\arctan x\cdot\dfrac{\mathrm{d}x}{\sqrt{1-x^2}}=\int_0^1\dfrac{\pi}{2\sqrt{1+y^2}}\mathrm{d}y$

$$=\frac{\pi}{2}\ln(y+\sqrt{1+y^2})\Big|_0^1-\frac{\pi}{2}\ln(1+\sqrt{2});$$

(2)$\int_0^1\sin\left(\ln\dfrac{1}{x}\right)\dfrac{x^b-x^a}{\ln x}\mathrm{d}x=\int_0^1\sin\left(\ln\dfrac{1}{x}\right)\int_a^b x^y\mathrm{d}y\,\mathrm{d}x$

$$=\int_a^b\mathrm{d}y\int_0^1\sin\left(\ln\frac{1}{x}\right)x^y\mathrm{d}x,$$

又$\int_0^1\sin\left(\ln\dfrac{1}{x}\right)x^y\mathrm{d}x$

$$=\frac{1}{y+1}x^{y+1}\sin\left(\ln\frac{1}{x}\right)\Big|_0^1-\int_0^1\frac{1}{y+1}\cdot x^{y+1}\cos\left(\ln\frac{1}{x}\right)\cdot\left(-\frac{1}{x}\right)\mathrm{d}x$$

$$=\int_0^1\frac{1}{y+1}x^y\cos\left(\ln\frac{1}{x}\right)\mathrm{d}x$$

$$=\frac{1}{(y+1)^2}x^{y+1}\cos\left(\ln\frac{1}{x}\right)\Big|_0^1-\int_0^1\frac{1}{(y+1)^2}x^{y+1}\left[-\sin\left(\ln\frac{1}{x}\right)\right]\cdot\left(-\frac{1}{x}\right)\mathrm{d}x$$

$$=\frac{1}{(y+1)^2}-\frac{1}{(y+1)^2}\int_0^1x^y\sin\left(\ln\frac{1}{x}\right)\mathrm{d}x,$$

所以$\int_0^1\sin\left(\ln\dfrac{1}{x}\right)x^y\mathrm{d}x=\dfrac{1}{1+(y+1)^2}$，

则$\int_0^1x^y\sin\left(\ln\dfrac{1}{x}\right)\dfrac{x^b-x^a}{\ln x}\mathrm{d}x=\int_a^b\dfrac{1}{1+(y+1)^2}\mathrm{d}y$

$$=\arctan(1+b)-\arctan(1+a).$$

总习题十全解

1. 解　(1) 交换积分次序可得

$$\int_0^2 dx\int_x^2 e^{-y^2}dy=\int_0^2 dy\int_0^y e^{-y^2}dx$$
$$=\int_0^2 ye^{-y^2}dy$$
$$=\frac{1}{2}\int_0^2 e^{-y^2}d(y^2)$$
$$=-\frac{1}{2}e^{-y^2}\Big|_0^2$$
$$=\frac{1}{2}(1-e^{-4});$$

(2) 换为极坐标. 区域 D 为 $\{(\rho,\theta)\mid 0\leqslant\rho\leqslant R, 0\leqslant\theta\leqslant 2\pi\}$,

因此
$$\iint_D\left(\frac{x^2}{a^2}+\frac{y^2}{b^2}\right)dxdy$$
$$=\iint_D\left(\frac{\rho^2\cos^2\theta}{a^2}+\frac{\rho^2\sin^2\theta}{b^2}\right)\rho d\rho d\theta$$
$$=\int_0^{2\pi}\left(\frac{\cos^2\theta}{a^2}+\frac{\sin^2\theta}{b^2}\right)d\theta\int_0^R\rho^3 d\rho$$
$$=\frac{R^4}{8}\int_0^{2\pi}\left(\frac{1+\cos2\theta}{a^2}+\frac{1-\cos2\theta}{b^2}\right)d\theta$$
$$=\frac{\pi R^4}{4}\left(\frac{1}{a^2}+\frac{1}{b^2}\right).$$

2. 解　(1) z 关于 x 是偶函数,关于 y 是偶函数,又知 Ω_1 关于 yOz 面对称,也关于 xOz 面对称,故 $\iiint_{\Omega_1}zdv=2\iiint_{\substack{x^2+y^2+z^2\leqslant R^2\\ z\geqslant0,y\geqslant0}}zdv=4\iiint_{\Omega_2}zdv$,故选(C).

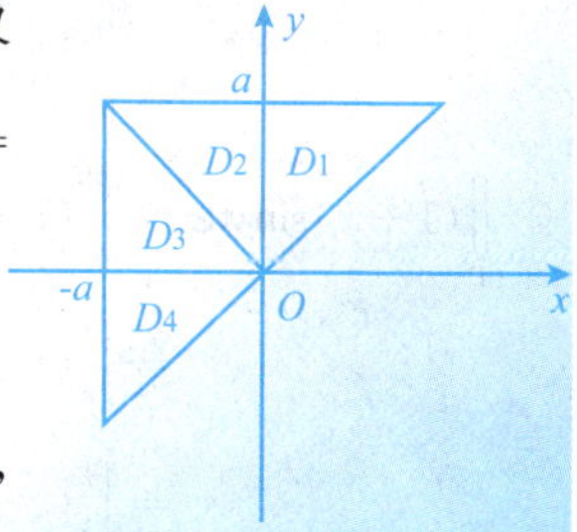

图 10-54

(2) D 如图 10-54 所示,把 D 分成四部分 D_1,D_2,D_3,D_4,由于 D_3 与 D_4 关于 x 轴对称且 $\cos x\sin y+xy$ 关于 y 是奇函数.

故 $\iint\limits_{D_3+D_4}(xy+\cos x\sin y)\mathrm{d}x\mathrm{d}y=0$

则 $\iint\limits_{D}(xy+\cos x\sin y)\mathrm{d}x\mathrm{d}y=\iint\limits_{D_1+D_2}(xy+\cos x\sin y)\mathrm{d}x\mathrm{d}y.$

又 D_1 与 D_2 关于 y 轴对称且 xy 关于 x 是奇函数，$\cos x\sin y$ 关于 x 是偶函数，所以

$\iint\limits_{D_1+D_2}xy\mathrm{d}x\mathrm{d}y=0,\ \iint\limits_{D_1+D_2}\cos x\sin y\mathrm{d}x\mathrm{d}y=2\iint\limits_{D_1}\cos x\sin y\mathrm{d}x\mathrm{d}y,$

故 $\iint\limits_{D}(\cos x\sin y+xy)\mathrm{d}x\mathrm{d}y=2\iint\limits_{D_1}\cos x\sin y\mathrm{d}x\mathrm{d}y,$

故选(A)；

(3) 对所给二重积分交换积分次序，得

$F(t)=\int_1^t f(x)\mathrm{d}x\int_1^x\mathrm{d}y=\int_1^t(x-1)f(x)\mathrm{d}x,$

$F'(1)=(t-1)f(t),$

故 $F'(2)=F(2)$，故选(B).

3. 分析　(3) 用极坐标计算.

解　(1) D 如图 10-55(a) 所示

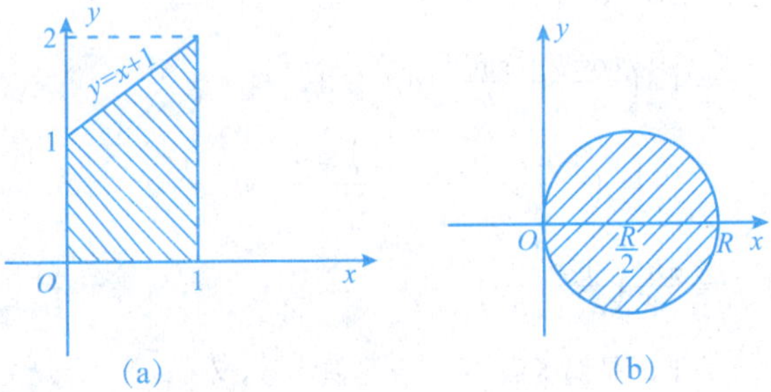

图 10-55

$$\iint\limits_{D}(1+x)\sin y\mathrm{d}\sigma=\int_0^1(1+x)\mathrm{d}x\int_0^{x+1}\sin y\mathrm{d}y$$

$$=\int_0^1(1+x)[1-\cos(x+1)]\mathrm{d}x$$

$$=\int_0^1(1+x)\mathrm{d}x-\int_0^1(1+x)\mathrm{d}\sin(x+1)$$

$$=\frac{3}{2}+\sin 1-2\sin 2+\cos 1-\cos 2;$$

(2) $\iint\limits_D (x^2 - y^2)\,\mathrm{d}\sigma = \int_0^{\pi}\mathrm{d}x\int_0^{\sin x}(x^2 - y^2)\,\mathrm{d}y$

$$= \int_0^{\pi} x^2 \sin x\,\mathrm{d}x - \frac{1}{3}\int_0^{\pi}\sin^3 x\,\mathrm{d}x$$

$$= - x^2\cos x\Big|_0^{\pi} + \int_0^{\pi} 2x\cos x\,\mathrm{d}x + \frac{1}{3}\int_0^{\pi}(1-\cos^2 x)\,\mathrm{d}\cos x$$

$$= \pi^2 - \frac{40}{9};$$

(3) D 如图 10-55(b) 所示

$$\iint\limits_D \sqrt{R^2 - x^2 - y^2}\,\mathrm{d}\sigma = \int_{-\frac{\pi}{2}}^{\frac{\pi}{2}}\mathrm{d}\theta\int_0^{R\cos\theta}\sqrt{R^2 - r^2}\cdot r\mathrm{d}r$$

$$= 2\int_0^{\frac{\pi}{2}}\mathrm{d}\theta\int_0^{R\cos\theta}\sqrt{R^2 - r^2}\,r\mathrm{d}r = 2\int_0^{\frac{\pi}{2}}\left(\frac{1}{3}R^3 - \frac{1}{3}R^3\sin^3\theta\right)\mathrm{d}\theta$$

$$= \frac{R^3}{3}\left(\pi - \frac{4}{3}\right);$$

(4) 用极坐标计算

$$\iint\limits_D (y^2 + 3x - 6y + 9)\,\mathrm{d}\sigma = \int_0^{2\pi}\mathrm{d}\theta\int_0^R (r^2\cos^2\theta + 3r\cos\theta - 6r\sin\theta + 9)\,r\mathrm{d}r$$

$$= \int_0^{2\pi}\left(\frac{R^4}{4}\cos^2\theta + R^3\cos\theta - 2R^3\sin\theta + \frac{9}{2}R^2\right)\mathrm{d}\theta$$

$$= \frac{\pi}{4}R^4 + 9\pi R^2.$$

4. 分析　(2) 如图 10-56(b). 积分区域应该分段计算，因此在交换积分次序时，也应该分段交换.

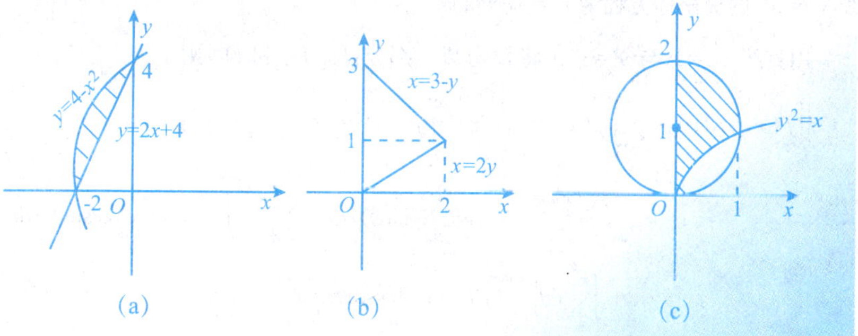

图 10-56

解 (1) 积分区域如图 10-56(a) 所示.

故$\int_0^4 dy\int_{-\sqrt{4-y}}^{\frac{1}{2}(y-4)} f(x,y)dx = \int_{-2}^{0} dx\int_{2x+4}^{4-x^2} f(x,y)dy$;

(2) 积分区域如图 10-56(b) 所示.

由 $x = 3 - y$ 与 $x = 2y$ 得:$x = 2, y = 1$.

$\int_0^1 dy\int_0^{2y} f(x,y)dx + \int_1^3 dy\int_0^{3-y} f(x,y)dx = \int_0^2 dx\int_{\frac{x}{2}}^{3-x} f(x,y)dy$;

(3) 积分区域如图 10-56(c) 所示.

故$\int_0^1 dx\int_{\sqrt{x}}^{1+\sqrt{1-x^2}} f(x,y)dy = \int_0^1 dy\int_0^{y^2} f(x,y)dx + \int_1^2 dy\int_0^{\sqrt{1-(y-1)^2}} f(x,y)dx$.

5. 分析 交换积分次序得证

证 积分区域如图 10-57 所示,故

$\int_0^a dy\int_0^y e^{m(a-x)} f(x)dx = \int_0^a dx\int_x^a e^{m(a-x)} f(x)dy = \int_0^a (a-x)e^{m(a-x)} f(x)dx$.

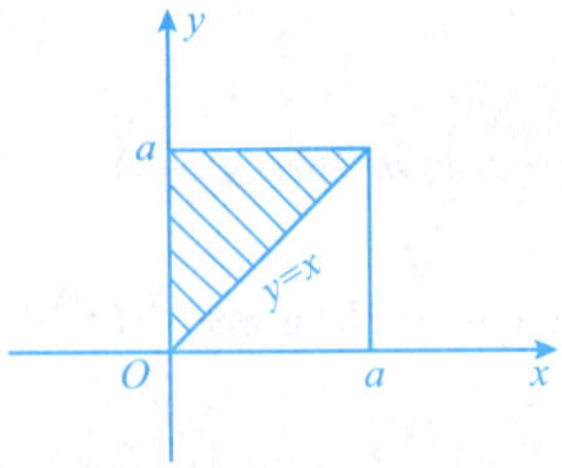

图 10-57

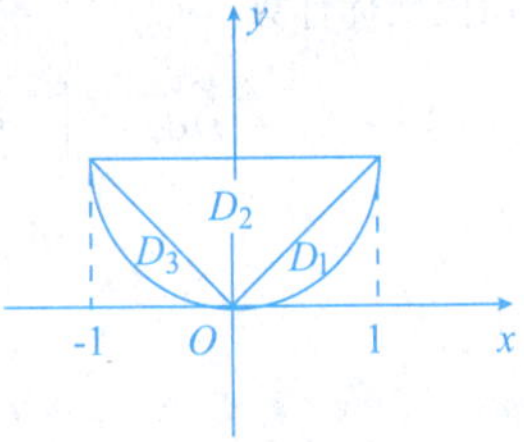

图 10-58

6. 解 积分区域 D 如图 10-58 所示,直线 $y = 1$ 的极坐标方程为 $r = \csc\theta$,抛物线 $y = x^2$ 的极坐标方程为 $r = \sec\theta\tan\theta$.

用直线 $y = x$ 与 $y = -x$ 将 D 分成三部分:D_1,D_2 和 D_3,则

$$\iint_D f(x,y)dxdy = \iint_{D_1} f(x,y)dxdy + \iint_{D_2} f(x,y)dxdy + \iint_{D_3} f(x,y)dxdy$$

$$= \int_0^{\frac{\pi}{4}} d\theta\int_0^{\sec\theta\tan\theta} f(r\cos\theta, r\sin\theta)rdr + \int_{\frac{\pi}{4}}^{\frac{3}{4}\pi} d\theta\int_0^{\csc\theta} f(r\cos\theta, r\sin\theta)rdr$$

$$+ \int_{\frac{3}{4}\pi}^{\pi} d\theta\int_0^{\sec\theta\tan\theta} f(r\cos\theta, r\sin\theta)rdr.$$

7. 解 令$\iint_D f(x,y)dxdy = A$,则

$$f(x,y)=\sqrt{1-x^2-y^2}-\frac{8}{\pi}A,$$

$$\iint\limits_D f(x,y)\mathrm{d}x\mathrm{d}y=\iint\limits_D\sqrt{1-x^2-y^2}\,\mathrm{d}x\mathrm{d}y-\frac{8}{\pi}A\iint\limits_D\mathrm{d}x\mathrm{d}y.$$

于是 $A=\frac{1}{2}\iint\limits_D\sqrt{1-x^2-y^2}\,\mathrm{d}x\mathrm{d}y$

$$=\frac{1}{2}\int_0^{\frac{\pi}{2}}\mathrm{d}\theta\int_1^{\sin\theta}\sqrt{1-\rho^2}\,\rho\mathrm{d}\rho=\frac{\pi}{12}-\frac{1}{9},$$

故 $f(x,y)=\sqrt{1-x^2-y^2}+\frac{8}{9\pi}-\frac{2}{3}.$

8. 解 Ω 在 xOy 面的投影区域由 $y=1$ 与 $y=x^2$ 所围成，如图 10-59 所示.

$$\iiint\limits_\Omega f(x,y,z)\mathrm{d}x\mathrm{d}y\mathrm{d}z=\int_{-1}^1\mathrm{d}x\int_{x^2}^1\mathrm{d}y\int_0^{x^2+y^2}f(x,y,z)\mathrm{d}z.$$

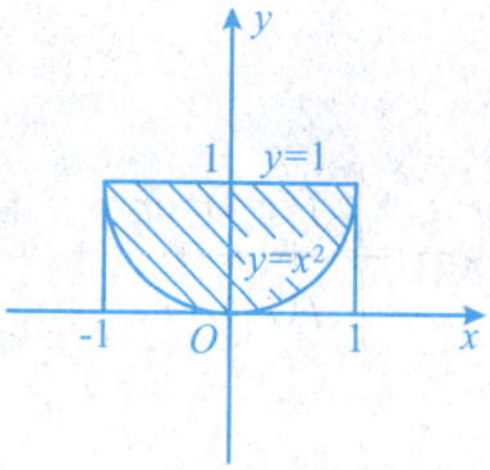

图 10-59

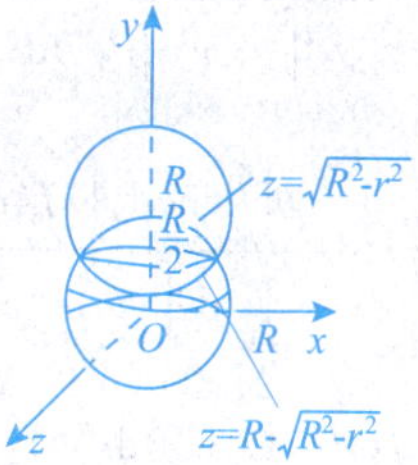

图 10-60

9. 分析 (1) 由图像知本题应该用柱坐标计算，不能看到条件中的两个球公共部分就认为要用球面坐标计算.

解 (1) 积分区域 Ω 如图 10-60 所示，Ω 在 xOy 面内的投影区域 D 为

$$x^2+y^2\leqslant\left(\frac{\sqrt{3}}{2}R\right)^2.$$

用柱坐标计算得

$$\iiint\limits_\Omega z^2\mathrm{d}x\mathrm{d}y\mathrm{d}z=\iint\limits_{r\leqslant\frac{\sqrt{3}}{2}R}r\mathrm{d}r\mathrm{d}\theta\int_{R-\sqrt{R^2-r^2}}^{\sqrt{R^2-r^2}}z^2\mathrm{d}z$$

$$=\int_0^{2\pi}\mathrm{d}\theta\int_0^{\frac{\sqrt{3}}{2}R}\frac{1}{3}\left[(R^2-r^2)^{\frac{3}{2}}-(R-\sqrt{R^2-r^2})^3\right]r\mathrm{d}r$$

$$=\frac{59\pi}{480}R^5;$$

(2) 用球面坐标计算

$$\iiint_{\Omega} \frac{z\ln(x^2+y^2+z^2+1)}{x^2+y^2+z^2+1}\mathrm{d}v = \iiint_{\Omega} \frac{r^3\ln(r^2+1)\sin\varphi\cos\varphi}{r^2+1}\mathrm{d}r\mathrm{d}\varphi\mathrm{d}\theta$$

$$= \int_0^{2\pi}\mathrm{d}\theta\int_0^{\pi}\sin\varphi\cos\varphi\mathrm{d}\varphi\int_0^1 \frac{r^3\ln(r^2+1)}{r^2+1}\mathrm{d}r = 0;$$

(3) $y^2=2x$ 绕 x 轴旋转而成的曲面为：$2x=y^2+z^2$，与 $x=5$ 的交线在 yOz 面上的投影区域为：$y^2+z^2\leqslant 10$

所以 $I = \iint\limits_{y^2+z^2\leqslant 10}\mathrm{d}y\mathrm{d}z\int_{\frac{y^2+z^2}{2}}^{5}(y^2+z^2)\mathrm{d}x = \int_0^{2\pi}\mathrm{d}\theta\int_0^{\sqrt{10}} r\mathrm{d}r\int_{\frac{r^2}{2}}^{5} r^2\mathrm{d}x$

$$= 2\pi\left(\frac{5}{4}\times 10^2 - \frac{1}{12}\times 10^3\right) = \frac{250\pi}{3}.$$

10. 解 (1) $F(t) = \dfrac{\iiint\limits_{\Omega(t)} f(x^2+y^2+z^2)\mathrm{d}v}{\iint\limits_{D(t)} f(x^2+y^2)\mathrm{d}\sigma}$

$$= \frac{\int_0^{2\pi}\mathrm{d}\theta\int_0^{\pi}\sin\varphi\mathrm{d}y\int_0^t f(r^2)r^2\mathrm{d}r}{\int_0^{2\pi}\mathrm{d}\theta\int_0^t f(\rho^2)\rho\mathrm{d}\rho} = \frac{2\int_0^t f(r^2)r^2\mathrm{d}r}{\int_0^t f(r^2)r\mathrm{d}r}$$

$F'(t) = \dfrac{2tf(t^2)\int_0^t f(r^2)r(t-r)\mathrm{d}r}{[\int_0^t f(r^2)r\mathrm{d}_r]^2}$ 在区间 $(0,+\infty)$ 上，$F'(t)>0$

故 $F(t)$ 在 $(0,+\infty)$ 内单调增加．

(2) $G(t) = \dfrac{\int_0^{2\pi}\int_0^t f(r^2)r\mathrm{d}r}{2\int_0^t (r^2)\mathrm{d}r} = \dfrac{\pi\int_0^t f(r^2)\mathrm{d}r}{\int_0^t f(r^2)\mathrm{d}r}$，

令 $H(t) = \int_0^t f(r^2)r^2\mathrm{d}r\cdot\int_0^t f(r^2)\mathrm{d}r - [\int_0^t f(r^2)r\mathrm{d}r]^2$，

因 $H(0)=0$ 且

$H'(t) = f(t^2)\int_0^t f(r^2)(t-r)^2\mathrm{d}r > 0.$

故 $H(t)$ 在 $(0,+\infty)$ 内单调增加，当 $t>0$ 时 $H(t)>H(0)=0$，

即 $\dfrac{2\int_0^t f(r^2)r^2\mathrm{d}r}{\int_0^t f(r^2)r\mathrm{d}r} > \dfrac{2\int_0^t f(r^2)r\mathrm{d}r}{\int_0^t f(r^2)\mathrm{d}r}$，

即 $F(t) > \frac{2}{\pi}G(t)$.

11. 分析　三坐标面的方程分别是 $x=0, y=0$ 和 $z=0$.

解　如图 10-61 所示.

$$z = c - \frac{c}{a}x - \frac{c}{b}y.$$

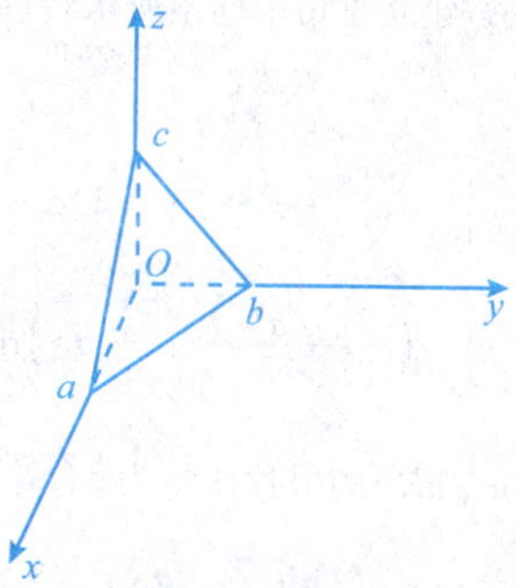

图 10-61

所求立体的面积为：

$$A = \iint_D \sqrt{1+z_x^2+z_y^2}\,\mathrm{d}x\mathrm{d}y = \iint_D \frac{1}{|ab|}\sqrt{a^2b^2+b^2c^2+c^2a^2}\,\mathrm{d}x\mathrm{d}y$$

$$= \frac{1}{|ab|}\sqrt{a^2b^2c^2+c^2a^2}\iint_D \mathrm{d}x\mathrm{d}y = \frac{1}{2}\sqrt{a^2b^2+b^2c^2+c^2a^2}.$$

12. 分析　由图像可知是具有对称性，不管形状如何改变，求质心的方法不会变，仍然是先求改变之后新的静矩元素，再转化为求解二重积分.

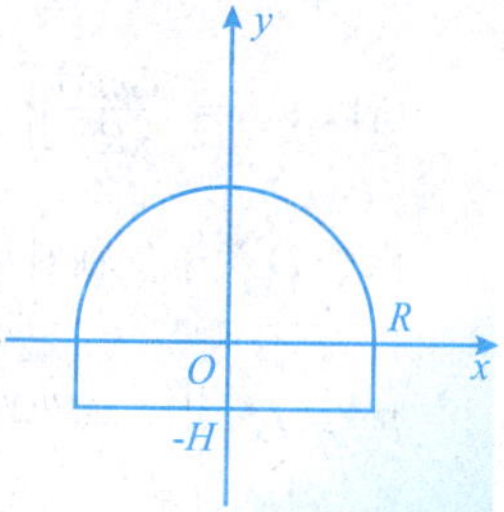

图 10-62

解　如图 10-62 所示，建立直角坐标系，设所求矩形另一边的长度为 H，半圆形的半径为 R，薄片密度为$\rho = 1$.

由对称性可知 $\bar{x} = 0$，又由已知可知 $\bar{y} = 0$ 即$\iint_D y\,\mathrm{d}x\mathrm{d}y = 0$.

又因$\iint_D y\,\mathrm{d}x\mathrm{d}y = \int_{-R}^{R}\mathrm{d}x\int_{-H}^{\sqrt{R^2-x^2}} y\,\mathrm{d}y = \int_{-R}^{R}\frac{1}{2}[(R^2-x^2)-H^2]\mathrm{d}x$

$$= \frac{1}{2} \times 2(R^3 - \frac{1}{3}R^2 - RH^2) = 0,$$

所以 $H = \sqrt{\frac{2}{3}}R$，故接上去的均匀矩形薄片另一边的长度应为$\sqrt{\frac{2}{3}}R$.

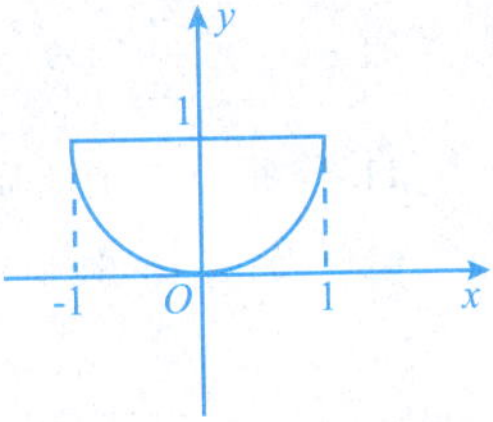

图 10-63

13. 解　如图 10-63 所示，建立直角坐标系所求转动惯量为：

$$I = \iint_D \mu(y+1)^2 \mathrm{d}y\mathrm{d}x = \mu\int_{-1}^{1}\mathrm{d}x\int_{x^2}^{1}(y^2+2y+1)\mathrm{d}y$$

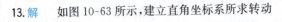

$$= \mu\int_{-1}^{1}\left(\frac{7}{3} - \frac{x^6}{3} - x^4 - x^2\right)\mathrm{d}x = \frac{368}{105}\mu.$$

14. 解　由条件，面积为$\frac{1}{2}\pi R^2$ 的薄片质量为 M，并且密度均匀，故

$$\rho = \frac{M}{\frac{1}{2}\pi R^2} = \frac{2M}{\pi R^2}.$$

由引力公式 $\boldsymbol{F} = (F_x, F_y, F_z)$，而

$|\mathrm{d}\boldsymbol{F}| = \frac{Gm\rho}{r^2}\mathrm{d}\sigma$ 其中 $r = \sqrt{x^2 + y^2 + (z-a)^2}$

而 $\mathrm{d}F_x = \frac{Gm\rho}{r^2} \cdot \frac{x}{r}\mathrm{d}\sigma, \mathrm{d}F_y = \frac{Gm\rho}{r^2} \cdot \frac{y}{r}\mathrm{d}\sigma, \mathrm{d}F_z = \frac{Gm\rho}{r^2} \cdot \frac{-a}{r}\mathrm{d}\sigma.$

所以 $F_x = \frac{2GmM}{\pi R^2}\iint_D \frac{x}{(x^2+y^2+a^2)^{\frac{3}{2}}}\mathrm{d}\sigma,$

由于 D 关于 y 轴对称，且$\frac{x}{(x^2+y^2+a^2)^{\frac{3}{2}}}$ 为关于 x 的奇函数，故 $F_x = 0$.

$$F_y = G \cdot \iint_D \frac{my\rho\mathrm{d}\sigma}{(x^2+y^2+a^2)^{\frac{3}{2}}} = \frac{2GmM}{\pi R^2}\iint_D \frac{r\sin\theta \cdot r}{(\sqrt{r^2+a^2})^3}\mathrm{d}\theta\mathrm{d}r$$

$$= \frac{2GmM}{\pi R^2}\int_0^{\pi}\sin\theta\mathrm{d}\theta\int_0^R \frac{r^2}{(r^2+a^2)^{\frac{3}{2}}}\mathrm{d}r$$

$$= \frac{4GmM}{\pi R^2}\left(\ln\frac{R+\sqrt{a^2+R^2}}{a^2} - \frac{R}{\sqrt{R^2+a^2}}\right),$$

$$F_z = G\iint_D \frac{m(-a)\rho}{(\sqrt{x^2+y^2+a^2})^3}\mathrm{d}\sigma = -\frac{2GmMa}{\pi R^2}\iint_D \frac{1}{(x^2+y^2+a^2)^{\frac{3}{2}}}\mathrm{d}\sigma$$

$$=-\frac{2GmMa}{\pi R^2}\int_0^{\pi}\mathrm{d}\theta\int_0^R\frac{r}{(a^2+r^2)^{\frac{3}{2}}}\mathrm{d}r=\frac{2GmM}{R^2}\left(\frac{a}{\sqrt{a^2+R^2}}-1\right).$$

15. 解　由对称性知质心位 z 轴上 $\bar{x}=\bar{y}=0$，

$$\bar{z}=\frac{\iiint\limits_{\Omega}z\mathrm{d}v}{\iiint\limits_{\Omega}\mathrm{d}v}=\frac{\int_0^b z\iint\limits_{D_z}\mathrm{d}x\mathrm{d}y}{\frac{1}{2}\cdot\frac{4}{3}\pi a^2 b}=\frac{\int_0^b\pi a^2\left(1-\frac{r^2}{b^2}\right)z\mathrm{d}z}{\frac{2}{3}\pi a^2 b}=\frac{3b}{8},$$

所以质心为 $\left(0,0,\frac{3b}{8}\right)$.

16. 解　由题意，距球心 r 处密度为 $\mu(r)=\mu_0-kr$，因 $\mu(R)=\mu_0-kR=0$，得 $k=\frac{\mu_0}{R}$，故

$$\mu(r)=\mu_0\left(1-\frac{r}{R}\right).$$

于是 $M=\iiint\limits_{r\leqslant R}\mu_0\left(1-\frac{r}{R}\right)r^2\sin\varphi\mathrm{d}r\mathrm{d}\varphi\mathrm{d}\theta$

$$=\mu_0\int_0^{2\pi}\mathrm{d}\theta\int_0^{\pi}\sin y\mathrm{d}\varphi\int_0^R\left(1-\frac{r}{R}\right)r^2\mathrm{d}r=\frac{\mu_0\pi R^3}{3}$$

所以 $\mu_0=\frac{3M}{\pi R^3}$.

第十一章　曲线积分与曲面积分

学习导引

本章主要是把积分概念推广到积分范围为一段曲线弧或一片曲面的情形，称为曲线积分和曲面积分，并阐明有关这两种积分的一些基本内容.

第一节　对弧长的曲线积分

知识要点及常考点

1. 定义

设 L 为 xOy 平面的一条光滑曲线弧，函数 $f(x,y)$ 在 L 上有界. L 上任意插入一点列 $M_1,\cdots,M_{n-1}$ 把 L 分成 n 个小段，设第 i 个小段的长度为 Δs_i，又 (ξ_i,η_i) 为第 i 个小段上任意一点，若各小弧段的长度最大值 $\lambda\to 0$ 时，和 $\sum\limits_{i=1}^{n}f(\xi_i,\eta_i)\Delta s_i$ 的极限存在，称此极限为 $f(x,y)$ 在曲线 L 上对弧长的曲线积分或第一类曲线积分，记作

$$\int_L f(x,y)\mathrm{d}s=\lim_{\lambda\to 0}\sum_{i=1}^{n}f(\xi_i,\eta_i)\Delta s_i\quad(\lambda=\max\|\Delta S_i\|).$$

注　① 几何意义：设 $f(x,y)\geqslant 0$，则曲线积分 $\int_L f(x,y)\mathrm{d}s$ 表示以 L 为准线，母线平行于 z 轴的柱面夹在 $z=0$ 和 $z=f(x,y)$ 之间那部分面积 A，即

$$A=\int_L f(x,y)\mathrm{d}s.$$

② 物理意义：线密度为 $\mu=f(x,y)$ 的弧段 L 的质量，即

$$M=\int_{L(\widehat{AB})}f(x,y)\mathrm{d}s.$$

2. 由对弧长的曲线积分的定义可以得到如下的性质

(1) 设 α,β 为常数，则

$$\int_L[\alpha f(x,y)+\beta g(x,y)]\mathrm{d}s=\alpha\int_L f(x,y)\mathrm{d}s+\beta\int_L g(x,y)\mathrm{d}s.$$

(2) 若积分弧段 L 可分成两段光滑曲线弧 L_1 和 L_2，则

$$\int_L f(x,y)\mathrm{d}s = \int_{L_1} f(x,y)\mathrm{d}s + \int_{L_2} f(x,y)\mathrm{d}s.$$

(3) 设在 L 上 $f(x,y) \leqslant g(x,y)$，则

$$\int_L f(x,y)\mathrm{d}s \leqslant \int_L g(x,y)\mathrm{d}s.$$

(4) 若 $f(m)$ 在 L 上连续，则存在 $M_0 \in L$，使得 $\int_L M\mathrm{d}s = f(M_0)\,|L|$，其中 $|L|$ 为曲线 L 的长度.

(5) $\int_{\widehat{AB}} f(m)\mathrm{d}s = \int_{\widehat{BA}} f(m)\mathrm{d}s.$

3. 对弧长曲线的积分的计算法

(1) 平面曲线积分

① 曲线 L 的方程为

$L:\begin{cases} x = x(t) \\ y = y(t) \end{cases}(\alpha \leqslant t \leqslant \beta)$，$x(t)$，$y(t)$ 具有一阶连续导数，且 $x'^2(t) + y'^2(t) \neq 0$，$f(x,y)$ 在 L 上连续，则

$$\int_L f(x,y)\mathrm{d}s = \int_\alpha^\beta f[x(t),y(t)]\sqrt{x'^2(t)+y'^2(t)}\,\mathrm{d}t.$$

注　弧微分 $\mathrm{d}s = \sqrt{x'^2(t)+y'^2(t)}\,\mathrm{d}t.$

② 曲线 L 的方程 $y = y(x)(a \leqslant x \leqslant b)$，则

$$\int_L f(x,y)\mathrm{d}s = \int_a^b f[x,y(x)]\sqrt{1+y'^2(x)}\,\mathrm{d}x;$$

注　弧微分 $\mathrm{d}s = \sqrt{1+y'^2(x)}\,\mathrm{d}x.$

③ 曲线 L 的方程为 $x = x(y)(c \leqslant y \leqslant d)$，则

$$\int_L f(x,y)\mathrm{d}s = \int_c^d f[x(y),y]\sqrt{1+x'^2(y)}\,\mathrm{d}y.$$

注　弧微分 $\mathrm{d}s = \sqrt{1+x'^2(y)}\,\mathrm{d}y.$

(2) 空间曲线积分

$f(x,y,z)$ 在光滑曲线 L 上连续，L 的方程为：

$$L:\begin{cases} x = x(t) \\ y = y(t)\,(\alpha \leqslant t \leqslant \beta)\text{，且 } x'^2(t)+y'^2(t)+z'^2(t) \neq 0. \\ z = z(t) \end{cases}$$

则 $\int_L f(x,y,z)\mathrm{d}s = \int_\alpha^\beta f[x(t),y(t),z(t)]\sqrt{x'^2(t)+y'^2(t)+z'^2(t)}\,\mathrm{d}t.$

注　弧微分 $ds=\sqrt{x'^2(t)+y'^2(t)+z'^2(t)}\,dt$.

4. 对弧长的曲线积分 $\int_L f(x,y)ds$ 化为定积分的步骤

(1) 画出积分路径的图形；

(2) 把积分路径 L 的参数表达式写出来：$x=\varphi(t),y=\psi(t),\alpha\leqslant t\leqslant\beta$；

(3) 把 ds 写成参变量的微分式，并计算

$$\int_L f(x,y)ds=\int_\alpha^\beta f[\varphi(t),\psi(t)]\sqrt{\varphi'^2(t)+\psi'^2(t)}\,dt.$$

注　在对弧长的曲线积分化为定积分计算时，总是把参数大的作为积分上限，参数小的作为积分下限，与曲线的方向没关系.

5. 利用对称性化简对弧长的曲线积分

如果积分曲线 L 关于坐标轴对称，被积函数 $f(x,y)$ 关于自变量 x 或 y 有相应的奇(偶)性，则对弧长的曲线积分 $\int_L f(x,y)ds$ 可按以下公式进行化简.

(1) 设 $f(x,y)$ 在分段光滑曲线 L 上连续. 若 L 关于 x 轴(或 y 轴)对称，则

$$\int_L f(x,y)ds=\begin{cases}0, & \text{若 } f(x,y) \text{ 关于 } y(\text{或 } x) \text{ 为奇函数},\\ 2\int_{L_1} f(x,y)ds, & \text{若 } f(x,y) \text{ 关于 } y(\text{或 } x) \text{ 为偶函数},\end{cases}$$

其中 L_1 为 L 的右半平面或上半平面部分.

(2) 若 L 关于 x 轴和 y 轴都对称，且 $f(x,y)$ 关于 x 和 y 均为偶函数，则

$$\int_L f(x,y)ds=4\int_{L_1} f(x,y)ds,$$

其中 L_1 为 L 在第一象限部分，如图 11-1 所示.

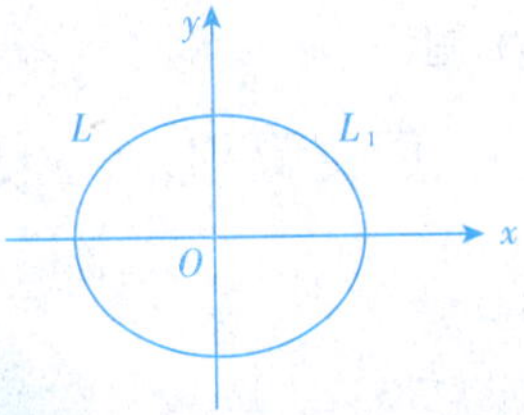

图 11-1

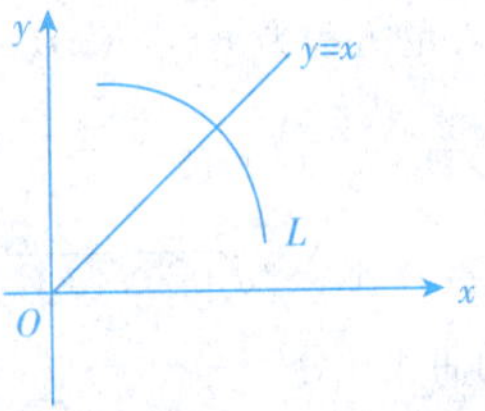

图 11-2

(3) 若 L 关于直线 $y=x$ 对称，如图 11-2 所示，则

$$\int_L f(x,y)ds=\int_L f(y,x)ds.$$

特别是，$\int_L f(x)\mathrm{d}s=\int_L f(y)\mathrm{d}s$，从而有$\int_L[f(x)+\int(y)]\mathrm{d}s=2\int_L f(x)\mathrm{d}s$.

(4) 若空间闭曲线 L 的方程$\begin{cases}F(x,y,z)=0\\G(x,y,z)=0\end{cases}$关于三个变量 x,y,z 具有轮换对称性(即对换任意两个变量，方程不变)，则有

$$\oint_L f(x)\mathrm{d}s=\oint_L f(y)\mathrm{d}s=\oint_L f(z)\mathrm{d}s,$$

从而有$\oint_L[f(x)+f(y)+f(z)]\mathrm{d}s=3\oint_L f(x)\mathrm{d}s$.

注　曲线积分的积分区域是曲线段，因而被积函数中的 x 和 y 满足积分曲线 L 的方程，可将 L 的方程代入被积函数进行化简，这一点与定积分的重积分不同.

例如，$\int_L \mathrm{e}^{x^2+y^2}\arctan\sqrt{x^2+y^2}\,\mathrm{d}s$，其中 $L:x^2+y^2=1,y\geqslant 0$，则

$$\int_L \mathrm{e}^{x^2+y^2}\arctan\sqrt{x^2+y^2}\,\mathrm{d}s=\int_L \mathrm{e}\cdot\arctan 1\mathrm{d}s=\frac{\mathrm{e}\pi}{4}\int_L\mathrm{d}s=\frac{\mathrm{e}}{4}\pi^2;$$

本节考研要求

1. 理解弧长(第一类)曲线积分的概念、了解其性质.
2. 掌握弧长(第一类)曲线积分的计算方法.

题型、真题、方法

题型 1　对弧长曲线积分的计算

题型分析　用变量的定积分计算弧长的曲线积分的步骤

(1) 画出积分路径图形；

(2) 把曲线写成参数形式：$x=\varphi(t),y=\psi(t),\alpha\leqslant t\leqslant\beta$;

(3) 计算定积分$\int_{\widehat{AB}}f(x,y)\mathrm{d}s=\int_\alpha^\beta f[\varphi(t),\psi(t)]\sqrt{\varphi'^2(t)+\psi'^2(t)}\,\mathrm{d}t$.

例 1　曲线 $y=\int_0^x\tan x\mathrm{d}t\left(0\leqslant x\leqslant\frac{\pi}{4}\right)$的弧长 $S=$ ________.(考研题)

解　由 $y'=\tan x$ 得

$$\begin{aligned}s&=\int_0^{\frac{\pi}{4}}\sqrt{1+y'^2}\,\mathrm{d}x\\&=\int_0^{\frac{\pi}{4}}\sqrt{1+\tan^2x}\,\mathrm{d}x\\&=\int_0^{\frac{\pi}{4}}\frac{1}{\cos x}\mathrm{d}x\end{aligned}$$

$$= \ln(\sec x + \tan x)\Big|_0^{\frac{\pi}{4}} = \ln(1+\sqrt{2}).$$

例 2　设 L 为椭圆 $\frac{x^2}{4}+\frac{y^2}{3}=1$，其周长记为 a，则 $\oint_L (2xy+3x^2+4y^2)\mathrm{d}s =$ ______．（考研题）

思路点拨　首先，将积分曲线 L 的方程代入积分 $\oint_L (3x^2+4y^2)\mathrm{d}s$ 进行化简；其次，对积分 $\oint_L 2xy\mathrm{d}s$ 利用对称性．

解　将积分曲线 L 的方程 $\frac{x^2}{4}+\frac{y^2}{3}=1$，即 $3x^2+4y^2=12$ 代入被积函数，得

$$\oint_L (3x^2+4y^2)\mathrm{d}s = \oint_L 12\mathrm{d}s = 12a;$$

由于 L 关于 x 轴（或 y 轴）对称，函数 $2xy$ 关于变量 y（或变量 x）为奇函数，所以，积分 $\oint_L 2xy\mathrm{d}s = 0$；

于是 $\oint_L (2xy+3x^2+4y^2)\mathrm{d}s = \oint_L 2xy\mathrm{d}s + \oint_L (3x^2+4y^2)\mathrm{d}s = 12a.$

现学现练　求积分 $I=\int_L \frac{z^2}{x^2+y^2}\mathrm{d}s$：$L$：$x=a\cos t, y=a\sin t, z=at\quad(0\leqslant t\leqslant 2\pi)(a>0)$．$(\frac{8\sqrt{2}}{3}\pi^3 a)$

课后习题全解

习题 11－1 全解

1. **解**　$\rho(x,y)$ 在 L 上连续，应用元素法，在曲线弧 L 上任取一长度很短的小弧段 $\mathrm{d}s$（它的长度也记作 $\mathrm{d}s$），设 (x,y) 为小弧段 $\mathrm{d}s$ 上任一点，因为弧段 $\mathrm{d}s$ 的长度很短，$\rho(x,y)$ 连续，所以小弧段 $\mathrm{d}s$ 的质量 $\mathrm{d}M\approx\rho(x,y)\mathrm{d}s$，这部分质量可近似看作集中在点 (x,y) 处，于是，曲线 L 对于 x 轴和 y 轴的转动惯量元素分别为 $\mathrm{d}I_x = y^2\mu(x,y)\mathrm{d}s, \mathrm{d}I_y = x^2\mu(x,y)\mathrm{d}s.$

曲线 L 对于 x 轴和 y 轴的静矩元素分别为

$$\mathrm{d}M_x = y\mu(x,y)\mathrm{d}s, \mathrm{d}M_y = x\mu(x,y)\mathrm{d}s.$$

因而，曲线 L 对于 x 轴和 y 轴的转动惯量分别为

$$I_x = \int_L y^2\mu(x,y)\mathrm{d}s, I_y = \int_L x^2\mu(x,y)\mathrm{d}s.$$

曲线 L 的质心坐标为 $\bar{x}=\dfrac{M_y}{M}=\dfrac{\int_L x\mu(x,y)\mathrm{d}s}{\int_L \mu(x,y)\mathrm{d}s},\bar{y}=\dfrac{M_x}{M}=\dfrac{\int_L y\mu(x,y)\mathrm{d}s}{\int_L \mu(x,y)\mathrm{d}s}$.

2. 证　对积分弧段 L 任意分割成 n 个小弧段，第 i 个小弧段长度为 $\Delta S_i(\varepsilon_i,y_i)$ 为第 i 个小弧段上任意取定的一点，按假设 $f(\varepsilon_i,y_i)\Delta S_i\leqslant g(\varepsilon_i,y_i)\Delta S_i(i=1,2,\cdots,n)$，

$$\sum_{i=1}^{n}f(\varepsilon_i,y_i)\Delta S_i\leqslant\sum_{i=1}^{n}g(\varepsilon_i,y_i)\Delta S_i.$$

令 $\lambda=\max\{\Delta S_i\}\to 0$，两端取极限得

$$\int_L f(x,y)\mathrm{d}s\leqslant\int_L g(x,y)\mathrm{d}s.$$

由 $|f(x,y)|\geqslant\pm f(x,y)$，

得 $\int_L |f(x,y)|\mathrm{d}s\geqslant\pm\int_L f(x,y)\mathrm{d}s$，

因此 $\left|\int_L f(x,y)\mathrm{d}s\right|\leqslant\int_L |f(x,y)|\mathrm{d}s$.

3. 分析　(2) 直接运用对弧长的曲线积分的计算公式

$$\int_L f(x,y)\mathrm{d}s=\int_\alpha^\beta[f(\varphi(t),\psi(t))]\sqrt{\varphi'^2(t)+\psi'^2(t)}\mathrm{d}t.$$

(3) 由图像知积分弧段可分为 L_1 和 L_2 两部分，分别计算 $\int_{L_1}$ 和 $\int_{L_2}$ 即可.

(6) 需要对折线的每一段分段积分，即 $\Gamma=\widehat{ABCD}=\overline{AB}+\overline{BC}+\overline{CD}$；$\int_\Gamma=\int_{\widehat{ABCD}}=\int_{\overline{AB}}+\int_{\overline{BC}}+\int_{\overline{CD}}$.

解　(1) $\oint_L (x^2+y^2)^n\mathrm{d}s=\int_0^{2\pi}(a^2\cos^2t+a^2\sin^2t)^n\sqrt{(-a\sin t)^2+(a\cos t)^2}\mathrm{d}t$

$$=\int_0^{2\pi}a^{2n+1}\mathrm{d}t=2\pi a^{2n+1};$$

(2) L 的方程为 $y=1-x(0\leqslant x\leqslant 1)$（如图 11-3 所示）.

$$\int_L (x+y)\mathrm{d}s=\int_0^1(x+1-x)\sqrt{1+[(1-x)']^2}\mathrm{d}x$$
$$=\int_0^1(x+1-x)\sqrt{2}\mathrm{d}x=\sqrt{2};$$

(3) $L_1:y=x^2(0\leqslant x\leqslant 1)$，$L_2:y=x(0\leqslant x\leqslant 1)$（如图 11-4 所示）.

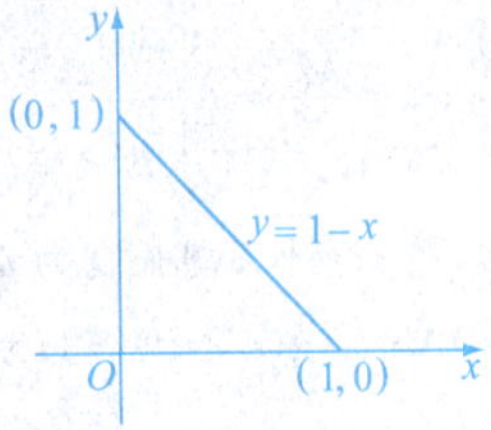

图 11-3

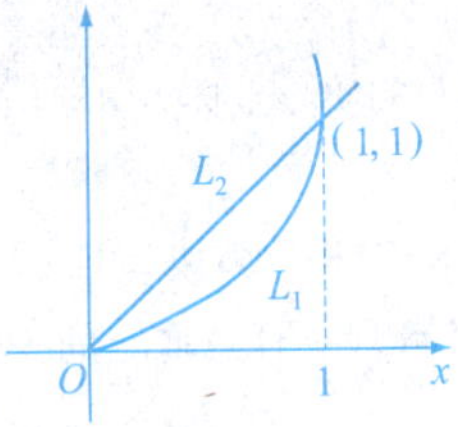

图 11-4

$$\oint_L x\,ds=\int_{L_1}x\,ds+\int_{L_2}x\,ds=\int_0^1 x\sqrt{1+4x^2}\,dx+\int_0^1\sqrt{2}x\,dx$$

$$=\frac{1}{12}(5\sqrt{5}+6\sqrt{2}-1);$$

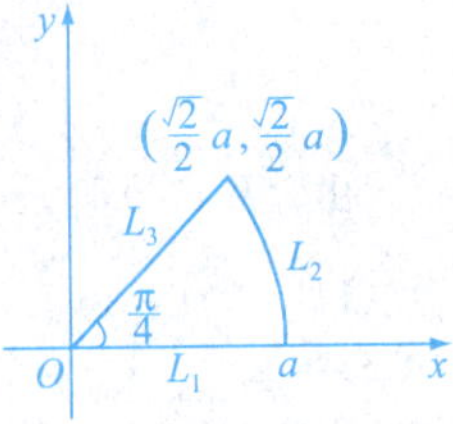

图 11-5

(4) 如图 11-5 所示，$L=L_1+L_2+L_3$.

故$\oint_L e^{\sqrt{x^2+y^2}}ds=\int_{L_1}e^{\sqrt{x^2+y^2}}ds+\int_{L_2}e^{\sqrt{x^2+y^2}}ds+\int_{L_3}e^{\sqrt{x^2+y^2}}ds$.

而$L_1:y=0(x\in[0,a])$，故$\int_{L_1}e^{\sqrt{x^2+y^2}}ds=\int_0^a e^x dx=e^a-1$.

$$L_2:\begin{cases}x=a\cos t\\ y=a\sin t\end{cases}\left(t\in\left[0,\frac{\pi}{4}\right]\right),$$

所以$\int_{L_2}e^{\sqrt{x^2+y^2}}ds=\int_0^{\frac{\pi}{4}}e^a\sqrt{[(a\cos t)']^2+[(a\sin t)']^2}\,dt=ae^a\int_0^{\frac{\pi}{4}}dt=\frac{\pi}{4}ae^a$.

$L_3:y=x(0\leqslant x\leqslant\frac{\sqrt{2}}{2}a)$，因而

$$\int_{L_3}e^{\sqrt{x^2+y^2}}ds=\int_0^{\frac{\sqrt{2}}{2}a}e^{\sqrt{2}x}\sqrt{1+(x')^2}\,dx=\int_0^{\frac{\sqrt{2}}{2}a}\sqrt{2}e^{\sqrt{2}x}dx=e^{\sqrt{2}x}\Big|_0^{\frac{\sqrt{2}}{2}a}=e^a-1$$

因此$\oint_L e^{\sqrt{x^2+y^2}}ds=e^a-1+\frac{\pi}{4}ae^a+e^a-1=e^a\left(2+\frac{\pi}{4}a\right)-2$;

$$(5)\,ds=\sqrt{\left(\frac{dx}{dt}\right)^2+\left(\frac{dy}{dt}\right)^2+\left(\frac{dz}{dt}\right)^2}\,dt$$

$$=\sqrt{(e^t\cos t-e^t\sin t)^2+(e^t\sin t+e^t\cos t)^2+e^{2t}}\,dt$$

$$=\sqrt{3}e^t\,dt,$$

$$\int_\Gamma\frac{1}{x^2+y^2+z^2}ds=\int_0^2\frac{1}{e^{2t}\cos^2t+e^{2t}\sin^2t+e^{2t}}\sqrt{3}e^t\,dt=\int_0^2\frac{\sqrt{3}}{2}e^{-t}\,dt$$

$$=\left[-\frac{\sqrt{3}}{2}e^{-t}\right]_0^2=\frac{\sqrt{3}}{2}(1-e^{-2});$$

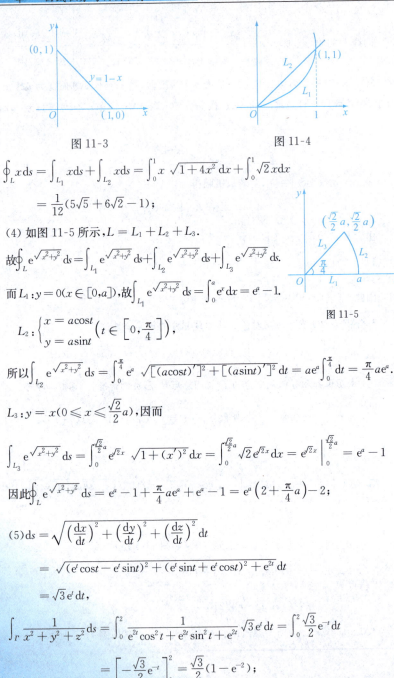

(6) $\overline{AB}:\begin{cases}x=0\\y=0(0\leqslant t\leqslant 2),\int_{\overline{AB}}x^2yz\mathrm{d}s=\int_0^2 0\cdot\mathrm{d}t=0;\\z=2\end{cases}$

$\overline{BC}:\begin{cases}x=t\\y=0(0\leqslant t\leqslant 1),\int_{\overline{BC}}x^2yz\mathrm{d}s=\int_0^1 0\cdot\mathrm{d}t=0;\\z=2\end{cases}$

$\overline{CD}:\begin{cases}x=1\\y=t(0\leqslant t\leqslant 3),\\z=2\end{cases}$

$$\int_{\overline{CD}}x^2yz\mathrm{d}s=\int_0^3 2t\sqrt{1+0^2+0^2}\,\mathrm{d}t=t^2\Big|_0^3=9,$$

故 $\Gamma=\widehat{ABCD}=\overline{AB}+\overline{BC}+\overline{CD}$,

故 $\int_\Gamma x^2yz\mathrm{d}s=\left(\int_{\overline{AB}}+\int_{\overline{BC}}+\int_{\overline{CD}}\right)x^2yz\mathrm{d}s=0+0+9=9;$

(7) $\int_L y^2\mathrm{d}s=\int_0^{2\pi}a^2(1-\cos t)^2\sqrt{[a(t-\sin t)']^2+[a(1-\cos t)']^2}\,\mathrm{d}t$

$$=\sqrt{2}a^3\int_0^{2\pi}(1-\cos t)^{\frac{5}{2}}\mathrm{d}t=\sqrt{2}a^3\int_0^{2\pi}4\sqrt{2}\sin^5\frac{t}{2}\mathrm{d}t=\frac{256}{15}a^3;$$

(8) $\mathrm{d}s=\sqrt{\left(\frac{\mathrm{d}x}{\mathrm{d}t}\right)^2+\left(\frac{\mathrm{d}y}{\mathrm{d}t}\right)^2}\,\mathrm{d}t=[(at\cos t)^2+(at\sin t)^2]^{\frac{1}{2}}\mathrm{d}t=at\mathrm{d}t,$

$$\int_L(x^2+y^2)\mathrm{d}s=\int_0^{2\pi}[a^2(\cos t+t\sin t)^2+a^2(\sin t-t\cos t)^2]at\mathrm{d}t$$

$$=\int_0^{2\pi}a^3(1+t^2)t\mathrm{d}t=2\pi^2a^3(1+2\pi^2).$$

4. 解　建立坐标系如图 11-6 所示，由对称性可知 $\bar{y}=0$，又 $M=2\varphi a$，

$$\bar{x}=\frac{M_y}{M}=\frac{1}{2\varphi a}\int_L x\mathrm{d}s=\frac{1}{2\varphi a}\int_{-\varphi}^{\varphi}a\cos\theta\cdot a\mathrm{d}\theta$$

$$=\frac{a}{2\varphi}\sin\theta\Big|_{-\varphi}^{\varphi}=\frac{a\sin\varphi}{\varphi},$$

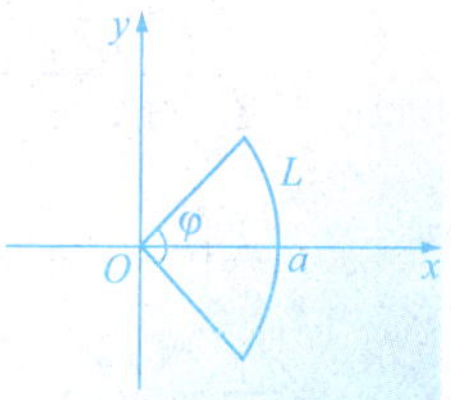

图 11-6

所以圆弧的重心为 $\left(\frac{a\sin\varphi}{\varphi},0\right)$.

5. 分析　先求 $\mathrm{d}s=\sqrt{x'^2(t)+y'^2(t)+z'^2(t)}\,\mathrm{d}t$.

解　$\mathrm{d}s=\sqrt{x'^2(t)+y'^2(t)+z'^2(t)}\,\mathrm{d}t=\sqrt{a^2+k^2}\,\mathrm{d}t$.

$$(1)I_z=\int_L(x^2+y^2)\rho(x,y,z)\mathrm{d}s=\int_L(x^2+y^2)(x^2+y^2+z^2)\mathrm{d}s$$

$$=\int_0^{2\pi}a^2(a^2+k^2t^2)\sqrt{a^2+k^2}\,\mathrm{d}t$$

$$=\frac{2}{3}\pi a^2\sqrt{a^2+k^2}(3a^2+4\pi^2k^2);$$

$$(2)M=\int_L\rho(x,y,z)\mathrm{d}s=\int_L(x^2+y^2+z^2)\mathrm{d}s$$

$$=\int_0^{2\pi}(a^2+k^2t^2)\sqrt{a^2+k^2}\,\mathrm{d}t$$

$$=\frac{2}{3}\pi\sqrt{a^2+k^2}(3a^2+4\pi^2k^2),$$

$$\bar{x}=\frac{1}{M}\int_L x(x^2+y^2+z^2)\mathrm{d}s=\frac{1}{M}\int_0^{2\pi}a\cos t(a^2+k^2t^2)\sqrt{a^2+k^2}\,\mathrm{d}t$$

$$=\frac{1}{M}\int_0^{2\pi}(a^3\sqrt{a^2+k^2}\cos t+ak^2\sqrt{a^2+k^2}\,t^2\cos t)\mathrm{d}t$$

$$=\frac{ak^2\sqrt{a^2+k^2}}{\frac{2}{3}\pi\sqrt{a^2+k^2}(3a^2+4\pi^2k^2)}\int_0^{2\pi}t^2\cos t\mathrm{d}t$$

$$=\frac{4\pi ak^2}{\frac{2}{3}\pi(3a^2+4\pi^2k^2)}=\frac{6ak^2}{3a^2+4\pi^2k^2},$$

$$\bar{y}=\frac{1}{M}\int_L y(x^2+y^2+z^2)\mathrm{d}s=\frac{1}{M}\int_0^{2\pi}a\sin t(a^2+k^2t^2)\sqrt{a^2+k^2}\,\mathrm{d}t$$

$$=\frac{1}{M}\int_0^{2\pi}(a^3\sqrt{a^2+k^2}\sin t+ak^2\sqrt{a^2+k^2}\,t^2\sin t)\mathrm{d}t$$

$$=\frac{ak^2\sqrt{a^2+k^2}}{\frac{2}{3}\pi\sqrt{a^2+k^2}(3a^2+4\pi^2k^2)}\int_0^{2\pi}t^2\sin t\mathrm{d}t$$

$$=\frac{(-4\pi^2)ak^2}{\frac{2}{3}\pi(3a^2+4\pi^2k^2)}=\frac{-6\pi ak^2}{3a^2+4\pi^2k^2},$$

$$\bar{z}=\frac{1}{M}\int_L z(x^2+y^2+z^2)\mathrm{d}s=\frac{1}{M}\int_0^{2\pi}kt(a^2+k^2t^2)\sqrt{a^2+k^2}\,\mathrm{d}t$$

$$=\frac{1}{M}k\sqrt{a^2+k^2}\int_0^{2\pi}(a^2t+k^2t^3)\mathrm{d}t$$

$$=\frac{k\sqrt{a^2+k^2}(2a^2\pi^2+4k^2\pi^4)}{\frac{2}{3}\pi\sqrt{a^2+k^2}(3a^2+4\pi^2k^2)}=\frac{3\pi k(a^2+2\pi^2k^2)}{3a^2+4\pi^2k^2}.$$

故重心坐标为$\left(\frac{6ak^2}{3a^2+4\pi^2k^2},-\frac{6\pi ak^2}{3a^2+4\pi^2k^2},\frac{3\pi k(a^2+2\pi^2k^2)}{3a^2+4\pi^2k^2}\right)$.

第二节 对坐标的曲线积分

知识要点及常考点

1. 对坐标的曲线积分定义

$$\int_{L\widehat{AB}\text{或}L(\widehat{AB})} P(x,y)\mathrm{d}x+Q(x,y)\mathrm{d}y=\lim_{\lambda\to 0}\sum_{i=1}^{n}[P(\xi_i,\eta_i)\Delta x_i+Q(\xi_i,\eta_i)\Delta y_i].$$

(λ 为 n 个小弧段的最大长度).

其中 $L(\widehat{AB})$ 为 xOy 面内从 A 到 B 的一条有向光滑曲线弧，函数 $P(x,y)$、$Q(x,y)$ 在 L 上有界.

2. 对坐标的曲线积分的物理意义

当质点受到力 $\boldsymbol{F}(x,y)=P(x,y)\boldsymbol{i}+Q(x,y)\boldsymbol{j}$ 作用，在 xOy 面内从点 A 沿光滑曲线 L 移动到点 B 时，变力 $\boldsymbol{F}(x,y)$ 所做的功为 $\int_L \boldsymbol{F}\cdot\mathrm{d}\boldsymbol{r}=\int_L P(x,y)\mathrm{d}x+Q(x,y)\mathrm{d}y$，其中 $\mathrm{d}\boldsymbol{r}=\mathrm{d}x\boldsymbol{i}+\mathrm{d}y\boldsymbol{j}$. 质点在空间沿光滑曲线移动时变力做功可表示为空间对坐标的曲线积分.

3. 对坐标的曲线积分具有以下性质

(1) 设 α、β 为常数，则

$$\int_L[\alpha\boldsymbol{F}_1(x,y)+\beta\boldsymbol{F}_2(x,y)]\mathrm{d}\boldsymbol{r}=\alpha\int_L\boldsymbol{F}_1(x,y)\mathrm{d}\boldsymbol{r}+\beta\int_L\boldsymbol{F}_2(x,y)\mathrm{d}\boldsymbol{r}.$$

(2) 若有向曲线弧 L 可分为两段光滑的有向曲线弧 L_1 和 L_2，则

$$\int_L\boldsymbol{F}(x,y)\mathrm{d}\boldsymbol{r}=\int_{L_1}\boldsymbol{F}(x,y)\mathrm{d}\boldsymbol{r}+\int_{L_2}\boldsymbol{F}(x,y)\mathrm{d}\boldsymbol{r}.$$

(3) 设 L 是有向光滑曲线弧，L^- 是 L 的反向曲线弧，则

$$\int_{L^-}\boldsymbol{F}(x,y)\mathrm{d}\boldsymbol{r}=-\int_L\boldsymbol{F}(x,y)\mathrm{d}\boldsymbol{r}.$$

注　当积分弧段的方向改变时，对坐标的曲线积分要改变符号. 这一性质是对坐标的曲线积分所特有的，所以我们在对坐标的曲线积分计算时，必须要注意积分弧段的方向.

4. 对坐标的曲线积分的计算法

$$\int_L P(x,y)\mathrm{d}x+Q(x,y)\mathrm{d}y=\int_\alpha^\beta\{P[\varphi(t),\psi(t)]\varphi'(t)+Q[\varphi(t),\psi(t)]\psi'(t)\}\mathrm{d}t.$$

对坐标的曲线积分的计算与对弧长的曲线积分的计算类似，其关键是选取适当

的积分曲线的参数方程，将其化为定积分计算. 其计算步骤一般如下：

(1) 画出积分路径的图形.

(2) 把积分路径用适当的参数方程写出来：

$$\begin{cases} x = \varphi(t), \\ y = \psi(t). \end{cases}$$

(3) 将原积分化为定积分，即

$$\int_L P(x,y)\mathrm{d}x + Q(x,y)\mathrm{d}y = \int_\alpha^\beta \{P[\varphi(t),\psi(t)]\varphi'(t) + Q[\varphi(t),\psi(t)]\psi'(t)\}\mathrm{d}t.$$

注　与第一类曲线积分不同的是，这里的 α 不一定要小于 β，但是 α 一定要对应于 L 的起点，β 一定要对应于 L 的终点.

对坐标的曲线积分的计算公式	图　　示
(1) 参数方程 $L:\begin{cases} x = \varphi(t) \\ y = \psi(t) \end{cases} (t:\alpha \to \beta)$ $\int_L P(x,y)\mathrm{d}x + Q(x,y)\mathrm{d}y$ $= \int_\alpha^\beta \{P[\varphi(t),\psi(t)]\varphi'(t) + Q[\varphi(t),\psi(t)]\psi'(t)\}\mathrm{d}t$	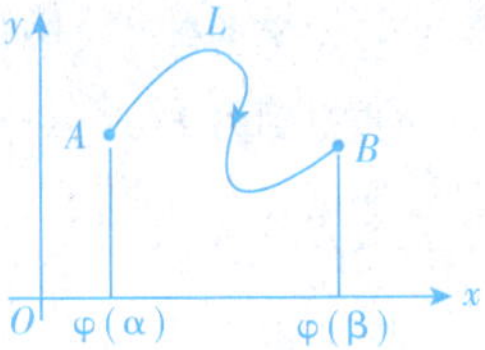
(2) 直角坐标方程 $L: y = y(x)(x:a \to b)$ $\int_L P(x,y)\mathrm{d}x + Q(x,y)\mathrm{d}y$ $= \int_a^b \{P[x,y(x)] + Q[x,y(x)]y'(x)\}\mathrm{d}x$	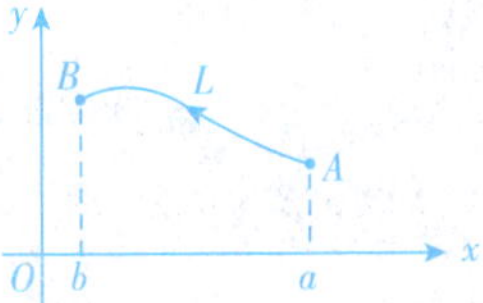
(3) 直角坐标方程 $L: x = x(y)(y:c \to d)$ $\int_L P(x,y)\mathrm{d}x + Q(x,y)\mathrm{d}y = \int_c^d \{P[x(y),y]x'(y) + Q[x(y),y]\}\mathrm{d}y$	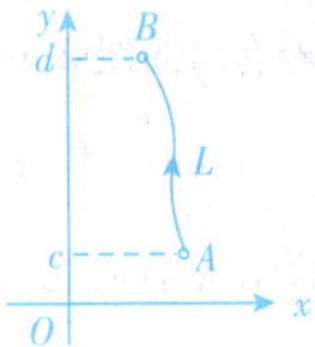
(4) 参数方程(空间曲线) $L:\begin{cases} x = \varphi(t) \\ y = \psi(t)(t:\alpha \to \beta) \\ z = \omega(t) \end{cases}$ $\int_L P(x,y,z)\mathrm{d}x + Q(x,y,z)\mathrm{d}y + R(x,y,z)\mathrm{d}z =$ $\int_\alpha^\beta \{P[\varphi(t),\psi(t),\omega(t)]\varphi'(t) + Q[\varphi(t),\psi(t),\omega(t)]\psi'(t)$ $+ R[\varphi(t),\psi(t),\omega(t)]\omega'(t)\}\mathrm{d}t$	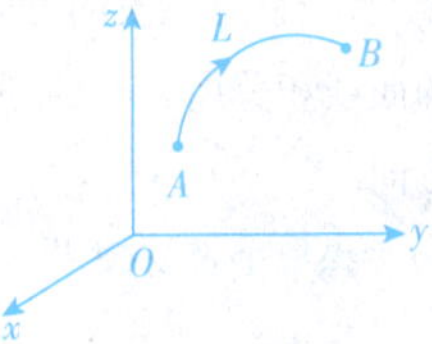

注　(1) 当有向曲线 L 为垂直于 x 轴的直线段时，$\int_L P(x,y)\mathrm{d}x=0$，同理当有向曲线 L 是垂直于 y 轴的直线段时，$\int_L Q(x,y)\mathrm{d}y=0$，因此平行于坐标轴的直线段上的积分比较简单，例如 L 是从 $(1,1)$ 到 $(2,1)$ 再到 $(2,2)$ 的折线段，则 $\int_L y^2\mathrm{d}x+x^3\mathrm{d}y=\int_1^2 1^2\mathrm{d}x+\int_1^2 2^3\mathrm{d}y=9$，空间的情形一样.

(2) 类似于对弧长的曲线积分，对在坐标的曲线积分中，可将积分曲线的方程代入被积函数进行化简，例如 $L:x^2+y^2=1$，正向，则

$$\oint_L \frac{1}{\sqrt{x^2+y^2}}\mathrm{d}x+\frac{1}{\sqrt{x^2+y^2}}\mathrm{d}y=\oint_L \mathrm{d}x+\mathrm{d}y.$$

5. 曲线积分的对称性问题

若曲线 L 关于 $x=0$ 对称，L_1 是 L 的 $x\geqslant 0$ 部分，正向不变，则当 $f(-x,y,z)=-f(x,y,z)$ 时，

$$\int_L f(x,y,z)\mathrm{d}x=0,\int_L f(x,y,z)\mathrm{d}y=2\int_{L_1} f(x,y,z)\mathrm{d}y,$$

$$\int_L f(x,y,z)\mathrm{d}z=2\int_{L_1} f(x,y,z)\mathrm{d}z;$$

当 $f(-x,y,z)=f(x,y,z)$ 时，

$$\int_L f(x,y,z)\mathrm{d}x=2\int_{L_1} f(x,y,z)\mathrm{d}x$$

$$\int_L f(x,y,z)\mathrm{d}y=\int_L f(x,y,z)\mathrm{d}z=0;$$

若 L 关于 $y=0$(或 $z=0$) 对称，f 关于 y(或 z) 有奇偶性，有类似的结论

$$\int\limits_{\substack{x^2+y^2=1\\ y\geqslant 0}} x\mathrm{d}x=0,\quad \int\limits_{\substack{x^2+y^2=1\\ y\geqslant 0}} x\mathrm{d}y=2\int\limits_{\substack{x^2+y^2=1\\ x\geqslant 0,y\geqslant 0}} x\mathrm{d}y,$$

$$\int\limits_{\substack{x^2+y^2=1\\ y\geqslant 0}} x^2\mathrm{d}x=2\int\limits_{\substack{x^2+y^2=1\\ x\geqslant 0,y\geqslant 0}} x^2\mathrm{d}x,\quad \int\limits_{\substack{x^2+y^2=1\\ y\geqslant 0}} x^2\mathrm{d}y=0.$$

6. 利用两类曲线积分的关系

$$\int_L P(x,y,z)\mathrm{d}x+Q(x,y,z)\mathrm{d}y+R(x,y,z)\mathrm{d}z$$

$$=\int_L [P(x,y,z)\cos\alpha+Q(x,y,z)\cos\beta+R(x,y,z)\cos\gamma]\mathrm{d}s.$$

其中 $\cos\alpha,\cos\beta,\cos\gamma$ 为 (x,y,z) 处沿 L 方向的切向量的方向余弦，若曲线 L 由 $y=y(x),z,=z(x),x=a$ 到 $x=b$ 表示，则可投影到 x 轴上积分. 事实上

$$\cos\alpha = \frac{1}{\sqrt{1+y'^2+z'^2}},$$

$$\cos\beta = \frac{y'}{\sqrt{1+y'^2+z'^2}},$$

$$\cos\gamma = \frac{z'}{\sqrt{1+y'^2+z'^2}},$$

因此
$$\cos\beta = y'\cos\alpha, \cos\gamma = z'\cos\alpha,$$

则$\int_L P(x,y,z)\mathrm{d}x + Q(x,y,z)\mathrm{d}y + R(x,y,z)\mathrm{d}z$

$= \int_L [P(x,y,z)\cos\alpha + Q(x,y,z)y'\cos\alpha + R(x,y,z)z'\cos\alpha]\mathrm{d}s$

$= \int_a^b [P(x,y(x),z(x)) + Q(x,y(x),z(z))y'(x) + R(x,y(x),z(x))z'(x)]\mathrm{d}x.$

类似地，若曲线用 $x = x(y), z = z(y)$ 或 $x = x(z), y = y(z)$ 表示，可分别投影到 y 或 z 轴上积分.

本节考研要求

1. 理解对坐标(第二类)曲线积分的概念，了解其性质.
2. 掌握对坐标曲线积分的求法.
3. 了解两类曲线积分的联系.

题型、真题、方法

题型 1　对坐标的曲线积分的计算

题型分析　(1) 平面曲线 $L = \widehat{AB}$ 的方程为 $y = y(x)$，$x = a$ 对应起点 A，$x = b$ 对应终点 B，则

$$\int_L P(x,y)\mathrm{d}x + Q(x,y)\mathrm{d}y = \int_a^b \{P[x,y(x)] + Q[x,y(x)]y'(x)\}\mathrm{d}x.$$

(2) 在对坐标的曲线积分的计算中，要充分利用曲线的对称性和被积函数的奇偶性来化简积分的计算. 一般若曲线 T 关于 $x = 0$ 对称，T_1 是 T 的 $x \geqslant 0$ 部分，正向不变. 则当 $f(-x,y,z) = -f(x,y,z)$ 时，

$$\int_T f(x,y)\mathrm{d}x = 0. \int_T f(x,y)\mathrm{d}y = 2\int_{T_1} f(x,y)\mathrm{d}y.$$

当 $f(-x,y) = f(x,y)$ 时，

$$\int_T f(x,y)\mathrm{d}x = 2\int_{T_1} f(x,y)\mathrm{d}x, \int_T f(x,y)\mathrm{d}y = 0.$$

例1 在过点$O(0,0)$和$A(\pi,0)$的曲线族$y=a\sin x(a>0)$中，求一条曲线L，使沿该曲线从O到A的积分$\int_L(1+y^3)\mathrm{d}x+(2x+y)\mathrm{d}y$的值最小．(考研题)

思路点拨 先用参数法化曲线积分为参变量的定积分，积分值是a的函数，再求此函数的最小值，得到a的值，即得曲线L.

解 记$L(a)$为曲线$y=a\sin x,0\leqslant x\leqslant\pi$，则

$$\begin{aligned}L(a)&=\int_{L(a)}(1+y^3)\mathrm{d}x+(2x+y)\mathrm{d}y\\&=\int_0^{\pi}[1+a^3\sin^3x+(2x+a\sin x)a\cos x]\mathrm{d}x\\&=\frac{4}{3}a^3-4a+\pi,\end{aligned}$$

令$L'(a)=4a^2-4=0$，得$a=1(a=-1$舍去$)$，又$L''(1)=8>0$，所以，$L(a)$在$a=1$处取得极小值，即为最小值(因为$a=1$是$L(a)$在$(0,+\infty)$内的唯一驻点)，因此，所求曲线为$y=\sin x,0\leqslant x\leqslant\pi$.

例2 已知曲线L的方程为$y=1-|x|,x\in[-1,1]$，起点是$(-1,0)$，终点是$(1,0)$，则曲线积分$\int_L xy\mathrm{d}x+x^2\mathrm{d}y=$ ________. (考研题)

解 令 $L_1:\begin{cases}x=t,\\y=1+t,\end{cases}\ -1\leqslant t\leqslant 0\qquad L_2:\begin{cases}x=t,\\y=1-t,\end{cases}\ 0\leqslant t\leqslant 1$

则$L=L_1+L_2$，因此

$$\begin{aligned}&\int_L xy\mathrm{d}x+x^2\mathrm{d}y\\&=\int_{L_1}xy\mathrm{d}x+x^2\mathrm{d}y+\int_{L_2}xy\mathrm{d}x+x^2\mathrm{d}y\\&=\int_{-1}^{0}[t(1+t)+t^2]dt+\int_0^1[t(1-t)-t^2]dt\\&=\left(\frac{2}{3}t^3+\frac{t^2}{2}\right)\Big|_{-1}^{0}+\left(\frac{t^2}{2}-\frac{2}{3}t^3\right)\Big|_0^1\\&=0.\end{aligned}$$

现学现练 计算$I=\int_L xy\mathrm{d}x+(y-x)\mathrm{d}y$，其中$L$的起点为原点，终点为$(1,1)$，的方程为$y^2=x$. $\left(I=\dfrac{17}{30}\right)$

题型 2　对坐标曲线积分的应用

题型分析　对坐标的曲线积分的应用

(1) 变力沿曲线所做的功，如图 11-7 所示.

力场 $\boldsymbol{F}(x,y)=P(x,y)\boldsymbol{i}+Q(x,y)\boldsymbol{j}$ 沿有向曲线 L 所做的功

$$W=\int_L \boldsymbol{F}\mathrm{d}\boldsymbol{r}=\int_L P\mathrm{d}x+Q\mathrm{d}y.$$

(2) 环流量，如图 11-8 所示.

平面流速场 $\boldsymbol{v}(x,y)=P(x,y)\boldsymbol{i}+Q(x,y)\boldsymbol{j}$ 在单位时间沿有向闭曲线 L 的环流量 $\mu=\oint_L \boldsymbol{v}\mathrm{d}\boldsymbol{r}=\oint_L P\mathrm{d}x+Q\mathrm{d}y.$

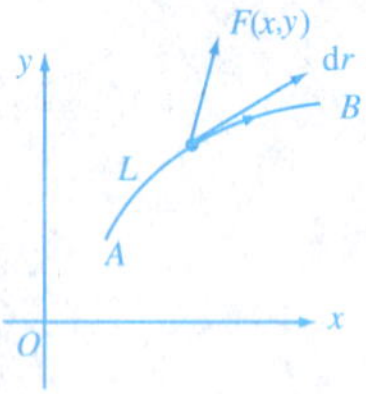

图 11-7

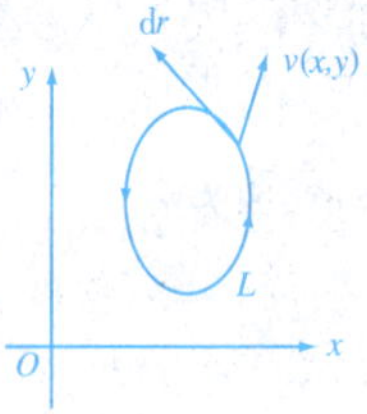

图 11-8

例 3　设位于点(0,1)的质点 A 对质点 M 的引力大小为 $\dfrac{k}{r^2}$（$k>0$，为常数，r 为质点 A 与 M 之间的距离），质点 M 沿曲线 $y=\sqrt{2x-x^2}$ 自 $B(2,0)$ 运动到 $O(0,0)$，求在此运动过程中质点 A 对质点 M 的引力所做的功.（考研题）

思路点拨　本题的关键是确定引力 $\boldsymbol{f}$ 的表达力 $\boldsymbol{f}=P(x,y)\boldsymbol{i}+Q(x,y)\boldsymbol{j}$，这可由其大小 $\dfrac{k}{r^2}$ 乘以沿 MA 方向的单位向量得到. 则根据对坐标的曲线积分的定义，质点从点 B 沿 $y=\sqrt{2x-x^2}$ 运动到点 O 时引力所做的功为 $\int_{\widehat{BD}}P\mathrm{d}x+Q\mathrm{d}y$.

解　设 $M(x,y)$，根据题设，有

$$\overrightarrow{MA}=(0-x,1-y)=(-x,1-y),$$

$$r=|\overrightarrow{MA}|=\sqrt{x^2+(1-y)^2},$$

则引力 $\boldsymbol{f}$ 可表示为 $\boldsymbol{f}=\dfrac{k}{r^2}\cdot\dfrac{|\overrightarrow{MA}|}{r}=\dfrac{k}{r^3}(-x,1-y)$（方向与 $\overrightarrow{MA}$ 一致），于是

$$W=\int_{\widehat{BD}}\frac{k}{r^3}[-x\mathrm{d}x+(1-y)\mathrm{d}y]=k\left(1-\frac{1}{\sqrt{5}}\right).$$

例 4　在变力 $\boldsymbol{F}=yz\boldsymbol{i}+xz\boldsymbol{j}+xy\boldsymbol{k}$ 的作用下，质点由原点沿直线运动到椭球面 $\frac{x^2}{a^2}+\frac{y^2}{b^2}+\frac{z^2}{c^2}=1$ 上第一象限点 $M(u,v,r)$，问 u、v、r 取何值时，力 $\boldsymbol{F}$ 所做的功 W 最大？求出 W 的最大值.（考研题）

解　$W=\int_{\overline{OM}}yz\mathrm{d}x+xz\mathrm{d}y+xy\mathrm{d}z=\int_{\overline{OM}}\mathrm{d}(xyz)=xyz\big|_{(0,0,0)}^{(u,v,r)}=uvr.$

由不等式 $\sqrt[3]{xyz}\leqslant\frac{x+y+z}{3}$ 可知，当 $x+y+z$ 一定时，$x=y=z$ 时的乘积 xyz 最大. 本题中 $\frac{u^2}{a^2}+\frac{v^2}{b^2}+\frac{r^2}{c^2}=1$，而 uvr 达到最大与 $\frac{u^2}{a^2}\cdot\frac{v^2}{b^2}\cdot\frac{r^2}{c^2}$ 达到最大点是一致的，从而可知 $\frac{u^2}{a^2}=\frac{v^2}{b^2}=\frac{r^2}{c^2}$ 时，$w=uvr$ 最大，即 $u=\frac{a}{\sqrt{3}}$，$v=\frac{b}{\sqrt{3}}$，$r=\frac{c}{\sqrt{3}}$ 时，W 最大，且 $W_{\max}=\frac{\sqrt{3}}{9}abc$.

现学现练　一力场由沿横轴正方向的常力 $\boldsymbol{F}$ 所构成，求质量为 m 的质点沿圆周 $x^2+y^2=R^2$，逆时针方向移过位于第一象限的那一段弧时，场力所做的功.（$-|\boldsymbol{F}|R$）

题型 3　利用两类曲线积分的关系解题

题型分析　在转化两类曲线积分时，关键是要定出积分曲线的切向量 $\boldsymbol{t}^{\circ}=\pm(x'(t),y'(t),z'(t))$. 其中正、负号分别对应对数 t 的增加和减小方向. 然后单位化得 $\boldsymbol{t}=(\cos\alpha,\cos\beta,\cos\gamma)$，再利用 $\mathrm{d}x=\mathrm{d}s\cos\alpha$，$\mathrm{d}y=\mathrm{d}s\cos\beta$，$\mathrm{d}z=\mathrm{d}s\cos\gamma$.

例 5　把对坐标的曲线积分 $\int_L P(x,y)\mathrm{d}x+Q(x,y)\mathrm{d}y$ 化成对弧长的曲线积分，其中 L 为

(1) 在 xOy 平面内沿直线从点 $(0,0)$ 到点 $(1,1)$；

(2) 沿抛物线 $y=x^2$ 从点 $(0,0)$ 到点 $(1,1)$；

(3) 沿上半圆周 $x^2+y^2=2x$ 从点 $(0,0)$ 到点 $(1,1)$.

解　(1) L 的方向余弦 $\cos\alpha=\cos\beta=\cos\frac{\pi}{4}=\frac{\sqrt{2}}{2}$，因此

$$\int_L P(x,y)\mathrm{d}x+Q(x,y)\mathrm{d}y=\int_L\frac{\sqrt{2}}{2}[P(x,y)+Q(x,y)]\mathrm{d}s.$$

(2) $\mathrm{d}s=\sqrt{1+y_x'^2}\,\mathrm{d}x=\sqrt{1+4x^2}\,\mathrm{d}x$，则

$$\cos\alpha=\frac{\mathrm{d}x}{\mathrm{d}s}=\frac{1}{\sqrt{1+4x^2}},\cos\beta=\frac{\mathrm{d}y}{\mathrm{d}s}=\frac{2x}{\sqrt{1+4x^2}}.$$

因此$\int_L P(x,y)\mathrm{d}x+Q(x,y)\mathrm{d}y=\int_L(P\cos\alpha+Q\cos\beta)\mathrm{d}s$

$$=\int_L\frac{1}{1+4x^2}[P(x,y)+2xQ(x,y)]\mathrm{d}s.$$

(3)$\mathrm{d}s=\sqrt{1+(y'_x)^2}=\sqrt{1+(\sqrt{2x-x^2})'^2}\,\mathrm{d}x=\frac{1}{\sqrt{2x-x^2}}\mathrm{d}x$,则

$\cos\alpha=\frac{\mathrm{d}x}{\mathrm{d}s}=\sqrt{2x-x^2}$,$\cos\beta=\sin\alpha=\sqrt{1-\cos^2\alpha}=1-x$,

因此　$\int_L P(x,y)\mathrm{d}x+Q(x,y)\mathrm{d}y=\int_L[\sqrt{2x-x^2}P(x,y)+(1-x)Q(x,y)]\mathrm{d}s.$

例 6　把对坐标的曲线积分$\int_\Gamma x^2y\mathrm{d}x+yz^2\mathrm{d}y+xz\mathrm{d}z$化成对弧长的曲线积分,其中$\Gamma$为曲线$x=9t,y=7t^2,z=t^3$相应于$t$从1到0的弧段.

思路点拨　利用两类曲线积分的关系

$$\int_\Gamma P\mathrm{d}x+Q\mathrm{d}y+R\mathrm{d}z=\int_\Gamma(P\cos\alpha+Q\cos\beta+R\cos\gamma)\mathrm{d}s.$$

设空间曲线的方程为$x=\varphi(t),y=\psi(t),z=\omega(t),\alpha\leqslant t\leqslant\beta$由此曲线在任意点$(\varphi(t),\psi(t),\omega(t))$处的切向量为$\{\varphi'(t),\psi'(t),\omega'(t)\}$,因此切向量的方向作弦为

$$\cos\alpha=\frac{\varphi'(t)}{\sqrt{\varphi'^2(t)+\psi'^2(t)+\omega'^2(t)}},$$

$$\cos\beta=\frac{\psi'(t)}{\sqrt{\varphi'^2(t)+\psi'^2(t)+\omega'^2(t)}},$$

$$\cos\gamma=\frac{\omega'(t)}{\sqrt{\varphi'^2(t)+\psi'^2(t)+\omega'^2(t)}}.$$

解　$\mathrm{d}s=\sqrt{x'^2(t)+y'^2(t)+z'^2(t)}\,\mathrm{d}t=\sqrt{9^2+(14t)^2+(3t^2)^2}\,\mathrm{d}t$

$$=\sqrt{9^2+\frac{196}{81}x^2+\frac{9}{49}y^2}\,\mathrm{d}t.$$

则

$$\cos\alpha=\frac{\mathrm{d}x}{\mathrm{d}s}=\frac{9\mathrm{d}t}{\sqrt{9^2+\frac{196}{81}x^2+\frac{9}{49}y^2}\,\mathrm{d}t}=\frac{9}{\sqrt{9^2+\frac{196}{81}x^2+\frac{9}{49}y^2}},$$

$$\cos\beta=\frac{\mathrm{d}y}{\mathrm{d}s}=\frac{14t\mathrm{d}t}{\sqrt{9^2+\frac{196}{81}x^2+\frac{9}{49}y^2}\,\mathrm{d}t}=\frac{\frac{14}{9}x}{\sqrt{9^2+\frac{196}{81}x^2+\frac{9}{49}y^2}},$$

$$\cos\gamma = \frac{dz}{ds} = \frac{3t^2 dt}{\sqrt{9^2 + \frac{196}{81}x^2 + \frac{9}{49}y^2}\,dt} = \frac{\frac{3}{7}y}{\sqrt{9^2 + \frac{196}{81}x^2 + \frac{9}{49}y^2}}$$

因此

$$\int_{\Gamma} P dx + Q dy + R dz = \int_{\Gamma} (P\cos\alpha + Q\cos\beta + R\cos\gamma) ds$$

$$= \int_{\Gamma} \frac{9P + \frac{14}{9}xQ + \frac{3}{7}yR}{\sqrt{9^2 + \frac{196}{81}x^2 + \frac{9}{49}y^2}} ds.$$

现学现练　把对坐标的曲线积分$\int_L x^2 y dx - x dy$化成对弧长的曲线积分，其中L为曲线$y = x^2$从点$A(-1,1)$到点$B(1,1)$的弧段.

$\left(\int_L x^2 y dx - x dy = \int_L \frac{x^2 y - 2x^2}{\sqrt{1+4x^2}} ds\right)$

课后习题全解

习题 11－2 全解

1. 证　设L是直线$x = a$上由(a,b_1)到(a,b_2)这一段，则L：$\begin{cases} x = a \\ y = t. \end{cases}$，$b_1 \leqslant t \leqslant b_2$，始点参数为$t = b_1$，终点参数为$t = b_2$，

故$\int_L P(x,y) dx = \int_{b_1}^{b_2} P(a,t)\left(\frac{da}{dt}\right) dt = \int_{b_1}^{b_2} P(a,t) \cdot 0 dt = 0.$

2. 分析　L沿$(a,0)$到$(b,0)$说明L和直线$y = 0$（即x轴）重合.

证　L：$\begin{cases} x = x \\ y = 0 \end{cases}$　$a \leqslant x \leqslant b$，起点参数$x = a$，终点参数为$x = b$.

故$\int_L P(x,y) dx = \int_a^b P(x,0) dx.$

3. 分析　(2) 由图像知L由两段曲线组成，分别积分.

(5) 先作变换，将$x = k\theta$，$y = a\cos\theta$，$z = a\sin\theta$直接代入$\int_{\Gamma} x^2 dx + z dy - y dz$.

解　(1)L：$y = x^2$，x从0变到2，所以

$$\int_L (x^2 - y^2) dx = \int_0^2 (x^2 - x^4) dx = \left[\frac{1}{3}x^3 - \frac{1}{5}x^5\right]_0^2 = -\frac{56}{15}.$$

(2) 如图 11-9 所示，$L = L_1 + L_2$，其中L_1的参数方程为

$$\begin{cases} x = a + a\cos t, \\ y = a\sin t. \end{cases} \quad (0 \leqslant t \leqslant \pi).$$

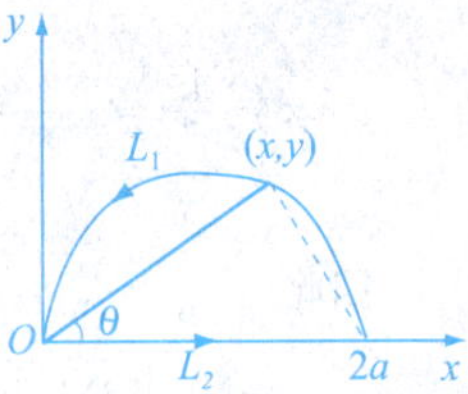

图 11-9

L_2 的方程为：$y = 0(0 \leqslant x \leqslant 2a)$，因此

$$\oint_L xy\mathrm{d}x = \int_{L_1} xy\mathrm{d}x + \int_{L_2} xy\mathrm{d}x$$

$$= \int_0^{\pi} a(1+\cos t)a\sin t(a+a\cos t)'\mathrm{d}t + \int_0^{2a} 0\mathrm{d}x$$

$$= -a^3\left(\int_0^{\pi}\sin^2 t\mathrm{d}t + \int_0^{\pi}\sin^2 t\mathrm{d}\sin t\right)$$

$$= -a^3\int_0^{\pi}\frac{1-\cos 2t}{2}\mathrm{d}t = -\frac{\pi}{2}a^3;$$

(3) $\int_L y\mathrm{d}x + x\mathrm{d}y = \int_0^{\frac{\pi}{2}}[R\sin t(-R\sin t) + R\cos tR\cos t]\mathrm{d}t$

$$= R^2\int_0^{\frac{\pi}{2}}\cos 2t\mathrm{d}t = R^2\left[\frac{1}{2}\sin 2t\right]_0^{\frac{\pi}{2}} = 0;$$

(4) 圆周的参数方程为：

$$x = a\cos t, y = a\sin t, t: 0 \to 2\pi.$$

$$\oint_L \frac{(x+y)\mathrm{d}x - (x-y)\mathrm{d}y}{x^2+y^2}$$

$$= \frac{1}{a^2}\int_0^{2\pi}[(a\cos t + a\sin t)(-a\sin t) - (a\cos t - a\sin t)a\cos t]\mathrm{d}t$$

$$= \frac{1}{a^2}\int_0^{2\pi}(-a^2)\mathrm{d}t = -2\pi;$$

(5) $\int_\Gamma x^2\mathrm{d}x + z\mathrm{d}y - y\mathrm{d}z$

$$= \int_0^{\pi}[(k\theta)^2 k + a\sin\theta(-a\sin\theta) - a\cos\theta a\cos\theta]\mathrm{d}\theta$$

$$= \int_0^{\pi}(k^3\theta^2 - a^2)\mathrm{d}\theta = \left[\frac{1}{3}k^3\theta^3 - a^2\theta\right]_0^{\pi} = \frac{1}{3}\pi^3k^3 - \pi a^2;$$

(6) 直线的参数方程：$x = 1+t, y = 1+2t, z = 1+3t, t: 0 \to 1.$

$$\int_\Gamma x\mathrm{d}x + y\mathrm{d}y + (x+y-1)\mathrm{d}z$$

$$= \int_0^1[(1+t) + 2(1+2t) + 3(1+t+1+2t-1)]\mathrm{d}t$$

$$= \int_0^1(6+14t)\mathrm{d}t = 13;$$

(7) $\Gamma = \overline{AB} + \overline{BC} + \overline{CA}$（如图 11-10 所示）.

$\overline{AB}$：$\begin{cases} y=1-x, \\ z=0. \end{cases}$ $x:1\to 0$，

$\int_{\overline{AB}} dx-dy+ydz=\int_1^0[1-(1-x)']dx=-2.$

$\overline{BC}$：$\begin{cases} x=0, \\ y=1-z, \end{cases}$ $z:0\to 1$，

$\int_{\overline{BC}} dx-dy+ydz=\int_0^1[-(1-z)'+(1-z)]dz$

$=\int_0^1(2-z)dz=\dfrac{3}{2}.$

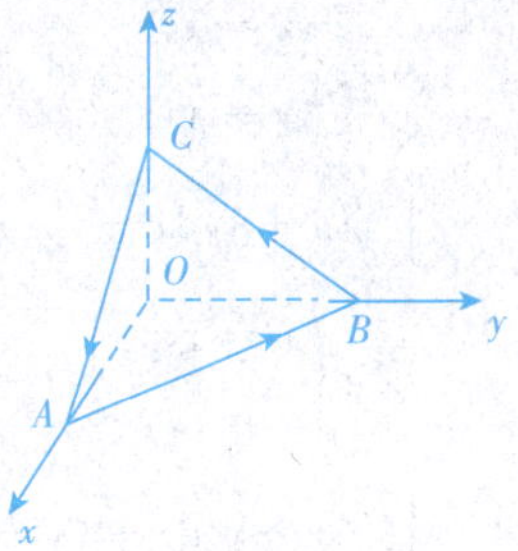

图 11-10

$\overline{CA}$：$\begin{cases} y=0, \\ z=1-x, \end{cases}$ $x:0\to 1$，

$\int_{\overline{CA}} dx-dy+ydz=\int_0^1 dx=1.$

故$\oint_\Gamma dx-dy+ydz=(\int_{\overline{AB}}+\int_{\overline{BC}}+\int_{\overline{CA}})dx-dy+ydz$

$=-2+\dfrac{3}{2}+1=\dfrac{1}{2}$；

(8)L：$\begin{cases} y=x^2, \\ x=x, \end{cases}$ $x:-1\to 1$，故

$\int_L(x^2-2xy)dx+(y^2-2xy)dy=\int_{-1}^1[(x^2-2x^3)+(x^4-2x^3)2x]dx$

$=2\int_0^1(x^2-4x^4)dx=-\dfrac{14}{15}.$

4. 解　(1)L：$\begin{cases} x=y^2, \\ y=y, \end{cases}$ $y:1\to 2$，

$\int_L(x+y)dx+(y-x)dy=\int_1^2[(y^2+y)2y+(y-y^2)]dy$

$=\int_1^2(2y^3+y^2+y)dy=\left[\dfrac{1}{2}y^4+\dfrac{1}{3}y^3+\dfrac{1}{2}y^2\right]_1^2=\dfrac{34}{3}$；

(2) 从(1,1) 到(1,2) 的直线段的方程为 $x=3y-2$，$y:1\to 2$，故

$\int_L(x+y)dx+(y-x)dy=\int_1^2[3(3y-2+y)+(y-3y+2)]dy$

$=\int_1^2(10y-4)dy=[5y^2-4y]_1^2=11$；

(3) 令 $A(1,1)$，$B(1,2)$，$C(4,2)$，则 $L=\widehat{ABC}=\overline{AB}+\overline{BC}$.

$\overline{AB}:\begin{cases}x=1,\\ y=y,\end{cases}\quad y:1\to 2,$

$\int_{\overline{AB}}(x+y)\mathrm{d}x+(y-x)\mathrm{d}y=\int_1^2(y-1)\mathrm{d}y=\frac{1}{2}(y-1)^2\Big|_1^2=\frac{1}{2}.$

$\overline{BC}:\begin{cases}x=x,\\ y=2,\end{cases}\quad x:1\to 4,$

$\int_{\overline{BC}}(x+y)\mathrm{d}x+(y-x)\mathrm{d}y=\int_1^4(x+2)\mathrm{d}x=\frac{1}{2}(x+2)^2\Big|_1^4=\frac{27}{2}.$

故$\int_L(x+y)\mathrm{d}x+(y-x)\mathrm{d}y=(\int_{\overline{AB}}+\int_{\overline{BC}})(x+y)\mathrm{d}x+(y-x)\mathrm{d}y$

$$=\frac{1}{2}+\frac{27}{2}=14;$$

(4) 起点(1,1) 对应的参数 $t_1=0$,终点(4,2) 对应的参数为 $t_2=1$,故

$\int_L(x+y)\mathrm{d}x+(y-x)\mathrm{d}y$

$=\int_0^1[(3t^2+t+2)(4t+1)+(-t^2-t)\cdot 2t]\mathrm{d}t$

$=\int_0^1(10t^3+5t^2+9t+2)\mathrm{d}t=\frac{32}{3}.$

5. 分析　由物理学知识,场力 $\boldsymbol{F}$ 所做的功 $W=\int_p|\boldsymbol{F}|\mathrm{d}x$(因为方向沿横轴正向)转化为曲线积分来解.

解　由题意可知,场力所做的功为 $W=\int_\Gamma\boldsymbol{F}\cdot\mathrm{d}\boldsymbol{r}=\int_\Gamma|\overline{\boldsymbol{F}}|\mathrm{d}x.$

$\Gamma: y=\sqrt{R^2-x^2}\quad x:R\to 0,$

$W=\int_\Gamma|\overline{\boldsymbol{F}}|\mathrm{d}x=\int_R^0|\boldsymbol{F}|\mathrm{d}x=-|\boldsymbol{F}|R.$

6. 解　$\boldsymbol{F}=\{0,0,mg\}$,

$W=\int_{\overline{M_1M_2}}0\mathrm{d}x+0\mathrm{d}y+mg\mathrm{d}z=mg\int_{z_1}^{z_2}\mathrm{d}z=mg(z_2-z_1).$

7. 分析　$\int_\Gamma P(x,y)\mathrm{d}x+Q(x,y)\mathrm{d}y=\int_\Gamma[P(x,y)\cos\alpha+Q(x,y)\cos\beta]\mathrm{d}s.$

解　(1)L 的方向余弦 $\cos\alpha=\cos\beta=\cos\frac{\pi}{4}=\frac{1}{\sqrt{2}}$,故

$$\int_L P(x,y)\mathrm{d}x+Q(x,y)\mathrm{d}y=\int_L\frac{P(x,y)+Q(x,y)}{\sqrt{2}}\mathrm{d}s;$$

(2) 曲线 $y=x^2$ 上点(x,y) 处的切向量 $\boldsymbol{T}=\{1,2x\}$,

$$\boldsymbol{T}^0=\left\{\frac{1}{\sqrt{1+4x^2}},\frac{2x}{\sqrt{1+4x^2}}\right\},$$

即 $\cos\alpha=\dfrac{1}{\sqrt{1+4x^2}},\cos\beta=\dfrac{2x}{\sqrt{1+4x^2}}.$

$$\int_L P(x,y)\mathrm{d}x+Q(x,y)\mathrm{d}y=\int_L \frac{P(x,y)+2xQ(x,y)}{(1+4x^2)^{\frac{1}{2}}}\mathrm{d}s;$$

(3) 上半圆周从(0,0) 到(1,1) 部分的方程:$y=\sqrt{2x-x^2}$,其上任一点的切向量为

$\boldsymbol{T}=\left(1,\dfrac{1-x}{2x-x^2}\right)$,故 $\boldsymbol{T}^0=(\sqrt{2x-x^2},1-x)$,从而

$$\int_L P(x,y)\mathrm{d}x+Q(x,y)\mathrm{d}y=\int_L[\sqrt{2x-x^2}P(x,y)+(1-x)Q(x,y)]\mathrm{d}s.$$

8. 分析　P、Q、R 在 Γ 上连续,因而可以用对坐标的曲线积分公式(1) 求解.

解　由 $x=t,y=t^2,z=t^3$ 得 $\mathrm{d}x=\mathrm{d}t,\mathrm{d}y=2t\mathrm{d}t=2x\mathrm{d}t,\mathrm{d}z=3t^2\mathrm{d}t=3y\mathrm{d}t$,$\mathrm{d}s=(1+4x^2+9y^2)^{\frac{1}{2}}\mathrm{d}t$.

故　$\cos\alpha=\dfrac{\mathrm{d}x}{\mathrm{d}s}=\dfrac{1}{(1+4x^2+9y^2)^{\frac{1}{2}}},\cos\beta=\dfrac{\mathrm{d}y}{\mathrm{d}s}=\dfrac{2x}{(1+4x^2+9y^2)^{\frac{1}{2}}},$

$\cos\gamma=\dfrac{\mathrm{d}z}{\mathrm{d}s}=\dfrac{3y}{(1+4x^2+9y^2)^{\frac{1}{2}}}.$

因而$\displaystyle\int_\Gamma P\mathrm{d}x+Q\mathrm{d}y+R\mathrm{d}z=\int_\Gamma\frac{P+2xQ+3yR}{(1+4x^2+9y^2)^{\frac{1}{2}}}\mathrm{d}s.$

第三节　格林公式及其应用

知识要点及常考点

1. 格林公式

设闭区域 D 由分段光滑的曲线 L 围成,函数 $P(x,y)$,$Q(x,y)$ 在 D 上具有一阶连续偏导数,则有$\displaystyle\iint_D\left(\frac{\partial Q}{\partial x}-\frac{\partial P}{\partial y}\right)\mathrm{d}x\mathrm{d}y=\oint_L P\mathrm{d}x+Q\mathrm{d}y$ 成立,其中 L 取正向.

注　① 格林公式说明了平面闭区域 D 上的二重积分可通过沿闭区域 D 的边界曲线上的曲线积分来表达,即面积分可以转化为线积分.

② 利用格林公式时,L 应为封闭曲线,且取正方向,若 L 不是封闭曲线,有时可引入辅助曲线 L_1,使 $L+L_1$ 成为取正向的封闭曲线,进而采用格林公式. 当然辅助曲线

L_1 的形式要尽量简单，容易计算其对坐标的曲线积分；

③应用格林公式时，要注意 $P(x,y)$，$Q(x,y)$ 在区域 D 上是否有连续的一阶偏导数. 例如考虑积分 $\oint_L \sqrt{x^2+y^2}(x\mathrm{d}y+y\mathrm{d}x)$，其中 L 是区域 D 的边界曲线，于是 $\dfrac{\partial P}{\partial y}=\dfrac{\partial Q}{\partial x}=\dfrac{xy}{\sqrt{x^2+y^2}}$. 如果 D 以原点为内点，那么 $\dfrac{\partial P}{\partial y}$ 与 $\dfrac{\partial Q}{\partial x}$ 在原点不存在，更不可能连续了，这时就不能利用格林公式将其化为二重积分；如果区域 D 内不含原点，原点也不在 L 上，不论 D 是单连通还是复连通区域，都有 $\oint_L \sqrt{x^2+y^2}(x\mathrm{d}x+y\mathrm{d}y)=\iint_D 0\,\mathrm{d}x\mathrm{d}y=0$.

2. 平面曲线积分与路径无关的条件

设 G 是连续区域，$P(x,y)$，$Q(x,y)$ 在 G 内具有一阶连续偏导数，则下面四个命题等价.

(1) $\int_L P\mathrm{d}x+Q\mathrm{d}y$ 在 G 内积分与路径无关；

(2) $\oint_L P\mathrm{d}x+Q\mathrm{d}y=0$，$L$ 为 G 内任一闭曲线；

(3) $\dfrac{\partial Q}{\partial x}=\dfrac{\partial P}{\partial y}\quad (x,y)\in D$；

(4) $P\mathrm{d}x=Q\mathrm{d}y$ 在 D 内为某二元函数 $u(x,y)$ 的全微分，即在 D 内存在二元函数 $u(x,y)$，使得 $\mathrm{d}u=P\mathrm{d}x+Q\mathrm{d}y$ 或 $\dfrac{\partial u}{\partial x}=P$，$\dfrac{\partial u}{\partial y}=Q$.（称 $u(x,y)$ 为微分式 $P\mathrm{d}x+Q\mathrm{d}y$ 的原函数）.

注　①当 $\dfrac{\partial Q}{\partial x}=\dfrac{\partial P}{\partial y}$，且区域单连通时，积分与路径无关，因而可找一条最简单的路径计算积分，一般可取平行于 x，y 轴的折线. 如果曲线本身是封闭的，则可找另一条更简单的封闭曲线，只要两条封闭曲线不相交，且在它们之间的区域内满足 $\dfrac{\partial Q}{\partial x}=\dfrac{\partial P}{\partial y}$，则两条曲线上的积分值相等，因此可利用被积函数的性质尽量找一条易于计算的封闭曲线.

②在求函数 $u(x,y)=\int_{(x_0,y_0)}^{(x,y)} P\mathrm{d}x+Q\mathrm{d}y$ 时，一般选取从 (x_0,y_0) 到 (x,y) 的平行于坐标轴的直角折线，要注意的是 (x_0,y_0) 点的选取要满足曲线积分与路径无关的条件. 即包含起点 (x_0,y_0)、终点 (x,y) 和路径在内的区域是单连通域 G，且在 G 内满足

$Q_x = P_y$，还可用偏积分法或凑全微分法求原函数.

③ 第二类曲线积分与路径无关的充要条件为：$\frac{\partial P}{\partial y} = \frac{\partial Q}{\partial x}, \frac{\partial Q}{\partial z} = \frac{\partial R}{\partial y}, \frac{\partial R}{\partial x} = \frac{\partial P}{\partial z}$.

本节考研要求

1. 掌握格林公式并会运用平面曲线积分与路径无关的条件.

2. 会求二元函数全微分的原函数.

题型、真题、方法

题型1　直接利用格林公式计算曲线积分

题型分析　利用格林公式可以将闭曲线上对坐标的曲线积分转化为曲线所围的区域上的二重积分，如果以下条件满足，则可以考虑用格林公式计算曲线积分 $\oint_L P\mathrm{d}x + Q\mathrm{d}y$.

(1) $\frac{\partial Q}{\partial x} - \frac{\partial P}{\partial y} = k$（常数）. 此时

$$\oint_L P\mathrm{d}x + Q\mathrm{d}y = \iint_D \left(\frac{\partial Q}{\partial x} - \frac{\partial P}{\partial y}\right)\mathrm{d}x\mathrm{d}y = \iint_D k\,\mathrm{d}x\mathrm{d}y = k\sigma,$$

其中 σ 是 D 的面积.

(2) $\frac{\partial Q}{\partial x} - \frac{\partial P}{\partial y}$ 不是常数，但二重积分 $\iint_D \left(\frac{\partial Q}{\partial x} - \frac{\partial P}{\partial y}\right)\mathrm{d}x\mathrm{d}y$ 容易计算.

例1　计算 $I = \oint_{OMANO} \arctan\frac{y}{x}\mathrm{d}y - \mathrm{d}x$，

其中 $OMANO$ 是从 $O(0,0)$ 沿抛物线 $y = x^2$ 到 $A(1,1)$，再沿直线段 $y = x$ 回到 $O(0,0)$.

思路点拨　$\oint \arctan\frac{y}{x}\mathrm{d}y - \mathrm{d}x$ 不易计算，用格林公式化为二重积分可使计算简化，曲线 $OMANO$ 满足闭合条件且取正方向，同时 $\arctan\frac{y}{x}$ 在区域内有连续的一阶偏导.

利用格林公式 $\oint_L P\mathrm{d}x + Q\mathrm{d}y = \iint_D \left(\frac{\partial Q}{\partial x} - \frac{\partial P}{\partial y}\right)\mathrm{d}x\mathrm{d}y$.

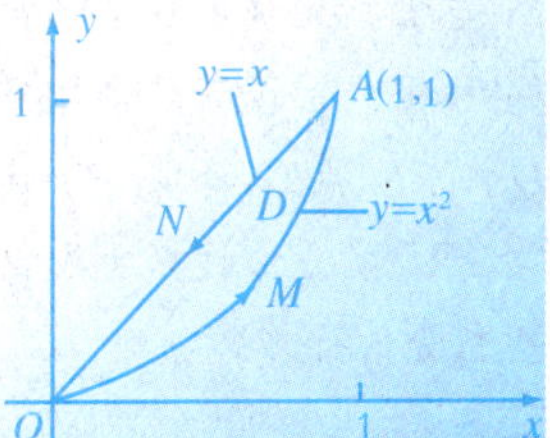

图 11-11

解　由格林公式，记 D 为 $y = x$ 与 $y = x^2$ 所围区域，如图 11-11 所示，则

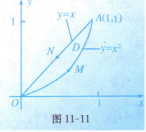

$$I = \iint_D \frac{-y}{x^2 + y^2}\mathrm{d}x\mathrm{d}y = -\int_0^1 \mathrm{d}x\int_{x^2}^{x} \frac{y}{x^2 + y^2}\mathrm{d}y$$

$$=\frac{1}{2}\int_0^1[\ln(x^2+x^4)-\ln x^2-\ln 2]\mathrm{d}x=\frac{\pi}{4}-1.$$

例 2　设 $l_1: x^2+y^2=1, l_2: x^2+y^2=2, l_3: x^2+2y^2=2, l_4: 2x^2+y^2=2$，为四条逆时针的平面曲线，记 $I_i=\oint_{l_i}\left(y+\frac{y^3}{6}\right)\mathrm{d}x+\left(2x-\frac{x^3}{3}\right)\mathrm{d}y(i=1,2,3,4)$，则 $MAX(I_i)=($　　$)$.（考研题）

(A) I_1　　(B) I_2　　(C) I_3　　(D) I_4

解　利用格林公式 $I_i=\oint_{l_i}(y+\frac{y^3}{6})\mathrm{d}x+\left(2x-\frac{x^3}{3}\right)\mathrm{d}y(i=1,2,3,4)$

$$=\iint_{D_i}(1-x^2-\frac{y^2}{2})\mathrm{d}x\mathrm{d}y$$

利用二重积分的几何意义，比较积分区域以及函数的正负，在区域 D_1, D_4 上函数为正值，则区域大，积分大，所以 $I_4>I_1$，在 D_4 之外函数值为负，因此 $I_4>I_2, I_4>I_3$，故选 D.

现学现练　计算 $I=\oint_L(-2xy-y^2)\mathrm{d}x-(2xy+x^2-x)\mathrm{d}y$，其中 L 是以 $(0,0)$，$(1,1)$，$(0,1)$ 为顶点的正方形的正向边界线．$(I=1)$

题型 2　补边法、挖洞法利用格林公式

题型分析　对于一个第二类曲线积分计算题目，先分析其是否满足格林公式成立的条件：(1) 闭区域 D 由分段光滑的曲线 L 围成；(2) 函数 $P(x,y), Q(x,y)$ 在 D 上具有一阶连续偏导数，若这两个条件均满足且 L 取正向，则利用 $\iint_D\left(\frac{\partial Q}{\partial x}-\frac{\partial P}{\partial y}\right)\mathrm{d}x\mathrm{d}y=\oint_L P\mathrm{d}x+Q\mathrm{d}y$，若 L 取负方向，格林公式前加负号．

若 L 不是闭曲线，则可引入辅助线 L_1，使 $L+L_1$ 成为取正向的封闭曲线而采用格林公式，然后再减去 L_1 的曲线积分，因此 L_1 的选取应尽可能简单，既利用 L_1 与 L 所围成的区域计算二重积分，又要利用 L_1 计算曲线积分，还要保证 L 与 L_1 所围成区域满足格林公式条件．若 L 为闭曲线，但 $P(x,y), Q(x,y)$ 在闭区域 D 内有一点 O，不具一阶连续偏导数，可采用“挖洞”法来利用格林公式．当利用“挖洞”的方法计算曲线积分时，“挖洞”也是要有技巧的，它要利于所作曲线上的积分的计算．

例 3　计算对坐标曲线积分 $\int_L(\mathrm{e}^x\sin y-y^2)\mathrm{d}x+\mathrm{e}^x\cos y\mathrm{d}y$，其中 L 为自点 $O(0,$

0) 至点 $A(2a,0)$ 的上半圆周 $x^2+y^2=2ax$，如图 11-12 所示.

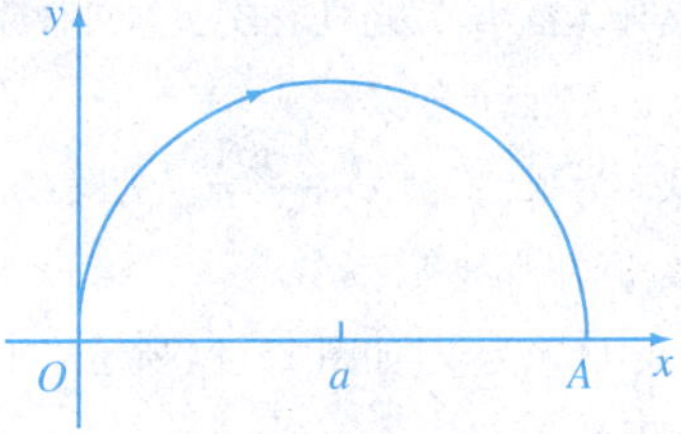

图 11-12

思路点拨　此题若直接选取参数化为定积分计算比较麻烦，可以应用格林公式. 注意 L 不封闭采用补边法，添加 L_1，使 $L+L_1$ 闭合，则有

$$\int_L P\mathrm{d}x+Q\mathrm{d}y=\oint_{L+L_1}-\int_{L_1}=\iint_D\left(\frac{\partial Q}{\partial x}-\frac{\partial P}{\partial y}\right)\mathrm{d}x\mathrm{d}y-\int_{L_1}P\mathrm{d}x+Q\mathrm{d}y.$$

所补的边往往是坐标轴或平行于坐标轴的直线段.

解　添加辅助线 $\overline{AO}$，使 $L_1=L\cup\overline{AO}$ 构成封闭曲线，记 L_1 所围区域为 D，则有

$$\oint_{L_1}(\mathrm{e}^x\sin y-y^2)\mathrm{d}x+\mathrm{e}^x\cos y\mathrm{d}y$$

$$=\int_L(\mathrm{e}^x\sin y-y^2)\mathrm{d}x+\mathrm{e}^x\cos y\mathrm{d}y+\int_{\overline{AO}}(\mathrm{e}^x\sin y-y^2)\mathrm{d}x+\mathrm{e}^x\cos y\mathrm{d}y.$$

注意到在 $\overline{AO}$ 上，$y=0$ 且 $\mathrm{d}y=0$，因此

$$\int_{\overline{AO}}(\mathrm{e}^x\sin y-y^2)\mathrm{d}x+\mathrm{e}^x\cos y\mathrm{d}y=0$$

于是

$$\int_L(\mathrm{e}^x\sin y-y^2)\mathrm{d}x+\mathrm{e}^x\cos y\mathrm{d}y$$

$$=\oint_{L_1}(\mathrm{e}^x\sin y-y^2)\mathrm{d}x+\mathrm{e}^x\cos y\mathrm{d}y$$

$$=-\iint_D\left[\frac{\partial}{\partial x}(\mathrm{e}^x\cos y)-\frac{\partial}{\partial y}(\mathrm{e}^x\sin y-y^2)\right]\mathrm{d}x\mathrm{d}y$$

$$=-\iint_D 2y\mathrm{d}x\cdot\mathrm{d}y=-\int_0^{2a}\mathrm{d}x\int_0^{\sqrt{2ax-x^2}}2y\mathrm{d}y$$

$$=-\int_0^{2a}\cdot(2ax-x^2)\mathrm{d}x=-\left(ax^2-\frac{1}{3}x^3\right)\Big|_0^{2a}=-\frac{4}{3}a^3.$$

例 4　已知 L 是第一象限中从点 $(0,0)$ 沿圆周 $x^2+y^2=2x$ 到点 $(2,0)$，再沿圆周 $x^2+y^2=4$ 到点 $(0,2)$ 的曲线段，计算曲线积分 $J=\int_L 3x^2y\mathrm{d}x+$

$(x^3+x-2y)\mathrm{d}y$.（考研题）

思路点拨　本题直接计算很难，应通过补线法利用格林公式来做.

解　设圆 $x^2+y^2=2x$ 为圆 C_1，圆 $x^2+y^2=4$ 为圆 C_2，补线利用格林公式即可，设所补直线 L_1 为 $x=0(0\leqslant y\leqslant 2)$，并设 L 及 L_1 所围的平面区域为 D，如图 11-13 所示.

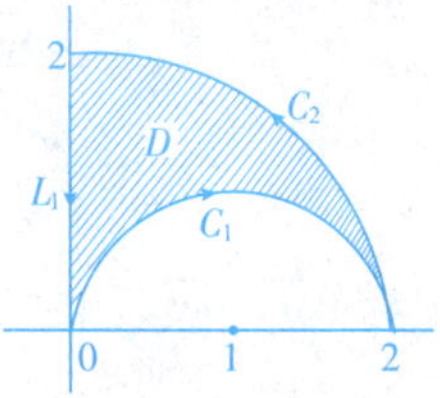

图 11-13

下面用格林公式计算得：

$$\text{原式}=\oint_{L+L_1}3x^2y\mathrm{d}x+(x^3+x-2y)\mathrm{d}y-\int_{L_1}3x^2y\mathrm{d}x+(x^3+x-2y)\mathrm{d}y$$

$$=\iint_D(3x^2+1-3x^2)\mathrm{d}x\mathrm{d}y-\int_2^0(-2y)\mathrm{d}y$$

$$=S_D-4=\frac{\pi}{2}-4.$$

现学现练　计算 $\int_L y(1+\cos x)\mathrm{d}x+\sin x\mathrm{d}y$，其中 L 为自点(0,1)沿抛物线 $y^2=1-x$ 到点(1,0)的一段.$\left(\frac{2}{3}\right)$

题型 3　利用积分与路径无关条件或原函数计算曲线积分

题型分析　若 $\frac{\partial P}{\partial y}=\frac{\partial Q}{\partial x}$ 且区域为单连通区域，则 $\int_{A(x_0,y_0)}^{B(x_1,y_1)}P\mathrm{d}x+Q\mathrm{d}y=\int_{x_0}^{x_1}P(x,y_0)\mathrm{d}x+\int_{y_0}^{y_1}Q(x,y)\mathrm{d}y$ 即积分与路径无关，因此可选取一条最简单的路径计算，一般可取平行于 x、y 轴的折线，如果曲线本身是封闭的，可寻找一条更简单的封闭同向曲线，只要两条曲线不相交，且在它们之间的区域满足 $\frac{\partial Q}{\partial x}=\frac{\partial P}{\partial y}$ 即可，则两条曲线上的积分值相等，前面的“挖洞”就是利用了这一点，另外，如果被积函数能凑成二元函数的全微分，即此曲线积分与路径无关，则有类似定积分中的牛顿一莱布尼茨公式，即原函数在两个端点的函数值之差.

例 5　计算积分 $I=\int_L\frac{(3y-x)\mathrm{d}x+(y-3x)\mathrm{d}y}{(x+y)^3}$，其中 L 是由点 $A(\frac{\pi}{2},0)$ 沿曲线 $y=\frac{\pi}{2}\cos x$ 到点 $B(0,\frac{\pi}{2})$ 的弧线.（考研题）

思路点拨　令 $P(x,y)=\frac{3y-x}{(x+y)^3}$，$Q(x,y)=\frac{y-3x}{(x+y)^3}$，由于 P、Q 的形式与曲

线 L 的方程形式不一致，故不宜直接化成定积分计算．而当 $x+y\neq 0$ 时 $\frac{\partial P}{\partial y}=\frac{6x-6y}{(x+y)^4}=\frac{\partial Q}{\partial x}$，故应利用曲线积分与路径无关或求原函数.

解　**解法一：** 当 $x+y\neq 0$ 时，$\frac{\partial P}{\partial y}=\frac{6x-6y}{(x+y)^4}=\frac{\partial Q}{\partial x}$，故在 $x+y>0$ 的区域内积分与路径无关. 因此取 $L_1: x+y=\frac{\pi}{2}$，如图 11-14 所示，从 A 到 B，则

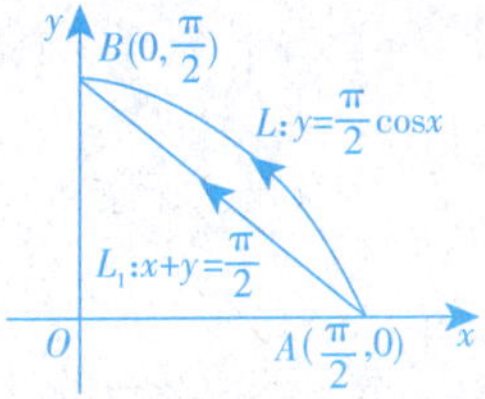

图 11-14

$$I=\int_{L_1}\frac{(3y-x)\mathrm{d}x+(y-3x)\mathrm{d}y}{(x+y)^3}$$

$$=\frac{8}{\pi^3}\int_{\frac{\pi}{2}}^{0}\left[3\left(\frac{\pi}{2}-x\right)-x-\left(\frac{\pi}{2}-x\right)+3x\right]\mathrm{d}x$$

$$=\frac{8}{\pi^3}\int_{\frac{\pi}{2}}^{0}\pi\mathrm{d}x=-\frac{4}{\pi}.$$

解法二： 由于 $x+y\neq 0$，$\frac{\partial P}{\partial y}=\frac{6x-6y}{(x+y)^4}=\frac{\partial Q}{\partial x}$，故当 $x+y>0$ 时 $\frac{(3y-x)\mathrm{d}x+(y-3x)\mathrm{d}y}{(x+y)^3}$ 有原函数 $u(x,y)=\frac{x-y}{(x+y)^2}$，因此

$$I=u(x,y)\Big|_A^B=\frac{4}{\pi^2}\left[-\frac{\pi}{2}-\frac{\pi}{2}\right]=-\frac{4}{\pi}.$$

例 6　计算曲线积分　$I=\int_{\widehat{AMB}}[\varphi(y)\cos x-\pi y]\mathrm{d}x+[\varphi'(y)\sin x-\pi]\mathrm{d}y$，其中 $\widehat{AMB}$ 为连接点 $A(\pi,2)$ 与点 $B(3\pi,4)$ 的线段 $\overline{AB}$ 之下方的任意路线，且该路线与线段 $\overline{AB}$ 所围图形面积为 2. 如图 11-15 所示．

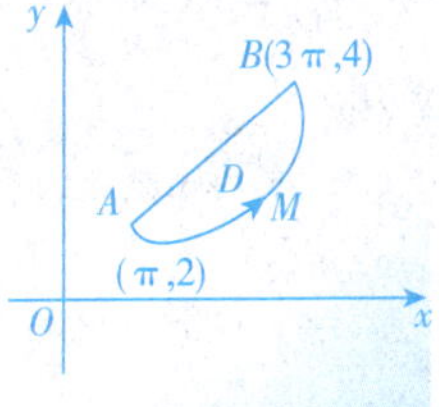

图 11-15

思路点拨　所给积分用抽象函数表示，碰到这类问题一般是将曲线加边，再运用格林公式求解.

解　$\frac{\partial P}{\partial y}=\frac{\partial}{\partial y}[\varphi(y)\cos x-\pi y]=\varphi'(y)\cos x-\pi$，

$\frac{\partial Q}{\partial x}=\frac{\partial}{\partial y}[\varphi'(y)\sin x-\pi]=\varphi'(y)\cos x.$

因为 $\varphi(y)$ 是抽象函数，所以碰到这类问题一般是加边使曲线封闭，再用格林公式，为此

$$I=\int_{\widehat{AMB}}+\int_{\overline{BA}}-\int_{\overline{BA}}=\oint_{\widehat{AMBA}}-\int_{\overline{BA}}.$$

$$\oint_{\widehat{AMBA}}P\mathrm{d}x+Q\mathrm{d}y=\iint_D\left(\frac{\partial Q}{\partial x}-\frac{\partial P}{\partial y}\right)\mathrm{d}x\mathrm{d}y=\pi\iint_D\mathrm{d}x\mathrm{d}y=2\pi\quad(\text{由题设}).$$

因$\overline{BA}: y=\dfrac{x}{\pi}+1$，则

$$\int_{\overline{BA}}=\int_{3\pi}^{\pi}[\varphi(\frac{x}{\pi}+1)\cos x-\pi(\frac{x}{\pi}+1)]\mathrm{d}x+[\varphi'(\frac{x}{\pi}+1)\sin x-\pi]\cdot\frac{1}{\pi}\mathrm{d}x$$

$$=\int_{3\pi}^{\pi}\varphi(\frac{x}{\pi}+1)\cos x\mathrm{d}x+\int_{3\pi}^{\pi}\frac{1}{\pi}\varphi'(\frac{x}{\pi}+1)\sin x\mathrm{d}x-\int_{3\pi}^{\pi}(\pi+1+x)\mathrm{d}x$$

$$=\int_{3\pi}^{\pi}\varphi(\frac{x}{\pi}+1)\cos x\mathrm{d}x+\varphi(\frac{x}{\pi}+1)\sin x\Big|_{3\pi}^{\pi}-\int_{3\pi}^{\pi}\varphi(\frac{x}{\pi}+1)\cos x\mathrm{d}x-[(\pi+1)x+\frac{1}{2}x^2]_{3\pi}^{\pi}$$

$$=2\pi(1+3\pi),$$

故　$I=2\pi-2\pi(1+3\pi)=-6\pi^2.$

现学现练　计算$I=\int_L(x^2+2xy)\mathrm{d}x+(x^2+y^4)\mathrm{d}y$，其中$L$为由点$A(0,0)$到点$B(1,1)$的曲线$y=\sin\dfrac{\pi}{2}x.\left(\dfrac{23}{15}\right)$

课后习题全解

习题 11—3 全解

1. 分析　格林公式$\oint_L P\mathrm{d}x+Q\mathrm{d}y=\iint\limits_D\left(\dfrac{\partial Q}{\partial x}-\dfrac{\partial P}{\partial y}\right)\mathrm{d}x\mathrm{d}y.$

解　(1)L如图 11-16(a) 所示，$L=L_1+L_2$，故

$$\oint_L(2xy-x^2)\mathrm{d}x+(x+y^2)\mathrm{d}y=(\int_{L_1}+\int_{L_2})(2xy-x^2)\mathrm{d}x+(x+y^2)\mathrm{d}y$$

$$=\int_0^1[(2x^3-x^2)+(x+x^4)2x]\mathrm{d}x+\int_1^0[(2y^3-y^4)2y+(y^2+y^2)]\mathrm{d}y$$

$$=\int_0^1(2x^5+2x^3+x^2)\mathrm{d}x-\int_1^0(-2y^5+4y^4+2y^2)\mathrm{d}y=\frac{1}{30}.$$

而
$$\iint\limits_D\left(\frac{\partial Q}{\partial x}-\frac{\partial P}{\partial y}\right)\mathrm{d}x\mathrm{d}y=\iint\limits_D(1-2x)\mathrm{d}x\mathrm{d}y$$

$$=\int_0^1\mathrm{d}y\int_{y^2}^{\sqrt{y}}(1-2x)\mathrm{d}x=\int_0^1\left[x-x^2\right]_{y^2}^{\sqrt{y}}\mathrm{d}y$$

$$=\int_0^1(y^{\frac{1}{2}}-y-y^2+y^4)\mathrm{d}y=\frac{1}{30}.$$

因此$\iint\limits_D\left(\dfrac{\partial Q}{\partial x}-\dfrac{\partial P}{\partial y}\right)\mathrm{d}x\mathrm{d}y=\oint_L P\mathrm{d}x+Q\mathrm{d}y$；

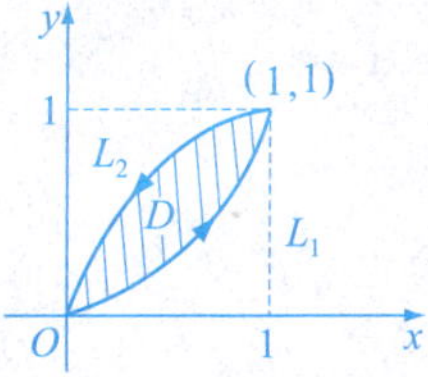

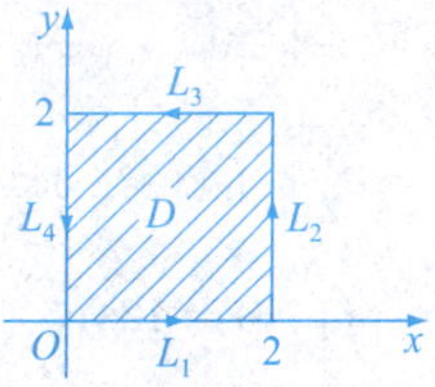

图 11-16

(2)L 如图 11-16(b) 所示，$L = L_1 + L_2 + L_3 + L_4$，故

$$\oint_L (x^2 - xy^3)\mathrm{d}x + (y^2 - 2xy)\mathrm{d}y$$

$$= \left(\int_{L_1} + \int_{L_2} + \int_{L_3} + \int_{L_4}\right)(x^2 - xy^3)\mathrm{d}x + (y^2 - 2xy)\mathrm{d}y$$

$$= \int_0^2 x^2\mathrm{d}x + \int_0^2 (y^2 - 4y)\mathrm{d}y + \int_2^0 (x^2 - 8x)\mathrm{d}x + \int_2^0 y^2\mathrm{d}y$$

$$= \int_0^2 8x\mathrm{d}x + \int_0^2 -4y\mathrm{d}y = \Big[4x^2\Big]_0^2 + \Big[-2y^2\Big]_0^2 = 8.$$

而$\displaystyle\iint_D \left(\frac{\partial Q}{\partial x} - \frac{\partial P}{\partial y}\right)\mathrm{d}x\mathrm{d}y = \iint_D (-2y + 3xy^2)\mathrm{d}x\mathrm{d}y$

$$= \int_0^2 \mathrm{d}x\int_0^2 (-2y + 3xy^2)\mathrm{d}y$$

$$= \int_0^2 \Big[-y^2 + 2xy^3\Big]_0^2 \mathrm{d}x = \int_0^2 (8x - 4)\mathrm{d}x$$

$$= \Big[4x^2 - 4x\Big]_0^2 = 8.$$

因此$\displaystyle\iint_D \left(\frac{\partial Q}{\partial x} - \frac{\partial P}{\partial y}\right)\mathrm{d}x\mathrm{d}y = \oint_L P\mathrm{d}x + Q\mathrm{d}y.$

2. 分析　$A = \displaystyle\iint_D \mathrm{d}x\mathrm{d}y = \frac{1}{2}\oint x\mathrm{d}y - y\mathrm{d}x.$

解　(1)$A = \dfrac{1}{2}\displaystyle\oint x\mathrm{d}y - y\mathrm{d}x$

$$= \frac{1}{2}\int_0^{2\pi}[a\cos^3 t \cdot 3a\sin^2 t\cos t - a\sin^3 t \cdot 3a\cos^2 t(-\sin t)]\mathrm{d}t$$

$$= \frac{3}{2}a^2\int_0^{2\pi}(\sin^2 t\cos^4 t + \sin^4 t\cos^2 t)\mathrm{d}t = \frac{3}{8}a^2\int_0^{2\pi}\sin^2 2t\mathrm{d}t$$

$$= \frac{3}{16}a^2\int_0^{2\pi}(1 - \cos 4t)\mathrm{d}t = \frac{3}{8}\pi a^2;$$

(2) 椭圆$9x^2 + 16y^2 = 144$ 的参数方程为 $x = 4\cos\theta, y = 3\sin\theta, 0 \leqslant \theta \leqslant 2\pi$，故

$$A=\frac{1}{2}\oint_L x\mathrm{d}y-y\mathrm{d}x$$

$$=\frac{1}{2}\int_0^{2\pi}[4\cos\theta\cdot 3\cos\theta-3\sin\theta(-4\sin\theta)]\mathrm{d}\theta$$

$$=6\int_0^{2\pi}\mathrm{d}\theta=12\pi;$$

(3) 圆 $x^2+y^2=2ax$ 的参数方程为 $x=a+a\cos\theta, y=a\sin\theta, 0\leqslant\theta\leqslant 2\pi$，故

$$A=\frac{1}{2}\oint_L x\mathrm{d}y-y\mathrm{d}x$$

$$=\frac{1}{2}\int_0^{2\pi}[a(1+\cos\theta)a\cos\theta-a\sin\theta(-a\sin\theta)]\mathrm{d}\theta$$

$$=\frac{a^2}{2}\int_0^{2\pi}(1+\cos\theta)\mathrm{d}\theta=\pi a^2.$$

3. 分析　原来的区域是平面单连通区域，因此必须构造适当小的闭区域使之成为复连通区域，再在这个区域上运用格林公式.

解　如图 11-17 所示，作逆时针方向的 ε 小圆周 l

$$\begin{cases}x=\varepsilon\cos\theta\\ y=\varepsilon\sin\theta\end{cases}(0\leqslant\theta\leqslant 2\pi),$$

使 l 全部被 L 所包围，在以 L 和 l 为边界的闭区域，l 表示 L 的逆向域 D_ε 上，利用格林公式得

$$\iint\limits_{D_\varepsilon}\left(\frac{\partial Q}{\partial x}-\frac{\partial P}{\partial y}\right)\mathrm{d}x\mathrm{d}y=\oint\limits_{L+l^-}P\mathrm{d}x+Q\mathrm{d}y$$

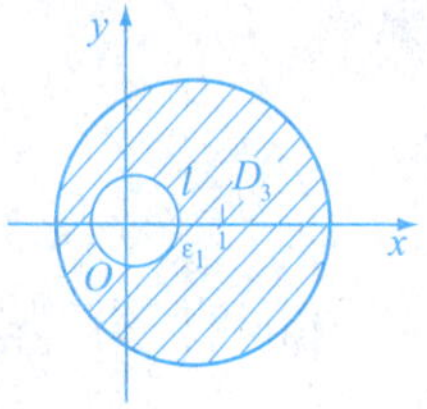

图 11-17

其中　$P=\dfrac{y}{2(x^2+y^2)},\dfrac{\partial P}{\partial y}=\dfrac{x^2-y^2}{2(x^2+y^2)^2},$

$$Q=\frac{-x}{2(x^2+y^2)},\frac{\partial Q}{\partial x}=\frac{x^2-y^2}{2(x^2+y^2)^2}.$$

由于 $\dfrac{\partial Q}{\partial x}-\dfrac{\partial P}{\partial y}=0$，故 $\displaystyle\int_{L+l^-}P\mathrm{d}x+Q\mathrm{d}y=0.$

即 $\displaystyle\oint_L P\mathrm{d}x+Q\mathrm{d}y=-\oint_{l^-}P\mathrm{d}x+Q\mathrm{d}y$

$$=\oint_l P\mathrm{d}x+Q\mathrm{d}y.$$

因此 $\displaystyle\oint_L\frac{y\mathrm{d}x-x\mathrm{d}y}{2(x^2+y^2)}=\oint_l\frac{y\mathrm{d}x-x\mathrm{d}y}{2(x^2-y^2)}$

$$=\int_0^{2\pi}\frac{-\varepsilon^2\sin^2\theta-\varepsilon^2\cos^2\theta}{2\varepsilon^2}\mathrm{d}\theta$$

$$=-\frac{1}{2}\int_0^{2\pi}\mathrm{d}\theta=-\pi.$$

4. 解　不妨设闭曲线(所围成的闭区域)为 D,则由格林公式

$$\oint_c \left(x+\frac{y^3}{3}\right)dx+\left(y+x-\frac{2}{3}x^3\right)dy=\iint_D(1-2x^2-y^2)dxdy.$$

要使上式右侧最大,则 D 区域内所有点可使 $1-2x^2-y^2>0$ 而区域外不存在这样的点,因此被积区域应为 $2x^2+y^2\leqslant 1$. 也就是说闭曲线 C 应为 $2x^2+y^2=1$. 且取逆时针方向.

5. 解　取 n 边形正向边界 L,为 $M_1M_z,M_2,M_3\cdots\cdots M_{n-1}M_n,M_nM_1$,则有向线段 M_iM_j 的参数方程为

$$\begin{cases}x=x_i+(x_j-x_i)\mathrm{t}\\ y=y_i+(y_j-j_i)\mathrm{t}\end{cases}\quad t\text{ 由 }0\text{ 到 }1.$$

因此, $\displaystyle\int_{M_iM_j} x\,dy-y\,dx$

$$=\int_0^1\{[x_i+(x_j-x_i)t](y_i-y_i)[y_i+(y_j-y_i)](x_j-x_i)\}dt$$

$$=\int_0^1(x_iy_j-x_jy_i)dt=x_iy_j-x_jy_i,$$

因此 n 边形面积

$$A=\frac{1}{2}\oint_L x\,dy-y\,dx=\frac{1}{2}\left(\int_{M_1M_2}+\int_{M_2M_3}+\cdots+\int_{M_{n-1}M_n}+\int_{M_nM_1}\right).$$

$$=\frac{1}{2}[(x_1y_2-x_2y_1)+(x_2y_3-x_3y_2)+\cdots$$

$$+(x_{n-1}y_n-x_ny_{n-1})+(x_ny_1-x_1y_n)].$$

6. 分析　由定理 2,积分 $\int_L P\,dx+Q\,dy$ 与路径无关的充要条件是 $\frac{\partial P}{\partial y}=\frac{\partial Q}{\partial x}$,只需证明这个条件成立即可判定积分与路径无关.

解　(1) $P=x+y,Q=x-y$,显然 P 和 Q 在整个 xOy 面内具有一阶连续偏导数,而且

$$\frac{\partial P}{\partial y}=\frac{\partial Q}{\partial x}=1.$$

故在整个 xOy 面内,积分与路径无关.

取 L 为点(1,1)到(2,3)的直线 $y=2x-1,x:1\to 2$,故

$$\int_{(1,1)}^{(2,3)}(x+y)dx+(x-y)dy=\int_1^2[(3x-1)+2(1-x)]dx$$

$$=\int_1^2(1+x)dx=\frac{5}{2};$$

(2)$P=6xy^2-y^3$，$Q=6x^2y-3xy^2$，显然 P、Q 在整个 xOy 内具有一阶连续偏导数，并且 $\frac{\partial P}{\partial y}=\frac{\partial Q}{\partial x}=12xy-3y^2$，故积分与路径无关，取路径为 $(1,2)\to(1,4)\to(3,4)$ 的折线，则

$$\int_{(1,2)}^{(3,4)}(6xy^2-y^3)\mathrm{d}x+(6x^2y-3xy^2)\mathrm{d}y=\int_2^4(6y-3y^2)\mathrm{d}y+\int_1^3(96x-64)\mathrm{d}x$$

$$=\Big[3y^2-y^3\Big]_2^4+\Big[48x^2-64x\Big]_1^3=236;$$

(3)$P=2xy-y^4+3$，$Q=x^2-4xy^3$，显然 P 和 Q 在整个 xOy 面内具有一阶连续偏导数，并且 $\frac{\partial P}{\partial y}=\frac{\partial Q}{\partial x}=2x-4y^3$，所以在整个 xOy 面内积分与路径无关，选取路径为 $(1,0)\to(1,2)\to(2,1)$ 的折线，则

$$\int_{(1,0)}^{(2,1)}(2xy-y^4+3)\mathrm{d}x+(x^2-4xy^3)\mathrm{d}y=\int_0^1(1-4y^3)\mathrm{d}y+\int_1^2 2(x+1)\mathrm{d}x=5.$$

7.解　(1)L 所围区域 D 如图 11-18 所示，

$P=2x-y+4$，$Q=5y+3x-6$，

$$\frac{\partial Q}{\partial x}-\frac{\partial P}{\partial y}=3-(-1)=4.$$

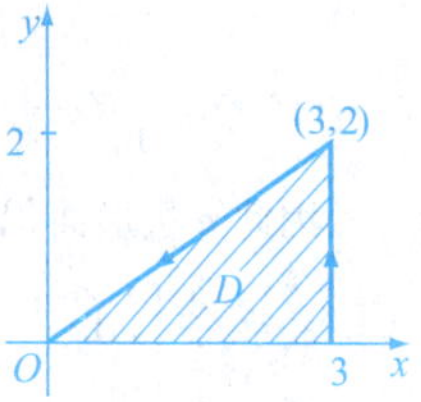

图 11-18

故由格林公式得

$$\oint_L(2x-y+4)\mathrm{d}x+(5y+3x-6)\mathrm{d}y$$

$$=\iint_D\left(\frac{\partial Q}{\partial x}-\frac{\partial P}{\partial y}\right)\mathrm{d}x\mathrm{d}y=\iint_D 4\mathrm{d}x\mathrm{d}y=4\mid D\mid=12;$$

(2) $\frac{\partial Q}{\partial x}=2x\sin x+x^2\cos x-2y\mathrm{e}^x$，$\frac{\partial P}{\partial y}=x^2\cos x+2x\sin x-2y\mathrm{e}^x$，

由格林公式

$$\oint_L(x^2y\cos x+2xy\sin x-y^2\mathrm{e}^x)\mathrm{d}x+(x^2\sin x-2y\mathrm{e}^x)\mathrm{d}y$$

$$=\iint_{D_1}\left(\frac{\partial Q}{\partial x}-\frac{\partial P}{\partial y}\right)\mathrm{d}x\mathrm{d}y=0;$$

(3)$P=2xy^3-y^2\cos x$，$Q=1-2y\sin x+3x^2y^2$，

因为 $\frac{\partial Q}{\partial x}-\frac{\partial P}{\partial y}=(-2y\cos x+6xy^2)-(6xy^2-2y\cos x)=0$，

所以由格林公式有 $\int_{-L+OA+AB}P\mathrm{d}x+Q\mathrm{d}y=\iint_D\left(\frac{\partial Q}{\partial x}-\frac{\partial P}{\partial y}\right)\mathrm{d}x\mathrm{d}y=0.$

其中 L、OA、OB 及 D 如图 11-19 所示.

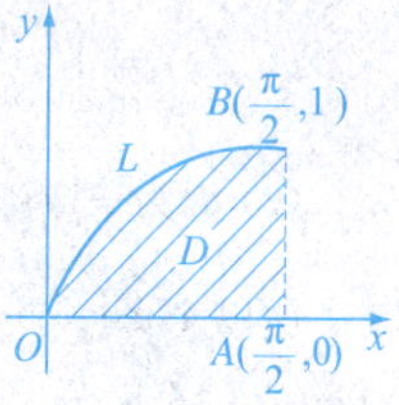

图 11-19

故 $$\int_L P\mathrm{d}x+Q\mathrm{d}y=\int_{OA+OB}P\mathrm{d}x+Q\mathrm{d}y$$
$$=\int_0^{2\pi}0\mathrm{d}x+\int_0^1\left(1-2y+\frac{3\pi^2}{4}y^2\right)\mathrm{d}y$$
$$=\left[y-y^2+\frac{\pi^2}{4}y^3\right]_0^1=\frac{\pi^2}{4};$$

(4) L、AB、BO 及 D 如图 11-20 所示，由格林公式有

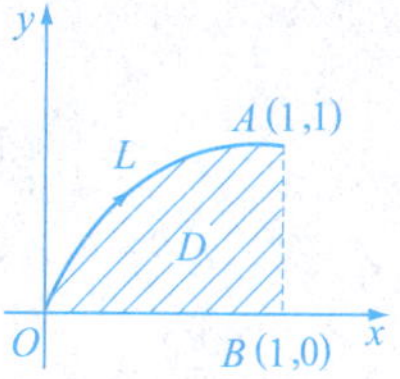

图 11-20

$$\int_L+\int_{AB}+\int_{BO}=-\iint_D\left(\frac{\partial Q}{\partial x}-\frac{\partial P}{\partial y}\right)\mathrm{d}x\mathrm{d}y.$$

而 $\frac{\partial Q}{\partial x}-\frac{\partial P}{\partial y}=-1-(-1)=0$，

所以 $\int_L+\int_{AB}+\int_{BO}=0$.

故 $$\int_L(x^2-y)\mathrm{d}x-(x+\sin^2y)\mathrm{d}y=\int_{AB}+\int_{OB}$$
$$=\int_0^1-(1+\sin^2y)\mathrm{d}y+\int_0^1x^2\mathrm{d}x$$
$$=-1-\int_0^1\left(\frac{1}{2}-\frac{\cos2y}{2}\right)\mathrm{d}y+\frac{1}{3}$$
$$=-\frac{7}{6}+\frac{1}{4}\sin2y\Big|_0^1=-\frac{7}{6}+\frac{1}{4}\sin2.$$

8. 分析　要证函数 $u(x,y)$ 全微分是 $P(x,y)\mathrm{d}x+Q(x,y)\mathrm{d}y$，只需证：$\frac{\partial u}{\partial x}=P(x,y)$，$\frac{\partial u}{\partial y}=Q(x,y)$ 即可. 即满足条件 $\frac{\partial P}{\partial y}=\frac{\partial Q}{\partial x}$.

解　(1) 因为 $\frac{\partial Q}{\partial x}=2=\frac{\partial P}{\partial y}$，所以 $(x+2y)\mathrm{d}x+(2x+y)\mathrm{d}y$ 是某个定义在整个 xOy 面内的函数 $u(x,y)$ 的全微分.

$$u(x,y)=\int_{(0,0)}^{(x,y)}(x+2y)\mathrm{d}x+(2x+y)\mathrm{d}y$$
$$=\int_0^x x\mathrm{d}x+\int_0^y(2x+y)\mathrm{d}y=\frac{x^2}{2}+\left[2xy+\frac{y^2}{2}\right]_0^y$$
$$=\frac{x^2}{2}+2xy+\frac{y^2}{2};$$

(2) $\frac{\partial Q}{\partial x}=2x=\frac{\partial P}{\partial y}$，故 $2xy\mathrm{d}x+x^2\mathrm{d}y$ 是某个定义在整个 xOy 平面内的函数 $u(x,y)$ 的全微分.

$$u(x,y)=\int_{(0,0)}^{(x,y)}2xy\mathrm{d}x+x^2\mathrm{d}y=\int_0^y 0\mathrm{d}y+\int_0^x 2xy\mathrm{d}x=x^2y;$$

(3) 因为$\dfrac{\partial Q}{\partial x}=6\cos3y\sin2x=\dfrac{\partial P}{\partial y}$,

所以 $4\sin x\sin3y\cos x\mathrm{d}x-3\cos3y\cos2x\mathrm{d}y$ 是某个定义在整个 xOy 面内的函数 $u(x,y)$ 的全微分.

$$\begin{aligned}u(x,y)&=\int_{(0,0)}^{(x,y)}4\sin x\sin3y\cos x\mathrm{d}x-3\cos3y\cos2x\mathrm{d}y\\&=\int_0^x 0\mathrm{d}x+\int_0^y-3\cos3y\cos2x\mathrm{d}y\\&=-\cos2x\sin3y;\end{aligned}$$

(4) $\dfrac{\partial Q}{\partial x}=3x^2+16xy=\dfrac{\partial P}{\partial y}$,

$$\begin{aligned}u(x,y)&=\int_{(0,0)}^{(x,y)}(3x^2y+8xy^2)\mathrm{d}x+(x^3+8x^2y+12ye^y)\mathrm{d}y\\&=\int_0^y 12ye^y\mathrm{d}y+\int_0^x(3x^2y+8xy^2)\mathrm{d}x\\&=x^3y+4x^2y^2+12(ye^y-e^y);\end{aligned}$$

(5) 因为$\dfrac{\partial Q}{\partial x}=2y\cos x-2x\sin y=\dfrac{\partial P}{\partial y}$,所以已知表达式是某个 $u(x,y)$ 的全微分.

$$\begin{aligned}u(x,y)&=\int_0^x 2x\mathrm{d}x+\int_0^y(2y\sin x-x^2\sin y)\mathrm{d}y\\&=y^2\sin x+x^2\cos y.\end{aligned}$$

9. 证　场力所做的功为 $W=\int_\Gamma(x+y^2)\mathrm{d}x+(2xy-8)\mathrm{d}y$

令 $P(x,y)=x+y^2$, $Q(x,y)=2xy-8$,

由于$\dfrac{\partial P(x,y)}{\partial y}=2y=\dfrac{\partial Q(x,y)}{\partial x}$,故以上曲线积分与路径无关.

即场力所做的功与路径无关.

10. 解　(1) $\dfrac{\partial P}{\partial y}=(3x^2+6xy^2)'_y=12xy=\dfrac{\partial Q}{\partial x}$,故原方程是全微分方程.

$$\begin{aligned}M(x,y)&=\int_0^x P(x,0)\mathrm{d}x+\int_0^y Q(x,y)\mathrm{d}y\\&=\int_0^x 3x^2\mathrm{d}x+\int_0^y(6x^2y+4y^2)\mathrm{d}y\\&=x^3+3x^2y^2+\frac{4}{3}y^3,\end{aligned}$$

所求通解为 $x^3+3x^2y^2+\frac{4}{3}y^3=C$；

(2) $\frac{\partial P}{\partial y}=-2x-2y=\frac{\partial Q}{\partial x}$,所以该方程是全微分方程.

$$M(x,y)=\int_0^x a^2\mathrm{d}x-\int_0^y (x+y)^2\mathrm{d}y=a^2x-x^2y-xy^2-\frac{1}{3}y^3,$$

因而所求通解为 $a^2x-x^2y-xy^2-\frac{1}{3}y^3=C$；

(3) $\frac{\partial P}{\partial y}=\mathrm{e}^y=\frac{\partial Q}{\partial x}$,故原方程是全微分方程.

方程左端 $=\mathrm{e}^y\mathrm{d}x+(x\mathrm{e}^y-2y)\mathrm{d}y=\mathrm{d}(x\mathrm{e}^y-y^2)$,

所以原方程为 $\mathrm{d}(x\mathrm{e}^y-y^2)=0$,

所以通解为　$x\mathrm{e}^y-y^2=C$；

(4) $\frac{\partial P}{\partial y}=\cos y-\sin x=\frac{\partial Q}{\partial x}$,故原方程是全微分方程.

方程左端 $=(\sin y-y\sin x)\mathrm{d}x+(x\cos y+\cos x)\mathrm{d}y$

$=\mathrm{d}(x\sin y)+\mathrm{d}(y\cos x)$,

所以原方程为 $\mathrm{d}(x\sin y+y\cos x)=0$,

所求通解为 $x\sin y+y\cos x=C$；

(5) $\frac{\partial P}{\partial y}=-1=\frac{\partial Q}{\partial x}$,故原方程是全微分方程.

方程左端 $=(x^2-y)\mathrm{d}x-x\mathrm{d}y=\mathrm{d}\left(\frac{x^3}{3}-xy\right)=0$,

所以原方程为 $\mathrm{d}\left(\frac{x^3}{3}-xy\right)=0$,

所求通解为 $\frac{x^3}{3}-xy=C$；

(6) $\frac{\partial P}{\partial y}=x-4y,\frac{\partial Q}{\partial x}=-2x$,因 $\frac{\partial P}{\partial y}\neq\frac{\partial Q}{\partial x}$,即原方程不是全微分方程；

(7) $\frac{\partial P}{\partial \theta}=2\mathrm{e}^{2\theta}=\frac{\partial \theta}{\partial \rho}$,故原方程为全微分方程.

方程左端 $=(1+\mathrm{e}^{2\theta})\mathrm{d}\rho+2\rho\mathrm{e}^{2\theta}\mathrm{d}\theta=\mathrm{d}(\rho+\rho\mathrm{e}^{2\theta})$,

即原方程为 $\mathrm{d}(\rho+\rho\mathrm{e}^{2\theta})=0$,

所求通解为　$\rho+\rho\mathrm{e}^{2\theta}=C$；

(8) $\frac{\partial P}{\partial y}=2y,\frac{\partial Q}{\partial x}=y$,因 $\frac{\partial P}{\partial y}\neq\frac{\partial Q}{\partial x}$,故原方程不是全微分方程.

11. 解　向量 $\mathbf{A}(x,y)$ 为二元函数 $M(x,y)$ 的梯度的充分必要条件是 $\dfrac{\partial P}{\partial y}=\dfrac{\partial Q}{\partial x}$ 在单连通域 G 内恒成立.

$$\frac{\partial P}{\partial y}=2x(x^4+y^2)^{\lambda}+2\lambda xy(x^4+y^2)^{\lambda-1}\cdot 2y,$$

$$\frac{\partial Q}{\partial x}=-2x(x^4+y^2)^{\lambda}-x^2\lambda(x^4+y^2)^{\lambda-1}\cdot 4x^3,$$

由 $\dfrac{\partial P}{\partial y}=\dfrac{\partial Q}{\partial x}$ 得 $4x(x^4+y^2)^{\lambda}(1+\lambda)=0$,

于是 $\lambda=-1$,即 $\mathbf{A}(x,y)=\dfrac{2xy\boldsymbol{i}-x^2\boldsymbol{j}}{x^4+y^2}$.

在半平面 $x>0$ 内取 $(x_0,y_0)=(1,0)$ 得

$$M(x,y)=\int_1^x\frac{2x\cdot 0}{x^4+0^2}\mathrm{d}x-\int_0^y\frac{x^2}{x^4+y^2}\mathrm{d}y=-\arctan\frac{y}{x^2}+C.$$

第四节　对面积的曲面积分

知识要点及常考点

1. 对面积的曲面积分的计算公式

函数 $f(x,y,z)$ 在曲面 $\sum$ 上对面积的曲面积分

$$\iint\limits_{\Sigma}f(x,y,z)\mathrm{d}S=\lim_{\lambda\to 0}\sum_{i=1}^{n}f(\xi_i,\eta_i,\zeta_i)\Delta S_i.$$

若积分曲面 $\sum$ 在 xOy 面(或 yOz 面、zOx 面)上的投影区域较简单,将积分曲面 $\sum$ 的方程写成形式 $z=z(x,y)$(或 $x=x(y,z)$,$y=y(x,z)$),则有

$$\iint\limits_{\Sigma}f(x,y,z)\mathrm{d}S=\iint\limits_{D_{xy}}f[x,y,z(x,y)]\sqrt{1+z_x'^2+z_y'^2}\,\mathrm{d}x\mathrm{d}y$$

$$\left(\text{或}\iint\limits_{D_{xy}}f[x(y,z),y,z]\sqrt{1+x_y'^2+x_z'^2}\,\mathrm{d}y\mathrm{d}z,\iint\limits_{D_{zx}}f[x,y(x,z),z]\sqrt{1+y_x'^2+y_z'^2}\,\mathrm{d}x\mathrm{d}z\right).$$

2. 对面积的曲面积分有关说明

(1) 当 $f(x,y,z)>0$ 时,曲面积 $\iint\limits_{\Sigma}f(x,y,z)\mathrm{d}S$ 可以看成是以 $f(x,y,z)$ 为面密度

的曲面构成$\sum$的质量，$\iint\limits_{\Sigma}\mathrm{d}S$是曲面$\sum$的面积.

(2) 曲面积分与曲线积分一样，积分区域是由积分变量的等式给出的，因而可将$\sum$的方程直接代入被积表达式，例如计算$\oiint\limits_{\Sigma}f(x^2+y^2+z^2)\mathrm{d}S$，其中$\sum$的球面$x^2+y^2+z^2=R^2$，则

$$\oiint\limits_{\Sigma}f(x^2+y^2+z^2)\mathrm{d}S=\oiint\limits_{\Sigma}f(R^2)\mathrm{d}S=f(R^2)\oiint\limits_{\Sigma}\mathrm{d}S=4\pi R^2f(R^2).$$

(3) 第一类曲面积分的对称性质

若积分曲面$\sum$关于xOy面对称，则有

$$\iint\limits_{\Sigma}f(x,y,z)\mathrm{d}S=\begin{cases}0, & f(x,y,-z)=-f(x,y,z),\\ 2\iint\limits_{\Sigma_1}f(x,y,z)\mathrm{d}S, & f(x,y,-z)=f(x,y,z),\end{cases}$$

其中$\sum_1$为$\sum$在xOy面上方或下方的部分.

类似地，可得到积分曲面关于yOz面或zOx面对称的情形.

(4) 当$\sum$是xOy平面内的一个闭区域时，记$\sum=D_{xy}$，则曲面积分$\iint\limits_{\Sigma}f(x,y,z)\mathrm{d}S$等于二重积分$\iint\limits_{D_{xy}}f(x,y,z)\mathrm{d}x\mathrm{d}y$.

本节考研要求

1. 了解对面积(第一类)曲面积分的概念、性质.
2. 掌握对面积的曲面积分的计算方法.

题型、真题、方法

题型 1　利用对面积的曲面积分的性质和计算法解题

题型分析　(1) 将曲面积分化为投影区域上的二重积分，是要求掌握的一种最基本的计算第一类曲面积分的方法：

① 首先确定曲面Σ，由曲面Σ的方程，例如$x=x(y,z)$确定出曲面微元

$$\mathrm{d}s=\sqrt{1+(\frac{\partial x}{\partial y})^2+(\frac{\partial x}{\partial z})^2}\,\mathrm{d}y\mathrm{d}z.$$

② 按照上述公式计算二重积分，需注意这时积分区域变成投影区域.

(2) 积分区域是由积分变量的等式给出的，因此可将曲面的方程直接代入被积函数.

(3) 计算曲面面积的积分时，正确利用曲面对称性和被积函数奇偶性.

例 1　设 $\sum = \{(x,y,z) \mid x+y+z=1, x \geqslant 0, y \geqslant 0, z \geqslant 0\}$ 则 $\iint\limits_{\Sigma} y^2 \mathrm{d}S =$ ________.（考研题）

解　将空间区域向 xOy 平面投影，设投影区域为 D，$D = \{(x,y) \mid x \geqslant 0, y \geqslant 0, x+y \leqslant 1\}$. 由曲面积分的计算公式可知

$$\iint\limits_{\Sigma} y^2 \mathrm{d}S = \iint\limits_{D} y^2 \sqrt{1+(-1)^2+(-1)^2}\,\mathrm{d}x\mathrm{d}y = \sqrt{3}\iint\limits_{D} y^2 \mathrm{d}x\mathrm{d}y,$$

故原式 $= \sqrt{3}\int_0^1 \mathrm{d}y \int_0^{1-y} y^2 \mathrm{d}x = \sqrt{3}\int_0^1 y^2(1-y)\mathrm{d}y = \dfrac{\sqrt{3}}{12}$.

例 2　设 S 为椭圆面 $\dfrac{x^2}{2}+\dfrac{y^2}{2}+z^2=1$ 的上半部分，点 $P(x,y,z) \in S$，π 为 S 在点 P 处的切平面，$\rho(x,y,z)$ 为点 $O(0,0,0)$ 到平面 π 的距离，求 $\iint\limits_{S} \dfrac{z}{\rho(x,y,z)} \mathrm{d}S$.（考研题）

思路点拨　首先，根据多元函数微分学与空间解析几何的相关知识，求出切平面 π 和 $\rho(x,y,z)$，代入积分；其次，考虑到曲面 S 在 xOy 面上的投影区域为 $D_{xy} = \{(x,y) \mid x^2+y^2 \leqslant 2\}$，将曲面积分化为该投影区域上的二重积分.

解　令 $F(x,y,z) = \dfrac{x^2}{2}+\dfrac{y^2}{2}+z^2-1$，曲面 S 在点 $P(x,y,z)$ 的法向量为

$$(F'_x, F'_y, F'_z) = (x, y, 2z),$$

设 (X,Y,Z) 为切平面 π 上的任意一点，则切平面 π 的方程为

$$x(X-x)+y(Y-y)+2z(Z-z)=0,$$

即　$$xX+yY+2zZ-2=0\text{（考虑到 } x^2+y^2+2z^2=2\text{）}.$$

由点到平面的距离的公式，将点 $O(0,0,0)$ 到平面 π 的距离 $\rho(x,y,z) = \dfrac{2}{\sqrt{x^2+y^2+4z^2}}$，代入积分，得

$$\iint\limits_{S} \frac{z}{\rho(x,y,z)} \mathrm{d}S = \frac{1}{2}\iint\limits_{S} z\sqrt{x^2+y^2+4z^2}\,\mathrm{d}S.$$

曲面 S 在 xOy 面上的投影区域为 $D_{xy} = \{(x,y) \mid x^2+y^2 \leqslant 2\}$，由曲面 S 的方程

$z=\sqrt{1-\frac{x^2}{2}-\frac{y^2}{2}}$，得

$$dS=\sqrt{1+z'^2_x+z'^2_y}\,dxdy=\frac{\sqrt{4-x^2-y^2}}{2\sqrt{1-\frac{x^2}{2}-\frac{y^2}{2}}}dxdy,$$

代入 $z=\sqrt{1-\frac{x^2}{2}-\frac{y^2}{2}}$，将曲面积分化为 D_{xy} 上的二重积分，得

$$\iint_S\frac{z}{\rho(x,y,z)}dS=\frac{1}{2}\iint_S z\sqrt{x^2+y^2+4z^2}\,dS=\frac{1}{4}\iint_{D_{xy}}(4-x^2-y^2)dxdy$$

$$=\frac{1}{4}\int_0^{2\pi}d\theta\int_0^{\sqrt{2}}(4-r^2)rdr=\frac{3}{2}\pi.$$

现学现练　计算曲面积分 $F(t)=\iint\limits_{x^2+y^2+z^2=t^2}f(x,y,z)dS$，其中 $f(x,y,z)=\begin{cases}x^2+y^2, & z\geqslant\sqrt{x^2+y^2},\\0, & z<\sqrt{x^2+y^2}.\end{cases}$　$\left[\frac{1}{6}(8-5\sqrt{2})\pi t^4\right]$.

题型 2　对面积的曲面积分的应用

题型分析　对面积的曲面积分的应用：

(1) 与质量有关的物理应用.

设曲面构件占有曲面 $\sum$ 的位置，构件在点 $(x,y,z)\in\sum$ 处的面密度为 $\rho(x,y,z)$，如图 11-21 所示.

① 构件的质量：

$$M=\iint_\Sigma\rho(x,y,z)dS.$$

② 构件的重心 $(\bar{x},\bar{y},\bar{z})$：

$$\bar{x}=\frac{\iint_\Sigma x\rho dS}{\iint_\Sigma\rho dS},\bar{y}=\frac{\iint_\Sigma y\rho dS}{\iint_\Sigma\rho dS},\bar{z}=\frac{\iint_\Sigma z\rho dS}{\iint_\Sigma\rho dS}.$$

③ 构件关于 xOy 面、z 轴和原点的转动惯量 I_{xy}、I_z 和 I_O.

$$I_{xy}=\iint_\Sigma z^2\rho dS,I_z=\iint_\Sigma(x^2+y^2)\rho dS,I_O=\iint_\Sigma(x^2+y^2+z^2)\rho dS.$$

(2) 流量

流速场 $\boldsymbol{v}(x,y,z)=P(x,y,z)\boldsymbol{i}+Q(x,y,z)\boldsymbol{j}+R(x,y,z)\boldsymbol{k}$ 在单位时间流过曲面 $\sum$ 的流量(流体面积).

$$\varphi=\iint_{\Sigma}(\boldsymbol{v}\cdot\boldsymbol{n})\mathrm{d}S=\iint_{\Sigma}(P\cos\alpha+Q\cos\beta+R\cos\gamma)\mathrm{d}S,$$

其中 $\boldsymbol{n}=(\cos\alpha,\cos\beta,\cos\gamma)$ 是曲面 $\sum$ 指定的一侧的单位法向量,如图 11-22 所示.

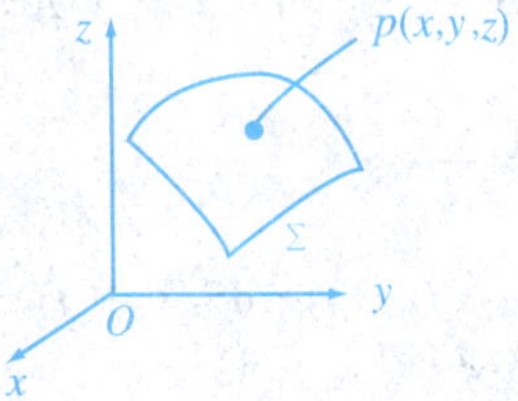

图 11-21

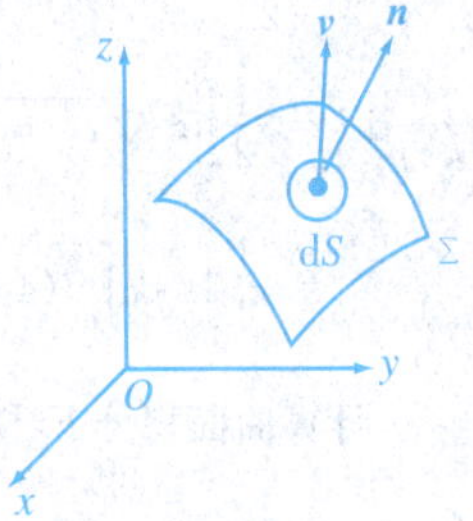

图 11-22

例 3 在球面 $x^2+y^2+z^2=1$ 上取以 $A(1,0,0)$, $B(0,1,0)$, $C(\frac{1}{\sqrt{2}},0,\frac{1}{\sqrt{2}})$ 三点为顶点的球面三角形($\widehat{AB}$、$\widehat{BC}$、$\widehat{CA}$ 均为小圆弧),若球面密度为 $\rho=x^2+z^2$,求此球面三角形块的质量.

思路点拨 此题是曲面积分在物理上的应用题,需要将物理问题转化为数学问题.

$\iint\limits_{\Sigma}f(x,y,z)\mathrm{d}S$ 可看作是以 $f(x,y,z)$ 为密度的曲面构件 $\sum$ 的质量,则 $M=\iint\limits_{\Sigma}\rho\mathrm{d}S$,被积函数 $\rho=x^2+z^2$,所以 $\sum$ 投影到 xOz 坐标上合适.(如图 11-23 所示)

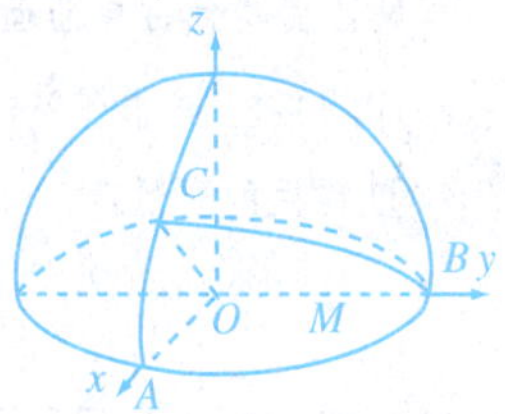

图 11-23

解 设此球面三角形块的质量为 M,于是

$$M=\iint_{\Sigma}\rho\mathrm{d}S=\iint_{\Sigma}(x^2+z^2)\mathrm{d}S.$$

因 $y=\sqrt{1-x^2-z^2}$,

$$\mathrm{d}S=\sqrt{1+y_z'^2+y_x'^2}\,\mathrm{d}x\mathrm{d}z=\frac{\mathrm{d}x\mathrm{d}z}{\sqrt{1-x^2-z^2}},$$

所以 $M=\iint\limits_{D_{xz}}\frac{x^2+z^2}{\sqrt{1-x^2-z^2}}\mathrm{d}x\mathrm{d}z=\int_0^{\frac{\pi}{4}}\mathrm{d}\theta\int_0^1\frac{\rho^2}{\sqrt{1-\rho^2}}\rho\mathrm{d}\rho$

$$=\frac{\pi}{4}\int_0^1\frac{\rho^3}{\sqrt{1-\rho^2}}\mathrm{d}\rho\xlongequal{令\sqrt{1-\rho^2}=u}\frac{\pi}{4}\int_0^1\frac{u(1-u^2)}{u}\mathrm{d}u$$

$$=\frac{\pi}{4}\int_0^1(1-u^2)\mathrm{d}u=\frac{\pi}{6}.$$

例 4　设$\sum$为抛物面$z=x^2+y^2$位于$z\leqslant 1$内的部分，面密度为常数ρ，求它对z轴的转动惯量．

思路点拨　题目中给定的是一光滑曲面及它的面密度，求曲面对于坐标轴的转动惯量，转化成数学问题是一求曲面积分的问题．

解　由题意知：

$$I_z=\iint_{\Sigma}(x^2+y^2)\rho\mathrm{d}s=\rho\iint_{D_{xy}}(x^2+y^2)\sqrt{1+z_x^2+z_y^2}\,\mathrm{d}x\mathrm{d}y$$

$$=\rho\iint_{D_{xy}}(x^2+y^2)\sqrt{1+(2x)^2+(2y)^2}\,\mathrm{d}x\mathrm{d}y$$

$$=\rho\int_0^{2\pi}\mathrm{d}\theta\int_0^1 r^2\sqrt{1+4r^2}\,r\mathrm{d}r=\frac{2\pi}{3}\rho\int_0^1 r^2\mathrm{d}(1+4r^2)^{\frac{3}{2}}$$

$$=\frac{1}{15}(25\sqrt{5}+1)\pi\rho.$$

现学现练　假设$\mu(x,y,z)$处它的面密度为$\rho(x,y,z)$，用对面积的曲面积分表示这曲面对于x轴的转动惯量．($I_x=\iint_{\Sigma}(y^2+z^2)\rho(x,y,z)\mathrm{d}s$)

课后习题全解

习题 11－4 全解

1. **解**　假设$\mu(x,y,z)$在曲线$\sum$上连续，应用元素法，在曲面$\sum$上任取一直径很小的曲面块 dS(它的面积也记作 dS)，设点(x,y,z)是曲面块 dS 内的任一点，则由曲面积 dS 很小，$\mu(x,y,z)$在$\sum$上连续，故曲面块 dS 的质量近似等于$\mu(x,y,z)\mathrm{d}S$. 这部分质量可近似看作集中在点(x,y,z)上，该点到x轴的距离等于y^2+z^2，于是$\sum$对于x轴的转动惯量为$\mathrm{d}I_x=(y^2+z^2)\mu(x,y,z)\mathrm{d}S$，因而曲面$\sum$对于$x$轴的转动惯量为

$$I_x=\iint_{\Sigma}(y^2+z^2)\mu(x,y,z)\mathrm{d}S.$$

2. 分析　由面积的曲面积分定义，曲面$\sum$是被任意分成n小块ΔS_i，只需证明曲面$\sum_1$和$\sum_2$被分别划分为m块和n块之后，新划分的面积小块ΔS_i之和等于曲线$\sum$的面积小块ΔS_i之和.

证　划分$\sum_1$为m部分，$\Delta S_i,\cdots,\Delta S_m$，

划分$\sum_2$为n部分，$\Delta S_{m+1},\cdots,\Delta S_{m+n}$，

则$\Delta S_1,\cdots,\Delta S_m,\Delta S_{m+1},\cdots,\Delta_{m+n}$为$\sum$的一个划分，并且

$$\sum_{i=1}^{m+n} f(\xi_i,\eta_i,\zeta_i)\Delta S_i = \sum_{i=1}^{m} f(\xi_i,\eta_i,\zeta_i)\Delta S_i + \sum_{i=m+1}^{n+m} f(\xi_i,\eta_i,\zeta_i)\Delta S_i,$$

令$\lambda_1 = \max\limits_{1\leqslant i\leqslant m}\{\Delta S_i\},\lambda_2 = \max\limits_{m+1\leqslant i\leqslant m+n}\{\Delta S_i\},\lambda = \max(\lambda_1,\lambda_2)$，

令$\lambda\to 0$得$\iint\limits_{\Sigma} f(x,y,z)\mathrm{d}S = \iint\limits_{\Sigma_1} f(x,y,z)\mathrm{d}S + \iint\limits_{\Sigma_2} f(x,y,z)\mathrm{d}S.$

3. 解　$\sum$的方程为$z=0,(x,y)\in D$. $\mathrm{d}S = \sqrt{1+z_x^2+z_y^2}\,\mathrm{d}x\mathrm{d}y = \mathrm{d}x\mathrm{d}y$

故　$\iint\limits_{\Sigma} f(x,y,z)\mathrm{d}S = \iint\limits_{D} f(x,y,0)\mathrm{d}x\mathrm{d}y.$

4. 分析　(1) 计算对面积的曲面积分，应先确定$\sum$在xOy面上的投影区域D_{xy}，把对面积的曲面积分化成相应二重积分.

解　(1) 抛物面$z=2-(x^2+y^2)$与xOy面的交线是xOy面上的圆$x^2+y^2=2$，因而曲面$\sum$在xOy面的投影区域为$D_{xy}: x^2+y^2\leqslant 2$，面积元素为

$$\mathrm{d}S = \sqrt{1+z_x^2+z_y^2}\,\mathrm{d}x\mathrm{d}y = \sqrt{1+4x^2+4y^2}\,\mathrm{d}x\mathrm{d}y,$$

因此$\iint\limits_{\Sigma} f(x,y,z)\mathrm{d}S = \iint\limits_{D_{xy}} \sqrt{1+4x^2+4y^2}\,\mathrm{d}x\mathrm{d}y = \int_0^{2\pi}\mathrm{d}\theta\int_0^{\sqrt{2}} \sqrt{1+4r^2}\,r\mathrm{d}r$

$$= 2\pi\left[\frac{1}{12}(1+4r^2)^{\frac{3}{2}}\right]_0^{\sqrt{2}} = \frac{13}{3}\pi;$$

(2) 投影区域D_{xy}及面积元素$\mathrm{d}S$同(1)

$$\iint\limits_{\Sigma} f(x,y,z)\mathrm{d}S = \iint\limits_{D_{xy}} (x^2+y^2)\sqrt{1+4x^2+4y^2}\,\mathrm{d}x\mathrm{d}y$$

$$= \int_{\mathrm{d}}^{2\pi}\int_0^{\sqrt{2}} r^2\sqrt{1+4r^2}\,r\mathrm{d}r$$

$$= \frac{\pi}{16}\int_0^{\sqrt{2}} [(4r^2+1)-1]\sqrt{1+4r^2}\,\mathrm{d}(4r^2+1)$$

$$=\frac{\pi}{16}\left[\frac{2}{5}(4r^2+1)^{\frac{5}{2}}-\frac{2}{3}(1+4r^2)^{\frac{3}{2}}\right]_0^{\sqrt{2}}=\frac{149}{30}\pi;$$

(3) 投影区域 D_{xy} 及面积元素 dS 同(1)

$$\iint_{\Sigma} f(x,y,z)\mathrm{d}S=\iint_{\Sigma} 3z\mathrm{d}S=\iint_{D_{xy}} 3[2-(x^2+y^2)](1+4x^2+4y^2)^{\frac{1}{2}}\mathrm{d}x\mathrm{d}y$$

$$=3\int_0^{2\pi}\mathrm{d}\theta\int_0^{\sqrt{2}}[(9-(1+4r^2)](1+4r^2)^{\frac{1}{2}}\mathrm{d}(1+4r^2)$$

$$=\frac{3\pi}{16}\left[9\times\frac{2}{3}(1+4r^2)^{\frac{3}{2}}-\frac{2}{5}(1+4r^2)^{\frac{5}{2}}\right]_0^{\sqrt{2}}=\frac{111}{10}\pi.$$

小结　计算时，只需把变量 z 换为 $z(x,y)$，曲面面积元素 dS 换为 $\sqrt{1+z_x^2+z_y^2}\,\mathrm{d}x\mathrm{d}y$. 就很容易转化为解二重积分.

5. 解　(1) 将 $\sum$ 分解为 $\sum=\sum_1+\sum_2$，

其中 $\sum_1: z=1(D_{xy}: x^2+y^2\leqslant 1)$，$\mathrm{d}S=\mathrm{d}x\mathrm{d}y$，

$\sum_2: z=(x^2+y^2)^{\frac{1}{2}}(D_{xy}: x^2+y^2\leqslant 1)$，

$$\mathrm{d}S=\left(1+\frac{x^2}{x^2+y^2}+\frac{y^2}{x^2+y^2}\right)^{\frac{1}{2}}\mathrm{d}x\mathrm{d}y=\sqrt{2}\,\mathrm{d}x\mathrm{d}y.$$

故 $\iint\limits_{\Sigma_1}(x^2+y^2)\mathrm{d}S=\iint\limits_{D_{xy}}(x^2+y^2)\mathrm{d}x\mathrm{d}y=\int_0^{2\pi}\theta\int_0^1 r^3\mathrm{d}r=2\pi\times\frac{1}{4}=\frac{\pi}{2}$，

$$\iint_{\Sigma_2}(x^2+y^2)\mathrm{d}S=\iint_{D_{xy}}(x^2+y^2)\sqrt{2}\,\mathrm{d}x\mathrm{d}y=\sqrt{2}\int_0^{2\pi}\mathrm{d}\theta\int_0^1 r^3\mathrm{d}r=\sqrt{2}\times\frac{\pi}{2}=\frac{\sqrt{2}}{2}\pi,$$

因此 $\iint\limits_{\Sigma}(x^2+y^2)\mathrm{d}x\mathrm{d}y=\frac{\pi}{2}+\frac{\sqrt{2}}{2}\pi=\frac{1+\sqrt{2}}{2}\pi$；

(2) 所截得锥面为：$z=\sqrt{3(x^2+y^2)}\,(D_{xy}: x^2+y^2\leqslant 3)$，故

$$\mathrm{d}S=\sqrt{1+\left[\frac{6x}{2\sqrt{3(x^2+y^2)}}\right]^2+\left[\frac{6y}{2\sqrt{3(x^2+y^2)}}\right]^2}\,\mathrm{d}x\mathrm{d}y=2\mathrm{d}x\mathrm{d}y,$$

因而 $\iint\limits_{\Sigma}(x^2+y^2)\mathrm{d}S=\iint\limits_{D_{xy}}(x^2+y^2)2\mathrm{d}x\mathrm{d}y$

$$=\int_0^{2\pi}\mathrm{d}\theta\int_0^{\sqrt{3}}r^2\,2r\mathrm{d}r=2\pi\left[\frac{1}{2}r^4\right]_0^{\sqrt{3}}=9\pi.$$

6. 解　(1) $\sum: z=4-2x-\frac{4}{3}y$ 及其在 xOy 面上的投影 D_{xy} 如图 11-24(a) 所示.

$$\mathrm{d}S=\sqrt{1+(-2)^2+\left(-\frac{4}{3}\right)^2}\,\mathrm{d}x\mathrm{d}y=\frac{\sqrt{61}}{3}\mathrm{d}x\mathrm{d}y$$

$$\iint\limits_{\Sigma}\left(z+2x+\frac{4}{3}y\right)\mathrm{d}S=\iint\limits_{D_{xy}}4\cdot\frac{\sqrt{61}}{3}\mathrm{d}x\mathrm{d}y=\frac{4\sqrt{61}}{3}\iint\limits_{D_{xy}}\mathrm{d}x\mathrm{d}y$$

$$=\frac{4\sqrt{61}}{3}\times\frac{1}{2}\times 2\times 3=4\sqrt{61};$$

(注意：$\iint\limits_{D_{xy}}\mathrm{d}x\mathrm{d}y$ 等于 D_{xy} 的面积，D_{xy} 是一个直角三角形的内部).

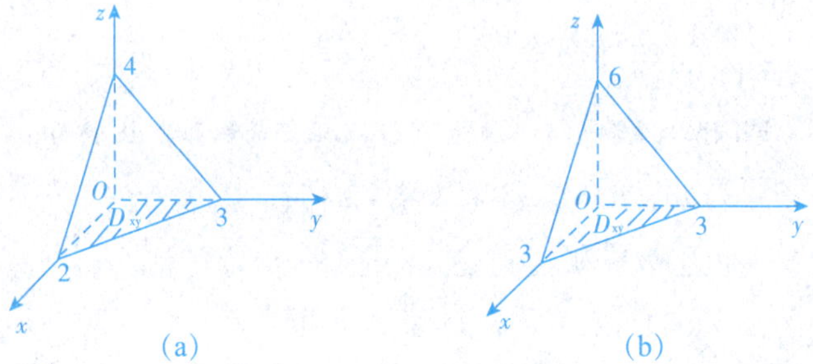

图 11-24

(2) $\sum: z=6-2x-2y$ 及其在 xOy 面上的投影 D_{xy}，如图 11-24(b) 所示.

$$\mathrm{d}S=[1+(-2)^2+(-2)^2]^{\frac{1}{2}}\mathrm{d}x\mathrm{d}y=3\mathrm{d}x\mathrm{d}y,$$

$$\iint\limits_{\Sigma}(2xy-2x^2-x+z)\mathrm{d}S$$

$$=\iint\limits_{D_{xy}}(2xy-2x^2-x+6-2x-2y)3\mathrm{d}x\mathrm{d}y$$

$$=3\int_0^3\mathrm{d}x\int_0^{3-x}(6-3x-2x^2+2xy-2y)\mathrm{d}y$$

$$=3\int_0^3[(6-3x-2x^2)(3-x)+(x-1)(3-x)^2]\mathrm{d}x$$

$$=3\int_0^3(3x^3-10x^2+9)\mathrm{d}x=-\frac{27}{4};$$

(3) $\sum: z=\sqrt{a^2-x^2-y^2}$ 且其在 xOy 面上的投影为：

$D_{xy}: x^2+y^2\leqslant a^2-h^2$，故

$$\mathrm{d}S=\sqrt{1+\left(\frac{-2x}{2\sqrt{a^2-x^2-y^2}}\right)^2+\left(\frac{-2y}{2\sqrt{a^2-x^2-y^2}}\right)^2}\mathrm{d}x\mathrm{d}y$$

$$=\frac{a}{\sqrt{a^2-x^2-y^2}}\mathrm{d}x\mathrm{d}y,$$

$$\iint_{\Sigma}(x+y+z)\mathrm{d}S=\iint_{D_{xy}}(x+y+\sqrt{a^2-x^2-y^2})\frac{a}{\sqrt{a^2-x^2-y^2}}\mathrm{d}x\mathrm{d}y$$

$$\xlongequal{\text{对称性}}\iint_{D_{xy}}a\,\mathrm{d}x\mathrm{d}y=a\mid D_{xy}\mid=\pi a(a^2-h^2);$$

(4) $z=(x^2+y^2)^{\frac{1}{2}}$，$D_{xy}:x^2+y^2\leqslant 2ax$.

$$\mathrm{d}S=\left(1+\frac{x^2}{x^2+y^2}+\frac{y^2}{x^2+y^2}\right)^{\frac{1}{2}}\mathrm{d}x\mathrm{d}y=\sqrt{2}\,\mathrm{d}x\mathrm{d}y,$$

$$\iint_{\Sigma}(xy+yz+zx)\mathrm{d}S=\sqrt{2}\iint_{D_{xy}}[xy+(x+y)(x^2+y^2)^{\frac{1}{2}}]\mathrm{d}x\mathrm{d}y$$

$$=\sqrt{2}\int_{-\frac{\pi}{2}}^{\frac{\pi}{2}}\mathrm{d}\theta\int_0^{2a\cos\theta}[r^2\sin\theta\cos\theta+r^2(\cos\theta+\sin\theta)]r\mathrm{d}r$$

$$=\sqrt{2}\int_{-\frac{\pi}{2}}^{\frac{\pi}{2}}(\sin\theta\cos\theta+\cos\theta+\sin\theta)\frac{1}{4}(2a\cos\theta)^4\mathrm{d}\theta$$

$$=4\sqrt{2}a^4\int_{-\frac{\pi}{2}}^{\frac{\pi}{2}}(\sin\theta\cos^5\theta+\cos^5\theta+\sin\theta\cos^4\theta)\mathrm{d}\theta$$

$$=8\sqrt{2}a^4\int_0^{\frac{\pi}{2}}\cos^5\theta\mathrm{d}\theta=\frac{64}{15}\sqrt{2}a^4.$$

7. 分析　先求 $\sum$ 投影 D_{xy}，把 $\mathrm{d}S$ 转化为 $\mathrm{d}x\mathrm{d}y$.

解　$\sum:z=\frac{1}{2}(x^2+y^2)$，$D_{xy}:x^2+y^2\leqslant 2$.

$$\mathrm{d}S=\sqrt{1+z_x^2+z_y^2}\,\mathrm{d}x\mathrm{d}y=\sqrt{1+x^2+y^2}\,\mathrm{d}x\mathrm{d}y,$$

故 $M=\iint_{\Sigma}z\mathrm{d}S=\iint_{D_{xy}}\frac{1}{2}(x^2+y^2)(1+x^2+y^2)^{\frac{1}{2}}\mathrm{d}x\mathrm{d}y$

$$=\int_0^{2\pi}\mathrm{d}\theta\int_0^{\sqrt{2}}\frac{1}{2}r^2(1+r^2)^{\frac{1}{2}}r\mathrm{d}r\xlongequal{u=r^2}2\pi\int_0^2\frac{1}{4}u(1+u)^{\frac{1}{2}}\mathrm{d}u$$

$$=\frac{\pi}{2}\left[\int_0^2(u+1)^{\frac{3}{2}}\mathrm{d}u-\int_0^2(u+1)^{\frac{1}{2}}\mathrm{d}u\right]$$

$$=\frac{\pi}{2}\left[\frac{2}{5}(u+1)^{\frac{5}{2}}-\frac{2}{3}(u+1)^{\frac{3}{2}}\right]_0^2$$

$$=\frac{2\pi}{15}(6\sqrt{3}+1).$$

8. 解　$\sum:z=\sqrt{a^2-x^2-y^2}$，$D_{xy}:x^2+y^2\leqslant a^2$，

$$\mathrm{d}S=\left[1+\left(\frac{-2x}{2\sqrt{a^2-x^2-y^2}}\right)^2+\left(\frac{-2y}{2\sqrt{a^2-x^2-y^2}}\right)^2\right]^{\frac{1}{2}}\mathrm{d}x\mathrm{d}y$$

$$=\frac{a}{\sqrt{a^2-x^2-y^2}}\mathrm{d}x\mathrm{d}y,$$

$$I_z=\iint_{\Sigma}(x^2+y^2)\mu_0\mathrm{d}S=\iint_{D_{xy}}(x^2+y^2)\mu_0\frac{a}{\sqrt{a^2-x^2-y^2}}\mathrm{d}x\mathrm{d}y$$

$$=a\mu_0\int_0^{2\pi}\mathrm{d}\theta\int_0^a\frac{r^3}{\sqrt{a^2-r^2}}\mathrm{d}r$$

$$=\pi a\mu_0\int_0^a\frac{(a^2-r^2)-a^2}{\sqrt{a^2-r^2}}\mathrm{d}(a^2-r^2)$$

$$=\pi a\mu_0\left[\frac{2}{3}(a^2-r^2)^{\frac{3}{2}}-2a^2\sqrt{a^2-r^2}\right]_0^a=\frac{4}{3}\pi\mu_0a^4.$$

另解　$I_z=\iint_{\Sigma}(x^2+y^2)\mu_0\mathrm{d}s=\mu_0\int_0^{2\pi}\mathrm{d}\theta\int_0^{\frac{\pi}{2}}a^4\sin^3\varphi\mathrm{d}y$

$$=\mu_0 2\pi a^4\int_0^{\frac{\pi}{2}}\sin^3\varphi\mathrm{d}y=\frac{4}{3}\pi\mu_0a^4.$$

第五节　对坐标的曲面积分

知识要点及常考点

1. 计算对坐标曲面积分的公式

计算对坐标的曲面积分$\iint_{\Sigma}P(x,y,z)\mathrm{d}y\mathrm{d}z+Q(x,y,z)\mathrm{d}z\mathrm{d}x+R(x,y,z)\mathrm{d}z\mathrm{d}x$时，可以用公式

$$\iint_{\Sigma}R(x,y,z)\mathrm{d}x\mathrm{d}y=\pm\iint_{D_{xy}}R(x,y,z(x,y))\mathrm{d}x\mathrm{d}y,$$

$$\iint_{\Sigma}P(x,y,z)\mathrm{d}y\mathrm{d}z=\pm\iint_{D_{yz}}p(x(y,z),y,z)\mathrm{d}y\mathrm{d}z,$$

$$\iint_{\Sigma}Q(x,y,z)\mathrm{d}z\mathrm{d}x=\pm\iint_{D_{xz}}Q(x,y(x,z),z)\mathrm{d}z\mathrm{d}x,$$

其中正、负号的选取分别取决于$\sum$的法向量$\boldsymbol{n}$的方向余弦$\cos\gamma,\cos\alpha,\cos\beta$是正值还是负值，但三个积分要分别计算. 曲面积分与曲线积分一样，积分区域是由积分变量的等式给出的，因此可以代入到被积函数中简化积分.

2. 计算对坐标的曲面积分的“三合一”公式

以下计算公式将对三个坐标面的积分合在一起计算，故称为“三合一”公式（也称为向量点积法）. 此公式可由两类曲面积分的联系推出.

设曲面 $\sum: z=z(x,y)\ ((x,y)\in D)$，则

$$\iint_{\Sigma} P\mathrm{d}y\mathrm{d}z+Q\mathrm{d}z\mathrm{d}x+R\mathrm{d}x\mathrm{d}y=\pm\iint_{D}\left(-P\frac{\partial z}{\partial x}-Q\frac{\partial z}{\partial y}+R\right)\mathrm{d}x\mathrm{d}y,$$

其中 $\sum$ 取上侧（下侧）时，取正号（负号）如图 11-25 所示.

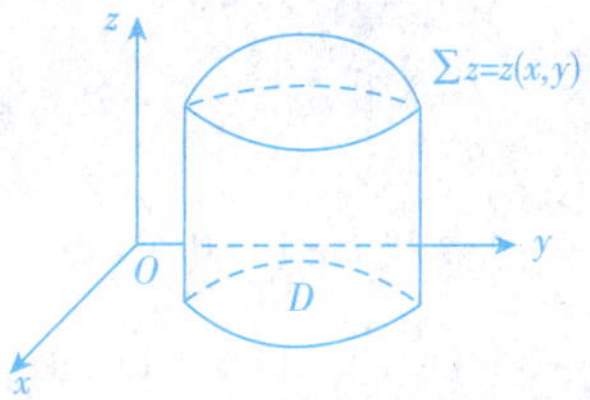

图 11-25

注　$-P\dfrac{\partial z}{\partial x}-Q\dfrac{\partial z}{\partial y}+R=(P,Q,R)\cdot\left(-\dfrac{\partial z}{\partial x},-\dfrac{\partial z}{\partial y},1\right)=\boldsymbol{A}\cdot\boldsymbol{n}$，其中 $\boldsymbol{A}=\{\mathrm{P},\mathrm{Q},\mathrm{R}\}$，$\boldsymbol{n}=\left(-\dfrac{\partial z}{\partial x},-\dfrac{\partial z}{\partial y},1\right)$ 是曲面 $z=z(x,y)$ 的法向量（朝上）.

“三合一”公式的好处在于我们只需将曲面投影到一个坐标面上并计算一个三重积分. 因此它是一个很有用的计算公式.

3. 对称性问题

设曲面 S 是分块光滑的，关于 yOz 平面对称，又 $P(x,y,z)$ 在 S 连续，则

$$\iint_{S} P(x,y,z)=\begin{cases}0, & \text{若 } p(x,y,z) \text{ 关于 } x \text{ 为偶函数},\\ 2\iint_{S_1} P(x,y,z)\mathrm{d}y\mathrm{d}z, & \text{若 } P(x,y,z) \text{ 关于 } x \text{ 为奇函数},\end{cases}$$

其中 $S_1=S\cap\{x\geqslant 0\}$. 对 $\iint_{S} Q(x,y,z)\mathrm{d}z\mathrm{d}x$ 与 $\iint_{S} R(x,y,z)\mathrm{d}x\mathrm{d}y$ 有类似的情形.

4. 对坐标的曲面积分的物理意义

设空间中流体的流速 $\boldsymbol{v}(x,y,z)=\{P(x,y,z),Q(x,y,z),R(x,y,z)\}$，则通过定向光滑曲面 $\boldsymbol{S}$ 的体积流量（单位时间通过的体积）为

$$\iint_{S}\boldsymbol{v}\cdot\mathrm{d}\boldsymbol{S}=\iint_{S} P\mathrm{d}y\mathrm{d}z+Q\mathrm{d}z\mathrm{d}x+R\mathrm{d}x\mathrm{d}y.$$

设空间中有电场强度 $\boldsymbol{E}=\boldsymbol{E}(x,y,z)$，则通过定向光滑曲线 S 的电通量为 $\iint_{S}\boldsymbol{E}\cdot\mathrm{d}\boldsymbol{S}$.

设 $\boldsymbol{A}=(P,Q,R)$，P,Q,R 均在光滑曲面 $\sum$ 上连续，$\sum$ 的指定侧上的单位法向

量函数为 $\boldsymbol{n}=(\cos\alpha,\cos\beta,\cos\gamma)$，$\mathrm{d}\boldsymbol{S}=\boldsymbol{n}\mathrm{d}S=(\cos\alpha\mathrm{d}S,\cos\beta\mathrm{d}S,\cos\gamma\mathrm{d}S)=(\mathrm{d}y\mathrm{d}z,\mathrm{d}z\mathrm{d}x,\mathrm{d}x\mathrm{d}y)$ 为有向曲面元素，$\boldsymbol{A}_n$ 为 $\boldsymbol{A}$ 在 $\boldsymbol{n}$ 上的投影函数，则

(1) $\iint\limits_{\Sigma}\boldsymbol{A}\cdot\mathrm{d}\boldsymbol{S}=\iint\limits_{\Sigma}\boldsymbol{A}\cdot\boldsymbol{n}\mathrm{d}S=\iint\limits_{\Sigma}A_n\mathrm{d}S$；

(2) $\iint\limits_{\Sigma}P\mathrm{d}y\mathrm{d}z+Q\mathrm{d}z\mathrm{d}x+R\mathrm{d}x\mathrm{d}y=\iint\limits_{\Sigma}(P\cos\alpha+\cos\beta+R\cos\gamma)\mathrm{d}S$；

(3) 当 $\cos\gamma\neq0$ 时，

$$\iint\limits_{\Sigma}P\mathrm{d}y\mathrm{d}z+Q\mathrm{d}z\mathrm{d}x+R\mathrm{d}x\mathrm{d}y=\iint\limits_{\Sigma}\left(P\frac{\cos\beta}{\cos\gamma}+Q\frac{\cos\beta}{\cos\gamma}+R\right)\mathrm{d}x\mathrm{d}y;$$

(4) 当 $\cos\beta\neq0$ 时，

$$\iint\limits_{\Sigma}P\mathrm{d}y\mathrm{d}z+Q\mathrm{d}z\mathrm{d}x+R\mathrm{d}x\mathrm{d}y=\iint\limits_{\Sigma}\left(P\frac{\cos\alpha}{\cos\beta}+Q+R\frac{\cos\gamma}{\cos\beta}\right)\mathrm{d}z\mathrm{d}x;$$

(5) 当 $\cos\alpha\neq0$ 时，

$$\iint\limits_{\Sigma}P\mathrm{d}y\mathrm{d}z+Q\mathrm{d}z\mathrm{d}x+R\mathrm{d}x\mathrm{d}y=\iint\limits_{\Sigma}\left(P+Q\frac{\cos\beta}{\cos\alpha}+R\frac{\cos\gamma}{\cos\alpha}\right)\mathrm{d}y\mathrm{d}z.$$

本节考研要求

1. 了解对坐标(第二类)曲面积分的概念、性质.
2. 掌握对坐标的曲面积分的计算方法.
3. 了解两类曲面积分的关系 .

题型、真题、方法

题型 1　对坐标的曲面积分

题型分析　以计算 $\iint\limits_{\Sigma}R(x,y,z)\mathrm{d}x\mathrm{d}y$ 为例说明计算对坐标的曲面积分的解题步骤：(1) 确定积分曲面 Σ，并确定曲面侧是上侧还是下侧；(2) 把曲面方程 $z=z(x,y)$ 代入被积函数中；(3) 计算 $\pm\iint\limits_{\Sigma}R(x,y,z(x,y))\mathrm{d}x\mathrm{d}y$，其中"±"号分别取决于曲面上下侧，另外两个积分 $\iint\limits_{\Sigma}P(x,y,z)\mathrm{d}y\mathrm{d}z$ 和 $\iint\limits_{\Sigma}Q(x,y,z)\mathrm{d}z\mathrm{d}x$ 可类似计算．这是需要将一个完整的积分向三个坐标投影的情况．另外还可以利用被积函数的对称性和奇偶性．

例 1　计算$\iint\limits_{\Sigma} xyz\mathrm{d}x\mathrm{d}y$,其中$\sum$是球面$x^2+y^2+z^2=1\quad(x\geqslant 0,y\geqslant 0)$的外侧.

解　曲面$\sum$如图 11-26 所示,可分为上、下两部分:

$$\sum\nolimits_1: z=-\sqrt{1-x^2-y^2},$$

$$\sum\nolimits_2: z=\sqrt{1-x^2-y^2},$$

所以$\iint\limits_{\Sigma} xyz\mathrm{d}x\mathrm{d}y=(\iint\limits_{\Sigma_1}+\iint\limits_{\Sigma_2})xyz\mathrm{d}x\mathrm{d}y.$

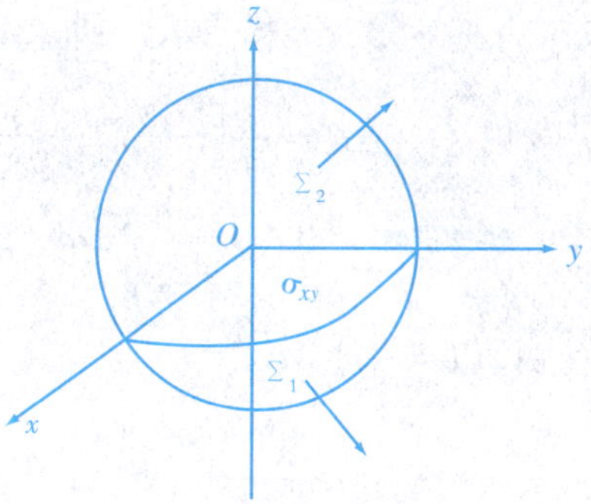

图 11-26

由于$\sum$取外侧,所以对$\sum_1$来说即取下侧,而对$\sum_2$则取上侧,且$\sum_1$,$\sum_2$在 xOy 平面的投影区域均为$\sigma_{xy}=\{(x,y)\mid x^2+y^2\leqslant 1,x\geqslant 0,y\geqslant 0\}$,所以

$$\iint\limits_{\Sigma} xyz\mathrm{d}x\mathrm{d}y=-\iint\limits_{\sigma_{xy}} xy(-\sqrt{1-x^2-y^2})\mathrm{d}x\mathrm{d}y+\iint\limits_{\sigma_{xy}} xy\sqrt{1-x^2-y^2}\mathrm{d}x\mathrm{d}y$$

$$=2\iint\limits_{\sigma_{xy}} xy\sqrt{1-x^2-y^2}\mathrm{d}x\mathrm{d}y=2\iint\limits_{\sigma_{xy}} r^2\sin\theta\cos\theta\sqrt{1-r^2}\,r\mathrm{d}r\mathrm{d}\theta$$

$$=\int_0^{\frac{\pi}{2}}\sin 2\theta\mathrm{d}\theta\int_0^1 r^3\sqrt{1-r^2}\mathrm{d}r=\frac{2}{15}.$$

例 2　计算$\iint\limits_{\Sigma}\dfrac{ax\mathrm{d}y\mathrm{d}z+(z+a)^2\mathrm{d}x\mathrm{d}y}{(x^2+y^2+z^2)^{\frac{1}{2}}}$,其中$\sum$为下半球面$z=-\sqrt{a^2-x^2-y^2}$的上侧,$a$为大于零的常数.

解　直接分块计算

$$\iint\limits_{\Sigma}\frac{ax\mathrm{d}y\mathrm{d}z+(z+a)^2\mathrm{d}x\mathrm{d}y}{(x^2+y^2+z^2)^{\frac{1}{2}}}=\frac{1}{a}\left[\iint\limits_{\Sigma} ax\mathrm{d}y\mathrm{d}z+\iint\limits_{\Sigma}(z+a)^2\mathrm{d}x\mathrm{d}y\right].$$

若用D_{xy}表示下半球面$\sum$在 xOy 平面的投影域$x^2+y^2\leqslant a^2$,用D_{yz}表示下半球面$\sum$在 yOz 平面投影域$\begin{cases}y^2+z^2\leqslant a^2,\\ z\leqslant 0,\end{cases}$则

$$\iint\limits_{\Sigma} ax\mathrm{d}y\mathrm{d}z=-2a\iint\limits_{D_{yz}}\sqrt{a^2-(y^2+z^2)}\mathrm{d}y\mathrm{d}z$$

$$=-2a\int_{\pi}^{2\pi}\mathrm{d}\theta\int_0^a\sqrt{a^2-r^2}\,r\mathrm{d}r=-\frac{2}{3}\pi a^4,$$

$$\iint_{\Sigma}(z+a)^2\mathrm{d}x\mathrm{d}y=\iint_{\Sigma}[a-\sqrt{a^2-(x^2+y^2)}]^2\mathrm{d}x\mathrm{d}y$$
$$=\int_0^{2\pi}\mathrm{d}\theta\int_0^a(2a^2-2a\sqrt{a^2-r^2}-r^2)r\mathrm{d}r=\frac{\pi}{6}a^4,$$

则　　原式 $=\frac{1}{a}\left[-\frac{2}{3}\pi a^4+\frac{\pi}{6}a^4\right]=-\frac{\pi}{2}a^3$.

现学现练　计算 $I=\iint_{\Sigma}z^2\mathrm{d}x\mathrm{d}y$，其中 Σ 为平面 $x+y+z=1$ 位于第一象限的上侧. $\left(I=\frac{1}{12}\right)$

题型 2　两类曲面积分的联系

题型分析　两种曲面积分之间的关系：

$$\iint_{\Sigma}P\mathrm{d}y\mathrm{d}z+Q\mathrm{d}z\mathrm{d}x+R\mathrm{d}x\mathrm{d}y=\iint_{\Sigma}\left(P\frac{\mathrm{d}y\mathrm{d}z}{\mathrm{d}s}+Q\frac{\mathrm{d}z\mathrm{d}x}{\mathrm{d}s}+R\frac{\mathrm{d}x\mathrm{d}y}{\mathrm{d}s}\right)\mathrm{d}s$$
$$=\iint_{\Sigma}(P\cos\alpha+Q\cos\beta+R\cos\gamma)\mathrm{d}s,$$

其中 $\cos\alpha$、$\cos\beta$、$\cos\gamma$ 为曲面 Σ 在 $P(x,y,z)$ 点处的法线的方向余弦，对坐标的曲面积分经常写成点积形式

$$\iint_{\Sigma}P\mathrm{d}y\mathrm{d}z+Q\mathrm{d}z\mathrm{d}x+R\mathrm{d}x\mathrm{d}y=\iint_{\Sigma}(P,Q,R)\cdot(\mathrm{d}y\mathrm{d}z,\mathrm{d}z\mathrm{d}x,\mathrm{d}x\mathrm{d}y)=\iint_{\Sigma}\boldsymbol{F}\cdot\mathrm{d}\boldsymbol{s},$$

其中 $\boldsymbol{F}=(P,Q,R)$，$\mathrm{d}\boldsymbol{s}=(\mathrm{d}y\mathrm{d}z,\mathrm{d}z\mathrm{d}x,\mathrm{d}x\mathrm{d}y)$.

例 3　计算 $I=\iint_{\Sigma}\frac{ax\mathrm{d}y\mathrm{d}z+(z+a)^2\mathrm{d}x\mathrm{d}y}{(x^2+y^2+z^2)^{\frac{1}{2}}}$，其中 Σ 为下半球面 $z=-\sqrt{a^2-x^2-y^2}$ 的上侧，a 为大于零的常数.

思路点拨　利用两类曲面积分的联系，可以把 $\iint_{\Sigma}P\mathrm{d}y\mathrm{d}z+Q\mathrm{d}z\mathrm{d}x+R\mathrm{d}x\mathrm{d}y$ 统一成一种形式进行计算且

$$\iint_{\Sigma}P\mathrm{d}y\mathrm{d}z+Q\mathrm{d}z\mathrm{d}x+R\mathrm{d}x\mathrm{d}y=\iint_{\Sigma}(-z'_xP-z'_yQ+R)\mathrm{d}x\mathrm{d}y,\text{其中}\Sigma:z=z(x,y).$$

解　$I=\iint_{\Sigma}\frac{ax\mathrm{d}y\mathrm{d}z+(z+a)^2\mathrm{d}x\mathrm{d}y}{(x^2+y^2+z^2)^{\frac{1}{2}}}=\frac{1}{a}\iint_{\Sigma}ax\mathrm{d}y\mathrm{d}z+(z+a)^2\mathrm{d}x\mathrm{d}y$,

Σ 表示为：$z=-\sqrt{a^2-x^2-y^2}$，　$\frac{\partial z}{\partial x}=\frac{x}{a^2-x^2-y^2}$. 所以

$$I=\frac{1}{a}\iint_{\Sigma}[ax\cdot(-z_x)+(z+a)^2]\mathrm{d}x\mathrm{d}y$$

$$=\frac{1}{a}\iint_{D_{xy}}[-\frac{ax^2}{\sqrt{a^2-x^2-y^2}}+(a-\sqrt{a^2-x^2-y^2})^2]\mathrm{d}x\mathrm{d}y$$

$$=\frac{1}{a}\int_0^{2\pi}\mathrm{d}\theta\int_0^a[-\frac{ar^2\cos^2\theta}{\sqrt{a^2-r^2}}+(a-\sqrt{a^2-r^2})^2]r\mathrm{d}r$$

$$=-\int_0^{2\pi}\cos\theta\mathrm{d}\theta\int_0^a\frac{r^3}{\sqrt{a^2-r^2}}\mathrm{d}r+\frac{1}{a}\int_0^{2\pi}(2a^2-2a\sqrt{a^2-r^2}-r^2)r\mathrm{d}r,$$

对$\int_0^a\frac{r^3}{\sqrt{a^2-r^2}}\mathrm{d}r$ 作变换 $r=a\sin t$，从而

$$I=-\pi a^3\int_0^{\frac{\pi}{2}}\sin^3t\mathrm{d}t+\frac{2\pi}{a}\left[a^2r^2+a\frac{2}{3}(a^2-r^2)^{\frac{3}{2}}-\frac{1}{4}r^4\right]_0^a-\frac{2}{3}\pi a^3+\frac{1}{6}\pi a^3$$

$$=-\frac{1}{2}\pi a^3.$$

现学现练　计算 $I=\iint_{\Sigma}[f(x,y,z)+x]\mathrm{d}y\mathrm{d}z+[2f(x,y,z)+y]\mathrm{d}z\mathrm{d}x+[f(x,y,z)+z]\mathrm{d}x\mathrm{d}y$，其中 $f(x,y,z)$ 为连续函数，$\sum$ 为平面 $x-y+z=1$ 在第四象限部分的上侧．$\left(I=\frac{1}{2}\right)$

课后习题全解

习题 11－5 全解

1. **证**　把$\sum$分成n块小曲面ΔS_i（ΔS_i 同时又表示第i块小曲面的面积），ΔS_i 在 yOz 面上的投影为$(\Delta S_i)_{yz}$，(ξ_i,η_i,ζ_i)是 ΔS_i 上任意取定的一点，λ 是各小块面的直径的最大值，则

$$\iint_{\Sigma}[P_1(x,y,z)\pm P_2(x,y,z)]\mathrm{d}y\mathrm{d}z$$

$$=\lim_{\lambda\to0}\sum_{i=1}^n[P_1(\xi_i,\eta_i,\zeta_i)\pm P_2(\xi_i,\eta_i,\zeta_i)](\Delta S_i)_{yz}$$

$$=\lim_{\lambda\to0}\sum_{i=1}^nP_1(\xi_i,\eta_i,\zeta_i)(\Delta S_i)_{yz}\pm\lim_{\lambda\to0}\sum_{i=1}^nP_2(\xi_i,\eta_i,\zeta_i)(\Delta S_i)_{yz}$$

$$=\iint_{\Sigma}P_1(x,y,z)\mathrm{d}y\mathrm{d}z\pm\iint_{\Sigma}P_2(x,y,z)\mathrm{d}y\mathrm{d}z.$$

2. 解　因为 $\sum: z=0,(x,y)\in D_{xy}$，故

$$\iint\limits_{\Sigma} R(x,y,z)\mathrm{d}x\mathrm{d}y = \pm\iint\limits_{D_{xy}} R(x,y,z)\mathrm{d}x\mathrm{d}y,$$

当 $\sum$ 取的是上侧时为正号，$\sum$ 取的是下侧时为负号.

3. 分析　先求 $\sum$ 在 xOy 上的投影区域 D_{xy}，再用化对坐标积分为二重积分的公式求解.

解　(1) $\sum: z=-\sqrt{R^2-x^2-y^2}$ 下侧，$\sum$ 在 xOy 面上的投影区域 D_{xy} 为

$$x^2+y^2\leqslant R^2.$$

$$\iint\limits_{\Sigma} x^2y^2z\mathrm{d}x\mathrm{d}y = -\iint\limits_{D_{xy}} x^2y^2(-\sqrt{R^2-x^2-y^2})\mathrm{d}x\mathrm{d}y$$

$$=-\int_0^{2\pi}\mathrm{d}\theta\int_0^R r^4\cos^2\theta\sin^2\theta(-\sqrt{R^2-r^2})r\mathrm{d}r$$

$$=-\frac{1}{8}\int_0^{2\pi}\sin^2 2\theta\mathrm{d}\theta\int_0^R[(r^2-R^2)+R^2]^2\sqrt{R^2-r^2}\,\mathrm{d}(R^2-r^2)$$

$$=-\frac{1}{16}\int_0^{2\pi}(1-\cos4\theta)\mathrm{d}\theta\int_0^R[R^4\sqrt{R^2-r^2}-2R^2(R^2-r^2)^{\frac{3}{2}}+(R^2-r^2)^{\frac{5}{2}}]\mathrm{d}(R^2-r^2)$$

$$=\frac{1}{16}\cdot2\pi\left[\frac{2}{3}R^4(R^2-r^2)^{\frac{3}{2}}-\frac{4}{5}R^2(R^2-r^2)^{\frac{5}{2}}+\frac{2}{7}(R^2-r^2)^{\frac{7}{2}}\right]_0^R$$

$$=\frac{2}{105}\pi R^7;$$

(2) 如图 11-27 所示，$\sum$ 在 xOy 面的投影为一段弧，故 $\iint\limits_{\Sigma} z\mathrm{d}x\mathrm{d}y=0$，$\sum$ 在 yOz 面上的投影为 $D_{yz}=\{(y,z)\mid 0\leqslant y\leqslant1,0\leqslant z\leqslant3\}$，

此时 $\sum$ 可表示为

$$x=\sqrt{1-y^2},(y,z)\in D_{yz},$$

故 $\iint\limits_{\Sigma} x\mathrm{d}y\mathrm{d}z=\iint\limits_{D_{yz}}\sqrt{1-y^2}\,\mathrm{d}y\mathrm{d}z=\int_0^3\mathrm{d}z\int_0^1\sqrt{1-y^2}\,\mathrm{d}y=3\int_0^1\sqrt{1-y^2}\,\mathrm{d}y.$

$\sum$ 在 zOx 面上的投影为 $D_{zx}=\{(z,x)\mid 0\leqslant z\leqslant3,0\leqslant x\leqslant1\}$，此时 $\sum$ 可表示为 $y=\sqrt{1-x^2},(x,z)\in D_{zx}$，

故 $\iint\limits_{\Sigma} y\mathrm{d}z\mathrm{d}x=\iint\limits_{D_{zx}}\sqrt{1-x^2}\,\mathrm{d}z\mathrm{d}x$

$$=\int_0^3 dz\int_0^1 \sqrt{1-x^2}\,dx = 3\int_0^1 \sqrt{1-x^2}\,dx,$$

因此$\iint\limits_{\Sigma} z\mathrm{d}x\mathrm{d}y + x\mathrm{d}y\mathrm{d}z + y\mathrm{d}z\mathrm{d}x = 2(3\int_0^1 \sqrt{1-x^2}\,\mathrm{d}x) = 6\times\frac{\pi}{4} = \frac{3}{2}\pi$;

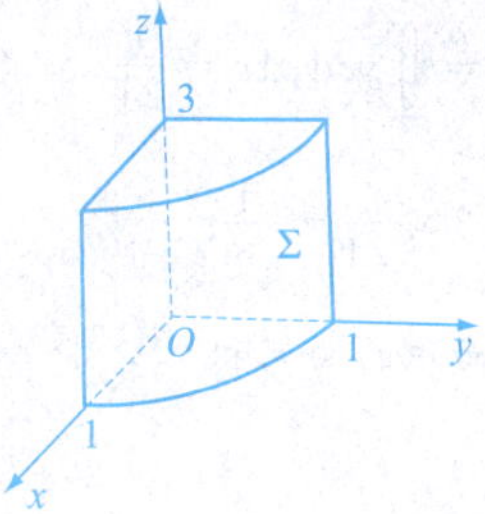

图 11-27

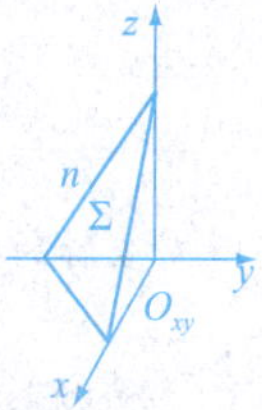

图 11-28

(3) $\sum$ 如图 11-28 所示，平面 $x-y+z=1$ 上侧的法向量为

$\boldsymbol{n}=(1,-1,1)$，$\boldsymbol{n}$ 的方向余弦为 $\cos\alpha=\frac{1}{\sqrt{3}}$，$\cos\beta=\frac{-1}{\sqrt{3}}$，$\cos\gamma=\frac{1}{\sqrt{3}}$，由两类曲面积分之间的联系可得

$$\iint\limits_{\Sigma}[f(x,y,z)+x]\mathrm{d}y\mathrm{d}z+[2f(x,y,z)+y]\mathrm{d}z\mathrm{d}x+[f(x,y,z)+z]\mathrm{d}x\mathrm{d}y$$

$$=\iint\limits_{\Sigma}(f+x)\cos\alpha\mathrm{d}S+(2f+y)\cos\beta\mathrm{d}S+(f+z)\cos\gamma\mathrm{d}x\mathrm{d}y$$

$$=\iint\limits_{\Sigma}(f+x)\frac{\cos\alpha}{\cos\gamma}\mathrm{d}x\mathrm{d}y+(2f+y)\frac{\cos\beta}{\cos\gamma}\mathrm{d}x\mathrm{d}y+(f+z)\mathrm{d}x\mathrm{d}y$$

$$=\iint\limits_{\Sigma}[(f+x)-(2f+y)+(f+z)]\mathrm{d}x\mathrm{d}y$$

$$=\iint\limits_{\Sigma}(x-y+z)\mathrm{d}x\mathrm{d}y.$$

由于 $\sum$ 上的点满足方程 $x-y+z=1$，故上式 $=\iint\limits_{\Sigma}\mathrm{d}x\mathrm{d}y=\iint\limits_{D_{xy}}\mathrm{d}x\mathrm{d}y=\frac{1}{2}$ 因而原积分 $=\frac{1}{2}$；

(4) 如图 11-29 所示，$\sum=\sum_1+\sum_2+\sum_3+\sum_4$，故

$$\oiint\limits_{\Sigma} xz\mathrm{d}x\mathrm{d}y=\iint\limits_{\Sigma_1}xz\mathrm{d}x\mathrm{d}y+\iint\limits_{\Sigma_2}xz\mathrm{d}x\mathrm{d}y+\iint\limits_{\Sigma_3}xz\mathrm{d}x\mathrm{d}y+\iint\limits_{\Sigma_4}xz\mathrm{d}x\mathrm{d}y$$

$$= 0+0+0+\iint_{\Sigma_4} xz\mathrm{d}x\mathrm{d}y = \iint_{D_{xy}} x(1-x-y)\mathrm{d}x\mathrm{d}y$$

$$= \int_0^1 x\mathrm{d}x\int_0^{1-x}(1-x-y)\mathrm{d}y = \frac{1}{24},$$

由积分变元的轮换对称性可知 $\oiint_{\Sigma} xy\mathrm{d}x\mathrm{d}z = \oiint_{\Sigma} yz\mathrm{d}y\mathrm{d}x = \frac{1}{24}$.

因此 $\oiint_{\Sigma} xz\mathrm{d}x\mathrm{d}y + xy\mathrm{d}y\mathrm{d}z + yz\mathrm{d}z\mathrm{d}x = 3\times\frac{1}{24} = \frac{1}{8}$.

4. 分析　(1) 对坐标的曲面积分以及对面积的曲面积分两者关系如下：

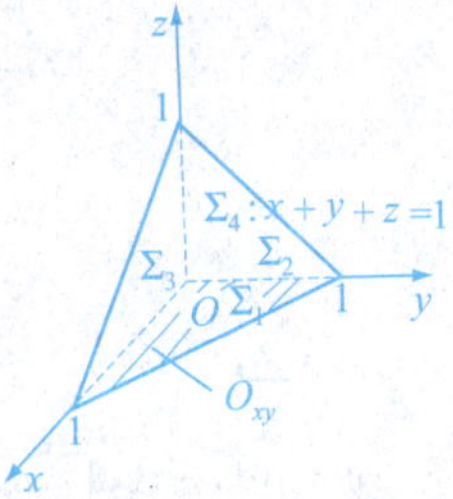

图 11-29

$$\iint_{\Sigma} P\mathrm{d}y\mathrm{d}z + Q\mathrm{d}z\mathrm{d}x + R\mathrm{d}x\mathrm{d}y = \iint_{\Sigma}(P\cos\alpha + Q\cos\beta + R\cos\gamma)\mathrm{d}S.$$

解　(1) 平面 $F(x,y,z) = 3x+2y+2\sqrt{3}z-6 = 0$，上侧的法向量为：$\boldsymbol{n} = (F_x, F_y, F_z) = (3,2,2\sqrt{3})$，故 $\boldsymbol{n}^0 = \left(\frac{3}{5},\frac{2}{5},\frac{2}{5}\sqrt{3}\right) = (\cos\alpha,\cos\beta,\cos\gamma)$.

$$\text{因此}\iint_{\Sigma} P\mathrm{d}y\mathrm{d}z + Q\mathrm{d}z\mathrm{d}x + R\mathrm{d}x\mathrm{d}y = \iint_{\Sigma}(P\cos\alpha + Q\cos\beta + R\cos\gamma)\mathrm{d}S$$

$$= \iint_{\Sigma}\left(\frac{3}{5}P + \frac{2}{5}Q + \frac{2\sqrt{3}}{5}R\right)\mathrm{d}S;$$

(2) $\sum$：$F(x,y,z) = z+x^2+y^2-8 = 0$，上侧的法向量 $\boldsymbol{n} = (F_x, F_y, F_z) = (2x, 2y, 1)$，故

$$\boldsymbol{n}^0 = \left\{\frac{2x}{\sqrt{1+4(x^2+y^2)}},\frac{2y}{\sqrt{1+4(x^2+y^2)}},\frac{1}{\sqrt{1+4(x^2+y^2)}}\right\}$$

$$= (\cos\alpha,\cos\beta,\cos\gamma),$$

$$\text{故}\iint_{\Sigma} P\mathrm{d}y\mathrm{d}z + Q\mathrm{d}z\mathrm{d}x + R\mathrm{d}x\mathrm{d}y = \iint_{\Sigma}[P\cos\alpha + Q\cos\beta + R\cos\gamma]\mathrm{d}S$$

$$= \iint_{\Sigma}\frac{2xP+2yQ+R}{\sqrt{1+4(x^2+y^2)}}\mathrm{d}S.$$

第六节　高斯公式　*通量与散度

知识要点及常考点

1. 高斯公式

设空间闭区域 Ω 是由分片光滑的闭曲面 $\sum$ 所围成，函数 $P(x,y,z)$，$Q(x,y,z)R(x,y,z)$ 在 Ω 上具有一阶连续偏导数，则有

$$\iiint\limits_{\Omega}\left(\frac{\partial P}{\partial x}+\frac{\partial Q}{\partial y}+\frac{\partial R}{\partial z}\right)\mathrm{d}v=\oint\limits_{\Sigma}P\mathrm{d}y\mathrm{d}z+Q\mathrm{d}z\mathrm{d}x+R\mathrm{d}x\mathrm{d}y$$

$$=\oint\limits_{\Sigma}(P\cos\alpha+Q\cos\beta+R\cos\gamma)\mathrm{d}S.$$

这时 $\sum$ 在 Ω 的整个边界的外侧，$\cos\alpha$、$\cos\beta$、$\cos\gamma$ 是 $\sum$ 在点 (x,y,z) 处的法向量的方向余弦.

注　① 利用高斯公式可以把对坐标的曲面积分化为三重积分，而在大多数情况下计算三重积分比计算对坐标的曲面积分容易.

② 应用高斯公式时 $\sum$ 应为封闭曲面，取外侧. 若 $\sum$ 不是封闭曲面，有时可引入辅助曲面 $\sum_1$，使 $\sum+\sum_1$ 成为取外侧或取内侧的封闭曲面，进而采用高斯公式. 取内侧时，高斯公式中应加负号. 当然辅助曲面 $\sum_1$ 应尽量简单，容易计算其上对坐标的曲面积分，一般情况下尽量选择平行于坐标面的平面.

③ 要注意 $P(x,y,z)$，$Q(x,y,z)$，$R(x,y,z)$ 在区域 Ω 内要有连续的一阶偏导数，否则高斯公式不能用.

2. 沿任意闭曲面的曲面积分为零的条件

设 G 是空间二维单连通区域，$P(x,y,z)$，$Q(x,y,z)$，$R(x,y,z)$ 在 G 内具有一阶连续偏导数，则曲面积分 $\iint\limits_{\Sigma}P\mathrm{d}y\mathrm{d}z+Q\mathrm{d}z\mathrm{d}x+R\mathrm{d}x\mathrm{d}y$ 在 G 内与所取曲面 $\sum$ 无关，而只取决于 $\sum$ 的边界曲线（或沿 G 内任一闭曲面的曲面积分为零）的充分必要条件是 $\frac{\partial P}{\partial x}+\frac{\partial Q}{\partial y}+\frac{\partial R}{\partial z}=0$ 在 G 内恒成立.

3. 通量与散度

(1) 通量

设向量场 $\boldsymbol{A}=\{P(x,y,z),Q(x,y,z),R(x,y,z)\}$，其中 P,Q,R 具有一阶连续偏导数，$\sum$ 为场内一片光滑有向曲面，$\sum$ 上点 (x,y,z) 处指定侧的法向量为 $\boldsymbol{n}$，则曲面积分

$$\iint_{\Sigma}\boldsymbol{A}\cdot\boldsymbol{n}\mathrm{d}S=\iint_{\Sigma}\boldsymbol{A}\cdot\mathrm{d}\boldsymbol{S}=\iint_{\Sigma}P\mathrm{d}y\mathrm{d}z+Q\mathrm{d}z\mathrm{d}x+R\mathrm{d}x\mathrm{d}y,$$

称为向量场 $\boldsymbol{A}$ 通过曲面 $\sum$ 向着指定侧的通量.

(2) 散度

设向量场 $\boldsymbol{A}=(P(x,y,z),Q(x,y,z),R(x,y,z))$，场中任意点 $M(x,y,z)$ 处取包围 M 点的闭曲面 $\sum$，$\sum$ 围成的闭区域 Ω 的体积为 V，P、Q、R 具有连续偏导数，则

$$\frac{\partial P}{\partial x}+\frac{\partial Q}{\partial y}+\frac{\partial R}{\partial z}=\lim_{\Omega\to M}\frac{\iint_{\Sigma}\boldsymbol{A}\cdot\boldsymbol{n}\mathrm{d}S}{V}\quad(\textstyle\sum\text{ 取外侧})$$

称其为向量场 $\boldsymbol{A}$ 在点 (x,y,z) 处的散度，记作 $\mathrm{div}\boldsymbol{A}$，即

$$\mathrm{div}\boldsymbol{A}=\frac{\partial P}{\partial x}+\frac{\partial Q}{\partial y}+\frac{\partial R}{\partial z}.$$

(3) 高斯公式

$$\iiint_{\Omega}\mathrm{div}\boldsymbol{A}\mathrm{d}v=\oiint_{\Sigma}\boldsymbol{A}\cdot\boldsymbol{n}\mathrm{d}S=\oiint_{\Sigma}\boldsymbol{A}_n\mathrm{d}S.$$

4. 空间区域的体积表示为曲面积分

设 Ω 是空间中的有界闭区域，边界 S 是分块光滑曲面，取外法向，则

$$V(\Omega)=\frac{1}{3}\iint_{S}x\mathrm{d}y\mathrm{d}z+y\mathrm{d}z\mathrm{d}x+z\mathrm{d}x\mathrm{d}y\quad(\Omega\text{ 的体积}).$$

(对 $P=x,Q=y,R=z$ 上 Ω 利用高斯公式).

本节考研要求

1. 掌握用高斯公式计算曲面积分的方法.
2. 了解散度的概念并掌握其计算方法.

题型、真题、方法

题型 1 用高斯公式求曲面积分

题型分析 高斯公式是联系第二类曲面积分与三重积分的重要公式．在应用高斯公式

$$\iiint_{\Omega}\left(\frac{\partial P}{\partial x}+\frac{\partial Q}{\partial y}+\frac{\partial R}{\partial z}\right)\mathrm{d}v=\oint\!\!\!\oint_{\Sigma}P\mathrm{d}y\mathrm{d}z+Q\mathrm{d}z\mathrm{d}x+R\mathrm{d}x\mathrm{d}y$$

或 $\iiint_{\Omega}\left(\frac{\partial P}{\partial x}+\frac{\partial Q}{\partial y}+\frac{\partial R}{\partial z}\right)\mathrm{d}v=\oint\!\!\!\oint_{\Sigma}(P\cos\alpha+Q\cos\beta+R\cos\gamma)\mathrm{d}S$ 时要注意以下几点：

(1) 设空间闭区域 Ω 是由分片光滑的闭曲面 $\sum$ 所围成，当然可以是光滑的闭曲面；

(2) 函数 $P(x,y,z)$，$Q(x,y,z)$，$R(x,y,z)$ 在 Ω 上具有一阶连续偏导数；

(3) 闭区域 Ω 可以是单连通区域，也可以是多连通区域，即有“空”的区域；

(4) $\sum$ 是封闭有向曲面，可以是几个有向封闭曲面的和．假定 $\sum=\sum_1+\sum_2$，它们围成多连通闭区域 Ω，其中 $\sum$ 是按正向取定的，且 $\sum_2$ 在 $\sum_1$ 内部，则 $\sum_1$ 指向外侧，$\sum_2$ 指向内侧．

例 1 计算 $\oint\!\!\!\oint_{\Sigma}2xz\mathrm{d}y\mathrm{d}z+yz\mathrm{d}z\mathrm{d}x-z^2\mathrm{d}x\mathrm{d}y$，其中 $\sum$ 是由曲面 $z=\sqrt{x^2+y^2}$ 与 $z=\sqrt{2-x^2-y^2}$ 所围立体的表面外侧．(考研题)

思路点拨 考虑到积分曲面 $\sum$ 为闭曲面，且积分满足高斯公式的条件，可用高斯公式计算．

解 令 Ω 表示积分曲面 $\sum$ 所围成的闭区域，由高斯公式得

$$\begin{aligned}\oint\!\!\!\oint_{\Sigma}2xz\mathrm{d}y\mathrm{d}z+yz\mathrm{d}z\mathrm{d}x-z^2\mathrm{d}x\mathrm{d}y&=\iiint_{\Omega}z\mathrm{d}V\\&=\int_0^{\frac{\pi}{4}}\mathrm{d}\varphi\int_0^{2\pi}\mathrm{d}\theta\int_0^{\sqrt{2}}r\cos\varphi\cdot r^2\sin\varphi\mathrm{d}r\\&=\frac{\pi}{2}.\end{aligned}$$

例 2 设曲面 $\sum: z=x^2+y^2\,(z\leqslant 1)$ 的上侧，计算曲面积分：

$\iint_{\Sigma}(x-1)^3\mathrm{d}y\mathrm{d}z+(y-1)^3\mathrm{d}z\mathrm{d}x+(z-1)\mathrm{d}x\mathrm{d}y$. (考研题)

解　$\sum_1:\begin{cases}z=1,\\x^2+y^2\leqslant 1,\end{cases}$ 取下侧，记由 $\sum,\sum_1$ 所围立体为 Ω，则高斯公式可得

$$\iint\limits_{\Sigma+\Sigma_1}(x-1)^3\mathrm{d}y\mathrm{d}z+(y-1)^3\mathrm{d}z\mathrm{d}x+(z-1)\mathrm{d}x\mathrm{d}y$$
$$=-\iiint\limits_{\Omega}(3(x-1)^2+3(y-1)^2+1)\mathrm{d}x\mathrm{d}y\mathrm{d}z$$
$$=-\iiint\limits_{\Omega}(3x^2+3y^2+7-6x-6y)\mathrm{d}x\mathrm{d}y\mathrm{d}z$$
$$=-\iiint\limits_{\Omega}(3x^2+3y^2+7)\mathrm{d}x\mathrm{d}y\mathrm{d}z$$
$$=-\int_0^{2\pi}\mathrm{d}\theta\int_0^1 r\mathrm{d}r\int_{r^2}^1(3r^2+7)\mathrm{d}z=-4\pi.$$

在 $\sum_1:\begin{cases}z=1,\\x^2+y^2\leqslant 1,\end{cases}$ 取下侧，则 $\iint\limits_{\Sigma_1}(x-1)^3\mathrm{d}y\mathrm{d}z+(y-1)^3\mathrm{d}z\mathrm{d}x+(z-1)\mathrm{d}x\mathrm{d}y$ $=\iint\limits_{\Sigma_1}(1-1)\mathrm{d}x\mathrm{d}y=0,$

所以 $\iint\limits_{\Sigma}(x-1)^3\mathrm{d}y\mathrm{d}z+(y-1)^3\mathrm{d}z\mathrm{d}x+(z-1)\mathrm{d}x\mathrm{d}y=\iint\limits_{\Sigma+\Sigma_1}(x-1)^3\mathrm{d}y\mathrm{d}z+(y-1)^3\mathrm{d}z\mathrm{d}x+(z-1)\mathrm{d}x\mathrm{d}y=-4\pi.$

例 3　计算曲面积分 $\iint\limits_{S}\dfrac{x\mathrm{d}y\mathrm{d}z+z^2\mathrm{d}x\mathrm{d}y}{x^2+y^2+z^2}$，其中 S 是由曲面 $x^2+y^2=R^2$ 及两平面 $z=R,z=-R(R>0)$ 所围立体表面的外侧.（考研题）

思路点拨　考虑到函数 $P=\dfrac{x}{x^2+y^2+z^2},R=\dfrac{z^2}{x^2+y^2+z^2}$ 在曲面 S 内部的点 $(0,0,0)$ 处没有意义，即不具有一阶连续偏导数，所以，不能直接利用高斯公式，只能对 S 的三张曲面：$x^2+y^2=R^2,z=R,z=-R$ 分别积分 .

解　令 $S_1:\begin{cases}z=R,\\x^2+y^2\leqslant R^2,\end{cases}$ 取上侧；$S_2:\begin{cases}z=-R,\\x^2+y^2\leqslant R^2,\end{cases}$ 取下侧；

$S_3:\begin{cases}-R\leqslant z\leqslant R,\\x^2+y^2=R^2,\end{cases}$ 取外侧 . 则有

$$\iint\limits_{S}\frac{x\mathrm{d}y\mathrm{d}z+z^2\mathrm{d}x\mathrm{d}y}{x^2+y^2+z^2}=\iint\limits_{S_1+S_2+S_3}\frac{x\mathrm{d}y\mathrm{d}z+z^2\mathrm{d}x\mathrm{d}y}{x^2+y^2+z^2}.$$

而 $$\iint_{S_1}\frac{x\mathrm{d}y\mathrm{d}z}{x^2+y^2+z^2}=\iint_{S_2}\frac{x\mathrm{d}y\mathrm{d}z}{x^2+y^2+z^2}=0,$$

令 $D_{xy}:\begin{cases}z=0,\\x^2+y^2\leqslant R^2,\end{cases}$ 表示 S_1,S_2 在 xOy 面上的投影区域，则有

$$\iint_{S_1+S_2}\frac{z^2\mathrm{d}x\mathrm{d}y}{x^2+y^2+z^2}=\iint_{D_{xy}}\frac{R^2}{x^2+y^2+R^2}\mathrm{d}x\mathrm{d}y-\iint_{D_{xy}}\frac{(-R)^2}{x^2+y^2+R^2}\mathrm{d}x\mathrm{d}y=0.$$

（化为 xOy 面上的投影区域 D_{xy} 上的二重积分，注意符号）

在 S_3 上，$\iint_{S_3}\frac{z^2\mathrm{d}x\mathrm{d}y}{x^2+y^2+z^2}=0.$

令 $D_{yz}:\begin{cases}x=0,\\-R\leqslant y\leqslant R,-R\leqslant z\leqslant R,\end{cases}$ 表示 S_3 在 yOz 面的投影区域，则有

$$\begin{aligned}\iint_{S_3}\frac{x\mathrm{d}y\mathrm{d}z}{x^2+y^2+z^2}&=\iint_{D_{yz}}\frac{\sqrt{R^2-y^2}}{R^2+z^2}\mathrm{d}y\mathrm{d}z-\iint_{D_{yz}}\frac{-\sqrt{R^2-y^2}}{R^2+z^2}\mathrm{d}y\mathrm{d}z\\&=2\iint_{D_{yz}}\frac{\sqrt{R^2-y^2}}{R^2+z^2}\mathrm{d}y\mathrm{d}z\\&=2\int_{-R}^{R}\mathrm{d}y\int R_{-R}\frac{\sqrt{R^2-y^2}}{R^2+z^2}\mathrm{d}z=\frac{1}{2}\pi^2R.\end{aligned}$$

于是，$\iint_S\frac{x\mathrm{d}y\mathrm{d}z^2\mathrm{d}x\mathrm{d}y}{x^2+y^2+z^2}=\frac{1}{2}\pi^2R.$

现学现练 计算曲面积分 $I=\oiint_{\Sigma}2xz\mathrm{d}y\mathrm{d}z+yz\mathrm{d}z\mathrm{d}x-z^2\mathrm{d}x\mathrm{d}y$ 其中 $\sum$ 是由曲面 $z=\sqrt{x^2+y^2}$ 与 $z=\sqrt{2-x^2-y^2}$ 所围立体的表面外侧．$\left(I=\frac{\pi}{2}\right)$

题型 2 关于通量和散度的计算

题型分析 通量的一般计算公式：

$\boldsymbol{A}=P(x,y,z)\boldsymbol{i}+Q(x,y,z)\boldsymbol{j}+R(x,y,z)\boldsymbol{k}$,

$\mathrm{d}\boldsymbol{S}=\mathrm{d}y\mathrm{d}z\boldsymbol{i}+\mathrm{d}z\mathrm{d}x\boldsymbol{j}+\mathrm{d}x\mathrm{d}y\boldsymbol{k}$,

$\varphi=\iint_{\Sigma}P(x,y,z)\mathrm{d}y\mathrm{d}z+Q(x,y,z)\mathrm{d}z\mathrm{d}x+R(x,y,z)\mathrm{d}x\mathrm{d}y.$

散度的计算公式：

设 $\boldsymbol{A}=P(x,y,z)\boldsymbol{i}+Q(x,y,z)\boldsymbol{j}+R(x,y,z)\boldsymbol{k}$，则 $\boldsymbol{A}$ 在 $P(x,y,z)$ 点处的散度为

$$\operatorname{div}\boldsymbol{A}=\frac{\partial P}{\partial x}+\frac{\partial Q}{\partial y}+\frac{\partial R}{\partial z}.$$

例 4　设 f 具有二阶连续偏导数，试计算 $\operatorname{div}[\mathbf{grad}f(r)]$，其中 $r=\sqrt{x^2+y^2+z^2}$.

思路点拨　先求出 $f(r)$ 的梯度 $\mathbf{grad}f(r)$，注意：r 是 x,y,z 的函数．$\frac{\partial}{\partial x}f(r)=f'(r)\frac{\partial r}{\partial x}$，再根据散度定义求 $\operatorname{div}[\mathbf{grad}f(r)]$.

解　因为

$$\frac{\partial}{\partial x}(f(r))=f'(r)\frac{\partial r}{\partial x}=f'(r)\frac{x}{r},$$

$$\frac{\partial}{\partial y}(f(r))=f'(r)\frac{\partial r}{\partial y}=f'(r)\frac{y}{r},$$

$$\frac{\partial}{\partial z}(f(r))=f'(r)\frac{\partial r}{\partial z}=f'(r)\frac{z}{r},$$

所以　$\mathbf{grad}(r)=f'(r)\frac{x}{r}\boldsymbol{i}+f'(r)\frac{y}{r}\boldsymbol{j}+f'(r)\frac{z}{r}\boldsymbol{k}.$

故 $\operatorname{div}[\mathbf{grad}f(r)]=\frac{\partial}{\partial x}\left[f'(r)\frac{x}{r}\right]+\frac{\partial}{\partial y}\left[f'(r)\frac{y}{r}\right]+\frac{\partial}{\partial z}\left[f'(r)\frac{z}{r}\right]$

$$=f''(r)\frac{x^2}{r^2}+f'(r)\cdot\frac{r-x\frac{\partial r}{\partial x}}{r^2}+f''(r)\frac{y^2}{r^2}+f'(r)\frac{r-y\frac{\partial r}{\partial y}}{r^2}$$

$$+f''(r)\frac{z^2}{r^2}+f'(r)\frac{r-y\frac{\partial r}{\partial z}}{r^2}$$

$$=f''(r)+\frac{f'(r)}{r^2}\left[3r-\left(x\frac{x}{r}+y\frac{y}{r}+z\frac{z}{r}\right)\right]$$

$$=f''(r)+\frac{2}{r}f'(r).$$

例 5　设流速场 $\boldsymbol{v}=x\boldsymbol{i}+y\boldsymbol{j}+z\boldsymbol{k}$，求流体的流量 Q. (1) 穿过圆锥 $x^2+y^2=z^2$ $(0\leqslant z\leqslant h)$ 的侧面，法向量向外；(2) 穿过上述圆锥的底面，法向量外.

思路点拨　求流量（通量）问题，利用定义式 $\iint\limits_{z}\boldsymbol{A}\cdot\boldsymbol{n}\mathrm{d}s$，即向量场通过曲面 $\sum$ 的通量，化成求曲面积分问题，再采用适当的方法求解.

解　(1) $Q=\iint\limits_{\Sigma}\boldsymbol{v}\cdot\boldsymbol{n}\mathrm{d}\boldsymbol{S}=\iint\limits_{\Sigma}x\mathrm{d}y\mathrm{d}z+y\mathrm{d}z\mathrm{d}x+z\mathrm{d}x\mathrm{d}y$

$$=\iint_{\Sigma}(x\cos\alpha+y\cos\beta+z\cos\gamma)\mathrm{d}\boldsymbol{S},$$

其中$\sum$为圆锥的侧面，$\boldsymbol{n}=(\cos\alpha,\cos\beta,\cos\gamma)$是$\sum$的单位法向量，$\cos\gamma<0$，若记$F(x,y,z)=x^2+y^2-z^2=0$为上述锥面，则

$$(\cos\alpha,\cos\beta,\cos\gamma)=\frac{1}{\sqrt{(\frac{\partial F}{\partial x})^2+(\frac{\partial F}{\partial y})^2+(\frac{\partial F}{\partial z})^2}}(\frac{\partial F}{\partial x},\frac{\partial F}{\partial y},\frac{\partial F}{\partial z})$$

$$=\frac{1}{\sqrt{x^2+y^2+z^2}}(x,y,-z),$$

由此可见，流量$Q=\iint_{\Sigma}\frac{1}{\sqrt{x^2+y^2+z^2}}(x^2+y^2-z^2)\mathrm{d}\boldsymbol{S}=0.$

(2) 若记圆锥的底面为$\sum_0$，则通过$\sum_0$的流量

$$Q=\iint_{\Sigma_0}x\mathrm{d}y\mathrm{d}z+y\mathrm{d}z\mathrm{d}x+z\mathrm{d}x\mathrm{d}y$$

$$=\iint_{x^2+y^2\leqslant h^2}(0+0+h\mathrm{d}x\mathrm{d}y)=h\cdot\pi h^2=\pi h^3.$$

现学现练　求向量场$\boldsymbol{A}=\frac{1}{r}\boldsymbol{r}$的散度，其中$\boldsymbol{r}=x\boldsymbol{i}+y\boldsymbol{j}+z\boldsymbol{k}$，$r=|\boldsymbol{r}|$. $\left(\mathrm{div}\boldsymbol{A}=\frac{2}{r}\right)$.

课后习题全解

习题 11－6 全解

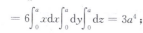

1. 分析　(3) 直接套用高斯公式(1)$\iiint_{\Omega}\left(\frac{\partial P}{\partial x}+\frac{\partial Q}{\partial y}+\frac{\partial R}{\partial z}\right)\mathrm{d}v=\oiint_{\Sigma}P\mathrm{d}y\mathrm{d}z+Q\mathrm{d}z\mathrm{d}x+R\mathrm{d}x\mathrm{d}y$注意表面内外侧的选择.

解　(1) 由高斯公式

$$原式=\iiint_{\Omega}\left(\frac{\partial P}{\partial x}+\frac{\partial Q}{\partial y}+\frac{\partial R}{\partial z}\right)\mathrm{d}v=2\iiint_{\Omega}(x+y+z)\mathrm{d}v\xlongequal{对称性}6\iiint_{\Omega}x\mathrm{d}v$$

$$=6\int_0^a x\mathrm{d}x\int_0^a\mathrm{d}y\int_0^a\mathrm{d}z=3a^4;$$

(2) 由高斯公式

$$原式=\iiint_{\Omega}\left(\frac{\partial P}{\partial x}+\frac{\partial Q}{\partial y}+\frac{\partial R}{\partial z}\right)\mathrm{d}v=\iiint_{\Omega}3(x^2+y^2+z^2)\mathrm{d}v$$

$$= 3\int_0^{2\pi} d\theta \int_0^{\pi} \sin\varphi d\varphi \int_0^a r^4 dr = \frac{12}{5}\pi a^5;$$

(3) 由高斯公式

$$原式 = \iiint_{\Omega} \left(\frac{\partial P}{\partial x} + \frac{\partial Q}{\partial y} + \frac{\partial R}{\partial z}\right) dv = \iiint_{\Omega} (z^2 + x^2 + y^2) dv$$

$$= \int_0^{2\pi} d\theta \int_0^{\frac{\pi}{2}} d\varphi \int_0^a r^2 r^2 \sin\varphi dr = 2\pi \int_0^{\frac{\pi}{2}} \sin\varphi d\varphi \int_0^a r^4 dr = \frac{2}{5}\pi a^5;$$

(4) 由高斯公式

$$原式 = \iiint_{\Omega} \left(\frac{\partial P}{\partial x} + \frac{\partial Q}{\partial y} + \frac{\partial R}{\partial z}\right) dv = \iiint_{\Omega} 3 dv = 81\pi;$$

(5) 由高斯公式

$$原式 = \iiint_{\Omega} \left(\frac{\partial P}{\partial x} + \frac{\partial Q}{\partial y} + \frac{\partial R}{\partial z}\right) dv = \iiint_{\Omega} (4z - 2y + y) dv$$

$$= \int_0^1 dx \int_0^1 dy \int_0^1 (4z - y) dz = \int_0^1 \left[2z^2 - yz\right]_0^1 dy$$

$$= \int_0^1 (2 - y) dy = \frac{3}{2}.$$

2. 解　(1) $P = yz, Q = xz, R = xy$.

$$\Phi = \oiint_{\Sigma} yz dydz + xz dzdx + xy dxdy \xlongequal{高斯公式} \iiint_{\Omega} \left(\frac{\partial(yz)}{\partial x} + \frac{\partial(xz)}{\partial y} + \frac{\partial(xy)}{\partial z}\right) dv$$

$$= \iiint_{\Omega} 0 dv = 0;$$

(2) $P = 2x - z, Q = x^2 y, R = -xz^2$.

$$\Phi = \oiint_{\Sigma} P dydz + Q dzdx + R dxdy \xlongequal{高斯公式} \iiint_{\Omega} \left[\frac{\partial P}{\partial x} + \frac{\partial Q}{\partial y} + \frac{\partial R}{\partial z}\right] dv$$

$$= \oiint_{\Sigma} (2 + x^2 - 2xz) dv = \int_0^a dx \int_0^a dy \int_0^a (2 + x^2 - 2xz) dz$$

$$= a\int_0^a (2a + ax^2 - a^2 x) dx = a^3 \left(2 - \frac{a^2}{6}\right);$$

(3) $P = 2x + 3z, Q = -(xz + y), R = y^2 + 2z$.

$$\Phi = \oiint_{\Sigma} P dydz + Q dzdx + R dxdy \xlongequal{高斯公式} \iiint_{\Omega} \left(\frac{\partial P}{\partial x} + \frac{\partial Q}{\partial y} + \frac{\partial R}{\partial z}\right) dv$$

$$= \iiint_{\Omega} (2 - 1 + 2) dv = \iiint_{\Omega} 3 dv = 3 \times \frac{4\pi}{3} \times 3^3 = 108\pi.$$

3. 分析　(1) 若向量场 $\mathbf{A} = P\mathbf{i} + Q\mathbf{j} + R\mathbf{k}$，则通量、散度和高斯公式之间的联系

是 $\mathrm{div}\boldsymbol{A}=\frac{\partial P}{\partial x}+\frac{\partial Q}{\partial y}+\frac{\partial R}{\partial z}$；$\iiint\limits_{\Omega}\mathrm{div}\boldsymbol{A}\mathrm{d}v=\oint\!\!\!\oint\limits_{\Sigma}A_n\mathrm{d}S$.

解　(1) $P=x^2+yz,Q=y^2+xz,R=z^2+xy$，

$$\mathrm{div}\boldsymbol{A}=\frac{\partial P}{\partial x}+\frac{\partial Q}{\partial y}+\frac{\partial R}{\partial z}=2x+2y+2z=2(x+y+z);$$

(2) $P=\mathrm{e}^{xy},Q=\cos(xy),R=\cos(xz^2)$，

$$\mathrm{div}\boldsymbol{A}=\frac{\partial P}{\partial x}+\frac{\partial Q}{\partial y}+\frac{\partial R}{\partial z}=y\mathrm{e}^{xy}-x\sin(xy)-2xz\sin(xz^2);$$

(3) $P=y^2,Q=xy,R=xz$，

$$\mathrm{div}\boldsymbol{A}=\frac{\partial P}{\partial x}+\frac{\partial Q}{\partial y}+\frac{\partial R}{\partial z}=0+x+x=2x.$$

4. 分析　$\iiint\limits_{\Omega}(u\Delta v-v\Delta u)\mathrm{d}x\mathrm{d}y\mathrm{d}z=\iiint\limits_{\Omega}u\Delta v\mathrm{d}x\mathrm{d}y\mathrm{d}z-\iiint\limits_{\Omega}v\Delta u\mathrm{d}x\mathrm{d}y\mathrm{d}z$. 对前半部分，实际上是 $\iiint\limits_{\Omega}u\Delta v\mathrm{d}x\mathrm{d}y\mathrm{d}z=\iiint\limits_{\Omega}u\left(\frac{\partial^2 u}{\partial x^2}+\frac{\partial^2 v}{\partial y^2}+\frac{\partial^2 v}{\partial z^2}\right)\mathrm{d}x\mathrm{d}y\mathrm{d}z$.

同理：$\iiint\limits_{\Omega}v\Delta u\mathrm{d}x\mathrm{d}y\mathrm{d}z=\iiint\limits_{\Omega}v\left(\frac{\partial^2 u}{\partial x^2}+\frac{\partial^2 u}{\partial y^2}+\frac{\partial^2 u}{\partial z^2}\right)\mathrm{d}x\mathrm{d}y\mathrm{d}z$，然后再用第一格林公式展开.

证　由第一格林公式知

$$\iiint\limits_{\Omega}u\left(\frac{\partial^2 v}{\partial x^2}+\frac{\partial^2 v}{\partial y^2}+\frac{\partial^2 v}{\partial z^2}\right)\mathrm{d}x\mathrm{d}y\mathrm{d}z$$

$$=\oint\!\!\!\oint\limits_{\Sigma}u\frac{\partial u}{\partial n}\mathrm{d}S-\iiint\limits_{\Omega}\left(\frac{\partial u}{\partial x}\frac{\partial v}{\partial x}+\frac{\partial u}{\partial y}\frac{\partial v}{\partial y}+\frac{\partial u}{\partial z}\frac{\partial v}{\partial z}\right)\mathrm{d}x\mathrm{d}y\mathrm{d}z$$

$$\iiint\limits_{\Omega}v\left(\frac{\partial^2 u}{\partial x^2}+\frac{\partial^2 u}{\partial y^2}+\frac{\partial^2 u}{\partial z^2}\right)\mathrm{d}x\mathrm{d}y\mathrm{d}z$$

$$=\oint\!\!\!\oint\limits_{\Sigma}v\frac{\partial u}{\partial n}\mathrm{d}S-\iiint\limits_{\Omega}\left(\frac{\partial u}{\partial x}\frac{\partial v}{\partial x}+\frac{\partial u}{\partial y}\frac{\partial v}{\partial y}+\frac{\partial u}{\partial z}\frac{\partial v}{\partial z}\right)\mathrm{d}x\mathrm{d}y\mathrm{d}z.$$

将上面两个式子相减，即得

$$\iiint\limits_{\Omega}\left[u\left(\frac{\partial^2 v}{\partial x^2}+\frac{\partial^2 v}{\partial y^2}+\frac{\partial^2 v}{\partial z^2}\right)-v\left(\frac{\partial^2 u}{\partial x^2}+\frac{\partial^2 u}{\partial y^2}+\frac{\partial^2 u}{\partial z}\right)\right]\mathrm{d}x\mathrm{d}y\mathrm{d}z$$

$$=\oint\!\!\!\oint\limits_{\Sigma}\left(u\frac{\partial v}{\partial n}-v\frac{\partial u}{\partial n}\right)\mathrm{d}S.$$

5. 证　取液面为 xOy 面，z 轴沿铅直向下，设液体的密度为 ρ，在物体表面 $\sum$ 上取元素 $\mathrm{d}S$，点 (x,y,z) 为 $\mathrm{d}S$ 上一点，并设 $\sum$ 在点 (x,y,z) 处的外法线的方向余弦为 $\cos\alpha,\cos\beta,\cos\gamma$，则 $\mathrm{d}S$ 所受液体的压力在坐标轴 x,y,z 上的分量分别为 $-\rho z\cos\alpha\mathrm{d}S$，

$-\rho z\cos\beta dS, -\rho z\cos\gamma dS$,

$\sum$ 所受的压力利用高斯公式进行计算得

$$F_x = \oiint_{\Sigma} -\rho z\cos\alpha dS = \iiint_{\Omega} 0 dv = 0,$$

$$F_y = \oiint_{\Sigma} -\rho z\cos\beta dS = \iiint_{\Omega} 0 dv = 0,$$

$$F_z = \oiint_{\Sigma} -\rho z\cos\gamma dS = \iiint_{\Omega} -\rho dv = -\rho\iiint_{\Omega} dv = -\rho|\Omega|.$$

其中 $|\Omega|$ 为物体的体积. 因此在液体中的物体所受液体的压力的合力，其方向铅直向上，大小等于这个物体所排开的液体所受的重力，即阿基米德原理得证.

第七节　斯托克斯公式* 环流量与旋度

知识要点及常考点

1. 斯托克斯公式

格林公式表达了平面闭区域上的二重积分与其边界线上的曲线积分间的关系. 斯托克斯公式是格林公式的推广，表达了曲面 $\sum$ 上的曲面积分与沿 $\sum$ 的边界曲线的曲线积分的联系.

利用行列式可以把斯托克斯公式写成

$$\iint_{\Sigma} \begin{vmatrix} dydz & dzdx & dxdy \\ \dfrac{\partial}{\partial x} & \dfrac{\partial}{\partial y} & \dfrac{\partial}{\partial z} \\ P & Q & R \end{vmatrix} = \oint_{\Gamma} Pdx + Qdy + Rdz.$$

注　注意到在斯托克斯公式中如果 $P(x,y,z), Q(x,y,z), R(x,y,z)$ 具有二阶连续偏导数时，那么公式积分值与 $\sum$ 的形态无关，事实上，若 $\sum_1, \sum_2$ 是以 Γ 为边界的分片光滑有向曲面，且 $\sum$ 的侧面与 Γ 正向符合右手定则，则 $\sum_1 - \sum_2$ 构成了闭曲面，由高斯公式有

$$\iint_{\Sigma_1-\Sigma_2} \left(\frac{\partial R}{\partial y} - \frac{\partial Q}{\partial z}\right)dydz + \left(\frac{\partial P}{\partial z} - \frac{\partial R}{\partial x}\right)dzdx + \left(\frac{\partial Q}{\partial x} - \frac{\partial P}{\partial y}\right)dxdy$$

2. 空间曲线积分与路径无关

设空间区域 G 是一维单连通域，函数 $P(x,y,z)$、$Q(x,y,z)$、$R(x,y,z)$ 在 G 内具有一阶连续偏导数，则空间曲线积分 $\int_\Gamma P\mathrm{d}x+Q\mathrm{d}y+R\mathrm{d}z$ 在 G 内与路径无关(或沿 G 内任意闭曲线的曲线积分为零) 的充分必要条件是

$$\frac{\partial P}{\partial y}=\frac{\partial Q}{\partial x},\frac{\partial Q}{\partial z}=\frac{\partial R}{\partial y},\frac{\partial R}{\partial x}=\frac{\partial P}{\partial z}$$

在 G 内恒成立.

与平面曲线积分与路径无关一样，当空间曲线积分与路径无关时，可选择最简单的路径代替，一般可选平行于坐标轴的折线，类似地可以求三元函数全微分的原函数.

由于 $\frac{\partial}{\partial x}\left(\frac{\partial R}{\partial x}-\frac{\partial Q}{\partial z}\right)+\frac{\partial}{\partial y}\left(\frac{\partial P}{\partial z}-\frac{\partial R}{\partial x}\right)+\frac{\partial}{\partial z}\left(\frac{\partial Q}{\partial x}-\frac{\partial P}{\partial y}\right)=0$. 所以上式值为 0，即 $\iint\limits_{\Sigma_1}=\iint\limits_{\Sigma_2}$. 这就是说，凡是斯托克斯公式化出的曲面积分均具形状无关性. 当然，P，Q，R 应具有二阶连续偏导数. 因此在利用公式时可选取几何形状比较规则的曲面. 如平面或球面等.

3. 旋度

设有向量场 $\boldsymbol{A}(x,y,z)=P(x,y,z)\boldsymbol{i}+Q(x,y,z)\boldsymbol{j}+R(x,y,z)\boldsymbol{k}$，

$\boldsymbol{A}$ 的散度为

$$\mathrm{div}\boldsymbol{A}=\frac{\partial P}{\partial x}+\frac{\partial Q}{\partial y}+\frac{\partial R}{\partial z}.$$

散度是一个数量，它是向量场 $\boldsymbol{A}$ 在一点散发流体的强度的度量 $\boldsymbol{A}$ 的旋度为

$$\mathrm{rot}\boldsymbol{A}=\begin{vmatrix}\boldsymbol{i} & \boldsymbol{j} & \boldsymbol{k}\\ \frac{\partial}{\partial x} & \frac{\partial}{\partial y} & \frac{\partial}{\partial z}\\ P & Q & R\end{vmatrix}=\left(\frac{\partial R}{\partial y}-\frac{\partial Q}{\partial z}\right)\boldsymbol{i}+\left(\frac{\partial P}{\partial z}-\frac{\partial R}{\partial x}\right)\boldsymbol{j}+\left(\frac{\partial Q}{\partial x}-\frac{\partial P}{\partial y}\right)\boldsymbol{k}.$$

旋度是一个向量，是在一点处与旋度垂直的单位面积的平面的边缘的环流量.

注　注意梯度、散度、旋度的关系.

本节考研要求

1. 掌握用斯托克斯公式计算曲线积分的方法.

2. 了解旋度的概念并掌握其计算方法.

题型、真题、方法

题型 1　斯托克斯公式的应用

题型分析　$\text{div}[\mathbf{grad}u(x,y,z)]=\dfrac{\partial^2 u}{\partial x^2}+\dfrac{\partial^2 u}{\partial y^2}+\dfrac{\partial^2 u}{\partial z^2}$；

$\text{rot}[\mathbf{grad}u(x,y,z)]=\mathbf{0}$；

$\text{div}[\mathbf{rot}(P\boldsymbol{i}+Q\boldsymbol{j}+R\boldsymbol{k})]=0.$

积分曲线 L 为闭曲线(或通过添加辅助曲线成为闭曲线)，关键在于选择以积分曲线 L 为边界的有向曲面 $\sum$，并且使曲面 $\sum$ 的侧与积分曲线 L 的方向符合右手法则.

$$\oint_L P\mathrm{d}x+Q\mathrm{d}y+R\mathrm{d}z=\iint_{\Sigma}\begin{vmatrix}\mathrm{d}y\mathrm{d}z & \mathrm{d}z\mathrm{d}x & \mathrm{d}x\mathrm{d}y\\ \dfrac{\partial}{\partial x} & \dfrac{\partial}{\partial y} & \dfrac{\partial}{\partial z}\\ P & Q & R\end{vmatrix}=\iint_{\Sigma}\begin{vmatrix}\cos\alpha & \cos\beta & \cos\gamma\\ \dfrac{\partial}{\partial x} & \dfrac{\partial}{\partial y} & \dfrac{\partial}{\partial z}\\ P & Q & R\end{vmatrix}\mathrm{d}S,$$

其中 $\boldsymbol{n}=(\cos\alpha,\cos\beta,\cos\gamma)$ 为有向曲面 $\sum$ 的单位法向量，注意斯托克斯公式的另一种形式：

$$\oint_L P\mathrm{d}x+Q\mathrm{d}y+R\mathrm{d}z=\iint_{\Sigma}\begin{vmatrix}\cos\alpha & \cos\beta & \cos\gamma\\ \dfrac{\partial}{\partial x} & \dfrac{\partial}{\partial y} & \dfrac{\partial}{\partial z}\\ P & Q & R\end{vmatrix}\mathrm{d}S,$$

该式的特点是将第二类空间曲线积分直接化为第一类曲面积分.

例 1　设 L 是柱面 $x^2+y^2=1$ 和平面 $y+z=0$ 的交线，从 z 轴正方向往负方向看是逆时针方向，则曲线积分 $\oint_L z\mathrm{d}x+y\mathrm{d}z=$ ________(考研题)

解　设有向曲面 $\sum$：$\begin{cases}y+z=0\\ x^2+y^2\leqslant 1\end{cases}$ 取上侧，平面区域 $D_{xy}=\{(x,y)\mid x^2+y^2\leqslant 1\}$，

则由斯托克斯公式 $\oint_L P\mathrm{d}x+Q\mathrm{d}y+R\mathrm{d}z=\iint_{\Sigma}\begin{vmatrix}\mathrm{d}y\mathrm{d}z & \mathrm{d}z\mathrm{d}x & \mathrm{d}x\mathrm{d}y\\ \dfrac{\partial}{\partial x} & \dfrac{\partial}{\partial y} & \dfrac{\partial}{\partial z}\\ P & Q & R\end{vmatrix}$ 可知

原式$\oint_L z\,dx + y\,dz = \iint_{\Sigma} dydz + dzdx = \iint_{\Sigma} dxdy = \iint_{D_{xy}} dxdy = \pi.$

例 2　计算$\oint_{\Gamma} y^2 dx + z^2 dy + x^2 dz$其中$\Gamma$为曲线$x^2+y^2+z^2=a^2, x^2+y^2=ax(z\geqslant 0, a>0)$从$x$轴正向看曲线沿逆时针方向.

思路点拨　既可以把积分曲线Γ化为参数方程用对坐标的曲线积分求解，也可以用斯托克斯公式化为曲面积分求解.

解　设$\sum$为曲面$x^2+y^2+z^2=a^2$的外侧被包围的部分，则由斯托克斯公式，

有　$$\oint_{\Gamma} y^2 dx + z^2 dy + x^2 dz = \iint_{\Sigma} \begin{vmatrix} \cos\alpha & \cos\beta & \cos\gamma \\ \frac{\partial}{\partial x} & \frac{\partial}{\partial y} & \frac{\partial}{\partial z} \\ y^2 & z^2 & x^2 \end{vmatrix} dS$$

$$=-2\iint_{\Sigma}(z\cos\alpha + x\cos\beta + y\cos\gamma)dS$$

$$=-2\iint_{\Sigma}(z\cos\alpha + y\cos\gamma)dS = -2\iint_{\Sigma}\left(z\cdot\frac{x}{a} + y\cdot\frac{z}{a}\right)dS$$

$$=-2\iint_{\Sigma}(x+y)dxdy = -2\iint_{D_{xy}}(x+y)dxdy$$

$$=-2\int_{-\frac{\pi}{2}}^{\frac{\pi}{2}} d\theta \int_0^{a\cos\theta} r(\cos\theta + \sin\theta)\cdot r dr = -\frac{\pi}{4}a^3.$$

也可将Γ化为参数方程求解：

设$x-\frac{a}{2}=\frac{a}{2}\cos t, y=\frac{a}{2}\sin t(0\leqslant t\leqslant 2\pi)$，则$\Gamma$的参数方程为

$$x=\frac{a(1+\cos t)}{2}, y=\frac{a\sin t}{2}, z=a\sin\frac{t}{2}(0\leqslant t\leqslant 2\pi).$$

故$$\oint_{\Gamma} y^2 dx + z^2 dy + x^2 dz = \int_0^{2\pi}\left[-\frac{a^3\sin^3 t}{8} + \frac{a^3\sin^2\frac{t}{2}\cos t}{2} + \frac{a^3\cos^5\frac{t}{2}}{2}\right]dt$$

$$=-\frac{\pi}{4}a^3.$$

现学现练　证明微分表达式$(yze^{xyz}+2x)dx + (zxe^{xyz}+3y^2)dy + (xye^{xyz}+4x^3)dz$是全微分，并求其原函数.$[v(x,y,z)=x^2+y^3+z^4+e^{xyz}+C]$

题型 2　关于环流量与旋度计算

题型分析　环流量面密度的计算公式：

设 $\cos\alpha$、$\cos\beta$、$\cos\gamma$ 为 P 点处法线矢量 $\boldsymbol{n}$ 的方向余弦，方向场 $\mathbf{A}=P(x,y,z)\boldsymbol{i}+Q(x,y,z)\boldsymbol{j}+R(x,y,z)\boldsymbol{k}$，则

$$\mu_n=\begin{vmatrix}\cos\alpha & \cos\beta & \cos\gamma\\ \dfrac{\partial}{\partial x} & \dfrac{\partial}{\partial y} & \dfrac{\partial}{\partial z}\\ P & Q & R\end{vmatrix}.$$

旋度计算公式：设有矢量 $\mathbf{A}=P(x,y,z)\boldsymbol{i}+Q(x,y,z)\boldsymbol{j}+R(x,y,z)\boldsymbol{k}$，则

$$\mathbf{rotA}=\begin{vmatrix}\boldsymbol{i} & \boldsymbol{j} & \boldsymbol{k}\\ \dfrac{\partial}{\partial x} & \dfrac{\partial}{\partial y} & \dfrac{\partial}{\partial z}\\ P & Q & R\end{vmatrix}.$$

例 3　计算 $I=\iint\limits_{\Sigma}\mathbf{rotA}\cdot\boldsymbol{n}\mathrm{d}S$，其中 $\sum$ 是球面 $x^2+y^2+z^2=9$ 的上半部，Γ 是它的边界，$\mathbf{A}=2y\boldsymbol{i}+3x\boldsymbol{j}-z^2\boldsymbol{k}$. (1) 试用对面积的曲面积分计算 I；(2) 用对坐标的曲面积分计算 I；(3) 用高斯公式计算 I；(4) 用斯托克斯公式计算 I.

思路点拨　直接利用环流量与旋度的定义计算.

解　因 $\mathbf{rotA}=\begin{vmatrix}\boldsymbol{i} & \boldsymbol{j} & \boldsymbol{k}\\ \dfrac{\partial}{\partial x} & \dfrac{\partial}{\partial y} & \dfrac{\partial}{\partial z}\\ 2y & 3x & -z^2\end{vmatrix}=(0,0,1).$

$$\boldsymbol{n}=(\cos\alpha,\cos\beta,\cos\gamma)$$

$$=\left(\frac{-z_x}{\sqrt{1+(z'_x)+(z'_y)^2}},\frac{-z_y}{\sqrt{1+(z'_x)+(z'_y)^2}},\frac{1}{\sqrt{1+(z'_x)+(z'_y)^2}}\right),$$

于是

$$(1)I=\iint\limits_{\Sigma}\frac{1}{\sqrt{1+(z'_x)^2+(z'_y)^2}}\mathrm{d}S$$

$$=\iint\limits_{x^2+y^2\leqslant 9}\frac{1}{\sqrt{1+(z'_x)+(z'_y)^2}}\sqrt{1+(z'_x)+(z'_y)^2}\,\mathrm{d}x\mathrm{d}y$$

$$=\iint\limits_{x^2+y^2\leqslant 9}\mathrm{d}x\mathrm{d}y=9\pi;$$

$$(2)I=\iint\limits_{\Sigma}\frac{1}{\sqrt{1+(z'_x)+(z'_y)^2}}\mathrm{d}S=\iint\limits_{\Sigma}\cos\gamma\mathrm{d}S=\iint\limits_{\Sigma}\mathrm{d}x\mathrm{d}y=\iint\limits_{x^2+y^2\leqslant 9}\mathrm{d}x\mathrm{d}y=9\pi;$$

(3) 补上有向曲面 $S_1:\begin{cases}x^2+y^2\leqslant 9,\\ z=0.\end{cases}$ 其法线方向与 z 轴负向相同. 设 $S=\sum+$

S_1，S 所围成区域记为 Ω，则

$$\oiint\limits_{S}\mathbf{rot}\boldsymbol{A}\cdot\boldsymbol{n}\mathrm{d}S=\oiint\limits_{S}\frac{1}{\sqrt{1+(z'_x)+(z'_y)^2}}\mathrm{d}S=\oiint\limits_{S}\mathrm{d}x\mathrm{d}y=\iiint\limits_{\Omega}0\mathrm{d}v=0.$$

从而 $I=-\iint\limits_{S_1}\mathbf{rot}\boldsymbol{A}\cdot\boldsymbol{n}\mathrm{d}S=-\iint\limits_{S_1}\mathrm{d}x\mathrm{d}y=-\iint\limits_{x^2+y^2\leqslant 9}(-\mathrm{d}x\mathrm{d}y)=9\pi$；

(4)Γ 的参数方程为

$$\begin{cases}x=3\cos\theta,\\ y=3\sin\theta,\\ z=0.\end{cases}\quad(0\leqslant\theta\leqslant 2\pi).$$ 由斯托克斯公式，有

$$I=\oiint\limits_{\Sigma}\mathbf{rot}\boldsymbol{A}\cdot\boldsymbol{n}\mathrm{d}S=\oint_{\Gamma}\boldsymbol{A}\cdot\mathrm{d}S=\oint_{\Gamma}2y\mathrm{d}x+2x\mathrm{d}y-z^2\mathrm{d}z$$

$$=2\int_0^{2\pi}-9\sin\theta\mathrm{d}\theta+3\int_0^{2\pi}9\cos\theta\mathrm{d}\theta=9\pi.$$

现学现练　求向量场 $\boldsymbol{A}=(yz^2;xz^2,xyz)$ 的旋度．($\mathbf{rot}\boldsymbol{A}=-xz\boldsymbol{i}+yz\boldsymbol{j}$)

课后习题全解

习题 11－7 全解

1. **解**　按右手法则，$\sum$ 取上侧，$\sum$ 的边界 Γ 为圆周 $x^2+y^2=1$，$z=1$，从 z 轴正向看去，取逆时针方向.

$$\iint\limits_{\Sigma}\begin{vmatrix}\mathrm{d}y\mathrm{d}z & \mathrm{d}z\mathrm{d}x & \mathrm{d}x\mathrm{d}y\\ \dfrac{\partial}{\partial x} & \dfrac{\partial}{\partial y} & \dfrac{\partial}{\partial z}\\ y^2 & x & z^2\end{vmatrix}=\iint\limits_{D_{xy}}(1-2y)\mathrm{d}x\mathrm{d}y$$

$$=\int_0^{2\pi}\mathrm{d}\theta\int_0^1(1-2\rho\sin\theta)\rho\mathrm{d}\rho=\pi.$$

Γ 的参数方程可设 $x=\cos t$，$y=\sin t$，$z=1$.

$$\oint_{\Gamma}P\mathrm{d}x+Q\mathrm{d}y+R\mathrm{d}z=\int_0^{2\pi}(-\sin^3 t+\cos^2 t)\mathrm{d}t=\pi.$$

二者相等，斯托克斯公式得到验证.

2. **分析**　(2) 由右手法则知有向曲面 $\sum$ 取上侧，再求 $\sum$ 的单位法向量 $\boldsymbol{n}$.

解　(1) 取 $\sum$ 为平面 $x+y+z=0$ 被 Γ 所围成的部分的上侧，$\sum$ 的面积为 πa^2(大圆面积)，$\sum$ 的单位法向量为

$$\boldsymbol{n}=(\cos\alpha,\cos\beta,\cos\gamma)=\left(\frac{1}{\sqrt{3}},\frac{1}{\sqrt{3}},\frac{1}{\sqrt{3}}\right).$$

$$因而\oint_{\Gamma}y\mathrm{d}x+z\mathrm{d}y+x\mathrm{d}z=\iint_{\Sigma}\begin{vmatrix}\frac{1}{\sqrt{3}}, & \frac{1}{\sqrt{3}}, & \frac{1}{\sqrt{3}}\\ \frac{\partial}{\partial x} & \frac{\partial}{\partial y} & \frac{\partial}{\partial z}\\ y & z & x\end{vmatrix}\mathrm{d}S$$

$$=\iint_{\Sigma}\left(-\frac{1}{\sqrt{3}}-\frac{1}{\sqrt{3}}-\frac{1}{\sqrt{3}}\right)\mathrm{d}S=-\frac{3}{\sqrt{3}}\iint_{\Sigma}\mathrm{d}S$$

$$=-\sqrt{3}\pi a^2;$$

(2) 取$\sum$为平面$\frac{x}{a}+\frac{z}{b}=1$被$\Gamma$所围成的部分的上侧，$\sum$的单位向量为

$$\boldsymbol{n}=(\cos\alpha,\cos\beta,\cos\gamma)=\left(\frac{b}{\sqrt{a^2+b^2}},0,\frac{a}{\sqrt{a^2+b^2}}\right).$$

(如图 11-30 所示)

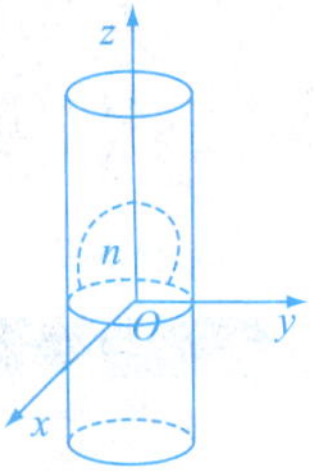

图 11-30

$$\oint_{\Gamma}(y-z)\mathrm{d}x+(z-x)\mathrm{d}y+(x-y)\mathrm{d}z$$

$$=\iint_{\Sigma}\begin{vmatrix}\frac{b}{\sqrt{a^2+b^2}} & 0 & \frac{a}{\sqrt{a^2+b^2}}\\ \frac{\partial}{\partial x} & \frac{\partial}{\partial y} & \frac{\partial}{\partial z}\\ y-z & z-x & x-y\end{vmatrix}\mathrm{d}S$$

$$=\frac{-2(a+b)}{\sqrt{a^2+b^2}}\iint_{\Sigma}\mathrm{d}S.$$

而$\sum:z=b-\frac{b}{a}x$的面积元素为

$$\mathrm{d}S=\sqrt{1+\left(\frac{b}{a}\right)^2}\mathrm{d}x\mathrm{d}y=\frac{\sqrt{a^2+b^2}}{a}\mathrm{d}x\mathrm{d}y,$$

$$因而原式=\frac{-2(a+b)}{\sqrt{a^2+b^2}}\iint_{D_{xy}}\frac{\sqrt{a^2+b^2}}{a}\mathrm{d}x\mathrm{d}y=\frac{-2(a+b)}{a}\iint_{D_{xy}}\mathrm{d}x\mathrm{d}y$$

$$=\frac{-2(a+b)}{a}\int_0^{2\pi}\mathrm{d}\theta\int_0^a r\mathrm{d}r=-2\pi a(a+b);$$

(3) 取$\sum:z=2,D_{xy}:x^2+y^2\leqslant 4$的上侧，则

$$\oint_{\Gamma} 3y\mathrm{d}x - xz\mathrm{d}y + yz^2\mathrm{d}z = \iint_{\Sigma} \begin{vmatrix} \mathrm{d}y\mathrm{d}z & \mathrm{d}z\mathrm{d}x & \mathrm{d}x\mathrm{d}y \\ \frac{\partial}{\partial x} & \frac{\partial}{\partial y} & \frac{\partial}{\partial z} \\ 3y & -xz & yz^2 \end{vmatrix}$$

$$= \iint_{\Sigma} (z^2 + x)\mathrm{d}y\mathrm{d}z - (z+3)\mathrm{d}x\mathrm{d}y$$

$$= -5\pi \times 2^2 = -20\pi;$$

(4) 圆周 $x^2+y^2+z^2=9, z=0$ 就是 xOy 面上的圆 $x^2+y^2=9, z=0$，取 $\sum$：$z=0, D_{xy}: x^2+y^2 \leqslant 9$，则

$$\oint_{\Gamma} 2y\mathrm{d}x + 3x\mathrm{d}y - z^2\mathrm{d}z = \iint_{\Sigma} \begin{vmatrix} \mathrm{d}y\mathrm{d}z & \mathrm{d}z\mathrm{d}x & \mathrm{d}x\mathrm{d}y \\ \frac{\partial}{\partial x} & \frac{\partial}{\partial y} & \frac{\partial}{\partial z} \\ 2y & 3x & -z^2 \end{vmatrix}$$

$$= \iint_{\Sigma} \mathrm{d}x\mathrm{d}y = \iint_{D_{xy}} \mathrm{d}x\mathrm{d}y = 9\pi.$$

3. 分析　(1) 旋度 $\mathbf{rot}\boldsymbol{A} = \left(\frac{\partial R}{\partial y} - \frac{\partial Q}{\partial z}\right)\boldsymbol{i} + \left(\frac{\partial P}{\partial z} - \frac{\partial R}{\partial x}\right)\boldsymbol{j} + \left(\frac{\partial Q}{\partial x} - \frac{\partial P}{\partial y}\right)\boldsymbol{k}$

$$= \begin{vmatrix} \boldsymbol{i} & \boldsymbol{j} & \boldsymbol{k} \\ \frac{\partial}{\partial x} & \frac{\partial}{\partial y} & \frac{\partial}{\partial z} \\ P & Q & R \end{vmatrix}$$

解　(1) $\mathbf{rot}\boldsymbol{A} = \begin{vmatrix} \boldsymbol{i} & \boldsymbol{j} & \boldsymbol{k} \\ \frac{\partial}{\partial x} & \frac{\partial}{\partial y} & \frac{\partial}{\partial z} \\ 2x-3y & 3x-z & y-2x \end{vmatrix} = 2\boldsymbol{i} + 4\boldsymbol{j} + 6\boldsymbol{k};$

(2) $\mathbf{rot}\boldsymbol{A} = \begin{vmatrix} \boldsymbol{i} & \boldsymbol{j} & \boldsymbol{k} \\ \frac{\partial}{\partial x} & \frac{\partial}{\partial y} & \frac{\partial}{\partial z} \\ z+\sin y & -(z-x\cos y) & 0 \end{vmatrix} = \boldsymbol{i} + \boldsymbol{j};$

(3) $\mathbf{rot}\boldsymbol{A} = \begin{vmatrix} \boldsymbol{i} & \boldsymbol{j} & \boldsymbol{k} \\ \frac{\partial}{\partial x} & \frac{\partial}{\partial y} & \frac{\partial}{\partial z} \\ x^2\sin y & y^2\sin(xz) & xy\sin(\cos z) \end{vmatrix}$

$= [x\sin(\cos z) - xy^2\cos(xz)]\boldsymbol{i} - y\sin(\cos z)\boldsymbol{j} + [y^2 z\cos(xz)$

$-x^2\cos y]\boldsymbol{k}.$

4.解　(1) 设$\sum$的边界$\Gamma: x^2+y^2=1, z=0$取逆时针方向，其参数方程为$x=\cos\theta, y=\sin\theta, z=0(0\leqslant\theta\leqslant 2\pi)$，由斯托克斯公式有

$$\iint_{\Sigma}\mathbf{rot}\boldsymbol{A}\cdot\boldsymbol{n}\mathrm{d}S=\oint_{\Gamma}P\mathrm{d}x+Q\mathrm{d}y+R\mathrm{d}z=\oint_{\Gamma}y^2\mathrm{d}x+xy\mathrm{d}y+xz\mathrm{d}z$$

$$=\int_0^{2\pi}[\sin^2\theta(-\sin\theta)+\cos^2\theta\sin\theta]\mathrm{d}\theta=\int_0^{2\pi}(1-2\cos^2\theta)\mathrm{d}\cos\theta$$

$$=\left[\cos\theta-\frac{2}{3}\cos^3\theta\right]_0^{2\pi}=0;$$

(2) $\sum$的边界Γ应取逆时针方向，Γ是xOy上的正方形(如图 11-31 所示)，由斯托克斯公式

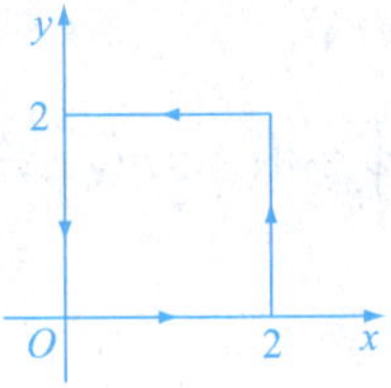

图 11-31

$$\iint_{\Sigma}\mathbf{rot}\boldsymbol{A}\cdot\boldsymbol{n}\mathrm{d}S=\oint_{\Gamma}P\mathrm{d}x+Q\mathrm{d}y+R\mathrm{d}z$$

$$=\oint_{\Gamma}(y-z)\mathrm{d}x+yz\mathrm{d}y+(-xz)\mathrm{d}z$$

$$=\oint_{\Gamma}y\mathrm{d}x=\int_2^0 2\mathrm{d}x=-4.$$

5.分析　环流量的计算式是沿有向闭曲线Γ的曲线积分

$$\oint P x+Q\mathrm{d}y+R\mathrm{d}z=\oint_{\Gamma}A_{\tau}\mathrm{d}s.$$

解　(1) 有向闭曲线Γ的参数方程为$x=\cos\theta, y=\sin\theta, z=0(0\leqslant\theta\leqslant 2\pi)$，故向量场$\boldsymbol{A}$沿闭曲线$\Gamma$的环流量为

$$\oint_L(-y)\mathrm{d}x+x\mathrm{d}y+c\mathrm{d}z=\int_0^{2\pi}[(-\sin\theta)(-\sin\theta)+\cos\theta\cos\theta]\mathrm{d}\theta$$

$$=\int_0^{2\pi}\mathrm{d}\theta=2\pi;$$

(2) 有向闭曲线Γ的参数方程是$x=2\cos\theta, y=2\sin\theta, z=0(0\leqslant\theta\leqslant 2\pi)$，向量场$\boldsymbol{A}$沿闭曲线$\Gamma$的环流量为

$$\oint_L P\mathrm{d}x+Q\mathrm{d}y+R\mathrm{d}z=\oint_L(x-z)\mathrm{d}x+(x^3+yz)\mathrm{d}y-3xy^2\mathrm{d}z$$

$$=\int_0^{2\pi}[2\cos\theta(-2\sin\theta)+8\cos^3\theta 2\cos\theta]\mathrm{d}\theta$$

$$=-4\int_0^{2\pi}\sin\theta\cos\theta\mathrm{d}\theta+16\int_0^{2\pi}\cos^4\theta\mathrm{d}\theta$$

$$= 0 + 16\int_0^{2\pi}\left(\frac{3}{8} + \frac{\cos\theta}{2} + \frac{\cos 4\theta}{8}\right)d\theta = 12\pi.$$

6. 分析　用旋度的定义来证明.

证　令 $\boldsymbol{a} = P_1(x,y,z)\boldsymbol{i} + Q_1(x,y,z)\boldsymbol{j} + R_1(x,y,z)\boldsymbol{k}$,

$\boldsymbol{b} = P_2(x,y,z)\boldsymbol{i} + Q_2(x,y,z)\boldsymbol{j} + R_2(x,y,z)\boldsymbol{k}$,则

$$\mathbf{rot}(\boldsymbol{a}+\boldsymbol{b}) = \left[\frac{\partial(R_1+R_2)}{\partial y} - \frac{\partial(Q_1+Q_2)}{\partial z}\right]\boldsymbol{i} + \left[\frac{\partial(P_1+P_2)}{\partial z} - \frac{\partial(R_1+R_2)}{\partial x}\right]\boldsymbol{j} + \left[\frac{\partial(Q_1+Q_2)}{\partial x} - \frac{\partial(P_1+P_2)}{\partial y}\right]\boldsymbol{k}$$

$$= \left(\frac{\partial R_1}{\partial y} - \frac{\partial Q_1}{\partial z}\right)\boldsymbol{i} + \left(\frac{\partial P_1}{\partial z} - \frac{\partial R_1}{\partial x}\right)\boldsymbol{j} + \left(\frac{\partial Q_1}{\partial x} - \frac{\partial P_1}{\partial y}\right)\boldsymbol{k}$$

$$+ \left(\frac{\partial R_2}{\partial y} - \frac{\partial Q_2}{\partial z}\right)\boldsymbol{i} + \left(\frac{\partial P_2}{\partial z} - \frac{\partial R_2}{\partial x}\right)\boldsymbol{j} + \left(\frac{\partial Q_2}{\partial x} - \frac{\partial P_2}{\partial y}\right)\boldsymbol{k}$$

$$= \mathbf{rot}\,\boldsymbol{a} + \mathbf{rot}\,\boldsymbol{b}.$$

7. 解　因为 $\mathbf{grad}\,u = \frac{\partial u}{\partial x}\boldsymbol{i} + \frac{\partial u}{\partial y}\boldsymbol{j} + \frac{\partial u}{\partial z}\boldsymbol{k}$,故

$$\mathbf{rot}(\mathbf{grad}\,u) = \begin{vmatrix} \boldsymbol{i} & \boldsymbol{j} & \boldsymbol{k} \\ \frac{\partial}{\partial x} & \frac{\partial}{\partial y} & \frac{\partial}{\partial z} \\ \frac{\partial u}{\partial x} & \frac{\partial u}{\partial y} & \frac{\partial u}{\partial z} \end{vmatrix}$$

$$= \left(\frac{\partial^2 u}{\partial z\partial y} - \frac{\partial^2 u}{\partial y\partial z}\right)\boldsymbol{i} - \left(\frac{\partial^2 u}{\partial z\partial x} - \frac{\partial^2 u}{\partial x\partial z}\right)\boldsymbol{j} + \left(\frac{\partial^2 u}{\partial y\partial x} - \frac{\partial^2 u}{\partial x\partial y}\right)\boldsymbol{k}$$

$$= 0.$$

总习题十一全解

1. 解　(1) $\int_\Gamma (P\cos\alpha + Q\cos\beta + R\cos\gamma)dS$,切向量;(2) $\iint\limits_{\Sigma}(P\cos\alpha + Q\cos\beta + R\cos\gamma)dS$,法向量.

2. 解　上半球面 $\Sigma: x^2 + y^2 + z^2 = R^2 (z \geqslant 0)$ 表示该曲面以 z 轴的正半轴为对称轴,因此曲面 Σ 的积分是 $\iint\limits_{\Sigma} z\mathrm{d}s$,由排除法选 C.

3. 分析　(1) $\sqrt{x^2 + y^2}$ 无法直接对其求积分,又曲线 L 是圆周 $x^2 + y^2 = ax$,因

此可以作坐标变换消去根号.

(5) 由于 L 不是闭合曲线，因此需要添加一段曲线 L_1 使 $L+L_1$ 为闭合的，如此方能满足使用格林公式的条件.

解　(1) 将 L 参数化为：$x=\frac{a}{2}+\frac{a}{2}\cos\theta, y=\frac{a}{2}\sin\theta(0\leqslant\theta\leqslant 2\pi)$，

故 $\oint_\Gamma \sqrt{x^2+y^2}\,ds$

$$=\int_0^{2\pi}\sqrt{\left(\frac{a}{2}+\frac{a}{2}\cos\theta\right)^2+\left(\frac{a}{2}\sin\theta\right)^2}\sqrt{\left(-\frac{a}{2}\sin\theta\right)^2+\left(\frac{a}{2}\cos\theta\right)^2}\,d\theta$$

$$=\frac{a^2}{4}\int_0^{2\pi}\left|2\cos\frac{\theta}{2}\right|d\theta \overset{t=\frac{\theta}{2}}{=\!=\!=} \frac{a^2}{4}\int_0^{\pi}4\,|\cos t|\,dt$$

$$=a^2\left(\int_0^{\frac{\pi}{2}}\cos t\,dt-\int_{\frac{\pi}{2}}^{\pi}\cos t\,dt\right)=a^2\left(\sin t\Big|_0^{\frac{\pi}{2}}-\sin t\Big|_{\frac{\pi}{2}}^{\pi}\right)=2a^2;$$

(2) $\int_\Gamma z\,ds=\int_0^{t_0}t\sqrt{(\cos t-t\sin t)^2+(\sin t+t\cos t)^2+1}\,dt$

$$=\int_0^{t_0}\sqrt{2+t^2}\,t\,dt=\frac{(2+t_0^2)^{\frac{3}{2}}-2\sqrt{2}}{3};$$

(3) $\int_L(2a-y)dx+xdy$

$$=\int_0^{2\pi}[(2a-a+a\cos t)a(1-\cos t)+a(t-\sin t)a\sin t]dt$$

$$=\int_0^{2\pi}a^2t\sin t\,dt=a^2\left([-t\cos t]\Big|_0^{2\pi}\right)+a^2\int_0^{2\pi}\cos t\,dt=-2\pi a^2;$$

(4) $\int_\Gamma(y^2-z^2)dx+2yz\,dy-x^2dz$

$$=\int_0^1[(t^4-t^6)\cdot 1+2t^2\cdot t^3\cdot 2t-t^2\cdot 3t^2]dt$$

$$=\int_0^1(-2t^4+3t^6)dt=\frac{1}{35};$$

(5) 令 L_1 为 x 轴上由原点到 $(2a,0)$ 点的有向直线段，则由格林公式得

$$\oint_{L+L_1}(e^x\sin y-2y)dx+(e^x\cos y-2)dy$$

$$=\iint_D\left[\frac{\partial}{\partial x}(e^x\cos y-2)-\frac{\partial}{\partial y}(e^x\sin y-2y)\right]dxdy=2\iint_D dxdy=\pi a^2;$$

又 $\int_{L_1}(e^x\sin y-2y)dx+(e^x\cos y-2)dy=\int_0^{2a}0\cdot dx=0$，

因而

$$\int_L (e^x\sin y-2y)dx+(e^x\cos y-2)dy$$

$$=(\oint_{L+L_1}-\oint_{L_1})[(e^x\sin y-2y)dx+(e^x\cos y-2)dy]=\pi a^2-0=\pi a^2;$$

(6) 平面 $y=z$ 与球面 $x^2+y^2+z^2=1$ 的截痕为 $\begin{cases}x^2+y^2+z^2=1,\\ y=z,\end{cases}$ 即 $\begin{cases}x^2+2z^2=1,\\ y=z,\end{cases}$

其参数方程为 $\begin{cases}x=\cos t,\\ y=\dfrac{\sqrt{2}}{2}\sin t,\\ z=\dfrac{\sqrt{2}}{2}\sin t,\end{cases}$ $t:0\to 2\pi$

所以 $\oint_\Gamma xyz\,dz=\int_0^{2\pi}\cos t\cdot\dfrac{\sqrt{2}}{2}\sin t\,\dfrac{\sqrt{2}}{2}\cos t\,dt$

$$=\int_0^{2\pi}\frac{\sqrt{2}}{4}\sin^2 t\cos^2 t\,dt=\frac{\sqrt{2}}{16}\int_0^{2\pi}\sin^2(2t)dt$$

$$=\frac{\sqrt{2}}{16}\int_0^{2\pi}\frac{1-\cos 4t}{2}dt=\frac{\sqrt{2}}{16}\pi.$$

4. 解　(1) $\sum$ 被 yOz 面分成前后两部分 $\sum_{前}$、$\sum_{后}$，且 $\sum_{前}$、$\sum_{后}$ 关于 yOz 面对称，另一方面被积函数是关于 x 轴的偶函数，亦即关于 yOz 面对称，故由对称性知

$$\iint\limits_{\Sigma}\frac{dS}{x^2+y^2+z^2}=2\iint\limits_{\Sigma_{前}}\frac{dS}{x^2+y^2+z^2},$$

而 $\sum_{前}: x=\sqrt{R^2-y^2}$，$(y,z)\in D_{yz}=\{(y,z):-R\leqslant y\leqslant R,0\leqslant z\leqslant H\}$

所以 $\iint\limits_{\Sigma}\dfrac{dS}{x^2+y^2+z^2}=2\iint\limits_{D_{yz}}\dfrac{1}{R^2+z^2}\sqrt{1+\left(\dfrac{-y}{\sqrt{R^2-y^2}}\right)^2}dydz$

$$=2\iint\limits_{D_{yz}}\frac{1}{R^2+z^2}\frac{R}{\sqrt{R^2-y^2}}dydz=2\int_{-R}^{R}\frac{R}{\sqrt{R^2-y^2}}dy\int_0^H\frac{dz}{R^2+z^2}$$

$$=2\pi\arctan\frac{H}{R};$$

(2) 记平面 $z=h$ 被锥面 $z=\sqrt{x^2+y^2}$ 所截下的有限部分的上侧为 $\sum_1$，$\sum$ 与

$\sum_1$ 所围成的区域记作 Ω，由高斯定理得

$$\oiint_{\Sigma+\Sigma_1}(y^2-z)\mathrm{d}y\mathrm{d}z+(z^2-x)\mathrm{d}z\mathrm{d}x+(x^2-y)\mathrm{d}x\mathrm{d}y$$

$$=\iiint_{\Omega}\left[\frac{\partial}{\partial x}(y^2-z)+\frac{\partial}{\partial y}(z^2-x)+\frac{\partial}{\partial z}(x^2-y)\right]\mathrm{d}x\mathrm{d}y\mathrm{d}z=0,$$

所以 $\iint_{\Sigma}(y^2-z)\mathrm{d}y\mathrm{d}z+(z^2-x)\mathrm{d}z\mathrm{d}x+(x^2-y)\mathrm{d}x\mathrm{d}y$

$$=-\iint_{\Sigma_1}(y^2-z)\mathrm{d}y\mathrm{d}z+(z^2-x)\mathrm{d}z\mathrm{d}x+(x^2-y)\mathrm{d}x\mathrm{d}y.$$

因为 $\sum_1$ 在 yOz 面和 zOx 面上的投影区域为直线段，所以

$$\iint_{\Sigma_1}(y^2-z)\mathrm{d}y\mathrm{d}z=\iint_{\Sigma_1}(z^2-x)\mathrm{d}z\mathrm{d}x=0.$$

而 $\sum_1$ 在 xOy 面上的投影区域为：$D_{xy}:x^2+y^2\leqslant h^2$，所以

$$\iint_{\Sigma}(y^2-z)\mathrm{d}y\mathrm{d}z+(z^2-x)\mathrm{d}z\mathrm{d}x+(x^2-y)\mathrm{d}x\mathrm{d}y$$

$$=-\iint_{\Sigma_1}(x^2-y)\mathrm{d}x\mathrm{d}y=-\iint_{\Sigma}(x^2-y)\mathrm{d}x\mathrm{d}y$$

$$=-\int_0^{2\pi}\mathrm{d}\theta\int_0^h(r^2\cos^2\theta-r\sin\theta)\cdot r\mathrm{d}r$$

$$=-\int_0^{2\pi}\left(\frac{1}{4}h^4\cos^2\theta-\frac{1}{3}h^3\sin\theta\right)\mathrm{d}\theta=-\frac{\pi}{4}h^4;$$

(3) 令 $\sum_1$ 为 xOy 面上圆域 $x^2+y^2\leqslant R^2$ 的下侧，则由高斯公式得

$$\oiint_{\Sigma+\Sigma_1}x\mathrm{d}y\mathrm{d}z+y\mathrm{d}z\mathrm{d}x+z\mathrm{d}x\mathrm{d}y=\iiint_{\Omega}\left(\frac{\partial P}{\partial x}+\frac{\partial Q}{\partial y}+\frac{\partial R}{\partial z}\right)\mathrm{d}v=3\iiint_{\Omega}\mathrm{d}v=2\pi R^3,$$

又 $\displaystyle\iint_{\Sigma_1}x\mathrm{d}y\mathrm{d}z+y\mathrm{d}z\mathrm{d}x+z\mathrm{d}x\mathrm{d}y=\iint_{\Sigma_1}z\mathrm{d}x\mathrm{d}y=0,$

所以 $\iint_{\Sigma}x\mathrm{d}y\mathrm{d}z+y\mathrm{d}z\mathrm{d}x+z\mathrm{d}x\mathrm{d}y$

$$=\left(\oiint_{\Sigma+\Sigma_1}-\iint_{\Sigma_1}\right)x\mathrm{d}y\mathrm{d}z+y\mathrm{d}z\mathrm{d}x+z\mathrm{d}x\mathrm{d}y=2\pi R^3;$$

(4) xOy 面将 $\sum$ 分为上、下两部分

$$\sum\nolimits_{上}:z=\sqrt{1-x^2-y^2},\ \sum\nolimits_{下}:z=-\sqrt{1-x^2-y^2},$$

$\sum_{上}$ 和 $\sum_{下}$ 在 xOy 面上的投影区域都是 $D_{xy}: x^2+y^2\leqslant 1(x\geqslant 0, y\geqslant 0)$，因此

$$\iint_{\Sigma} xyz\,\mathrm{d}x\mathrm{d}y = \iint_{\Sigma_{上}} xyz\,\mathrm{d}x\mathrm{d}y + \iint_{\Sigma_{下}} xyz\,\mathrm{d}x\mathrm{d}y$$

$$= \iint_{D_{xy}} xy\sqrt{1-x^2-y^2}\,\mathrm{d}x\mathrm{d}y + \iint_{D_{xy}} xy\sqrt{1-x^2-y^2}\,\mathrm{d}x\mathrm{d}y$$

$$= 2\iint_{D_{xy}} xy\sqrt{1-x^2-y^2}\,\mathrm{d}x\mathrm{d}y$$

$$= 2\int_0^{\frac{\pi}{2}}\mathrm{d}\theta\int_0^1 r^2\sin\theta\cos\theta\sqrt{1-r^2}\cdot r\mathrm{d}r$$

$$= 2\int_0^{\frac{\pi}{2}}\sin\theta\cos\theta\mathrm{d}\theta\int_0^1\left[(1-r^2)^{\frac{3}{2}}-(1-r^2)^{\frac{1}{2}}\right]\frac{1}{2}\mathrm{d}(1-r^2)=\frac{2}{15}.$$

5. 证　$P=\dfrac{x}{x^2+y^2}, Q=\dfrac{y}{x^2+y^2}$.

在单连通区域 G 内有 $\dfrac{\partial P}{\partial y}=-\dfrac{2xy}{(x^2+y^2)^2}=\dfrac{\partial Q}{\partial x}$，所以 $P\mathrm{d}x+Q\mathrm{d}y$ 在 G 内是某二元函数的全微分，且

$$u(x,y)=\int_{(1,0)}^{(x,y)}P\mathrm{d}x+Q\mathrm{d}y=\int_{(1,0)}^{(x,y)}\frac{x\mathrm{d}x+y\mathrm{d}y}{x^2+y^2}$$

$$=\int_1^x\frac{1}{x}\mathrm{d}x+\int_0^y\frac{y}{x^2+y^2}\mathrm{d}y=\frac{1}{2}\ln(x^2+y^2).$$

6. 分析　要证明做功跟路径无关，即证 $\int_L P\mathrm{d}x+Q\mathrm{d}y$ 中 $\dfrac{\partial P}{\partial y}=\dfrac{\partial Q}{\partial x}$.

证　场力沿路径所做的功为

$$W=\int_L -\frac{k}{\rho^3}x\mathrm{d}x-\frac{k}{\rho^3}y\mathrm{d}y, P=-\frac{k}{\rho^3}x=-\frac{kx}{(x^2+y^2)^{\frac{3}{2}}},$$

$$Q=-\frac{k}{\rho^3}y=-\frac{ky}{(x^2+y^2)^{\frac{3}{2}}}, \frac{\partial Q}{\partial x}=\frac{\frac{3}{2}kxy}{(x^2+y^2)^{\frac{5}{2}}}=\frac{\partial P}{\partial y},$$

由于右半平面为单连通区域，且 $\dfrac{\partial P}{\partial y}=\dfrac{\partial Q}{\partial x}$，所以场力做功与路径无关.

7. (1) 证　由于 $\dfrac{\partial}{\partial y}\left\{\dfrac{1}{y}\left[1+y^2f(xy)\right]\right\}=f(xy)-y^{\frac{1}{2}}+xyf'(xy)$

$$=\frac{\partial}{\partial x}\left\{\frac{x}{y^2}\left[y^2f(xy)-1\right]\right\},$$

在上半平面单连通域内处处成立，故 I 与路径无关；

(2) 解　$I=\int_a^c \frac{1}{b}[1+b^2 f(bx)]\mathrm{d}x+\int_b^d \frac{c}{y^2}[y^2 f(cy)-1)]\mathrm{d}y$

$$=\frac{c-a}{b}+\int_a^c bf(bx)\mathrm{d}x+\int_b^d cf(cy)\mathrm{d}y+\frac{c}{d}-\frac{c}{b}$$

$$=\frac{c}{d}-\frac{a}{b}+\int_{ab}^{bc} f(t)\mathrm{d}t+\int_{bc}^{cd} f(t)\mathrm{d}t=\frac{c}{d}-\frac{a}{b}+\int_{ab}^{cd} f(t)\mathrm{d}t,$$

由 $ab=cd$，得$\int_{ab}^{cd} f(t)\mathrm{d}t=0$，

于是 $I=\frac{c}{d}-\frac{a}{b}$.

8. 分析　因为是均匀曲面，故其面密度 $\rho=1$，且由 $z=\sqrt{a^2-x^2-y^2}$ 知曲面 z 是球 $x^2+y^2+z^2=a^2$ 的上半球面.

解　将曲面 $z=\sqrt{a^2-x^2-y^2}$ 记作 $\sum$，设该曲面的面密度为 $\rho=1$，由曲面 $\sum$ 的对称性可知

$$\bar{x}=\bar{y}=0,\bar{z}=\frac{\iint\limits_{\Sigma} z\mathrm{d}S}{\iint\limits_{\Sigma} \mathrm{d}S}.$$

又曲面 $\sum$ 在 xOy 面上的投影区域为：$D_{xy}: x^2+y^2\leqslant a^2$，所以

$$\iint\limits_{\Sigma} z\mathrm{d}S=\iint\limits_{D_{xy}} \sqrt{a^2-x^2-y^2}\sqrt{1+{z_x}^2+{z_y}^2}\mathrm{d}x\mathrm{d}y$$

$$=\iint\limits_{D_{xy}} \sqrt{a^2-x^2-y^2}\sqrt{1+\left(\frac{-x}{\sqrt{a^2-x^2-y^2}}\right)^2+\left(\frac{-y}{\sqrt{a^2-x^2-y^2}}\right)^2}\mathrm{d}x\mathrm{d}y$$

$$=\iint\limits_{D_{xy}} \sqrt{a^2-x^2-y^2}\cdot\frac{a}{\sqrt{a^2-x^2-y^2}}\mathrm{d}x\mathrm{d}y=a\iint\limits_{D_{xy}}\mathrm{d}x\mathrm{d}y=\pi a^3.$$

又　$\iint\limits_{\Sigma}\mathrm{d}S=2\pi a^2$，

因此 $\bar{z}=\frac{\pi a^3}{2\pi a^2}=\frac{a}{2}$，所以该曲面的重心为$(0,0,\frac{a}{2})$.

9. 证　如图 11-32 所示.

$(\boldsymbol{n},x)=(\boldsymbol{T},y)$，$(\boldsymbol{n},y)=\pi-(\boldsymbol{T},x)$

所以$\oint_L v\frac{\partial u}{\partial n}\mathrm{d}s=\oint_L v\left[\frac{\partial u}{\partial x}\cos(\boldsymbol{n},x)+\frac{\partial u}{\partial y}\cos(\boldsymbol{n},y)\right]\mathrm{d}s$

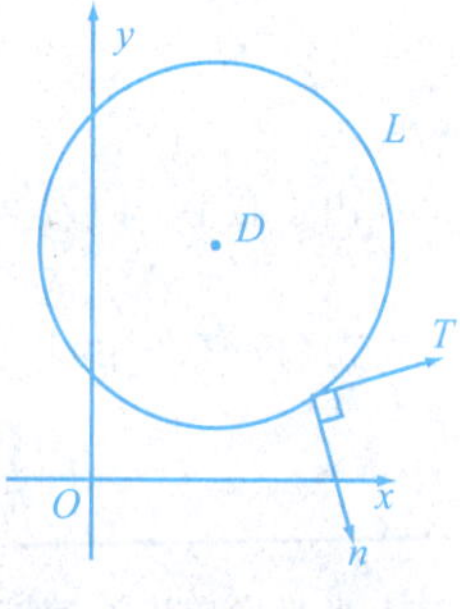

图 11-32

$$=\oint_L v\left[\frac{\partial u}{\partial x}\cos(\boldsymbol{T},y)-\frac{\partial u}{\partial y}\cos(\boldsymbol{T},x)\right]\mathrm{d}s$$

$$=\oint_L v\frac{\partial u}{\partial x}\mathrm{d}y-v\frac{\partial u}{\partial y}\mathrm{d}x.$$

由格林公式得

$$\oint_L v\frac{\partial u}{\partial n}\mathrm{d}s=\iint_D\left[\frac{\partial}{\partial x}\left(v\frac{\partial u}{\partial x}\right)-\frac{\partial}{\partial y}\left(-v\frac{\partial u}{\partial y}\right)\right]\mathrm{d}x\mathrm{d}y$$

$$=\iint_D\left(\frac{\partial u}{\partial x}\cdot\frac{\partial v}{\partial x}+v\frac{\partial^2 u}{\partial x^2}+\frac{\partial u}{\partial y}\cdot\frac{\partial v}{\partial y}+v\frac{\partial^2 u}{\partial y^2}\right)\mathrm{d}x\mathrm{d}y$$

$$=\iint_D\left(\frac{\partial u}{\partial x}\cdot\frac{\partial v}{\partial x}+\frac{\partial u}{\partial y}\cdot\frac{\partial v}{\partial y}\right)\mathrm{d}x\mathrm{d}y+\iint_D v\left(\frac{\partial^2 u}{\partial x^2}+\frac{\partial^2 v}{\partial y^2}\right)\mathrm{d}x\mathrm{d}y$$

$$=\iint_D(\mathbf{grad}u\cdot\mathbf{grad}v)\mathrm{d}x\mathrm{d}y+\iint_D v\Delta u\mathrm{d}x\mathrm{d}y.$$

所以$\iint_D v\Delta u\mathrm{d}x\mathrm{d}y=-\iint_D\mathbf{grad}u\cdot\mathbf{grad}v\mathrm{d}x\mathrm{d}y+\oint_L v\frac{\partial u}{\partial n}\mathrm{d}s$；

(2) 由(1) 可知

$$\iint_D v\Delta u\mathrm{d}x\mathrm{d}y=-\iint_D\mathbf{grad}u\cdot\mathbf{grad}v\mathrm{d}x\mathrm{d}y+\oint_L v\frac{\partial u}{\partial n}\mathrm{d}s,$$

$$\iint_D u\Delta v\mathrm{d}x\mathrm{d}y=-\iint_D\mathbf{grad}v\cdot\mathbf{grad}u\mathrm{d}x\mathrm{d}y+\oint_L u\frac{\partial v}{\partial n}\mathrm{d}s.$$

两式相减可得$\iint_D(u\Delta u-v\Delta u)\mathrm{d}x\mathrm{d}y=\oint_L\left(u\frac{\partial v}{\partial n}-v\frac{\partial u}{\partial n}\right)\mathrm{d}s.$

10. 解　设Ω的边界曲面为$\sum$，取外侧，则所求通量为

$$\Phi=\iint_{\Sigma}x\mathrm{d}y\mathrm{d}z+y\mathrm{d}z\mathrm{d}x+z\mathrm{d}x\mathrm{d}y=\iiint_{\Omega}\left(\frac{\partial P}{\partial x}+\frac{\partial Q}{\partial y}+\frac{\partial R}{\partial z}\right)\mathrm{d}v=3\iiint_{\Omega}\mathrm{d}v=3.$$

11. 解　令$\sum$为$x+y+z=1$在第一卦限部分的下侧，则力场沿其边界L(顺时针方向）所做的功为$W=\oint_L y\mathrm{d}x+z\mathrm{d}y+x\mathrm{d}z.$

$\sum$的单位法向量为$\boldsymbol{n}=-\frac{1}{\sqrt{3}}(1,1,1)$，

所以方向余弦为$\cos\alpha=\cos\beta=\cos\gamma=-\frac{\sqrt{3}}{3}$.

由斯托克斯公式得$W=\sqrt{3}\iint_{\Sigma}\mathrm{d}S=\frac{3}{2}$.

第十二章　无穷级数

学习导引

无穷级数是高等数学的一个重要的组成部分，它是表示函数，研究函数的性质以及进行数值计算的工具.

第一节　常数项级数的概念与性质

知识要点及常考点

1.（常数项）无穷级数

给定一个数列 $u_1, u_2, \cdots, u_n, \cdots$ 表达式 $\sum\limits_{n=1}^{\infty} u_n$ 称为（常数项）无穷级数，u_n 称为一般项，级数 $\sum\limits_{n=1}^{\infty} u_n$ 的前 n 项和 $s_n = \sum\limits_{n=1}^{\infty} u_n$.

2. 级数的基本性质

(1) $\sum\limits_{n=1}^{\infty} a_n = s$，$c$ 是与 n 无关的常数，则 $\sum\limits_{n=1}^{\infty} ca_n$ 也收敛，且 $\sum\limits_{n=1}^{\infty} ca_n = c\sum\limits_{n=1}^{\infty} a_n = cs$.

(2) 设 $\sum\limits_{n=1}^{\infty} a_n = s_1$，$\sum\limits_{n=1}^{\infty} b_n = s_2$，则 $\sum\limits_{n=1}^{\infty} (a_n \pm b_n)$ 也收敛，且

$$\sum_{n=1}^{\infty} (a_n \pm b_n) = \sum_{n=1}^{\infty} a_n \pm \sum_{n=1}^{\infty} b_n = s_1 \pm s_2.$$

(3) 在级数前加上有限项或去掉有限项，不改变级数的敛散性.

(4) 对收敛级数 $\sum\limits_{n=1}^{\infty} a_n = s$ 的项任意加括号，所成的新级数仍收敛，且和为 s；但对发散级数不可随便加括号，例如 $\sum\limits_{n=1}^{\infty} (-1)^n$ 发散，但级数加括号后为 $(-1+1)+(-1+1)+\cdots = 0$.

(5) 若 $\sum\limits_{n=1}^{\infty} a_n$ 收敛，则 $\lim\limits_{n\to\infty} a_n = 0$. 这个命题的逆否命题即"若 $\lim\limits_{n\to\infty} a_n \neq 0$，则 $\sum\limits_{n=1}^{\infty} a_n$ 发散"常用于判别级数发散.

注　①若$\sum_{n=1}^{\infty}u_n$收敛，$\sum_{n=1}^{\infty}v_n$发散，则$\sum_{n=1}^{\infty}(u_n+v_n)$必发散；若$\sum_{n=1}^{\infty}u_n$和$\sum_{n=1}^{\infty}v_n$发散，则$\sum_{n=1}^{\infty}(u_n+v_n)$不一定发散.

②判定级数敛散性只需证明s_n有极限即可，并不需要求出s.往往采用“裂项求和”的方法求s_n.

③若$u_n \not\to 0$则级数发散，若$u_n \to 0$，并不能判定级数收敛，需其他方法判定级数收敛.如$\sum_{n=1}^{\infty}\frac{1}{n}$.

④若级数$\sum_{n=1}^{\infty}u_n$加括号后所成的新级数发散，则原级数必定发散，而加括号后所成的级数收敛，则无法判定原级数的敛散性.

3. 几个重要的级数

(1) 等比级数(几何级数)($a\neq 0$，q为公比)

$$\sum_{n=1}^{\infty}aq^n=\begin{cases}\frac{q}{1-q} & |q|<1,\\ 发散 & |q|\geqslant 1.\end{cases}$$

(2) p级数　$\sum_{n=1}^{\infty}\frac{1}{n^p}=\begin{cases}收敛 & p>1,\\ +\infty & p\leqslant 1.\end{cases}$

(3) 调和级数　$\sum_{n=1}^{\infty}\frac{1}{n}=+\infty$(发散).

(4) 交错p级数　$\sum_{n=1}^{\infty}(-1)^{n-1}\cdot\frac{1}{n^p}=\begin{cases}绝对收敛, & p>1\\ 条件收敛, & 0<p\leqslant 1.\\ 发散, & p\leqslant 0\end{cases}$

本节考研要求

1. 理解常数项级数收敛、发散以及收敛级数的和的概念.

2. 掌握级数的基本性质及收敛的必要条件.

题型、真题、方法

题型1　利用级数收敛性定义求数项级数的和

题型分析　若级数$\sum_{n=1}^{\infty}u_n$的部分和数列$\{s_n\}$有极限(收敛)，即$\lim\limits_{n\to\infty}s_n=s$($s$为有限常数)，则称级数$\sum_{n=1}^{\infty}u_n$收敛，$s$称为级数$\sum_{n=1}^{\infty}u_n$的和，即$\sum_{n=1}^{\infty}u_n=s$.

若极限 $\lim\limits_{n\to\infty}s_n$ 不存在(无穷大或振荡不存在)，则称级数 $\sum\limits_{n=1}^{\infty}u_n$ 发散.

例 1　从点 $P_1(1,0)$ 作 x 轴的垂线，交抛物线 $y=x^2$ 于点 $Q_1(1,1)$ 再从 Q_1 作这条抛物线的切线与 x 轴交于点 P_2. 然后又从 P_2 作 x 轴的垂线，交抛物线于点 Q_2，依次重复上述过程得到一系列的点 $P_1,Q_1;P_2,Q_2;\cdots;P_n,Q_n;\cdots$.(考研题)

(1) 求 $\overline{OP_n}$；

(2) 求级数 $\overline{Q_1P_1}+\overline{Q_2P_2}+\cdots+\overline{Q_nP_n}+\cdots$ 的和.

其中 $n(n\geqslant 1)$ 为自然数，而 $\overline{M_1M_2}$ 表示点 M_1 与 M_2 之间的距离.

思路点拨　先求出曲线 $y=x^2$ 上任一点 (a,a^2) 上的切线方程及其与 x 轴的交点，然后依此类推，得出一系列与 x 轴交点的坐标.

解　(1) 抛物线 $y=x^2$ 在点 (a,a^2) 处的切线方程为 $y-a^2=2a(x-a)$. 且该切线与 x 轴的交点为 $\left(\dfrac{a}{2},0\right)$，故由 $\overline{OP_1}=1$，可得

$$\overline{OP_2}=\frac{1}{2}\overline{OP_1}=\frac{1}{2},$$

$$\overline{OP_3}=\frac{1}{2}\overline{OP_2}=\frac{1}{2^2},$$

$$\cdots$$

$$\overline{OP_n}=\frac{1}{2}\overline{OP_{n-1}}=\frac{1}{2^{n-1}}.$$

(2) 由于 $\overline{Q_nP_n}=(\overline{OP_n})^2=\dfrac{1}{2^{2n-2}}$，所以

$$\sum_{n=1}^{\infty}\overline{Q_nP_n}=\sum_{n=1}^{\infty}\frac{1}{2^{2n-2}}=\sum_{n=1}^{\infty}\left(\frac{1}{2}\right)^{2n-2}=\frac{1}{1-\left(\frac{1}{2}\right)^2}=\frac{4}{3}.$$

例 2　设有两条抛物线 $y=nx^2+\dfrac{1}{n}$ 和 $y=(n+1)x^2+\dfrac{1}{n+1}$，记它们交点的横坐标的绝对值为 a_n.

(1) 求这两条抛物线所围成的平面图形的面积 S_n；

(2) 求级数 $\sum\limits_{n=1}^{\infty}\dfrac{S_n}{a_n}$ 的和.(考研题)

思路点拨　先求出 a_n 与 S_n，再根据 $\dfrac{S_n}{a_n}$ 的特点，求级数 $\sum\limits_{n=1}^{\infty}\dfrac{S_n}{a_n}$ 的和.

解　解方程组$\begin{cases} y = nx^2 + \dfrac{1}{n}, \\ y = (n+1)x^2 + \dfrac{1}{n+1}, \end{cases}$ 得 $x^2 = \dfrac{1}{n(n+1)}$，

从而
$$a_n = \frac{1}{\sqrt{n(n+1)}}.$$

由于图形关于 y 轴对称，所以

$$\begin{aligned} S_n &= 2\int_0^{a_n}\left[nx^2 + \frac{1}{n} - (n+1)x^2 - \frac{1}{n+1}\right]dx \\ &= 2\int_0^{a_n}\left[\frac{1}{n(n+1)} - x^2\right]dx \\ &= \frac{4}{3}\,\frac{1}{n(n+1)\sqrt{n(n+1)}}. \end{aligned}$$

因此$\dfrac{S_n}{a_n} = \dfrac{4}{3}\,\dfrac{1}{n(n+1)} = \dfrac{4}{3}\left(\dfrac{1}{n} - \dfrac{1}{n+1}\right)$，于是

$$\sum_{n=1}^{\infty}\frac{S_n}{a_n} = \lim_{n\to\infty}\sum_{k=1}^{\infty}\frac{S_k}{a_k} = \lim_{n\to\infty}\left[\frac{4}{3}\left(1 - \frac{1}{n+1}\right)\right] = \frac{4}{3}.$$

现学现练　已知级数$\sum\limits_{n=1}^{\infty}(-1)^{n-1}a_n = 2$，$\sum\limits_{n=1}^{\infty}a_{2n-1} = 5$，求级数$\sum\limits_{n=1}^{\infty}a_n$.(8)

例 3　$\lim\limits_{n\to\infty} n\left(\dfrac{1}{1+n^2} + \dfrac{1}{2^2+n^2} + \cdots + \dfrac{1}{n^2+n^2}\right) =$ ________.（考研题）

思路点拨　需要充分观察所给极限式，将其化简为所学的可求解式.

解　应用定积分的定义不难推知，

$$\text{原式} = \lim_{n\to\infty}\frac{1}{n}\sum_{i=1}^{n}\frac{1}{1+\left(\frac{i}{n}\right)^2} = \int_0^1\frac{dx}{1+x^2} = \arctan x\Big|_0^1 = \frac{\pi}{4}.$$

题型 2　判断级数的收敛性

题型分析　若级数$\sum\limits_{n=1}^{\infty}u_n$ 收敛，则必有$\lim\limits_{n\to\infty}u_n = 0$，反之结论不成立，其等价命题是：若$\lim\limits_{n\to\infty}u_n \neq 0$，则级数$\sum\limits_{n=1}^{\infty}u_n$ 必发散.

通常我们面临的问题都是，如何判定级数是收敛还是发散，即需要知道的是级数收敛的充分条件.上述级数收敛的必要条件的等价命题提供了一个很实用的判断级数发散的方法.在涉及级数敛散性判别的问题时，通常先看一般项的极限$\lim\limits_{n\to\infty}u_n$ 是否

为 0，若 $\lim\limits_{n\to\infty}u_n\neq 0$，则级数 $\sum\limits_{n=1}^{\infty}u_n$ 必发散；若 $\lim\limits_{n\to\infty}u_n=0$，则再使用别的敛散性判别法.

例 4　设 $u_n>0, n=1,2,\cdots$，若 $\sum\limits_{n=1}^{\infty}u_n$ 发散，$\sum\limits_{n=1}^{\infty}(-1)^{n-1}u_n$ 收敛，则下列结论正确的是(　　)(考研题)

(A) $\sum\limits_{n=1}^{\infty}u_{2n-1}$ 收敛，$\sum\limits_{n=1}^{\infty}u_{2n}$ 发散.　　(B) $\sum\limits_{n=1}^{\infty}u_{2n-1}$ 发散，$\sum\limits_{n=1}^{\infty}u_{2n}$ 收敛.

(C) $\sum\limits_{n=1}^{\infty}(u_{2n-1}+u_{2n})$ 收敛.　　(D) $\sum\limits_{n=1}^{\infty}(u_{2n-1}-u_{2n})$ 收敛.

思路点拨　收敛级数加括号仍收敛.

解　由于 $\sum\limits_{n=1}^{\infty}(-1)^{n-1}u_n$ 收敛，又

$$\sum_{n=1}^{\infty}(-1)^{n-1}u_n=(u_1-u_2)+(u_3-u_4)+\cdots+(u_{2n-1}-u_{2n})+\cdots,$$

所以级数 $\sum\limits_{n=1}^{\infty}(u_{2n-1}-u_{2n})$ 收敛，故应选(D).

例 5　设 $\sum\limits_{n=1}^{\infty}a_n$ 为正项级数，下列结论中正确的是(　　)(考研题)

(A) 若 $\lim\limits_{n\to+\infty}na_n=0$，则级数 $\sum\limits_{n=1}^{\infty}a_n$ 收敛.

(B) 若存在非零常数 λ，使得 $\lim\limits_{n\to+\infty}na_n=\lambda$，则级数 $\sum\limits_{n=1}^{\infty}a_n$ 发散.

(C) 若级数 $\sum\limits_{n=1}^{\infty}a_n$ 收敛，则 $\lim\limits_{n\to+\infty}n^2a_n=0$.

(D) 若级数 $\sum\limits_{n=1}^{\infty}a_n$ 发散，则存在非零常数 λ，使得 $\lim\limits_{n\to+\infty}na_n=\lambda$.

思路点拨　对于敛散性的判定问题，若不便直接推证，往往可通过举反例进行排除来确定正确选项.

解　取 $a_n=\dfrac{1}{n\ln n}$，则 $\lim\limits_{n\to+\infty}na_n=0$，但 $\sum\limits_{n=1}^{\infty}a_n=\sum\limits_{n=1}^{\infty}\dfrac{1}{n\ln n}$ 发散，可排除(A)，(D)；又取 $a_n=\dfrac{1}{n\sqrt{n}}$，则级数 $\sum\limits_{n=1}^{\infty}a_n$ 收敛，但 $\lim\limits_{n\to+\infty}n^2a_n=\infty$，排除(C)，故应选(B).

例 6　利用柯西收敛准则判别级数 $\sum\limits_{n=1}^{\infty}\dfrac{(-1)^{n+1}}{n}$ 的收敛性.

思路点拨　由于通项中 $(-1)^{n+1}$ 的符号随奇偶项而变化，故需进行奇偶讨论.

解　当 P 为偶数时

$$\begin{aligned}&|u_{n+1}+u_{n+2}+\cdots\cdots+u_{n+p}|\\&=\left|\frac{(-1)^{n+2}}{n+1}+\frac{(-1)^{n+3}}{n+2}+\cdots\cdots\frac{(-1)^{n+p+1}}{n+p}\right|\\&=\left|\frac{1}{n+1}-\frac{1}{n+2}+\frac{1}{n+3}-\cdots\cdots-\frac{1}{n+p}\right|\\&=\left|\frac{1}{n+1}-\left(\frac{1}{n+2}-\frac{1}{n+3}\right)-\cdots\cdots-\left(\frac{1}{n+p-2}-\frac{1}{n+p-1}\right)-\frac{1}{n+p}\right|\\&<\frac{1}{n+1}.\end{aligned}$$

当 P 为奇数时

$$\begin{aligned}&|u_{n+1}+u_{n+2}+u_{n+3}+\cdots\cdots+u_{u+p}|\\&=\left|\frac{(-1)^{n+2}}{n+1}+\frac{(-1)^{n+3}}{n+2}+\frac{(-1)^{n+4}}{n+3}+\cdots\cdots+\frac{(-1)^{n+p1}}{n+p}\right|\\&=\left|\frac{1}{n+1}-\frac{1}{n+2}+\frac{1}{n+3}-\cdots\cdots+\frac{1}{n+p}\right|\\&=\left|\frac{1}{n+1}+\left(\frac{1}{n+2}-\frac{1}{n+3}\right)-\cdots\cdots-\left(\frac{1}{n+p-1}-\frac{1}{n+p}\right)\right|<\frac{1}{n+1}.\end{aligned}$$

因而对于任一自然数 p，都有

$$|u_{n+1}+u_{n+2}+\cdots\cdots u_{n+p}|<\frac{1}{n+1}<\frac{1}{n},$$

对于任意给定的正数 ε，取 $N\geqslant\left[\frac{1}{\varepsilon}\right]+1$，则当 $n>N$ 时，对任何自然数 p，都有 $|u_{n+1}+u_{n+2}+\cdots\cdots+u_{n+p}|<\varepsilon$ 成立，

故由柯西收敛原理，级数 $\sum\limits_{n=1}^{\infty}\frac{(-1)^{n+1}}{n}$ 收敛.

现学现练　用定义判断级数 $\sum\limits_{n=1}^{\infty}\frac{1}{n(n+1)(n+2)}$ 是否收敛.（是）

课后习题全解

习题 12—1 全解

1. 解　(1) $\sum\limits_{n=1}^{\infty}\frac{1+n}{1+n^2}=\frac{1+1}{1+1^2}+\frac{1+2}{1+2^2}+\frac{1+3}{1+3^2}+\frac{1+4}{1+4^2}+\frac{1+5}{1+5^2}+\cdots$；

(2) $\sum\limits_{n=1}^{\infty}\frac{1\cdot3\cdots(2n-1)}{2\cdot4\cdots2n}=\frac{1}{2}+\frac{1\cdot3}{2\cdot4}+\frac{1\cdot3\cdot5}{2\cdot4\cdot6}+\frac{1\cdot3\cdot5\cdot7}{2\cdot4\cdot6\cdot8}+\frac{1\cdot3\cdot5\cdot7\cdot9}{2\cdot4\cdot6\cdot8\cdot10}+\cdots$；

(3) $\sum_{n=1}^{\infty}\frac{(-1)^{n-1}}{5^n}=\frac{1}{5}-\frac{1}{5^2}+\frac{1}{5^3}-\frac{1}{5^4}+\frac{1}{5^5}-\cdots$;

(4) $\sum_{n=1}^{\infty}\frac{n!}{n^n}=\frac{1!}{1^1}+\frac{2!}{2^2}+\frac{3!}{3^3}+\frac{4!}{4^4}+\frac{5!}{5^5}+\cdots$.

2. 分析　(1) 部分和 s_n 若有极限 s 则级数收敛，即 $\lim\limits_{n\to\infty}s_n=s$ 时级数收敛.

(2) 因为一般项 $a_n=\frac{1}{(2n-1)(2n+1)}$ 可分解成 $\frac{1}{2}\left(\frac{1}{2n-1}-\frac{1}{2n+1}\right)$，故可用裂项抵消法求解.

解　(1) 因为 $s_n=(\sqrt{2}-\sqrt{1})+(\sqrt{3}-\sqrt{2})+(\sqrt{4}-\sqrt{3})+\cdots+(\sqrt{n+1}-\sqrt{n})$

$$=\sqrt{n+1}-\sqrt{1}\to+\infty\quad(n\to\infty).$$

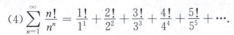

故级数发散；

$$(2)\ s_n=\frac{1}{1\cdot 3}+\frac{1}{3\cdot 5}+\cdots+\frac{1}{(2n-1)(2n+1)}$$

$$=\frac{1}{2}\left[\left(\frac{1}{1}-\frac{1}{3}\right)+\left(\frac{1}{3}-\frac{1}{5}\right)+\left(\frac{1}{5}-\frac{1}{7}\right)+\cdots+\left(\frac{1}{2n-1}-\frac{1}{2n+1}\right)\right]$$

$$=\frac{1}{2}\left[1-\frac{1}{2n+1}\right]\to\frac{1}{2}\quad(n\to\infty);$$

故级数收敛.

$$(3)\ s_n=\sin\frac{\pi}{6}+\sin\frac{2\pi}{6}+\sin\frac{3\pi}{6}+\cdots+\sin\frac{n\pi}{6}$$

$$=\frac{1}{2\sin\frac{\pi}{12}}\left(2\sin\frac{\pi}{12}\sin\frac{\pi}{6}+2\sin\frac{\pi}{12}\sin\frac{2\pi}{6}+2\sin\frac{\pi}{12}\sin\frac{3\pi}{6}\right.$$

$$\left.+\cdots+2\sin\frac{\pi}{12}\sin\frac{n\pi}{6}\right)$$

$$=\frac{1}{2\sin\frac{\pi}{12}}\left(\cos\frac{\pi}{12}-\cos\frac{2n+1}{12}\pi\right)$$

由于 $\lim\limits_{n\to\infty}\cos\frac{2n+1}{12}\pi$ 不存在，所以 $\lim\limits_{n\to\infty}s_n$ 不存在，因而该级数发散.

(4) $s_n=\ln 2+\ln\frac{3}{2}+\ln\frac{4}{3}+\cdots+\ln\frac{n+1}{n}=\ln(n+1)\to\infty$ 故级数发散.

3. 分析　(1) 由一般项 $(-1)^n\frac{8^n}{9^n}$ 知级数为等比级数.

(2) $\sum_{n=1}^{\infty}\frac{1}{n}$ 为发散级数.

(3) 级数一般项为 $\frac{1}{\sqrt[n]{3}}$ 不是等比级数，应该直接用级数的收敛与发散的定义判别.

解　(1) 原级数为等比级数,公比 $q=-\dfrac{8}{9}$,

由于 $|q|=\dfrac{8}{9}<1$,所以该级数收敛;

(2) 原级数发散,否则 $\sum\limits_{n=1}^{\infty}\dfrac{1}{n}=3\left(\dfrac{1}{3}+\dfrac{1}{6}+\dfrac{1}{9}+\cdots\right)$收敛,矛盾;

(3) 该级数的一般项 $u_n=\dfrac{1}{\sqrt[n]{3}}=3^{-\frac{1}{n}}\to 1\neq 0(n\to\infty)$

故由级数收敛的必要条件可知,该级数发散;

(4) 该级数为等比级数,公比 $q=\dfrac{3}{2}>1$,所以该级数发散;

(5) 设 $s=\dfrac{1}{2}+\dfrac{1}{2^2}+\dfrac{1}{2^3}+\cdots,\sigma=\dfrac{1}{3}+\dfrac{1}{3^2}+\dfrac{1}{3^3}+\cdots$

因为 s 为公比 $q=\dfrac{1}{2}$ 的等比级数,σ 为公比 $q=\dfrac{1}{3}$ 的等比级数,

故 s,σ 均为收敛级数,所以由收敛级数的性质知原级数收敛.

4. 分析　(1) 因为一项项$\dfrac{(-1)^{n+1}}{n}$ 中含$(-1)^{n+1}$,因此级数在设部分和时,存在两种可能:一是若 n 为奇数,则$(-1)^{n+1}$ 为 1,部分和最后一项前是"+"号;二是若 n 为偶数,则$(-1)^{n+1}$ 为-1,部分和最后一项前面是"−"号.因此需要对这两种情况进行讨论.

解　(1) 当 p 为偶数时

$$|u_{n+1}+u_{n+2}+u_{n+3}+\cdots+u_{n+p}|$$

$$=\left|\frac{(-1)^{n+2}}{n+1}+\frac{(-1)^{n+3}}{n+2}+\frac{(-1)^{n+4}}{n+3}\cdots+\frac{(-1)^{n+p+1}}{n+p}\right|$$

$$=\left|\frac{1}{n+1}-\left(\frac{1}{n+2}-\frac{1}{n+3}\right)-\cdots-\left(\frac{1}{n+p-2}-\frac{1}{n+p-1}\right)-\frac{1}{n+p}\right|$$

$$<\frac{1}{n+1};$$

当 p 为奇数时

$$|u_{n+1}+u_{n+2}+\cdots+u_{n+p}|$$

$$=\left|\frac{1}{n+1}-\frac{1}{n+2}+\frac{1}{n+3}-\cdots+\frac{1}{n+p}\right|$$

$$=\left|\frac{1}{n+1}-\left(\frac{1}{n+2}-\frac{1}{n+3}\right)-\cdots-\left(\frac{1}{n+p-1}-\frac{1}{n+p}\right)\right|$$

$$<\frac{1}{n+1}.$$

因而,对任何自然数 p,都有 $|u_{n+1}+u_{n+2}+\cdots+u_{n+p}|<\frac{1}{n+1}<\frac{1}{n}$.

对于任意给定的正数 ε,取 $N\geqslant\left[\frac{1}{\varepsilon}\right]+1$,则当 $n>N$ 时,对任何自然数 p,都有 $|u_{n+1}+u_{n+2}+\cdots+u_{n+p}|<\varepsilon$ 成立,

故由柯西收敛原理,级数 $\sum\limits_{n=1}^{\infty}\frac{(-1)^{n+1}}{n}$ 收敛;

(2) 取 $p=3n$

$$|s_{n+p}-s_n|$$

$$=\left|\frac{1}{n+1}+\frac{1}{n+2}-\frac{1}{n+3}+\frac{1}{n+4}+\frac{1}{n+5}-\frac{1}{n+6}+\cdots+\frac{1}{4n-2}+\frac{1}{4n-1}-\frac{1}{4n}\right|$$

$$>\left|\frac{1}{n+1}+\frac{1}{n+4}+\cdots+\frac{1}{4n-2}\right|>\frac{1}{4n}+\frac{1}{4n}+\cdots+\frac{1}{4n}=\frac{1}{4}.$$

从而对于 $\varepsilon_0=\frac{1}{4}$,任意 $n\in\mathbf{N}$,存在 $p=3n$,使得 $|S_{n+p}-S_n|<\varepsilon_0$,

故由柯西收敛定理知,级数发散;

(3) 对于任何自然数 p.

$$|u_{n+1}+u_{n+2}+\cdots u_{n+p}|$$

$$=\left|\frac{\sin(n+1)x}{2^{n+1}}+\frac{\sin(n+2)x}{2^{n+2}}+\cdots+\frac{\sin(n+p)x}{2^{n+p}}\right|$$

$$\leqslant\frac{1}{2^{n+1}}+\frac{1}{2^{n+2}}+\cdots+\frac{1}{2^{n+p}}=\frac{\frac{1}{2^{n+1}}\left(1-\frac{1}{2^p}\right)}{1-\frac{1}{2}}<\frac{1}{2^n},$$

所以对于任意给定的正数 ε,取 $N\geqslant\left[\log_2\frac{1}{\varepsilon}\right]+1$,则当 $n>N$ 时,对任何自然数 p,都有 $|u_{n+1}+u_{u+2}+\cdots+u_{n+p}|<\varepsilon$ 成立,由柯西收敛原理,级数收敛;

(4) 取 $p=n$,则

$$|s_{n+p}-s_n|=\left|\left(\frac{1}{3(n+1)+1}+\frac{1}{3(n+1)+2}-\frac{1}{3(n+1)+3}\right)+\cdots+\left(\frac{1}{3\cdot2+1}+\frac{1}{3\cdot2n+2}-\frac{1}{3\cdot2n+3}\right)\right|$$

$$\geqslant\frac{1}{3(n+1)+1}+\cdots+\frac{1}{3\cdot2n+1}\geqslant\frac{n}{6(n+1)}>\frac{1}{12}$$

从而取 $\varepsilon_0=\frac{1}{12}$ 则对任意的 $n\in\mathbf{N}$,都存在 $p=n$ 使得

$$|s_{n+p}-s_n|>\varepsilon_0$$

由柯西原理知,原级数发散.

第二节　常数项级数的审敛法

知识要点及常考点

1. 正项级数敛散性的判别法

(1) 正项级数 $\sum_{n=1}^{\infty} a_n$ 收敛的充要条件是它的部分和序列有上界.

(2) 比较判别法：

① 若存在一个与 k 无关的正常数 c_1，使当 $k \geqslant N_1$（N_1 为固定值），有 $a_k \leqslant c_1 b_k$，则若 $\sum_{k=1}^{\infty} b_k$ 收敛，则必有 $\sum_{k=1}^{\infty} a_k$ 收敛.

② 若当 $k \geqslant N_1$ 时，都有 $a_k \geqslant c_2 b_k$（$c_2 > 0$，且是与 k 无关的常数），则若 $\sum_{k=1}^{\infty} b_n$ 发散，必有 $\sum_{k=1}^{\infty} a_n$ 发散.

③ 若存在 N，使当 $n > N$ 时，有 $\frac{a_{n+1}}{a_n} \leqslant \frac{b_{n+1}}{b_n}$，由 $\sum_{n=1}^{\infty} b_n$ 收敛 $\Rightarrow \sum_{n=1}^{\infty} a_n$ 收敛；由 $\sum_{n=1}^{\infty} a_n$ 发散 $\Rightarrow \sum_{n=1}^{\infty} b_n$ 发散.

④ $\lim\limits_{n \to +\infty} \frac{a_n}{b_n} = l$，$b_n > 0$，有

若 $0 < l < +\infty$，则 $\sum_{n=1}^{\infty} a_n$，$\sum_{n=1}^{\infty} b_n$ 同时敛散；

若 $l = 0$，则 $\sum_{n=1}^{\infty} b_n$，收敛 $\Rightarrow \sum_{n=1}^{\infty} a_n$ 收敛；

若 $l = +\infty$，则 $\sum_{n=1}^{+\infty} b_n$ 发散 $\Rightarrow \sum_{n=1}^{+\infty} a_n$ 发散.

而在实际运用时，$\sum_{n=1}^{\infty} b_n$ 往往可取等比级数或 p　级数，有时也直接研究 a_n 趋于零的阶.

(3) 达朗贝尔判别法：设 $\sum_{n=1}^{\infty} a_n$ 是正项级数，若

① $\lim\limits_{n \to \infty} \frac{a_{n+1}}{a_n} = r < 1$，则 $\lim\limits_{n \to \infty} a_n$ 收敛；

② $\lim\limits_{n\to\infty}\dfrac{a_{n+1}}{a_n}=r>1$，则$\lim\limits_{n\to\infty}a_n$ 发散.

(4) 柯西判别法：设$\lim\limits_{n\to\infty}a_n$ 是正项级数，$\lim\limits_{n\to+\infty}\sqrt[n]{a_n}=\rho$，若 $\rho<1$，级数收敛；若 $\rho>1$，则级数发散.

(5) 柯西积分判别法：设 $f(x)$ 在 $x\geqslant 1$ 时非负且单调下降，令 $a_n=f(n)$，$n=1,2,\cdots$ 则正项级数$\lim\limits_{n\to\infty}a_n$ 收敛$\Leftrightarrow$积分$\int_1^{+\infty}f(x)\mathrm{d}x$ 收敛，且在收敛的情况下，其余项 r_n 有估计$\int_{n+1}^{+\infty}f(x)\mathrm{d}x\leqslant r_n=\sum\limits_{k=n+1}^{\infty}a_k\leqslant f(n+1)\int_{n+1}^{+\infty}f(x)\mathrm{d}x$.

(6) 极限审敛法：① $\lim\limits_{n\to+\infty}nu_n=l>0$（或$\lim\limits_{n\to\infty}nu_n=+\infty$），则级数$\sum\limits_{n=1}^{\infty}u_n$ 发散；② 如果 $p>1$，而 $\lim\limits_{n\to+\infty}n^pu_n=l(0<l<+\infty)$，则级数$\sum\limits_{n=1}^{\infty}u_n$ 收敛.

2. 任意项级数的审敛法

(1) 莱布尼茨定理

如果交错级数$\sum\limits_{n=1}^{\infty}(-1)^{n-1}u_n$ 满足条件：

①$u_n\geqslant u_{n+1}(n=1,2,3\cdots)$；② $\lim\limits_{n\to+\infty}u_n=0$，

则级数收敛，且其和 $s\leqslant u_1$，其余项 r_n 的绝对值 $|r_n|\leqslant u_{n+1}$.

(2) 绝对收敛与条件收敛

① 绝对收敛判别法

如果级数$\sum\limits_{n=1}^{\infty}u_n$ 各项的绝对值构成的正项级数$\sum\limits_{n=1}^{\infty}|u_n|$ 收敛，则称级数$\sum\limits_{n=1}^{\infty}u_n$ 绝对收敛；如果级数$\sum\limits_{n=1}^{\infty}u_n$ 收敛，而级数$\sum\limits_{n=1}^{\infty}|u_n|$ 发散，则称级数$\sum\limits_{n=1}^{\infty}u_n$ 条件收敛，重要例子：$\sum\limits_{n=1}^{\infty}(-1)^{n-1}\dfrac{1}{n^p}=\begin{cases}\text{绝对收敛}, p>1,\\ \text{条件收敛}, 0<p\leqslant 1,\\ \text{发散}, \quad p\leqslant 0.\end{cases}$ 如果级数$\sum\limits_{n=1}^{\infty}u_n$ 绝对收敛，则级数$\sum\limits_{n=1}^{\infty}u_n$ 必定收敛.

② 绝对收敛级数的性质

绝对收敛级数改变项的位置后构成的级数也收敛，且与原级数有相同的和.

（绝对收敛级数的乘法）设级数$\sum\limits_{n=1}^{\infty}u_n$ 和$\sum\limits_{n=1}^{\infty}v_n$ 都绝对收敛，其和分别为 s 和 σ，则它们的柯西乘积 $u_1v_1+(u_1v_2+u_2v_1)+\cdots+(u_1v_1+u_2v_{n-1}+\cdots+u_nv_1)+\cdots$ 也是

绝对收敛的，且和为 $s\cdot\sigma$.

③ 柯西审敛原理

级数 $\sum_{n=1}^{\infty}u_n$ 收敛的充分必要条件为，对于任意给定的正数 ε，总存在自然数 N，使得当 $n>N$ 时，对于任意的自然数 p，都有 $|u_{n+1}+u_{n+2}+\cdots+u_{n+p}|<\varepsilon$ 成立.

注　判定正项级数 $\sum_{n=1}^{\infty}u_n$ 敛散性的一般步骤是：首先研究 $u_n\overset{?}{\to}0$，若 $u_n\not\to 0$ 则级数发散，若 $u_n\to 0$ 则用比值法或根值法来判别敛散性，如果仍然无法判定，则用比较法（包括极限法）或定义求 $\lim\limits_{n\to\infty}s_n$，因此说，在各种判别中，较难掌握的是比较判别法和极限审敛法.

3. 几种重要级数

调和级数：$\sum_{n=1}^{\infty}\frac{1}{n}=1+\frac{1}{2}+\frac{1}{3}+\cdots+\frac{1}{n}+\cdots$，该级数发散；

几何级数（等比级数）：$\sum_{n=1}^{\infty}u_n^{n-1}=a+aq+aq^2+\cdots aq^{n-1}+\cdots$

① 当 $|q|<1$ 时，级数收敛，

② 当 $|q|\geqslant 1$ 时，级数发散；

p^- 级数：$\sum_{n=1}^{\infty}\frac{1}{n^p}=1+\frac{1}{2^p}+\frac{1}{3^p}+\cdots+\frac{1}{n^p}+\cdots(p>0)$

① 当 $p>1$ 时，级数收敛，

② 当 $p\leqslant 1$ 时，级数发散.

本节考研要求

1. 掌握几何级数与级数的收敛与发散的条件.
2. 掌握正项级数收敛性的比较判别法和比值判别法，会用根值判别法.
3. 掌握交错级数的莱布尼茨判别法.
4. 了解任意项级数绝对收敛与条件收敛的概念及绝对收敛与收敛的关系.

题型、真题、方法

题型 1　判断正项级数的敛散性

题型分析　(1) 对于正项级数，若正项中含有 $n!$，n^n，$\sin x^n$，a^n 或关于 n 的若干连乘积的形式时，一般用比值法；若通项中含有以 n 为指数幂的因子时，常用根值法，当比值和根值法不能用时，用比较判别值法.

(2) 用比较法判断敛散性常用下列不等式：

$$\begin{cases} x > \ln(1+x),(x>-1), \\ x > \sin x, \\ \sqrt{n} > \ln n, \\ a^2+b^2 \geqslant 2ab(a\geqslant b, b\geqslant 0) \text{ 等.} \end{cases}$$

例 1　判别下列级数的敛散性：

(1) $\sum\limits_{n=1}^{\infty} \dfrac{(n!)^2}{2n^2}$；　　(2) $\sum\limits_{n=1}^{\infty} \dfrac{1}{(an^2+bn+c)^n}(a>0,b>0)$；

(3) $\sum\limits_{n=1}^{\infty} 2^{\pi}\sin\dfrac{\pi}{3^{\pi}}$；　　(4) $\sum\limits_{n=3}^{+\infty} \dfrac{1}{n(\ln n)^p}$.

思路点拨　(1) 首先判别一般项 $u_n=\dfrac{(n!)^2}{2^{n^2}}\to 0(n\to+\infty)$，由 u_n 的形式可试着采用比值法. (2) $u_n=\dfrac{1}{(an^2+bn+c)^a}(a>0,b>0)$，由于 a 的未知，u_n 不一定趋于零，(即 $a>0,u_n\to 0;a\leqslant 0,u_n\not\to 0$)，于是 $\sum\limits_{n=1}^{\infty}u_n$ 的敛散性与 a 有关，需讨论 a. 且 $\dfrac{1}{(an^2+bn+c)^a}\sim\dfrac{1}{a^an^{2n}},n\to+\infty$ 而 $\sum\limits_{n=1}^{\infty}\dfrac{1}{a^a}\sum\limits_{n=1}^{\infty}\dfrac{1}{n^{2a}}$，于是找到 $\sum\limits_{n=1}^{\infty}u_n$ 收敛与发散的分界点 $a=\dfrac{1}{2}$.

解　(1) $\lim\limits_{n\to+\infty}\dfrac{a_{n+1}}{a_n}=\lim\limits_{n\to+\infty}\dfrac{[(n+1)!]^2}{2^{(n+1)^2}}\cdot\dfrac{2^{n^2}}{(n!)^2}=\lim\limits_{n\to+\infty}\dfrac{(n+1)^2}{2^{2n+1}}=0<1$,

故由达朗贝尔判别法知，级数 $\sum\limits_{n=1}^{\infty}\dfrac{(n!)^2}{2^{n^2}}$ 收敛；

(2) 由 $u_n=\dfrac{1}{(an^2+bn+c)^a}(a>0,b>0)\sim\dfrac{1}{a^an^{2a}},(n\to+\infty)$

$$\text{而}\sum_{n=1}^{\infty}\frac{1}{a^an^{2a}}=\frac{1}{a^a}\sum_{n=1}^{\infty}\frac{1}{n^{2a}}\begin{cases}\text{收敛}, a>\dfrac{1}{2},\\ \text{发散}, a\leqslant\dfrac{1}{2};\end{cases}$$

$$\text{故}\sum_{n=1}^{\infty}\frac{1}{(an^2+bn+c)^a}\begin{cases}\text{收敛}, a>\dfrac{1}{2},\\ \text{发散}, a\leqslant\dfrac{1}{2};\end{cases}$$

(3) **解法一**：$u_n=2^n\cdot\sin\dfrac{\pi}{3^n}\sim 2^n\cdot\dfrac{\pi}{3^n}=\pi\cdot\left(\dfrac{2}{3}\right)^n,(n\to+\infty)$

而$\sum\limits_{n=1}^{\infty}\pi\cdot\left(\frac{2}{3}\right)^n$收敛$\left[\lim\limits_{n\to+\infty}\frac{\pi\cdot\left(\frac{2}{3}\right)^{n+1}}{\pi\cdot\left(\frac{2}{3}\right)^n}=\frac{2}{3}<1\right]$，

故$\sum\limits_{n=1}^{\infty}2^n\cdot\sin\frac{\pi}{3n}$收敛.

解法二: $\lim\limits_{n\to+\infty}\frac{u_{n+1}}{u_n}=\lim\limits_{n\to+\infty}\frac{2^{n+1}\cdot\sin\frac{\pi}{3^{n+1}}}{2^n\cdot\sin\frac{\pi}{3^n}}=\lim\limits_{n\to+\infty}\cdot 2\frac{\sin\frac{\pi}{3^{n+1}}}{\sin\frac{\pi}{3n}}$

$$=2\lim_{n\to+\infty}\frac{\sin\frac{\pi}{3^{n+1}}}{\frac{\pi}{3^{n+11}}}\cdot\frac{\frac{\pi}{3^n}\cdot\frac{1}{3}}{\sin\frac{\pi}{3^n}}=\frac{2}{3}<1,$$

由达朗贝尔判别法知，级数$\sum\limits_{n=1}^{\infty}2^n\sin\frac{\pi}{3^n}$收敛.

(4)① 当$p\leqslant 0$时，$\frac{1}{n(\ln n)^p}\geqslant\frac{1}{n}$，$(n\geqslant 3)$而$\sum\limits_{n=3}^{\infty}\frac{1}{n}$发散，

由比较判别法知$\sum\limits_{n=1}^{\infty}\frac{1}{n(\ln n)^p}$发散.

② 当$p>0$时，令$f(x)=\frac{1}{x(\ln x)^p}(x\geqslant 3)$，$x\geqslant 3$时，$f(x)\geqslant 0$，

$$f'(x)=\frac{-(\ln x)^p-p(\ln x)^{p-1}}{[x(\ln x)^p]^2}<0(p>0).$$

即$f(x)$是正的单调递减函数，且$f(n)=\frac{1}{n(\ln n)^p}$. 又

$$\int_3^{+\infty}f(x)\mathrm{d}x=\int_3^{+\infty}\frac{1}{x(\ln x)^p}\mathrm{d}x=\begin{cases}\frac{1}{p-1}(\ln 3)^{1-p}, & p>1,\\ +\infty, & 0<p\leqslant 1.\end{cases}$$

故当$p>1$时，反常积分收敛.

由柯西积分判别法知，级数$\sum\limits_{n=3}^{\infty}\frac{1}{n(\ln n)^p}$当$p>1$时收敛$0<p\leqslant 1$时发散，由①、②知，级数$\sum\limits_{n=3}^{\infty}\frac{1}{n(\ln n)^p}$当$p>1$时收敛，当$p\leqslant 1$时发散.

例 2 设$a_1=2,a_{n+1}=\frac{1}{2}(a_n+\frac{1}{a_n})(n=1,2,\cdots)$证明:(1) $\lim\limits_{n\to+\infty}a_n$存在.

(2) 级数$\sum\limits_{n=1}^{\infty}\left(\frac{a_n}{a_{n+1}}-1\right)$收敛.（考研题）

思路点拨　(1) 由迭代公式给出的数列，一般用单调有界数列必有极限来证明

极限的存在；

(2) 利用(1) 的结果，由正项级数的比较判别法或比值判别法进行判断.

解　(1) 显然 $a_n \geqslant 0(n=1,2,3\cdots)$，由于

$$a_{n+1}-a_n=\frac{1}{2}\left(a_n+\frac{1}{a_n}\right)-a_n=\frac{1-a_n^2}{2a_n},$$

而
$$a_{n+1}=\frac{1}{2}\left(a_n+\frac{1}{a_n}\right)\geqslant\sqrt{a_n\cdot\frac{1}{a_n}}=1,$$

于是 $a_{n+1}-a_n\leqslant 0$，故数列 $\{a_n\}$ 单调减少且有下界，所以 $\lim\limits_{n\to+\infty}a_n$ 存在.

(2) 由于数列 $\{a_n\}$ 单调减少，所以有 $0\leqslant\frac{a_n}{a_{n+1}}-1=\frac{a_n-a_{n+1}}{a_{n+1}}\leqslant a_n-a_{n+1}$，而正项级数 $\sum\limits_{n=1}^{\infty}(a_n-a_{n+1})$ 的前 n 项部分和 $s_n=\sum\limits_{n=1}^{\infty}(a_i-a_{i+1})=a_1-a_{n+1}$，又极限 $\lim\limits_{n\to+\infty}a_n$ 存在，所以 $\lim\limits_{n\to+\infty}s_n$ 存在，即正项级数 $\sum\limits_{n=1}^{\infty}(a_n-a_{n+1})$ 收敛，则由正项级数的比较判别法得级数 $\sum\limits_{n=1}^{\infty}\left(\frac{a_n}{a_{n+1}}-1\right)$ 收敛.

例 3　设正项数列 $\{a_n\}$ 单调减小，且 $\sum\limits_{n=1}^{\infty}(-1)^n a_n$ 发散，试问级数 $\sum\limits_{n=1}^{\infty}(\frac{1}{a_n+1})^n$ 是否收敛?并说明理由.

解　由正项数列 $\{a_n\}$ 单调减小，可知 $\lim\limits_{n\to\infty}a_n$ 存在，设 $\lim\limits_{n\to\infty}a_n=a\geqslant 0$.

而交错级数 $\sum\limits_{n=1}^{\infty}(-1)^n a_n$ 发散，所以 $a\neq 0$，则 $a>0$.

$$\lim_{n\to\infty}\sqrt[n]{(\frac{1}{a_n+1})^n}=\lim_{n\to\infty}\frac{1}{a_n+1}=\frac{1}{a+1}<1,$$

故 $\sum\limits_{n=1}^{\infty}(\frac{1}{a_n+1})^n$ 收敛.

现学现练　用比较判别法判断级数 $\sum\limits_{n=1}^{+\infty}\frac{2n+1}{(n+1)(n+2)(n+3)}$ 的收敛性.(收敛)

题型 2　利用交错级数的敛散性判别法判定级数的敛散性

题型分析　交错级数敛散性的判别用莱布尼茨判别法，如果交错级数 $\sum\limits_{n=1}^{\infty}(-1)^{n-1}u_n$ 不满足莱布尼茨判别法中的条件 $u_{n+1}\leqslant u_n$，那么该级数可能收敛，也可能是发散的，这时可以考虑该交错级数的部分和数列 $\{s_n\}$ 的偶数项与奇数项构成的子数列

$\{s_{2n}\}$和$\{s_{2n+1}\}$的敛散性，并利用关系式$s_{2n+1}=s_{2n}+u_{2n+1}$可以推得原交错级数的敛散性．若两个子数列$\{s_{2n}\}$和$\{s_{2n+1}\}$的极限都存在且相等，则原交错级数收敛，且其和就是它们的极限；若两个子数列$\{s_{2n}\}$和$\{s_{2n+1}\}$中至少有一个极限不存在，或者极限存在但不相等，则原级数发散．

例 4　设常数$\lambda>0$，且级数$\sum\limits_{n=1}^{\infty}a_n^2$收敛，则级数$\sum\limits_{n=1}^{\infty}(-1)^n\dfrac{|a_n|}{\sqrt{n^2+\lambda}}$.（考研题）

(A) 发散.　　(B) 条件收敛.　　(C) 绝对收敛.　　(D) 收敛性与λ有关.

思路点拨　如果四个选项中有绝对收敛的判断，则可先考虑级数是否绝对收敛，如果不是绝对收敛，再进一步考虑级数是条件收敛还是发散.

解　由于$\left|(-1)^n\dfrac{|a_n|}{\sqrt{n^2+\lambda}}\right|=\dfrac{|a_n|}{\sqrt{n^2+\lambda}}\leqslant\dfrac{1}{2}\left(a_n^2+\dfrac{1}{n^2+\lambda}\right)\leqslant\dfrac{1}{2}\left(a_n^2+\dfrac{1}{n^2}\right)$，

又级数$\sum\limits_{n=1}^{\infty}a_n^2$与$\sum\limits_{n=1}^{\infty}\dfrac{1}{n^2}$均收敛，所以由级数的运算性质得级数$\sum\limits_{n=1}^{\infty}\dfrac{1}{2}\left(a_n^2+\dfrac{1}{n^2}\right)$收敛，

于是，由正项级数的比较判别法，得级数$\sum\limits_{n=1}^{\infty}(-1)^n\dfrac{|a_n|}{\sqrt{n^2+\lambda}}$绝对收敛. 故应选(C).

例 5　判别下列级数的敛散性：

(1) $\sum\limits_{n=1}^{\infty}\dfrac{(-1)^{n-1}}{\sqrt{n}-\ln n}$；　　　(2) $\sum\limits_{n=2}^{\infty}\dfrac{(-1)^n}{\sqrt{n}+(-1)^n}$；

(3) $\sum\limits_{n=1}^{\infty}\sin(\pi\sqrt{n^2+1})$.

思路点拨　判定一般项级数$\sum\limits_{n=1}^{\infty}u_n$的敛散性的主要方法：若$\sum\limits_{n=1}^{\infty}|u_n|$收敛，则$\sum\limits_{n=1}^{\infty}u_n$绝对收敛；若$\sum\limits_{n=1}^{\infty}|u_n|$发散，则$\sum\limits_{n=1}^{\infty}u_n$敛散性判别主要利用“莱布尼茨定理”或$u_0\to0$时求$s_n$.

解　(1) $u_n=\dfrac{1}{\sqrt{n}-\ln n}$，$f(x)=\dfrac{1}{\sqrt{x}-\ln x}$，则

$$f'(x)=-\frac{\dfrac{1}{2\sqrt{x}}-\dfrac{1}{x}}{(\sqrt{x}-\ln x)^2}=\frac{-(\sqrt{x}-2)}{2x(\sqrt{x}-\ln x)^2},$$

当$x\geqslant4$时，$f'(x)<0$，所以u_n单调递减.

且$\lim\limits_{n\to+\infty}\dfrac{1}{\sqrt{n}-\ln n}=0$，故原级数收敛；

(2) 设$u_n=\dfrac{1}{\sqrt{n}+(-1)^n}$，则$u_n$非单调，故不能用莱布尼茨定理.

由于$\frac{(-1)^n}{\sqrt{n}+(-1)^n}=\frac{(-1)^n[\sqrt{n}-(-1)^n]}{n-1}=\frac{(-1)^n\sqrt{n}}{n-1}-\frac{1}{n-1}$,

而$\sum_{n=2}^{\infty}\frac{(-1)^n\sqrt{n}}{n-1}$满足莱布尼茨定理条件,知其收敛,但$\sum_{n=2}^{\infty}\frac{1}{n-1}$发散,故原级数发散;

(3)$u_n=\sin(\pi\sqrt{n^2+1})=\sin[n\pi+\pi(\sqrt{n^2+1}-n)]=(-1)^n\sin\frac{\pi}{\sqrt{n^2+1}+n}$,

而$\sin\frac{\pi}{\sqrt{n^2+1}+n}$满足莱布尼茨条件,故原级数收敛.

例 6　设$u_n=(-1)^n\ln\left(1+\frac{1}{\sqrt{n}}\right)$,则级数(　).(考研题)

(A)$\sum_{n=1}^{\infty}u_n$与$\sum_{n=1}^{\infty}u_n^2$都收敛.　　(B)$\sum_{n=1}^{\infty}u_n$与$\sum_{n=1}^{\infty}u_n^2$都发散.

(C)$\sum_{n=1}^{\infty}u_n$收敛而$\sum_{n=1}^{\infty}u_n^2$发散.　　(D)$\sum_{n=1}^{\infty}u_n$发散而$\sum_{n=1}^{\infty}u_n^2$收敛.

解　对于交错级数$\sum_{n=1}^{\infty}u_n=\sum_{n=1}^{\infty}(-1)^n\ln\left(1+\frac{1}{\sqrt{n}}\right)$,显然$\ln\left(1+\frac{1}{\sqrt{n}}\right)$单调减少且$\lim\limits_{n\to\infty}\ln\left(1+\frac{1}{\sqrt{n}}\right)=0$,故由莱布尼兹判别法得级数$\sum_{n=1}^{\infty}u_n$收敛.

对于正项级数$\sum_{n=1}^{\infty}u_n^2=\sum_{n=1}^{\infty}\ln^2\left(1+\frac{1}{\sqrt{n}}\right)$,由于$u_n^2=\ln^2\left(1+\frac{1}{\sqrt{n}}\right)\sim\frac{1}{n}$,而级数$\sum_{n=1}^{\infty}\frac{1}{n}$发散,所以级数$\sum_{n=1}^{\infty}u_n^2$发散,故选(C).

现学现练　设常数$k<0$,判断级数$\sum_{n=1}^{\infty}(-1)^n\frac{k+n}{n^2}$的收敛性.(条件收敛)

课后习题全解

习题 12－2 全解

1. **分析**　(3) 由于一般项$\frac{1}{(n+1)(n+4)}$不易直接用比较审敛法判别,因此用极限形式的比较审敛法较为方便.

(4) 用极限形式的比较审敛法审敛,选取等比级数$\sum_{n=1}^{\infty}\frac{1}{n^2}$为基准.

解　(1) 因为$\lim\limits_{n\to\infty}\frac{\frac{1}{2n-1}}{\frac{1}{n}}=\frac{1}{2}$,而级数$\sum_{n=1}^{\infty}\frac{1}{n}$发散,故该级数发散;

(2) 因为 $u_n=\dfrac{1+n}{1+n^2}>\dfrac{1+n}{n+n^2}=\dfrac{1}{n}$，而 $\sum\limits_{n=1}^{\infty}\dfrac{1}{n}$ 发散，故原级数 $\sum\limits_{n=1}^{\infty}u_n$ 发散；

(3) 由于 $\lim\limits_{n\to\infty}\dfrac{\dfrac{1}{(n+1)(n+4)}}{\dfrac{1}{n^2}}=\lim\limits_{n\to\infty}\dfrac{n^2}{n^2+5n+4}=1$，而且 $\sum\limits_{n=1}^{\infty}\dfrac{1}{n^2}$ 收敛，故原级数收敛；

(4) 由于 $\lim\limits_{n\to\infty}\dfrac{\sin\dfrac{\pi}{2^n}}{\dfrac{1}{2^n}}=\lim\limits_{n\to\infty}\left(\pi\dfrac{\sin\dfrac{\pi}{2^n}}{\dfrac{\pi}{2^n}}\right)=\pi$，并且 $\sum\limits_{n=1}^{\infty}\dfrac{1}{2^n}$ 收敛，故原级数收敛；

(5)① 当 $a>1$ 时，$u_n=\dfrac{1}{1+a^n}<\dfrac{1}{a^n}$，而 $\sum\limits_{n=1}^{\infty}\dfrac{1}{a^n}$ 收敛，故 $\sum\limits_{n=1}^{\infty}u_n$ 也收敛，

② 当 $0<a\leqslant 1$ 时，$\lim\limits_{n\to\infty}u_n=\lim\limits_{n\to\infty}\dfrac{1}{a+a^n}=\begin{cases}\dfrac{1}{2}, a=1\\ 1, 0<a<1\end{cases}$，故 $\sum\limits_{n=1}^{\infty}u_n$ 发散.

2. 解　(1) $u_n=\dfrac{3^n}{n\cdot 2^n}$ 因为 $\lim\limits_{n\to\infty}\dfrac{u_{n+1}}{u_n}=\lim\limits_{n\to\infty}\dfrac{3^{n+1}}{(n+1)\cdot 2^{n+1}}\Big/\dfrac{3^n}{n\cdot 2^n}=\lim\limits_{n\to\infty}\left(\dfrac{3}{2}\cdot\dfrac{n}{n+1}\right)=\dfrac{3}{2}>1$，所以级数发散；

(2) 因为 $\lim\limits_{n\to\infty}\dfrac{u_{n+1}}{u_n}=\lim\limits_{n\to\infty}\dfrac{(n+1)^2}{3^{n+1}}\Big/\dfrac{n^2}{3^n}=\lim\limits_{n\to\infty}\dfrac{1}{3}\cdot\left(\dfrac{n+1}{n}\right)^2=\dfrac{1}{3}<1$. 所以级数收敛；

(3) 由于 $\lim\limits_{n\to\infty}\dfrac{u_{n+1}}{u_n}=\lim\limits_{n\to\infty}\dfrac{2^{n+1}\cdot(n+1)!}{(n+1)^{n+1}}\Big/\dfrac{2^n\cdot n!}{n^n}=\lim\limits_{n\to\infty}2\left(\dfrac{n}{n+1}\right)^n=2\lim\limits_{n\to\infty}\dfrac{1}{\left(1+\dfrac{1}{n}\right)^n}=\dfrac{2}{\mathrm{e}}<1$，故级数收敛；

(4) 由于 $\lim\limits_{n\to\infty}\dfrac{u_{n+1}}{u_n}=\lim\limits_{n\to\infty}(n+1)\tan\dfrac{\pi}{2^{n+2}}\Big/n\tan\dfrac{\pi}{2^{n+1}}=\lim\limits_{n\to\infty}\dfrac{n+1}{n}\cdot\dfrac{\tan\dfrac{\pi}{2^{n+2}}}{\tan\dfrac{\pi}{2^{n+1}}}$

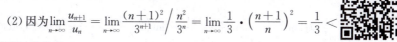

$\xlongequal{\text{等价无穷小}}\lim\limits_{n\to\infty}\dfrac{n+1}{n}\dfrac{\dfrac{\pi}{2^{n+2}}}{\dfrac{\pi}{2^{n+1}}}=\dfrac{1}{2}<1$，故级数收敛.

3. 分析　(3) 由于幂的值不是 n 而是 $2n-1$，因此两边开 n 次方之后，再两边取对数并以 e 为底，把指数变为常数项.

解　(1) 因为 $\lim\limits_{n\to\infty}\sqrt[n]{u_n}=\lim\limits_{n\to\infty}\dfrac{n}{2n+1}=\dfrac{1}{2}<1$，所以级数收敛；

(2) 因为$\lim\limits_{n\to\infty}\sqrt[n]{u_n}=\lim\limits_{n\to\infty}\dfrac{1}{\ln(n+1)}=0<1$,所以级数收敛;

(3) 因为$\lim\limits_{n\to\infty}\sqrt[n]{u_n}=\lim\limits_{n\to\infty}\left(\dfrac{n}{3n-1}\right)^{\frac{2n-1}{n}}=\lim\limits_{n\to\infty}\left(\dfrac{n}{3n-1}\right)^{2-\frac{1}{n}}$

$$=e^{\lim\limits_{n\to\infty}(2-\frac{1}{n})\ln(\frac{n}{3n-1})}$$

$$=e^{2\ln\frac{1}{3}}=\left(\frac{1}{3}\right)^2=\frac{1}{9}<1,$$

所以级数收敛;

(4) 因为$\lim\limits_{n\to\infty}\sqrt[n]{u_n}=\lim\limits_{n\to\infty}\dfrac{b}{a_n}=\dfrac{b}{a}$,故当$b<a$时,$\dfrac{b}{a}<1$,级数收敛;当$b>a$时,$\dfrac{b}{a}>1$,级数发散;当$b=a$时,$\dfrac{b}{a}=1$,无法判断.

4. 分析　要根据级数项的特点选择合适的方法判断.

解　(1)$u_n=n\left(\dfrac{3}{4}\right)^n$,故$\lim\limits_{n\to\infty}\dfrac{u_{n+1}}{u_n}=\lim\limits_{n\to\infty}(n+1)\left(\dfrac{3}{4}\right)^{n+1}\Big/n\left(\dfrac{3}{4}\right)^n=\lim\limits_{n\to\infty}\dfrac{n+1}{n}\cdot\dfrac{3}{4}=\dfrac{3}{4}<1$从而级数收敛;

(2)$u_n=\dfrac{n^4}{n!}$,而$\lim\limits_{n\to\infty}\dfrac{u_{n+1}}{u_n}=\lim\limits_{n\to\infty}\dfrac{\frac{(n+1)^4}{(n+1)!}}{\frac{n^4}{n!}}=\lim\limits_{n\to\infty}\left(\dfrac{n+1}{n}\right)^4\cdot\dfrac{1}{n+1}=0<1$,故该级数收敛;

(3) 因为$\lim\limits_{n\to\infty}\dfrac{n+1}{n(n+2)}\Big/\dfrac{1}{n}=\lim\limits_{n\to\infty}\dfrac{n+1}{n+2}=1$,而级数$\sum\limits_{n=1}^{\infty}\dfrac{1}{n}$发散,所以$\sum\limits_{n=1}^{\infty}\dfrac{n+1}{n(n+2)}$发散;

(4) 由于$\lim\limits_{n\to\infty}\dfrac{u_{n+1}}{u_n}=\lim\limits_{n\to\infty}2^{n+1}\sin\dfrac{\pi}{3^{n+1}}\Big/2^n\sin\dfrac{\pi}{3^n}\xlongequal{\text{等价无穷小}}\lim\limits_{n\to\infty}\dfrac{2^{n+1}\frac{\pi}{3^{n+1}}}{2^n\frac{\pi}{3^n}}=\dfrac{2}{3}<1$,故级数收敛;

(5) 因为$\lim\limits_{n\to\infty}u_n=\left(\dfrac{n+1}{n}\right)^{\frac{1}{2}}=1\neq0$,所以级数发散;

(6)$u_n=\dfrac{1}{na+b}>\dfrac{1}{a+b}\cdot\dfrac{1}{n}$,而$\sum\limits_{n=1}^{\infty}\dfrac{1}{n}$发散,从而$\sum\limits_{n=1}^{\infty}\dfrac{1}{a+b}\cdot\dfrac{1}{n}$发散,故原级数$\sum\limits_{n=1}^{\infty}u_n$发散.

5. 解　(1) $u_n=(-1)^{n-1}\dfrac{1}{n^{\frac{1}{2}}}$，所以显然 $\sum\limits_{n=1}^{\infty}u_n$ 是交错级数，且满足 $|u_n|\geqslant|u_{n+1}|$，$\lim\limits_{n\to\infty}u_n=0$，因而该级数收敛. 又因为 $\sum\limits_{n=1}^{\infty}|u_n|=\sum\limits_{n=1}^{\infty}\dfrac{1}{n^{\frac{1}{2}}}$ 是 $p<1$ 的 p 级数，所以 $\sum\limits_{n=1}^{\infty}|u_n|$ 发散，即原级数条件收敛；

(2) 对于 $\lim\limits_{n\to\infty}\left|\dfrac{u_{n+1}}{u_n}\right|=\lim\limits_{n\to\infty}\dfrac{n+1}{3^n}\dfrac{3^{n-1}}{n}=\lim\limits_{n\to\infty}\dfrac{1}{3}\cdot\dfrac{n+1}{n}=\dfrac{1}{3}<1$，故 $\sum\limits_{n=1}^{\infty}|u_n|$ 收敛，从而原级数是条件收敛；

(3) $u_n=(-1)^{n-1}\dfrac{1}{3\cdot 2^n}$，显然 $\sum\limits_{n=1}^{\infty}|u_n|=\sum\limits_{n=1}^{\infty}\dfrac{1}{3\cdot 2^n}=\dfrac{1}{3}\sum\limits_{n=1}^{\infty}\dfrac{1}{2^n}$ 收敛，故原级数绝对收敛；

(4) $u_n=(-1)^{n-1}\dfrac{1}{\ln(n+1)}$，所以 $\sum\limits_{n=1}^{\infty}u_n$ 为一交错级数，又 $|u_n|=\dfrac{1}{\ln(n+1)}\to 0$ $(n\to\infty)$，且 $|u_n|>|u_{n+1}|$，故由莱布尼茨定理可知，原级数收敛，但由于 $|u_n|\geqslant\dfrac{1}{n+1}$，$\sum\limits_{n=1}^{\infty}|u_n|$ 发散，所以原级数是条件收敛的；

(5) 因为 $\lim\limits_{n\to\infty}|u_n|=\lim\limits_{n\to\infty}\dfrac{2^{n^2}}{n!}=\lim\limits_{n\to\infty}\dfrac{2^n\cdot 2^n\cdots 2^n\cdot 2^n\cdot 2^n}{n(n-1)\cdots 3\cdot 2\cdot 1}=\infty$，$\lim\limits_{n\to\infty}u_n=\infty$，从而级数发散.

第三节　幂　级　数

知识要点及常考点

1. 幂级数的定义

定义：(1) 如下形式的函数项级数

$\sum\limits_{n=1}^{\infty}a_n(x-x_0)^n=a_0+a_1(x-x_0)+\cdots+a_n(x-x_0)^n+\cdots$ 称为 $(x-x_0)$ 的幂级数，其中 a_n 为常数.

当 $x_0=0$ 时，$\sum\limits_{n=1}^{\infty}a_n(x-x_0)^n=\sum\limits_{n=1}^{\infty}a_nx^n$，称为 x 的幂级数.

(2) 设任一幂级数 $\sum\limits_{n=1}^{\infty}a_n(x-x_0)^n$ 在 (a,b) 内收敛，在 (a,b) 外发散（$x=a$，$x=b$

发散与否不考虑),则称 $R=\frac{b-a}{2}$ 为幂级数的收敛半径.

2. 幂级数的性质

(1) 绝对收敛性(阿贝尔定理收敛)

设幂级数在 $x=x_1$ 处收敛,则它在 $|x|<|x_1|$ 处绝对收敛;若幂级数在 $x=x_2$ 处发散,则它在 $|x|>|x_2|$ 处也发散.

(2) 和函数的连续性

若幂级数的收敛半径 $R>0$,则和函数 $s(x)=\sum\limits_{n=0}^{+\infty}a_nx^n$ 在收敛区间 $(-R,R)$ 内连续.

(3) 逐项求积分

若幂级数收敛半径 $R>0$,则和函数 $s(x)=\sum\limits_{n=0}^{+\infty}a_nx^n$ 在收敛区间 $(-R,R)$ 内可积,且可逐项积分,即

$$\int_0^x s(t)\mathrm{d}t=\int_0^x(\sum_{n=0}^{+\infty}a_nt^n)\mathrm{d}t=\sum_{n=0}^{+\infty}\int_0^x a_nt^n\mathrm{d}t(x\in(-R,R)).$$

(4) 逐项求导数

若幂级数的收敛半径 $R>0$,则和函数 $s(x)=\sum\limits_{n=0}^{+\infty}a_nx^n$ 在收敛区间 $(-R,R)$ 内可导,且可逐项求导,即 $s'(x)=(\sum\limits_{n=0}^{+\infty}a_nx^n)'=\sum\limits_{n=0}^{+\infty}na_xx^{n-1}$.

(5) 收敛半径不变性

① 若幂级数的收敛半径 $R>0$,则对此级数逐项积分或逐项微分后所得到的新幂级数有相同的收敛半径.

② 若幂级数的收敛半径 $R>0$,则和函数 $s(x)=\sum\limits_{n=0}^{+\infty}a_nx^n$ 在收敛区间 $(-R,R)$ 内有任意阶导数,它们可由逐项微分求得,

即 $s'^{(k)}_{(x)}=(\sum\limits_{n=0}^{+\infty}a_nx^n)^k=\sum\limits_{n=0}^{+\infty}n(n-1)(n-2)\cdots(n-k+1)x^{n-k}$,且收敛半径仍为 R.

(6) 阿贝尔(Abel)定理,设幂级数的收敛半径 $R>0$,① 若 $\sum\limits_{n=0}^{+\infty}a_nx^n$ 在区间 $(-R,R)$ 在左端点 $x=-R$ 收敛,则和函数 $s(x)$ 在闭区间 $[-R,0]$ 上连续;② 若 $\sum\limits_{n=0}^{+\infty}a_nx^n$ 在右端点 $x=R$ 处收敛,则和函数 $s(x)$ 在闭区间 $[0,R]$ 上连续.

本节考研要求

1. 了解函数项级数的收敛域及和函数的概念.

2. 理解幂级数收敛半径的概念、并掌握幂级数的收敛半径、收敛区间及收敛域的求法.

3. 了解幂级数在其收敛区间内的性质(和函数的连续性、逐项求导和逐项积分),会求一些幂级数在收敛区间内的和函数,并会由此求出某些函数项级数的和.

题型、真题、方法

题型 1　求幂级数的收敛区间或收敛域

题型分析　对函数项级数 $\sum_{n=1}^{\infty}u_n(x)$,求收敛域的步骤:

(1) 用比值法或根值法求 $\rho(x)$,即

$$\lim_{n\to\infty}\left|\frac{u_{n+1}(x)}{u_n(x)}\right|=\rho(x)(\text{或}\lim\sqrt[n]{|u_n(x)|}=\rho(x);$$

(2) 解不等式 $\rho(x)<1$,得出 $\sum_{n=1}^{\infty}u_n(x)$ 的收敛区间;

(3) 考查端点的敛散性;

(4) 写出收敛域.

对幂级数 $\sum_{n=1}^{\infty}a_n(x-x_0)^n$. 求收敛域可仿照上述步骤来求,具体如下:

(1) 利用公式 $\lim\limits_{n\to\infty}\left|\frac{a_{n+1}}{a_n}\right|=\rho(\text{或}\lim\limits_{n\to\infty}\sqrt[n]{|a_n|}=\rho)$,求出收敛半径 $R=\rho$;

(2) 由 $|x-x_0|<R$ 得出收敛区间;

(3) 确定端点的敛散性;

(4) 得出收敛域.

例 1　设数列 $\{a_n\}$ 单调减少,且 $\lim\limits_{n\to\infty}a_n=0$. $S_n=\sum_{i=1}^{n}a_i$ 无界,则幂级数 $\sum_{n=1}^{\infty}a_n(x-1)^n$ 的收敛域为(　　).(考研题)

(A) $(-1\quad 1]$　　(B) $[-1\quad 1)$　　(C) $[0\quad 2)$　　(D) $(0\quad 2]$

思路点拨　本题主要涉及幂级数到收敛半径的计算和常数项级数收敛性的一些结论,综合性较强.

解　S_n 无界,说明幂级数 $\sum_{n=1}^{\infty} a_n(x-1)^n$ 的收敛半径 $R \leqslant 1$;$\{a_n\}$ 单调减少,$\lim_{n\to\infty} a_n = 0$,说明级数 $\sum_{n=1}^{\infty} a_n(-1)^n$ 收敛,可知幂级数 $\sum_{n=1}^{\infty} a_n(x-1)^n$ 的收敛半径 $R \geqslant 1$.

因此,幂级数 $\sum_{n=1}^{\infty} a_n(x-1)^n$ 的收敛半径 $R=1$,收敛区间为 $(0,2)$. 又由于 $x=0$ 时幂级数收敛,$x=2$ 时幂级数发散. 可知收敛域为 $[0,2)$.

例 2　求下列幂级数的收敛域和收敛半径:

(1) $\sum_{n=1}^{\infty} \frac{(x-3)^n}{n^2}$;　　(2) $\sum_{n=1}^{\infty} \frac{2^n}{n+1} x^{2n-1}$;

(3) $\sum_{n=1}^{\infty} \frac{\ln n \cdot (x-a)^{2n}}{2^n}$($a$ 为常数);　　(4) $\sum_{n=1}^{\infty} \frac{(-1)^n x^{3n-2}}{n \cdot 8^n}$;

(5) $\sum_{n=1}^{\infty} \frac{2+(-1)^n}{2^n} x^n$.

解　(1) $\lim_{n\to\infty} \left| \frac{a_{n+1}}{a_n} \right| = \lim_{n\to\infty} \frac{n^2}{(n+1)^2} = 1$,故收敛半径为 $R=1$.

由 $|x-3|<1$ 得收敛区间为 $(2,4)$.

当 $x=2$ 时,原级数变为 $\sum_{n=1}^{\infty} \frac{(-1)^n}{n^2}$,收敛;当 $x=4$ 时,原级数变为 $\sum_{n=1}^{\infty} \frac{1}{n^2}$,收敛;

故原级数的收敛域为 $[2,4]$.

(2) 此级数缺少 x 的偶次幂项,直接用比值判别法求收敛半径. 因

$$\lim_{n\to\infty} \left| \frac{u_{n+1}(x)}{u_n(x)} \right| = \lim_{n\to\infty} 2\frac{n+1}{n+2} |x^2| = 2x^2,$$

故当 $2x^2<1$ 即 $|x|<\frac{1}{\sqrt{2}}$ 时,幂级数绝对收敛;当 $2x^2>1$ 即 $|x|>\frac{1}{\sqrt{2}}$ 时,幂级数发散.

故收敛半径 $R=\frac{1}{\sqrt{2}}$,收敛区间为 $\left(-\frac{1}{\sqrt{2}},\frac{1}{\sqrt{2}}\right)$.

当 $x=-\frac{1}{\sqrt{2}}$ 时,级数变为 $\sum_{n=1}^{\infty} \frac{2^n}{n+1}\left(-\frac{1}{\sqrt{2}}\right)^{2n-1} = -\sqrt{2}\sum_{n=1}^{\infty} \frac{1}{n+1}$,发散;

当 $x=\frac{1}{\sqrt{2}}$ 时,级数变为 $\sum_{n=1}^{\infty} \frac{2^n}{n+1}\left(\frac{1}{\sqrt{2}}\right)^{2n-1} = \sqrt{2}\sum_{n=1}^{\infty} \frac{1}{n+1}$,发散.

故幂级数的收敛域为 $\left(-\frac{1}{\sqrt{2}},\frac{1}{\sqrt{2}}\right)$.

(3) 此级数缺少 x 的奇次幂项,直接用比值判别法求收敛半径.因

$$\lim_{n\to\infty}\left|\frac{u_{n+1}(x)}{u_n(x)}\right|=\lim_{n\to\infty}\frac{1}{2}\frac{\ln(n+1)}{\ln n}\mid(x-a)^2\mid=\frac{1}{2}(x-a)^2,$$

故当$\frac{1}{2}(x-a)^2<1$,即 $|x-a|<\sqrt{2}$ 时,级数绝对收敛;当$\frac{1}{2}(x-a)^2>1$,即 $|x-a|>\sqrt{2}$ 时,级数发散.

所以收敛半径为 $R=\sqrt{2}$,收敛区间为$(a-\sqrt{2},a+\sqrt{2})$.

当 $x=a\pm\sqrt{2}$ 时,级数均变为$\sum\limits_{n=1}^{\infty}\ln n$,发散.

故幂级数收敛域为$(a-\sqrt{2},a+\sqrt{2})$.

(4) 此级数中 x 的幂次不是按自然数顺序依次递增的,也不是(2)、(3) 两例的情况,仍需直接用比值判别法求收敛半径及收敛域.因

$$\lim_{n\to\infty}\left|\frac{u_{n+1}(x)}{u_n(x)}\right|=\lim_{n\to\infty}\frac{n}{8(n+1)}\mid x^3\mid=\frac{1}{8}\mid x\mid^3,$$

故当$\frac{1}{8}|x|^3<1$即$|x|<2$时,级数绝对收敛;当$\frac{1}{8}|x|^3>1$即$|x|>2$时,级数发散.

所以收敛半径为 $R=2$,收敛区间为$(-2,2)$.

当 $x=-2$ 时,级数变为$\sum\limits_{n=1}^{\infty}\frac{(-1)^n(-2)^{3n-2}}{n\cdot 8^n}=\sum\limits_{n=1}^{\infty}\frac{1}{4n}$,显然发散;

当 $x=2$ 时,级数变为$\sum\limits_{n=1}^{\infty}\frac{(-1)^n 2^{3n-2}}{n\cdot 8^n}=\sum\limits_{n=1}^{\infty}(-1)^n\cdot\frac{1}{4n}$ 收敛.

故幂级数的收敛域为$(-2,2]$.

(5) 因$$\lim_{n\to\infty}\left|\frac{a_{n+1}}{a_n}\right|=\lim_{n\to\infty}\frac{2+(-1)^{n+1}}{2^{n+1}}\Big/\frac{2+(-1)^n}{2^n}$$

$$=\frac{1}{2}\lim_{n\to\infty}\frac{2+(-1)^{n+1}}{2+(-1)^n}$$ 不存在.故选用根值法.

因$\lim\limits_{n\to\infty}\sqrt[n]{|a_n|}=\lim\limits_{n\to\infty}\frac{\sqrt[n]{2+(-1)^n}}{2}=\frac{1}{2}$,所以收敛半径 $R=2$.

当 $x=\pm2$ 时,幂级数变为$\sum\limits_{n=1}^{\infty}[2+(-1)^n](\pm1)^n$,其一般项不趋于零,发散.故幂级数的收敛域为$(-2,2)$.

例 3 求幂级数$\sum\limits_{n=1}^{\infty}\frac{1}{3^n+(-2)^n}\frac{x^n}{n}$ 的收敛区间,并讨论该区间端点处的收敛性.(考研题)

思路点拨　可直接用收敛半径公式，求出收敛半径及收敛区间，区间端点处的收敛性可转化为函数项级数敛散性的判定.

解　由于 $\rho=\lim\limits_{n\to\infty}\dfrac{|a_{n+1}|}{|a_n|}=\lim\limits_{n\to\infty}\dfrac{n}{n+1}\cdot\dfrac{3^n+(-2)^n}{3^{n+1}+(-2)^{n+1}}$

$$=\lim_{n\to\infty}\frac{n}{n+1}\cdot\frac{1+\left(\frac{-2}{3}\right)^n}{3-2\left(\frac{-2}{3}\right)^n}=\frac{1}{3}.$$

所以收敛半径为 $R=\dfrac{1}{\rho}=3$，收敛区间为 $(-3,3)$.

当 $x=3$ 时，$\dfrac{1}{3^n+(-2)^n}\dfrac{3^n}{n}=\dfrac{1}{1+\left(\frac{-2}{3}\right)^n}\dfrac{1}{n}\sim\dfrac{1}{n}$，

又级数 $\sum\limits_{n=1}^{\infty}\dfrac{1}{n}$ 发散，所以幂级数 $\sum\limits_{n=1}^{\infty}\dfrac{1}{3^n+(-2)^n}\dfrac{x^n}{n}$ 在点 $x=3$ 处发散.

当 $x=-3$ 时，$\dfrac{1}{3^n+(-2)^n}\dfrac{(-3)^n}{n}=(-1)^n\dfrac{1}{n}-\dfrac{2n}{3n+(-2)^n}\dfrac{1}{n}$

$$=(-1)^n\frac{1}{n}-\frac{1}{1+\left(\frac{-2}{3}\right)^n}\frac{1}{n}\cdot\left(\frac{2}{3}\right)^n,$$

又级数 $\sum\limits_{n=1}^{\infty}(-1)^n\dfrac{1}{n}$ 收敛，而 $\dfrac{1}{1+\left(\frac{-2}{3}\right)^n}\dfrac{1}{n}\cdot\left(\dfrac{2}{3}\right)^n\sim\dfrac{1}{n}\left(\dfrac{2}{3}\right)^n$，且级数 $\sum\limits_{n=1}^{\infty}\dfrac{1}{n}\cdot\left(\dfrac{2}{3}\right)^n$ 收敛.

所以级数 $\sum\limits_{n=1}^{\infty}\dfrac{2^n}{3^n+(-2)^n}\dfrac{1}{n}$ 收敛，于是级数 $\sum\limits_{n=1}^{\infty}\dfrac{1}{3^n+(-2)^n}\dfrac{(-3)^n}{n}$ 收敛.

即幂级数 $\sum\limits_{n=1}^{\infty}\dfrac{1}{3^n+(-2)^n}\dfrac{x^n}{n}$ 在点 $x=-3$ 处收敛.

现学现练　求 $\sum\limits_{n=1}^{\infty}\dfrac{n^2}{x^n}$ 的收敛域. $[(-\infty,-1)\cup(1+\infty)]$.

题型 2　求幂级数的和函数

题型分析　求幂级数的和函数 $s(x)$ 主要有以下两种方法：

(1) 先通过幂级数的代数运算、逐项微分，逐项积分等性质将其化为两类典型的幂级数求和问题：$\sum\limits_{n=1}^{\infty}nx^{n-1}$ 与 $\sum\limits_{n=1}^{\infty}\dfrac{x^n}{n}$，且有

$$\sum_{n=1}^{\infty} nx^{n-1} = (\sum_{n=1}^{\infty} x^n)' = \left(\frac{x}{1-x}\right)' = \frac{1}{(1-x)^2}, (-1<x<1)$$

$$\sum_{n=1}^{\infty} \frac{x^n}{n} = \sum_{n=1}^{\infty}\int_0^x t^{n-1}\mathrm{d}t = \int_0^x \sum_{n=1}^{\infty} t^{n-1}\mathrm{d}t = \int_0^x \frac{1}{1-t}\mathrm{d}t = -\ln(1-x). (-1 \leqslant x<1)$$

(2) 通过幂级数的代数运算、逐项微分、逐项积分等性质转化为关于和函数 $s(x)$ 的微分方程问题. 注意：在求幂级数的和函数时，可利用以下常见函数的幂级数展开式：

①$\mathrm{e}^u = \sum_{n=0}^{\infty} \frac{u^n}{n!}, u \in (-\infty, +\infty)$.

②$\sin u = \sum_{n=0}^{\infty} (-1)^n \frac{u^{2n+1}}{(2n+1)!}, u \in (-\infty, +\infty)$.

③$\cos u = \sum_{n=0}^{\infty} (-1)^n \frac{u^{2n}}{(2n)!}, u \in (-\infty, +\infty)$.

④$\frac{1}{1+u} = \sum_{n=0}^{\infty} (-1)^n u^n, u \in (-1,1)$.

⑤$\ln(1+u) = \sum_{n=0}^{\infty} (-1)^n \frac{u^{n+1}}{n+1}, u \in (-1,1]$.

例 4　求和函数：(1) $\sum_{n=1}^{\infty} n(n+1)x^n$；　　(2) $\sum_{n=1}^{\infty} \frac{(-1)^{n-1}}{n(2n-1)} x^{2n}$.

思路点拨　通过逐项积分将给定的幂级数化为常见的函数展开式的形式.

解　(1) 记 $a_n = n(n+1)$,

$$\lim_{n\to\infty} \frac{|a_{n+1}|}{|a_n|} = \lim_{n\to\infty} \frac{(n+1)(n+2)}{n(n+1)} = 1,$$

故收敛半径为 $R=1$，显然当 $x=\pm 1$ 时，原级数发散，故收敛域为 $|x|<1$.

记 $s(x) = \sum_{n=1}^{\infty} n(n+1)x^n$ 在 0 到 x 上逐项积分得($|x|<1$),

$$s_1(x) = \int_0^x s(t)\mathrm{d}t = \sum_{n=1}^{\infty} n(n+1)\int_0^x t^n \mathrm{d}t = \sum_{n=1}^{\infty} nx^{n+1}, |x|<1$$

$s_1(x)$ 再次在 0 到 $x(|x|<1)$ 上积分得

$$s_2(x) = \int_0^x s_1(t)\mathrm{d}t = \sum_{n=1}^{\infty} n\int_0^x t^{n+1}\mathrm{d}t = \sum_{n=1}^{\infty} x^{n+2}\cdot\frac{n}{n+2}$$

$$= \frac{x^3}{1-x} + 2\left(\ln(1-x) + x + \frac{x^2}{2}\right), |x|<1$$

$$s = s_2'' = \frac{6x}{1-x} + \frac{2}{(1-x)^2} + \frac{2x^2(3-2x)}{(1-x)^3} + 2, |x|<1.$$

(2) 记 $a_n(x)=\dfrac{(-1)^{n-1}x^{2n}}{n(2n-1)}$(缺项的情况)

$$\lim_{n\to+\infty}\frac{|a_{n+1}(x)|}{|a_n(x)|}=\lim_{n\to+\infty}\left[\frac{x^{2(n+1)}}{(n+1)(2n+1)}\cdot\frac{n(2n-1)}{x^{2n}}\right]$$

$$=\lim_{n\to+\infty}\frac{n(2n-1)}{(n+1)(2n+1)}x^2=x^2,$$

故当 $|x|<1$ 时收敛,容易看出 $x=\pm 1$ 时,

级数 $\sum\limits_{n=1}^{\infty}\dfrac{(-1)^{n-1}(\pm 1)^{2n}}{n(2n-1)}=\sum\limits_{n=1}^{\infty}\dfrac{(-1)^{n-1}}{n(2n-1)}$,因此收敛域为 $|x|\leqslant 1$. 记

$$s(x)=\sum_{n=1}^{\infty}\frac{(-1)^{n-1}x^{2n}}{n(2n-1)}(|x|\leqslant 1),$$

逐项微分得

$$s_1(x)=s'(x)=\left[\sum_{n=1}^{\infty}\frac{(-1)^{n-1}x^{2n}}{2n-1}\right]'$$

$$=2\sum_{n=1}^{\infty}\frac{(-1)^{n-1}x^{2n-1}}{n(2n-1)},\ |x|\leqslant 1.$$

再次逐项微分得

$$s_2(x)=s'_1(x)=2\sum_{n=1}^{\infty}(-1)^{n-1}x^{2n-2}$$

$$=2\sum_{n=1}^{\infty}(-x^2)^{n-1}=\frac{2}{1+x^2}(|x|<1),$$

对 $s_2(x)$ 在 0 到 x 上积分得

$$s_1(x)=s_1(0)+\int_0^x s_1(t)\mathrm{d}t=2\int_0^x\frac{\mathrm{d}t}{1+t^2}=2\arctan x,$$

再对 $s_1(x)$ 在 0 到 x 上积分得

$$s(x)=s(0)+\int_0^x s_1(t)\mathrm{d}t=2\int_0^x\arctan t\mathrm{d}t$$

$$=2x\arctan x-\ln(1+x^2),(|x|<1).$$

当 $|x|=1$ 时,此式仍成立.

综合得:$\sum\limits_{n=1}^{\infty}\dfrac{(-1)^{n-1}}{n(2n-1)}x^{2n}=2x\arctan x-\ln(1+x^2),\ |x|\leqslant 1.$

例 5　求幂级数 $\sum\limits_{n=1}^{\infty}\dfrac{(-1)^{n-1}}{2n-1}x^{2n}$ 的收敛域及和函数.(考研题)

解　因为 $\lim\limits_{n\to\infty}\left|\dfrac{u_{n+1}}{u_n}\right|=\lim\limits_{n\to\infty}\left|\dfrac{x^{2n+2}(2n-1)}{x^{2n}(2n+1)}\right|=x^2$,所以当 $x^2<1$ 即 $-1<x<1$ 时,原幂级数绝对收敛;当 $x=\pm 1$ 时,级数为 $\sum\limits_{n=1}^{\infty}\dfrac{(-1)^{n-1}}{2n-1}$,显然收敛,故原幂级数的收敛域为[−1,1].

因为 $$\sum_{n=1}^{\infty}\frac{(-1)^{n-1}}{2n-1}x^{2n}=x\sum_{n=1}^{\infty}\frac{(-1)^{n-1}}{2n-1}x^{2n-1},$$

设 $$\sum_{n=1}^{\infty}\frac{(-1)^{n-1}}{2n-1}x^{2n-1}=f(x),x\in(-1,1),$$

则 $$f'(x)=\sum_{n=1}^{\infty}(-1)^{n-1}x^{2(n-1)}=\frac{1}{1+x^2}.$$

因为 $f(0)=0$，所以 $f(x)=\int_0^x f'(t)dt+f(0)=\arctan x$，

从而 $$s(x)=x\arctan x,x\in[-1,1],$$

收敛域 $x\in[-1,1]$，和函数 $s(x)=x\arctan x$.

例 6　求幂级数 $\sum\limits_{n=1}^{+\infty}\left(\frac{1}{2n+1}-1\right)x^{2n}$ 在区间 $(-1,1)$ 内的和函数 $s(x)$.

思路点拨　本题求解的切入点是级数的加法运算，其次是级数展开与求和的解析运算，即逐项微分与积分，以及初等函数的麦克劳林级数形式. 需一次逐项积分才可化为求和的幂级数(最终用等比级数和式的形式).

解　不难发现 $s(0)=0$，从而，只需求当 $0<|x|<1$ 时和函数 $s(x)$ 的表达式.

注意 $$s(x)=\sum_{n=1}^{+\infty}\left(\frac{1}{2n+1}-1\right)x^{2n}=\sum_{n=1}^{+\infty}\frac{x^{2n}}{2n+1}-\sum_{n=1}^{+\infty}x^{2n}$$
$$=\frac{1}{x}\sum_{n=0}^{+\infty}\frac{x^{2n+1}}{2n+1}-x^2\sum_{n=0}^{+\infty}x^{2n}=\frac{1}{x}s_1(x)-\frac{x^2}{1-x^2},$$

其中 $$s_1(x)=\sum_{n=1}^{\infty}\frac{x^{2n+1}}{2n+1},x\in(-1,1).$$

逐项求导，得 $$s'_1(x)=\sum_{n=1}^{+\infty}x^{2n}=\frac{x^2}{1-x^2},x\in(-1,1).$$

将上式两端的 x 改写成 t，并分别从 0 到 $x\in(-1,1)$ 求定积分，可得

$$s_1(x)-s_1(0)=\int_0^x\frac{t^2}{1-t}\mathrm{d}t=-x+\frac{1}{2}\ln\frac{1+x}{1-x},x\in(-1,1).$$

又因 $s_1(0)=0$，于是

$$s_1(x)=-x+\frac{1}{2}\ln\frac{1+x}{1-x},x\in(-1,1).$$

综合以上讨论，即得

$$s(x)=\begin{cases}0, & x=0,\\ \dfrac{1}{2x}\ln\dfrac{1+x}{1-x}-\dfrac{1}{1-x^2}, & 0<|x|<1.\end{cases}$$

现学现练　求级数 $\sum\limits_{n=1}^{+\infty}\frac{(-1)^n(n^2-n+1)}{2^n}$ 的和. $\left(\frac{22}{27}\right)$

课后习题全解

习题 12—3 全解

1. 分析　收敛域的求法：$\rho=\lim\limits_{n\to\infty}\left|\dfrac{a_{n+1}}{a_n}\right|$，$R=\dfrac{1}{\rho}$，在边界点要分别讨论.

解　(1) $\lim\limits_{n\to\infty}\left|\dfrac{a_{n+1}}{a_n}\right|=\lim\limits_{n\to\infty}\dfrac{n+1}{n}=1$，故收敛半径 $R=1$. 又当 $x=-1$ 和 $x=1$ 时，原级数分别为 $\sum\limits_{n=1}^{\infty}n$ 和 $\sum\limits_{n=1}^{\infty}(-1)^n n$ 发散，所以收敛区间为 $(-1,1)$；

(2) $\lim\limits_{n\to\infty}\left|\dfrac{a_{n+1}}{a_n}\right|=\lim\limits_{n\to\infty}\dfrac{\dfrac{1}{(n+1)^2}}{\dfrac{1}{n^2}}=\lim\limits_{n\to\infty}\dfrac{n^2}{(n+1)^2}=1$，故收敛半径 $R=1$. 又当 $x=1$ 时，原级数为 $1+\sum\limits_{n=1}^{\infty}(-1)^n\dfrac{1}{n^2}$，收敛；当 $x=-1$ 时，级数为 $1+\sum\limits_{n=1}^{+\infty}\dfrac{1}{n^2}$，收敛，因而收敛区间为 $[-1,1]$；

(3) $\lim\limits_{n\to\infty}\left|\dfrac{a_{n+1}}{a_n}\right|=\lim\limits_{n\to\infty}\dfrac{2^n\cdot n!}{2^{n+1}\cdot(n+1)!}=\lim\limits_{n\to\infty}\dfrac{1}{2(n+1)}=0$，故 $R=\infty$，即收敛区间为 $(-\infty,+\infty)$；

(4) $\lim\limits_{n\to\infty}\left|\dfrac{a_{n+1}}{a_n}\right|=\lim\limits_{n\to\infty}\dfrac{1}{3}\cdot\dfrac{n}{n+1}=\dfrac{1}{3}$，故 $R=3$. 当 $x=3$ 时，原级数为调和级数 $\dfrac{1}{1}+\dfrac{1}{2}+\dfrac{1}{3}+\dfrac{1}{4}+\cdots$，发散；当 $x=-3$ 时，原级数为 $-\dfrac{1}{1}+\dfrac{1}{2}-\dfrac{1}{3}+\dfrac{1}{4}-\cdots$ 收敛，故收敛区间为 $[-3,3)$；

(5) $\lim\limits_{n\to\infty}\left|\dfrac{a_{n+1}}{a_n}\right|=\lim\limits_{n\to\infty}2\cdot\dfrac{n^2+1}{(n+1)^2+1}=2$，故 $R=\dfrac{1}{2}$. 当 $x=\dfrac{1}{2}$ 时，原级数为 $\dfrac{1}{2}+\dfrac{1}{5}+\dfrac{1}{10}+\cdots+\dfrac{1}{n^2+1}+\cdots=\sum\limits_{n=1}^{\infty}\dfrac{1}{n^2+1}$ 收敛；当 $x=-\dfrac{1}{2}$ 时，原级数为 $-\dfrac{1}{2}+\dfrac{1}{5}-\dfrac{1}{10}+\cdots(-1)^n\cdot\dfrac{1}{n^2+1}+\cdots=\sum\limits_{n=1}^{\infty}(-1)^n\cdot\dfrac{1}{n^2+1}$ 收敛，故收敛区间为 $\left[-\dfrac{1}{2},\dfrac{1}{2}\right]$；

(6) 因为 $\lim\limits_{n\to\infty}\left|\dfrac{u_{n+1}}{u_n}\right|=\lim\limits_{n\to\infty}\left|\dfrac{x^{2n+3}}{2n+3}\cdot\dfrac{2n+1}{x^{2n+1}}\right|=|x^2|$，故当 $|x^2|<1$，即 $|x|<1$ 时，级数绝对收敛；$|x^2|>1$，即 $|x|>1$ 时级数发散，从而原级数的收敛半径为 $R=1$. 当 $x=1$ 时，原级数为 $\sum\limits_{n=1}^{\infty}\dfrac{(-1)^n}{2n+1}$，收敛；当 $x=-1$ 时，原级数为 $\sum\limits_{n=1}^{\infty}\dfrac{(-1)^{n+1}}{2n+1}$，收敛，故收敛区间为 $[-1,1]$；

(7) 因为$\lim\limits_{n\to\infty}\left|\dfrac{u_{n+1}}{u_n}\right|=\lim\limits_{n\to\infty}\left|\dfrac{1}{2}\cdot\dfrac{2n+1}{2n-1}\cdot x^2\right|=\dfrac{1}{2}|x^2|$，故当$\dfrac{1}{2}|x^2|<1$，即$|x|<\sqrt{2}$时，级数发散，从而$R=\sqrt{2}$；

当$x=\pm\sqrt{2}$时，原级数为$\sum\limits_{n=1}^{\infty}\dfrac{2n-1}{2}$，发散. 故收敛区间为$(-\sqrt{2},\sqrt{2})$；

(8) $\lim\limits_{n\to\infty}\left|\dfrac{u_{n+1}}{u_n}\right|=\lim\limits_{n\to\infty}\dfrac{\sqrt{n}}{\sqrt{n+1}}=1$，故$R=1$，即$-1<x-5<1$，级数收敛；$|x-5|>1$时，级数发散，当$x-5=1$时，即$x=6$时，原级数为$\sum\limits_{n=1}^{\infty}\dfrac{1}{\sqrt{n}}$，发散；当$x-5=-1$，即$x=4$时，原级数为$\sum\limits_{n=1}^{\infty}\dfrac{(-1)^n}{\sqrt{n}}$，收敛，故收敛区间为$[4,6)$.

2. 分析　(1) 逐项积分公式$\int_0^x s(x)\mathrm{d}x=\int_0^x\left[\sum\limits_{n=0}^{+\infty}a_nx^n\right]\mathrm{d}x=\sum\limits_{n=1}^{+\infty}\int_0^x a_nx^n\mathrm{d}x$.

解　(1) 因为$\int_0^x\sum\limits_{n=1}^{\infty}nx^{n-1}\mathrm{d}x=\sum\limits_{n=1}^{\infty}\int_0^x nx^{n-1}\mathrm{d}x=\sum\limits_{n=1}^{\infty}x^n=\dfrac{x}{1-x}$，所以

$$\sum_{n=1}^{\infty}nx^{n-1}=\left(\frac{x}{1-x}\right)'=\frac{1}{(1-x)^2}(-1<x<1);$$

(2) 由于$\left(\sum\limits_{n=1}^{\infty}\dfrac{x^{4n+1}}{4n+1}\right)'=\sum\limits_{n=1}^{\infty}\left(\dfrac{x^{4n+1}}{4n+1}\right)'=\sum\limits_{n=1}^{\infty}x^{4n}=\dfrac{x^4}{1-x^4}$，

$$\begin{aligned}\text{故}\sum_{n=1}^{\infty}\frac{x^{4n+1}}{4n+1}&=\int_0^x\frac{x^4}{1-x^4}\mathrm{d}x\\&=\int_0^x\left(-1+\frac{1}{2}\left(\frac{1}{1+x^2}\right)+\frac{1}{2}\left(\frac{1}{1-x^2}\right)\right)\mathrm{d}x\\&=\frac{1}{4}\ln\frac{1+x}{1-x}+\frac{1}{2}\arctan x-x(-1<x<1);\end{aligned}$$

(3) 由于$\left(\sum\limits_{n=1}^{\infty}\dfrac{x^{2n-1}}{2n-1}\right)'=\sum\limits_{n=1}^{\infty}\left(\dfrac{x^{2n-1}}{2n-1}\right)'=\sum\limits_{n=1}^{\infty}x^{2n-2}=\dfrac{1}{1-x^2}$，

$$\begin{aligned}\text{故}\sum_{n=1}^{\infty}\frac{x^{2n-1}}{2n-1}&=\int_0^x\frac{1}{1-x^2}\mathrm{d}x\\&=\frac{1}{2}\ln\frac{1+x}{1-x}(-1<x<1).\end{aligned}$$

(4) 不难看出其收敛半径为1，收敛域为$(-1,1)$.

$\sum\limits_{n-1}^{\infty}(n+2)x^{n+3}=x^2\sum\limits_{n=1}^{\infty}(n+2)x^{n+1}=x^2(\sum\limits_{n=1}^{\infty}x^{n+2})'$.

当$x<(-1,1)$时，$\sum\limits_{n=1}^{\infty}x^{n+2}=x^3\sum\limits_{n=1}^{\infty}x^{n-1}=\dfrac{x^3}{1-x}$.

因此$\left(\sum_{n=1}^{\infty}x^{n+2}\right)'=\left(\frac{x^3}{1-x}\right)=\frac{3x^2-2x^3}{(1-x)^2}$,

$$\text{故}\sum_{n=1}^{\infty}(n+2)x^{n+3}=x^2\cdot\frac{3x^2-2x^3}{(1-x)^2}=\frac{3x^4-2x^5}{(1-x)^2}\quad(-1<x<1).$$

第四节　函数展开成幂级数

知识要点及常考点

1. 函数能展开成泰勒级数的条件

若 $f(x)$ 在含有点 x_0 的某个区间 I 内有任意阶导数，$f(x)$ 在 x_0 点的 n 阶泰勒公式为

$$f(x)=f(x_0)+f'(x_0)(x-x_0)+\frac{f''(x_0)}{2!}(x-x_0)^2+\cdots+\frac{f^{(n)}(x_0)}{n!}(x-x_0)^n+\frac{f^{(n+1)}(\zeta)}{(n+1)!}(x-x_0)^{n+1},$$

记$R_n(x)=\frac{f^{(n+1)}(\zeta)}{(n+1)!}(x-x_0)^{n+1}$，$\zeta$介于$x$，$x_0$之间，是 $f(x)$ 在 I 内能展开成泰勒级数的充要条件是$\lim\limits_{n\to\infty}R_n(x)=0,\forall x\in I$.

2. 直接展开法

将函数 $f(x)$ 展开成(x 或$(x-x_0)$)的幂级数的一般步骤：

(1) 求 $f(x)$ 的各阶导数 $f^{(k)}(0)$，$(k=1,2,\cdots)$ 或 $f^{(k)}(x_0)(k=1,2,\cdots)$；

(2) 写出幂级数$\sum\limits_{n=0}^{\infty}\frac{f^n(0)}{n!}x^n$ 或$\sum\limits_{n=0}^{\infty}\frac{f^n(0)}{n!}(x-x_0)^n$，并求出收敛半径 R；

③ 考查泰勒公式中的余项 $R_n(x)$ 的极限是否为零，拉格朗日余项表示为 $R_n(x)=\frac{f^{(n+1)}(\xi)}{(n+1)!}x^{n+1}$ 或 $R_n(x)=\frac{f^{(n+1)}(\xi)}{(n+1)!}(x-x_0)^{n+1}$，$\xi$介于 0 与 x 之间或ξ介于 x 与 x_0 之间.

3. 间接展开法(本节重点)

由于直接法比较复杂，所以幂级数求和或展开多用间接法，也就是已知的麦克劳林级数公式，并通过变量替换、四则运算(即分解法)、逐项求导、逐项积分、待定系数等方法，得到和函数或函数的展开式.

4. 一些函数麦克劳林级数公式

麦克劳林级数	$\sum$ 形式	适合范围
$e^x=1+x+\frac{x^2}{2!}+\frac{x^3}{3!}+\frac{x^4}{4!}+\cdots$	$e^x=\sum_{n=0}^{\infty}\frac{x^n}{n!}$	$-\infty<x<+\infty$
$\sin x=x-\frac{x^3}{3!}+\frac{x^5}{5!}-\frac{x^7}{7!}+\cdots$	$\sin x=\sum_{n=1}^{\infty}(-1)^{n-1}\frac{x^{2n-1}}{(2n-1)!}$	$-\infty<x<+\infty$
$\cos x=1-\frac{x^2}{2!}+\frac{x^4}{4!}-\frac{x^6}{6!}+\cdots$	$\cos x=\sum_{n=0}^{\infty}(-1)^n\frac{x^{2n}}{(2n)!}$	$-\infty<x<+\infty$
$\ln(1+x)=x-\frac{x^2}{2!}+\frac{x^4}{4!}-\frac{x^6}{6!}+\cdots$	$\ln(1+x)=\sum_{n=1}^{\infty}(-1)^{n-1}\frac{x^n}{n}$	$-1<x\leqslant 1$
$\frac{1}{1-x}=1+x+x^2+x^3+\cdots$	$\frac{1}{1-x}=\sum_{n=0}^{\infty}x^n$	$-1<x<1$
$\frac{1}{1+x}=1-x+x^2-x^3+\cdots$	$\frac{1}{1+x}=\sum_{n=0}^{\infty}(-1)^n x^n$	$-1<x<1$
$(1+x)^\mu=1+\mu x+\frac{\mu(\mu-1)}{2!}x^2+\cdots$	$(1+x)^\mu=\sum_{n=0}^{\infty}\frac{\mu(u-1)\cdots(\mu-n+1)}{n!}x^n$	$-1<x<1$ 端点 $x=\pm1$ 的收敛性取决于 μ

本节考研要求

1. 了解函数展开为泰勒级数的充分必要条件.

2. 掌握 e^x, $\sin x$, $\cos x$, $\ln(1+x)$ 及 $(1+x)^\alpha$ 的麦克劳林(Maclaurin)展开式，会用它们将一些简单函数间接展开为幂级数.

题型、真题、方法

题型 1　求函数的幂级数展开式

题型分析　(1) 将有理分式函数展开成幂级数的方法：常常是通过恒等变形将其化为部分分式，然后再将各个部分分式利用 $\frac{1}{1\pm x}$ 展开式成幂级数.

(2) 将简单无理函数展成幂级数常利用 $(1+x)^\alpha$ 的展开式展成幂级数.

(3) 三角函数展开成幂级数的方法：常常是通过恒等变形、变量代换将所给三角函数化成 $\sin ax$ 或 $\cos bx$ 的简单函数，再利用 $\sin x$ 或 $\cos x$ 的展开式展成幂级数.

(4) 将对数函数展开成幂级数的方法是：首先利用对数的性质，将其恒等变形(常分解成两对数的和或差),然后求导,利用常用函数的展开式展开成幂级数,最后积分得到原来函数的幂级数展开式.

(5) 将反三角函数展成幂级数一般是先求导,利用 $(1+x)^a$ 的展开式展成幂级数,然后再积分.

(6) 指数函数展开成幂级数的方法一般是先将指数函数化成以 e 为底的指数函数,再利用 e^x 的展开式展成幂级数.

例 1 将函数 $f(x)=\frac{1}{4}\ln\frac{1+x}{1-x}+\frac{1}{2}\arctan x-x$ 展开成 x 的幂级数.(考研题)

思路点拨 用间接展开法.本题可对 $f(x)$ 求导或分解转化为幂级数展开式已知的函数.

解 **解法一:**因为 $f'(x)=\frac{1}{1-x^4}-1$,

又
$$\frac{1}{1+u}=\sum_{n=0}^{+\infty}(-1)^n u^n \quad (-1<u<1),$$

所以
$$f'(x)=\frac{1}{1-x^4}-1=\sum_{n=0}^{+\infty}x^{4n}-1=\sum_{n=1}^{+\infty}x^{4n} \quad (-1<x<1),$$

$$f(x)=f(0)+\int_0^x f'(x)\mathrm{d}x=\int_0^x\sum_{n=1}^{+\infty}x^{4n}\mathrm{d}x=\sum_{n=1}^{+\infty}\frac{x^{4n+1}}{4n+1} \quad (-1<x<1).$$

解法二:因为
$$\ln(1+x)=\sum_{n=0}^{+\infty}(-1)^n\frac{x^{n+1}}{n+1} \quad (-1<x\leqslant 1),$$

$$\ln(1-x)=-\sum_{n=0}^{+\infty}\frac{x^{n+1}}{n+1} \quad (-1\leqslant x<1),$$

又
$$(\arctan x)'=\frac{1}{1+x^2}=\sum_{n=0}^{+\infty}(-1)^n x^{2n} \quad (-1<x<1),$$

$$\arctan x=\sum_{n=0}^{+\infty}\frac{(-1)^n}{2n+1}x^{2n+1} \quad (-1\leqslant x\leqslant 1),$$

所以
$$\begin{aligned}f(x)&=\frac{1}{4}\ln\frac{1+x}{1-x}+\frac{1}{2}\arctan x-x\\&=\frac{1}{4}\left[\sum_{n=0}^{+\infty}(-1)^n\frac{x^{n+1}}{n+1}+\sum_{n=0}^{+\infty}\frac{x^{n+1}}{n+1}\right]+\frac{1}{2}\sum_{n=0}^{+\infty}(-1)^{n+1}\frac{x^{2n+1}}{2n+1}-x\\&=\sum_{n=0}^{+\infty}\frac{x^{4n+1}}{4n+1}-x=\sum_{n=1}^{+\infty}\frac{x^{4n+1}}{4n+1}(-1<x<1).\end{aligned}$$

例 2 将函数 $f(x)=\arctan\frac{1+x}{1-x}$ 展开成 x 的幂级数,并求 $f^{(n)}(0)$.(考研题)

解 显然 $f'(x)=\frac{1}{1+x^2}$.先求 $f'(x)$ 的展开式,再逐项积分,即可求得 $f(x)$ 的展

开式，因为

$$f'(x)=\frac{1}{1+x^2}=\sum_{n=0}^{\infty}(-1)^n x^{2n},x\in(-1,1). \quad ①$$

所以 $$f(x)-f(0)=\int_0^x f'(t)\mathrm{d}t=\int_0^x[\sum_{n=0}^{\infty}(-1)^n t^{2n}]\mathrm{d}t$$

$$=\sum_{n=0}^{\infty}\frac{(-1)^n}{2n+1}x^{2n+1}.$$

又 $$f(0)=\left[\arctan\frac{1+x}{1-x}\right]\bigg|_{x=0}=\arctan 1=\frac{\pi}{4},$$

故 $$f(x)=f(0)+\sum_{n=0}^{\infty}\frac{(-1)^n}{2n+1}x^{2n+1}$$

$$=\frac{\pi}{4}+\sum_{n=0}^{\infty}\frac{(-1)^n}{2n+1}x^{2n+1},x\in(-1,1) \quad ②$$

当 $x=-1$ 时，$f(-1)=\arctan 0=0$，级数是收敛的；

当 $x=1$ 时，$f(x)$ 无定义.

故展开式的收敛区间为 $[-1,1]$.

由②知 $f^{2n}(0)=0,\frac{f^{(2n+1)}(0)}{(2n+1)!}=\frac{(-1)^n}{2n+1}$，所以

$$f^{(2n+1)}(0)=(-1)^n(2n)!.$$

现学现练　把函数 $\ln 1+x+x^2+x^3$ 展成 x 的幂级数，并求其收敛域.

$$\left\{原式=\sum_{n=1}^{\infty}\frac{1}{2n-1}x^{2n-1}+\sum_{n=1}^{\infty}\left[-\frac{1}{2n}+\frac{(-1)^{n-1}}{n}\right]x^{2n}x\in(-1,1]\right\}$$

题型 2　求函数在指定点展开为幂级数

题型分析　将函数展成幂级数有两种方法：直接法和间接法. 直接法就是求函数在 $x=0$ 点的各阶导数，写出相应的泰勒级数并求收敛域，最后要证明在收敛域内，幂级数收敛到原函数；间接法用的较多，就是利用幂级数在收敛区间内可逐项求导及可逐项求积分的性质和已知的函数展开式，将所给的函数展成幂级数.

例 3　求下列函数在指定点展开为幂级数：

(1) $f(x)=\frac{1}{x^2+3x+2}$，在 $x=1$ 处；(2) $f(x)=\frac{1}{(x+2)^2}$，在 $x=-1$ 处.

思路点拨　求解方法还是用分解和逐项求积的方法，设在 $x=a$ 处展开，则把 $(x-a)$ 看作整体，利用常用的泰勒级数展开式.

解　(1) $f(x)=\frac{1}{(x+1)(x+2)}=\frac{1}{x+1}-\frac{1}{x+2}$

$$=\frac{1}{2+x-1}-\frac{1}{3+x-1}=\frac{1}{2}\frac{1}{1+\frac{x-1}{2}}-\frac{1}{3}\frac{1}{1+\frac{x-1}{3}}$$

$$=\frac{1}{2}\sum_{n=0}^{\infty}(-1)^n(\frac{x-1}{2})^n-\frac{1}{3}\sum_{n=0}^{\infty}(-1)^n(\frac{x-1}{3})^n$$

$$=\sum_{n=0}^{\infty}\left[\frac{(-1)^n}{2^{n+1}}-\frac{(-1)^n}{3^{n+1}}\right](x-1)^n.$$

$\left|\frac{x-1}{3}\right|<1$ 且 $\left|\frac{x-1}{2}\right|<1$

故展开区间为 $|x-1|<2$ 或 $-1<x<3$；

(2) $f(x)=-(\frac{1}{x+2})'=-(\frac{1}{1+x+1})'$

$$=-\left[\sum_{n=0}^{\infty}(-1)^n(x+1)^n\right]'=-\sum_{n=0}^{\infty}(-1)^n\cdot n(x+1)^{n-1}$$

$$=\sum_{n=0}^{\infty}(-1)^n(n+1)(x+1)^n,$$

展开区间为 $|x+1|<1$ 或 $-2<x<0$.

现学现练　求 e^x 在 $x=1$ 处的幂级数. $\left[e^x=e\cdot\sum_{n=1}^{\infty}\frac{(x-1)^n}{n1}(|x|<+\infty)\right]$

课后习题全解

习题 12－4 全解

1. 分析　泰勒级数收敛的充分必要条件是余项在 $n\to\infty$ 时趋向 0.

解　$f^{(n)}(x)=\cos\left(x+n\cdot\frac{\pi}{2}\right)\quad(n=1,2,\cdots),$

$f^{(n)}(x_0)=\cos\left(x_0+n\cdot\frac{\pi}{2}\right)\quad(n=1,2,\cdots)$

从而 $f(x)$ 在 x_0 处的泰勒级数为

$$\cos x_0+\cos\left(x_0+\frac{\pi}{2}\right)(x-x_0)+\frac{\cos(x_0+\pi)}{2!}(x-x_0)^2+\cdots$$

$$+\frac{\cos\left(x_0+\frac{n\pi}{2}\right)}{n!}(x-x_0)^n+\cdots,$$

$f(x)=s_n(x)+R_n(x)$，其中 $s_n(x)$ 为泰勒级数的 n 项部分和，$R_n(x)$ 为余项.

$$|R_n(x)|=\left|\frac{\cos\left[x_0+\theta(x-x_0)+\frac{n+1}{2}\pi\right]}{(n+1)!}(x-x_0)^{n+1}\right|\leqslant\frac{|x-x_0|^{n+1}}{(n+1)!},(0\leqslant\theta\leqslant1).$$

因为对任意 $x\in(-\infty,+\infty)$，$\sum\limits_{n=1}^{\infty}\dfrac{|x-x_0|^{n+1}}{(n+1)!}$ 收敛，故由级数收敛的必要条件知 $\lim\limits_{n\to\infty}\dfrac{|x-x_0|^{n+1}}{(n+1)!}=0$，从而 $\lim\limits_{n\to\infty}|R_n(x)|=0$，

因此 $\cos x=\cos x_0+\cos\left(x_0+\dfrac{\pi}{2}\right)(x-x_0)+\cdots+\dfrac{\cos\left(x_0+\dfrac{n}{2}\pi\right)}{n!}(x-x_0)^n+\cdots$，$x\in(-\infty,+\infty)$.

2. 分析　(1) $\mathrm{sh}x=\dfrac{e^x-e^{-x}}{2}=\dfrac{1}{2}\cdot e^x-\dfrac{1}{2}e^{-x}$，已知 e^x 的泰勒展开式，那么 e^{-x} 的展开式也就知道了.

(4) 对函数 $\sin^2 x$，可以通过三角函数的变换化为含 $\cos x$ 或 $\sin x$.

解　(1) 因为 $e^x=\sum\limits_{n=0}^{\infty}\dfrac{x^n}{n!}$，$x\in(-\infty,+\infty)$，

所以 $e^{-x}=\sum\limits_{n=0}^{\infty}(-1)^n\dfrac{x^n}{n!}$，$x\in(-\infty,+\infty)$.

故
$$\mathrm{sh}x=\frac{1}{2}\left[\sum_{n=0}^{\infty}\frac{x^n}{n!}-\sum_{n=0}^{\infty}(-1)^n\frac{x^n}{n!}\right]=\frac{1}{2}\sum_{n=0}^{\infty}\frac{x^n}{n!}[1-(-1)^n]$$
$$=\sum_{n=1}^{\infty}\frac{x^{2n-1}}{(2n-1)!},x\in(-\infty,+\infty);$$

(2)
$$\ln(a+x)=\ln a\left(1+\frac{x}{a}\right)=\ln a+\ln\left(1+\frac{x}{a}\right)$$
$$=\ln a+\sum_{n=0}^{\infty}\frac{(-1)^n\cdot x^{n+1}}{(n+1)a^{n+1}},(-a<x\leqslant a);$$

(3) 因为 $e^x=\sum\limits_{n=0}^{\infty}\dfrac{x^n}{n!}(-\infty<x<+\infty)$，

故 $a^x=e^{x\ln a}=\sum\limits_{n=0}^{\infty}\dfrac{(\ln a)^n}{n!}x^n(-\infty<x<+\infty)$；

(4) $\sin^2 x=\dfrac{1-\cos 2x}{2}=\dfrac{1}{2}-\dfrac{1}{2}\cos 2x$，

而 $\cos x=\sum\limits_{n=0}^{\infty}(-1)^n\dfrac{x^{2n}}{(2n!)}(-\infty<x<+\infty)$，

所以
$$\sin^2 x=\frac{1}{2}-\frac{1}{2}\sum_{n=0}^{\infty}(-1)^n\frac{2^{2n}x^{2n}}{(2n)!}$$
$$=\sum_{n=1}^{\infty}(-1)^{n-1}\frac{2^{2n-1}\cdot x^{2n}}{(2n)!}(-\infty<x<+\infty);$$

(5) 因为 $\ln(1+x)=\sum_{n=0}^{\infty}(-1)^n\frac{x^{n+1}}{n+1}\quad(-1<x\leqslant 1)$

所以 $$(1+x)\ln(1+x)=\sum_{n=0}^{\infty}(-1)^n\frac{x^{n+1}}{(n+1)}+\sum_{n=0}^{\infty}(-1)^n\frac{x^{n+2}}{(n+1)}$$

$$=x+\sum_{n=0}^{\infty}(-1)^n\frac{x^{n+1}}{n+1}+\sum_{n=0}^{\infty}(-1)^{n+1}\frac{x^{n+1}}{n}$$

$$=x+\sum_{n=1}^{\infty}\left[\frac{(-1)^n n+(-1)^{n+1}(n+1)}{n(n+1)}\right]x^{n+1}$$

$$=x+\sum_{n=1}^{\infty}\frac{(-1)^{n-1}}{n(n+1)}x^{n+1}\quad(-1<x\leqslant 1);$$

(6) 因为 $\frac{1}{(1+x^2)^{1/2}}=1+\sum_{n=1}^{\infty}(-1)^n\frac{(2n-1)!!}{(2n)!!}x^{2n}\quad(-1\leqslant x\leqslant 1)$

所以 $$\frac{x}{(1+x^2)^{1/2}}=x+\sum_{n=1}^{\infty}(-1)^n\frac{(2n-1)!!}{(2n)!!}x^{2n+1}$$

$$=x+\sum_{n=1}^{\infty}(-1)^n\frac{2\cdot(2n)!}{(n!)^2}\left(\frac{x}{2}\right)^{2n+1}(-1\leqslant x\leqslant 1).$$

3. 分析　(1) 注意是展开为 $x-1$ 的幂级数，因此对 $\sqrt{x^3}$ 作变形：$\sqrt{x^3}=[1+(x-1)]^{\frac{3}{2}}$ 使其含 $x-1$ 项.

解　(1) 因为　$(1+x)^m=1+\frac{m}{1!}x+\frac{m(m-1)}{2!}x^2+\frac{m(m-1)\cdots(m-n+1)}{n!}x^n+\cdots(-1<x<1)$,

所以 $$\sqrt{x^3}=[1+(x-1)]^{\frac{3}{2}}$$

$$=1+\frac{\frac{3}{2}}{1!}(x-1)+\frac{\frac{3}{2}\left(\frac{3}{2}-1\right)}{2!}(x-1)^2+$$

$$+\frac{\frac{3}{2}\left(\frac{3}{2}-1\right)\cdots\left(\frac{3}{2}-n+1\right)}{n!}(x-1)^n+\cdots,(-1\leqslant x-1\leqslant 1).$$

即 $$\sqrt{x^3}=1+\frac{3}{2}(x-1)+\frac{3\cdot 1}{2^2\cdot 2!}(x-1)^2+$$

$$\frac{3\cdot 1\cdot(-1)\cdot(-3)\cdots(-2n+5)}{2^n\cdot n!}(x-1)^n+\cdots$$

$$=1+\frac{3}{2}(x-1)+\sum_{n=0}^{\infty}\frac{3\cdot(-1)^n\cdot 1\cdot 3\cdot 5\cdots(2n-1)}{2^{n+2}\cdot(n+2)!}(x-1)^{n+2}$$

$$=1+\frac{3}{2}(x-1)+\sum_{n=0}^{\infty}\frac{3\cdot(-1)^n\cdot(2n)!}{2^{n+2}2^n\cdot n!\cdot(n+2)!}(x-1)^{n+2}(0\leqslant x\leqslant 2);$$

(2) $\lg x=\frac{1}{\ln 10}\ln[1+(x-1)]=\frac{1}{\ln 10}\sum_{n=1}^{\infty}(-1)^{n-1}\frac{(x-1)^n}{n}(0<x\leqslant 2).$

4. 解　$\cos x=\cos\left[\left(x+\frac{\pi}{3}\right)-\frac{\pi}{3}\right]=\frac{1}{2}\cos\left(x+\frac{\pi}{3}\right)+\frac{\sqrt{3}}{2}\sin\left(x+\frac{\pi}{3}\right)$

$$=\frac{1}{2}\sum_{n=0}^{\infty}(-1)^n\left[\frac{1}{(2n)!}\left(x+\frac{\pi}{3}\right)^{2n}+\frac{\sqrt{3}}{(2n+1)!}\left(x+\frac{\pi}{3}\right)^{2n+1}\right](-\infty<x<+\infty).$$

5. 解　$\frac{1}{x}=\frac{1}{3+x-3}=\frac{1}{3}\frac{1}{1+\frac{x-3}{3}}=\frac{1}{3}\sum_{n=0}^{\infty}(-1)^n\left(\frac{x-3}{3}\right)^n(0<x<6).$

6. 解　$\frac{1}{x^2+3x+2}=\frac{1}{x+1}-\frac{1}{x+2}$

而$\frac{1}{x+1}=\frac{1}{-3+(x+4)}=-\frac{1}{3}\frac{1}{1-\frac{x+4}{3}}$

$$=-\sum_{n=0}^{\infty}\frac{(x+4)^n}{3^{n+1}}\quad(-7<x<-1)$$

$\frac{1}{x+2}=\frac{1}{-2+(x+4)}=-\frac{1}{2}\frac{1}{1-\frac{x+4}{2}}$

$$=-\sum_{n=0}^{\infty}\frac{(x+4)^n}{2^{n+1}}\quad(-6<x<-2)$$

从而$\frac{1}{x^2+3x+2}=-\sum_{n=0}^{\infty}\frac{(x+4)^n}{3^{n+1}}+\sum_{n=0}^{\infty}\frac{(x+4)^n}{2^{n+1}}$

$$=\sum_{n=0}^{\infty}\left(\frac{1}{2^{n+1}}-\frac{1}{3^{n+1}}\right)(x+4)^n\quad(-6<x<-2).$$

注　两个级数的收敛区间要求交集.

第五节　函数的幂级数展开式的应用

知识要点及常考点

利用函数的幂级数展开式进行近似计算，就是在展开式有效的区间上，函数值可以近似地利用这个级数按精确度要求计算出来.

用 e^z 表示整个复平面上的复变量指数函数，则 $e^z=1+z+\frac{1}{2!}z^2+\cdots+\frac{1}{n!}z^n+\cdots(|z|<+\infty)$ 因而能够得到欧拉公式的两个形式：

形式 Ⅰ：$e^{ix}=\cos x+i\sin x$；形式 Ⅱ：$\begin{cases}\cos x=\dfrac{e^{ix}+e^{-ix}}{2},\\ \sin x=\dfrac{e^{ix}-e^{-ix}}{2}.\end{cases}$

题型、真题、方法

题型 1 对函数值的估计或定积分的近似计算

题型分析 利用函数的幂级数展开式进行近似计算.

例 1 利用恒等式$\sqrt[3]{5}=\dfrac{5}{3}(1+\dfrac{2}{25})^{\frac{1}{3}}$ 计算$\sqrt[3]{5}$ 精确到 10^{-4} 的近似值.

解
$$\sqrt[3]{5}=\frac{5}{3}(1+\frac{2}{25})^{\frac{1}{3}}$$
$$=\frac{5}{3}\left[1+\frac{1}{3}\cdot\frac{2}{25}+\frac{\frac{1}{3}(\frac{1}{3}-1)}{2!}(\frac{2}{25})^2+\frac{\frac{1}{3}(\frac{1}{3}-1)(\frac{1}{3}-2)}{3!}(\frac{2}{25})^3+\cdots\right]$$
$$=\frac{5}{3}(1+\frac{2}{75}-\frac{4}{9\cdot25^2}+\frac{40}{81\cdot25^3}+\cdots),$$
$$\sqrt[3]{5}\approx\frac{5}{3}+\frac{2}{45}-\frac{4}{27\cdot125}$$
$$\approx1.71111-0.00118=1.70993.$$
$$\left|\sqrt[3]{5}-\frac{5}{3}(1+\frac{2}{75}-\frac{4}{9\cdot25^2})\right|<\frac{5}{3}\cdot\frac{40}{81\cdot25^3}=\frac{8}{3\cdot81\cdot25^2}$$
$$<\frac{1}{30\cdot625}=\frac{1}{18750},$$

所以$\sqrt[3]{5}\approx1.7009$，误差小于 10^{-4}.

例 2 取被积函数展开式的前四项求$\int_2^4 e^{\frac{1}{x}}\,dx$ 的近似值，并估计误差.

思路点拨 首先要给出函数的幂级数展开，再估计误差即取前 n 项使 r_n 小于所要求的误差即可.

解 因为 $e^x=1+x+\dfrac{x^2}{2!}+\cdots+\dfrac{x^n}{n!}+\cdots(-\infty<x<+\infty)$，

所以 $e^{\frac{1}{x}}=1+\dfrac{1}{x}+\dfrac{1}{2!}\cdot\dfrac{1}{x^2}+\cdots+\dfrac{1}{n!}\cdot\dfrac{1}{x^n}+\cdots$，取前四项，得
$$\int_2^4 e^{\frac{1}{x}}\,dx\approx\int_2^4\left(1+\frac{1}{x}+\frac{1}{2!}\cdot\frac{1}{x^3}+\frac{1}{3!}\cdot\frac{1}{x^3}\right)dx$$
$$=2+\ln x\Big|_2^4+\frac{1}{2!}\left(-\frac{1}{x}\right)\Big|_2^4+\frac{1}{3!}\left(-\frac{1}{2x^2}\right)\Big|_2^4$$

$$=2+\ln 2+\frac{1}{8}+\frac{1}{64}$$

$$\approx 2.8494$$

其误差为 $|r_5|\leqslant \frac{1}{4!}\left(-\frac{1}{3x^3}\right)\Big|_2^4=\frac{1}{4!}\cdot\frac{7}{3\times 64}<\frac{1}{9\times 64}<0.002.$

现学现练　将 $e^x\cos x$ 展开成 x 的幂级数.

$$\left[e^x\cos x=\sum_{n=0}^{\infty}\frac{2^{\frac{n}{2}}}{n!}\cos\frac{n\pi}{4}x^n,x\in(-\infty,+\infty)\right]$$

课后习题全解

习题 12－5 全解

1.分析　(3) 首先利用幂级数展开式，

有 $\sqrt[9]{522}=\sqrt[9]{520+2}=2\left(1+\frac{10}{2^9}\right)^{\frac{1}{9}}$，再在二项展开式中代入 $m=\frac{1}{9}$，$x=\frac{10}{2^9}$.

解　(1) $\ln\frac{1+x}{1-x}=2\left(x+\frac{x^3}{3}+\frac{x^5}{5}+\cdots+\frac{x^{2n-1}}{2n-1}+\cdots\right),x\in(-1,1).$

令 $\frac{1+x}{1-x}=3$，可得 $x=\frac{1}{2}\in(-1,1)$，

$$\text{故 }\ln 3=\ln\frac{1+\frac{1}{2}}{1-\frac{1}{2}}=\left[\frac{1}{2}+\frac{1}{3\cdot 2^3}+\frac{1}{5\cdot 2^5}+\cdots+\frac{1}{(2n-1)\cdot 2^{2n-1}}+\cdots\right].$$

$$\text{又 }|r_n|=2\left[\frac{1}{(2n+1)\cdot 2^{2n+1}}+\frac{1}{(2n+3)2^{2n+3}}+\cdots\right]$$

$$=\frac{2}{(2n+1)2^{2n+1}}\left[1+\frac{(2n+1)\cdot 2^{2n+1}}{(2n+3)\cdot 2^{2n+3}}+\frac{(2n+1)\cdot 2^{2n+1}}{(2n+5)\cdot 2^{2n+1}}+\cdots\right]$$

$$<\frac{2}{(2n+1)\cdot 2^{2n}}\left(1+\frac{1}{2^2}+\frac{1}{2^4}+\cdots\right)=\frac{1}{3(2n+1)2^{2n-2}},$$

故　$|r_5|<\frac{1}{3\times 11\times 2^8}\approx 0.00012$，$|r_6|<\frac{1}{3\times 13\times 2^{10}}\approx 0.00003$，

因而取 $n=6$，则 $\ln 3\approx 2\left(\frac{1}{2}+\frac{1}{3\cdot 2^3}+\frac{1}{5\cdot 2^5}+\cdots+\frac{1}{11\cdot 2^{11}}\right)\approx 1.0986$；

(2) $e^x=1+x+\frac{x^2}{2!}+\cdots+\frac{x^n}{n!}+\cdots,x\in(-\infty,+\infty)$，令 $x=\frac{1}{2}$ 得

$$\sqrt{e}=1+\frac{1}{2}+\frac{1}{2!\cdot 2^2}+\cdots+\frac{1}{n!\cdot 2^n}+\cdots.$$

由于 $|r_n|=\sum_{k=n+1}^{\infty}\frac{1}{k!}\left(\frac{1}{2}\right)^k<\frac{1}{(n+1)!}\left(\frac{1}{2}\right)^{n+1}=\frac{1}{3\cdot(n+1)!2^{n-1}}$

故 $|r_5|=\frac{1}{3\cdot 5!\cdot 2^3}\approx 0.0003$，因此取 $n=4$ 得

$\sqrt{e}\approx 1+\frac{1}{2}+\frac{1}{2!2^2}+\frac{1}{3!2^3}+\frac{1}{4!2^4}\approx 1.648$；

(3) 故 $\sqrt[9]{522}=2\left(1+\frac{10}{2^9}\right)^{\frac{1}{9}}$

$$=2\left[1+\frac{1}{9}\cdot\frac{10}{2^9}+\frac{\frac{1}{9}\left(\frac{1}{9}-1\right)}{2!}\cdot\frac{10^2}{2^{18}}+\cdots+\frac{\frac{1}{9}\left(\frac{1}{9}-1\right)\cdots\left(\frac{1}{9}-n+1\right)}{n!}\cdot\frac{10^n}{2^{9n}}+\cdots\right]$$

$$=2\left(1+\frac{1}{9}\cdot\frac{10}{2^9}-\frac{\frac{1}{9}\cdot\frac{8}{9}}{2!}\cdot\frac{10^2}{2^{18}}+\cdots\right)$$

由于 $\frac{1}{9}\cdot\frac{10}{2^9}\approx 0.002170$；$\frac{\frac{1}{9}\cdot\frac{8}{9}}{2!}\cdot\frac{10^2}{2^{18}}\approx 0.000019$ 故

$\sqrt[9]{522}\approx 2(1+0.002170-0.000019)\approx 2.00430$；

(4) $\cos 2^\circ=\cos\frac{\pi}{90}=1-\frac{\left(\frac{\pi}{90}\right)^2}{2!}+\frac{\left(\frac{\pi}{90}\right)^4}{4!}-\cdots+(-1)^n\frac{\left(\frac{\pi}{90}\right)^{2n}}{(2n)!}\ \frac{1}{2!}\left(\frac{\pi}{90}\right)^2$

而 $\frac{1}{2!}\left(\frac{\pi}{90}\right)^4\approx 6\times 10^{-4}$；$\frac{1}{4!}\left(\frac{\pi}{90}\right)^4\approx 10^{-8}$

故　$\cos 2^\circ\approx 1-\frac{1}{2!}\left(\frac{\pi}{90}\right)^2\approx 1-0.0006\approx 0.9994$.

2. 分析　(1) 把 x^4 看成 $(x^2)^2$，于是便可以用 $\frac{1}{1+x^2}$ 的幂级数展开式求解.

解　(1) $\int_0^{0.5}\frac{1}{1+x^4}\mathrm{d}x=\int_0^{0.5}(1-x^4+x^8-x^{12}+\cdots(-1)^n x^{4n}+\cdots)\mathrm{d}x$

$$=\left(x-\frac{1}{5}x^5+\frac{1}{9}x^9-\frac{1}{13}x^{13}+\cdots\right)\Big|_0^{0.5}$$

$$=\frac{1}{2}-\frac{1}{5}\cdot\frac{1}{2^5}+\frac{1}{9}\cdot\frac{1}{2^9}-\frac{1}{13}\cdot\frac{1}{2^{13}}+\cdots,$$

因为 $\frac{1}{5}\cdot\frac{1}{2^5}\approx 0.00625$；$\frac{1}{9}\cdot\frac{1}{2^9}\approx 0.0028$；$\frac{1}{13}\cdot\frac{1}{2^{13}}\approx 0.000009$，

故 $\int_0^{0.5}\frac{1}{1+x^4}\mathrm{d}x\approx\frac{1}{2}-\frac{1}{5}\cdot\frac{1}{2^5}+\frac{1}{9}\cdot\frac{1}{2^9}\approx 0.4940$；

(2) 由于 $\arctan x=x-\frac{x^3}{3}+\frac{x^5}{5}+\cdots+(-1)^n\frac{x^{2n-1}}{2n+1}+\cdots(-1<x<1)$，

故$\int_0^{0.5}\frac{\arctan x}{x}dx=\int_0^{0.5}\left[1-\frac{x^2}{3}+\frac{x^4}{5}-\cdots+(-1)^n\frac{x^{2n}}{2n+1}+\cdots\right]dx$

$$=\left(x-\frac{x^3}{9}+\frac{x^5}{25}-\frac{x^7}{49}+\cdots\right)\Big|_0^{0.5}$$

$$=\frac{1}{2}-\frac{1}{9}\cdot\frac{1}{2^3}+\frac{1}{25}\cdot\frac{1}{2^5}-\frac{1}{49}\cdot\frac{1}{2^7}+\cdots.$$

而$\frac{1}{9}\cdot\frac{1}{2^3}\approx 0.0139$；$\frac{1}{2^5}\cdot\frac{1}{25}\approx 0.0013$；　$\frac{1}{49}\cdot\frac{1}{2^7}\approx 0.0002$，

因此$\int_0^{0.5}\frac{\arctan x}{x}dx\approx\frac{1}{2}-\frac{1}{9}\cdot\frac{1}{2^3}+\frac{1}{2^5}\cdot\frac{1}{25}\approx 0.487.$

3. 解　(1) 设方程的解为 $y=a_0+a_1x+a_2x^2+\cdots+a_nx^n+\cdots$ 代入方程，则有如下竖式

$$\begin{array}{rcccccc} y' = & a_1+2a_2x+ & 3a_3x^2 & +\cdots+(n+1)a_{n+1}x^n & +\cdots \\ -xy = & -a_0x & -a_1x^2 & -\cdots-a_{n-1}x^n & +\cdots \\ -x = & -x & & & \end{array}$$

$$1=a_1+(2a_2-a_0-1)x+(3a_3-a_1)x^2+\cdots+[(n+1)a_{n+1}-a_{n-1}]x^n+\cdots$$

比较系数可得

$a_1=1$，　　$a_2=\frac{a_0+1}{2}$，

$a_3=\frac{1}{3}$，　　$a_4=\frac{a_0+1}{2\times 4}=\frac{a_2}{4}$，

$a_5=\frac{a_3}{5}=\frac{1}{3\times 5}$，　　$a_6=\frac{a_4}{6}=\frac{a_0+1}{2\times 4\times 6}$，

…

$a_{2n-1}=\frac{1}{3\times 5\times\cdots\times(2n-1)}$，　　$a_{2n}=\frac{a_0+1}{2\times 4\times 6\times\cdots\times 2n}=\frac{a_0+1}{n!2^n}.$

$\sum\limits_{n=1}^{\infty}a_{2n-1}x^{2n-1}$ 与 $\sum\limits_{n=1}^{\infty}a_{2n}x^{2n}$ 的收敛域都是$(-\infty,+\infty)$，

$$y=\sum_{n=0}^{\infty}a_nx^n=\sum_{n=1}^{\infty}a_{2n-1}x^{2n-1}+\sum_{n=0}^{\infty}a_{2n}x^{2n}$$

$$=\sum_{n=1}^{\infty}\frac{x^{2n-1}}{3\times 5\times\cdots\times(2n-1)}+(a_0+1)\sum_{n=0}^{\infty}\frac{x^{2n}}{n!2^n}-1$$

$$=\sum_{n=1}^{\infty}\frac{x^{2n-1}}{3\times 5\times\cdots\times(2n-1)}+(a_0+1)\sum_{n=0}^{\infty}\frac{1}{n!}\left(\frac{x^2}{2}\right)^n-1.$$

因$\sum\limits_{n=1}^{\infty}\frac{1}{n!}\left(\frac{x^2}{2}\right)^n=e^{\frac{x^2}{2}}$，令 $a_0+1=C$，

则 $y=Ce^{\frac{x^2}{2}}+\sum\limits_{n=1}^{\infty}\frac{1}{(2n-1)!!}x^{2n-1}-1, x\in(-\infty,+\infty)$；

(2) 设 $y=\sum\limits_{n=0}^{\infty}a_nx^n$ 是方程的解，其中 a_0, a_1 是任意常数

$$y'=\sum_{n=1}^{\infty}a_nx^{n-1},$$

$$y''=\sum_{n=2}^{\infty}n(n-1)a_nx^{n-2}=\sum_{n=0}^{\infty}(n+1)(n+2)a_{n+2}x^n,$$

代入方程得

$$\sum_{n=0}^{\infty}[(n+1)(n+2)a_{n+2}+na_n+a_n]x^n=0,$$

故 $(n+2)(n+1)a_{n+2}+(n+1)a_n=0$，

即 $a_{n+2}=-\frac{a_n}{n+2}(n=0,1,2,\cdots)$.

当 $n=2(k-1)$ 时，

$$a_{2k}=\left(-\frac{1}{2k}\right)a_{2k-2}=\left(-\frac{1}{2k}\right)\left(-\frac{1}{2k-2}\right)\cdots\left(-\frac{1}{2}\right)a_0=\frac{a_0(-1)^k}{k!2^k}.$$

当 $n=2k-1$ 时，

$$a_{2k+1}=\left(-\frac{1}{2k+1}\right)a_{2k-1}=\left(-\frac{1}{2k+1}\right)\left(-\frac{1}{2k-1}\right)\cdots\left(-\frac{1}{3}\right)a_1$$

$$=\frac{a_1(-1)^k}{(2k+1)!!}.$$

$\sum\limits_{n=0}^{\infty}a_{2n}x^{2n}$ 与 $\sum\limits_{n=0}^{\infty}a_{2n+1}x^{2n+1}$ 的收敛域均为 $(-\infty,+\infty)$，所以

$$y=\sum_{n=0}^{\infty}a_{2n}x^{2n}+\sum_{n=0}^{\infty}a_{2n+1}x^{2n+1}$$

$$=\sum_{n=0}^{\infty}\frac{a_0(-1)^n}{n!2^n}x^{2n}+\sum_{n=0}^{\infty}\frac{a_1(-1)^n}{(2n+1)!!}x^{2n+1},$$

即 $\quad y=a_0e^{\frac{-x^2}{2}}+a_1\sum\limits_{n=0}^{\infty}\frac{(-1)^n}{(2n+1)!!}x^{2n+1}, x\in(-\infty,+\infty)$；

(3) 设 $y=\sum\limits_{n=0}^{\infty}a_nx^n$ 是方程的解，代入方程得

$$(1-x)\sum_{n=1}^{\infty}na_nx^{n-1}=x^2-\sum_{n=0}^{\infty}a_nx^n,$$

有 $\quad \sum\limits_{n=1}^{\infty}(n+2)a_{n+1}x^n-\sum\limits_{n=1}^{\infty}na_nx^n+\sum\limits_{n=0}^{\infty}a_nx^n=x^2,$

$$\sum_{n=0}^{\infty}[(n+1)a_{n+1}+(1-n)a_n]x^n=x^2.$$

比较系数得

$$a_1a_0=0,2a_2=0,3a_3-a_2=1,$$
$$(n+1)a_{n+1}+(1-n)a_n=0\quad(n\geqslant 3),$$

即 $a_1=a_0,a_2=0,a_3=\frac{1}{3},a_{n+1}=\frac{n-1}{n+1}a_n\quad(n\geqslant 3)$.

因而 $y=a_0-a_0x+\frac{1}{3}x^3+\frac{1}{6}x^4+\cdots+\frac{2}{n(n-1)}x^n+\cdots$.

4. 解　(1) 因为 $y|_{x=0}=\frac{1}{2}$,所以设方程的解为 $y=\frac{1}{2}+\sum_{n=1}^{\infty}a_nx^n$,

$$y'=\sum_{n=1}^{\infty}na_nx^{n-1}=a_1+\sum_{n=1}^{\infty}(n+1)a_{n+1}x^n$$

代入方程有

$$a_1+\sum_{n=1}^{\infty}(n+1)a_{n+1}x^n=x^3+\left(\frac{1}{2}+\sum_{n=1}^{\infty}a_nx^n\right)^2$$
$$=x^3+\frac{1}{4}+\sum_{n=1}^{\infty}a_nx^n+\left(\sum_{n=1}^{\infty}a_nx^n\right)^2,$$

即$a_1+(2a_2-a_1)x+(3a_3-a_2-a_1^2)x^2+\cdots+[(n+1)a_{n+1}-a_n-\sum_{i+j=n}a_ia_j]x^n$

$+\cdots=\frac{1}{4}+x^3.$

比较系数得

$$a_1=\frac{1}{4},2a_2-a_1=0,3a_3-a_2-a_1^2=0,4a_4-a_3-2a_1a_2=1,$$

依次解得

$$a_1=\frac{1}{4},a_2=\frac{1}{8},a_3=\frac{1}{16},a_4=\frac{9}{32},$$

故 $y=\frac{1}{2}+\frac{1}{4}x+\frac{1}{8}x^2+\frac{1}{16}x^3+\cdots$;

(2) 因为 $y|_{x=0}=0$,所以设方程特解为　$y=\sum_{n-1}^{\infty}a_nx^n$.

将 $y'=\sum_{n=1}^{\infty}na_nx^{n-1}$ 代入方程得

$$(1-x)\sum_{n=1}^{\infty}na_nx^{n-1}+\sum_{n=1}^{\infty}a_nx^n=1+x,$$

即　$a_1+\sum_{n=1}^{\infty}[(n+1)a_{n+1}+(1-n)a_n]x^n=1+x.$

比较系数得

$$a_1=1,a_2=\frac{1}{2},a_{n+1}=\frac{n-1}{n+1}a_n(n\geqslant 2),$$

所以 $y=x+\frac{1}{2}x^2+\frac{1}{6}x^3+\cdots+\frac{1}{n(n-1)}x^n+\cdots.$

5. 解　(1) 证明：

有 $y'_{(x)}=\frac{x^2}{2!}+\frac{x^5}{5!}+\cdots+\frac{x^{3n-1}}{(3n-1)!}+\cdots\cdots,$

$y''=x+\frac{x^4}{4!}+\cdots+\frac{x^{3n-2}}{(3n-2)}+\cdots,$

因此 $y''+y'+y=\sum\limits_{n=1}^{\infty}\frac{x^n}{n!}=\mathrm{e}^x$ 证毕；

(2) $y''+y'+y=\mathrm{e}^x$ 的齐次方程 $y''+y'+y=0$ 的特殊方程为 $r^2+r+1=0$，根为 $r=-\frac{1}{2}\pm\frac{\sqrt{3}}{2}\mathrm{i}$，再设非介次方程特解为 $y^*=A\mathrm{e}^x$，代入原方程可得 $A=\frac{1}{3}$. 于是非齐次微分方程 $y''+y'+y=\mathrm{e}^x$ 的通解为 $y=Y+y^*=\mathrm{e}^{-\frac{x}{2}}\left(C_1\cos\frac{\sqrt{3}}{2}x+C_2\sin\frac{\sqrt{3}}{2}x\right)+\frac{1}{3}\mathrm{e}^x.$

由(1) 知，$y(t)$ 满足

$$\begin{cases}y(0)=1=C_1+\frac{1}{3},\\ y'(0)=0=-\frac{1}{2}C_1+\frac{\sqrt{3}}{2}C_2+\frac{1}{3},\end{cases}$$

可求得 $C_1=\frac{2}{3},C_2=0.$

因此幂级数 $\sum\limits_{n=1}^{\infty}\frac{x^{3n}}{(3n)!}$ 的和函数为

$$y(x)=\frac{2}{3}\mathrm{e}^{-\frac{x}{2}}\cos\frac{\sqrt{3}}{2}x+\frac{1}{3}\mathrm{e}^x(-\infty<x<+\infty)$$

6. 解　因为 $\mathrm{e}^{\mathrm{i}x}=\cos x+\mathrm{i}\sin x$，故 $\cos x=\frac{\mathrm{e}^{\mathrm{i}x}+\mathrm{e}^{-\mathrm{i}x}}{2}$，

从而 $f(x)=\mathrm{e}^x\cos x=\frac{1}{2}[\mathrm{e}^{x(1+\mathrm{i})}+\mathrm{e}^{x(1-\mathrm{i})}]$

$$=\frac{1}{2}\sum_{n=0}^{\infty}\frac{(1+\mathrm{i})^n+(1-\mathrm{i})^n}{n!}x^n.$$

而　$1+\mathrm{i}=\sqrt{2}\mathrm{e}^{\mathrm{i}\frac{n\pi}{4}},1-\mathrm{i}=\sqrt{2}\mathrm{e}^{-\mathrm{i}\frac{\pi}{4}}$，

所以　$(1+\mathrm{i})^n+(1-\mathrm{i})^n=2^{\frac{n}{2}}[\mathrm{e}^{\mathrm{i}\frac{n\pi}{4}}+\mathrm{e}^{\mathrm{i}\frac{n\pi}{4}}]$

$$= 2^{\frac{n}{2}}(2\cos\frac{n\pi}{4}) = 2^{\frac{n}{2}+1}\cos\frac{n\pi}{4},$$

因此　$f(x) = e^x\cos x = \sum_{n=0}^{\infty}\frac{2^{\frac{n}{2}}\cos\frac{n\pi}{4}}{n!}x^n, x\in(-\infty,+\infty).$

第六节　函数项级数的一致收敛性及一致收敛级数的基本性质

知识要点及常考点

1. 一致收敛的判别法

(1) 最值判别法

①$f_n(x)$ 一致收敛于 $f(x)$ 的充要条件是 $\lim\limits_{n\to+\infty}M_n = 0$.

其中 $M_n = \max\limits_{x\in X}\{|f_n(x) - f(x)|\}$.

②$\sum\limits_{n=1}^{+\infty}u_n(x)$ 一致收敛于 $s(x)$ 的充要条件是 $\lim\limits_{n\to+\infty}M_n = 0$.

其中 $M_n = \max\limits_{x\in X}\left|\sum\limits_{k=1}^{n}u_k(x) - s(x)\right|$.

(2) 柯西准则

①$f_n(x)$ 在 X 上一致收敛的充要条件是 $\forall\varepsilon > 0$,存在与 x 无关的 N,当 $n > N$ 时,$\forall$ 自然数 p,成立 $|f_{n+p}(x) - f_n(x)| < \varepsilon, \forall x\in X$.

②$\sum\limits_{n=1}^{+\infty}u_n(x)$ 在 X 上一致收敛的充要条件是 $\forall\varepsilon > 0$,存在与 x 无关的 N,当 $n > N$ 时,对一切自然数 p,$\forall x\in X$,有 $\left|\sum\limits_{k=n+1}^{n+p}u_k(x)\right| < \varepsilon$.

(3)M 判别法(魏尔斯特拉斯判别法)

设 $\sum\limits_{n=1}^{+\infty}u_n(x)$ 的一般项在某区域 X 上满足 $|u_n(x)|\leqslant M_n$,($\forall x\in X, n=1,2,3,\cdots$) 而 $\sum\limits_{n=1}^{+\infty}M_n$ 收敛,则 $\sum\limits_{n=1}^{+\infty}u_n(x)$ 在 X 上绝对一致收敛(即 $\sum\limits_{n=1}^{+\infty}u_n(x)$ 及 $\sum\limits_{n=1}^{+\infty}|u_n(x)|$ 都在 X 上一致收敛).

(4) 狄利克莱判别法

设 $\sum\limits_{n=1}^{+\infty}b_k(x)$ 在 X 上一致有界,$\left|\sum\limits_{n=1}^{+\infty}b_k(x)\right|\leqslant M$,$a_n(x)$ 对 $\forall x\in X$ 是单调并一

致趋向于零的序列，则 $\sum_{n=1}^{+\infty} a_n(x)b_n(x)$ 在 X 上一致收敛.

(5) 阿贝尔判别法

设 $\sum_{n=1}^{+\infty} b_n(x)$ 在 X 上一致收敛，在 X 中任意取定一个 x，数列 $\{a_n(x)\}$ 单调，且函数序列 $\{a_n(x)\}$ 在 X 上一致有界，则 $\sum_{n=1}^{+\infty} a_n(x)b_n(x)$ 在 X 上一致收敛.

2. 一致收敛的性质

(1) 可积性

如果级数 $\sum_{n=1}^{+\infty} u_n(x)$ 的各项 $u_n(x)$ 在区间 $[a,b]$ 上连续，且 $\sum_{n=1}^{+\infty} u_n(x)$ 在 $[a,b]$ 上一致收敛于 $s(x)$，则级数 $\sum_{n=1}^{+\infty} u_n(x)$ 在 $[a,b]$ 上可以逐项积分，即

$$\int_{x_0}^{x} s(x)\mathrm{d}x = \int_{x_0}^{x} u_1(x)\mathrm{d}x + \cdots + \int_{x_0}^{x} u_n(x)\mathrm{d}x \cdots,$$

其中 $a \leqslant x_0 < x \leqslant b$，并且上式右端的级数在 $[a,b]$ 上也一致收敛.

(2) 可微性

如果级数 $\sum_{n=1}^{+\infty} u_n(x)$ 在区间 $[a,b]$ 上收敛于和 $s(x)$，它各项 $u_n(x)$ 都具有连续导数 $u'_n(x)$，并且级数 $\sum_{n=1}^{+\infty} u'_n(x)$ 在 $[a,b]$ 上一致收敛，则级数 $\sum_{n=1}^{+\infty} u_n(x)$ 在 $[a,b]$ 上也一致收敛，且可逐项求导，即 $s'(x) = u'_1(x) + u'_2(x) + \cdots + u'_n(x)\cdots$.

题型、真题、方法

题型 1　判断函数项级数的一致收敛性

题型分析　判断函数项级数是否一致收敛，要选择合适的判别法，才能迅速有效.

例 1　证明级数 $\sum_{n=1}^{\infty} \frac{nx}{4+n^5x^2}$ 在 $(-\infty,+\infty)$ 内绝对收敛且一致收敛.

证　**证法一：**用魏尔斯特拉斯判别法. 因 $a^2+b^2 \geqslant 2ab$，故

$$4+n^5x^2 \geqslant 4n^{\frac{5}{2}}\ |x|\ \left|\frac{nx}{4+n^5x^2}\right| \leqslant \left|\frac{nx}{4n^{\frac{5}{2}}x}\right| = \frac{1}{4n^{\frac{3}{2}}}(|x|<+\infty)$$

已知 p 级数 $\sum_{n=1}^{\infty} \frac{1}{4n^{\frac{3}{2}}}$ 收敛，故原级数绝对一致收敛.

证法二: 记 $u_n(x)=\dfrac{nx}{4+n^5x^2}$,先求 $u_n(x)$ 的最大值.

当 $x\geqslant 0$ 时,$u'_n(x)=\dfrac{4n-n^6x^2}{(4+n^5x^2)^2}=\dfrac{n\cdot(4-n^5x^2)}{(4+n^5x^2)^2}$,

$$u'_n(x)=0\Rightarrow x=\sqrt{\frac{4}{n^5}}=2\cdot\frac{1}{n^{\frac{5}{2}}}.$$

当 $0\leqslant x<2n^{-\frac{5}{2}}$ 时 $u'_n(x)>0$,故 $x=2n^{-\frac{5}{2}}$ 是 $u_n(x)$ 的最大值点.

故 $$\left|\frac{nx}{4+n^5x^2}\right|\leqslant\frac{2n\cdot n^{-\frac{5}{2}}}{4+n^5(n^{-\frac{5}{2}n})^2}=\frac{1}{4}n^{-\frac{3}{2}}=\frac{1}{4n^{\frac{3}{2}}},$$

由 $u_n(x)$ 是奇函数,有 $\left|\dfrac{nx}{4+n^5x^2}\right|\leqslant\dfrac{1}{4n^{\frac{3}{2}}}$,$(|x|<+\infty)$

因为 $\sum\limits_{n=1}^{\infty}\dfrac{1}{4n^{\frac{3}{2}}}$ 收敛,故由比较审敛法知原级数 $\sum\limits_{n=1}^{\infty}\dfrac{nx}{4+n^5x^2}$ 在 $|x|<+\infty$ 内绝对一致收敛.

例 2 讨论下列级数在指定的区间内是否一致收敛:

(1) $\sum\limits_{n=1}^{\infty}x^{2n}$,$(-1<x<1)$;　　(2) $\sum\limits_{n=1}^{\infty}\sin\dfrac{x}{3^n}$,$(0<x<+\infty)$.

解　(1) 由等比级数的性质可知,级数 $\sum\limits_{n=1}^{\infty}x^{2n}$ 在 $-1<x<1$ 时必收敛,

$$s(x)=\sum_{n=1}^{\infty}x^{2n}=\frac{x^2}{1-x^2},$$

$$r_n(x)=s(x)-s_n(x)=\frac{x^{2n}}{1-x^2},$$

取 $x_n=\sqrt{\dfrac{n-1}{n}}\in(-1,1)$,则 $\lim\limits_{n\to\infty}r_n(x_n)=\lim\limits_{n\to\infty}\dfrac{\left(1-\dfrac{1}{n}\right)^n}{\dfrac{1}{n}}=+\infty$.

从而级数在 $(-1,1)$ 上不一致收敛.

(2) 对固定的 $x\in(0,+\infty)$,当 n 充分大时,有

$$0<\frac{x}{3^n}<\frac{\pi}{2},\text{及 }0<\sin\frac{x}{3^n}\leqslant\frac{x}{3^n},$$

而级数 $\sum\limits_{n=1}^{\infty}\dfrac{1}{3^n}$ 收敛,所以 $\sum\limits_{n=1}^{\infty}\sin\dfrac{x}{3^n}$ 也收敛.

令 $x_n=3^n$,则当 $k\geqslant n+1$ 时,$\sin\dfrac{x_n}{3^k}>0$,故

$$r_n(x_n)=\sum_{k=n+1}^{\infty}\sin\frac{1}{3^{k-n}}>\sin\frac{1}{3},$$

所以$\lim\limits_{n\to\infty} r_n(x_n) \neq 0$，故级数在$(0,+\infty)$上不一致收敛.

现学现练　判断级数$\sum\limits_{n=1}^{\infty}(-1)^n(1-x)\cdot x^n$在$[0,1]$上的一致收敛性.（在$[0,1]$上一致收敛.）

题型2　求函数项级数的收敛域

题型分析　求函数项级数的收敛域(或绝对收敛域)时，一般先用比值或根式判别法，$\lim\limits_{n\to 0}\left|\dfrac{u_{n+1}(x)}{u_n(x)}\right| = f(x)$或$\lim\limits_{n\to 0}\sqrt[n]{|u_n(x)|} = f(x)$，若$f(x)<1$，则原级数绝对收敛，求解不等式$f(x)<1$，得收敛域$x\in(a,b)$，再考查区间端点$x=a$，$x=b$的情况，最后确定原级数$\sum\limits_{n=1}^{\infty}u_n(x)$的收敛域.

例3　求下列函数项级数的收敛域：

(1) $\sum\limits_{n=0}^{\infty}x^n\left(1+\dfrac{x}{n}\right)^n$；

(2) $\sum\limits_{n=0}^{\infty}\dfrac{x^n}{(1+x)(1+x^2)\cdots(1+x^n)}$.

思路点拨　利用求函数项级数$\sum\limits_{n=0}^{\infty}u_n(x)$的收敛域(或绝对收敛域)的一般步骤即可.

解　(1)$u_n(x)=x^n\left(1+\dfrac{x}{n}\right)^n$，当$|x|>1$时，$u_n\to+\infty(n\to+\infty)$，故级数发散.

当$|x|=1$时，$|u_n(x)| = \left|(\pm 1)^n\left(1+\dfrac{(\pm 1)}{n}\right)^n\right| \to e^{\pm 1}\quad(n\to+\infty)$即$u_n(\pm 1)$不趋于0，故级数发散.

当$|x|<1$时，
$$\lim_{n\to+\infty}\sqrt[n]{|u_n(x)|} = \lim_{n\to+\infty}\sqrt[n]{\left|x^n\left(1+\frac{x}{n}\right)^n\right|} = \lim_{n\to+\infty}\left|x\left(1+\frac{x}{n}\right)\right| = |x|<1,$$

故级数绝对收敛，因此$\sum\limits_{n=1}^{+\infty}x^n\left(1+\dfrac{x}{n}\right)^n$的收敛域为$|x|<1$；

(2) 记$u_n(x)=\dfrac{x^n}{(1+x)(1+x^2)\cdots(1+x^n)}$，

$$\lim_{n\to+\infty}\frac{|u_{n+1}(x)|}{|u_n(x)|} = \lim_{n\to+\infty}\frac{|(1+x)(1+x^2)\cdots(1+x^n)|}{|(1+x)(1+x^2)\cdots(1+x^n)(1+x^{n+1})|}\cdot\frac{|x|^{n+1}}{|x|^n}$$

$$=\lim_{n\to+\infty}\frac{|x|}{|1+x^{n+1}|}=\begin{cases}|x|,&|x|<1,\\0,&|x|>1,\end{cases}$$

故当 $|x|>1$ 或 $|x|<1$ 时，原级数绝对收敛；

当 $x=1$ 时，$u_n(1)=\frac{1}{2^n}$，故原级数绝对收敛；当 $x=-1$ 时，$u_n(-1)$ 无意义.

故原级数 $\sum_{n=1}^{+\infty}\frac{x^n}{(1+x)(1+x^2)\cdots(1+x^n)}$ 的收敛域为 $(-\infty,-1)\cup(-1,+\infty)$.

现学现练　求级数 $\sum_{n=1}^{\infty}\tan^2\left(x+\frac{1}{n}\right)$ 的收敛域.

$\left[|x-k\pi|<\frac{\pi}{4}(k=0,\pm1,\pm2,\cdots)\right]$

课后习题全解

习题 12－6 全解

1. **解**　(1) 因为 $|s_n(x)-0|=\left|\sin\frac{x}{n}\right|\leqslant\left|\frac{x}{n}\right|$

所以对于 $\forall\varepsilon>0$，取自然数 $N(\varepsilon,X)\geqslant\frac{|x|}{\varepsilon}$，则当 $n>N$ 时，

$$|s_n(x)-0|\leqslant\frac{|x|}{n}<\varepsilon;$$

(2) 记 $A=\max\{|a|、|b|\}$，则 $|s_n(x)-0|\leqslant\frac{|x|}{n}\leqslant\frac{A}{n}$，$x\in[a,b]$，$\forall\varepsilon>0$，取 $N=\left[\frac{A}{\varepsilon}\right]+1$，从而当 $n>N$ 时，恒有 $|s_n(x)-0|\leqslant\frac{A}{n}<\varepsilon$.

故 $s_n(x)$ 在 $[a,b]$ 上一致收敛.

2. **解**　(1) 该级数的和函数记为 $s(x)$ 显然 $S(0)=0$. 当 $x\neq0$ 时，级数为公比是 $\frac{1}{1+x^2}$ 的等比级数，故　$s(x)=\frac{x^2}{1-\frac{1}{1+x^2}}=1+x^2$，即

$$s(x)=\begin{cases}0,&x=0,\\1+x^2,&x\neq0;\end{cases}$$

(2) 当 $x\neq0$ 时，

$$r_n(x)=\frac{x^2}{(1+x^2)^n}+\frac{x^2}{(1+x^2)^{n+1}}+\cdots=\frac{x^2}{(1+x^2)^n}\Big/\left(1-\frac{1}{1+x^2}\right)=\frac{1}{(1+x^2)^{n-1}}$$

故对任意 $\varepsilon>0$，要使 $|r_n(x)|<\varepsilon$，只需 $\frac{1}{(1+x^2)^{n-1}}<\varepsilon$，即 $n>\frac{\ln\frac{1}{\varepsilon}}{\ln(1+x^2)}+1$ 因

此取自然数 $N \geqslant \left[\dfrac{\ln \dfrac{1}{\varepsilon}}{\ln(1+x^2)}\right]+1$ 即可；当 $x=0$ 时，取 $w=1$；

(3) 在 $[0,1]$ 上，级数的各项 $u_n(x)=\dfrac{x^2}{(1+x^2)^n}(n=0,1,2,\cdots)$.

虽然是连续的，但和函数 $s(x)$ 在 $x=0$ 处不连续，故级数在 $[0,1]$ 上不一致收敛.
而在 $\left[\dfrac{1}{2},1\right]$ 上，$|r_n(x)|=\dfrac{1}{(1+x^2)^{n-1}} \leqslant \left|r_n\left(\dfrac{1}{2}\right)\right|=\left(\dfrac{4}{5}\right)^{n-1}$.

因此对任意 $\varepsilon>0$（不妨设 $\varepsilon<1$），存在 $N=\left[\dfrac{\ln \dfrac{1}{\varepsilon}}{\ln \dfrac{5}{4}}\right]+1$，则当 $n>N$ 时，有

$|r_n(x)|<\varepsilon$，故该级数在 $\left[\dfrac{1}{2},1\right]$ 上一致收敛.

3. 解　(1) 由于此级数是交错级数，故

$$|r_n(x)| \leqslant \frac{1}{(1+x^2)^{n-1}}.$$

从而对任意 $\varepsilon>0$，存在 $N=\dfrac{\ln \dfrac{1}{2}}{\ln(1+x^2)}+1$，则当 $n>N$ 时恒有 $|r_n(x)|<\varepsilon$ 即此级数是一致收敛的；

(2) 设部分和函数为 $s_n(x)$，和函数为 $s(x)$，显然 $s(x)=1-x^{n+1}$，$s(x)=\lim\limits_{n\to\infty}s_n(x)=1$，$(0<x<1)$，故 $|r_n(x)|=x^{n+1}$，令 $x_n=\left(\dfrac{1}{2}\right)^{\frac{1}{n+1}}$，则 $|r_n(x_n)|=\dfrac{1}{2}$.

因此对 $\varepsilon_0=\dfrac{1}{3}$，不论 n 多大，总存在 $x_n=\left(\dfrac{1}{2}\right)^{\frac{1}{n+1}} \in (0,1)$，使得 $|r_n(x_n)|=\dfrac{1}{2}>\dfrac{1}{3}=\varepsilon_0$，因此级数在 $(0,1)$ 内不一致收敛.

4. 分析　(1) 魏尔斯特拉斯判别法内容是级数 $\sum\limits_{n=0}^{\infty}u_n(x)$ 满足 $|u_n(x)| \leqslant a_n$，且 $\sum\limits_{n=0}^{\infty}a_n$ 收敛.

证　(1) 因为 $\left|\dfrac{\cos nx}{2^n}\right| \leqslant \dfrac{1}{2^n}$，$x \in (-\infty,+\infty)$，而 $\sum\limits_{n=0}^{\infty}\dfrac{1}{2^n}$ 收敛，所以所给级数在 $(-\infty,+\infty)$ 上一致收敛；

(2) 因为 $\left|\dfrac{\sin nx}{\sqrt[3]{n^4+x^4}}\right| \leqslant \dfrac{1}{\sqrt[3]{n^4+x^4}} \leqslant \dfrac{1}{n^{4/3}}$，$x \in (-\infty,+\infty)$，而 $\sum\limits_{n=0}^{\infty}\dfrac{1}{n^{4/3}}$ 收敛，所以原级数在 $(-\infty,+\infty)$ 上一致收敛；

(3) 因为 $e^x = 1 + x + \frac{x^2}{2!} + \cdots + \frac{x^n}{n!} + \cdots$，故 $e^x \geqslant \frac{x^2}{2}, x \in [0, +\infty)$，

从而　$0 \leqslant x^2 e^{-nx} \leqslant x^2 \frac{2}{n^2 x^2} = \frac{2}{n^2}$，而 $\sum\limits_{n=1}^{\infty} \frac{2}{n^2}$ 收敛，所以原级数在 $[0, +\infty)$ 上一致收敛；

(4) 因为 $\left| \frac{e^{-nx}}{n!} \right| \leqslant \frac{e^{10n}}{n!}, x \in (-10, 10)$，又 $\sum\limits_{n=0}^{\infty} \frac{e^{10n}}{n!}$ 收敛，(可用比值法判别)，故 $\sum\limits_{n=0}^{\infty} \frac{e^{-nx}}{n!}$ 在 $(-10, 10)$ 上一致收敛；

(5) 因为 $\left| \frac{(-1)^n (1 - e^{-nx})}{n^2 + x^2} \right| \leqslant \frac{1}{n^2}, x \in [0, +\infty)$，又 $\sum\limits_{n=1}^{\infty} \frac{1}{n^2}$ 收敛，故所给级数在 $[0, +\infty)$ 上一致收敛.

第七节　傅里叶级数

知识要点及常考点

1. 周期为 2π 的函数的傅里叶展开

(1) 傅里叶级数与傅里叶系数

设 $f(x)$ 是周期为 2π 的函数，则

$$a_n = \frac{1}{\pi} \int_{-\pi}^{\pi} f(x) \cos nx \, dx \quad (n = 0, 1, 2, \cdots),$$

$$b_n = \frac{1}{\pi} \int_{-\pi}^{\pi} f(x) \sin nx \, dx \quad (n = 0, 1, 2, \cdots),$$

称为 $f(x)$ 的傅里叶系数. 相应的三角级数 $\frac{a_0}{2} + \sum\limits_{n=1}^{+\infty} (a_n \cos nx + b_n \sin nx)$ 称为 $f(x)$ 的傅里叶级数.

注　① 计算 $f(x)$ 的傅里叶系数一般要进行定积分的分部积分；

② 由于被积函数是以 2π 为周期的周期函数，因此可用任何长度为 2π 的区间上积分计算傅里叶系数.

(2) 收敛定理(狄利克雷充分条件)

① 连续或除有限个第一类间断点外连续；

② 只有有限个极大、极小值.

则 $f(x)$ 的傅氏级数在 $[-\pi, \pi]$ 上收敛，且收敛到

$$s(x)=\begin{cases}f(x), & x\text{ 为 }f(x)\text{ 的连续点},\\ \frac{1}{2}[f(x_0-0)+f(x_0+0)], & x_0\text{ 为间断点},\\ \frac{1}{2}[f(-\pi+0)+f(\pi-0)], & x=-\pi,\pi.\end{cases}$$

2. 奇偶函数的傅里叶级数

(1) 奇函数

设函数 $f(x)$ 是周期为 2π 的周期函数，在一个周期上可积，则当 $f(x)$ 为奇函数时，它的傅里叶系数为

$$a_n=0\quad(n=0,1,2,\cdots),$$

$$b_n=\frac{2}{\pi}\int_0^{\pi}f(x)\sin nx\,\mathrm{d}x\quad(n=1,2,3,\cdots).$$

设函数 $f(x)$ 在 $(0,\pi]$ 上满足收敛定理的条件，对 $f(x)$ 作奇延拓，则可将 $f(x)$ 在 $(0,\pi]$ 上展开成正弦级数

$$\sum_{n=1}^{\infty}b_n\sin nx=\begin{cases}f(x), & x\text{ 为 }f(x)\text{ 的连续点},\\ \frac{1}{2}[f(x-1)+f(x+1)], & x\text{ 为 }f(x)\text{ 的间断点}.\end{cases}$$

(2) 偶函数

设函数 $f(x)$ 是周期为 2π 的周期函数，在一个周期上可积，则当 $f(x)$ 为偶数时，它的傅里叶系数为

$$a_n=\frac{2}{\pi}\int_0^{\pi}f(x)\cos nx\,\mathrm{d}x\quad(n=0,1,2,\cdots),$$

$$b_n=0\quad(n=1,2,3,\cdots).$$

设函数 $f(x)$ 在 $(0,x]$ 上满足收敛定理的条件，对 $f(x)$ 作偶延拓，则可将 $f(x)$ 在 $(0,\pi]$ 上展开成余弦级数.

$$\frac{a_0}{2}+\sum_{n=1}^{\infty}a_n\cos nx=\begin{cases}f(x), & x\text{ 为 }f(x)\text{ 的连续点},\\ \frac{1}{2}[f(x^-)+f(x^+)], & x\text{ 为 }f(x)\text{ 的间断点}.\end{cases}$$

3. 三角函数的正交性

$\cos x,\sin x,\cos 2x,\sin 2x,\cdots,\cos nx,\sin nx,\cdots$ 之中任两个不同函数的乘积在 $[-\pi,\pi]$ 或 $[0,2\pi]$ 上积分为零，即

$$\int_{-\pi}^{\pi}\cos nx\,\mathrm{d}x=\int_0^{2\pi}\cos nx\,\mathrm{d}x=0,$$

$$\int_{-\pi}^{\pi}\sin x\mathrm{d}x=\int_0^{2\pi}\sin nx\,\mathrm{d}x=0,$$

$$\int_{-\pi}^{\pi}\sin mx\sin nx\,\mathrm{d}x=\int_{0}^{2\pi}\sin mx\sin nx\,\mathrm{d}x=0(m\neq n),$$

$$\int_{-\pi}^{\pi}\cos mx\cos nx\,\mathrm{d}x=\int_{0}^{2\pi}\cos mx\cos nx\,\mathrm{d}x=0(m\neq n),$$

$$\int_{-\pi}^{\pi}\sin mx\sin nx\,\mathrm{d}x=\int_{0}^{2\pi}\sin mx\sin nx\,\mathrm{d}x=0,$$

同时有$\int_{-\pi}^{\pi}\cos^2 nx\,\mathrm{d}x=\int_{0}^{2\pi}\cos^2 nx\,\mathrm{d}x=\pi.$

4. 如何写出函数的傅里叶级数的和函数

由收敛定理，函数 $f(x)$ 的傅里叶级数的和函数 $s(x)$ 仅在 $f(x)$ 的间断点处与 $f(x)$ 有差别，在 $f(x)$ 的连续点处，$s(x)=f(x)$. 事实上，

$$s(x)=\begin{cases}f(x), & x\text{ 是 }f(x)\text{ 的连续点},\\ \dfrac{1}{2}[f(x-0)+f(x+0),] & x\text{ 是 }f(x)\text{ 的间断点}.\end{cases}$$

因此，利用 $f(x)$ 的表达式就可以写出和函数 $s(x)$，而不必利用傅里叶级数.

本节考研要求

了解傅里叶级数的概念和狄利克莱收敛定理，会写出傅里叶级数的和函数的表达式.

题型、真题、方法

题型 1　傅里叶系数及傅里叶级数的收敛情况

题型分析　设函数 $f(x)$ 在区间$[-\pi,\pi]$上满足条件：

(1) 除有限个第一类间断点外都是连续的；

(2) 只有有限个极值点，

则 $f(x)$ 的傅里叶级数在$[-\pi,\pi]$上收敛，且在$[-\pi,\pi]$或$[0,2\pi]$上积分为零.

例 1　$f(x)=\begin{cases}x, & -\pi\leqslant x<0,\\ 1, & x=0,\\ 2x, & 0<x\leqslant\pi.\end{cases}$ 讨论 $f(x)$ 的傅里叶级数及其收敛情况.

思路点拨　主要考虑 $f(x)$ 的傅里叶级数在分段点处的收敛情况.

解　显然 $x=0$ 是第一类间断点，且 $f(-x)\neq f(\pi)$，

$$a_0=\frac{1}{\pi}\int_{-\pi}^{\pi}f(x)\mathrm{d}x=\frac{1}{\pi}\int_{-\pi}^{0}f(x)\mathrm{d}x+\frac{1}{\pi}\int_{0}^{\pi}f(x)\mathrm{d}x$$

$$=\frac{1}{\pi}\int_{-\pi}^{0}x\mathrm{d}x+\frac{1}{\pi}\int_{0}^{\pi}2x\mathrm{d}x=\frac{\pi}{2},$$

$$a_n=\frac{1}{\pi}\int_{-\pi}^{\pi}f(x)\cos nx\,dx=\frac{1}{\pi}\int_{-\pi}^{0}x\cos nx\,dx+\frac{1}{\pi}\int_{0}^{\pi}2x\cos nx\,dx$$

$$=\frac{1}{\pi}\left(\frac{1}{n^2}\cos nx+\frac{2}{n^2}\cos nx\right)\Big|_0^{\pi}=\frac{1}{n^2\pi}(\cos n\pi-1)(n=1,2,\cdots).$$

$$b_n=\frac{1}{\pi}\int_{-\pi}^{\pi}f(x)\sin nx\,dx=\frac{1}{\pi}\int_{-\pi}^{0}x\sin nx\,dx+\frac{1}{\pi}\int_{0}^{\pi}2x\sin nx\,dx$$

$$=\frac{-3}{\pi n}(x\cos nx)\Big|_0^{\pi}=\frac{3(-1)^{n+1}}{n}\quad(n=1,2,\cdots).$$

故 $x\in(-\pi,\pi),x\neq 0$ 时，$f(x)=\frac{\pi}{4}+\sum\limits_{n=1}^{\infty}\left[\frac{(-1)^n-1}{n^2\pi}\cos nx+\frac{(-1)^{n+1}}{n}3\sin nx\right]$.

当 $x=-\pi$ 时，$f(x)$ 的傅氏级数收敛到

$$\frac{\pi}{4}+\sum_{n=1}^{\infty}\left[\frac{(-1)^n-1}{n^2\pi}\cos n(-\pi)+\frac{(-1)^{n+1}}{n}3\sin(-\pi)^n\right]$$

$$=\frac{\pi}{4}+\sum_{n=1}^{\infty}\frac{1-(-1)^n}{n^2\pi}=\frac{\pi}{4}+\sum_{n=1}^{\infty}\frac{1}{n^2\pi}+\sum_{n=1}^{\infty}\frac{(-1)^{n+1}}{n^2\pi}$$

$$=\frac{\pi}{4}+\frac{1}{\pi}\cdot\frac{\pi^2}{6}+\frac{1}{\pi}\cdot\frac{\pi^2}{12}=\frac{\pi}{2}.$$

当 $x=\pi$ 时，$f(x)$ 的傅氏级数收敛到

$$\frac{\pi}{4}+\sum_{n=1}^{\infty}\left[\frac{(-1)^n-1}{n^2\pi}\cos n\pi+\frac{(-1)^{n+1}}{n}3\sin n\pi\right]=\frac{\pi}{2}.$$

当 $x=0$ 时，$f(x)$ 的傅氏级数收敛到

$$\frac{\pi}{4}+\sum_{n=1}^{\infty}\frac{(-1)^n-1}{n^2\pi}=\frac{\pi}{4}+\frac{1}{\pi}\sum_{n=1}^{\infty}\frac{(-1)^n}{n^2}-\frac{1}{\pi}\sum_{n=1}^{\infty}\frac{1}{n^2}=0.$$

即 $f(x)$ 的傅里叶级数展开式为

$$\frac{\pi}{4}+\sum_{n=1}^{\infty}\left[\frac{(-1)^n-1}{n^2\pi}\cos nx+\frac{(-1)^{n+1}}{n}3\sin nx\right]$$

该级数的和函数为

$$\frac{\pi}{4}+\sum_{n=1}^{\infty}\left[\frac{(-1)^n-1}{n^2\pi}\cos nx+\frac{(-1)^{n+1}}{n}3\sin nx\right]$$

$$=\begin{cases}f(x), & x\in(-\pi,\pi),x\neq 0,\\ \frac{\pi}{2}, & x=\pm\pi,\\ 0, & x=0.\end{cases}$$

例 2　设 $f(x)=\begin{cases}-1, & -\pi<x\leqslant 0\\ 1+x^2, & 0<x\leqslant\pi\end{cases}$，则其以 2π 为周期的傅里叶级数在点 $x=\pi$ 处收敛于______.（考研题）

解　由狄利克雷收敛定理知 $f(x)$ 以 2π 为周期的傅里叶级数在点 $x=\pi$ 处收敛于

$$\frac{f(-\pi+0)+f(\pi-0)}{2}=\frac{1}{2}\pi^2.$$

现学现练　(1) 设函数 $f(x)=\pi x+x^2(-\pi<x<\pi)$ 的傅里叶级数为 $\frac{1}{2}a_0+\sum_{n=1}^{\infty}(a_n\cos nx+b_n\sin nx)$，则系数 b_3 的值为______. $\left(\frac{2}{3}\pi\right)$

(2) 设 $f(x)$ 是以 2 为周期的函数，其表达式为 $f(x)=\begin{cases}2, & -1<x\leqslant 0\\ x^3, & 0<x\leqslant 1\end{cases}$，则 $f(x)$ 的傅里叶级数在 $x=1$ 处收敛于______. $\left(\frac{3}{2}\right)$

题型 2　将函数在指定区间上展成傅里叶级数

题型分析　设 $f(x)$ 定义在 $[0,\pi]$ 上，并且满足收敛定理的条件，我们在开区间 $(-\pi,0)$ 内补充函数 $f(x)$ 的定义，得到定义在 $[-\pi,\pi]$ 上的函数 $F(x)$，使它在 $(-\pi,\pi)$ 成为奇函数或偶函数，这种拓广函数定义域的过程称为奇延拓或偶延拓，再通过周期性延拓可以将这个定义在 $[0,\pi]$ 上的非周期函数展开成傅里叶级数.

例 3　将下列函数展成傅里叶级数.

(1) $f(x)=|\sin x|,-\pi\leqslant x\leqslant\pi$，

(2) $f(x)=\frac{1}{2}\cos x+|x|,-\pi\leqslant x\leqslant\pi$，

(3) $f(x)=\sin(\arcsin\frac{x}{\pi})$，

(4) $f(x)=\begin{cases}-\frac{\pi}{2}, & -\pi\leqslant x<\frac{\pi}{2},\\ x, & -\frac{\pi}{2}\leqslant x<\frac{\pi}{2},\\ \frac{\pi}{2}, & \frac{\pi}{2}\leqslant x<\pi.\end{cases}$

思路点拨　利用傅里叶系数的求解公式求解.

解　(1) $f(x)$ 在 $[-\pi,\pi]$ 上处处连续，且只有 3 个极值点，狄氏条件满足因 $f(x)$ 为偶函数，则 $b_n=0(n=1,2,\cdots)$

$$a_n=\frac{2}{\pi}\int_0^{\pi}\sin x\cos x\mathrm{d}x=\frac{1}{\pi}\int_0^{\pi}[\sin(n+1)x+\sin(1-n)x]\mathrm{d}x$$

$$=-\frac{1}{\pi}\left[\frac{\cos(n+1)x}{n+1}+\frac{\cos(1-n)x}{1-n}\right]_0^{\pi}$$

$$=\frac{1}{\pi}[(-1)^{n-1}-1]\left(\frac{1}{n-1}-\frac{1}{n+1}\right)$$

$$=\frac{2}{\pi(n^2-1)}[(-1)^{n-1}-1]$$

$$=\begin{cases}0, & n=2k-1,\\ -\frac{4}{\pi(4k^2-1)}, & n=2k.\end{cases}$$

因为在推演过程中当 $n=1$ 时,a_n 没有意义,所以 a_0,a_1 要重新求.

$$a_0=\frac{2}{\pi}\int_0^{\pi}\sin x\mathrm{d}x=\frac{2}{\pi}(-\cos x)\Big|_0^{\pi}=\frac{4}{\pi},$$

$$a_1=\frac{2}{\pi}\int_0^{\pi}\sin x\cos x\mathrm{d}x=\frac{1}{\pi}\int_0^{\pi}\sin 2x\mathrm{d}x=\frac{1}{2\pi}\cos 2x\Big|_0^{\pi}=0,$$

$$|\sin x|=\frac{2}{\pi}-\frac{4}{\pi}\sum_{k=1}^{\infty}\frac{\cos 2kx}{4k^2-1},(-\pi\leqslant x\leqslant\pi).$$

(2) $f(x)=\frac{1}{2}\cos x+|x|$.

因为 $\frac{1}{2}\cos x$ 已经是傅里叶级数的展开式,所以只需求 $|x|$ 的傅里叶级数.

令 $g(x)=|x|$,因为 $|x|$ 为偶函数,所以 $b_n=0(n=1,2,\cdots)$,

$$a_n=\frac{2}{\pi}\int_0^{\pi}x\cos nx\mathrm{d}x=\frac{2}{n\pi}x\sin nx\Big|_0^{\pi}\sin nx\mathrm{d}x=\frac{2}{n^2\pi}[(-1)^n-1]$$

$$=\begin{cases}0, & n=2k,\\ -\frac{4}{(2k-1)^2\pi}, & n=2k-1.\end{cases}$$

在推演 a_0 的过程中,当 $n=0$ 时没有意义,所以 a_0 要重新求.

$$a_0=\frac{2}{\pi}\int_0^{\pi}x\mathrm{d}x=\pi.$$

于是 $|x|=\frac{\pi}{2}-\frac{4}{\pi}\sum_{k=1}^{\infty}\frac{\cos(2k-1)x}{(2k-1)^2},(-\pi\leqslant x\leqslant\pi)$

故
$$f(x)=\frac{\pi}{2}+\frac{1}{2}\cos x-\frac{4}{\pi}\sum_{k=1}^{\infty}\frac{\cos(2k-1)x}{(2k-1)^2}$$

$$=\frac{\pi}{2}+\left(\frac{1}{2}-\frac{4}{\pi}\right)\cos x-\frac{4}{\pi}\sum_{k=1}^{\infty}\frac{\cos(2k-1)x}{(2k-1)^2},(-\pi\leqslant x\leqslant\pi)$$

(3) $f(x)=\sin(\arcsin\frac{x}{\pi})=\frac{x}{\pi},-\pi\leqslant x\leqslant\pi$.

因为 $f(x)=\dfrac{x}{n}$ 是奇函数，所以

$a_0=0,(n=0,1,2,\cdots)$,

$$b_n=\frac{2}{\pi}\int_0^{\pi}\frac{x}{\pi}\sin x\mathrm{d}x=\frac{2}{x^2}\left[-\frac{x}{n}\cos nx+\frac{1}{n^2}\sin nx\right]\Bigg|_0^{\pi}$$

$$=(-1)^{n+1}\frac{2}{\pi^2}\cdot\frac{\pi}{n}=(-1)^{n+1}\frac{2}{n\pi},(n=1,2,\cdots)$$

故 $f(x)=\sin(\arcsin\dfrac{x}{\pi})=\sum\limits_{n=1}^{\infty}(-1)^{n+1}\dfrac{2}{n\pi}\sin nx,(-\pi\leqslant x\leqslant\pi)$.

(4) 除端点外 $f(x)$ 为奇函数，因此，

$a_n=0(n=0,1,2,\cdots)$.

$$b_n=\frac{2}{\pi}\int_0^{\pi}f(x)\sin nx\mathrm{d}x=\frac{2}{\pi}\left[\int_0^{\pi/2}x\sin nx\mathrm{d}x+\int_{\pi/2}^{x}\frac{\pi}{2}\sin nx\mathrm{d}x\right]$$

$$=\frac{2}{\pi}\left[-\frac{1}{n}x\cos nx\Bigg|_0^{\pi/2}+\frac{1}{n^2}\sin x\Bigg|_0^{\pi/2}+-\frac{\pi}{2}\cdot\frac{1}{n}\cos nx\Bigg|_{\pi/2}^{\pi}\right]$$

$$=\frac{2}{\pi}\left[-\frac{1}{n}\cdot\frac{\pi}{2}\cos\frac{n\pi}{2}+\frac{1}{n^2}\sin\frac{n\pi}{2}+\frac{n\pi}{2}\cos\frac{n\pi}{2}-\frac{\pi}{2n}\cos n\pi\right]$$

$$=\frac{2}{\pi}\left[\frac{1}{n^2}\sin\frac{n\pi}{2}-\frac{\pi}{2n}\cos n\pi\right]=\frac{2}{\pi}\left[\frac{1}{n^2}\sin\frac{n\pi}{2}-\frac{\pi}{2n}(-1)^n\right],$$

故 $f(x)=\dfrac{2}{\pi}\sum\limits_{n=1}^{\infty}\dfrac{1}{n}\left[\dfrac{1}{n}\sin\dfrac{n\pi}{2}-(-1)^n\dfrac{\pi}{2}\right]\sin nx,(-\pi\leqslant x\leqslant\pi)$

例 4 将函数 $f(x)=1-x^2(0\leqslant x\leqslant\pi)$ 展开成余弦级数，并求级数 $\sum\limits_{n=1}^{\infty}\dfrac{(-1)^{n-1}}{n^2}$ 的和.（考研题）

解 因为 $f(x)$ 为偶函数，于是 $b_n=0(n=1,2,\cdots)$，对 $n=1,2,\cdots$，有

$$a_n=\frac{2}{\pi}\int_0^{\pi}f(x)\cos nx\mathrm{d}x=\frac{2}{\pi}\left(\int_0^{\pi}\cos nx\mathrm{d}x-\int_0^{\pi}x^2\cos nx\mathrm{d}x\right)$$

$$=\frac{2}{\pi}\left[0-\frac{1}{n}\int_0^{\pi}x^2\mathrm{d}(\sin nx)\right]=-\frac{2}{n\pi}\left(x^2\sin nx\Bigg|_0^{\pi}-\int_0^{\pi}2x\sin nx\mathrm{d}x\right)$$

$$=-\frac{4}{n^2\pi}\int_0^{\pi}x\mathrm{d}\cos nx--\frac{4}{n^2\pi}\left(x\cos nx\Bigg|_0^{\pi}-\int_0^{\pi}\cos nx\mathrm{d}x\right)$$

$$=-\frac{4}{n^2\pi}\cdot\pi(-1)^n=\frac{4\cdot(-1)^{n+1}}{n^2}.$$

$$a_0=\frac{2}{\pi}\int_0^{\pi}(1-x^2)\mathrm{d}x=2\left(1-\frac{\pi^2}{3}\right).$$

所以 $f(x)=\dfrac{a_0}{2}+\sum\limits_{n=1}^{\infty}a_n\cos nx$

$$=1-\frac{\pi^2}{3}+\sum_{n=1}^{\infty}\frac{4\cdot(-1)^{n+1}}{n^2}\cos nx,0\leqslant x\leqslant\pi.$$

令 $x=0$，得　$f(0)=1=1-\frac{\pi^2}{3}+\sum_{n=1}^{\infty}\frac{4\cdot(-1)^{n+1}}{n^2}$，

故　$\sum_{n=1}^{\infty}\frac{(-1)^{n-1}}{n^2}=\frac{\pi^2}{12}.$

例 5　设 $f(x)$ 是以 2π 为周期的连续函数，其傅里叶系数为 a,b，试求：

(1) $f(x+l)$（l 为常数）的傅里叶系数；

(2) $\frac{1}{\pi}\int_{-\pi}^{\pi}f(t)f(x+t)\mathrm{d}t$ 的傅里叶系数，并利用所得结果推出

$$\frac{1}{\pi}\int_{-\pi}^{\pi}f^2(x)\mathrm{d}x=\frac{a_0^2}{2}+\sum_{n=1}^{\infty}(a_n^2+b_n^2).$$

解　(1) 设 $f(x+l)$ 的傅里叶系数为 A_n,B_n，则

$$A_n=\frac{1}{\pi}\int_{-\pi}^{\pi}f(x+l)\cos nx\mathrm{d}x\xlongequal{令 u=x+l}\frac{1}{\pi}\int_{\pi+l}^{\pi+l}f(u)\cos n(u-l)\mathrm{d}u$$

$$\xrightarrow{由周期函数积分性质}\frac{1}{\pi}\int_{-\pi}^{\pi}f(u)[\cos nu\cos ul+\sin nu\cos nl]\mathrm{d}u$$

$$=\cos nl\ \frac{1}{\pi}\int_{-\pi}^{\pi}f(u)\cos nu\mathrm{d}u+\sin nl\ \frac{1}{\pi}\int_{-\pi}^{\pi}f(u)\sin nu\mathrm{d}u,$$

因为　$a_n=\frac{1}{\pi}\int_{-\pi}^{\pi}f(x)\cos nx\mathrm{d}x=\frac{1}{\pi}\int_{-\pi}^{\pi}f(u)\cos nu\mathrm{d}u,$

$$b_n=\frac{1}{\pi}\int_{-\pi}^{\pi}f(x)\sin nx\mathrm{d}x=\frac{1}{\pi}\int_{-\pi}^{\pi}f(u)\sin nu\mathrm{d}u,$$

所以　$A_n=a_n\cos nl+b_n\sin nl,(n=0,1,2,\cdots),$

同理　$B_n=b_n\cos nl-a_n\sin nl,(n=1,2,\cdots).$

(2) 令 $F(x)=\frac{1}{\pi}\int_{-\pi}^{\pi}f(t)f(t+x)\mathrm{d}t.$

要求 $F(x)$ 的傅里叶系数，首先要分析 $F(x)$ 是否为周期函数，因为

$$F(x+2\pi)=\frac{1}{\pi}\int_{-\pi}^{\pi}f(t)+f(t+x+2\pi)\mathrm{d}t$$

$$\xlongequal{因为 f(x+2\pi)=f(x)}\frac{1}{\pi}\int_{-\pi}^{\pi}f(t)f(t+x)\mathrm{d}t=F(x).$$

可知 $F(x)$ 也是以 2π 为周期的函数.

$$A_0=\frac{1}{\pi}\int_{-\pi}^{\pi}f(x)\mathrm{d}x=\int_{-\pi}^{\pi}\left[\int_{-\pi}^{\pi}f(t)f(x+t)\mathrm{d}t\right]\mathrm{d}x$$

$$=\frac{1}{\pi^2}\iint\limits_{\substack{-\pi<t\leqslant\pi\\-\pi<x\leqslant\pi}}f(t)f(x+t)\mathrm{d}x\mathrm{d}t=\frac{1}{\pi}\int_{-\pi}^{\pi}\left[\frac{1}{\pi}\int_{-\pi}^{\pi}f(t)f(x+t)\mathrm{d}x\right]\mathrm{d}t$$

$$= \frac{1}{\pi}\int_{-\pi}^{\pi}\left[\frac{1}{\pi}\int_{-\pi}^{\pi} f(x+t)\mathrm{d}x\right]f(t)\mathrm{d}t.$$

又 $\frac{1}{\pi}\int_{-\pi}^{\pi} f(x+t)\mathrm{d}t \xlongequal{\text{令 } x+t+u} \frac{1}{\pi}\int_{-\pi+t}^{\pi+t} f(u)\mathrm{d}u = \frac{1}{\pi}\int_{-\pi}^{\pi} f(u)\mathrm{d}u = a_0.$

于是 $\quad A_0 = \frac{1}{\pi}\int_{-\pi}^{\pi} a_0 f(t)\mathrm{d}t = a_0\frac{1}{\pi}\int_{-\pi}^{\pi} f(t)\mathrm{d}t = a_0a_0 = a_0^2.$

$$A_n = \frac{1}{\pi}\int_{-\pi}^{\pi} F(x)\cos nx\,\mathrm{d}x = \frac{1}{\pi}\int_{-\pi}^{\pi}\left[\frac{1}{\pi}\int_{-\pi}^{\pi} f(t)f(t+x)\mathrm{d}t\right]\cos nx\,\mathrm{d}x$$

$$= \frac{1}{\pi}\int_{-\pi}^{\pi}\left[\frac{1}{\pi}\int_{-\pi}^{\pi} f(x+t)\cos nx\,\mathrm{d}x\right]f(t)\mathrm{d}t.$$

$$\frac{1}{\pi}\int_{-\pi}^{\pi} f(x+t)\cos nx\,\mathrm{d}x \xlongequal{\text{令 } x+t=u} \frac{1}{\pi}\int_{-\pi}^{\pi} f(u)\cos n(u-t)\mathrm{d}u$$

$$= \frac{1}{\pi}\int_{-\pi}^{\pi} f(u)[\cos nu\cos nt + \sin nu\sin nt]\mathrm{d}u$$

$$= \frac{1}{\pi}\int_{-\pi}^{\pi} f(u)\cos nu\cos nt\,\mathrm{d}u + \frac{1}{\pi}\int_{-\pi}^{\pi} f(u)\sin nu\sin nt\,\mathrm{d}u$$

$$= a_n\cos nt + b_n\sin nt.$$

于是 $A_n = \frac{1}{\pi}(a_n\cos nt + b_n\sin nt)f(t)\mathrm{d}t = a_n^2 + b_n^2, (n = 1,2\cdots)$

$$B_n = \frac{1}{\pi}\int_{-\pi}^{\pi}\left[\frac{1}{\pi}\int_{-\pi}^{\pi} f(t)f(x+t)\mathrm{d}t\right]\sin nx\,\mathrm{d}x$$

$$= \frac{1}{\pi}\int_{-\pi}^{\pi}\left[\frac{1}{\pi}\int_{-\pi}^{\pi} f(x+t)\sin nx\,\mathrm{d}x\right]f(t)\mathrm{d}t$$

$$= \frac{1}{\pi}\int_{-\pi}^{\pi}(b_n\cos nt - a_n\sin nt)f(t)\mathrm{d}t$$

$$= b_na_n - a_nb_n = 0, (n = 1,2,\cdots).$$

故 $F(x) = \frac{1}{\pi}\int_{-\pi}^{\pi} f(t)f(x+t)\mathrm{d}t = \frac{A_0}{2} + \sum_{n=1}^{\infty}A_n\cos nx.$

$$= \frac{a_0^2}{2} + \sum_{n=1}^{\infty}(a_n^2 + b_n^2)\cos nx.$$

令 $x = 0$，则 $F(0) = \frac{1}{\pi}\int_{-\pi}^{\pi} f^2(t)\mathrm{d}t = \frac{a_0^2}{2} + \sum_{n=1}^{\infty}(a_n^2 + b_n^2).$

现学现练　将函数 $f(x) = -\sin\frac{x}{2} + 1, x \in [0,\pi]$ 展开成正弦级数. $\left(-\sin\frac{x}{2} + 1 = \frac{2}{\pi}\sum_{n=1}^{\infty}\left\{\frac{1}{n}[1-(-1)^n] + \frac{(-1)^n 4n}{4n^2-1}\right\}\right)$

课后习题全解

习题 12－7 全解

1. **分析**　傅里叶级数为$\frac{a_0}{2}+\sum_{n=1}^{\infty}(a_0\cos nx+b_n\sin nx)$，

$$\begin{cases} a_n=\frac{1}{\pi}\int_{-\pi}^{\pi}f(x)\cos nx\,\mathrm{d}x, \\ b_n=\frac{1}{\pi}\int_{-\pi}^{\pi}f(x)\sin nx\,\mathrm{d}x. \end{cases}$$

因此，求出 a_0,a_n,b_n 即得 $f(x)$ 的展开.

解　(1)$a_0=\frac{1}{\pi}\int_{-\pi}^{\pi}f(x)\mathrm{d}x=2(\pi^2+1)$

$$a_n=\frac{1}{\pi}\int_{-\pi}^{\pi}(3x^2+1)\cos nx\,\mathrm{d}x=(-1)^n\frac{12}{n^2}$$

$$b_n=\frac{1}{\pi}\int_{-\pi}^{\pi}f(x)\sin nx\,\mathrm{d}x=\frac{1}{\pi}\int_{-\pi}^{\pi}(3x^2+1)\sin nx\,\mathrm{d}x\xlongequal{\text{奇函数}}0$$

故 $f(x)=\pi^2+1+12\sum_{n=1}^{\infty}\frac{(-1)^n}{n^2}\cos nx,x\in(-\infty,+\infty)$；

(2)$a_0=\frac{1}{\pi}\int_{-\pi}^{\pi}\mathrm{e}^{2x}\mathrm{d}x=\frac{1}{2\pi}\mathrm{e}^{2x}\Big|_{-\pi}^{\pi}=\frac{\mathrm{e}^{2\pi}-\mathrm{e}^{-2\pi}}{2\pi}$

$$a_n=\frac{1}{\pi}\int_{-\pi}^{\pi}\mathrm{e}^{2x}\cos nx\,\mathrm{d}x=\frac{1}{2\pi}\left(\mathrm{e}^{2x}\cos nx\Big|_{-\pi}^{\pi}+\int_{-\pi}^{\pi}\mathrm{e}^{2x}n\sin nx\,\mathrm{d}x\right)$$

$=\frac{(-1)^n(\mathrm{e}^{2\pi}-\mathrm{e}^{-2\pi})}{2\pi}-\frac{n^2}{4}a_n$，所以　$a_n=\frac{2(-1)^n(\mathrm{e}^{2\pi}-\mathrm{e}^{-2\pi})}{(n^2+4)\pi}$

$$b_n=\frac{1}{\pi}\int_{-\pi}^{\pi}\mathrm{e}^{2x}\sin nx\,\mathrm{d}x=\frac{1}{2\pi}\left(\mathrm{e}^{2x}\sin nx\Big|_{-\pi}^{\pi}-\int_{-\pi}^{\pi}\mathrm{e}^{2x}n\cos nx\,\mathrm{d}x\right)$$

$$=-\frac{n}{2}a_n=-\frac{n(-1)^n(\mathrm{e}^{2\pi}-\mathrm{e}^{-2\pi})}{(n^2+4)\pi},$$

因此 $f(x)$ 的傅里叶展开式为

$f(x)=\frac{\mathrm{e}^{2\pi}-\mathrm{e}^{-2\pi}}{\pi}\left[\frac{1}{4}+\sum_{n=1}^{\infty}\frac{(-1)^n}{n^2+4}(2\cos nx-n\sin nx)\right](x\neq(2n+1)\pi,n=0,\pm1,\pm2,\cdots)$；

(3)$a_0=\frac{1}{\pi}\int_{-\pi}^{0}bx\,\mathrm{d}x+\frac{1}{\pi}\int_{0}^{\pi}ax\,\mathrm{d}x=\frac{\pi}{2}(a-b)$

$$a_n=\frac{1}{\pi}\int_{-\pi}^{0}bx\cos nx\,\mathrm{d}x+\frac{1}{\pi}\int_{0}^{\pi}ax\cos nx\,\mathrm{d}x$$

$$=\frac{1}{n^2\pi}(b-a)(1-\cos n\pi)=\frac{b-a}{n^2\pi}[1-(-1)^n]\quad(n=1,2,\cdots)；$$

$$b_n=\frac{1}{\pi}\int_{-\pi}^{\pi}bx\sin nx\,\mathrm{d}x+\frac{1}{\pi}\int_{0}^{\pi}ax\sin nx\,\mathrm{d}x$$

$$=\frac{a+b}{n}(-1)^{n-1}\quad(n=1,2,\cdots)$$

因而

$$f(x)=\frac{\pi}{4}(a-b)+\sum_{n=1}^{\infty}\left\{\frac{[1-(-1)^n](b-a)}{n^2\pi}\cos nx+\frac{(-1)^{n-1}(a+b)}{n}\sin nx\right\}$$

$(x\neq(2n+1)\pi,n=0,\pm1,\pm2,\cdots)$.

2. 分析　(2) 函数 $f(x)$ 为分段函数，必须先求得函数的有限个间断点，再由收敛定理判定傅里叶级数收敛.

解　(1) 设 $F(x)$ 为 $f(x)$ 周期拓广而得到的新函数，$F(x)$ 在 $(-\pi,\pi)$ 中连续，$x=\pm\pi$ 是 $f(x)$ 的间断点，且

$$[F(-\pi-0)+F(-\pi+0)]/2\neq f(-\pi),[F(\pi-0)+F(\pi+0)]/2\neq f(\pi)$$

故在 $(-\pi,\pi)$ 中，$F(x)$ 的傅里叶级数收敛于 $f(x)$，在 $x=\pm\pi$ 处，$F(x)$ 的傅里叶级数不收敛于 $f(x)$，计算傅氏系数如下：

因为 $2\sin\frac{x}{3}(-\pi<x<\pi)$ 是奇数，所以 $a_n=0\quad(n=0,1,2,\cdots)$

$$b_n=\frac{2}{\pi}\int_{0}^{\pi}2\sin\frac{x}{3}\sin nx\,\mathrm{d}x$$

$$=\frac{2}{\pi}\int_{0}^{\pi}\left[\cos\left(\frac{1}{3}-n\right)x-\cos\left(\frac{1}{3}+n\right)x\right]\mathrm{d}x$$

$$=(-1)^{n+1}\frac{18\sqrt{3}}{n}\cdot\frac{n}{9n^2-1}$$

因此 $f(x)=\frac{18\sqrt{3}}{\pi}\sum_{n=1}^{\infty}(-1)^{n+1}\frac{n\sin nx}{9n^2-1}\;(-\pi<x<\pi)$；

(2) 将 $f(x)$ 拓展为周期函数 $F(x)$，在 $(-\pi,\pi)$ 中，$F(x)$ 连续，$x=\pm\pi$ 是 $F(x)$ 的间断点，且

$$[F(-\pi-0)+F(-\pi+0)]/2\neq f(-\pi),[F(\pi-0)+F(\pi+0)]/2\neq f(\pi)$$

故 $F(x)$ 的傅里叶级数在 $(-\pi,\pi)$ 中收敛于 $f(x)$，而在 $x=\pm\pi$ 处，不收敛于 $f(x)$. 计算傅氏系数如下

$$a_0=\frac{1}{\pi}\left[\int_{-\pi}^{0}e^x\,\mathrm{d}x+\int_{0}^{\pi}1\cdot\mathrm{d}x\right]=\frac{1+\pi-e^{-\pi}}{\pi}$$

$$a_n=\frac{1}{\pi}\left[\int_{-\pi}^{0}e^x\cos nx\,\mathrm{d}x+\int_{0}^{\pi}\cos nx\,\mathrm{d}x\right]=\frac{1-(-1)^n e^{-\pi}}{\pi(1+n^2)}\quad(n=1,2,\cdots)$$

$$b_n=\frac{1}{\pi}\left[\int_{-\pi}^{0}e^x\sin nx\,\mathrm{d}x+\int_{0}^{\pi}\sin nx\,\mathrm{d}x\right]$$

$$= \frac{1}{\pi}\left\{\frac{-n[1-(-1)^n e^{-\pi}]}{1+n^2} + \frac{1-(-1)^n}{n}\right\} \quad (n=1,2,\cdots)$$

因此 $f(x) = \dfrac{1+\pi-e^{-\pi}}{2\pi} + \dfrac{1}{\pi}\sum\limits_{n=1}^{\infty}\left[\dfrac{1-(-1)^n e^{-\pi}}{1+n^2}\right]\cos nx$

$$+\frac{1}{\pi}\sum_{n=1}^{\infty}\left[\frac{-n+(-1)^n n e^{-\pi}}{1+n^2}+\frac{1-(-1)^n}{n}\right]\sin nx \qquad (-\pi<x<\pi).$$

3. 证　因为 $f(x)=\cos\dfrac{x}{2}$ 为偶函数,故 $b_n=0 \quad (n=1,2,\cdots)$

$$a_0 = \frac{2}{\pi}\int_0^{\pi}\cos\frac{x}{2}\cdot dx = \frac{4}{\pi}$$

$$a_n = \frac{1}{\pi}\int_{-\pi}^{\pi}\cos\frac{x}{2}\cos nx\,dx = \frac{2}{\pi}\int_0^{\pi}\cos\frac{x}{2}\cos nx\,dx$$

$$= (-1)^{n+1}\frac{4}{\pi}\left(\frac{1}{4n^2-1}\right)(n=1,2,\cdots)$$

由于 $f(x)=\cos\dfrac{x}{2}$ 在$[-\pi,\pi]$上连续,所以

$$\cos\frac{x}{2} = \frac{2}{\pi}+\frac{4}{\pi}\sum_{n=1}^{\infty}(-1)^{n+1}\frac{\cos nx}{4n^2-1} \quad (-\pi\leqslant x\leqslant\pi).$$

4. 解　因为 $f(x)$ 为奇函数,故 $a_n=0(n=0,1,2,\cdots)$

$$b_n = \frac{2}{\pi}\int_0^{\pi}f(x)\sin nx dx = \frac{2}{\pi}\left[\int_0^{\frac{\pi}{2}}x\sin nx dx + \int_0^{\frac{\pi}{2}}\frac{\pi}{2}\sin nx dx\right]$$

$$=-\frac{1}{n}(-1)^n + \frac{2}{n^2\pi}\sin\frac{n\pi}{2} \qquad (n=1,2,3\cdots).$$

又 $f(x)$ 的间断点为 $x=(2n+1)\pi, n=0,\pm1,\pm2,\cdots$

所以 $f(x) = \sum\limits_{n=1}^{\infty}\left[\dfrac{(-1)^{n+1}}{n}+\dfrac{2}{n^2\pi}\sin\dfrac{n\pi}{2}\right]\sin nx \quad (x\neq(2n+1)\pi, n=0,\pm1,\pm2,\cdots).$

5. 分析　因为是将函数 $f(x)$ 展开成正弦级数,而作奇延拓后的傅里叶级数必定是正弦级数,所以要先进行奇延拓.

解　作奇延拓得 $F(x)$

$$F(x)=\begin{cases} f(x), & x\in(0,\pi] \\ 0, & x=0 \\ -f(-x), & x\in(-\pi,0) \end{cases}$$

再周期延拓 $F(x)$ 到$(-\infty,+\infty)$,显然 $F(x)\equiv f(x), x\in(0,\pi]$

$F(0)=0\neq\dfrac{\pi}{2}=f(0)$ 计算傅氏系数如下:$a_n=0 \quad (n=0,1,2,\cdots)$

$$b_n = \frac{2}{\pi}\int_0^{\pi}\frac{\pi-x}{2}\sin nx\,dx = \frac{2}{\pi}\left[\frac{x-\pi}{2n}\cos nx - \frac{1}{2n^2}\sin nx\right]_0^{\pi} = \frac{1}{n} \quad (n=1,2,\cdots)$$

故 $f(x)=\sum_{n=1}^{\infty}\frac{1}{n}\sin nx\,(0<x\leqslant\pi)$ 级数在 $x=0$ 处收敛于

$$\frac{F(0-0)+F(0+0)}{2}=\frac{-\frac{\pi}{2}+\frac{\pi}{2}}{2}=0.$$

6. 解　(1) 正弦级数

对 $f(x)$ 作奇延拓，得 $F(x)=\begin{cases}2x^2, & x\in[0,\pi],\\ 0, & x=0,\\ -2x^2, & x\in(-\pi,0).\end{cases}$

再周期延拓 $F(x)$ 到$(-\infty,+\infty)$，易见 $x=\pi$ 是 $F(x)$ 的一个间断点.

$F(x)$ 的傅氏系数为 $a_n=0,(n=0,1,2,\cdots)$

$$b_n=\frac{2}{\pi}\int_0^{\pi}F(x)\sin nx\,\mathrm{d}x=\frac{2}{\pi}\int_0^{\pi}f(x)\sin nx\,\mathrm{d}x$$

$$=\frac{4}{\pi}\left[\left(\frac{2}{n^3}-\frac{\pi^2}{n}\right)(-1)^n-\frac{2}{n^3}\right]\quad(n=1,2,3\cdots)$$

由于在 $x=\pi$ 处，$f(\pi)=2\pi^2\neq\frac{F(\pi-0)+F(\pi+0)}{2}$，故

$$f(x)=\frac{4}{\pi}\sum_{n=1}^{\infty}\left[(-1)^n\left(\frac{2}{n^3}-\frac{\pi^2}{n}\right)-\frac{2}{n^3}\right]\sin nx\quad(0\leqslant x<\pi);$$

(2) 余弦级数

对 $f(x)$ 进行偶延拓，得 $F(x)=2x^2,x\in(-\pi,\pi]$

再周期延拓 $F(x)$ 到$(-\infty,+\infty)$，则 $F(x)$ 在$(-\infty,+\infty)$ 内处处连续，且 $F(x)\equiv f(x),x\in[0,\pi]$. 其傅氏系数如下：

$$a_0=\frac{2}{\pi}\int_0^{\pi}2x^2\,\mathrm{d}x=\frac{4}{3}\pi^2,a_n=\frac{2}{\pi}\int_0^{\pi}2x^2\cos nx\mathrm{d}x=(-1)^n\frac{8}{n^2}\quad(n=1,2,\cdots)$$

$b_n=0(n=1,2,\cdots)$，从而

$$f(x)=\frac{2}{3}\pi^2+8\sum_{n=1}^{\infty}\frac{(-1)^n}{n^2}\cos nx\ (0\leqslant x\leqslant\pi).$$

7. 证　(1)$a_0=\frac{1}{\pi}\int_{-\pi}^{\pi}f(x)\mathrm{d}x=\frac{1}{\pi}\left[\int_{-\pi}^{0}f(x)\mathrm{d}x+\int_0^{\pi}f(x)\mathrm{d}x\right]$

而$\int_{-\pi}^{\pi}f(x)\mathrm{d}x\overset{x=t-\pi}{=\!=\!=}\int_0^{\pi}f(t-\pi)\mathrm{d}t=-\int_0^{\pi}f(x)\mathrm{d}x$

故 $a_0=\frac{1}{\pi}\left[-\int_0^{\pi}f(x)\mathrm{d}x+\int_0^{\pi}f(x)\mathrm{d}x\right]=0$

$$a_n=\frac{1}{\pi}\int_{-\pi}^{\pi}f(x)\cos nx\,\mathrm{d}x=\frac{1}{\pi}\left[\int_{-\pi}^{0}f(x)\cos nx\,\mathrm{d}x+\int_0^{\pi}f(x)\cos nx\,\mathrm{d}x\right]$$

而$\int_{-\pi}^{0} f(x)\cos nx\,\mathrm{d}x \xlongequal{x=t-\pi} \int_{0}^{\pi} f(t-\pi)\cos(nt-n\pi)\,\mathrm{d}t$

$$= \int_{0}^{\pi} f(t)(-1)^n \cos nt\,\mathrm{d}t = (-1)^{n+1}\int_{0}^{\pi} f(x)\cos nx\,\mathrm{d}x,$$

故 $a_n = \frac{1}{n}\left[(-1)^{n+1}\int_{0}^{\pi} f(x)\cos nx\,\mathrm{d}x + \int_{0}^{\pi} f(x)\cos nx\,\mathrm{d}x\right].$

因而 $a_{2k} = 0$. 同理

$$b_n = \frac{1}{\pi}\int_{-\pi}^{\pi} f(x)\sin x\,\mathrm{d}x$$

$$= \frac{1}{\pi}\left[\int_{-\pi}^{0} f(x)\sin nx\,\mathrm{d}x + \int_{0}^{\pi} f(x)\sin nx\,\mathrm{d}x\right]$$

$$= \frac{1}{\pi}\left[(-1)^{n+1}\int_{0}^{\pi} f(x)\sin nx\,\mathrm{d}x + \int_{0}^{\pi} f(x)\sin nx\,\mathrm{d}x\right],$$

故知 $b_{2k} = 0(k = 1,2,\cdots)$;

(2) 同(1)一样有 $a_n = \frac{1}{\pi}\left[(-1)^n\int_{0}^{\pi} f(x)\cos nx\,\mathrm{d}x + \int_{0}^{\pi} f(x)\cos nx\,\mathrm{d}x\right],$

$$b_n = \frac{1}{\pi}\left[(-1)^n\int_{0}^{\pi} f(x)\sin nx\,\mathrm{d}x + \int_{0}^{\pi} f(x)\sin nx\,\mathrm{d}x\right],$$

故 $a_{2k+1} = 0, b_{2k+1} = 0(k = 0,1,2,\cdots)$.

第八节　一般周期函数的傅里叶级数

知识要点及常考点

周期为$2l$的周期函数$f(x)$,可通过变量替换$t = \frac{\pi x}{l}$,化为周期为2π的周期函数$F(t)$.

(1) 偶延拓:$f(x)$ 为$[0,l]$上的非周期函数,

令
$$F(x) = \begin{cases} f(x), & 0 \leqslant x \leqslant l, \\ f(-x), & -l \leqslant x \leqslant 0, \end{cases}$$

则
$$f(x) \sim \frac{a_0}{2} + \sum_{n=1}^{\infty} \cos\frac{n\pi}{l}x, \text{(余弦级数)}$$

其中 $a_n = \frac{2}{l}\int_{0}^{1}(-x)\cos\frac{n\pi}{l}x\,\mathrm{d}x(n = 0,1,2,\cdots)$.

(2) 奇延拓:$f(-x)$ 为$[0,l]$上的非周期函数.

令
$$F(x) = \begin{cases} f(x), & 0 \leqslant x \leqslant l, \\ -f(x), & -l \leqslant x \leqslant 0, \end{cases}$$

则 $F(x)$ 除 $x=0$ 外在$[-\pi,\pi]$上为奇函数，

$$f(x)\sim\sum_{n=1}^{\infty}b_n\sin\frac{n\pi}{l}x.\text{（正弦级数）}$$

其中　$b_n=\frac{2}{l}\int_0^l f(x)\sin\frac{n\pi}{l}x\mathrm{d}x(n=1,2,\cdots).$

将$[0,l]$上的非周期函数 $f(x)$ 先作奇（或偶）延拓，可将其展开成只含正（或余）弦函数的傅里叶级数．其中，关键是如上所述将 $f(x)$ 作奇（偶）延拓，这是本节的重点内容.

本节考研要求

1. 会将定义在$[-l,l]$上的函数展开为傅里叶级数.
2. 会将定义在$[0,l]$上的函数展开为正弦级数与余弦级数.

题型、真题、方法

题型 1　求周期函数的傅里叶展开

题型分析　有了以 2π 为周期的函数的傅里叶级数，则要以 $2l$ 为周期展开函数的傅里叶级数时，只要做变量代换 $z=\frac{\pi x}{l}$，即可把它化成以 2π 为周期的函数的傅里叶级数，求系数 a_n、b_n 的公式作相应变换即可；而对于区间$[0,l]$上的函数则可通过周期延拓展开为正弦或余弦级数.

例 1　设函数 $f(x)$ 是周期为 2 的周期函数，它在区间$(-1,1]$上的表达式为

$$f(x)=\begin{cases}0,-1<x\leqslant 0,\\ x,0<x\leqslant 1\end{cases}$$

将 $f(x)$ 展开为傅里叶级数，并作出级数和函数的图形.

思路点拨　先将函数进行周期延拓再求出傅里叶系数.

解　函数 $f(x)$ 满足收敛定理的条件，它在 $x=2k+1(k=0,\pm1,\pm2,\cdots)$ 处间断，在这些点处，级数收敛于

$$\frac{f(-1+0)+f(1-0)}{2}=\frac{0+1}{2}=\frac{1}{2},$$

而定义值 $f(2k+1)=1$，所以级数收敛于 $f(x)$ 的区间为 $x\neq 2k=1(k=0,\pm1,\pm2,\cdots)$.

由傅里叶系数公式得$(2l=2,l=1)$

$$a_0=\frac{1}{1}\int_{-1}^{0}0\cdot\mathrm{d}x+\frac{1}{l}\int_{0}^{1}x\mathrm{d}x=\frac{1}{2};$$

$$a_n=\int_0^1 x\cos\pi x\mathrm{d}x=\frac{1}{n\pi}\int_0^1 x\mathrm{d}\sin n\pi x$$

$$=\left[\frac{x}{n\pi}\sin\pi x+\frac{1}{n^2n^2}\cos n\pi x\right]_0^1$$

$$=\frac{1}{n^2\pi^2}(\cos n\pi-1)=\frac{1}{n^2\pi^2}[(-1)^n-1)],(n=1,2,\cdots);$$

$$b_n=\int_0^1 x\sin n\pi x\mathrm{d}x=-\frac{1}{n\pi}\int_0^1 x\mathrm{d}\cos n\pi x$$

$$=\left[-\frac{x}{n\pi}\cos n\pi x+\frac{1}{n^2\pi^2}\sin n\pi x\right]_0^1$$

$$=\frac{-1}{n\pi}\cos n\pi=\frac{(-1)^{n+1}}{n\pi},(n=1,2,\cdots).$$

因此　$f(x)=\frac{1}{4}+\sum_{n=1}^{\infty}\left[\frac{(-1)^n-1}{n^2\pi^2}\cos n\pi x+\frac{(-1)^{n+1}}{n\pi}\sin n\pi x\right],$

$x\neq 2k+1(k=0,\pm1,\pm2,\cdots).$

级数的和函数的图形如下图所示.

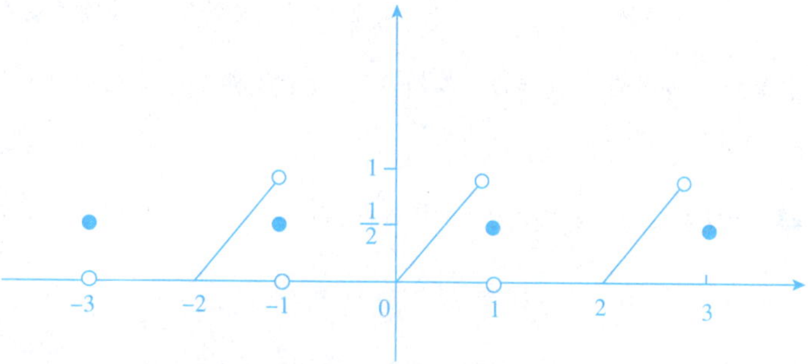

例 2　将函数 $f(x)=\arcsin(\sin x)$ 展开为傅里叶级数.

思路点拨　将函数进行奇延拓再进行傅里叶展开.

解　$$f(x)=\begin{cases}-\pi-x, & -\pi\leqslant x<-\frac{\pi}{2},\\ x, & -\frac{\pi}{2}\leqslant x<-\frac{\pi}{2},\\ \pi-x, & \frac{\pi}{2}<x<\pi.\end{cases}$$

由于 $f(x)$ 是奇函数,则 $a_n=0$;

$$b_n=\frac{2}{\pi}\int_0^{\pi}f(x)\sin nx\,\mathrm{d}x$$

$$=\frac{2}{\pi}\left[\int_0^{\frac{\pi}{2}}x\sin nx\,\mathrm{d}x+\sin n\pi x+\int_{\pi/2}^{\pi}(\pi-x)\sin nx\,\mathrm{d}x\right]$$

$$=\frac{2}{\pi}\left[\left(-\frac{1}{n}x\cos x+\frac{1}{n^2}\sin nx\right)\Big|_0^{\frac{\pi}{2}}+\left(-\frac{\pi}{n}\cos nx+\frac{x}{n}\cos x-\frac{1}{n^2}\sin x\Big|_{\frac{\pi}{2}}^{\pi}\right]\right.$$

$$=\frac{2}{\pi}\left[\left(-\frac{\pi}{2n}\cos\frac{n\pi}{2}+\frac{1}{n^2}\sin\frac{n\pi}{2}\right)+\left(\frac{\pi}{n}\cos\frac{n\pi}{2}-\frac{\pi}{2n}\cos\frac{n\pi}{2}+\frac{1}{n^2}\sin\frac{n\pi}{2}\right]\right.$$

$$=\frac{2}{\pi}\frac{2}{n^2}\sin\frac{n\pi}{2}=\frac{4}{n^2\pi}\sin\frac{n\pi}{2}=\begin{cases}0, & n=2k,\\ \dfrac{4(-1)^{k-1}}{(2k-1)^2\pi}, & n=2k-1;\end{cases}$$

由于 $f(x)$ 连续,所以

$$\sum_{n=1}^{\infty}b_n\sin nx=\frac{4}{\pi}\sum_{n=1}^{\infty}\frac{(-1)^{k-1}}{(2k-1)^2}\sin(2k-1)x=\arcsin(\sin x).$$

例 3　将函数 $f(x)=x-1(0\leqslant x\leqslant 2)$ 展开成周期为 4 的余弦级数.

解　$a_0=\int_0^2(x-1)\mathrm{d}x=0.$

$$a_n=\int_0^2(x-1)\cos\frac{n\pi x}{2}\mathrm{d}x=\frac{2}{n\pi}\int_0^2(x-1)\mathrm{d}\sin\frac{n\pi x}{2}$$

$$=-\frac{2}{n\pi}\int_0^2\sin\frac{n\pi x}{2}\mathrm{d}x$$

$$=\left(\frac{2}{n\pi}\right)^2\cos\frac{n\pi x}{2}\Big|_0^2=\frac{4}{n^2\pi^2}[(-1)^n-1]$$

$$=\begin{cases}0, & n=2k,\\ -\dfrac{8}{(2k-1)^2\pi^2}, n=2k-1.\end{cases}(k=1,2,3,\cdots)$$

所以　$f(x)=-\dfrac{8}{\pi^2}\sum\limits_{k=1}^{\infty}\dfrac{1}{(2k-1)^2}\cos\dfrac{(2k-1)\pi x}{2},x\in[0,2].$

现学现练　将函数 $f(x)=1-x^2,x\in\left[-\frac{1}{2},\frac{1}{2}\right]$ 展开成傅里叶级数. $\left(1-x^2\sim\frac{11}{12}+\frac{1}{\pi^2}\sum\limits_{n=1}^{\infty}\frac{(-1)^{n+1}}{n^2}\cos 2n\pi x,x\in\left[-\frac{1}{2},\frac{1}{2}\right]\right)$

例 4　设 $f(x)=\left|x-\frac{1}{2}\right|,(x\in[0,1]),b_n=2\int_0^1 f(x)\sin n\pi x\mathrm{d}x(n=1,2,\cdots)$,令 $S(x)=\sum\limits_{n=1}^{\infty}b_n\sin n\pi x$,则 $S(-\frac{9}{4})=($　　$)$.(考研题)

(A) $\frac{3}{4}$　　(B) $\frac{1}{4}$　　(C) $-\frac{1}{4}$　　(D) $-\frac{3}{4}$

思路点拨　将 $f(x)$ 进行延拓，找出其傅里叶级数 $S(x)$ 与的关系.

解　根据题意，将函数在$[-1,1]$上奇延拓 $f(x)=\begin{cases}\left|x-\dfrac{1}{2}\right|, & 0<x<1\\ -\left|-x-\dfrac{1}{2}\right|, & -1<x<0\end{cases}$，

它的傅里叶级数为 $S(x)$，且 $f(x)$ 是以 2 为周期的，则当 $x\in(-1,1)$ 且 $f(x)$ 在 x 处连续时，$S(x)=f(x)$，因此 $S(-\dfrac{9}{4})=S(-\dfrac{9}{4}+2)=S(-\dfrac{1}{4})=-S(\dfrac{1}{4})=-f(\dfrac{1}{4})=-\dfrac{1}{4}$，应选 C.

现学现练　将函数 $f(x)=1-x^2, x\in\left[-\dfrac{1}{2},\dfrac{1}{2}\right]$展开成傅里叶级数. $\left(1-x^2\sim\dfrac{11}{12}+\dfrac{1}{\pi^2}\sum\limits_{n=1}^{\infty}\dfrac{(-1)^{n+1}}{n^2}\cos 2n\pi x, x\in\left[-\dfrac{1}{2},\dfrac{1}{2}\right]\right)$

课后习题全解

习题 12—8 全解

1. 分析　(2) 因为 $f(x)$ 是分段函数，故存在间断点，这些间断点不能带入最后的答案中.

解　(1) 因为 $f(x)=1-x^2$ 为偶函数，所以 $b_n=0\quad(0=1,2,\cdots)$.

而 $a_0=\dfrac{2}{\frac{1}{2}}\displaystyle\int_0^{\frac{1}{2}}(1-x^2)\mathrm{d}x=4\int_0^{\frac{1}{2}}(1-x^2)\mathrm{d}x=\dfrac{11}{6}$

$$a_n=\frac{2}{\frac{1}{2}}\int_0^{\frac{1}{2}}(1-x^2)\cos\frac{n\pi x}{1/2}\mathrm{d}x=\frac{(-1)^{n+1}}{n^2\pi^2}\quad(n=1,2,\cdots),$$

由于 $f(x)$ 在$(-\infty,+\infty)$内连续，

所以 $f(x)=\dfrac{11}{12}+\dfrac{1}{\pi^2}\sum\limits_{n=1}^{\infty}\dfrac{(-1)^{n+1}}{n^2}\cos(2n\pi x), x\in(-\infty,+\infty)$；

$$(2)a_0=\int_{-1}^{1}f(x)\mathrm{d}x=\int_{-1}^{0}x\mathrm{d}x+\int_0^{\frac{1}{2}}\mathrm{d}x-\int_{\frac{1}{2}}^{1}\mathrm{d}x=-\frac{1}{2},$$

$$\begin{aligned}a_n&=\int_{-1}^{1}f(x)\cos n\pi x\mathrm{d}x=\int_{-1}^{0}x\cos n\pi x\mathrm{d}x+\int_0^{\frac{1}{2}}\cos n\pi x\mathrm{d}x-\int_{\frac{1}{2}}^{1}\cos n\pi x\mathrm{d}x\\&=\frac{1}{n^2\pi^2}[1-(-1)^n]+\frac{2}{n\pi}\sin\frac{n\pi}{2}\quad(n=1,2,\cdots),\end{aligned}$$

$$b_n=\int_{-1}^{1}f(x)\sin n\pi x\mathrm{d}x=-\frac{2}{n\pi}\cos\frac{n\pi}{2}+\frac{1}{n\pi}\quad(n=1,2,\cdots).$$

而在$(-\infty,+\infty)$上，$f(x)$的间断点为$x=2k,2k+\frac{1}{2},k=0,\pm1,\pm2,\cdots$

故 $f(x)=-\frac{1}{4}+\sum_{n=1}^{\infty}\left\{\left[\frac{1-(-1)^n}{n^2\pi^2}+\frac{2\sin\frac{n\pi}{2}}{n\pi}\right]\cos n\pi x+\frac{1-2\cos\frac{n\pi}{2}}{n\pi}\sin n\pi x\right\}$

$(x\neq 2k,x\neq 2k+\frac{1}{2},k=0,\pm1,\pm2,\cdots)$;

$(3)a_0=\frac{1}{3}\int_{-3}^{3}f(x)\mathrm{d}x=\frac{1}{3}\left[\int_{-3}^{0}(2x+1)\mathrm{d}x+\int_{0}^{3}\mathrm{d}x\right]=-1,$

$a_n=\frac{1}{3}\int_{-3}^{3}f(x)\cos\frac{n\pi x}{3}\mathrm{d}x=\frac{6}{n^2\pi^2}[1-(-1)^n](n=1,2,\cdots),$

$b_n=\frac{1}{3}\int_{-3}^{3}f(x)\sin\frac{n\pi x}{3}\mathrm{d}x=\frac{6}{n\pi}(-1)^{n+1}(n=1,2,\cdots).$

而在$(-\infty,+\infty)$上，$f(x)$的间断点为$x=3(2k+1),k=0,\pm1,\pm2,\cdots$,

故 $f(x)=-\frac{1}{2}+\sum_{n=1}^{\infty}\left\{\frac{6}{n^2\pi^2}[1-(-1)^n]\cos\frac{n\pi x}{3}+(-1)^{n+1}\frac{6}{n\pi}\sin\frac{n\pi x}{3}\right\}(x\neq 3(2k+1),k=0,\pm1,\pm2,\cdots)$.

2. 解　(1) 正弦级数：

将f奇延拓到$(-l,l)$上，得$F(x)$，则

$$F(x)\equiv f(x),x\in[0,l].$$

再周期延拓$F(x)$到$(-\infty,+\infty)$上，则$F(x)$是以$2l$为周期的连续函数.

其傅氏系数如下：

$a_n=0\quad(n=0,1,2,\cdots),$

$b_n=\frac{2}{l}\left[\int_{0}^{\frac{l}{2}}x\sin\frac{n\pi x}{l}\mathrm{d}x+\int_{\frac{l}{2}}^{l}(l-x)\sin\frac{n\pi x}{l}dx\right]=\frac{4l}{n^2\pi^2}\sin\frac{n\pi}{2}\quad(n=1,2,\cdots),$

故 $f(x)=\frac{4l}{\pi^2}\sum_{n=1}^{\infty}\frac{1}{n^2}\sin\frac{n\pi}{2}\sin\frac{n\pi x}{l}(0\leqslant x\leqslant l).$

余弦级数：

将$f(x)$偶延拓到$(-l,l)$上，得$F(x)$，则$F(x)\equiv f(x),x\in[0,l]$.

再周期延拓$F(x)$到$(-\infty,+\infty)$上，则$F(x)$是以$2l$为周期的连续函数，其傅氏系数如下：

$a_0=\frac{2}{l}\left[\int_{0}^{\frac{l}{2}}x\mathrm{d}x+\int_{\frac{l}{2}}^{l}(l-x)\mathrm{d}x\right]=\frac{l}{2},$

$$a_n=\frac{2}{l}\left[\int_0^{\frac{l}{2}}x\cos\frac{n\pi x}{l}\mathrm{d}x+\int_{\frac{l}{2}}^{l}(1-x)\cos\frac{n\pi x}{l}\mathrm{d}x\right]$$

$$=\frac{2}{l}\left(\frac{2l^2}{n^2\pi^2}\cos\frac{n\pi}{2}-\frac{l^2}{n^2\pi^2}-\frac{l^2}{n^2\pi^2}(-1)^n\right)\quad(n=1,2,\cdots)b_n=0(n=1,2,\cdots),$$

因此 $f(x)=\frac{l}{4}+\frac{2l}{\pi^2}\sum_{n=1}^{\infty}\frac{1}{n^2}\left(2\cos\frac{n\pi}{2}-1-(-1)^n\right)\cos\frac{n\pi x}{l}(0\leqslant x\leqslant l).$

(2) 正弦级数：

将 f 奇延拓到 $(-2,2)$ 上得 $F(x)$，则 $F(x)\equiv f(x),x\in[0,2]$；再周期延拓 $F(x)$ 到 $(-\infty,+\infty)$ 上，则 $F(x)$ 是以 4 为周期的连续函数，其傅氏系数如下：

$a_n=0\quad(n=0,1,2,\cdots)$，

$$b_n=\frac{2}{2}\int_0^2x^2\sin\frac{n\pi x}{2\mathrm{d}x}=(-1)^{n+1}\frac{8}{n\pi}+\frac{16}{(n\pi)^3}[(-1)^n-1],$$

因而 $f(x)=\sum_{n=1}^{\infty}\left\{(-1)^{n+1}\frac{8}{n\pi}+\frac{16}{(n\pi)^3}[(-1)^n-1]\right\}\sin\frac{n\pi x}{2}$

$$=\frac{8}{\pi}\sum_{n=1}^{\infty}\left\{\frac{(-1)^{n+1}}{n}+\frac{2}{n^3\pi^2}[(-1)^n-1]\right\}\sin\frac{n\pi x}{2},x\in[0,2].$$

余弦级数：

将 $f(x)$ 作偶延拓到 $(-2,2)$ 上得函数 $F(x)$，则 $F(x)\equiv f(x),x\in[0,2]$；再周期延拓 $F(x)$ 到 $(-\infty,+\infty)$ 上，则 $F(x)$ 是以 4 为周期的连续函数，其傅氏系数如下：

$$a_0=\frac{2}{2}\int_0^2x^2\mathrm{d}x=\left[\frac{x^3}{3}\right]_0^2=\frac{8}{3},$$

$$a_n=\frac{2}{2}\int_0^2x^2\cos\frac{n\pi x}{2}\mathrm{d}x=(-1)^n\frac{16}{(n\pi)^2},$$

$b_n=0\quad(n=1,2,3,\cdots)$，

故 $f(x)=\frac{4}{3}+\sum_{n=1}^{\infty}(-1)^n\frac{16}{(n\pi)^2}\cos\frac{n\pi x}{2}$

$$=\frac{4}{3}+\frac{16}{\pi^2}\sum_{n=1}^{\infty}\frac{(-1)^n}{n^2}\cos\frac{n\pi x}{2},x\in[0,2].$$

3. 解　$c_n=\frac{1}{2}\int_{-1}^{1}e^{-x}\cdot e^{in\pi x}\mathrm{d}x$

$$=\frac{1}{2}\cdot\frac{1}{-(1+n\pi i)}\cdot e^{-(1+n\pi i)x}\Big|_{-1}^{1}$$

$$=(-1)^n\frac{1-n\pi i}{1+n^2\pi^2}\mathrm{sh}1$$

$$因而\ f(x)=\sum_{n=-\infty}^{\infty}(-1)^n\frac{1-n\pi \mathrm{i}}{1+n^2\pi^2}\mathrm{sh}1\cdot \mathrm{e}^{\mathrm{i}n\pi x}\ (x\neq 2k+1,k=0,\pm 1,\pm 2,\cdots)$$

$$=\sum_{n=-\infty}^{\infty}(-1)^n\frac{\mathrm{e}-\mathrm{e}^{-1}}{2}\frac{1-n\pi \mathrm{i}}{1+n^2\pi^2}\cdot \mathrm{e}^{\mathrm{i}n\pi x}.$$

4. 解　因为 $c_n=\frac{h}{\pi n}\sin\frac{n\pi t}{T},n=\pm 1,\pm 2,\cdots,$

而 $c_n=\frac{a_n-\mathrm{i}b_n}{2},c_{-n}=\frac{a_n+\mathrm{i}b_n}{2},n=1,2,\cdots,$

故　$a_n=c_n+c_{-n}=\frac{2h}{n\pi}\sin\frac{n\pi t}{T},$

$b_n=\mathrm{i}(c_n-c_{-n})=0\quad(n=1,2,\cdots),$

因此 $u(t)=\frac{ht}{T}+\frac{2h}{\pi}\sum_{n=1}^{\infty}\frac{1}{n}\sin\frac{n\pi t}{T}\cos\frac{2n\pi t}{T}\quad(-\infty<t<+\infty).$

总习题十二全解

1. 解　(1) 必要，充分；(2) 充要；(3) 收敛，发散.

2. 解　函数 $f(x)$，为偶数，因此 B 不对；

可求得 $a_0=\frac{2}{\pi}\int_0^{\pi}f(x)\mathrm{d}x=\frac{2}{\pi}\int_0^{\pi}x\mathrm{d}x=\pi.$

因此 C 与 D 也不对，应选(A).

3. 解　(1) $u_n=\frac{1}{n\cdot\sqrt[n]{n}}$，因 $\lim\limits_{n\to\infty}\frac{u_n}{\frac{1}{n}}=\lim\limits_{n\to\infty}\frac{1}{\sqrt[n]{n}}=1$，而级数 $\sum_{n=1}^{\infty}\frac{1}{n}$ 发散，故由极限形式的比较审敛法知原级数发散.

(2) $u_n=\frac{(n!)^2}{2n^2}=\frac{[(n-1)!]^2}{2}\to+\infty(n\to\infty)$，由于一般项不趋于零，故级数发散.

(3) $u_n=\frac{n\cos^2\frac{n\pi}{3}}{2^n}\leqslant\frac{n}{2^n}=u_n$，而级数 $\sum_{n=1}^{\infty}\frac{n}{2^n}$ 是收敛的 $\left(事实上,\lim\limits_{n\to\infty}\frac{v_{n+1}}{v_n}=\lim\limits_{n\to\infty}\frac{n+1}{n}\cdot\frac{1}{2}=\frac{1}{2}<1,据比值审敛法知\sum_{n=1}^{\infty}\frac{n}{2^n}收敛\right)$，故由比较审敛法知原级数收敛.

(4)$u_n=\dfrac{1}{\ln^{10}n}$，因$\lim\limits_{n\to\infty}\dfrac{u_n}{\frac{1}{n}}=\lim\limits_{n\to\infty}\dfrac{n}{\ln^{10}n}=+\infty$，而级数$\sum\limits_{n=1}^{\infty}\dfrac{1}{n}$发散，故由极限形式的比较审敛法知原级数发散.

注　求极限$\lim\limits_{n\to\infty}\dfrac{n}{\ln^{10}n}$时，可考虑极限$\lim\limits_{n\to\infty}\dfrac{\ln^{10}n}{n}$

因$\lim\limits_{x\to+\infty}\dfrac{\ln^{10}x}{x}a\xlongequal{\text{洛必达法则}}\lim\limits_{x\to-\infty}\dfrac{10\ln^{9}x}{x}=\cdots=\lim\limits_{x\to+\infty}\dfrac{10!}{x}=0$，故

$$\lim_{x\to\infty}\frac{\ln^{10}n}{n}=0,$$

$$\text{从而}\lim_{n\to\infty}\frac{n}{\ln^{10}n}=+\infty.$$

(5)$u_n=\dfrac{a^2}{n^s}$，$\lim\limits_{n\to\infty}\dfrac{u_{n+1}}{u_n}=\lim\limits_{n\to\infty}a\left(\dfrac{n}{n+1}\right)^s=a.$

由比值审敛法知，当$a<1$时级数收敛，当$a>1$时级数发散.

当$a=1$时，原级数成为$\sum\limits_{n=1}^{\infty}\dfrac{1}{n^s}$，由$p-$级数的结论知，当$s>1$时级数收敛，当$s\leqslant 1$时级数发散.

4. 分析　$(u_n+v_n)^2=u_n{}^2+2u_nv_n+v_n{}^2$ 其中 $u_nv_n\leqslant\dfrac{1}{2}(u_n{}^2+v_n{}^2)$ 然后由比较判别法$\sum\limits_{n=1}^{\infty}u_n$和$\sum\limits_{n=1}^{\infty}v_n$收敛可推出$\sum\limits_{n=1}^{\infty}u_n{}^2$和$\sum\limits_{n=1}^{\infty}v_n{}^2$也收敛.

证　因为$\sum\limits_{n=1}^{\infty}u_n$、$\sum\limits_{n=1}^{\infty}v_n$都收敛，故$u_n\to 0, v_n\to 0(n\to\infty)$，

所以$\lim\limits_{n\to\infty}\dfrac{u_n^2}{u_n}=\lim\limits_{n\to\infty}u_n=0$，$\lim\limits_{n\to\infty}\dfrac{v_n^2}{v_n}=0.$

由比较判别法$\sum\limits_{n=1}^{\infty}u_n^2$、$\sum\limits_{n=1}^{\infty}v_n^2$也都收敛.

又由$u_nv_n\leqslant\dfrac{1}{2}(u_n^2+v_n^2)$，则$\sum u_nv_n$也收敛，

从而$\sum\limits_{n=1}^{\infty}(u_n+v_n)^2=\sum\limits_{n=1}^{\infty}(u_n^2+2u_nv_n+v_n^2)$也收敛.

5. 分析　比较判别法要求两级数都是正项级数.

解　不一定，当两级数是非正项级数时，命题不一定正确.

如$\sum\limits_{n=1}^{\infty}u_n=\sum\limits_{n=1}^{\infty}(-1)^n\dfrac{1}{\sqrt{n}}$，$\sum\limits_{n=1}^{\infty}v_n=\sum\limits_{n=1}^{\infty}\left[(-1)^n\dfrac{1}{\sqrt{n}}+\dfrac{1}{n}\right]$时满足条件，但$\sum u_n$

收敛，$\sum v_n$ 发散.

6. 分析 (1) 易知 $\sum\limits_{n=1}^{\infty}\frac{1}{n^p}$ 是 p 一级数，然后对 p 分 $p>1, p\leqslant 0$ 和 $0<p\leqslant 1$ 三种情况讨论.

(3) 用比较审敛法审敛.

解 (1) $\sum\limits_{n=1}^{\infty}|u_n|=\sum\limits_{n=1}^{\infty}\frac{1}{n^p}$，这是 p 级数.

当 $p>1$ 时级数 $\sum\limits_{n=1}^{\infty}|u_n|$ 收敛，级数 $\sum\limits_{n=1}^{\infty}(-1)^n\frac{1}{n^p}$ 绝对收敛；

当 $p\leqslant 1$ 时级数 $\sum\limits_{n=1}^{\infty}|u_n|$ 发散；

当 $0<p\leqslant 1$ 时，级数 $\sum\limits_{n=1}^{\infty}(-1)^n\frac{1}{n^p}$ 是交错级数，且满足莱布尼茨定理的条件，因而收敛，这时是条件收敛；

当 $p\leqslant 0$ 时，由于 $\lim\limits_{n\to\infty}(-1)^n\frac{1}{n^p}\neq 0$，所以级数发散.

综上所述，当 $p>1$ 时级数 $\sum\limits_{n=1}^{\infty}(-1)^n\frac{1}{n^p}$ 绝对收敛，当 $0<p\leqslant 1$ 时条件收敛，当 $p\leqslant 0$ 时发散；

(2) $|u_n|\leqslant\frac{1}{\pi^{n+1}}=\left(\frac{1}{\pi}\right)^{n+1}$.

由于级数 $\sum\limits_{n=1}^{\infty}\left(\frac{1}{\pi}\right)^{n+1}$ 收敛，故由比较判别法知原级数绝对收敛；

(3) $u_n=(-1)^n\ln\frac{n+1}{n}$.

因为 $\lim\limits_{n\to\infty}\dfrac{|u_n|}{\frac{1}{n}}=\lim\limits_{n\to\infty}n\ln\frac{n+1}{n}=\lim\limits_{n\to\infty}\ln\left(1+\frac{1}{n}\right)^n=\ln e=1$，

又级数 $\sum\limits_{n=1}^{\infty}\frac{1}{n}$ 发散. 故由比较审敛法知级数 $\sum\limits_{n=1}^{\infty}|u_n|$ 发散.

另一方面，由于级数 $\sum\limits_{n=1}^{\infty}(-1)^n\ln\frac{n+1}{n}$ 是交错级数，且满足莱布尼茨定理的条件，所以该级数收敛，因此原级数条件收敛；

(4) $\lim\limits_{n\to\infty}\dfrac{|u_{n+1}|}{|u_n|}=\lim\limits_{n\to\infty}\dfrac{(n+2)!}{(n+1)^{n+1}}\Big/\dfrac{(n+1)!}{n^n}$

$$= \lim_{n\to\infty}(n+2)\cdot\frac{n^n}{(n+1)^{n+1}}$$

$$= \lim_{n\to\infty}\frac{(n+2)}{(n+1)}\cdot\frac{1}{\left(1+\frac{1}{n}\right)^n}$$

$$= \frac{1}{\mathrm{e}} < 1,$$

故由比值审敛法知级数$\sum\limits_{n=1}^{\infty}|u_n|$收敛，即原级数绝对收敛.

7. 解　(1) 由根值法知级数$\sum\limits_{n=1}^{\infty}\frac{1}{3^n}\left(1+\frac{1}{n}\right)^{n^2}$ 收敛，故

$$\lim_{n\to\infty}\frac{1}{n}\sum_{k=1}^{n}\frac{1}{3^k}\left(1+\frac{1}{k}\right)^{k^2}=0;$$

(2) $\lim\limits_{n\to\infty}[2^{\frac{1}{3}}\cdot 4^{\frac{1}{9}}\cdot\cdots\cdot 2^n)^{\frac{1}{3^n}}] = \lim\limits_{n\to\infty}2^{(\frac{1}{3}+\frac{2}{9}+\cdots+\frac{n}{3^n})}$.

考查幂级数 $s(x) = 1+2x+3x^2+\cdots+nx^{n-1}+\cdots$,

则$\int_0^x s(x)\mathrm{d}x = x+x^2+\cdots+x^n+\cdots = \frac{x}{1-x}$　$(|x|<1)$.

故 $s(x) = \left(\frac{x}{1-x}\right)' = \frac{1}{(1-x)^2}, s\left(\frac{1}{3}\right) = \frac{9}{4}$,

得$\lim\limits_{n\to\infty}2^{\frac{1}{3}+\frac{2}{3^2}+\cdots+\frac{n}{3^n}} = 2^{\lim\limits_{n\to\infty}(\frac{1}{3}+\frac{2}{3^2}+\cdots+\frac{n}{3^{n-1}})} = 2^{\frac{1}{3}S(\frac{1}{3})} = 2^{\frac{3}{4}} = \sqrt[4]{8}$.

8. 解　(1)$u_n = \frac{3^n+5^n}{n}x^n, a_n = \frac{3^n+5^n}{n}, \lim\limits_{n\to\infty}\sqrt[n]{a_n} = 5$.

所以收敛半径为 $R = \frac{1}{5}$.

当 $x = \frac{1}{5}$ 时，幂级数成为$\sum\limits_{n=1}^{\infty}\frac{1}{n}\left[\left(\frac{3}{5}\right)^n+1\right]$，由比较审敛法知，该级数发散.

当 $x = -\frac{1}{5}$ 时，幂级数成为$\sum\limits_{n=1}^{\infty}(-1)^n\frac{1}{n}\left[\left(\frac{3}{5}\right)^n+1\right]$，这是收敛的交错级数.

因此该级数的收敛区间为$\left[-\frac{1}{5},\frac{1}{5}\right)$;

(2)$u_n = \left(1+\frac{1}{n}\right)^{n^2}x^n, \lim\limits_{n\to\infty}\sqrt[n]{|u_n|} = \lim\limits_{n\to\infty}\left(1+\frac{1}{n}\right)^n|x| = \mathrm{e}|x|$

由根值审敛法知，当 $\mathrm{e}|x|<1$，即 $|x|<\frac{1}{\mathrm{e}}$ 时，幂级数收敛.

而当 $\mathrm{e}|x|>1$，即 $|x|>\frac{1}{\mathrm{e}}$ 时，幂级数发散.

当 $x=\frac{1}{e}$ 时，幂级数成为 $\sum\limits_{n=1}^{\infty}\left(1+\frac{1}{n}\right)^{n^2}\left(\frac{1}{e}\right)^n$.

当 $x=-\frac{1}{e}$ 时，幂级数成为 $\sum\limits_{n=1}^{\infty}(-1)^n\left(1+\frac{1}{n}\right)^{n^2}\left(\frac{1}{e}\right)^n$.

因为 $\lim\limits_{n\to\infty}\left(1+\frac{1}{n}\right)^{n^2}\cdot\left(\frac{1}{e}\right)^n=e^{\lim\limits_{n\to\infty}n^2\ln(1+\frac{1}{n})-n}=e^{\lim\limits_{n\to\infty}[-\frac{1}{2}+O(\frac{1}{n})]}=e^{-\frac{1}{2}}\neq 0$.

从而 $\sum\limits_{n=1}^{\infty}\left(1+\frac{1}{n}\right)^{n^2}\left(\frac{1}{e}\right)^n$，$\sum\limits_{n=1}^{\infty}(-1)^n\left(1+\frac{1}{n}\right)^{n^2}\left(\frac{1}{e}\right)^n$ 均发散.

因此，原级数的收敛区间为 $\left(-\frac{1}{e},\frac{1}{e}\right)$；

(3) $u_n=n(x+1)^n$，

$$\lim_{n\to\infty}\frac{|u_{n+1}|}{|u_n|}=\lim_{n\to\infty}\left|\frac{(n+1)(x+1)^{n+1}}{n(x+1)^n}\right|$$
$$=\lim_{n\to\infty}\frac{n+1}{n}|x+1|=|x+1|,$$

故由比值审敛法知，当 $|x+1|<1$ 时幂级数绝对收敛；而当 $|x+1|>1$ 时幂级数发散.

当 $x=0$ 时，幂级数成为 $\sum\limits_{n=1}^{\infty}n$，由于 $\lim\limits_{n\to\infty}n\neq 0$，所以级数发散.

当 $x=-2$ 时，幂级数成为 $\sum\limits_{n=1}^{\infty}(-1)^n n$，由于 $\lim\limits_{n\to\infty}(-1)^n n\neq 0$，所以级数发散.

因而收敛区间为 $(-2,0)$；

(4) $u_n=\frac{n}{2^n}x^{2n}$，$\lim\limits_{n\to\infty}\sqrt[n]{|u_n|}=\lim\limits_{n\to\infty}\frac{\sqrt[n]{n}}{2}x^2=\frac{x^2}{2}$.

由根值审敛法知，当 $\frac{x^2}{2}<1$，即 $|x|<\sqrt{2}$ 时，幂级数绝对收敛，当 $\frac{x^2}{2}>1$，即 $|x|>\sqrt{2}$ 时，幂级数发散. 而当 $x=\pm\sqrt{2}$ 时，幂级数成为 $\sum\limits_{n=1}^{\infty}n$，发散.

因此该幂级数的收敛区间为 $(-\sqrt{2},\sqrt{2})$.

9. 分析　(2) 易知原级数一致收敛，故可以对其逐项求导，且有逐项求导公式

$$s'(x)=\left(\sum_{n=1}^{\infty}a_nx^n\right)'=\sum_{n=1}^{\infty}na_nx^{n-1}$$

(4) 幂级数的和函数是连续函数.

解　(1) 令和函数为 $s(x)$，即

$$s(x)=\sum_{n=1}^{\infty}\frac{2n-1}{2^n}x^{2(n-1)}=\frac{1}{2}\sum_{n=1}^{\infty}(2n-1)\left(\frac{x}{\sqrt{2}}\right)^{2n-2}$$

$$=\frac{\sqrt{2}}{2}\sum_{n=1}^{\infty}\left[\left(\frac{x}{\sqrt{2}}\right)^{2n-1}\right]'=\frac{\sqrt{2}}{2}\left\{\frac{x}{\sqrt{2}}\cdot\sum_{n=1}^{\infty}\left(\left(\frac{x}{\sqrt{2}}\right)^2\right)^{n-1}\right\}'$$

$$=\left(\frac{x}{2-x^2}\right)'=\frac{2+x^2}{(2-x^2)^2},(-\sqrt{2}<x<\sqrt{2});$$

(2) 设和函数为 $s(x)$，则 $s(x)=\sum_{n=1}^{\infty}\frac{(-1)^{n-1}}{2n-1}x^{2n-1}$，

$s(0)=0$ 逐项求导，得 $s'(x)=\sum_{n=1}^{\infty}(-1)^{n-1}x^{2n-2}=\frac{1}{1+x^2}$，　$(-1<x<1)$

积分得　$s(x)-s(0)=\int_0^x\frac{1}{1+x^2}\mathrm{d}x=\arctan x$，

即　$s(x)=\arctan x$，　$x\in(-1,1)$；

$$(3)s(x)=\sum_{n=1}^{\infty}n(x-1)^n=(x-1)\sum_{n=1}^{\infty}[(x-1)^n]'$$

$$=(x-1)\left[\frac{x-1}{1-(x-1)}\right]'(|x-1|<1)$$

$$=\frac{x-1}{(2-x)^2},\quad x\in(0,2);$$

$$(4)s(x)=\sum_{n=1}^{\infty}\frac{x^n}{n(n+1)}=\sum_{n=1}^{\infty}\left(\frac{1}{n}-\frac{1}{n+1}\right)x^n$$

$$=\sum_{n=1}^{\infty}\int_0^x x^{n-1}\mathrm{d}x-\frac{1}{x}\sum_{n=1}^{\infty}\frac{1}{n+1}x^{n+1}\quad(x\neq 0)$$

$$=\int_0^x\left(\sum_{n=1}^{\infty}x^{n-1}\right)\mathrm{d}x-\frac{1}{x}\sum_{n=1}^{\infty}\int_0^x x^n\mathrm{d}x\quad(x\neq 0)$$

$$=\int_0^x\frac{\mathrm{d}x}{1-x}-\frac{1}{x}\int_0^x\frac{x}{1-x}\mathrm{d}x\quad(x\in[-1,0)\cup(0,1))$$

$$=1+\frac{1-x}{x}\ln(1-x)\ (x\in[-1,0)\cup(0,1))$$

又显然 $s(0)=0$，因此

$$s(x)=\begin{cases}1+\frac{1-x}{x}\ln(1-x), & x\in[-1,0)\cup(0,1),\\ 0, & x=0,\\ 1, & x=1.\end{cases}$$

小结　逐项求导后的幂级数与原级数收敛半径相同.

10. 解　(1) $\sum_{n=1}^{\infty}\frac{n^2}{n!}=\sum_{n=1}^{\infty}\frac{n(n-1)}{n!}+\sum_{n=1}^{\infty}\frac{n}{n!}$ 因为 $e^x=\sum_{n=1}^{\infty}\frac{x^n}{n!}$,故两边求导得

$$(e^x)'=\sum_{n=1}^{\infty}\frac{n}{n!}x^{n-1},(e^x)''=\sum_{n=1}^{\infty}\frac{n(n-1)x^{n-2}}{n!}.$$

令 $x=1$,得 $e=\sum_{n=1}^{\infty}\frac{n}{n!}$,$e=\sum_{n=1}^{\infty}\frac{n(n-1)}{n!}$,从而 $\sum_{n=1}^{\infty}\frac{n^2}{n!}=2e$;

(2) $\sum_{n=0}^{\infty}(-1)^n\frac{n+1}{(2n+1)!}=\frac{1}{2}\left[\sum_{n=0}^{\infty}(-1)^n\frac{1}{(2n)!}+\sum_{n=0}^{\infty}(-1)^n\frac{1}{(2n+1)!}\right]$.

因为 $\sin x=\sum_{n=0}^{\infty}(-1)^n\frac{x^{2n+1}}{(2n+1)!}$,$\cos x=\sum_{n=0}^{\infty}(-1)^n\frac{x^{2n}}{(2n)!}$,故令 $x=1$,得

$$\sum_{n=0}^{\infty}(-1)^n\frac{1}{(2n+1)!}=\sin 1,\sum_{n=0}^{\infty}(-1)^n\frac{1}{(2n)!}=\cos 1.$$

因此 $\sum_{n=0}^{\infty}(-1)^n\frac{n+1}{(2n+1)!}=\frac{1}{2}(\cos 1+\sin 1)$.

11. 分析　(1) 已知 $\ln(1+x)$ 的展开式,则

$$\ln(x+\sqrt{x^2+1})=\ln x(1+\sqrt{1+\frac{1}{x^2}}).$$

解　(1) $\ln(x+\sqrt{x^2+1})=\int_0^x\frac{1}{\sqrt{1+t^2}}dt=\int_0^x(1+t^2)^{-\frac{1}{2}}dt$

$$=\int_0^x\left[1+\sum_{n=1}^{\infty}(-1)^n\frac{(2n-1)!!}{(2n)!!}t^{2n}\right]dt$$

$$=x+\sum_{n=1}^{\infty}(-1)^n\frac{(2n-1)!!}{(2n)!!}\frac{1}{2n+1}x^{2n+1}.$$

端点 $x=\pm1$ 处收敛,$\ln(x+\sqrt{1+x^2})$ 在 $x=\pm1$ 处有定义且连续,故展开式成立区间为 $x\in[-1,1]$;

(2) $\frac{1}{2-x}=\frac{1}{2}\cdot\frac{1}{1-\frac{x}{2}}=\frac{1}{2}\cdot\sum_{n=0}^{\infty}\left(\frac{x}{2}\right)^n$

$$\frac{1}{(2-x)^2}=\frac{1}{(2-x)}'=\left[\frac{1}{2}\sum_{n=0}^{\infty}\left(\frac{x}{2}\right)^n\right]'=\sum_{n=1}^{\infty}\frac{n}{2^{n+1}}x^{n-1}.$$

故 $\frac{1}{(2-x)^2}=\sum_{n=1}^{\infty}\frac{n}{2^{n+1}}x^{n-1}$,$x\in(-2,2)$.

12. 解　$a_0=\frac{1}{\pi}\int_{-\pi}^{\pi}f(x)dx=\frac{1}{\pi}\int_0^{\pi}e^x dx=\frac{e^{\pi}-1}{\pi}$,

$a_n=\frac{1}{\pi}\int_{-\pi}^{\pi}f(x)\cos nx dx=\frac{1}{\pi}\int_0^{\pi}e^x\cos nx dx=\frac{(-1)^n e^{\pi}-1}{\pi}-n^2a_n$,

即　$a_n=\dfrac{(-1)^n e^{\pi}-1}{(n^2+1)\pi}\quad(n\geqslant 1)$，

$$b_n=\frac{1}{\pi}\int_{-\pi}^{\pi}f(x)\sin nx\,dx=\frac{1}{\pi}\int_{0}^{\pi}e^{x}\sin nx\,dx=(-n)a_n(n\geqslant 1).$$

因此 $f(x)$ 的傅里叶级数展开式为

$$f(x)=\frac{e^{\pi}-1}{2\pi}+\frac{1}{\pi}\sum_{n=1}^{\infty}\left[\frac{(-1)^n e^{\pi}-1}{n^2+1}\cos nx+\frac{(-1)^{n+1}e^{\pi}+1}{n^2+1}n\sin nx\right]$$

$(-\infty<x<+\infty$ 且 $x\neq n\pi,n=0,\pm 1,\pm 2,\cdots)$.

13. 解　(1) 将 $f(x)$ 进行奇延拓到$[-\pi,\pi]$上，再作周期延拓到整个数轴上.

$a_n=0,(n=0,1,2,\cdots)$，

$$b_n=\frac{2}{\pi}\int_{0}^{h}f(x)\sin nx\,dx=\frac{2}{\pi}\int_{0}^{h}\sin nx\,dx=\frac{2}{n\pi}(1-\cos nh)$$

$x=h$ 处为间断点，故有

$$f(x)=\frac{2}{\pi}\sum_{n=1}^{\infty}\frac{1-\cos nh}{n}\sin nx,x\in(0,h)\cup(h,\pi];$$

(2) 将 $f(x)$ 进行偶延拓到$[-\pi,\pi]$上，再作周期延拓到整个数轴上，

$b_n=0,n=1,2,\cdots$

$$a_n=\frac{2}{\pi}\int_{0}^{h}\cos nx\,dx=\frac{2}{n\pi}\sin nh\quad(n=1,2,\cdots)$$

$$a_0=\frac{2}{\pi}\int_{0}^{h}dx=\frac{2h}{\pi}$$

故 $f(x)$ 的余弦级数为

$$f(x)=\frac{h}{\pi}+\frac{2}{\pi}\sum_{n=1}^{\infty}\frac{\sin nh}{n}\cos nx,x\in[0,h)\cup(h,\pi].$$